Markus F. Peschl

Repräsentation und Konstruktion

Wissenschaftstheorie
Wissenschaft und Philosophie

Gegründet von Prof. Dr. Simon Moser, Karlsruhe

Herausgegeben von Prof. Dr. Siegfried J. Schmidt, Siegen

Markus F. Peschl

Repräsentation und Konstruktion

Kognitions- und neuroinformatische Konzepte
als Grundlage einer naturalisierten
Epistemologie und Wissenschaftstheorie

ISBN 978-3-322-89867-8   ISBN 978-3-322-89866-1 (eBook)
DOI 10.1007//978-3-322-89866-1

Gedruckt auf säurefreiem Papier

ISSN 0939-6268

Inhaltsverzeichnis

1 Vorwort

> *"Wir haben schließlich überhaupt kein Vergnügen*
> *mehr an der Kunst, wie auch am Leben nicht und sei es noch*
> *so natürlich, weil wir mit der Zeit die Naivität und*
> *mit ihr die Dummheit verloren haben."*
> T.Bernhard, Alte Meister, p 227

Das Problem der *Repräsentation von Wissen* und der Beziehung zwischen der Struktur der (Um-)Welt und dem Repräsentationssystem, sei es ein kognitives, Sprach- oder wissenschaftliches System, stellt eine zentrale Frage im Bereich der Wissenschaftstheorie dar: wie entsteht Wissen, wie wird Wissen repräsentiert, in welcher Relation stehen die Strukturen der Umwelt zu den Strukturen des Wissens, etc. – dies sind nur einige Beispiele für Fragen, die sich in diesem Kontext stellen. Das Ziel dieser Arbeit besteht darin, diese Probleme aus einer *"kognitiven"*, *"neuronalen"* und *konstruktivistischen* Perspektive zu untersuchen und diese in einem weiteren Schritt als ein alternatives Fundament für die Wissenschaftstheorie heranzuziehen. Die grundlegende Überlegung, von der dabei ausgegangen wird, läßt sich folgendermaßen zusammenfassen: die traditionellen Ansätze in der Wissenschaftstheorie versuchen, das Phänomen der Wissenschaft und des wissenschaftlichen Prozesses auf logische, soziale, psychologische, etc. Systeme und Theorien zurückzuführen und auf diese Weise zu erklären. Wissenschaftliches Wissen wird jedoch, ebenso wie jede andere Form von Wissen, durch *kognitive Systeme*, welche in den meisten Fällen mit einem Nervensystem ausgestattet sind, erzeugt resp. konstruiert. Der in dieser Arbeit vorgeschlagene Ansatz versucht, diesem Faktum Rechnung zu tragen. Dies impliziert eine *konsequente Integration* epistemologischer, neurowissenschaftlicher und kognitionswissenschaftlicher Aspekte in die Wissenschaftstheorie.

Bevor wir über wissenschaftliche Prozesse sprechen können, müssen wir jedoch ein Problem, welches all diesen Fragen zugrundeliegt, genauer untersuchen: nämlich das Problem der *Repräsentation von Wissen* in einzelnen kognitiven Systemen. Erst wenn man einen Lösungsweg für diese Fragen gefunden hat, kann man beginnen, diese Theorien in die Prozesse der Interaktion zwischen neuronal basierten kognitiven Systemen, in Sozietäten von kognitiven Systemen, in Kommunikationssysteme, in Wissenschaftssysteme, etc. zu integrieren. In jedem Falle steht jedoch die Frage der *Wissensrepräsentation* und des "Wissenserwerbs" (a) im einzelnen kognitiven System, (b) in einer Sozietät von kognitiven Systemen und (c) in Form von (künstlichen) "Umweltregularitäten/Artefakten[1]" (siehe auch Kapitel 10 und 11) im Vordergrund. Im Laufe der Arbeit stellt sich heraus, daß wir sowohl im Bereich

---

[1]Wie noch ausführlich diskutiert wird, handelt es sich hier um alle möglichen Formen, die externalisiertes Wissen in der Umwelt zumindest über einen bestimmten Zeitraum "stabil" halten (Publikationen, elektronische Speichermedien, Bilder, Schrift, etc.).

kognitiver Systeme als auch im Bereich der Wissenschaftstheorie, genauer gesagt in
der Entwicklung, Konstruktion und Repräsentation von Wissen und der Theoriendynamik, ähnliche Strukturen und Prozesse finden (z.B. trial-&-error, Konstruktion,
Erproben der Konstruktionen durch Externalisierungen/Experimente, etc.).

Im Zentrum dieser Arbeit stehen daher u.a. folgende Fragen: wie wird Wissen in *neuronalen Systemen* repräsentiert? Welches *Substrat* und welche Dynamik
sind für die Repräsentation von Wissen verantwortlich (Propositionen, neuronale
Strukturen, etc.)? Welche Beziehung besteht zwischen der Struktur des Wissens,
der Struktur des Repräsentationssystems und der Struktur der Umwelt (Abbildung, Konstruktion, etc.)? Welche Rolle spielen *Sprache* und linguistische Kategorien in der Repräsentation von Wissen (im neuronalen System selber und im
sozialen/kulturellen/wissenschaftlichen Prozeß) und wie sind diese im neuronalen Repräsentationssystem/-substrat eingebettet? Wie sieht eine Integration einer
"neuronal-konstruktivistischen Repräsentationsperspektive" in die *Wissenschaftstheorie* aus? Welche Implikationen hat diese alternative Auffassung von Wissensrepräsentation auf die Wissenschaft(stheorie)? Was kann die *empirische Neurowissenschaft* in diesem Kontext beitragen? Was können *simulative Ansätze*, wie etwa
jene des neural computing, des Konnektionismus oder des Artificial Life zu diesen
Fragen beitragen?

Dem Problem der Erklärung des wissenschaftlichen Prozesses wird sozusagen auf
den kognitionswissenschaftlichen (vgl. auch *Giere* u.a. [GIER 92, BRAK 94]), epistemologischen und neurowissenschaftlichen Grund gegangen. In dieser Arbeit wird
diese Basis ausführlich diskutiert – dabei wird folgendermaßen vorgegangen: das
Problem der *Repräsentation* von Wissen in neuronal basierten kognitiven Systemen
steht im Mittelpunkt des Interesses und ist zugleich der Ausgangspunkt für eine
Neufundierung der Wissenschaftstheorie. In der Frage der Wissensrepräsentation
wird folgende Perspektive eingenommen: *nicht* mehr das *propositionale* Paradigma,
welches u.a. die Konzepte des logischen Empirismus als eine seiner Wurzeln aufweist, wird als Repräsentationskonzept herangezogen. Vielmehr werden die Grenzen und tiefgreifenden (epistemologischen) Probleme, die sich in bezug auf die Frage der propositionalen Wissensrepräsentation (in kognitiven Systemen, aber auch
in der wissenschaftlichen Domäne) ergeben, im Laufe dieser Arbeit diskutiert und
als Ausgangspunkt und Aufforderung für die Entwicklung eines alternativen Repräsentationskonzeptes benutzt. Die Hauptkritikpunkte beziehen sich auf die Beschränkung auf Sprache und Logik als "ultimative" Repräsentationsinstanzen, auf
die Problematik des abbildenden Charakters, auf das Problem der Semantik und auf
die Frage der Rolle des/der Beobachters/in, der/die die formalen resp. sprachlichen
Strukturen interpretiert.

Als Alternative wird ein Repräsentationskonzept angeboten, welches folgende
Charakteristika aufweist: Wissen ist das Resultat *neuronaler Dynamik*, die sich
einerseits in der Aufrechterhaltung der (system-)internen Relationen und andererseits in der stabilen Interaktion mit der Umwelt resp. mit anderen kognitiven
Systemen manifestiert. Die neuronale Dynamik verkörpert einen Prozeß der *Konstruktion*, bei dem es in erster Linie *nicht* darum geht, die Umwelt möglichst ge-

nau/"wirklichkeitsgetreu" abzubilden[2], sondern um den Aufbau von im *neuronalen Substrat physisch realisierten Relationen/Transformationen*, die die *Generierung von Verhalten* erlauben, welches dem Über-/Weiterleben (und der Reproduktion) des jeweiligen Organismus dient.

Wenn in diesem Kontext die Rede von *Über-/Weiterleben* ist, so ist dieser Begriff nicht auf das rein physische Überleben beschränkt; vielmehr umfaßt er *alle* Formen und Bereiche des Lebens, angefangen beim physischen Überleben (z.B. durch Nahrungssuche), über das "soziale Überleben" in einer Gemeinschaft von kognitiven Systemen (und ihrer Regeln), "kulturelles Überleben" (Sprache, Tradition, etc.), bis hin zum "Überleben" im wissenschaftlichen Bereich. Der Begriff des kognitiven Systems ist *nicht* auf Menschen oder sog. "höhere" Säugetiere beschränkt. Vielmehr stellt sich heraus, daß sich die in dieser Arbeit vorgeschlagenen Wissensrepräsentationsmechanismen auf eine weite Reihe von (lebenden) Systemen anwenden lassen – die Dominanz des menschlichen kognitiven Apparates wird relativiert. Die Konzepte der *sensomotorischen Integration* und der *funktionalen Passung* stellen zentrale Elemente des vorgeschlagenen Repräsentationskonzeptes dar: im Grunde geht es bei jedem kognitiven System um die Frage, wie der Umweltzustand (i.e., input) mittels der systemspezifischen Mechanismen in solch einer Weise in Verhalten transformiert wird, daß dieses dem Überleben des Organismus dienlich ist. In dieser *(rekursiven) Transformation* liegt auch das "Geheimnis" der *Wissensrepräsentation*. I.e., die Transformation, welche die sensomotorische Integration repräsentiert und im neuronalen Substrat physisch verkörpert, ist letztendlich für die Generierung des Verhaltens verantwortlich – der/die Beobachter/in hat kaum andere Möglichkeiten, als vom beobachteten Verhalten des Organismus im Kontext der aktuellen Umweltsituation auf das *Wissen*, welches in diesem System repräsentiert/verkörpert ist, zurückzuschließen resp. dem Organismus ein bestimmtes Wissen aus seiner/ihrer Beobachterperspektive zu unterstellen.

Das Konzept der *funktionalen Passung* (*v.Glasersfeld* [GLAS 81, GLAS 83, GLAS 90], *Oeser* [OESE 87, OESE 94]) spielt in diesem Kontext insofern eine Rolle, als es die Beziehung zum Problem der Wissensrepräsentation beschreibt: wie bereits angedeutet geht es bei der Repräsentation in neuronalen Systemen nicht um die möglichst genaue Abbildung der Umwelt, sondern darum, mittels phylo- und ontogenetischer Prozesse (z.B. evolutive Prozesse, synaptische Plastizität, etc.) jene physische Struktur und Dynamik zu entwickeln, die die soeben angesprochene *Transformation* resp. sensomotorische Integration in solch einer Weise realisiert, daß der Organismus *funktional passendes* (i.e., im weitesten Sinne überlebensförderndes) *Verhalten zu generieren* imstande ist. Auch hier gilt, daß es keine Einschränkung auf bestimmte Verhaltensweisen gibt: sie reichen von einfachen stimulus-response Verhalten, über komplexe Bewegungen, soziale Interaktionen, symbolisches Verhalten, sprachliches und kommunikatives Verhalten, bis hin zum sog. "wissenschaftlichen" Verhalten. In jedem Fall findet durch den/die Beobachter/in ein *Rückschluß* vom beobachteten Verhalten auf das *Wissen*, welches in diesem beobachteten System repräsentiert ist, statt. Dieses Wissen ist implizit in der *(neuronal realisier-*

---

[2]Dies ist aus – der in dieser Arbeit eingenommenen – *konstruktivistischen* Perspektive ohnehin nicht möglich.

ten) Transformation der sensomotorischen Integration *verkörpert*. Die neuronale und körperliche Struktur des jeweiligen Organismus repräsentiert eine phylo- und ontogenetisch entwickelte Verkörperung einer "Theorie der Umweltbewältigung" – eine Theorie, die sicherlich nicht in logischen Sätzen zusammengefaßt ist, aber die Aspekte/Kriterien der Prognose, Erklärung und erfolgreichen Manipulation der Umwelt erfüllt (Systemrelativität des Wissens [OESE 76]). Diese Sicht von Wissen eröffnet ein weites Spektrum an interessanten Implikationen, welche sich über eine alternative Auffassung von Wissen, von Sprache bis hin zu einer Neuinterpretation von "wissenschaftlichem" Wissen ausdehnen.

Als Implikation dieser beiden Konzepte kommt die Frage der *Systemrelativität* und des *Konstruktivismus* ins Spiel: wenn in dieser Arbeit von Konstruktivismus die Rede ist, so beziehe ich mich dabei immer auf die Arbeiten, die im Radikalen Konstruktivismus ihren Ursprung haben, jedoch hier in leicht modifizierter und besonders in der Frage der Repräsentation *"entradikalisierter"* und alternativer Form zur Anwendung gebracht werden (i.e., *G.Roth* [ROTH 84, ROTH 87, ROTH 91, ROTH 91a, ROTH 92], *H.v.Foerster* [FOER 73, FOER 84, FOER 90, FOER 93], *E.v.Glasersfeld* [GLAS 81, GLAS 83, GLAS 84, GLAS 87, GLAS 90, GLAS 91, GLAS 95], *W.K. Köck* [KOEC 87, KOEC 90], *Krohn* et al. [KROH88, KROH 90], *S.J.Schmidt* [SCHM 87, SCHM 87a, SCHM 90, SCHM 91, SCHM 92] *Varela & Maturana* [MATU 78, MATU 78b, MATU 80, MATU 82, VARE 81, VARE 90, VARE 91], *Riegas* [RIEG 90] u.v.a.). Der in dieser Arbeit vorgeschlagene Ansatz zum Problem der Repräsentation in neuronal basierten kognitiven Systemen und in der Wissenschaft(stheorie) ist von vier Seiten her bestimmt: (i) *neurowissenschaftliche Basis*, (ii) *konstruktivistische* Konzepte in epistemologischen und wissenschaftstheoretischen Fragen, (iii) *systemtheoretische* und kybernetische Grundlagen (die größtenteils ihre Wurzeln bei *R.Ashby* [ASHB 64] und *N.Wiener* [WIEN 48] haben) und (iv) informatische Modelle aus der *computational neuroscience* (konnektionistischer Ansatz, Modellierung neuronaler Systeme, neural computation, etc.).

Computational Neuroepistemology

Die *computational neuroepistemology* stellt die *methodische Basis* des soeben skizzierten Ansatzes zur Klärung des Problems der Wissensrepräsentation in neuronalen Systemen und zu einer Neufundierung der Wissenschaftstheorie dar (vgl. auch *Peschl* [PESC 90, PESC 91a, PESC 91b, PESC 92, PESC 92a, PESC 93]): ein zentrales Element und Charakteristikum der traditionellen Cognitive Science, wie sie etwa von *Newell* et al. [NEWE 89], *Posner* [POSN 89], *Osherson* [OSHE 90], *Simon* et al. [SIMO 89], *Stillings* et al. [STIL 87], *B.v.Eckart* [ECKA 93], u.v.a. vorgeschlagen wird, besteht darin, möglichst viele Disziplinen in den *interdisziplinären Diskurs*, der wegen der Komplexität und der Vielschichtigkeit des Phänomens der Kognition notwendig und wünschenswert ist, mit einzubeziehen. Diese Bemühung wäre an sich recht positiv, wenn uns die Praxis dieses sog. "interdisziplinären Diskurses" nicht andere Dinge zeigte: in vielen Fällen ist die Interdisziplinarität auf

Titel in Artikeln, Projektanträgen und Büchern, auf Lippenbekenntnisse, auf sehr vereinfachende Vergleiche mit (passenden) Ergebnissen anderer Disziplinen, etc. beschränkt. Sieht man sich beispielsweise Lehrbücher oder Einführungen in die Cognitive Science an (z.B. [STIL 87, OSHE 90, POSN 89] u.v.a.), so handelt es sich in den meisten Fällen um Sammelbände, in denen Wissenschaftler/innen aus einer bestimmten Disziplin die Methoden, Techniken, Theorien, Konzepte, etc. ihrer jeweiligen Disziplin darstellen und versuchen, diese auf den Problemkreis der kognitiven Phänomene anzuwenden. Von konsequenter Interaktion, Kooperation, Auseinandersetzung oder Konfrontation und Widerlegung ist jedoch nur in den seltensten Fällen etwas zu lesen. M.E. ist dies den teilnehmenden Autoren/innen auch nicht anzulasten, da es bereits an der Forderung, möglichst viele Disziplinen, die von der (kognitiven) Psychologie, Linguistik, Logik, Philosophie, AI, Informatik, Systemtheorie, etc. bis hin zur Neurowissenschaft reichen, krankt. Es stellt sich die Frage, ob es überhaupt sinnvoll ist, den Versuch zu unternehmen, all diese Disziplinen mit Gewalt zusammenzuspannen? Folgende Gründe sprechen u.a. eher gegen solch eine Vorgangsweise: Ob des hohen Spezialisierungsgrades der teilnehmenden Disziplinen sind die Reflexions- und Relativierungsmöglichkeiten innerhalb und zwischen den jeweiligen Disziplinen eingeschränkt. Diese Prozesse sind jedoch für interdisziplinäre Zusammenarbeit unbedingt notwendig, um die Theorien, Annahmen und Methoden (a) den anderen Disziplinen vorzustellen, (b) transparent und (c) u.U. kompatibel zu machen. Die Bereitschaft, diese Relativierung durchzuführen resp. Abstand zu nehmen, ist jedoch in vielen Fällen entweder nicht gut möglich oder nicht wirklich erwünscht (da sonst Gefahr bestünde, daß das gesamte oder Teile des (eigenen) Theoriengebäudes einstürzten). Der meiner Meinung nach schwerwiegendste Grund gegen ein wahlloses Zusammenspannen von Disziplinen besteht darin, daß gewisse Ansätze und Theorien einfach auf Grund ihrer Annahmen, Methoden und Intentionen *nicht kompatibel* sind. I.a.W., die Ebene, Ziele und Inhalte der Diskurse sind zu verschieden, um einen Konsens zu erreichen zu können.

Aus diesen Gründen (und derer gibt es noch einige mehr) schlägt die *computational neuroepistemology* eine pragmatische Lösung vor, in der vor allem die zuletzt genannte Schwierigkeit vermieden werden soll, indem nur Disziplinen zusammengespannt werden, bei denen ein fruchtbarer interdisziplinärer Dialog zu erwarten ist – i.a.W., es nehmen nur jene Disziplinen teil, bei denen eine gemeinsame Ebene des Diskurses gefunden werden kann, sodaß eine theoretische und logische Schließung und Interaktion gangbar wird. Der Vorschlag der computational neuroepistemology ist dahingehend, wie der Name bereits verrät, die Neurowissenschaft, die Epistemologie und die Informatik in einen interdisziplinaren Diskurs zur Frage der Repräsentation in (neuronalen) kognitiven Systemen und ihrer Implikationen im Bereich der Sprache, Wissenschaftstheorie, etc. treten zu lassen. Folgende Aufgaben kommen den einzelnen Disziplinen zu (siehe auch Abbildung 1.1). Aus Platzgründen kann dies hier nur skizziert werden – detaillierte Auskünfte geben [PESC 90, PESC 91a, PESC 91b]:

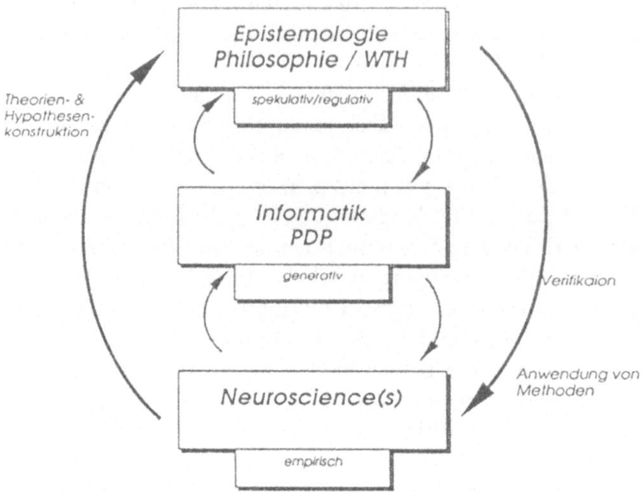

Bild 1.1 Interaktion der Disziplinen in der *computational neuroepistemology*.

Neurowissenschaft(en)

Die Neurowissenschaften stellen die *empirische* Basis für die Untersuchung kognitiver Phänomene dar. Bereits hier wird die Ausrichtung dieser Arbeit klar: nicht
mehr abstrakte Konzepte, wie Symbole oder Logiken stehen als Repräsentationssubstrat im Vordergrund des Interesses, sondern jene Mechanismen, welche für die
Repräsentation des Wissens in einem biologischen Organismus verantwortlich sind,
nämlich *neuronale Systeme*, ihre Dynamik und Eingebettetheit in die körperlichen
Strukturen. Wir gehen also davon aus, daß alles Wissen, das wir einem kognitiven
System zuschreiben/unterstellen und welches in Form von Verhalten externalisiert
wird, das Resultat der jeweiligen neuronalen Dynamik und seiner Architektur ist.
Die Neurowissenschaft stellt für eine Untersuchung aus dieser Perspektive die empirischen Befunde zur Verfügung – das will jedoch nicht heißen, daß wir uns der Empirie (und den Naturwissenschaften) unreflektiert hingeben (und unterwerfen). Gerade
aus konstruktivistischer Sicht wird deutlich, daß es sich bei sog. "empirischen Tatsachen" ebenfalls um *Konstruktionen* handelt (vgl. auch *P.Janichs* Kritik am Radikalen Konstruktivismus [JANI 92]), die das Resultat eben jener kognitiven/neuronalen
Prozesse sind, die wir untersuchen (i.e., die prinzipiell nicht hintergehbare Zirku-
larität jeglicher Untersuchung kognitiver Prozesse; z.B. *H.v.Foerster* [FOER 93]).
Vielmehr ist durch die Interaktion z.B. mit der Epistemologie eine *gegenseitige Abstimmung* der Annahmen, Methoden, Resultate, Hypothesen, etc. gegeben, welche
die unausgewogene Dominanz einer Disziplin (z.B. durch das Referieren auf sog.
"empirische Tatsachen") verhindern soll. Die Neurowissenschaft stellt klare *Randbedingungen* für die Theorien der Epistemologie dar – diese Randbedingungen sind

jedoch selber wieder das Resultat eines Diskurses zwischen den Disziplinen. Der Neurowissenschaft kommt die Rolle eines empirischen Referenzpunktes, der jedoch auch als Resultat eines Konstruktionsprozesses verstanden wird, zu. Die Regeln, wie diese Referenz zustandekommt, werden im Diskurs mit den jeweils anderen Disziplinen "ausgehandelt".

Epistemologie und Wissenschaftstheorie

Die Epistemologie stellt in gewissem Sinne einen Gegenpol zur empirisch arbeitenden Neurowissenschaft dar: ihre Theorien sind zumeist abstrakter und *spekulativer* Natur. Der Ansatz der computational neuroepistemology schlägt eine Zusammenführung resp. Annäherung dieser beiden Pole (i.e., empirisch vs. spekulativ) in einer *naturalisierten Epistemologie*, wie sie etwa von den *Churchlands* [CHUR 79, CHUR 81, CHUR 86, CHUR 89] oder von *E.Oeser* et al. [OESE 88] vertreten wird, vor. Wie bereits angedeutet, steht jedoch nicht das sich unreflektierte "Hingeben" an empirische/neurowissenschaftliche Befunde im Vordergrund, sondern die gemeinsame Reflexion der Annahmen, Methoden, Resultate und der sich daraus ergebenden Implikationen in bezug auf die Frage der Wissensrepräsentation. Weiters wird von einem *konstruktivistischen* Grundverständnis ausgegangen, das größtenteils auf den weiter oben angeführten Vertretern beruht. Das Ziel besteht darin, eine konstruktivistisch "inspirierte" Repräsentationstheorie zu entwickeln, die (a) mit den empirischen Theorien/Konstrukten der Neurowissenschaft(en) kompatibel und (b) als Grundlage eines alternativen Verständnisses von Sprache und Wissenschaft dienen kann. Die Aufgabe der Epistemologie besteht darin, (spekulative) Theorien der Repräsentation zu liefern. Diese stellen eine *Stimulation* für die Neurowissenschaft und die Informatik dar, die diese Theorien aufgreifen, prüfen, weiterentwickeln, etc. Im Gegenzug muß die Epistemologie auf die (berechtigten) Einschränkungen/Kritikpunkte dieser beiden anderen Disziplinen ebenso eingehen.
   Der zweite große Aufgabenbereich der Epistemologie/Wissenschaftstheorie (WTH) ist in zweifacher Hinsicht eher *wissenschaftstheoretischer* Natur: (i) Kontrolle, Regulierung und "Überwachung" des interdisziplinären Diskurses (z.B. Reflexion der angewandten Methoden, der jeweiligen Annahmen, etc.). (ii) Da es in diesem Ansatz um die Entwicklung einer alternativen (naturalisierten) Auffassung von Wissensrepräsentation geht, haben die Ergebnisse dieses Unternehmens natürlich auch Auswirkungen auf die Wissenschaftstheorie selber: sie wird an ihrer Wurzel getroffen, nämlich an der Frage, wie aus der Interaktion Wissen repräsentierender kognitiver Systeme mit der Umwelt (und aus der Interaktion kognitiver Systeme miteinander) sog. wissenschaftliches Wissen entsteht. In diesem Sinne ist die zu Beginn erwähnte "Neufundierung" der WTH zu verstehen (vgl. [GIER 92, BRAK 94]) – die traditionellen Ansätze werden dadurch nicht nutzlos, sie erhalten lediglich in einigen Fällen ein neues Fundament.

Informatik

Der Bereich der Informatik, welcher im Kontext der computational neuroepistemology von Interesse ist, bezieht sich in erster Linie auf drei Domänen: (a) *computational neuroscience* resp. *Konnektionismus* [RUME86d, CHUR 89a, CHUR 90, CHUR 92, HERT 91, KOHO 88, SCHW 90, SEJN 90, RUME 89, BECH 91, CRIC 89]; i.e., der Versuch, neuronale Prozesse auf dem Computer zu *simulieren*, (b) der simulative Zugang zu *evolutionären* Prozessen (z.B. Artificial Life, genetische Algorithmen, etc. [BELE 90, BELE 91, CLIF 91, CLIF 91a, LANG 89, LANG 91, LANG 93, HOLL 75, GOLD 89, HARP 89, MITC 94] u.v.a.) und (c) auf die allgemeine Frage der *Informationsverarbeitung* und Repräsentation in neuronalen Strukturen (aus informatischer und *systemtheoretischer* Sicht; vgl. z.B. *Cummins* et al. [CUMM 91]). Die Konzepte der traditionellen AI (i.e., Symbolverarbeitung, symbolische Repräsentation, etc.) finden aus Gründen, die noch ausführlich diskutiert werden, in diesem Ansatz *keinen* direkten Eingang. Das Konzept der *Simulation* stellt einen zentralen Punkt in der computational neuroepistemology dar: sie spielt die Rolle (a) eines "Konstruktionswerkzeuges" und (b) einer *Vermittlerin* zwischen den beiden Polen der Spekulation und der Empirie. So können etwa spekulative Theorien der Epistemologie zuerst einmal simulativ erprobt werden. Damit kann man aufwendige und zumeist recht teure empirische (und u.U. ethisch problematische) Experimente vorerst einmal vermeiden und erst bei Erfolg des simulativen Zuganges an eine empirische Verifikation denken. Andererseits stellt sich heraus, daß die computational neuroscience oft selber (zumeist systemtheoretische) Konzepte z.B. zur Frage des Lernens resp. der synaptischen Plastizität besitzt und in Simulationen erfolgreich testet; diese dienen der Neurowissenschaft, ebenso wie die Vorschläge aus der Epistemologie, als *stimulativer* input – im Gegenzug kann die Neurowissenschaft aus diesem "informatisch-systemtheoretischen input" nach ihren (empirischen) Untersuchungen wieder Verbesserungen für das informatische und epistemologische Modell vorschlagen, etc. In jedem Fall stellt die Informatik und vor allem die Konzepte der Simulation neuronaler Prozesse (auf allen Ebenen) und der Informationsverarbeitung/Systemtheorie eine Plattform und sehr generelle Terminologie zur Verfügung, auf/in der sich die oftmals sehr detailreichen *bottom-up* Ansätze der Neurowissenschaft mit den zumeist *top-down* Zugängen der Epistemologie treffen (und u.U. einigen) können.

Aus dieser eher verkürzten Darstellung wird klar, daß sich die jeweiligen Disziplinen gegenseitig einerseits ganz klare *Randbedingungen* auferlegen und andererseits *stimulativen* input liefern. Außerdem ist durch die Festsetzung der Untersuchungsebene, nämlich im Bereich neuronaler Systeme, die Voraussetzung für theoretische, methodische und diskursive Kompatibilität und die Kopplung der teilnehmenden Disziplinen geschaffen. Wie in Abbildung 1.1 dargestellt, kommt es zu einer *zirkulären Wissensentwicklung* und *Theoriendynamik*, die von allen drei teilnehmenden Disziplinen in gleichem Maße getragen wird. Das von *P.Janich* [JANI 92] angesprochene Problem der "stillschweigenden" (p 41) Annahme von resp. des Referierens auf physikalistische, neurowissenschaftliche und/oder systemtheoretische Konzepte kann durch diese Architektur nicht völlig gelöst werden (dies ist m.E. [gerade im

konstruktivistischen Verständnis] prinzipiell nicht möglich) – vor allem durch die
"Gleichberechtigung", gegenseitige Verifikation und Reflexion der teilnehmenden
Disziplinen scheint diese Problematik zumindest ein wenig entschärft zu werden.
Das gemeinsame Ziel ist die Konstruktion einer Theorie (und ihrer Implikationen)
der Repräsentation in neuronal basierten kognitiven Systemen, die von allen beteiligten Disziplinen geteilt werden kann. Abstrakt und vereinfacht gesprochen geht es
darum, ein *Equilibrium* einerseits zwischen den Randbedingungen der Umwelt (z.B.
neuronale Systeme und ihre Struktur, etc.) und andererseits zwischen den Randbedingungen der theoretischen Konzepte der einzelnen Disziplinen zu schaffen. Diese
Methodologie wird uns durch die ganze Arbeit begleiten und uns einige hilfreiche
Dienste leisten.

Struktur und Aufbau der Arbeit

Das zentrale Anliegen dieser Arbeit besteht darin, das *konstruktivistische* Gedankengut in die Frage der *Repräsentation* in neuronal basierten natürlichen und künstlichen kognitiven Systemen mit allen Konsequenzen zu integrieren – eine dieser
Konsequenzen, die u.a. in dieser Arbeit aufgezeigt wird, besteht im Vorschlag einer
Neufundierung der *Wissenschaftstheorie* resp. in der Vorstellung einer alternativen
Perspektive auf wissenschaftliche Prozesse. Diese basieren auf den Repräsentationskonzepten, die bezüglich einzelner kognitiver Systeme entwickelt wurden. Es geht
darum, die Entwürfe des Konstruktivismus, wie etwa dessen zentrales Konzept der
Konstruktion oder der funktionalen Passung im neuronalen Repräsentationssubstrat
"festzumachen"; i.e., anhand von empirischen, (system-)theoretischen und "simulativen" Überlegungen und Resultaten wird aufgezeigt, wie z.B. die – oftmals von
epistemologischer Seite relativ spekulativ – postulierten Konstruktionsprozesse im
Nervensystem realisiert sind (z.B. Lernen, synaptische Plastizität, Transduktion,
crossmodale Verschränkung, genetische Dynamik, etc.).

Dabei bedienen wir uns einerseits *epistemologischer* und *wissenschaftstheoretischer* Konzepte, wie etwa des Konstruktivismus, der Theoriegeladenheit, der Systemrelativität, der funktionalen Passung, etc., empirischer Befunde aus der "traditionellen" *Neurowissenschaft* und andererseits Konzepte aus der *computational
neuroscience* (z.B. Aktivierungs- und Gewichtsräume, Lernalgorithmen, rekursive
neuronale Architekturen, einfache Modelle künstlicher neuronaler Systeme, etc.)
und Konzepte aus der Theorie *dynamischer Systeme*, wie etwa, Attraktoren, Trajektorien, Fixpunkte, limit cycles, chaotisches Verhalten, Automaten, Zustandsräu-
me, etc. Im Mittelpunkt steht die Frage der *sensomotorischen Integration* – auf
dieser aufbauend wird ein *"neuronal fundiertes und konstruktivistisch inspiriertes
Konzept von Repräsentation"* entwickelt, dessen Implikationen auf das Problem der
sozialen Interaktion, der Sprache, der Kommunikation und auf wissenschaftstheoretische Fragen diskutiert werden. Es handelt sich weder um eine neurowissenschaftliche Arbeit, noch erhebt sie den Anspruch neue (technische oder naturwissenschaftliche) "Erkenntnisse" für die Neuroinformatik beizutragen – die Konzepte und Er-

gebnisse dieser beiden Disziplinen dienen lediglich als *Werkzeuge/Instrumente* für die Entwicklung der zuvor angesprochenen naturalisierten Repräsentationstheorie/-vorstellung. Es findet eine z.T. alternative Interpretation der Resultate und Konzepte statt, die von diesen Disziplinen vorgelegt werden.

In Kapitel 2 und 3 werden die Ausgangsprobleme, die theoretischen Grundlagen, Prämissen und Ziele der Argumentation vorgestellt: die Ausgangsfrage betrifft das Problem, wie die Umwelt in unseren Gehirnen *repräsentiert* wird resp. wie kognitive Systeme Verhalten erzeugen können, welches ihnen erlaubt, physisch, sozial, kulturell, etc. zu überleben. Das Problem der *sensomotorischen Integration* stellt sich als ein zentraler Punkt heraus. Die Konzepte der *Konstruktion, der Systemrelativität, der neuronalen Repräsentation/Verarbeitung* und der *funktionalen Passung* treten an die Stelle traditioneller Repräsentationsvorstellungen. Außerdem wird klar, daß *evolutive Prozesse* in der Frage der Repräsentation eine zentrale Rolle spielen: sie stellen das "Ausgangssubstrat" für jegliches kognitives System zur Verfügung und stecken somit den Rahmen der "Verhaltens-/Wissensmöglichkeiten", innerhalb dessen sich das jeweilige kognitive System bewegen kann, ab. In Kapitel 4 und 5 unternehmen wir erste "Gehversuche" mit den in Kapitel 2 und 3 vorgestellten Konzepten: es stellt sich heraus, daß es bei der Repräsentation in neuronalen kognitiven Systemen *nicht* um eine Abbildung der Umwelt im neuronalen Substrat, sondern um die *Generierung adäquaten Verhaltens* geht.

Kapitel 6 und 7 widmen sich einer Klasse von neuronalen Systemen/Architekturen, die einige sehr schwer wiegende Probleme und Fragen im Bereich der Repräsentation nach sich ziehen: neuronale Systeme mit *rekursiver Architektur*. Es stellt sich nämlich heraus, daß wir in rekursiven Architekturen die herkömmliche Vorstellung von Repräsentation als einen "stabilen Verweis" oder als ein "stabiles für-etwas-Stehen" *aufgeben* müssen. Ein wichtiges Konzept, in welchem die Konstruktivität des Wissens wahrscheinlich am stärksten zum Vorschein kommt, wird in Kapitel 8 vorgestellt: *ontogenetische Adaptation, neuronale Plastizität* oder *"Lernen"*. Das Konzept der *Verkörperung* von Wissen in der neuronalen Architektur resp. in der Konfiguration der synaptischen Gewichte spielt in diesem Kontext eine zentrale Rolle. Aus all diesen Überlegungen ergibt sich die Frage, wo eigentlich der "Ort" der Repräsentation in neuronalen kognitiven Systemen ist, was das *Substrat* der Repräsentation darstellt und in welcher Beziehung es zu seiner Umwelt steht. In Kapitel 9 werden einander drei Kandidaten für das *Repräsentationssubstrat* gegenübergestellt: (i) neuronale Aktivierungen resp. Aktivierungsmuster, (ii) synaptische Gewichte und (iii) Trajektorien resp. Stabilitäten in neuronalen Systemen. Das *symbiotische Zusammenspiel* von Aktivierungen und synaptischen Gewichten (i.e., die Ausbreitung der Aktivierungen) machen zusammen die Repräsentationsfunktion eines neuronalen Systems aus. Dies wird anhand einer Analogie aus der Informatik (i.e., ein finiter Automat) aufgezeigt. Im Anschluß daran werden die epistemologischen Konsequenzen diskutiert.

Kapitel 10 stellt einen anderen Aspekt der Repräsentation in den Vordergrund: nämlich, daß nicht nur im neuronalen System "Wissen" repräsentiert ist, sondern auch in der restlichen Struktur und im Aufbau des gesamten Körpers. Es wird gezeigt, daß besonders den *Sensoren* eine zentrale Stellung im Repräsentations-

/Konstruktionsprozeß zukommt. In Kapitel 11 wird die Integration der entwickelten Konzepte in den größeren Kontext der sozialen Interaktion, der Sprache, der "Kultur" (im allgemeinsten Sinne) und der Wissenschaft vorgenommen. Anhand von zehn Schritten wird der *konstruktive* Charakter des Wissens, begonnen bei den Sensoren bis hin zu sog. "wissenschaftlichen Wissen" aufgezeigt.

Dank

Eine Unzahl an Diskussionen, Anregungen, Vorträgen, etc. sind dieser Arbeit vorausgegangen – die wohl einschneidensten Ereignisse in meiner intellektuellen Entwicklung waren meine Begegnung mit dem *konstruktivistischen* Gedankengut und meine Forschungsaufenthalte an der *University of California, San Diego (UCSD)* (Herbst 1991, Herbst 1992–Sommer 1994). Vor allem den zweiten Aufenthalt verdanke ich dem *Fonds zur Förderung wissenschaftlicher Forschung* (resp. den österreichischen Steuerzahlern/innen), von dem ich ein *Schrödinger*stipendium zugesprochen bekommen habe. Ebenso bin ich der Bundeswirtschaftskammer und der österreichischen Forschungsgemeinschaft für weitere "Sponsorengelder", die diese Arbeit ermöglicht haben, dankbar.

In San Diego waren Paul und Patricia *Churchland* und Jeff *Elman* meine Hauptansprechpartner – ihnen, ihren ausgezeichneten Vorlesungen und Seminaren und den vielen Diskussionen verdanke ich eine Reihe von Anregungen und Kritikpunkten. Während meiner Forschungsaufenthalte an der UCSD habe ich meine Ausbildung in der Neurowissenschaft, sowie eine Vertiefung meines Wissens in den Bereichen der Wissenschaftstheorie/Epistemologie, der computational neuroscience, Artificial Life und Konnektionismus erfahren. Den Graduate Studenten/innen des Philosophy and Cognitive Science Departments der UCSD gebührt Dank für ihre Ausdauer in Diskussionen. In Wien danke ich besonders Erhard *Oeser*, der mir über weite Strecken dieser Arbeit mit Rat und Tat beigestanden ist. Viele Anregungen und Mithilfe verdanke ich Astrid v. *Stein*, Christian *Stary*, Siegfried *Schmidt* (Univ. Siegen), Paul *Bouissac* (Univ. of Toronto), Ernst v. *Glasersfeld* (Univ. of Massachusetts), Marco *Bettoni*, meinem Bruder *Johannes*, J. *Maly*, Barbara *Sattler*, Toni *Weichinger*, Hr. Albrecht *Weis* vom Vieweg Verlag, u.v.a. Besonderer Dank gebührt meinen Studenten/innen, die mich (a) geduldig anhörten und (b) meine Ideen ausführlich auf die Probe stellten.

Ich möchte dieses Buch in Dankbarkeit meinen *Eltern*, Ingrid und Paul, widmen, da sie mir durch ihre Zuneigung, Offenheit und ihr Engagement meine Entwicklung ermöglichten.

Univ. of California, San Diego (UCSD)
Frühjahr 1994   M.F.P.

permanente Adresse des Autors:
Institut für Wissenschaftstheorie und -forschung, Universität Wien
Sensengasse 8/10, A 1090 WIEN, AUSTRIA
Tel: +43-1-402 7601, Fax: +43-1-408 8838, e-mail: a6111daa@vm.univie.ac.at

2 Neuronale Wissensrepräsentation I: Grundfragen

> *"Es ist einfach meine Überzeugung, ... daß*
> *Denken eine Einrichtung für sich ist, und das wirkliche*
> *Leben eine andere. Denn der Stufenunterschied zwischen den*
> *beiden ist gegenwärtig zu groß. Unser Gehirn ist einige tausend*
> *Jahre alt, aber wenn es alles nur halb zu Ende gedacht und zur andern*
> *Hälfte vergessen hätte, so wäre sein getreues Abbild die*
> *Wirklichkeit. Man kann ihr nur geistige Teilnahme verweigern."*
> R.Musil, Der Mann ohne Eigenschaften, p 274 (Teil I)

2.1 Umwelt und Repräsentation

Am Beginn unserer Überlegungen steht eine scheinbar harmlose und einfache Frage:
*"Wie repräsentiert unser Gehirn die Welt und wie generiert dieses Gehirn "adä-
quates" Verhalten"*? Wie sich im Laufe der folgenden Kapitel herausstellen wird,
ist die Antwort auf diese Frage alles andere als trivial. Wir werden uns zuerst mit
der grundsätzlichen Funktionsweise neuronaler Systeme auseinanderzusetzen haben
und einige epistemologische Fragen beantworten müssen, bevor wir uns diesem Problem zuwenden können. Dieses Kapitel besitzt folgende Struktur: vorerst werden –
im Kontext der *computational neuroepistemology* – allgemeine Überlegungen über
Repräsentationssysteme und Kriterien der Repräsentation angestellt. Danach werden die Grundannahmen und die Ziele der Argumentation dieser Arbeit präsentiert.
In den folgenden Kapiteln wird versucht, diese Ziele Schritt für Schritt zu entwickeln
und argumentativ einzuholen. Im folgenden werden Begriffe wie Funktion, Berechnung, neuronale Verarbeitung, Vektorräume, Trajektorien, etc. entwickelt. Diese
dienen in den folgenden Kapiteln als *Werkzeuge*, welche ein besseres Verständnis
von Wissensrepräsentation in natürlichen und künstlichen neuronalen Systemen ermöglichen sollen.

Ausgehend von diesen Konzepten wird versucht, einen alternativen Repräsentationsbegriff zu entwickeln. Die Grundidee besteht darin, daß es *nicht* so sehr darum
geht, die (Um)Welt möglichst genau und in allen Aspekten im Repräsentationssystem abzubilden, sondern vielmehr um die *Generierung adäquaten* oder *funktional
passenden Verhaltens*. Dies wird anhand einiger Beispiele illustriert. Wissen wird als
Resultat eines *konstruktiven Adaptationsprozesses* und als *Verkörperung* der Regularitäten zur Umweltbewältigung und Aufrechterhaltung der internen Stabilitäten
verstanden.

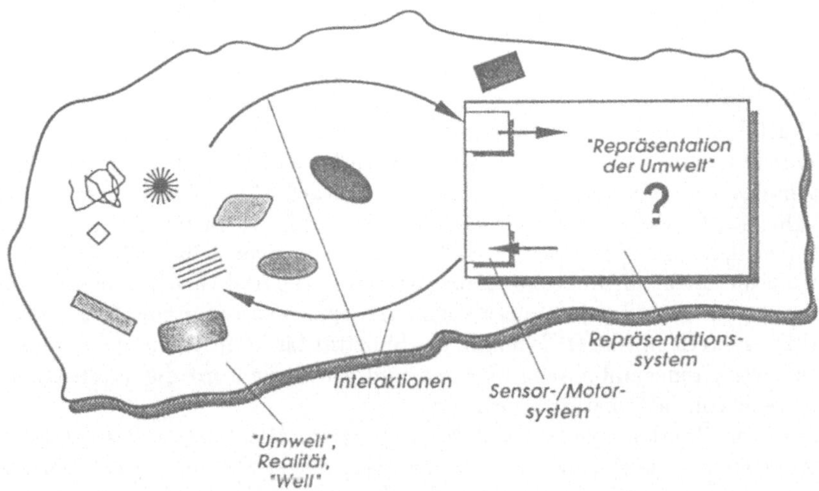

Bild 2.1 Umwelt und kognitives System

2.1.1 "Ausgangsparameter"

Ausgehend von unserer Frage "wie repräsentiert das Gehirn unsere Welt und wie generiert dieses Gehirn "adäquates" Verhalten?", müssen wir in einer ersten Annäherung folgende "Ausgangsparameter" in Betracht ziehen, welche in den Prozeß der Wissensrepräsentation involviert sind. Abbildung 2.1 stellt die Situation, in der wir uns bei der Untersuchung eines Wissen repräsentierenden Systems befinden, dar; folgende Größen, ihre Dynamik, Interaktionen und Relationen zueinander müssen genauer untersucht werden:

(i) Umwelt & ihre Struktur

Jedes kognitive System ist in eine *Umwelt eingebettet. Mit* dieser steht es in kontinuierlicher Interaktion und *in* dieser muß es überleben. Um dies zu erreichen, muß es adäquates Verhalten generieren und über die Struktur der Umwelt "Bescheid" wissen. Die Begriffe "Welt", "Umwelt" und "Realität[1]" werden im folgenden synonym verwendet. Die Umwelt ist jedem Repräsentationssystem *vorausgesetzt* – es benötigt ein Medium, (a) in dem es sich *verhalten* und *bewegen* kann: i.e., ein Repräsentationssystem benötigt einen Bereich, in dem es wirken kann, in dem es etwas verändern kann, von dem es selbst verändert werden kann und in dem es eingebettet ist. (b) Von der Umwelt erhält der Organismus *Stimuli*: die Umwelt ist – neben den internen Parametern – der "Hauptlieferant" für Stimuli. Für das

---

[1] Der Begriff der *Realität* ist im Bereich des Konstruktivismus sehr gebräuchlich und wird im Gegensatz zum Begriff der *"Wirklichkeit"* verwendet, welcher die "erfahrene, bereits repräsentierte Umwelt" bezeichnet.

kognitive System gilt es, diese Stimuli zu kategorisieren, Regelmäßigkeiten festzustellen, etc. und aus diesem "Wissen" adäquates Verhalten zu erzeugen. (c) Die
Umwelt ist für die *Energiezufuhr* des kognitiven Systems verantwortlich. (d) Um
überlebenssicherndes Verhalten generieren zu können, muß die Struktur – in einer
noch ausführlich zu diskutierenden Art – im (neuronalen) Verarbeitungssystem *repräsentiert* werden. Wie sich herausstellen wird, hat Repräsentation jedoch nichts
mit Abbildung der Umwelt zu tun! (e) Die Umwelt stellt eine *gemeinsame Basis*
für jegliche *interaktive/kommunikative*[2] *Prozesse* dar: sie ist für alle kognitiven Systeme gleich; i.e., sie präsentiert sich allen kognitiven in der selben Weise, wird aber –
aufgrund unterschiedlicher sensorischer Anordnungen und verschiedener neuronaler
Architekturen – von den jeweiligen kognitiven Systemen unterschiedlich "erfahren".
Die Umwelt stellt mit ihrer Dynamik das Substrat für kommunikative Prozesse dar.
Auf sie referieren symbolische Systeme und durch sie wird die Interaktion (i.e.,
"Austausch von Information") realisiert[3].

Aus diesen Überlegungen folgt, daß wir in diesem Ansatz ein *solipsistisches* Weltbild *ausschließen*. Die Umwelt ist ein physisch realisierter materieller Bereich mit
seiner eigener Dynamik, in dem kognitive Systeme eingebettet sind. Sie gilt als gemeinsame *Referenz* und präsentiert sich allen Repräsentationssystemen in gleicher
Form.

Im Bereich der Theorien über Kognition kann man zumindest zwei Annahmen über die Struktur der Umwelt finden: (a) eine *linguistische* Umwelt: diese
Position wird von den meisten kognitiven Psychologen/innen und von der symbolischen AI eingenommen, und besagt etwa folgendes: ein kognitives System repräsentiert seine Umwelt mittels Symbolen/Sprache. Diese Umwelt muß in irgendeiner Weise nach sprachlichen Kategorien geordnet sein. Die Ein-/Ausgabe dieser
Systeme/Programme ist – auf konzeptueller Ebene – zumeist symbolischer Natur,
was auf die implizite Annahme schließen läßt, daß sich in der Umwelt auch sprachliche Strukturen befinden müssen. Natürlich würde der symbolische Ansatz solch
eine Annahme nicht explizit machen – dann aber bleibt die Frage offen, wie aus der
Umweltstruktur die symbolische Struktur der Ein-/Ausgabe erzeugt wird. Diese
Frage der *Symbolisierung* und der Semantik ist im Grunde eine zentrale und bleibt
m.E. vom symbolverarbeitenden Ansatz nicht nur weitgehend unbeantwortet, sondern in den meisten Fällen sogar gänzlich unberührt und ungefragt. Als alternativen
Zugang zu diesem Problem können wir die plausiblere Annahme machen, daß (b)
die Umwelt eine Welt von (bedeutungslosen) *Energieflüssen* ist, die auf die kognitiven Systeme einströmen. Für welche Annahme wir uns entscheiden, hat natürliche
tiefgreifende Folgen für die Struktur der Repräsentation, der Verarbeitung und des
Interfaces zwischen Umwelt und Repräsentationssystem.

---

[2] Kommunikation wird im weitesten Sinne verstanden: i.e., nicht nur reduziert auf den Austausch
von sprachlichen Symbolen, sondern *jegliche Form der Interaktion* zwischen kognitiven Systemen.
[3] I.e., die Umwelt stellt z.B. das Substrat für die Ausbreitung akustischer Wellen dar.

(ii) Repräsentationssystem

Der zweite "Parameter", den man im Kontext des Problems der Repräsentation berücksichtigen muß, ist natürlich die Frage nach dem *Repräsentationssystem* selber. Auch diese müssen wir in weitere Unterfragen aufteilen: (a) welcher Natur ist der *logische Aufbau* und die logische Architektur/Struktur? Hier geht es um die Frage der *abstrakten Organisation* des Repräsentationssystems. (b) Wie ist die Verarbeitung und (c) Repräsentation von Wissen *realisiert*? (d) Welche *epistemologischen* Annahmen werden durch die Realisierung des Wissensrepräsentationssystems in der einen oder anderen Form impliziert? Dieser Punkt scheint m.E. zentral zu sein – er sollte *nicht* erst nach der Realisierung des jeweiligen Repräsentationssystems gefragt werden, sondern bereits bei der Entwicklung eines Repräsentationskonzeptes eine hohe Priorität besitzen. Durch rechtzeitige Berücksichtigung dieses Punktes ist es möglich, viele Sackgassen, die man zu Beginn als Naturwissenschaftler/in gar nicht sieht, zu vermeiden. Der letzte Punkt (e) betrifft die Frage der *biologischen Plausibilität*. Noch vor wenigen Jahrzehnten hätte der/die Psychologe/in argumentieren können, daß die Biologie resp. die Neurowissenschaft noch viel zu wenig über die Struktur des neuronalen Repräsentationssystems weiß, als daß sie ernsthaft über eine Repräsentationstheorie oder über "kognitive Prozesse" Aussagen machen könnten; wie noch ausführlich dargestellt wird, hat sich dieses Bild jedoch in den letzten Jahren durch große Fortschritte in der experimentellen und computational neuroscience drastisch geändert.

(iii) "Interface" & Interaktionen

Die Frage nach dem "Interface" beschäftigt sich damit, wie der *Zugang* des kognitiven Systems zu seiner *Umwelt realisiert* ist. Damit sind in erster Linie die Realisierung der Sensor- und der Effektorsysteme gemeint. Der Fragenbereich der Interaktionen, welcher eng an das Problem des Interfaces gebunden ist, gliedert sich in folgende Unterfragen: (a) in welcher (logisch-abstrakten) Form finden die Interaktionen zwischen Umwelt und Repräsentationssystem statt und wie sind diese physisch realisiert? Dabei haben wir zumindest zwei Alternativen: entweder wir entscheiden uns für eine *symbolische* (sprachliche) oder für eine *sensomotorische* Form der Interaktion. Wenn wir uns diese Frage von einer *prinzipiellen* Perspektive ansehen, so wird schnell klar, daß die symbolische Interaktion ebenfalls auf eine rein physische Interaktion zurückgeführt werden kann – der Benutzer des Computers löst z.B. durch das Drücken einer Taste genau so eine physisch-kausale Kette aus, wie das Auftreffen eines Stimulus auf einen Sensor. In der *konzeptuellen* Betrachtungsweise müssen wir jedoch diese Trennung aufrecht erhalten: im einen Fall ist die Interaktion über sprachliche Entitäten, Beschreibungen, "semantisch geladene" Symbole, etc., im anderen Fall durch rein physische (an sich) "bedeutungslose" Energieflüsse realisiert. Die Lösung dieser Fragen hängt auch davon ab, welche logische Struktur das *Repräsentationssystem* hat und in welche *Umwelt* das kognitive System *eingebettet* ist.

   (b) Die zweite Frage betrifft einen eher *epistemologischen* Aspekt: in welcher

Relation stehen die *Interaktionen* zur *Realität/Umwelt*? Diese Frage ist weniger trivial als sie auf den ersten Blick scheint: im Grunde geht es nämlich um die Repräsentation der Umwelt selbst; i.a.W., wie sich die *Natur selbst repräsentiert*, resp. dem kognitiven System selbst präsentiert: hier tritt eines der Probleme des symbolverarbeitenden Ansatzes klar zutage: das was ein symbolverarbeitendes System an input erhält, ist sicherlich *nicht* ein direktes Signal der Umwelt (im ursprünglichen Sinne). Vielmehr ist es ein (zwar physisches) Signal, das jedoch schon – durch ein (menschliches) kognitives System – seine Originalität verloren hat und in ein Symbol umgewandelt wurde. I.a.W., das symbolverarbeitende kognitive System ist mit *symbolischen Beschreibungen* der Umwelt anstelle der ursprünglichen Signalen der Umwelt konfrontiert. Die Einführung eines – m.E. sehr wesentlichen und verzerrenden – Zwischenschrittes, in dem viele Probleme, welche eigentlich durch das kognitive System selber gelöst werden müßten, bereits durch eine/n menschliche/n Benutzer/in gelöst und vorweggenommen werden, ist nicht nur biologisch (und epistemologisch) unplausibel, sondern wischt auch die interessanten Fragen, wie etwa ein Symbol entsteht, wie es zu seiner Bedeutung kommt, wie aus einer ungeheuren Vielfalt an input-Signalen ein adäquates output(Motor)-signal generiert wird, wie Symbole neuronal repräsentiert werden, etc. vom Tisch. Aus diesem Grund werden wir der *sensomotorischen Einbettung* und *Interaktion* den Vorzug geben: die Signale bleiben (bis zum Sensorsystem) in ihrer Originalität erhalten und sind keine secondorder Beschreibungen der Umwelt[4]; es sind die Umweltsignale selbst, mit denen das kognitive System interagiert. Kein externer Transformationsmechanismus zwischen physischen Signalen und Symbolen ist mehr notwendig – lediglich ein Mechanismus, welcher physische Umweltsignale in neuronale Aktivierungsmuster und vice versa transformiert.

2.1.2 Erste Annäherung an die Ziele eines alternativen Repräsentationsbegriffes

Das Ziel dieser Arbeit ist relativ einfach zu umreißen: es geht darum, ein *alternatives Konzept* von *Repräsentation* zu entwickeln, welches die Schwierigkeiten, Unplausibilitäten, Probleme, etc. der herkömmlichen Idee von Repräsentation, die sich in sehr vielen Fällen auf eine – im allgemeinsten Sinne – *abbildende/referierende* Vorstellung zurückführen läßt, hinter sich läßt. Um in einer ersten Annäherung eine Vorstellung zu bekommen, versuchen wir eine (negative) Einschränkung durch die folgenden Kriterien, welche von solch einem Repräsentationskonzept erfüllt werden müssen, zu geben:

(a) biologische Plausibilität: Wenn wir an der Funktionsweise kognitiver Systeme und an kognitiven Phänomenen interessiert sind, so ist es sicherlich *nicht* (mehr) ausreichend, *spekulative* Annahmen und Konzepte über Repräsentation, "Verarbeitung von Wissen" und Verhaltensgenerierung zu entwickeln. In einem Jahrzehnt, in dem Biologie und Neurowissenschaft(en) Fortschritte gemacht haben, wie in den

---

[4]Schließlich hat es unser Sensor-/Nervensystem ja auch nicht mit sprachlichen Beschreibungen der Umwelt zu tun, sondern mit den physischen *Umweltsignalen* selber.

letzten Jahrhunderten zusammen, ist es hoch an der Zeit, deren Ergebnisse und Theorien in Gebiete einzubeziehen, die bisher vornehmlich der Philosophie, Psychologie, Linguistik, etc. vorbehalten waren. Da es sich bei kognitiven Systemen in erster Linie um *biologische Systeme* handelt und wir solche Systeme mittlerweile recht gut zu verstehen beginnen, müssen Konsequenzen auch im Bereich der Untersuchung kognitiver Systeme/Phänomene gezogen werden. Aus der Perspektive des aktuellen neurowissenschaftlichen und (neuro)biologischen Wissens scheint die Zeit gekommen, jene Maschinerie zu enthüllen, welche für all diese äußerlich beobachteten Phänomene verantwortlich ist, und alle Konsequenzen – auch philosophischer und epistemologischer Natur – anzunehmen. Diese explizit zu machen, ist eines der Ziele dieser Arbeit. Wir verfolgen einen *naturalisierten* Ansatz, der versucht, reine "arm-chair philosophy" und "propositional folk-psychology talk" in seinen Theorien über Wissensrepräsentation auszublenden und durch neurowissenschaftliche und (naturalisiert) epistemologisch haltbare Konzepte zu ersetzen. In diesem Sinne folgen wir den Programmen, welche u.a. von den *Churchlands* [CHUR 86, CHUR 88, CHUR 89, CHUR 91] unter den Begriffen der *"neurophilosophy"* oder eliminativer Materialismus, oder von *E.Oeser* et al. [OESE 88, OESE 94] unter dem Begriff *"Neuroepistemologie"* bekannt wurde. *Computational neuroepistemology* [PESC 90, PESC 91a, PESC 92, PESC 93] ist ein weiterer Schritt in diese Richtung, der versucht, epistemologische Konzepte mit dem Wissen der experimentellen und computational neuroscience in konsequenter Weise zu verbinden.

(b) epistemologische Plausibilität: Dieser Forderung nach naturwissenschaftlicher Plausibilität folgend ist es wichtig, *epistemologischen* Überlegungen einen angemessenen Stellenwert in diesem Ansatz zur Repräsentationsfrage einzuräumen. Das will heißen, daß Epistemologie und Naturwissenschaft – wie bereits in der Diskussion über computational neuroepistemology erwähnt – nicht so sehr in einem Konkurrenzverhältnis stehen, als vielmehr dazu aufgefordert sind, sich gegenseitig zu *stimulieren* und zu *kontrollieren*. Nur ein ausgewogenes Verhältnis zwischen diesen beiden Extremen (i.e., Spekulation vs. empirische "Evidenz") kann zu einem Ergebnis führen, welche die Forderungen beider Lager in befriedigender Weise erfüllt. Dies wird in der bereits skizzierten Methodologie der computational neuroepistemology realisiert – im Laufe dieser Arbeit wird versucht, diese Methodologie konsequent sowohl auf neurowissenschaftliche Phänomene als auch auf epistemologische Konzepte anzuwenden.

(c) Informationsverarbeitung und Computation: Die meisten Ansätze und Theorien über kognitive Phänomene orientieren sich in mehr oder weniger expliziter Weise an der Vorstellung, daß das, was unser Gehirn resp. eine "künstlich intelligente" Maschine tut, eine Form von *Informationsverarbeitung* ist. Dies stellt eines der wenigen Basiskonzepte dar, welche die meisten kognitiven Theorien verbindet. Die Realisierungen, freilich, fallen so verschieden aus, wie es verschiedene Interpretationen der Begriffe Berechnung (= "computation"), Information und -sverarbeitung gibt. Der Ansatz, der in dieser Arbeit verfolgt wird, stützt sich auf die Annahme, daß die Prozesse in unserem *Nervensystem Informationsverarbeitungsprozesse* sind. Dies ist freilich noch ausführlich zu diskutieren.

(d) Simulation: Ist das Kriterium (c) der Informationsverarbeitung erfüllt, so ist die Erfüllung der *Simulierbarkeit* – zumindest aus prinzipiell-theoretischer Perspektive – gegeben. Über das Argument der *Turing*-Äquivalenz lassen sich zumindest theoretisch alle informationsverarbeitenden Systeme ineinander überführen. Dies ist eine wichtige theoretische Prämisse, da der *Simulation* in der computational neuroepistemology eine zentrale Stellung zukommt: sie ist das *Bindeglied* zwischen empirischen Untersuchungen und der Entwicklung theoretisch-spekulativer epistemologischer Konzepte.

Wie noch in den folgenden Kapiteln gezeigt wird, haben Simulationsexperimente interessante Resultate und in manchen Fällen (z.B., in der Domäne des "Lernens", der neuronalen Plastizität, etc.) sogar Modelle für Lösungen von Fragen der (experimentellen) Neurowissenschaft vorgeschlagen (s.a. [ZIPS 88, ANAS 89]). Auch aus dieser Perspektive ist es von großer Wichtigkeit, daß man kognitive Prozesse als Informationsverarbeitungsprozesse besser zu verstehen beginnt. Der Ansatz der computational neuroscience (e.g., *P.S.Churchland* et al., [CHUR 92]) versucht, kognitive Prozesse auf ihren "Ursprung" zurückzuführen, i.e., *neuronale Prozesse*, und diese im Rahmen des Informationsverarbeitungsparadigmas zu interpretieren/verstehen. Die Simulationen, die heute durchgeführt werden, kommen freilich nicht im mindesten an die Komplexität des menschlichen Gehirns heran[5]. Der wichtige Punkt besteht darin, daß man versucht die *Dynamik der neuronalen Aktivierungen* als Grundlage für kognitive Prozesse zu simulieren und sich nicht mehr auf "sentence crunching" Modelle und den propositionalen Ansatz stützt. Das Kriterium der Simulierbarkeit ist nicht von vornherein als gegeben anzunehmen, da wir in einem ersten Schritt kognitive Prozesse als neuronale Prozesse zu verstehen beginnen müssen, und erst in einem zweiten Schritt neuronale Prozesse in das Paradigma der Informationsverarbeitung einfügen können. Erst dann ist es möglich, (i) kognitive Prozesse auf neuronaler Basis zu simulieren und (ii) mehr über das Problem der Wissensrepräsentation in neuronalen Systemen mittels dieser Methode zu erfahren.

(e) Wissenschaftstheorie & Epistemologie: Ein wichtiges Kriterium, welches in den meisten (kognitiven) Theorien über Wissensrepräsentation nicht aufscheint, ist jenes, daß die Ergebnisse (i) mit epistemologischen und wissenschaftstheoretischen Konzepten kompatibel sein müssen. Darüber hinaus scheint die Forderung gerechtfertigt, daß (ii) eine Repräsentationstheorie, welche u.a. auch menschliche kognitive Phänomene, umfaßt, als *Ausgangspunkt* oder *Basis* für eine Wissenschaftstheorie (z.B. *Giere* u.a. [GIER 92, BRAK 94]) und Epistemologie dienen können muß.

Auf den ersten Blick scheint dies vielleicht eine etwas überzogene Forderung, aber folgende Überlegung soll den Zusammenhang zwischen einer Repräsentationstheorie, Epistemologie und Wissenschaftstheorie ins rechte Licht rücken; sie basiert auf folgenden Prämissen, die m.E. von den meisten in diesem Feld Arbeitenden geteilt werden: (i) der Mensch muß, wie alle anderen Organismen auch, irgendeine Form von Repräsentation resp. Wissen über seine Umwelt besitzen, um überleben

---

[5] Mittelgroße Simulationen künstlich neuronaler Systeme haben etwa 10^2 bis 10^4 units (Neuronen) mit ca. 10 bis 10^3 Gewichten (synaptischen Verbindungen) pro unit; dies ist natürlich nur ein *Bruchteil* verglichen mit den Zahlen des menschlichen Gehirns: ca. 10^{11} Neuronen (moderate Schätzung!) mit je $> 10^3$ Synapsen pro Neuron.

zu können; (ii) Wissenschaft wird von einzelnen Menschen und von Gruppen von Menschen betrieben und (iii) stellt eine Form von Wissen zur Verfügung, welche die Umweltdynamik repräsentiert, "erklärt", sie vorhersagbar und manipulierbar macht. Wenn wir nun eine Repräsentationstheorie entwickeln, die sich auch auf menschliche kognitive Systeme und deren neuronale Substrate anwenden läßt, so ist dies gleichbedeutend damit, daß wir auch eine *Theorie des Wissens* entwickeln, die (per definitionem) in den Aufgabenbereich der Epistemologie fällt. Das Konzept der Repräsentation von Wissen ist nicht nur zentral in der Epistemologie, sondern sicherlich auch in der Wissenschaftstheorie: hier geht es aus traditioneller Perspektive u.a. um die Frage, wie das Wissen um die Phänomene in der Welt entwickelt und repräsentiert wird. Die meisten Ansätze in der Wissenschaftstheorie haben diese Fragen entweder auf Probleme in der Logik, der Soziologie, Psychologie, etc., zurückgeführt. Der Vorschlag, der in dieser Arbeit gemacht wird, ist ein simpler: Wissenschaft und sogenanntes wissenschaftliches Wissen wird von Menschen produziert – warum sehen wir uns also nicht jene (neuronalen) Mechanismen an, welche für die Produktion und Repräsentation dieses Wissens verantwortlich sind und geben dadurch soziologischen oder formal-logischen Erklärungen/Beschreibungen der Wissenschaft, des wissenschaftlichen Wissens, der Entwicklung dieses Wissens, etc. ein *neues Fundament*? Die Konsequenzen, freilich, sind, wie noch ausführlich diskutiert und anhand der Untersuchung kognitiver Systeme und ihrer Interaktionen und Repräsentationsmechanismen gezeigt wird, weitreichend und tiefschürfend: die strikte Trennung zwischen sog. wissenschaftlichem und nicht- Wissen wird fragwürdig, die "Objektivität" und "Wahrheit" sog. wissenschaftlichen/r Wissens/Theorien gerät ins Wanken, die traditionellen Ansätze der Wissenschaftstheorie erhalten ein neues Fundament, die Erklärungen der Entwicklung und Repräsentation sog. wissenschaftlichen und nicht-wissenschaftlichen Wissens werden durch neuronal fundierte Erklärungsmechanismen ersetzt, etc. Über die Frage der *Repräsentation von Wissen* hängen diese drei zuvor genannten Disziplinen/Ansätze auf das engste zusammen, und es ist eines der Ziele dieser Arbeit diese Zusammenhänge im Detail zu explizieren.

Wie bereits angedeutet, folgen diese Kriterien und Forderungen an eine (interdisziplinäre) Repräsentationstheorie aus der Methodologie, wie sie von der computational neuroepistemology vorgeschlagen wurde. Das deklarierte Fernziel besteht darin, der *Epistemologie* und *Wissenschaftstheorie* eine/n alternative/n, sowohl naturwissenschaftlich als auch epistemologisch fundierte/n Unterbau/Basis zu geben. Die bisherigen Ansätze der Logik, Psychologie oder Soziologie waren recht aufschlußreich und haben viel zu einem besseren Verständnis der Dynamik der Wissenschaft beigetragen – in den meisten Fällen blieb jedoch ein Aspekt ausgespart: die Logik beschreibt fast ausschließlich die abstrakte Struktur des (wissenschaftlichen) Wissens und blendet den Prozeß der Wissensentwicklung auf der Ebene der einzelnen kognitiven Systeme fast vollständig aus[6], soziologische Ansätze fokussieren z.B. auf die gruppendynamischen Prozesse und Interaktionen zwischen Wissenschaftlern und sind nicht so sehr an den Fragen der Repräsentation des Wissens in

---

[6]In den Ansätzen des *logischen Empirismus*, etwa, geht es in erster Linie um die logisch (deduktive) Herleitung wissenschaftlicher Sätze.

den einzelnen Individuen interessiert, etc. Der hier vorgeschlagene Ansatz versucht diese Probleme an ihrer *Basis* zu erfassen: i.e., Wissenschaft wird von einzelnen kognitiven Systemen gemacht, deren neuronales Substrat für die Generierung (auch wissenschaftlichen) Verhaltens und Wissens verantwortlich ist, und die miteinander und ihrer Umwelt in Interaktion stehen. Deshalb ist es notwendig, vorerst einmal deren *Repräsentationsmechanismen* und Prozesse zur "Wissensgewinnung" genauer zu untersuchen, bevor man Aussagen über die Resultate dieser Prozesse (i.e., in manchen Fällen sog. "wissenschaftliches Wissen") macht. Daß dieses Vorhaben nicht absurd und weit hergeholt ist, zeigt eine – noch in den Kinderschuhen steckende – Entwicklung im Bereich der Wissenschaftstheorie, die unter Anwendung verschiedener Methoden und Konzepte aus der Cognitive Science ebenfalls solch einen Ansatz verfolgt (vgl. *Giere* [GIER 92], *v.Brakel* [BRAK 94]).

Dies ist natürlich nicht ohne eine Menge Zwischenschritte zu machen: aus diesem Grunde versuche ich, in dieser Arbeit in erster Linie auf die Frage der Repräsentation von Wissen in einzelnen Organismen zu fokussieren, die neuronalen Mechanismen der Repräsentation und der/s Adaptation/Lernens zu untersuchen und die epistemologischen Annahmen und Konsequenzen zu diskutieren. Diese Überlegungen werden dann in den Kontext einer Sozietät von Organismen gestellt, die u.a. über symbolische Kommunikationsmittel verfügen und Phänomene wie "Kultur" und "Wissenschaft" aus ihren "Basisrepräsentationsmechanismen" entwickeln. Wie sich im Laufe dieser Arbeit herausstellt, ist dieses Unternehmen nicht unmöglich oder gar undurchführbar. Versucht man, das Wissen aus Neurowissenschaft, computational neuroscience und Epistemologie zusammenzutragen und auf die zuvor angesprochenen Fragen und Probleme anzuwenden, so konvergiert dies in einem kohärenten Bild, welches ich in dieser Arbeit zu vermitteln versuche.

Die *Konsequenzen* einer solchen (radikalen) Repräsentationstheorie sind, wie bereits erwähnt, für einige Disziplinen – speziell jene, die sich mit sog. kognitiven Fähigkeiten und der Frage nach Wissen auseinandersetzen – schwerwiegend, aber zugleich auch eine Herausforderung. Ihnen allen ist gemeinsam, daß die Problematik der *Repräsentation irgendeiner Form von Wissen* mehr oder weniger explizit im Mittelpunkt ihres Forschungsinteresses steht. Eine Repräsentationstheorie, wie sie im folgenden vorgestellt wird, hat zumindest auf die folgenden Disziplinen nachhaltige Wirkungen und Implikationen:

Psychologie

Langfristig bedeutet die Entwicklung einer neuronal basierten Repräsentationstheorie eine *Verdrängung* resp. Ablösung der – aus der neuen Sicht – Pseudoerklärungen und "Modelle" der (folk) psychology (s.a. [CHRI 93, CHUR 81, CHUR 93] für weitere Diskussion der Probleme der [folk] psychology). Diese langfristige Prognose basiert auf der Annahme des immer rascher fortschreitenden Wissens, welches aus den Neurowissenschaften kommt. Die meisten Modelle/Theorien, welche aus der (kognitiven) Psychologie stammen und welche ihr Fundament im "propositionalen Paradigma" haben, werden durch neurowissenschaftliche Theorien ersetzt – wir folgen damit den Ideen des *eliminativen Materialismus (Churchland*

[CHUR 81, CHUR 86, CHUR 89, CHUR 93]), welche sogar so weit gehen, daß sie behaupten, die Modelle der folk psychology ließen sich nicht auf neurowissenschaftliche Erklärungsmodelle reduzieren.

Im Ansatz der computational neuroepistemology wollen wir nicht ganz so weit gehen: vielmehr wird die Ablösung der "propositional attitudes", die Öffnung und Untersuchung der *internen* (neuronalen) Repräsentations- und Verarbeitungsmechanismen des kognitiven Systems vorgeschlagen. Es findet eine *Neufundierung* der Psychologie statt; eine Neufundierung, welche die neuronale (und materielle) Basis aller kognitiven Phänomene ernst nimmt. Das Phänomen des Lernens, etwa, wird nicht mehr durch die mystische Aura der endlosen Lernexperimente und Lernkurven, die zwar große Regelmäßigkeiten aufweisen, aber zur Erklärung des eigentlichen Lernprozesses nicht wirklich viel beigetragen haben, erklärt werden, sondern durch die neuronale Plastizität, die all diesen Vorgängen zugrunde liegt. Beide Zugänge – bottom-up und top-down – sind gerechtfertigt und streben, von zwei entgegengesetzten Seiten, einem gemeinsamen Erklärungsmodell zu.

Linguistik

Für die (traditionelle) Linguistik gelten ähnliche Überlegungen, wie für die Psychologie: die Linguistik versucht, Sprache auf einem hoch abstrakten Niveau von Syntax, Grammatiken, formalen Systemen etc. abzuhandeln. In den meisten Fällen vernachlässigt sie dabei biologische und neurowissenschaftliche Theorien. Dies ist ihr bisher auch nicht zu verübeln, handelt es sich doch bei der natürlichen Sprache um wahrscheinlich eine der komplexesten kognitiven Phänomene, die unser Gehirn hervorbringt. Mit dem Fortschreiten der Entwicklung in den Neurowissenschaften ist diese Position jedoch nicht wirklich haltbar. Bezüglich der generellen Methode in der Linguistik lassen sich ähnliche Argumente der Kritik anbringen, wie in der Psychologie: Sprache wird als *Oberflächenphänomen* beschrieben: endlose formale Systeme zur Sprachgenerierung, Grammatiken, etc. werden als "Erklärungsmodelle" für das beobachtete Sprachverhalten entwickelt. Die Modellbildung orientiert sich an der bereits generierten Sprache, i.e., am bereits generierten Verhalten, also am "fertigen Produkt" einer langen Kette neuronaler Prozesse. Dies wäre nicht weiter schlimm, hätten die formalen Modelle nicht eine völlig andere Struktur, als die Prozesse, die in neuronalen Systemen ablaufen. Der Ansatz der computational neurocpistemology schlägt eine *Neufundierung* der Linguistik vor. Traditionelle Modelle und neuronale basierte Theorien arbeiten sich von zwei Seiten entgegen. Wie im Falle der Psychologie hat die Linguistik eine wertvolle Sammlung empirischer Daten angehäuft, die einer neuronal fundierten Theorie der Sprache als Referenz (resp. Verifikationskriterium) dient.

Informatik

In jenem Teil der Informatik, der sich mit kognitiven Phänomenen auseinandersetzt, gibt es z.Z. zwei Hauptströmungen: auf der einen Seite jene der symbolischen

AI[7], auf den anderen Seite die Vertreter der "neural computation"[8]. An dieser
Stelle soll *nicht* die seit Jahren laufende Diskussion zwischen diesen beiden La-
gern aufgenommen werden – nur so viel sei gesagt: es scheint, daß die Vertreter der
künstlich neuronalen Netzwerke in der letzten Zeit nicht nur technische und biologische, sondern auch epistemologische Argumente auf ihrer Seite haben (e.g., *A.Clark*
[CLAR 89, CLAR 92], *Churchlands* [CHUR 86, CHUR 89], etc.). Eine Konsequenz
aus dem Ansatz der computational neuroepistemology ist die *Hinterfragung* des
propositionalen Paradigmas als theoretisches Fundament: aus neurowissenschaftlicher und epistemologischer Sicht ist die Ansicht, daß kognitive Prozesse auf Symbolmanipulation basieren, nicht mehr haltbar. Besonders dann nicht, wenn sogar
innerhalb der eigenen Disziplin ein Paradigma entsteht, welches die neuronale Fundierung kognitiver Prozesse nicht nur ernst nimmt, sondern auch zum Gegenstand
ihrer Untersuchungen macht (i.e., neural computation). Das bedeutet nicht, daß die
Ergebnisse der AI nicht brauchbar sind; sie werden lediglich aus dem Bereich der
kognitiven Theorien in den Bereich der *Ingenieurswissenschaften* verlegt[9].

Neurowissenschaft

Der Neurowissenschaft kommt in diesem Ansatz die Rolle einer *Führungswissen-*
schaft zu. Dies ist jedoch nicht in dem Sinne zu verstehen, daß sie im interdisziplinären Diskurs über alle anderen Disziplinen dominiert; es ist lediglich so zu
verstehen, daß die – m.E. gerechtfertigte – Annahme vorherrscht, daß kognitive
Phänomene das Resultat neuronaler Prozesse sind und daher die Neurowissenschaft
als primärer Wissens- und Theorienlieferant dient (vgl. auch *P.Janichs* [JANI 92]
Kritik bezüglich der physikalistischen Fundierung des [Radikalen] Konstruktivismus
und im Grunde jeder naturalisierten Epistemologie). Wie bereits erwähnt, findet –
besonders in Fragen der Wissensrepräsentation – eine ständige Stimulation und
Verifikation (Kontrolle) durch die Epistemologie statt. Dadurch wird die Neurowissenschaft in einen interdisziplinären Kontext gehoben, welcher sie u.a. in einen
epistemologischen Diskurs involviert. Eines der Hauptprobleme der aktuellen Neurowissenschaft besteht m.E. darin, daß sie aus einer Unzahl von Unterdisziplinen
und einer noch viel größeren Anzahl von ("Micro")Theorien und Resultaten besteht, die eigentlich niemand mehr überschauen kann. Die Idee der computational
neuroepistemology ist, all diese Theorien in den Kontext des zentralen Problems
der Repräsentation der Umwelt in neuronalen Strukturen zu stellen. Dies würde
u.a. auch eine mögliche Vereinheitlichung oder zumindest eine gemeinsame Richtung der Forschungsbemühungen bewirken, in der alle Probleme, wie z.B. jenes
der neuronalen Plastizität/Lernens, oder des Gedächtnisses, inkludiert wären. Diese
Ausrichtung auf ein – im Grunde epistemologisches – Ziel hätte einen entscheidenden Einfluß auf die Theoriendynamik in dieser Disziplin und könnte zumindest in

---

[7]"GOFAI" für "good old fashioned artificial intelligence".

[8]"Neural computation", Konnektionismus, Parallel Distributed Processing, PDP, etc. werden
– wenn nicht anders angemerkt – *synonym* verwendet.

[9]Ein Großteil der AI Forschung wird ohnehin schon im *industriellen/kommerziellen* Bereich
durchgeführt!

einigen Bereichen zu einer einheitlichen und vor allem umfassenden Theorie führen.

Epistemologie

Der Epistemologie kommt als "*Wissenschaft vom Wissen*" [CHUR 86] eine zentrale Stellung im Kontext der Frage der Wissensrepräsentation zu. Die Fragen, was ist Wissen, wie wird es repräsentiert, etc. können zwar spekulativ gelöst werden; diese Lösungen sind jedoch aus der Perspektive der Ergebnisse der Naturwissenschaften, speziell der experimentellen und computational neuroscience, unbefriedigend, da sie zumeist einen Großteil dieses Wissens nicht berücksichtigen und an seine Stelle spekulative Konzepte setzen. Das Bild der Epistemologie wandelt sich insofern, als sie *naturalisiert* wird: das bedeutet einerseits, daß sie durch naturwissenschaftliche Resultate "Einschränkungen" auferlegt bekommt und andererseits, daß sie eine "epistemologische Überwachung" über die computational und experimentelle Neurowissenschaft ausübt und diese zugleich stimuliert.

Wissenschaftstheorie

Als Konsequenz einer alternativen, neuronal basierten Epistemologie sind auch einige Veränderungen in der *Wissenschaftstheorie* zu erwarten. Vor allem die Aspekte der Wissensgewinnung und wie dieses Wissen intern und extern repräsentiert wird, sind einer Neufundierung zuzuführen. Das Fernziel ist, wie bereits erwähnt, der Wissenschaftstheorie eine neuronal kognitive Fundierung zu geben.

Wie wir gesehen haben, wird das Wissen der traditionellen Disziplinen durch diese Veränderungen keinesfalls obsolet. Es werden lediglich die methodischen Ansätze und die daraus resultierenden Erklärungsschemata, Theorien und Modelle hinterfragt. Ein Teil der Erklärungsstrategien, Theorien und Modelle muß freilich verworfen werden. Sie werden durch "interne" Modelle, (neuronale) Generierungsmechanismen und Erklärungen ersetzt; i.e., die oberflächlich beobachteten (kognitiven) Phänomene werden nicht mehr durch (spekulative) Theorien, die dieses Verhalten aus der Beobachtung der Oberflächenphänomene beschreiben, modellieren, erklären und generieren, sondern durch jene neuronale Mechanismen erklärt, die sie tatsächlich generieren. Die von den traditionellen Disziplinen erhobenen Daten bleiben nach wie vor eine wichtige *Quelle für die Verifikation* der neuen Theorien. Die Resultate der "neuen" Theorien müssen jene Phänomene erzeugen, welche empirisch festgestellt wurden. Erst eine erfolgreiche Verifikation läßt an ein mögliches Ersetzen der traditionellen Theorien denken!

2.2 Spezifische Ziele der Argumentation

Dieser Abschnitt spezifiziert die Ziele, welche bereits teilweise angedeutet wurden, im Detail. Er stellt ein "Versprechen" dar, welches im Laufe der folgenden Kapiteln schrittweise argumentativ eingelöst werden wird. Der Grund, warum ich hier relativ ausführlich die Conclusionen der Argumente in Form von Behauptungen präsentiere besteht darin, daß sich der/die Leser/in orientieren kann und weiß, wohin die intellektuelle Reise geht. Im Anschluß an diese Präsentation werden die Prämissen dieser Argumente ausführlich diskutiert, um danach die einzelnen Schritte der Argumentation zu belegen, mit Beispielen und empirischer Evidenz auszufüllen, etc. Die Conclusionen sind in drei Gruppen geteilt: (a) Neuformulierung des Begriffes der *Repräsentation*, (b) Implikationen auf den Begriff des *Wissens* und (c) "Fernziele".

2.2.1 Repräsentation

Substrat, Relation Umwelt – Repräsentationssystem

Neuronale Strukturen und Prozesse und ihre *Eingebettetheit* in die *körperlichen Strukturen* stellen das fundamentale (und ultimative?) *Repräsentationsmedium* für kognitive Prozesse[10] dar. Dies ist im Gegensatz zu *symbolischen* Repräsentationssystemen zu sehen. Das Substrat/Medium der Repräsentation sind nicht mehr sprachliche Kategorien, Propositionen, oder abstrakte symbolische Einheiten, sondern der Repräsentationsmechanismus ist *physisch* in *neuronalen* Strukturen realisiert. Repräsentation hat *nichts* mit *Abbilden*, stabiler *Referenz* oder *Abbildern* zu tun. Das *Generieren von Verhalten* steht im Vordergrund der Repräsentationsfrage. Die Idee, daß zur Verhaltensgenerierung auf Repräsentationen, die als Abbilder der Umwelt fungieren, operiert wird (vgl. Symbolmanipulation), wird aufgegeben und durch die noch genauer zu diskutierende neuronale Dynamik ersetzt. Es wird klar, daß zwei wesentliche Aspekte der Repräsentation unterschieden werden müssen:

(a) der *abbildende*, referierende resp. *darstellende* Aspekt: i.e., die Vorstellung, daß Repräsentation die Struktur der Umwelt auf irgendeine Weise abbildet oder darstellt. I.a.W., es geht um die Frage, wie sich die Umwelt innerhalb des kognitiven Systems darstellt;

(b) der Aspekt der *Verhaltensgenerierung*: dieser Aspekt beschäftigt sich mit der Frage, wie durch die Repräsentationsstruktur Verhalten generiert wird, welches ein Weiter-/Überleben des Organismus ermöglicht.

Beide Aspekte können natürlich nicht unabhängig voneinander betrachtet werden – für die Generierung von Verhalten ist ein gewisses Wissen über die Umwelt notwendig; um Wissen über die Umwelt im Repräsentationssystem "abzubilden", ist die Generierung von Verhalten notwendig (e.g., Nahrungsaufnahme, Positionierung der Sensoren, etc.). Die Beziehung, in der diese beiden Aspekte zueinander stehen, ist noch im Detail zu klären – im traditionellen Fall würde man hier oft die Trennung zwischen "Daten" und "Algorithmus" ansetzen. Bei genauerer Betrachtung

---

[10]Unter *"kognitiven Prozessen"* verstehen wir hier nicht nur die relativ eingeschränkte Vorstellung von z.B. sog. "höheren kognitiven Fähigkeiten", sondern öffnen den Begriff auf jegliche Verhaltensform, die durch ein neuronales System erzeugt werden kann.

wird freilich klar, daß der Algorithmus auch einiges Wissen über die Umwelt repräsentiert und diese scheinbar klare Trennung der "Repräsentationskompetenzen" sich aufzulösen beginnt. Wie wir noch sehen werden, schient diese Trennung im Falle *neuronaler* Systeme gänzlich zu *kollapieren*. In beiden Fällen (i.e., abbildender vs. verhaltensgenerierender Fall) geht es jedenfalls um die Beziehung zwischen Repräsentationssystem und Umwelt. In der *traditionellen* Vorstellung von Repräsentation steht der *abbildende* und darstellende Aspekt stark im Vordergrund (z.B. Symbolsysteme versuchen, einen Weltausschnitt möglichst exakt abzubilden).

Wie sich im Laufe der Diskussion herausstellen wird, läßt sich der abbildende Aspekt in neuronalen Repräsentationssystemen kaum finden. Es sieht so aus, als ob neuronale Systeme auf das *Generieren adäquaten Verhaltens* in der jeweiligen Umweltsituation ausgerichtet sind. Natürlich ist dafür irgendeine Form von *Wissen/Vorstellung/Modell* über/von die/der *Umwelt* notwendig – wie *konstruktivistische* Überlegungen und *empirische* Befunde zeigen, können wir jedoch sicherlich keine (naiv) "abbildende" und referentielle Relation zwischen Umweltstruktur und Struktur des Repräsentationssystems feststellen. I.a.W., wir finden im neuronalen Repräsentationsmedium nur bedingt ein Substrat, welches explizit, zeitlich stabil und direkt auf Umweltphänomene referiert. Vielmehr können wir eine *konstruktive* und *nicht iso-/homomorphe* Beziehung zwischen Umwelt und Repräsentationssystem feststellen. Wenn wir aber die traditionell als stabil angenommene Referenzbeziehung zwischen Umwelt und Repräsentation aufgeben, so müssen wir die Beziehung zwischen diesen beiden Domänen neu definieren.

Einbettung des kognitiven Systems in seine Umwelt: Sensoren, Effektoren und feedback

Zum Zweck der Neudefinition dieser Beziehung ist es ratsam, einen Blick auf das "Interface", das diese beiden Domänen miteinander verbindet, zu werfen: dieses ist durch *Effektoren* und *Sensoren* realisiert. Wie bereits angemerkt, ist es wichtig, daß ein kognitives System *physisch* und nicht nur logisch-abstrakt in seine Umwelt eingebettet ist. Im Gegensatz zu symbolischen Systemen handelt es sich um *direkte* Umweltsignale und nicht um als Umweltsignale verkleidete Symbolketten, die lediglich eine durch menschliche kognitive Systeme generierte sprachliche Beschreibung der Umwelt darstellen. Wie sich im Laufe der Diskussion herausstellen wird, spielen vor allem die *Sensoren* eine zentrale Rolle bei der *Konstruktion* des Wissens, welches in neuronalen Systemen repräsentiert ist. Bei der Umwandlung des Umweltreizes in seine neuronale Repräsentation geht nicht nur das ursprüngliche Signal verloren, da es in eine völlig andere Domäne transformiert wird, sondern darüber hinaus gibt es auch *keine* Evidenz für eine iso-/homomorphe Beziehung zwischen neuronaler Primärrepräsentation und der Struktur des Stimulus. Wir müssen also bereits bei der *Transduktion* die Idee der Abbildung der Umwelt auf neuronale Aktivitäten aufgeben. Das Sensor- und Effektorsystem hat Ähnlichkeit mit einer wissenschaftlichen Methode: sie bestimmt, wie die Umwelt manipuliert ("Experiment") und wie sie wahrgenommen ("Meßinstrumente") wird. Dies hat wiederum interessante Konsequenzen für das Verständnis der Wissensrepräsentation, nämlich u.a. die *Theo-*

riegeladenheit alles Wissens (durchaus im Sinne von *Feyerabend* [FEYE 83], s.a. [CHUR 91]) – der Unterschied zur Wissenschaft ist jener, daß es sich bei der "Theorie" des kognitiven Systems um das in den neuronalen und körperlichen Strukturen verkörperte Wissen handelt. Beide dienen jedoch der Beschreibung, Vorhersage und Erklärung der Umweltdynamik und der "Instruktion" zur Generierung (adäquaten) Verhaltens, welches die Umweltdynamik gezielt *manipuliert*.

Durch die Einbettung des kognitiven Systems in seine Umwelt durch Sensoren und Effektoren entsteht eine *geschlossene feedback Schleife*. Das Konzept des feedbacks ist in fast allen kognitiven Prozessen zentral (vgl. α- und γ-Fasern in der Ansteuerung einzelner Muskeln, etc. [KAND 91, KUFF 84]). Feedback ist zur *Kontrolle* der eigenen Aktionen und zur Aufrechterhaltung des Equilibriums zwischen Umwelt und kognitivem System notwendig. Wir können zwei große Klassen von feedback Prozessen in kognitiven Systemen beobachten: (a) *internes feedback*: dieses ist durch *rekursive Verbindungen innerhalb* des neuronalen Systems realisiert. I.e., die neuronalen Aktivierungen wirken auf sich selbst zurück. Wie noch ausführlich gezeigt wird, ist eine *rekursive Architektur* für die Ausbildung von *Fixpunkten* und *zyklischen Stabilitäten* in der Frage der Repräsentation von größter Wichtigkeit. (b) *Externes feedback*: dies ist jene feedback Schleife zwischen Umwelt und kognitivem System. Das Interface ist durch Sensoren und Effektoren realisiert.

Propositionales Paradigma

Die *Dominanz* des propositionalen Paradigmas ist *ungerechtfertigt*. Sein Durchsetzungsvermögen, seine Hartnäckigkeit und seine Macht hat es lediglich dem ständigen Gebrauch von Sprache als Repräsentations- und Kommunikationsmedium zu verdanken. Da wir *scheinbar* "in Sprache denken" ist es naheliegend, Propositionen als Repräsentationseinheiten zu verwenden – daß diese nochmals neuronal repräsentiert sind und einer unterschiedlichen Dynamik folgen, bleibt unbeachtet. M.E. ist es auch unsere Sprache, die uns eine iso-/homomorphe Beziehung zwischen Umwelt und Repräsentation *vorgaukelt*: dadurch, daß wir jedem Objekt eine Bezeichnung geben, scheint es, daß eine 1:1 Beziehung zwischen der Struktur der Umwelt und ihrer Repräsentation (= Sprache) besteht. Wie diese scheinbare isomorphe Beziehung zustande kommt, wird nicht gefragt. Es bleibt unerwähnt, daß es hochkomplexe neuronale Prozesse sind, welche einen hohen Prozentsatz der kortikalen Fläche einnehmen, die für das Phänomen Sprache und somit für diese "Vorgaukelung" verantwortlich sind. Wollen wir neuronale Repräsentation verstehen, werden wir diese sprachliche Barriere überwinden müssen und die sprachliche/symbolische "sentence crunching" durch die neuronale Dynamik/Kinetik ersetzen müssen.

Die sprachlichen Kategorien sind unsere bewußten *semantischen Kategorien*, mit und auf denen wir ständig operieren. Durch die Sprache wird uns eine Isomorphie zwischen der Struktur der Umwelt und unseren kognitiven Kategorien vorgespiegelt. Sieht man jedoch genauer hin, so existiert nur eine scheinbare Trennung zwischen sog. "externen Kategorien" (i.e., "Struktur der Umwelt") und "internen kognitiven Kategorien": die sog. Objekte oder Phänomene der Umwelt sind bereits bewußte und sprachliche Objekte/Repräsentationen, womit die Trennung zwischen Umwelt, sprachlicher Repräsentation und "bewußt wahrgenommener Umwelt" *kollapiert*, da diese Kategorien bereits intern sind. Die propositionale Repräsentation ist nur ein *Sonderfall* oder eine *Untermenge* der neuronalen Repräsentation. Propositionale Repräsentation ist das Endprodukt einer langen Kette neuronaler Prozesse. Sie ist durch neuronale Repräsentationsmechanismen realisiert ("simuliert") und in diese eingebettet. Die Aufgabe ist *nicht* zu zeigen, wie man mittels Propositionen "intelligentes Verhalten", sondern, wie man mittels neuronaler Mechanismen "propositionales Verhalten" erzeugen kann!

Die Alternative: neuronale Repräsentation und vector coding

Vorbemerkung: wenn im folgenden von neuronalen Systemen die Rede ist, so wird, wenn nicht anders angemerkt, kein prinzipieller Unterschied zwischen künstlichen und natürlichen neuronalen Systemen gemacht. Die Rechtfertigung dafür wird schrittweise im Laufe der nächsten Kapiteln klar. Weiters wird vorausgesetzt, daß der/die Leser/in *zumindest* die Grundprinzipien natürlicher und künstlicher neuronaler Systeme kennt – es wird keine Einführung gegeben.

Für das propositionale Repräsentationsparadigma gibt es eine Alternative: *neuronale Repräsentation* und *neuronale Verarbeitung*. Neuronale Systeme sind die Basis aller kognitiven Phänomene und sind für die Generierung jeglichen Verhaltens verantwortlich. Um adäquates Verhalten generieren zu können, muß man dem neuronalen System *Repräsentationseigenschaften* unterstellen, welche freilich noch ausführlich diskutiert werden müssen. Neuronale Systeme verwenden keine Symbole/Propositionen zur Repräsentation; vielmehr werden wir uns mit Vektorräumen auseinander zu setzen haben: der *"activation space"* und der *"weight space"* spielen eine zentrale Rolle in einer neuronalen Repräsentationstheorie.

Wir sind zu einer *Neudefinition* der Beziehung zwischen Umwelt und Repräsentationssystem gezwungen. Aus folgenden Gründen müssen wir den *abbildenden Aspekt* der Repräsentation *aufgeben*: (i) Die *synaptischen Gewichte*[11] stehen in keiner abbildenden Relation zur Umwelt; i.e., in der Struktur der Gewichte spiegelt sich *nicht* die Struktur der Umwelt wider. Es stellt sich heraus, daß die Gewichte das Wissen zur *Generierung* (adäquaten) Verhaltens verkörpern und nicht irgendwelche Eigenschaften der Umwelt. Die *Beziehung zur Umwelt* ist eine sehr *indirekte*, welche über die *Generierung von Verhalten* definiert ist. (ii) Die *Aktivierungen (= spreading activations)* kommen ebenfalls nicht als Kandidaten für eine abbildende Repräsentation in Frage, da (a) durch die *Eigendynamik* des rekursiven neuronalen Systems und (b) durch den *Transduktionsprozeß* die Struktur des originalen Umweltsignals verloren geht. (iii) Im neuronalen Substrat finden sich keinerlei Propositionen oder Symbole und daher auch keine abbildenden Referenzen auf die Umwelt. (iv) Das Verhalten wird *nicht* durch die traditionelle Vorstellung der Manipulation auf Repräsentationen generiert. Vielmehr ist es Resultat der spreading activations, deren Dynamik durch die synaptischen Gewichte determiniert ist. Wir

---

[11] "Gewichte", "synaptische Gewichte" und "Synapsen" werden, wenn nicht anders angemerkt *synonym* verwendet.

finden jedoch weder in den Aktivierungen noch in den Gewichten ein abbildendes Verhältnis zur Umwelt – lediglich das beobachtete (adäquate) Verhalten läßt uns rückschließen, daß im neuronalen Substrat irgendeine Form von Repräsentation der Umwelt verkörpert sein muß. Ziel dieser Arbeit ist es, diese "Form" genauer zu spezifizieren. Die Beziehung zwischen Umwelt und neuronaler Repräsentationsstruktur ist also keine Referenz- oder traditionelle (abbildende) Repräsentationsbeziehung, sondern eine Beziehung, in der die *Generierung von Verhalten* eine zentrale Rolle spielt. Die neuronale Verarbeitungsmethode der Abbildung/Transformation von Vektoren in state/activation spaces ("vector crunching" vs. "sentence crunching"), die durch die aktuelle Konfiguration im weight space determiniert ist, ist für die Generierung des Verhaltens verantwortlich. Die Repräsentation der Umwelt resp. die Produktion des Verhaltens entsteht aus dem "symbiotischen" Zusammenspiel von Aktivierungen, Gewichtskonfiguration, genetischen Vorgaben, Plastizität des Nervensystems und aktuellem input.

Die neuronale Architektur (= Gewichtskonfiguration) des kognitiven Systems ist *rekursiv*: i.e., beim resultierenden Verhalten handelt es sich nicht um ein simples stimulus-response oder Reaktionsverhalten. Das durch die neuronale Dynamik generierte Verhalten hängt also nicht nur vom aktuellen input (= Stimulus), sondern auch in hohem Maße vom aktuellen *inneren Aktivierungszustand* ab. Spontane, zyklische und "nicht-lineare" (i.e., nicht input-output) Verhaltensweisen lassen sich dadurch leicht erklären.

Neuronale Repräsentation und Transformation – Generierung von Verhalten

Versucht man die Prozesse, die bei der neuronalen Repräsentation ablaufen, zu charakterisieren, so kann man sie, wie folgt, zusammenfassen: *das neuronale Substrat repräsentiert/verkörpert eine nicht triviale Transformationsvorschrift*, die input Signale unter der Berücksichtigung des aktuellen internen Zustandes in output Signale umwandelt. Wenn wir im Zusammenhang von Repräsentation über *Transformation* sprechen, so müssen wir diesen Begriff klarer machen: am besten stelle man sich eine *Funktion* vor, die Werte der Menge I in Werte einer anderen Menge O überführt. Nimmt man weiters an, daß die Werte der Menge I alle möglichen *input* Zustände des neuronalen Systems und jene der Menge O alle möglichen *output* Zustände repräsentieren, so wird der Begriff der Transformation klarer: ein input wird nach den Regeln der Transformation/Funktion auf einen output abgebildet. Mittels dieses Konzeptes könnte man ein einfaches input-output (stimulus-response) Verhalten beschreiben – zuvor war jedoch von einer *nicht trivialen* Transformationsvorschrift die Rede: damit ist gemeint, daß das generierte Verhalten nicht nur vom input, sondern auch vom aktuellen inneren Aktivierungszustand abhängig ist. Solch eine nicht triviale Transformation läßt sich durch ein *neuronales System* mit einer *rekursiven Architektur* realisieren. Die Transformation resp. Funktion ist in der Gewichtskonfiguration implizit verkörpert. Die Funktion selber repräsentiert das Wissen (a) über die Umwelt[12] und (b) für die Generierung des adäquaten Verhaltens (via Ausbreitung von Aktivierungen), welches in die Umwelt "paßt" (*"funktionale Passung"*).

Verhalten, Wissen und Verkörperung

Warum schreiben wir einem künstlichen oder natürlichen Organismus "Wissen" über die Welt zu? Dies ist m.E. das Resultat (a) des Beobachtungsprozesses und (b) eines Vergleichs mit den Vorgängen, die innerhalb des/der Beobachter/in passieren. I.a.W., der/die Beobachter/in schließt aus dem *beobachteten Verhalten* des Organismus zurück, daß dieser Organismus Wissen über die Welt besitzen muß, da er/sie (i.e., der/die Beobachter/in) auf Grund seines/ihres Wissens über die Welt so handeln würde. Diese Unterstellung ist m.E. der *Ursprung* des ganzen Problems der Repräsentationsfrage und der Idee der Abbildung im Repräsentationsprozeß.

Welches Argument rechtfertigt die Annahme, daß ein Mechanismus zur Generierung von (adäquatem) Verhalten die Umwelt abbilden muß? Welches Argument rechtfertigt die Annahme, daß adäquates Verhalten nur durch Manipulation auf den abbildenden Repräsentationen erzeugt werden kann? Es ist wohl nur jene common sense Auffassung, wie sie soeben beschrieben wurde: i.e., die Unterstellung und der Projektion unserer Erfahrungen, wie wir (scheinbar) Denken, Planen, Handeln, etc. auf das beobachtete Verhalten eines anderen Organismus. Daß wir dabei unserem eigenen neuronalen Repräsentationssystem, welches uns sprachliche Repräsentation und abbildende Relationen vorspiegelt, in die Falle gehen, fällt uns nicht auf. Der Rückschluß von unserer durch die Sprache geprägten Repräsentations- und Denkstruktur auf eine ähnliche Struktur in neuronalen Repräsentationsmechanismen ist nicht gerechtfertigt. Vielmehr müssen wir das Wissen, welches im neuronalen Substrat verkörpert wird, als physische Struktur (i.e., Gewichtskonfiguration, Architektur), welche eine nicht triviale Transformation von neuronalen Aktivierungen durchführt, zu verstehen beginnen. Diese Transformationsvorschrift ist aber auch *dynamisch* – die Veränderung der Transformation würden wir als Beobachter/innen als *"Lernen"* oder *"Adaptation"* bezeichnen. I.a.W., wir würden aus der veränderten Verhaltensweise eine Veränderung des Wissens über die Umwelt unterstellen. Tatsächlich passiert eine Veränderung in der physischen Struktur, welches zu einer veränderten Dynamik in der Ausbreitung der Aktivierungen führt, welches eine Veränderung im beobachteten Verhalten bewirkt. Dies wiederum führt zu der Annahme des/der Beobachters/in, daß sich das Wissen über die Welt im beobachteten System verändert hat.

---

[12] Jedoch *nicht* im "abbildenden" Sinn – es handelt sich um Wissen in bezug (a) auf das kognitive System ("Systemrelativität") und (b) auf die Erzeugung von Verhalten zur "Umweltbewältigung/-manipulation".

Neuformulierungsversuch des Repräsentationsbegriffes in neuronalen Systemen

Es ist *nicht* das Ziel des neuronalen Substrates und der durch die Gewichts-/Synapsenkonfiguration verkörperten Prozeßdynamik für eine möglichst "korrekte", "wahre", "objektive" oder "wirklichkeitsgetreue" Abbildung der Umwelt zu sorgen und auf dieser Manipulationen auszuführen. Die Aufgabe des neuronalen Systems besteht darin, jene Strukturen, Dynamik und Prozesse bereitzustellen, die *adäquates* (= ein in die Umwelt *funktional passendes*) *Verhalten* zu generieren imstande sind.

In einem gewissen Sinne ist diese Vorstellung von Repräsentation viel weniger strikt und "einengend": anstelle der Forderung nach einer isomorphen Abbildung tritt die viel weniger strikte Forderung nach der Generierung adäquaten Verhaltens. I.e., alle möglichen physischen Strukturen (z.B. neuronalen Architekturen) sind erlaubt, um dieses Ziel zu erreichen. Wie kann man "adäquates" oder "funktional passendes" Verhalten charakterisieren? Am besten wohl durch *"Überleben sicherndes Verhalten"* – als Zusatzforderung muß man natürlich noch die Frage der *Reproduktion* ins Spiel bringen. Überleben alleine ist vielleicht für den individuellen Organismus ausreichend, aber aus der weiteren Perspektive der evolutiven Entwicklung und einer Sozietät von kognitiven Systemen darf man diesen Aspekt nicht außer acht lassen. Adäquates Verhalten verlangt neben der Überlebensforderung auch die Forderung nach der *Reproduktionsfähigkeit* des Organismus.

In jedem Fall – egal ob phylo- oder ontogenetisch – ist die physische Struktur (i.e., genetisches Material oder neuronale Struktur) für die *Generierung* (adäquaten) *Verhaltens* verantwortlich: in einem Falle geht es um die Entwicklung der physischen Strukturen eines operationsfähigen Organismus, im anderen Falle geht es um die Generierung von Verhalten, welches funktional in seine Umwelt paßt. In beiden Fällen ist die Repräsentation der Umwelt involviert. In beiden Fällen spielen die Konzepte der *funktionalen Passung* und des *Generierens von Verhalten* eine zentrale Rolle; wir finden jedoch weder im neuronalen noch im genetischen Substrat eine Form der abbildenden Repräsentation der Umwelt.

2.2.2 Wissen

Wissen, Konstruktion und Systemrelativität

Wissen ist das Resultat kognitiver/neuronaler Prozesse. Wissen befindet sich *nicht* in der Umwelt, sondern in den physischen Strukturen (i.e., neuronale Aktivitäten, Gewichtskonfiguration, etc.) des kognitiven Systems. Wenn man meint, Wissen in der Umwelt zu finden, so unterliegt man einer Täuschung, da das, was wir als "Umwelt" bezeichnen resp. empfinden bereits die *Repräsentation der Umwelt* in unserem neuronalen Apparat und damit bereits eine *Interpretation* der Umwelt durch unseren kognitiven Apparat darstellt. Die (erfahrene) Umwelt befindet sich also – getriggert durch die Dynamik der tatsächlichen Umwelt – in unserem Kopf und damit auch das Wissen, welches in ihr scheinbar repräsentiert ist. Was wir tatsächlich in der Umwelt finden können, sind bestenfalls *Regelmäßigkeiten*:

(a) *"Natürliche" Regelmäßigkeiten*: hier handelt es sich um strukturierte Muster von Energieflüssen, regelhafte physische Phänomene, alle "natürlichen" Phänomene, Objekte, etc. Aus diesen Regelmäßigkeiten, die eigentlich erst durch das neuronale System zu spezifischen für das jeweilige neuronale System relevanten Regelmäßigkeiten gemacht werden, wird durch eben diesen Prozeß der Interpretation der Umwelt Wissen. Aus den Umweltstimuli und den ihnen implizit zugrundeliegenden Regelmäßigkeiten wird *induktiv Wissen erzeugt*. Dieser Prozeß der "Wissensgewinnung" und Extraktion von Regelmäßigkeiten ist natürlich nicht nur alleine von den Umweltstimuli abhängig, sondern ist auch durch die Struktur und den Aufbau jenes Systems determiniert, welche diese Extraktion und Konstruktion der Regelmäßigkeiten vornimmt (i.e., *Systemrelativität des Wissens*).

(b) *"Künstliche" Regelmäßigkeiten*: die zweite Form der Umweltregelmäßigkeiten ist das Resultat der Aktivität kognitiver Systeme. I.e., hier handelt es sich um Regelmäßigkeiten oder Muster, welche aus der *Externalisierung* der internen (neuronalen) Dynamik/Repräsentation entstanden sind, um *Artefakte*. Der Zweck dieser Motoraktivitäten ist sehr unterschiedlich: ein ganz wichtiger Aspekt besteht jedoch sicherlich darin, daß es sich um die *Externalisierung von Wissen* handelt, welches durch die Umwandlung in Umweltregelmäßigkeit den flüchtigen Charakter der neuronalen Aktivierungen verloren hat und in der Umwelt zumindest für eine bestimmte Zeitspanne *fixiert* ist. Diese Externalisierungen reichen von jeglicher Form der Manipulation der Umwelt, Gegenständen, über bildliche Darstellungen und Schrift, wissenschaftliche Theorien, bis hin zu modernen Speichertechniken, wie magnetische oder optische Medien, etc. In vielen Fällen bedienen sich diese Externalisierungen eines Systems von *Symbolen*; i.a.W., eines *Verweissystems* im allgemeinsten Sinne, i.e, ein Muster verweist auf ein anderes. Darin sind alle Codierungs- und Symbolsysteme inkludiert, begonnen bei Sprache, Schrift, alle möglichen Zeichensysteme, symbolische Verhaltensweisen, ikonische Darstellungen, Musiknoten, etc. Diese künstlichen Regularitäten stellen die *Voraussetzung* für *kulturelle Prozesse* (im allgemeinsten Sinne) dar. Es ist jedoch wichtig, daß man sich ganz klar vor Augen führt, daß diese Regularitäten nur *scheinbar* "Wissen" darstellen. Die Muster und Regularitäten sind an und für sich *bedeutungslos* und repräsentieren für sich keinerlei Wissen! Nur der-/diejenige der/die den "Schlüssel" zu dieser Welt der künstlichen Regularitäten besitzt, kann aus diesen Mustern eine Bedeutung oder "Inhalt" oder Wissen interpretieren. Erst der Akt der *Interpretation* und der *Einwirkung* auf das neuronale Repräsentationssystem macht diese Regelmäßigkeiten zu verwertbarem Wissen.

Wissen entsteht durch einen aktiven neuronalen *Konstruktionsprozeß*. Man muß klar sehen, daß das Wissen resp. die Repräsentation durch das kognitive/neuronale System *erzeugt* wird. Die Struktur und Semantik des Wissens hängen von der physischen Realisierung und der Prozeßdynamik des jeweiligen kognitiven Systems ab. Dies bezeichnen wir mit dem Begriff der *Systemrelativität* des Wissens [OESE 76] – es bedeutet, daß das Wissen *nicht* direkt in der Umwelt zu finden ist, sondern erst durch die Struktur des jeweiligen kognitiven Systems zu Wissen wird und Bedeutung bekommt. Ein und dasselbe Muster in der Umwelt kann für zwei kognitive Systeme komplett unterschiedliche Bedeutung haben und zu verschiedenem Verhalten führen[13]. Es ist letztendlich die Struktur des kognitiven Systems, welche darüber entscheidet, was ein bestimmtes Muster oder Ereignis *für das System* bedeutet und wie es auf das Auftreten dieses Musters reagiert. Daß viele kognitive Systeme auf ein Muster/Ereignis ähnlich reagieren liegt lediglich daran, daß sie (z.B. genetisch determiniert) sehr ähnliche neuronale Strukturen besitzen und ihre Codesysteme gut aufeinander abgestimmt sind. Man sehe sich etwa das Phänomen Sprache an: sie hat zwischen Menschen oftmals scheinbar instruktiven Charakter, obwohl sie im Grunde nur "auslösenden" und konnotativen Charakter hat; i.e., was durch eine sprachliche Äußerung resp. durch eine künstliche oder natürliche Regularität in einem anderen System ausgelöst wird, bestimmt dieses System durch seine physische/neuronale Struktur und seinen aktuellen Zustand selber[14].

Semantik, Interpretation, Verkörperung und Theorien

Das Wissen und seine Bedeutung sind also durch die physische und logische Struktur (i.e., die Architektur, Relationen und Dynamik) des jeweiligen kognitiven Systems determiniert. Aus dieser Überlegung ergibt sich die (System)Relativität jegliches Wissens in bezug auf das jeweilige Repräsentationssystem. Der aktuelle Aktivierungszustand und die momentane Architektur sind das Resultat der je spezifischen ontogenetischen und phylogenetischen *Geschichte* des Systems. Die *Historizität* spielt eine zentrale Rolle für die Wissensrepräsentation und die Verhaltensweise des kognitiven Systems.

Die Gewichtskonfiguration oder Architektur determinieren das Verhalten und damit das Wissen, das dem jeweiligen kognitiven System unterstellt wird. Jegliches Verhalten wird durch die in den Gewichten festgelegte Dynamik generiert – die Architektur kann somit als "*Theorie*" über die Umwelt resp. zur Umweltbewältigung interpretiert werden. Auf kognitive Systeme läßt sich das Konzept der *Theoriegeladenheit* (vgl. *Feyerabend* [FEYE 82, FEYE 83], *P.M.Churchland* [CHUR 91]) genau so anwenden, wie auf sog. wissenschaftliches Wissen. Das in der physischen Struktur verkörperte Wissen determiniert die Verhaltensweise des kognitiven Systems genau so, wie eine Theorie die Verhaltens- und Interpretationsweise eines Wissenschaftlers (und damit eines wissenschaftlichen Experimentes und der Theorienbildung) determiniert. Zur Theorie des kognitiven Systems gehört jedoch nicht nur dessen neuronale Struktur, sondern sein ganzer körperlicher Aufbau: man denke etwa an ein bestimmtes Sensorsystem; es repräsentiert die "Theorie", daß es für das Überleben des kognitiven Systems wichtig ist, für diesen bestimmten Aspekt der Umwelt sensibel zu sein. Kognitive Systeme und ihre Wissensrepräsentationsstruktur sind also *theoriegeladene* und *geschichtsgeladene* (i.e., Verkörperung der phylo- und ontogenetischen Geschichte) Systeme.

---

[13] Wie wir noch später sehen werden, kann ein und dasselbe Muster (Stimulus) zu verschiedenen Zeitpunkten in ein und demselben kognitiven System zu *verschiedenem* Repräsentationen und Verhalten führen (i.e., bedingt durch verschiedene interne Zustände und adaptive Prozesse im neuronalen Substrat).

[14] Vergleiche auch Maturana's Konzept der *Konnotativität* der Sprache [MATU 70, MATU 75aE, MATU 80].

Das Wissen, welches sie (über die Umwelt) repräsentieren resp. welches ihnen unterstellt wird, und seine Bedeutung sind *individuell* und durch phylogenetische (i.e., evolutive) und ontogenetische Prozesse und Interaktionen mit der Umwelt determiniert. Der Akt der *Interpretation*, also jener Prozeß, in dem ein kognitives System mit seiner Umwelt in Interaktion tritt und die Umwelt die neuronale Dynamik beeinflußt, verleiht den an sich bedeutungslosen Signalen der Umwelt *Bedeutung*. Das Wissen selber ist die *Semantik* des kognitiven Systems. Es ist die *Wirkung*, welche ein Umweltsignal auf die neuronale Dynamik hat (vgl. G.Roth [ROTH 91a, ROTH 92]). Die Semantik des Systems ist durch seine physische Struktur determiniert/verkörpert, sie stellt die *physische Realisierung des Wissens* in der abstrakten Form einer Transformation dar.

Determiniertheit und Dynamik des Wissens

Wodurch ist das Wissen eines kognitiven Systems resp. seine Transformation determiniert? Welche Formen von Dynamik gibt es in seinem Wissen?

(a) *Phylogenese*: evolutive Prozesse sind für die Entwicklung und Reproduktion der "*Basisarchitektur*" neuronaler Systeme und damit für deren "Basisrepräsentation" der Umwelt verantwortlich. Die genetische Information determiniert, wie das Grundgerüst des kognitiven Systems aussieht, wie das neuronale System organisiert ist, welche Sensoren und Effektoren vorhanden sind, welche Lernmechanismen vorhanden sind, etc. Diese Form des Wissens über die Umwelt ist durch Kombination, Variation, Mutation, etc. einer ständigen *Dynamik* unterworfen. Durch die Interaktion mit ontogenetischen Prozessen findet eine *Selektion* statt: nur jene Basisarchitekturen/Basisumweltrepräsentationen, die erfolgreich sind (i.e., überleben), werden reproduziert.

(b) *Ontogenese*: die ontogenetische Dynamik des Wissens basiert einerseits auf der Interaktion mit der Umwelt und andererseits auf der *Plastizität* des neuronalen Repräsentationssystems. Eine physische Veränderung des neuronalen Substrates bedeutet eine Veränderung in der Verhaltensdynamik und damit eine Veränderung des Wissens, welches dem beobachteten kognitiven System unterstellt wird.

Wenn hier von "Wissen über die Umwelt" die Rede ist, so bedeutet dies zweierlei: (i) es handelt sich nicht um "objektives" Wissen über die Welt, sondern immer – im Sinne der Systemrelativität – um Wissen, welches *in Relation zum jeweiligen kognitiven System* steht; i.e., (ii) Wissen resp. eine in der neuronalen Struktur verkörperte Dynamik, welches es dem kognitiven System ermöglicht, adäquates Verhalten zu generieren. "Erfolgreiches Wissen über die Welt" bedeutet im Falle von kognitiven Systemen, eine "Theorie über die Welt haben, welche durch die Generierung adäquaten Verhaltens das Überleben und die Reproduktion des jeweiligen kognitiven Systems ermöglicht" ("Theorie zur Umweltbewältigung").

Die neuronale Plastizität kann als Veränderung der Gewichtskonfiguration resp. der neuronalen/synaptischen Architektur verstanden werden: dies inkludiert einerseits die Erhöhung oder Verminderung eines oder mehrerer synaptischer Gewichte und andererseits die Veränderung der Architektur durch Ausbildung neuer oder Auslöschung existierender synaptischer Verbindungen. Dieser Prozeß der neuronalen Plastizität ist ebenso wie die Dynamik des genetischen Materials gleichbedeutend mit der Veränderung des/der Wissens/Semantik des Systems. In beiden Fällen kommen ähnliche *konstruktive* und *adaptive* Konzepte zur Anwendung: es handelt sich um einen mehr oder weniger gerichteten *trial-&-error* Prozeß. I.e., es werden vorerst einmal *versuchsweise* "Theorien über die Welt" in trial(&-error) Manier konstruiert. Dies bedeutet im ontogenetischen Fall eine Veränderung im neuronalen Substrat, den versuchsweisen Auf-/Abbau synaptischer Verbindungen und Verändern der internen Relationen, im phylogenetischen Fall eine Veränderung im genetischen Material. Diese versuchsweise Veränderung des Wissens in Form von Veränderung der physischen Struktur und damit der Verhaltensdynamik wird in der Interaktion mit der aktuellen Dynamik der Umwelt *erprobt*. Durch selektive Prozesse (auf phylo- und ontogenetischer Ebene) werden die Verhaltensweisen resp. das für diese Verhaltensweisen verantwortliche Wissen resp. das für dieses Wissen verantwortliche physische Substrat je nach Miß-/Erfolg weiterverändert oder belassen.

Wissen, Sprache und Systemrelativität

Als eine Implikation der Systemrelativität werden Wissen und Bedeutung zur "Privatsache"; i.e., jegliches Wissen ist auf ein bestimmtes (kognitives) System und seinen aktuellen Zustand bezogen. In diesem Sinne gibt es auch kein "öffentliches Wissen" – in der Umwelt sind zwar Artefakte, etwa in Form von Schrift oder bildlichen Darstellungen zu finden, deren Bedeutung für das jeweilige kognitive System ist jedoch durch dieses System selber und nicht durch die Umweltregelmäßigkeit determiniert. Das Muster in der Umwelt löst lediglich eine Veränderung in der neuronalen Dynamik aus. Diese Veränderung resp. die Wirkung des (an sich bedeutungslosen) Umweltsignals auf das neuronale System ist durch die Struktur des kognitiven Systems und *nicht* alleine durch die Struktur des Signals bestimmt.

Betrachtet man neuronale Systeme aus *systemtheoretischer* oder *kybernetischer* Sicht als rekursive kybernetische Maschinen, so werden die soeben angesprochenen Eigenschaften klarer. Diese Überlegungen zwingen zur Aufgabe folgender Konzepte: (a) "öffentliche" Semantik; i.e., die Vorstellung, daß die Bedeutung der verwendeten Symbole für alle an der Kommunikation teilnehmenden Organismen gleich ist. (b) Die Vorstellung, daß die Semantik durch irgendwelche Prozesse gegeben und in den symbolischen Strukturen inhärent sei. (c) Sprache als instruktives und denotatives Kommunikationsmedium und (d) Aufgabe der Vorstellung einer stabilen Semantik. Diese Konzepte werden zugunsten der Vorstellung eines *konsensuellen* und *konnotativen Sprachgebrauches* aufgegeben. I.e., die Bedeutung/Semantik entsteht *innerhalb* der jeweiligen Organismen und kommunikative Strukturen entwickeln sich aus dem konsensuellen Gebrauch von Symbolen – die "öffentliche" Bedeutung symbolischer Strukturen ist das Resultat eines Prozesses der Interaktion "privater" Semantiken, in dem der Gebrauch verweisender Muster aufeinander abgestimmt wird.

2.2.3 Implikationen

Der Ansatz der computational neuroepistemology zielt nicht nur auf eine Neukonzeption des Repräsentationsbegriffes ab, sondern auch auf die Untersuchung der *Implikationen*, die solch eine alternative Auffassung von Repräsentation auf verschiedene Konzepte und Disziplinen nach sich zieht: (a) *Eliminierung des propositionalen Paradigmas*: aus einer neurowissenschaftlichen und (naturalisiert) epistemologischen Perspektive ist das Konzept der Propositionen und Intentionen als Erklärungsstrategien kognitiver Prozesse nicht mehr aufrecht zu halten. Sie werden durch Begriffe und Konzepte der Neurowissenschaft ersetzt – i.e., Propositionen können nicht als ultimative Repräsentationseinheiten verstanden werden, da sie selbst das Resultat eines zugrundeliegenden neuronalen Repräsentationssystems sind. (b) *Neufundierung der Epistemologie und Wissenschaftstheorie*: eine zentrale Implikation dieses Ansatzes besteht darin, daß die Epistemologie und *Wissenschaftstheorie* ein neues Fundament erhalten: (neuronal basierte) *kognitive Prozesse*. Eine Neuorientierung der Epistemologie und Wissenschaftstheorie auf neuronal-konstruktivistischer Basis mit systemtheoretischem Charakter wird vorgeschlagen. Das Problem der *Wissensrepräsentation* steht in einem ersten Schritt im Vordergrund der Forschungsinteressen – alle anderen Probleme der sozialen Interaktion, der Entwicklung neuer Paradigmata, der Entstehung wissenschaftlicher Theorien, der Theoriendynamik, etc. sind Folgeprobleme.

Die konsequente Integration neuro- und kognitionswissenschaftlichen Wissens in die Wissenschaftstheorie führt einerseits zu einer *Naturalisierung* dieser Disziplin und andererseits zu einem *systemtheoretisch* orientierten Ansatz zur Erklärung des Wissenschaftsprozesses. Dieser ist jedoch *nicht* auf die wissenschaftliche Domäne eingeschränkt, sondern ist – bedingt durch die Fundierung in einer Repräsentationstheorie, die konsequent vom neuronalen Substrat der einzelnen kognitiven Systeme ausgeht – automatisch in den sprachlichen, sozialen, kulturellen, etc. Kontext eingebettet (siehe auch Kapitel 11). (c) *"kognitive Disziplinen"*: die Erklärungs-, Forschungsstrategien und Methodeninventare der "traditionell kognitiven" Disziplinen, wie etwa der Psychologie, Linguistik, Cognitive Science, etc., verändern sich durch diese Neufundierung *radikal*: auch hier steht die Frage, wie die Umwelt in einem neuronal basierten kognitiven System repräsentiert wird, im Zentrum des Interesses. Von dort ausgehend kann man dann die verschiedenen kognitiven Phänomene, wie Sprache, psychische Phänomene, etc. als Folgeprobleme und -phänomene untersuchen.

Die Absicht dieses Abschnittes war es, die Ziele und Basiskonzepte eines alternativen Repräsentationsbegriffes, welcher durch die computational neuroepistemology vorgeschlagen wird, in aller Kürze in seinen Dimensionen und Implikationen zu skizzieren. Viele Fragen und Argumentationsschritte müssen vorerst offen bleiben – wie bereits gesagt, sollten hier nur die Conclusionen der Argumente zusammengefaßt werden. In den folgenden Kapiteln werden wir diese "Versprechungen" Schritt für Schritt anhand vieler Beispiele und empirischer Evidenz argumentativ einlösen.

2.3   Annahmen über Umwelt und Repräsentation

In diesem Abschnitt werden die *Annahmen*, auf welchen der zuvor skizzierte Wissensrepräsentationsbegriff beruht, im Detail diskutiert. Es handelt sich um die *Prämissen* des Argumentes, von denen ausgehend wir ein alternatives Konzept von Wissensrepräsentation entwickeln werden. Zuvor seien jedoch noch einige Anmerkungen zur verwendeten Terminologie gemacht: die Begriffe "Repräsentation" und "Wissensrepräsentation" werden synonym verwendet. Wenn von "Architektur" oder "Struktur" eines kognitiven Systems die Rede ist, so ist der physische und logische Aufbau dieses Systems gemeint. Er umfaßt nicht nur das neuronale System, sondern auch alle anderen Systeme, wie etwa das Hormonsystem, Effektor- und Sensorsysteme, den körperlichen Aufbau, etc. Wie bereits angedeutet, spielen all diese Systeme im Kontext der Wissensrepräsentation eine ebenso zentrale Rolle wie das Nervensystem. Das Nervensystem erhält seine herausragende Stellung in der Frage der Wissensrepräsentation, weil es u.a. jenes System ist, welches alle anderen Systeme durch seine auf "Informationsübermittlung" ausgerichtete Struktur integriert.

Die Grundannahme besteht darin, daß sowohl Umwelt als auch Repräsentationssystem (= kognitives System) *physische Systeme* sind, die jeweils ihre eigene Dynamik besitzen; i.e., ihr physischer Aufbau folgt den Gesetzen der Physik und hat damit ein eigenständiges Verhalten, welches – wenn wir ein naturwissenschaftliches Weltbild annehmen – letztlich auf die Dynamik der Energieflüsse im atomaren Bereich zurückzuführen ist. Es handelt sich also um zwei oder mehrere autonome physische Systeme, die in einer *kausalen* Beziehung zueinander stehen. I.e., zwischen der Dynamik des Repräsentationssystems und der Umwelt bestehen *Interaktionen*, die die Dynamik des jeweils anderen Systems beeinflussen. Diese Interaktion ist über *Sensoren* und *Effektoren* realisiert:

Zum Zweck der Interaktion muß eine *Minimalausstattung* von Sensoren, Effektoren resp. Variablen vorhanden sein, welche solch eine Interaktion überhaupt erlauben. I.e., für ein kognitives System ist es unbedingt notwendig, daß es in irgendeiner Weise Zugang zu seiner Umwelt hat, damit es auf veränderte Umweltzustände adäquat reagieren kann – hiezu benötigt es ein Medium, welches ihm das Detektieren der Umweltveränderungen ermöglicht. Um eine "Verbindung" zur Umwelt aufbauen zu können, müssen zumindest folgende Kriterien erfüllt sein:

(i) Es muß zumindest einen *Sensortyp* geben, der für eines der sich in der Umwelt verändernden Merkmale *sensibel* ist. (ii) Es muß zumindest einen *Effektortyp* geben, der eine Veränderung in der Umwelt hervorrufen kann – diese Veränderung in der Umwelt muß nicht unbedingt bedeuten, daß z.B. in der Umwelt etwas bewegt wird; Veränderung in der Umwelt heißt auch eine Veränderung relativ zum Organismus. Z.B. die Bewegung des Organismus an einen anderen Ort bedeutet keine direkte Veränderung der Umwelt, sondern betrifft nur die Position des Organismus in der Umwelt (= relative Veränderung des Organismus in Bezug zu seiner Umwelt). Eine Zusatzforderung betrifft die Frage einer *feedback Schleife*: i.e., für das Repräsentationssystem wäre es von Vorteil, wenn es die absolute oder relative Umweltveränderung durch einen Sensor erfassen könnte. Das heißt, daß sich durch die Motoraktion eine Veränderung an der sensorischen Oberfläche ergibt. Dadurch wäre es möglich, eine geschlossene Schleife und damit eine Art Kontrolle über den Miß-/Erfolg des als Motorhandlung externalisierten Wissens zu erhalten.

Um Überleben zu können, muß zumindest ein Effektor vorhanden sein, welcher eine Form von Veränderung in der Umwelt vornehmen kann: die Aufnahme von *Nahrung*. Wie bereits erwähnt, müssen wir zwischen zwei Domänen unterscheiden: *(i) Umwelt*: Die Umwelt ("Welt", "Realität") "versorgt" das kognitive System mit Stimuli und Energie. Sie besitzt eine eigene Dynamik, welche in Zustandsveränderungen zum Ausdruck kommt. Diese Veränderungen auszugleichen, ist die Aufgabe des kognitiven Systems – es geht darum, ein *homöostatisches* Verhältnis zwischen der Umweltdynamik und der Dynamik des kognitiven Systems aufrecht zu erhalten. Dieses stabile Verhältnis, welches sich meistens nicht in der Nähe des thermodynamischen Gleichgewichtes befindet, kann als *Fließgleichgewicht* interpretiert werden und ist charakteristisch für lebende Systeme (vgl. auch *H.Maturanas* homöostatische Konzepte der Autopoiese [MATU 75a, MATU 78, MATU 80], etc.). *(ii) Repräsentationsraum*: Es bedarf offenbar irgendwelcher Mechanismen, welche die "feindlich gestimmten" Veränderungen der Umwelt, deren Ziel das thermodynamische Gleichgewicht ist, *auszugleichen* imstande sind. Um dies tun zu können, muß das kognitive System über eine Art *Repräsentationsmechanismus* verfügen, welcher dieses "Ausgleichsverhalten" steuert. Hier geht es nicht um die Abbildung der Umwelt, sondern vielmehr darum, die durch das Sensorium aufgenommenen Umweltveränderungen in adäquates Verhalten umzurechnen. In den folgenden Abschnitten werden die Charakteristika dieser beiden Domänen und ihre Beziehung zueinander genauer untersucht.

2.3.1 Umwelt

In der Umwelt müssen wir irgendeine Form von *Regelmäßigkeit* voraussetzen; i.e., ihre Energieflüsse, Signale, Muster, etc. müssen eine gewisse Regelmäßigkeit/dynamische Stabilität über Raum und Zeit besitzen. Wäre dies nicht der Fall, so stünden kognitive Systeme einer sich ständig unregelmäßig verändernden und *chaotischen* Umweltdynamik gegenüber. Die Annahme einer völlig chaotischen Umwelt wäre jedoch nicht haltbar, da (a) der Aufbau irgendeiner Form von *Repräsentation* durch ein kognitives System *unmöglich* wäre; das einzige was repräsentiert werden könnte, wäre "Chaos" – und dies würde für die Aufrechterhaltung eines homöostatischen Gleichgewichtes nicht sehr viel beitragen. (b) Jegliche Form von *Prognose* wäre auch nur über kurze Zeitspannen *unmöglich*; die Prognose der zukünftigen Zustände der Umwelt ist jedoch eines der Hauptkriterien und -erfordernisse für die Generierung erfolgreichen Verhaltens. (c) Dadurch wäre das *Überleben* des kognitiven Systems *unmöglich*; für die Produktion von Verhalten, welches die Umweltdynamik ausgleichen und die interne Stabilität aufrecht erhalten soll, sind Regelmäßigkeiten in der Umwelt unbedingte Voraussetzung, da man auf chaotisches Umweltverhalten nur mit chaotischem Verhalten reagieren könnte und dies mit größter Wahrscheinlichkeit nicht die gewünschten Resultate (i.e., Ausgleich der Umweltdynamik und Aufrechterhaltung der Stabilität) erbringen würde.

(d) Jegliche Form von *Lernen* oder *Adaptation* (an eine Regelmäßigkeit) wäre sinnlos – wenn keine Regelmäßigkeiten vorhanden sind, so gibt es nichts zu erlernen, so können keinerlei Relationen detektiert werden, etc.

Diese Überlegungen sprechen der Umwelt natürlich nicht ihre *Eigendynamik* ab – es wäre ein Mißverständnis, die Umwelt als undynamisch oder unveränderlich zu charakterisieren; vielmehr ist sie ein System, dessen *Dynamik* gewissen *Regelmäßigkeiten* folgt. Diese Regelmäßigkeiten herauszufinden und zum Vorteil des jeweiligen Organismus anzuwenden ist seit je her das Ziel jeglicher kognitiven Prozesse, jeder Form evolutiver Prozesse, jeglicher Form von Wissensrepräsentation bis hin zu jeglicher Form von Wissenschaft. Regelmäßigkeiten in der Umwelt sind also die unbedingte Voraussetzung jeder Form von Repräsentation. Nur wenn diese vorhanden sind, können *Kategorien* gebildet werden, können Relationen zwischen Phänomenen, Objekten, Ereignissen, etc. aufgebaut werden, können Prognosen erstellt werden – all diese Prozesse sind unbedingt notwendig, um in letzter Konsequenz adäquates Verhalten zu generieren, welches die Stabilität zwischen den beiden Systemen aufrecht erhält.

Die Domäne der Umwelt kann also als ein "Pool" mehr oder weniger strukturierter physischer Signale, Energieflüsse, etc. charakterisiert werden. Sie folgt ihrer eigenen Dynamik, die aus zuvor genannten Gründen eine gewisse Regelmäßigkeiten aufweisen muß. Man muß sich klar vor Augen führen, daß die Muster, die natürlichen oder künstlichen Regelmäßigkeiten für sich genommen *keinerlei Bedeutung* besitzen – sie stellen sozusagen eine "wohlstrukturierte semantische Wüste" dar. Erst durch die Wirkung, die diese Signale auf einen bestimmten Organismus haben, bekommen sie *für den jeweiligen Organismus* Bedeutung.

Ein weiteres Charakteristikum der Umwelt besteht darin, daß – was spätestens seit *I.Kant* bekannt ist – *kein* kognitives System *"direkten"* Zugang zu ihr besitzt. Aus neurowissenschaftlicher Sicht interpretiert heißt das, daß unser Zugang zur Umwelt *immer* ein durch das *Sensorsystem* und durch die *neuronalen Aktivierungen vermittelter* sein wird. I.e., die "wirkliche" Qualität der Umwelt wird uns immer verschlossen bleiben, da in jedem kognitiven System (a) das Umweltsignal seine Qualität im Moment der Transduktion verliert und (b) "nur" als neuronale Aktivierung weiterverarbeitet wird. Wie wir noch sehen werden, haben wir es immer mit *Konstrukten* unseres neuronalen Apparates und niemals mit der Umwelt selber zu tun – diese löst die Konstruktionsprozesse, welche durch die neuronale Dynamik und nicht alleine durch die Umweltdynamik determiniert sind, lediglich aus.

2.3.2 Repräsentationssystem und Repräsentationsraum

Aus den bisherigen Überlegungen lassen sich folgende Charakteristika für das Repräsentationssystem ableiten: (a) das Repräsentationssystem ist ein Teil der Umwelt, (b) es handelt sich, genau so wie die Umwelt, um ein *physisches dynamisches* System, welches (c) denselben Regeln folgt wie jedes physische System. Diesen Punkten folgend scheint es, daß sich die Struktur eines Repräsentationssystems nicht sehr viel von jener der Umwelt unterscheidet. Wie wir gleich sehen werden, ist es keinesfalls trivial, jene Punkte, die ein Repräsentationssystem gegenüber der

Umwelt auszeichnen, ausfindig zu machen, da viele Charakteristika auf beide Systeme zutreffen. Wenn man eine streng materialistische/physikalistische Perspektive einnimmt, so kann man die Eigenschaft der Repräsentationsfähigkeit entweder fast allen physischen Systemen, oder zumindest allen evolutiv entwickelten lebenden Systemen (z.B. Pflanzen inkludiert), zuschreiben, oder gar keinen. Es stellt sich heraus, daß der Prozeß der *Evolution* und des *Überlebens* eine zentrale Rolle in der Charakterisierung Wissen repräsentierender Systeme einnehmen. Folgende Punkte seien ein Versuch, ein Wissen repräsentierendes System (im Gegensatz zur Umwelt) zu charakterisieren:

(i) Ein Repräsentationssystem verhält sich *reaktiv* auf seine Umwelt; i.e., es reagiert auf Veränderungen in seiner Umwelt mit (adäquaten) Verhaltensweisen. (ii) Ein kognitives System *interagiert aktiv* mit seiner Umwelt; i.e., es reagiert nicht nur auf seine Umwelt, sondern auch "initiiert" von sich aus Veränderungen in der Umwelt. Es besteht ein Verhältnis gegenseitiger aktiver Beeinflussung. (iii) Die *Architektur* eines Repräsentationssystems ist nicht simpel oder trivial. Dies ist freilich eine recht schwammige Aussage: mit einer "simplen Architektur" ist etwa die Architektur eines Kristalls gemeint, die zwar sicherlich nicht simpel in Bezug auf z.B. seine Geometrie, jedoch verglichen mit der *Funktionalität biologischer Systeme* relativ einfach ist. Eine weitere Forderung an die Architektur von Repräsentationssystemen ist, daß sie *zusammengesetzt* ist; i.e., einer homogenen Struktur, wie sie z.B. in Kristallen vorkommt, kann man schwerlich die Eigenschaft von Wissensrepräsentation zuschreiben.

(iv) Kognitive oder Wissen repräsentierende Systeme befinden sich fernab vom thermodynamischen Gleichgewicht und fallen in die Kategorie *dissipativer* Systeme (s.a. *U. an der Heiden* [HEID 92], *I.Prigogine* et al. [PRIG 68], *Bertalanffy* et al. [BERT 77], *Nicolis* et al. [NICO 77], etc.); i.e., sie befinden sich in einem *homöostatischen* Zustand resp. einem *Fließgleichgewicht*, welches sich weit ab von der energetisch günstigsten Stabilität befindet. Es handelt sich also um energetisch *offene Systeme*, welche von Energie durchströmt werden und versuchen, aus diesem Energiefluß Stabilitäten aufzubauen (vergleiche "Rollenversuch"[15]). Energieströme durchfließen das System und das System versucht, diese Fluktuationen auszugleichen resp. durch diese Ströme seine eigene Stabilität zu erhöhen. Dies wird durch folgende Prozesse realisiert: (a) Generierung von Verhalten, welches die Umweltstimuli ausgleicht und (b) dynamische *Veränderung* der *Repräsentation*, die für die Verhaltensgenerierung verantwortlich ist.

Wenn hier von homöostatischen Zuständen die Rede ist, so müssen wir zwischen zwei Systemen unterscheiden, die miteinander interagieren: einerseits ein System *interner* Homöostase; i.e., die Dynamik des Systems versucht, stabile Zustände ("Attraktoren", zyklische Stabilitäten, etc.) im Inneren des Systems aufrecht zu erhalten und zu verstärken (z.B. *Hebb'sches* Lernen [HEBB 49]). "Nützliche" Relationen und Regelmäßigkeiten werden extrahiert und durch adaptive physisch realisierte Vor-

---

[15] Hier handelt es sich um einen Versuch, in dem eine Wasserschale von unten gleichmäßig erhitzt wird. Bei einer bestimmten Temperatur entstehen ("emergieren") spontan *Stabilitäten* in Form von Rollen – hier handelt es sich um ein *Fließgleichgewicht*, welches vom Energiefluß abhängig ist. Es handelt sich um eine Stabilität, die sich weitab vom thermodynamischen Gleichgewicht befindet.

gänge, die die Verhaltensdynamik des kognitiven Systems verändern, "verfestigt". Andererseits können wir ein System *externer* Homöostase finden: i.e., hier wird versucht, die *Interaktionen* zwischen der Dynamik der Umwelt und jener des kognitiven Systems zu stabilisieren.

Das Ziel ist es, die Dynamik beider Systeme so *aufeinander abzustimmen*, daß eine "sinnvolle" Interaktion zustande kommen kann; sinnvoll bedeutet, daß ineinandergreifende Selektionshandlungen stattfinden, die Trajektorien auswählen, die dem Überleben des jeweiligen kognitiven Systems dienlich sind. Sowohl die Umwelt als auch das kognitive System sind physische Systeme, die ihrer eigenen Dynamik folgen (i.e., "sie tun, was sie tun") – in den meisten Fällen ist die Flexibilität in der Verhaltensäußerung (= Produktion der Stimuli für das jeweils andere System) in kognitiven Systemen um ein Vielfaches größer als jene der Umwelt. Über kürzere Zeiträume ist eher zu erwarten, daß sich die Dynamik des kognitiven Systems verändert oder an die Umweltdynamik anpaßt. Das kognitive System hat zwei (drei) Möglichkeiten, eine stabile Beziehung mit der Umwelt einzugehen: (a) Durch die physische Veränderung/Anpassung des Repräsentationssystems verändert sich die Verhaltensdynamik. (b) Die zweite Option, die oftmals in Interaktion mit der ersten auftritt, führt eine umgekehrte Situation herbei: anstelle der Veränderung des Repräsentationssystems wird die *Umwelt verändert*. I.e., durch Motoraktivitäten wird die Dynamik der Umwelt *gezielt manipuliert*, sodaß sich das Verhalten der Umwelt resp. bestimmter Teile der Umwelt zum Vorteil des kognitiven Systems verändert. I.a.W., die Umwelt wird gezielt manipuliert, um sie manipulierbar(er) zu machen.

Wenn man genau hinsieht, so enthalten die Punkte (i) bis (iv) lediglich Hinweise, was ein Repräsentationssystem von "nicht-Repräsentationssystemen" (i.e., Umwelt) unterscheiden könnte. Besonders die Punkte (i) und (ii) können auf fast alle Systeme angewandt werden. Wir benötigen also noch weitere Kriterien, um die Menge der möglichen Wissen repräsentierenden Systeme einzuengen.

(v) Ein kognitives System benötigt irgendeine Art eines/r phylo- und/oder ontogenetisch entwickelten *Modells* oder *Repräsentation* der Umwelt, um den/die homöostatische Zustand/Beziehung zwischen Umweltdynamik und der Dynamik des kognitiven Systems aufrecht erhalten zu können. Das kognitive System muß also über einen Mechanismus verfügen, welcher ihm das Reagieren in Form von Produktion adäquaten (Ausgleichs-)Verhaltens erlaubt. Dieser Mechanismus muß etwas mit der Repräsentation der Umwelt resp. mit der Adaptation an die Umweltdynamik zu tun haben, da sich ein an die dynamischen Umweltverhältnisse angepaßtes Verhalten nicht anders erklären läßt. In gewissem Sinne geht es darum, eine gewisse *Kontrolle* über die Umwelt und die interne Dynamik zu erlangen, ein geheimes Ziel, welches im Grunde u.a. auch von jeder (Natur-)Wissenschaft verfolgt wird.

(vi) Schließlich kann man Wissen repräsentierende Systeme auch noch über ihr beobachtetes Verhalten charakterisieren: das Verhalten von Systemen, die Wissen über ihre Umwelt repräsentieren, kann als *Externalisierung* der internen Dynamik resp. des (in dieser Dynamik) repräsentierten/verkörperten Wissens interpretiert werden, das diesen Systemen zugrundeliegt. Diese Dynamik ist *"kontextsensitiv"*; i.e., sie bezieht in ihr Verhalten nicht nur die Dynamik des kognitiven Systems selber, sondern auch den aktuellen Zustand der Umwelt mit ein[16]. Weiters ist im Verhalten eine gewisse *Zielgerichtetheit* zu finden – vom beobachteten Verhalten her hat es den *Anschein*, als ob eine bestimmte Funktion erfüllt, ein bestimmtes Ziel erreicht werden müßte. Im Minimalfall ist dieses Ziel oder diese Funktion das *Überleben* und die *Reproduktion* oder, m.a.W. die Aufrechterhaltung des Fließgleichgewichtes resp. der internen und externen homöostatischen Beziehung.

Mit diesen sechs Punkten ist ein erster Schritt der Abgrenzung der Phänomene, Objekte, Prozesse, etc. der Umwelt von kognitiven resp. Wissen repräsentierenden Systemen getan. Das Konzept oder die Form der Repräsentation ist jedoch in noch keiner Weise festgelegt – es kann sich um eine abbildende, verkörpernde, konstruierende etc. Repräsentationsform handeln. Bisher haben wir ausschließlich versucht, die Kriterien eines Repräsentationssystems genauer zu spezifizieren. In dieser Form sind sie aber noch sehr weit und umfassen fast alle physischen Systeme oder zumindest jene Systeme, die evolutiv entstanden sind und durch diesen Adaptationsprozeß in ihrer physischen Struktur eine Form von Wissen über die Umwelt verkörpern. Dieser Begriff umfaßt Pflanzen genau so wie den Menschen. Es scheint jedoch – wenn man die folgenden "Zusatzforderungen" sehr großzügig interpretiert –, daß sich dieser Begriff nicht wirklich weiter einschränken läßt und wir bleiben mit der provokativen These, daß z.B. Pflanzen auch Wissen repräsentierende Systeme darstellen, zurück. Dies ist eine der Implikationen aus einer konsequent materialistisch, evolutionstheoretisch und konstruktivistisch gedachten Konzeption von Repräsentation. Dennoch müssen wir in den Kriterien noch etwas spezifischer werden und folgende Minimalvoraussetzungen resp. -forderungen an ein kognitives resp. Wissen repräsentierendes System stellen:

Speichermechanismus

In jedem Repräsentationssystem muß es eine Form von *Speicherung* geben – ihre Aufgabe ist die *Fixierung* resp. das *Festhalten* der aus der Umwelt extrahierten Relationen und Regelmäßigkeiten. Dies ist jedoch *nicht* im Sinne einer/s *von Neumann* Maschine/Computers zu verstehen: i.e., Speicherung in kognitiven Systemen bedeutet *nicht* das Füllen von vorgegebenen Variablenstrukturen und Speicherplätzen mit Werten, die aus der Umwelt erhoben werden. Wie noch ausführlich diskutiert wird, ist Speicherung das Resultat *adaptiver* Prozesse, die das physische Substrat verändern. Die Dynamik des physischen Substrates (z.B., Ausbildung neuer Synapsen) impliziert die Dynamik im "gespeicherten Wissen[17]" – diese Veränderungen beruhen jedoch nicht auf einem Eintrag in eine Speicherzelle, sondern passieren *inkrementell*. Hinzu kommt noch, daß das Substrat der Repräsentation nicht nur das Speichermedium, sondern zugleich auch das *Verarbeitungsmedium* repräsentiert: das

---

[16]I.e., die Dynamik des kognitiven Systems ist als eine definiert, die die Zustandsdynamik der Umwelt mit einbezieht, um sein Überleben zu sichern.

[17]Der Begriff "Speicherung des Wissens" suggeriert sehr stark die Idee der Speicherung/Repräsentation als *Abbildung* und sollte daher nur mit Vorsicht verwendet werden. Der Prozeß der "Fixierung des Wissens" läßt sich noch am ehesten durch den Begriff der *Verkörperung* beschreiben.

Wissen über (a) die Umwelt, (b) über die eigenen körperlichen Strukturen und (c) über die Generierung adäquaten Verhaltens ist in der physischen Struktur *verkörpert*. Den Begriff der *Verkörperung* von Wissen im neuronalen Substrat werden wir in den folgenden Kapiteln anhand des Beispiels neuronaler Repräsentationssysteme noch genauer spezifizieren.

Ganz ähnliche Strukturen lassen sich ebenfalls im genetischen Material finden: auch hier findet keine Speicherung des Organismus oder seiner Umwelt in einem abbildenden Sinne statt. Vielmehr *verkörpert* es jene Information, die – in der Interaktion mit der Umwelt – zur Generierung und Entfaltung (Expression) eines Organismus notwendig ist.

Verarbeitungsmechanismus

Die Aufgabe des Verarbeitungsmechanismus ist es, *Transformationen* auszuführen. Transformationen können als Funktionen verstanden werden, die Elemente einer Menge auf Elemente einer anderen Menge abbilden. Zweierlei grundlegende Transformationen sind in einem Repräsentationssystem zu finden:

(a)*Sensomotorische Integration*: eine nichtlineare/rekursive Transformation der in das System einlangenden Stimuli (= Umweltsignale) in ein (output) *Verhalten* (nicht nur im behavioristischen "stimulus-response Sinn"). (b) Der Verarbeitungsmechanismus ist für die *Veränderung der Systemstruktur* (i.e., der sensomotorischen Integration) und damit seiner Verhaltensdynamik verantwortlich. I.a.W., diese Aufgabe des Verarbeitungsmechanismus umfaßt die phylo- und ontogenetische *Adaptation* der physischen Struktur (i.e., das Wissen = Transformation = die im physischen/neuronalen Substrat verkörperte Funktion).

"Differenzenbilder"

Die Aufgabe des Differenzenbilders ist die Aufrechterhaltung des internen und externen homöostatischen Zustandes durch ständige Kontrolle und Adjustierung der Parameter. Er stellt ein zentrales Element des Verarbeitungsmechanismus dar; kybernetisch gesprochen, besteht sein Ziel darin, den *Unterschied* zwischen dem *Ist*-(input)-Werten aus der internen und externen Umwelt und den *Soll*-Werten festzustellen. Dies ist durchaus im Sinne eines kybernetischen *feedback* Systems zu verstehen, dessen Paradebeispiel der Thermostat ist. In kognitiven Systemen sind freilich viel komplexere Mechanismen zu finden – die Grundidee ist jedoch die selbe. Die Komplexität ist das Resultat der Interaktion verschiedener Rückkoppelungssysteme, die ineinander verschachtelt sind (vgl. auch *Richards* und *Glasersfeld* [RICH 84]).

Der Differenzenbilder berechnet aus der Differenz (= "Fehlersignal") (a) ein Verhalten, welches den Zustand der Homöostase wieder herstellt. I.a.W., er versucht, durch bestimmte Verhaltensäußerungen das "aus dem homöostatischen Gleichgewicht" geratene kognitive System wieder zu stabilisieren – eine Stabilisierung vermindert die Differenz zwischen Ist- und Soll-Wert. Bei diesem Stabilisierungsprozeß bedient sich dieser Mechanismus der *Repräsentation*. Eine zweite Möglichkeit, Stabilität herbeizuführen ist auch (b) die versuchsweise Veränderung der Repräsentation durch den Differenzenbilder. I.e., jener (Repräsentations-)Mechanismus wird verändert der (i) für die Berechnung des Soll-Wertes und (ii) für die Berechnung des Ausgleichsverhaltens verantwortlich ist. Das Ziel ist in jedem Fall eine Stabilität zu finden.

"Interaktionsmedium"

In der Sprache der Informatik besteht die Aufgabe des "Interaktionsmediums" im "I/O-handling", also all jene Prozesse, die mit der Interaktion zwischen Umwelt und dem kognitiven System zu tun haben. Es stellt die Mittel, welche für den Zugang zur resp. Manipulation der Umwelt notwendig sind, zur Verfügung: i.e., *Sensoren* und *Effektoren*. Wie noch ausführlich diskutiert wird, spielen besonders die *Sensoren*, ihre Struktur, Aufbau, Positionierung und Dynamik eine zentrale Rolle im Kontext der *Repräsentation* und *Konstruktion* von Wissen. Ihre Dynamik determiniert, welche Wirkung das Umweltsignal im neuronalen Substrat hat – damit beeinflußt es auch den Prozeß der *Bedeutungsgebung*. Es wird daher noch ein genauer Blick auf die Rolle und *Entwicklung* von Sensoren zu werfen sein (s.a. Kapitel 10) – evolutiv gesehen ist ihre (phylogenetische) Entwicklung ein zentrales Moment, da es die Entwicklung des "Tores/Fensters zur Umwelt" eines jeden Organismus darstellt. Variation, Kombination und Selektion mußten also jene Parameter resp. Aspekte der Umwelt "herausfinden", deren Detektion für das Überleben des jeweiligen Organismus notwendig sind[18]. Mit der evolutiven Veränderung der körperlichen Organisation und Struktur verändern sich systemrelativ die Umweltbedingungen und die "sensorischen Bedürfnisse". Sehr interessant ist die Entwicklung eines Detektors für neue *Modalitäten*, wie z.B. eines Sensors für elektrische Spannung im "electric fish" (*W.Heiligenberg* [HEIL 91, HEIL 91a]), oder für elektromagnetische Wellen, wie es bei jedem Auge der Fall ist. Fragen bezüglich der Repräsentation der Umwelt und der Notwendigkeit für die Generierung adäquaten Verhaltens drängen sich in diesem Kontext geradezu auf. Es sei angemerkt, daß die *ontogenetische* Entwicklung eines neuen Sensor- oder Effektortyps höchst *unwahrscheinlich* ist – diese Entwicklungen hat jedoch die (moderne) *Naturwissenschaft* in "externalisierter Form" angenommen: es werden neue Meßgeräte entwickelt, die "neue Modalitäten" oder Erweiterungen im Bandbereich einer Modalität (sei es UV-Licht, radioaktive Strahlung, etc.) detektieren können. Ebenso werden Motorsysteme entwickelt, die als eine (ontogenetische und kulturelle) Weiterentwicklung unserer Effektoren interpretiert werden können: diese reichen vom "Rad", über das Automobil und das Flugzeug bis hin zu jeglichen Manipulationsmaschinen im Micro- (z.B. Teilchenbeschleuniger) und Macrobereich – also jegliche Form von *Werkzeugen*, die eine ökonomischere Manipulation der Umwelt resp. des Organismus in Relation zur Umwelt erlauben.

---

[18]Eine andere Möglichkeit besteht darin, die Struktur des gesamten Körpersystems so zu verändern, daß es mit der vorhandenen Sensor- und Effektorausstattung auskommt. In den meisten Fällen wird es sich um eine *Mischform* handeln.

"Selektionsfunktion"

Die Aufgabe der Selektionsfunktion ist *abstrakter* Natur: i.e., sie legt die *Überlebens-kriterien* fest. Sie manifestiert sich nicht in expliziter physischer Realisierung als ein bestimmter Teil des Repräsentationssystems, sondern ist implizit durch den Aufbau und die gesamte Struktur des kognitiven Systems gegeben. Da sich ein kognitives System (jedes lebende System) in einem Gleichgewicht befindet, welches fernab vom thermodynamisch resp. energetisch günstigsten (ökonomischsten) Punkt ist, muß es *Kriterien für die Aufrechterhaltung dieser dynamischen Stabilität* geben. Also Kriterien, die angeben, unter welchen Umständen ein kognitives System als kognitives System "funktioniert" (i.e., in irgendeiner Weise überlebt). Es handelt sich um die implizit in der Körperstruktur repräsentierten Kriterien der Erfüllung eines *homöostatischen* Zustandes. An dieser Stelle wird klar, daß es, wenn man von Repräsentation spricht, nicht ausreicht, sich ausschließlich mit der Untersuchung des eigentlichen Repräsentationsmechanismus auseinander zu setzten, sondern daß man die übrigen "körperlichen Funktionen" (z.B. Sensorsystem, Metabolismus, etc.) mit einbeziehen muß. Betrachtet man ein Repräsentationssystem, so muß man seine *Eingebettetheit* in die körperlichen Funktionen studieren, um die volle Funktionsweise zu verstehen. So sind etwa der *Energiehaushalt* oder der *Metabolismus* eines kognitiven Systems extrem wichtige Parameter für das Funktionieren dieses Systems resp. für die Aufrechterhaltung der internen Homöostase und für das Überleben. Es besteht eine gegenseitige (*"symbiotische"*) Abhängigkeitsbeziehung zwischen dem Repräsentationssystem und all jenen Systemen, die (scheinbar) nicht direkt an der Repräsentation beteiligt sind (wenn man dies überhaupt so klar trennen kann).

Ein Blick auf die Neurowissenschaft und Biologie gibt uns Evidenz, daß die körperliche Struktur und der physische Aufbau bei der Repräsentation von Wissen eine zentrale Rolle spielen – der Begriff der *Verkörperung von Wissen* in neuronalen Systemen wird in den folgenden Kapiteln anhand einiger Beispiele noch genauer ausgeführt und illustriert. Hier sei so viel gesagt, daß durch die Architektur die Dynamik und damit das Verhalten und damit das Wissen, welches dem System unterstellt wird, verkörpert ist. Ein Problem, das uns immer wieder begegnet, ist die Frage und Schwierigkeit der *Abgrenzung*: "Wo beginnt Wissensrepräsentation?" I.e., die Frage, welchen physischen Systemen wir die Fähigkeit resp. das Charakteristikum der Wissensrepräsentation zuschreiben – die zuvor genannten Kriterien sind ein erster Hinweis auf eine mögliche Lösung dieser Frage. Interpretiert man diese Punkte jedoch etwas freizügiger, so zeigt sich, daß diese Forderungen auf fast alle lebenden Systeme zutreffen: begonnen beim Menschen über alle Tiere, bis hin zu Pflanzen und sogar Einzellern. In jedem dieser Organismen finden wir Mechanismen, die die oben angeführten Punkte in mehr oder weniger abstrakter Weise erfüllen. Die Folge ist ein sehr *offener Begriff* von Wissensrepräsentation, der in seinen Implikationen relativ provokativ wirkt und von vielen "Repräsentationstheoretikern" in seiner Offenheit wahrscheinlich nicht akzeptiert würde. M.E. ist er aber die Konsequenz aus einer naturalisiert-epistemologischen Sicht dieses Problems und sollte, nur weil plötzlich unbequeme, unerwartete und – zumindest aus traditioneller Sicht – unpassende Konsequenzen ("Pflanzen repräsentieren Wissen?") auftreten, nicht gleich verworfen werden. Man denke etwa an Pflanzen, die sich im Laufe des Tages der Sonne zuwenden und ihren Lauf verfolgen (z.B. Sonnenblumen) – da sich diese Bewegung auf einem anderen zeitlichen Maßstab abspielt und nicht unseren Vorstellungen von Mobilität entspricht, sind wir nicht sehr geneigt, dies als das " *Verhalten*" einer Pflanze und als das Resultat "kognitiver Prozesse" zu bezeichnen. Die Mechanismen und abstrakten Konzepte der Repräsentation, der Aufrechterhaltung eines Equilibriums, der Verhaltensgenerierung, etc., die hier am Werk sind, sind jedoch denen "herkömmlicher" kognitiver Systeme sehr ähnlich und unterscheiden sich "lediglich" im Grad ihrer Komplexität. Es ist also nicht ganz klar, warum man z.B. Pflanzen keinerlei Repräsentationseigenschaften zuschreiben sollte.

2.3.3 Wissensrepräsentation und Evolution

Wenn wir von lebenden Systemen sprechen, so impliziert dies, daß es sich immer um Systeme handelt, die das Resultat eines *evolutiven* Prozesses sind. Spätestens in dem Moment, in dem Evolution in der Entwicklungsdynamik eines Systems ins Spiel kommt, liegt eine Form der Repräsentation der Umwelt vor – nur jene Systeme, welche sich den Umständen, Randbedingungen und Zuständen der Umwelt gemäß verhalten, sind fähig, die homöostatische Beziehung zwischen Umwelt und Repräsentationssystem aufrecht zu erhalten resp. zu überleben und sich zu reproduzieren. Die evolutive Dynamik der Systementwicklung wird als *adaptiver* Prozeß beschrieben – dies impliziert, daß sich das System in irgendeiner Weise an die Dynamik der Umwelt anpassen muß, um überleben zu können. Mit dieser Anpassung, die nicht als Abbild mißverstanden werden darf (vgl. *E.v.Glasersfeld* [GLAS 81]), gelangt implizit "Wissen über die Umwelt" in die Systemstruktur. "Wissen über die Umwelt" oder "Wissensrepräsentation" bedeutet eigentlich immer " *Wissen zur Umweltbewältigung, das in der Gesamtorganisation des Organismus verkörpert ist*". In welcher Beziehung steht das evolutiv entwickelte kognitive System, seine Struktur und Dynamik zur Umwelt resp. in welchem Sinne können wir von Repräsentation/Wissen sprechen? Folgende Parameter spielen im Kontext dieser Fragen eine zentrale Rolle: *Adaptation, Selektion, Variation, Kombination* und *Reproduktion*.

Wenn wir von adaptiven Prozessen, die in kognitiven Systemen ablaufen, sprechen, so müssen wir zwei Formen/Ebenen der Adaptation, die jedoch in starker Interaktion und Abhängigkeit zueinander stehen, unterscheiden: (i) Adaptation in der *Ontogenese*: hier handelt es sich um all jene adaptiven Prozesse, die wir unter dem Begriff des *Lernens* zusammenfassen können. Diese sind durch eine ontogenetische physische Veränderung des (neuronalen) Repräsentationssubstrates realisiert, welche eine Veränderung in der Verhaltensdynamik impliziert. Der Miß-/Erfolg einer durch das aktuelle Repräsentationssystem (i.e., durch das verkörperte Wissen) generierte Verhaltensweise ist das "Regulativ" für diese adaptiven Vorgänge. (ii) Adaptation in der *Phylogenese*: diese wird *indirekt* über die Ontogenese des Organismus reguliert. Der Miß-/Erfolg des aktuellen genetischen Materials im *Laufe der Ontogenese* schlägt sich seiner Reproduktionsrate nieder. Es erfolgt eine Adaptation in Richtung der überlebens- und reproduktionsfähigen Organismen, wobei alle überlebensfähigen Organismen "gleich gut adaptiert" sind.

Wie man aus der Diskussion dieser zwei Punkte sehen kann, sind diese beiden Formen der Repräsentation stark ineinander verschränkt. Für die Frage der *Repräsentation* bedeutet das, daß es sich um eine höchst indirekte Form der Repräsentation handelt: das genetische Material entwickelt sich nur *indirekt* über die Interaktion mit der ontogenetischen Ebene und enthält daher auch nur indirekt eine Repräsentation der Umwelt: aus der Sicht der Repräsentationsfrage enthält das genetische Material lediglich (a) Information zum *Aufbau der Basisarchitektur/-repräsentation*, (b) Information zur Realisierung der *Verarbeitung* (z.B. Reizweiterleitung in Neuronen, etc.) und (c) Information für *ontogenetische Adaptationsmechanismen* (z.B. neuronale Plastizität, Veränderungen der synaptischen Verbindungen, etc.).

Ähnlich, wie im Falle neuronaler Systeme, ist die Beziehung zwischen Umwelt und der genetischen Repräsentation dieser eine "*generative*": wie wir gesehen haben, sogar eine "doppelt generative" (eine generative Beziehung "zweiter Ordnung"): es repräsentiert das Wissen u.a. zur Generierung des Repräsentationssystems, welches für die Generierung des Verhaltens verantwortlich zeichnet. Die Frage der Repräsentation von Wissen kann also niemals abgetrennt von der Untersuchung evolutiv-adaptiver Prozesse verstanden werden. Wie wir in den folgenden Kapiteln noch sehen werden, wird uns dieses Thema immer wieder einholen. In jedem Falle müssen wir aus diesen Überlegungen den Schluß ziehen, daß es sich bei allen evolutiv entwickelten Systemen in einem gewissen Sinne um *Repräsentationssysteme* handelt, da sie das Resultat eines langen, jedoch indirekten, Interaktionsprozesses und Adaptationsprozesses mit der Umwelt sind und daher auf indirekte Weise Strukturen der Umwelt, besser gesagt der Bewältigung der Dynamik der Umwelt, durch ihre eigene Struktur und Dynamik repräsentieren resp. verkörpern.

3 Wissensrepräsentation II: Möglichkeiten und Grundlagen

3.1 Fünf Ansätze zur Wissensrepräsentation

3.1.1 Repräsentation und sensomotorische Integration

Untersuchen wir Wissen repräsentierende resp. kognitive Systeme, so stehen wir prinzipiell vor folgender Situation (siehe auch Abbildung 2.1): auf der einen Seite haben wir die Dynamik des kognitiven Systems, welches durch die Dynamik seines Repräsentationssystems (sei es neuronal oder propositional realisiert) determiniert ist. Auf der anderen Seite steht dieser Dynamik die *Umweltdynamik* gegenüber, welche es durch das kognitive System auszugleichen und zu manipulieren gilt. Es findet eine gegenseitige Beeinflussung der Dynamiken der beiden physischen Systeme statt. Das "Ziel" des kognitiven Systems besteht darin, (i) die internen Beziehungen und Dynamik stabil zu halten, (ii) die externen Beziehungen zu stabilisieren und (iii) Verhalten zu generieren, welches das Überleben und u.U. auch die Reproduktion erlaubt ((i) und (ii) sind Voraussetzungen für (iii) und vice versa).

Das Problem der *Wissensrepräsentation* läßt sich wie folgt charakterisieren: es geht darum, einen Mechanismus (i.e., "Wissensrepräsentationsmechanismus") zu finden, der die *Transformation* des inputs (i.e., der Stimuli) aus der Umwelt in einen output (i.e., "Verhalten") *erklärt*. Wir sind also auf der Suche nach einem Erklärungsschema für die *sensomotorische Integration*. Dies darf jedoch nicht im behavioristischen Sinne mißverstanden werden – wie wir bereits gesehen haben, läßt sich durch *rekursive Mechanismen* das simple stimulus-response Verhalten umgehen und erlaubt die Generierung aller erdenklichen Verhaltensweisen (spontan, zyklisch, etc.). Der Begriff der sensomotorischen Integration mag zwar so klingen, als ginge es nur um sog. "low level cognitive tasks"; er beinhaltet aber alle Formen kognitiven Verhaltens: beispielsweise kann die Produktion von Sprache auch als sensomotorischer Prozeß verstanden werden. Dies impliziert, daß wir eine neue Sichtweise von Sprache und sog. "höheren kognitiven Fähigkeiten" (die bis hin zum "Wissenschaftshandeln" reichen) entwickeln müssen, welche in den folgenden Kapiteln noch besprochen wird.

Wissensrepräsentation bedeutet also die Realisierung einer bestimmten *Relation* zwischen input und output – diese Relation berücksichtigt jedoch nicht nur den input, sondern auch den *aktuellen inneren Zustand* des Repräsentationssystems. Die Relation ist als *Transformation* realisiert; folgende Voraussetzungen und Annahmen werden gemacht:

(a) Diese Transformation verkörpert irgendeine *Form von Wissen* über die Umwelt resp. Wissen darüber, wie der Umweltdynamik zu begegnen ist. I.e., diese Transformation repräsentiert Relationen, die das adäquate Operieren des Organismus in seiner Umwelt erlauben. (b) Es muß eine Form *"innerer Zustände"* geben, die (i) "anzeigen", welche Repräsentation gerade "aktiviert" ist und (ii) verhindern, daß das System zu einem simplen stimulus-response Mechanismus degeneriert. Das Konzept des inneren Zustandes ermöglicht gemeinsam mit rekursiven Mechanismen (i.e., der innere Zustand eines Systems ist das Resultat eines rekursiven Repräsentations- resp. Verarbeitungsmechanismus) die Produktion komplexer Verhaltensweisen. (c) Diese Transformation benötigt ein *Substrat*, in dem sie realisiert ist. Das Substrat determiniert durch seine physischen Eigenschaften die Dynamik der Verhaltensgenerierung. Weiters müssen wir, wenn wir Repräsentationssysteme untersuchen, (zumindest) zwei grundsätzliche Formen der Repräsentation von Wissen unterscheiden:

(i) *"Repräsentation/Modell der Umwelt"*: Diese Form der Repräsentation bezeichnet jenes Wissen, welches das System *allgemein* oder im ganzen über die Umwelt besitzt. Es stellt sozusagen das "(intellektuelle) framework" dar, innerhalb dessen sich das kognitive System bewegt. Es ist in der Architektur verkörpert und determiniert durch seinen Aufbau das Wissen für all jene Verhaltensweisen, die in verschiedenen Umweltsituationen und internen Zuständen zu erwarten sind. Diese Form der Repräsentation ist die Voraussetzung für (ii) und repräsentiert "das Wissen des Systems"; man könnte sie als den Raum der möglichen Verhaltensweisen (denen dann aus der Beobachtung bestimmtes "Wissen" unterstellt wird) charakterisieren. Manchmal wird es auch als *"statisches Wissen"* bezeichnet, da es im Gegensatz zur Repräsentationsform (ii) relativ rigid ist. Wie wir noch sehen werden, ist diese Form der Repräsentation – zumindest in natürlichen neuronal basierten kognitiven Systemen – viel weniger statisch als oft angenommen: die permanenten Veränderungen im neuronalen Substrat führen auch in diesem Bereich der Repräsentation zu einer Dynamik. Interpretiert man diese Form der Repräsentation als *Theorie über die Umwelt*, genauer gesagt, als eine Theorie der Umweltbewältigung, so kann man von einer *Theoriendynamik* sprechen, die durch die Veränderungen im Substrat der Repräsentation bedingt ist. Diese Dynamik wird auch oft als "Lernen" oder "Adaptation" interpretiert – i.e., die Repräsentationsstruktur verändert sich dermaßen, daß das produzierte Verhalten den Zuständen und der Dynamik der Umwelt eher gerecht wird resp. dem Überleben des Systems dient.

(ii) *"Aktuelle Repräsentation"*: Traditionell ausgedrückt bedeutet diese Form die *Aktivierung einer durch (i) vorgegebenen Repräsentation*. Die aktuelle Repräsentation spiegelt den *inneren Zustand* des Repräsentationssystems wider. Dieser innere Zustand ist Resultat eines ganz konkreten Stimulusmusters (i.e., eines bestimmten transduzierten Zustandes in der Umwelt), des vorangegangenen inneren Zustandes und des Verarbeitungsmechanismus, der diese beiden Parameter als input verwendet. Wir können den aktuellen inneren Zustand mit der Typ-(ii) Repräsentation gleichsetzen. Der Verarbeitungsmechanismus selbst ist aber Teil der Typ-(i) Repräsentation – er führt die weiter oben angedeutete Transformation für die sensomotorische Integration durch. Salopp könnte man sagen, daß Typ-(ii) Repräsentation eine Art *Instantiierung* der Typ-(i) Repräsentation darstellt. An dieser Stelle sollte auch erwähnt werden, daß die aktuelle Repräsentation auch für die Produktion des *extern beobachtbaren Verhaltens* verantwortlich zeichnet: i.e., ein Teil der aktuellen

Repräsentation ist direkt mit der Ansteuerung des Motorsystems beschäftigt.

Im Vergleich zur Typ-(i) Repräsentation hat Typ-(ii) eine viel höhere *Dynamik*: diese Dynamik ist durch die Typ-(i) Repräsentation determiniert. In Bezug auf die Geschichtlichkeit der Typ-(i) Repräsentation sei erwähnt, daß es sich auch bei der Dynamik dieser Repräsentationsform um einen hochrekursiven, inkrementellen und "geschichtsgeladenen" Prozeß handelt, der u.a. von der Dynamik der Typ-(i) Repräsentation beeinflußt wird.

3.1.2 Möglichkeiten der sensomotorischen Integration

Aus all den bisher angestellten relativ abstrakten Überlegungen zum Problem der Repräsentation ergibt sich nun die Frage, *wie* diese Relation resp. die "nicht-lineare"[1] Transformation zwischen input und output des kognitiven Systems *realisiert* ist. Eine Antwort auf diese Frage impliziert immer ein ganz spezifisches Modell oder eine Erklärung für *Repräsentation von Wissen* in dem je spezifischen System (in der je spezifischen Umwelt). Wie die beiden folgenden Abbildungen zeigen, gibt es zumindest fünf Kandidaten für Realisierungsmöglichkeiten.

Es eröffnet sich ein weites Spektrum an Modellen, Erklärungen, Disziplinen, etc., welches von der funktionalistischen und reinen Verhaltensbeobachtung bis hin zur rein kausalen und "mikroskopischen" Erklärung reicht. Diese beiden Abbildungen präsentieren fünf Möglichkeiten der Erklärung, wie der Repräsentationsmechanismus resp. die Transformation realisiert sein könnte. Diese fünf Ansätze sind: die *Behaviorist story* (BS), *Intentional & Propositional Story* (IPS), *Computational Propositional Story* (CPS), *Neurocomputational Story* (NCS) und die *Purely Causal Story* (PCS). In der linkesten Spalte dieser beiden Tabellen befinden sich Ziffern, welche auf die folgenden "Zeilenthemen" referieren: (1) beteiligte *Disziplinen*; (2) welche *Erklärungsmechanismen/-strategien* werden angewandt, um Verhalten zu erklären? (3) Form des *Wissens* über die Umwelt; (4) Form der *inneren Zustände*; (5) *Substrat* der Repräsentation; Form der Realisierung der Relation/Transformation zwischen input und output; Gegenstand der Untersuchung im Repräsentationssystem; (6) Art der *Verarbeitung*; (7) wie ist das Repräsentationssystem entstanden, wie kommt es zu seiner "Basisausstattung"? (8) In welcher Weise ist die Repräsentation des Wissens dynamisch? (9) *Explizitheit* und *Abbildungscharakter* der Repräsentation.

Die "Behaviorist Story" (BS) spielt im Kontext der Repräsentationsfrage nur eine periphere Rolle, da im *Behaviorismus* das Problem der Repräsentation der Umwelt durch interne Strukturen im Grunde vernachlässigt, wenn nicht sogar ignoriert wird. Das Verhalten wird als Funktion einer resp. direkte Reaktion auf eine Veränderung der Umwelt erklärt. Keinerlei innere Zustände oder Repräsentationen werden postuliert. Für unsere Diskussion ist dieser Ansatz lediglich interessant, da er eine *Extremposition* in bezug auf Funktionalismus und "Oberflächlichkeit" repräsentiert. Wenn in diesem Kontext von "Oberflächlichkeit" die Rede ist, so bedeutet das immer, daß

---

[1] Unter "*nicht-linear*" verstehen wir, wenn nicht anders angegeben, eine *nicht* simple *stimulus-response* Verhaltensform.

FIVE STORIES ABOUT KNOWLEDGE REPRESENTATION, COMPUTATION & COGNITION

	Behaviorist Story (BS)	_Intentional & Propositional Story_ (IPS)	_Computational Propositional Story_ (CPS)	_Neurocomputational Story_ (NCS)	_purely causal Story_ (PCS)
1	Psychologie	(folk) psychology, Linguistik	kognitive Psychologie, computational lingusitics, trad. AI	PDP, Konnektionismus, Neurowissenschaft	Physik, Biologie, Artificial Life (teilweise)
2	Verhalten = = direkte **Reaktion** auf Umwelt- stimuli	**propositional attitude**: Erklärung von Verhalten durch Dynamik der beliefs, desires, etc	Erklärung v. Verhalten als algorithmische **Manipulation** von **Propositionen** (_Fodor, Dennet & Co._)	Verhalten wird durch **neuronale Prozesse** generiert; diese sind **Informationsverarbeitungs- prozesse**	Verhalten ist Resultat **kausaler Kräfte & Relationen**
3	undefiniert	**propositionale** Relationen, sprachliche Strukturen, Logik	propositionale & **symbolisch-logische** Relationen & Regeln	**implizites Wissen** in der **Architektur** & Konfiguration der neuronalen Struktur	kausale Kräfte & deren Relationen sind das Wissen selber, das sie repräsentieren --> **Umwelt** & **Wissen** über Umwelt **kollapiert** oftmals in diesem Fall
4	**keine inneren Zustände** postuliert	**Aktiviertheit** einer bestimmten **Proposition**, eines "beliefs", "desires", etc.	**Wahrscheinlichkeiten**, "Wahrheitswert & **Aktiviertheit** bestimmter **Prädikate** & **Propositionen**	ein bestimmtes **pattern of activations** (dies ist zumindest für ein bestimmtes Verhalten verantwortlich)	eine bestimmte **Konfiguration** im physikalischen System

5	'geheimnis-volle Relationen'	Prcpositionen, intentionale Entitäten: Sprache, beliefs, desires, etc. -> sprachliche Relationen	Symbole, Regeln, Propositionen	Gewichte, Aktivitätsmuster, Architektur -> **informationstehoretisch & neurobiologisch** relevante Parameter	**Regeln, Dynamik& Relationen** der **kausalen** Prozesse: Quarks, Atome, Moleküle, Membrane, ion-channels, etc.
6	nicht von Interesse	Dynamik der intentionalen Prozesse	Symbolmanipulation	spreading activations & learning rules	Prozeßdynamik & kausale Kräfte
7	keine detaillierten Aussagen -> *Evolution?*	Prcpositionen sind in der Struktur & Dynamik des Systems verankert -> *Evolution?*	**Designer/in bildet** seine/ihre sprachliche Wirklichkeit auf **syntaktische** Strukturen ab	**implizite Abbildung** durch **Designer/in** -> kann durch **Lernalgorithmen** (ontogenetisch) & **genetische Algorithmen** (phylogenetisch) umgangen werden -> **'simulierte Evolution'** -> **Artificial Life!**	**Dynamik** der **physikalischen Prozesse**
8	rigide Strukturen -> Kon-ditionierung?	kulturelle Interaktion -> Erwerb neuer Propositionen?	(deduktive) **Veränderung** oder **externes Hinzufügen** der/von **Relationen**, Regeln, etc. zwischen Symbolen	**Lernalgorthmen** -> Veränderung der Attraktorlandschaft	Veränderung durch die Dynamik & Regeln des physikalischen Systems gegeben
9		sprachlich explizit, abbildend	sprachlich/symbolisch explizit, abbildend	implizite Repräsentation, Verhaltensgenerierung	implizit

"superficial" <——> *mikroskopisch*

funktionalistisch <——> *rein kausal*

lediglich das nach *außen hin beobachtbare Verhalten* für die Frage der Wissensrepräsentation und Verhaltensgenerierung in Betracht gezogen wird. Dies steht der "mikroskopischen Methode" gegenüber, die in *reduktionistischer* Weise das kognitive System *öffnet* und – in *bottom-up* Manier – jene *internen* Mechanismen genauer untersucht, die für die Produktion des beobachteten Verhaltens verantwortlich sind.

Die Ansätze der IPS und CPS sind gegenwärtig die am weitesten verbreiteten Theorien und Erklärungsmechanismen für Repräsentationssysteme. Sie werden von den meisten Theorien der (folk und kognitiven) Psychologie, der Linguistik und der (traditionellen) Artificial Intelligence (GOFAI) vertreten. Die philosophischen Grundlagen gehen auf die Logik, auf den logischen Empirismus, auf die Arbeiten von *Fodor* [FODO 75, FODO 81, FODO 88, FODO 90] u.v.a. zurück. Als Erklärung von Verhaltensweisen wird die Dynamik von "beliefs", "desires", etc. herangezogen ("propositional attitudes", *P.M.Churchland* [CHUR 81, CHUR 93]). Im Falle der CPS ist die Dynamik der propositionalen Repräsentationen durch algorithmische *Manipulation* von/auf Propositionen realisiert. Linguistische Relationen und Kategorien, die im Falle der CPS auf formale Symbole, Regeln, semantische Netzwerke, frames, etc. abgebildet werden, bilden das Substrat der Repräsentation.

In der NCS, die weite Bereiche der Neurowissenschaft, den Konnektionismus und die computational neuroscience umfaßt, stehen zwei Annahmen im Vordergrund: (a) Verhalten ist das Resultat *neuronaler Prozesse* und (b) neuronale Prozesse können als *Informationsverarbeitung* interpretiert werden. Das Wissen ist in *impliziter* Weise in der Architektur und der Konfiguration der synaptischen Gewichte verkörpert. Im Gegensatz zur CPS wird das Wissen, welches in der neuronalen Struktur repräsentiert wird, nicht durch einen Designer oder Knowledge Engineer, sondern durch Adaptationsmechanismen ("Lernen" durch Veränderung der Architektur oder der synaptischen Gewichte) aus der Umwelt "extrahiert". Mittels *genetischer Algorithmen* und deren Kombination mit neuronalen Simulationsmethoden kann man den Einfluß des Designers noch weiter reduzieren (z.B. [BELE 91, HARP 89, MITC 94, NOLF 90, NOLF 91] u.v.a.).

Am anderen Ende des Spektrums befinden sich jene Erklärungen, die Repräsentation auf *rein kausale* Prozesse zurückführen. Die NCS ist bereits einen ersten Schritt in diese Richtung gegangen – diese Ansätze sind im Grunde *systemtheoretischer*, *biologischer* und *physikalischer* Natur. Das Verhalten eines System ist das Resultat kausaler Vorgänge. Wie wir bereits gesehen haben, wird eine Unterscheidung zwischen Wissen repräsentierenden und nicht Wissen repräsentierenden Systemen auf dieser Ebene sehr schwer. Das Substrat der Repräsentation sind Elemente und die Dynamik des Microkosmos: Atome, Quarks, Moleküle, ion channels, etc. Die Form der Repräsentation ist strikt *implizit* – die Struktur und der Aufbau des jeweiligen Systems verkörpern implizit das Wissen, welches ihnen aus der Beobachtung unterstellt wird.

All diese Ansätze vermögen mehr oder weniger gut zu erklären, wie kognitive Systeme und deren Wissensrepräsentationsmechanismen funktionieren: sie geben recht unterschiedliche Erklärungen, warum z.B. der/die Leser/in diesen Text "verstehen" kann, wie ein Frosch versucht, eine Fliege zu fangen, etc. Der Prozeß des Fliegenfangens des Frosches kann als Reflex, als Resultat intentionaler Motive, als Resultat der Manipulation von formalen symbolischen Strukturen, als Resultat neuronaler Mechanismen bis hin zu physikalisch-chemischen Prozessen in einzelnen synaptischen Strukturen erklärt werden. Jede dieser Erklärungen spricht eine eigene Sprache – es gilt jene zu finden, die (a) die höchste Erklärungskraft, (b) die höchste Vorhersagekraft hat und (c) die mit heutiger Technologie und Wissen noch sinnvoll handhabbar ist[2].

3.1.3 Auf der Suche nach einem Mittelweg

Abbildung 3.1 zeigt die verschiedenen Ebenen, auf denen Kognition und Wissensrepräsentation studiert werden können. Diese Ebenen finden in den fünf Ansätzen, die zuvor diskutiert wurden, ihre Entsprechungen. BS, IPS und CPS sind auf der *Verhaltensebene* (A) angesiedelt. IPS und CPS versuchen, das kognitive System zu öffnen und Mechanismen anzubieten, welche die interne Repräsentation und die Verhaltensgenerierung zu erklären imstande sind. Sie gehen dabei jedoch von *Verhaltensbeobachtungen* aus und versuchen diese in sprachliche Kategorien und Prozesse zu transformieren. Die Öffnung des Systems und die Untersuchung der *internen Generierungsmechanismen* wird zu einer ''Pseudoöffnung'' und – überspitzt formuliert – zu einem Unterstellungsversuch. Die NCS versucht hingegen, *neuronale Mechanismen* als Erklärung für diese Probleme anzugeben. Diese reichen von der Untersuchung und Modellierung größerer neuronaler Systeme über einzelne Schaltkreise bis hin zur Modellierung einzelner Neuronen und ihrer Bestandteile (s.a. Abbildung 3.1). Der Übergang zur PCS ist *fließend*: mit dem Ansteigen der Rechnerkapazitäten wird es möglich, neuronale Prozesse in immer größerem Detail zu modellieren und zu simulieren. Modelle auf molekularer Ebene sind keine Seltenheit mehr (vgl. *Koch* et al. [KOCH 89], u.v.a.); das Problem besteht darin, daß diese Modelle so komplex und rechenintensiv sind, daß – wenn überhaupt – nur die Dynamik einzelner oder sehr weniger Neuronen simuliert werden kann. Um kognitive Phänomene erzeugen zu können, bedarf es jedoch einer relativ großen Anzahl dieser Basisverarbeitungselemente. In der PCS wird hingegen – beschränkt durch praktische Beschränkungen – versucht, die Aktivität einzelner Kanäle, Membranen, Moleküle und Ionen (G) für kognitive Prozesse und Repräsentationsphänomene verantwortlich zu machen.

Wenn wir von der BS absehen, so wird in allen anderen Ansätzen versucht, die *black box* des Repräsentationssystems zu öffnen und interne Mechanismen als Erklärung für Repräsentation und Verhaltensgenerierung zu finden. Zwei Pole und Strategien stehen einander als Extrempositionen gegenüber: auf der einen Seite die IPS, auf der anderen Seite die PCS:

Je weiter wir uns in Richtung der IPS (Intentionen und Propositionen) bewegen, desto ''oberflächlicher''[3] und *funktionalistischer* wird die Erklärung. Der m.E.

---

[2] Dieser letzte Punkt repräsentiert die *praktischen* Einschränkungen, welche eine *Grenze* jeglicher naturwissenschaftlichen Untersuchung darstellen (z.B. Beschränkung durch Rechnergeschwindigkeit, der Speicherkapazität bei Simulationen, etc.).

[3] Im zuvor dargestellten Sinn.

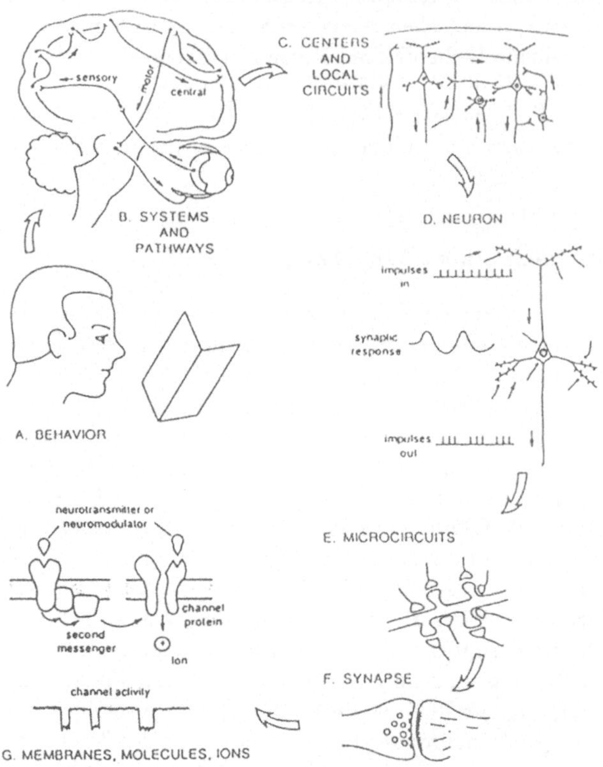

Bild 3.1   Ebenen der Organisation im Nervensystem (aus P.S.Churchland et al., 1992).

methodische Mißgriff, der hier vorliegt, ist darin zu sehen, daß extern beobachtete (sprachliche) Verhaltensweisen (ungerechtfertigter Weise) in das kognitive System hineinprojiziert werden und als Erklärung für interne Repräsentation und Verarbeitung dargestellt werden. Eine rein *funktionalisitische* Erklärung ist das Resultat: diese abstrahiert vom eigentlichen (neuronalen) Repräsentationssubstrat und erklärt es für irrelevant und für das Repräsentationsproblem nicht wichtig [CHUR 81, CHUR 93]. Was zählt, sind die *abstrakten logischen Relationen*. Aus der Sicht der heutigen Neurowissenschaften ist diese Auffassung zu oberflächlich und zu vereinfachend. Sprache resp. linguistische Strukturen werden als ultimative Repräsentationsinstanz verstanden, obwohl aus neurowissenschaftlicher Sicht klar ist, daß Repräsentation im Gehirn sicherlich nicht auf linguistischen Strukturen basiert und einer anderen Dynamik folgt. Das Problem liegt m.E. darin, daß die *folk psychology* bis heute keine neue Sprache entwickelt hat, mit der sie kognitive Phänomene beschreibt. "Beliefs", "desires", etc. gibt es schon seit mehr als 2000 Jahren als Erklärungen für bestimmte Verhaltensweisen [CHUR 81, CHUR 93] – ist es im Angesicht des Wissens, das uns die Neurowissenschaft heute zur Verfügung stellt, nicht hoch an der Zeit, an eine *radikale Neuformulierung* des Erklärungsvokabulars für diese Phänomene zu denken und dieses Wissen ernsthaft in psychologische Theorien zu integrieren?

Am anderen Ende des Spektrums befinden sich die rein kausalen Erklärungen, die ob ihres "mikroskopischen" und *reduktionistischen* Interesses Gefahr laufen, den *funktionalen Aspekt* aus den Augen zu verlieren. Der Erklärungsgegenstand sind fast ausschließlich kausale Interaktionen, Prozesse und Relationen, deren Funktion im Kontext der Frage der Repräsentation und Kognition – wenn auch fundamental – scheinbar peripher ist. Eines der Hauptprobleme dieses Ansatzes scheint der Verlust der *Übersicht* und der *Funktionalität* zu sein: dies ist dadurch bedingt, daß man sich in den Untersuchungen in *Details* verliert, die mit dem eigentlichen Untersuchungsgegenstand (i.e., Repräsentation und Kognition) nur mehr sehr *indirekt* etwas zu tun haben. In welcher Relation steht etwa die Untersuchung eines einzelnen NMDA-Kanals mit irgendwelchen kognitiven Phänomenen? Natürlich ist die Funktionsweise auch dieses einzelnen Kanals fundamental für das Generieren kognitiver Phänomene, die große "Entfernung" und Spannung zwischen dieser mikroskopischen Einheit und dem "Massenphänomen" (emergenten Phänomen) des beobachteten Verhaltens ist jedoch zu groß, um – zu diesem Zeitpunkt – von Modellen oder Simulationen überwunden werden zu können. Dieses Problem mag sich mit Fortschreiten der Theorien, der Computer-/Simulationstechnologie und der Modelle entspannen – die Forderung sind Modelle, die diese Microphänomene in den Zusammenhang der makroskopischen kognitiven Phänomene stellen.

Das Problem, dem wir hier gegenüberstehen, ist das Finden eines *Mittelweges*: ein Erklärungsmechanismus oder Ansatz, der weder rein funktionalistisch, propositional und oberflächlich, noch rein kausal ist und keinerlei Funktionalität beinhaltet. Der Ansatz der NCS scheint ein Ausweg aus diesem Dilemma zu sein, da er diese beiden Forderungen erfüllt: er ist weder rein kausal noch rein funktionalistisch. Durch diese Einengung von zwei Seiten (i.e., IPS, CPS vs. PCS) bleibt als einzige Alternative und quasi Kompromißlösung die NCS – Kompromißlösung soll jedoch nicht im negativen Sinne verstanden werden: abgesehen davon, daß es sich hier um die einzig pragmatische Lösung handelt, ist sie auch methodisch sauber und kann – wie es in dieser Arbeit geschehen soll – epistemologisch fundiert werden.

3.2 Berechnung, Kognition und Wissensrepräsentation

Vorab eine terminologische Bemerkung: "Berechnung" und "Computation" werden synonym verwendet. Bevor wir Argumente für den neurocomputational Ansatz diskutieren, seien einige grundlegende Probleme – speziell jenes der *Berechnung* (s.a. Abschnitt 3.3.1) – dieses Ansatzes aufgezeigt, für welche in dieser Arbeit u.a. mögliche Lösungen vorgeschlagen werden.

3.2.1 Probleme und mögliche Lösungswege

(a) Außer der hochformalen Definition von *A.Turing* [TURI 36, TURI 50], *Davis* et al. [DAVI 83], *Lewis* et al. [LEWI 81] und anderen verfügen wir im Kontext der Frage der Kognition und neuronalen Verarbeitung über *keine* wirklich brauchbare allgemeine *Definition* für *Berechnung*. (b) Bei der Untersuchung von Repräsentations-/kognitiven Systemen stehen wir vor folgender Frage: sind physikalische oder biologische Systeme *berechnende* Systeme, was und wie berechnen sie? Wir haben zwei Möglichkeiten, diesem Problem zu begegnen:

(i) Entweder wir sind *Realisten* in bezug auf Berechnung: i.e., die Dynamik physischer oder biologischer Systeme ist eine berechnende Dynamik. I.a.W., diese Systeme berechnen ”wirklich”; (ii) oder wir sind *Instrumentalisten* in bezug auf die Frage der Berechnung: i.e., wir *interpretieren* die Dynamik und Verhaltensweise physischer Systeme als Berechnungsprozesse. I.a.W., wir behandeln sie *so, als ob* sie Berechnungen ausführen. Wir unterstellen ihnen in ihrer Verhaltensweise berechnende Prozesse. Ein Grund, warum wir das tun oder warum es ein erstrebenswertes Ziel ist, dies zu tun, besteht darin, daß sich in dem Moment, in dem man berechnende Modelle eines Phänomens zur Verfügung hat, das ganze Methodeninventar und die Apparatur der Mathematik und Informatik anwenden läßt. Das Moment der *Simulation* eines Phänomens auf dem Computer basiert einerseits auf den formalen Grundlagen der Mathematik, Logik und Informatik und ist andererseits – gerade im Bereich der Cognitive Science – eine äußerst hilfreiche und wichtige *Methode*, um Modelle zu testen, verstehen, explizit zu machen, etc.

(c) Im Kontext der Untersuchung Wissen repräsentierender und verarbeitender Systeme stellt sich die Frage, auf welcher *Ebene* man die Berechnungsprozesse ansetzt. Dies ist je nach Ansatz und Annahmen über das kognitive Modell verschieden (Propositionen [CPS], neuronale Dynamik [NCS], molekulare Prozesse [PCS], etc.). Ähnlich wie beim Problem der Repräsentation stellt sich wieder einmal die Frage, welche Ebene als die ”relevante” Beschreibungsebene der Berechnung für kognitive Prozesse ausgewählt wird. Wo beginnen kognitive Prozesse und wo beginnt – wenn überhaupt – die Berechnung von kognitiven Phänomenen?

Die Beantwortung dieses Fragenbündels ist nicht einfach – es wird jedoch im Laufe dieser Arbeit eine Sicht auf neuronale Verarbeitung, Repräsentation und Berechnung entwickelt, die zumindest Teilantworten geben wird. In einem ersten Anlauf sei folgendes zu obigem Fragenkomplex gesagt: (a) das Problem einer allgemeinen Definition werden wir so bald nicht lösen können – im Rahmen der neuronalen Verarbeitung wird jedoch noch in diesem Kapitel eine Lösung vorgeschlagen, welche mittels Berechnungen in Vektorräumen eine erste Annäherung im Kontext der Frage der neuronal basierten kognitiven Systeme geben kann. (b) Nehmen wir eine konstruktivistische und pragmatische Position ein, so impliziert dies auch die Position des *Instrumentalismus* in bezug auf die Frage der Berechnung: jede Erklärung, Theorie, etc. ist immer das Resultat eines Konstruktions- und Interpretationsprozesses, der einerseits durch die Umweltdynamik und andererseits durch unsere kognitive Struktur determiniert ist. Da wir keinen ”direkten” Zugang zur Umwelt haben, bleibt uns nichts anderes übrig, als diese mittels unserer kognitiven, theoretischen und wissenschaftlichen Konzepte (i.e., in disem Fall: der Berechnung) zu beschreiben und handhabbar zu machen. Das Konzept der Berechnung stellt ein äußerst mächtiges Beschreibungs-, Erklärungs-, Manipulations- und Vorhersageinstrument dar – wahrscheinlich eines der mächtigsten und flexibelsten, das wir in den letzten Jahrhunderten entwickelt haben. In diesem Sinne benutzen wir es pragmatisch als das beste Beschreibungs- und Erklärungsinstrument, welches uns zu diesem Zeitpunkt zur Verfügung steht. (c) Bezüglich der Ebene der Berechnung haben wir weiter oben versucht, Argumente für die Einengung auf den neurocomputational Ansatz zu geben. In einer detaillierteren Analyse werden in den folgenden zwei Abschnitten weitere Überlegungen angeführt, warum sich die NCS als adäquate Alternative für eine Erklärungsstrategie in bezug auf den Berechnungscharakter kognitiver Phänomene und von Repräsentation herausstellt.

3.2.2 Abgrenzung gegenüber propositionalen Ansätzen

Im Grunde handelt es sich hier um eine Diskussion, die bereits Bände füllt – alle Argumente des eliminativen Materialismus, gegen die folk psychology, gegen die ''Physical Symbol Systems Hypothesis'', etc. (siehe u.a. *Churchland* [CHUR 81, CHUR 88, CHUR 89], *A.Clark* [CLAR 89, CLAR 92], [LYCA 90]) können angewandt werden. Die wichtigsten Schwachstellen scheinen folgende zu sein:

(i) folk psychology, propositionale und intentionale Erklärungen

P.M.Churchland beschreibt die folk psychology als eine *oberflächliche* Theorie: ''... Failures on such a large scale do not (yet) show that FP[4] is a false theory, but they do move that prospect well into the range of real possibility, and they do show that FP is *at best a highly superficial* theory, a partial and unpenetrating gloss on a *deeper* and more *complex reality*.'' ([CHUR 81], p 619, Hervorhebungen von M.P.). Die Argumente sind dahingehend, daß die folk psychology Erklärungen auf einer oberflächlichen Ebene angesiedelt sind: i.e., sie beschreiben Verhaltensweisen durch Projektion intentionaler und propositionaler Dynamik. Eines der Probleme dieser Vorgangsweise liegt darin, daß diese Dynamik selber das Resultat einer internen (neuronalen) Dynamik des/der Beobachters/in ist, die in diesen Erklärungen relativ wenig Berücksichtigung findet.

(ii) Funktionalismus

Das Konzept des Funktionalismus hat viele Spielarten (siehe Beiträge in [LYCA 90]) – im Bereich einer Theorie über Kognition und/oder Repräsentation wird es durch folgendes Zitat recht gut eingefangen: ''The *core idea* of *functionalism* is the thesis that *mental states* are defined in terms of their *abstract causal roles* within the wider

---

[4] I.e., folk psychology; Anmerkung des Autors.

information-processing system... In general, *functional kinds* are *specified* by *reference* to their *roles* or *relational profiles*, *not* by reference to the *material* structure in which they are instantiated... Accoding to functionalism, then, *mental states* and *processes* are functional kinds." (*P.S.Churchland* [CHUR 86], p 351). Im Funktionalismus (im Kontext kognitiver Phänomene) geht es also darum, vom physischen (Repräsentations-)Substrat zu abstrahieren und lediglich die logischen und funktionalen Relationen in die Theorie miteinzubeziehen. Dieser Versuchung nachzugeben ist sehr verführerisch, da man sich damit der Verpflichtung zur Untersuchung des physischen Substrates entledigt. Außerdem erlaubt es breiten Raum für *spekulative* Theorien, da die einzige Einschränkung die Erfüllung der funktionalen Rolle ist.

Auf der anderen Seite müssen wir uns darüber im klaren sein, daß wir in einer strikten Weise immer Funktionalisten bleiben: man kann nicht in jeder Erklärung bis auf den atom- oder quantenphysikalischen Grund gehen. Auf der tiefsten, durch aktuelle (z.B. physikalische) Theorien abgedeckten, Ebene verbleibt immer ein *Erklärungsdefizit*. Abgesehen davon, daß es – wie wir bereits bei der "Ebenendiskussion" gesehen haben – aus einer pragmatischen Perspektive nicht handhabbar ist, ist eine Erklärung auf tiefster Ebene auch prinzipiell nicht frei vom funktionalistischen Charakter: in jeder Theorie verbleibt ein vorausgesetzter Rest, der einfach angenommen werden muß und für den es keine Erklärung gibt. Trotzdem müssen wir bei der Untersuchung kognitiver Systeme der schillernden Versuchung, von der physischen Realisierung des Repräsentationssystems abzusehen, zu abstrahieren und alles auf logisch, abstrakte und funktionale Entitäten und Relationen in der Erklärung zurückzuführen, widerstehen. Dies ist gerade im Bereich der Theorien kognitiver Phänomene, die ohnehin von dualistischen Vorstellungen durchtränkt sind, besonders gefährlich: im Falle der CPS und IPS etwa führen wir Entitäten ein, die in ihrer expliziten und physischen Form im physischen Substrat empirisch nicht gefunden werden können. Es handelt sich um theoretische *Konstrukte*, die vornehmlich in der Domäne unserer *Sprache* existieren. Das Vorgehen der folk psychology resp. des Funktionalismus wäre m.E. noch gerechtfertigt, wenn in irgendeiner Weise eine iso- oder homomorphe Beziehung zwischen der funktionalistischen Theorie und einer empirisch fundierten ("internen") Theorie herzustellen wäre. Es stellt sich jedoch heraus, daß die funktionalistischen Mechanismen (z.B. Symbolmanipulation), die ähnliches (kognitives) Verhalten generieren (sollen) wie neuronale Mechanismen, nicht einmal im Entferntesten etwas mit der auch noch so abstrakten Form der neuronalen Verarbeitung gemein haben – es handelt sich um unterschiedliche Repräsentations- und Verarbeitungskategorien. Von einer "adäquaten" funktionalistischen Theorie der Kognition/Repräsentation würde man – im Kontext des neurowissenschaftlichen Wissens – doch zumindest eine gewisse strukturelle Homomorphie zwischen den neuronalen Mechanismen und jenen abstrakt-logisch-funktionalen Mechanismen erwarten...

(iii) Sprache als Repräsentations- und Erklärungsinstanz

Sprache stellt wahrscheinlich eine der jüngsten großen Entwicklungen im Laufe der Geschichte der *Evolution* dar. Sie ist das *Endprodukt* einer langen Entwicklung von immer komplexer werdenden Verhaltens- und Repräsentationsformen. *Sprache* ist ein hoch spezialisiertes und hoch *komplexes Verhalten*, das auf die Modulierung – nicht jedoch Instruktion – der Dynamik anderer kognitiver Systeme abzielt.

Die Betonung liegt auf *Verhalten* – Sprache ist eine Verhaltensform, die qualitativ nicht anders generiert wird, als alle anderen Verhaltensformen: i.e., sie ist das Resultat *neuronaler Prozesse*. Die Dominanz der Sprache und ihrer "Derivate" (z.B.: Logik, Symbolmanipulation, etc.) im Bereich der Repräsentationstheorien, der Cognitive Science, aber auch in der Wissenschaftstheorie ist aus dieser Perspektive *ungerechtfertigt*. Sie ist lediglich darauf zurückzuführen, daß wir in unserem täglichen Leben durch die Eigendynamik, die die Sprache entwickelt hat, durch linguistische Kategorien, Vorstellungen, Konzepte, etc. ver-/geformt und geprägt sind – unser bewußtes Denken ist scheinbar "sprachliches Denken" und wir tun uns äußerst schwer mit der Vorstellung, daß Sprache ebenso eine Verhaltensform ist, wie das Bewegen des Armes. "Körpersprache" oder Zeichensprache(n), wie sie etwa für Taubstumme entwickelt wurden, repräsentieren eine Zwischenstufe, auf der wir den "Verhaltenscharakter" von Sprache noch am stärksten nachempfinden können. Als Implikation ergibt sich die Folgefrage der Abgrenzung zwischen sprachlichem und nichtsprachlichem Verhalten, wo beginnt und endet sprachliches Verhalten, etc. Diese Diskussion ist m.E. nicht ganz einfach zu klären – die Position, die in dieser Arbeit eingenommen wird, tendiert jedoch ganz klar und stark zu der Annahme, daß es *keinen* qualitativen Unterschied zwischen natürlicher Sprache und sog. nicht sprachlichem Wissen/Verhalten gibt. Die Gründe sind vielfältig und werden im Laufe der folgenden Kapiteln noch diskutiert. Ein Hauptargument dafür ist jedoch sicherlich, daß alle Verhaltensweisen einen *gemeinsamen Ursprung* haben, nämlich das *neuronale Substrat* und seine Dynamik. Hier soll *nicht* der Eindruck entstehen, daß die unheimlich wichtige Rolle, die die natürliche Sprache – gerade in unserer Sozietät, Kultur und Wissenschaft – spielt, heruntergespielt wird, vielmehr stellt diese Arbeit den Versuch dar, u.a. Sprache aus einer alternativen Perspektive zu betrachten, zu untersuchen, und ihren neuronalen Ursprung mit allen Konsequenzen ernst zu nehmen.

Natürliche Sprache ist als Erklärungsstrategie und Repräsentationssubstrat zu oberflächlich, da es nicht nur methodisch fragwürdig ist, sondern auch eine ganze Reihe von Phänomenen, die durch das Nervensystem (als Repräsentationssystem) generiert werden können, durch diesen Repräsentationsmechanismus *nicht* erklärt werden können. Man denke nur an die Fülle der "nichtsprachlichen" Aktionen, die wir fast ständig ausführen. Außerdem handelt es sich hier, wie bereits angedeutet, um eine *tautologische* Erklärungsstruktur, in der das Phänomen Sprache als Erklärungsmechanismus für sich selbst fungieren müßte. Als Konsequenz muß die propositionale Kinematik durch eine andere, viel allgemeinere, flexiblere, komplexere und reichere Kinematik ersetzt werden, die ihr unterliegt: mittels der neuronalen Dynamik erhalten wir ein Instrument, das nicht nur sprachliche und sog. "höhere kognitive Fähigkeiten" (die bis zu wissenschaftlichem Handeln reichen) zu erklären imstande ist, sondern auch alle "darunter liegenden" Verhaltensweisen, denen wir *implizites* – also sprachlich nicht darstellbares – *Wissen* unterstellen.

Diese drei Hauptprobleme der Ansätze der IPS und CPS sind als Aufforderung zu verstehen, sich von diesen common sense Vorstellungen und Konzepten der folk psychology loszulösen und nach einem alternativen Paradigma und nach alternativen Erklärungsstrategien Ausschau zu halten. Strategien, die nicht nur einen spekulativen und funktionalistischen internen Verarbeitungs- und Repräsentationsmechanismus postulieren, sondern die black box des kognitiven Systems wirklich öffnen und jene Mechanismen, die eigentlich für die Generierung des Verhaltens verantwortlich sind, verantwortlich zu machen.

3.2.3 Abgrenzung gegenüber den kausalen Ansätzen

Es ist allgemein anerkannt und klar, daß *kausale Prozesse* auf der Microebene die *Basis* jeglichen Verhaltens beliebiger physischer Systeme darstellen. Konsequenter Weise müßten wir all diese Phänomene, egal welcher Komplexität, in der Terminologie dieser Prozesse erklären; i.e., im Vokabular der Physik, Quantenmachanik, Atomtheorie, der zu jedem Zeitpunkt gerade aktuellen Theorie(n) der Microebene, etc. Dies gilt natürlich auch für die Erklärung kognitiver Systeme. Wie bereits angedeutet, sind diese rein kausalen Erklärungen/Beschreibungen jedoch nicht wirklich zielführend und eigentlich unbefriedigend. Folgende Gründe geben Evidenz dafür, daß eine rein kausale Erklärung im Rahmen der Untersuchung kognitiver Systeme nicht oder nur unter bestimmten Umständen erstrebenswert ist:

Kausale Theorien haben oft wenig erklärenden Charakter – vielmehr steht der *beschreibende* Aspekt im Vordergrund: die einzige Erklärung bleibt die Notation der "Verursachung": A verursacht B, was wiederum C verursacht, etc. Die Gründe der Verursachung bleiben im letzten auf jeder Ebene der Untersuchung irgendwann einmal im Dunklen. Die *funktionale Rolle* und *Erklärung* bleibt in diesen Theorien oft ein wenig auf der Strecke. I.e., die kausalen Sachverhalte und Prozesse werden im Detail beschrieben, aber ihre funktionale Rolle im übergeordneten Kontext z.B. kognitiver Phänomene wird vernachlässigt. Es werden nur – wenn überhaupt – Microfunktionalitäten und kausale Prozesse auf der Microebene beschrieben resp. erklärt. Folgende Frage ist eine Implikation aus obigen Punkten: welchen Einfluß haben die Prozesse/Funktionen auf der Microebene auf das globale Phänomen der Kognition, der Wissensrepräsentation oder des Verhaltens? Es ist klar, daß diese Prozesse das Substrat oder die Basis für kognitive Phänomene darstellen. Was allerdings nicht so klar ist, welchen Einfluß z.B. die Dynamik eines einzelnen Na^+ Ions auf das Verhalten eines Organismus hat. Die Frage, die sich stellt, kann wie folgt formuliert werden: auf welcher Ebene ist eine Untersuchung, Theorie oder Simulation kognitiver Prozesse resp. eines Repräsentationssystems "angebracht"? Wir müssen die Microfunktionalität fein gegen die Macrofunktionalität auspendeln. Im Laufe der Diskussion wird sich herausstellen, daß jene Ebene, die von den Ansätzen der neural computation und des *Konnektionismus* vorgeschlagen wird, einerseits theoretisch und technologisch handhabbar und andererseits fein genug ist, um kognitiven Phänomenen und dem Problem der Wissensrepräsentation in neuronalen Strukturen gerecht zu werden.

Untersuchen wir Phänomene auf einer Microebene, so sind deren *Semantik* wegen des fehlenden Kontextes und der fehlenden (globalen) Funktionalität unklar.

I.e., die Bedeutung des zuvor angedeuteten Na$^+$ Ions ist in keiner Weise bekannt. Einen Ausweg aus diesem Problem könnte ein "(neuro)computational" Ansatz [CLIF 91, HANS 90, KOCH 89, CHUR 92, CHUR 89, McCL 86a, OSHE 90, POSN 89, RUME86d, SCHW 90, SEJN 90] anbieten: er würde der rein kausalen Beschreibung (a) eine *funktionale Rolle*, (b) eine *berechnende Rolle* und (c) *Semantik* zukommen lassen. Um dies zu erreichen genügt es jedoch, einen Funktionalismus auf der Microebene einzuführen und nur die funktionale input/output Beziehung auf der Microebene zu simulieren. Die strukturelle Isomorphie bleibt erhalten, die Handhabbarkeit und Praktikabiliät steigt und die funktionale Rolle im Kontext kognitiver Prozesse und der Wissensrepräsentation wird klarer.

3.2.4 Der "neurocomputational" Ansatz

In den letzten beiden Abschnitten haben wir versucht, Argumente zu finden, welche das Spektrum möglicher Theorien der Repräsentation und Kognition von zwei Seiten her einengt. Wie bereits angedeutet bietet der *neurocomputational Ansatz* eine mögliche Lösung und repräsentiert einen möglichen Ausweg, der in der restlichen Arbeit ausführlich diskutiert werden soll. Die wichtigsten Gründe, warum eine computational Erklärung mehr Kraft hat und mächtiger ist, als eine rein kausale Erklärung sind vielfältig – scheinen:

Computational Erklärungen sind *operational handhabbar*; i.e., sie sind auf dem Computer simulierbar und damit manipulierbar. Computational Erklärungen haben einen sehr *generellen* (allgemeinen) Charakter – i.e., nicht nur daß berechnende Modelle auf verschiedenen Ebenen angesiedelt sein können, sie sind universell in dem Sinn, als sie allgemeine Repräsentationsmechanismen darstellen, die durch ihre Flexibilität und Variabilität bei der Untersuchung von Repräsentationssystemen hilfreich sein können. Computational Erklärungen sind *funktional*: um solch ein Modell zu entwickeln, genügt es nicht, nur die kausalen Prozesse zu beschreiben; vielmehr müssen für das Funktionieren auch deren funktionale Rollen in größerem Kontext definiert sein.

Im Bereich der Untersuchung neuronal basierter kognitiver Systeme bedeutet das z.B., daß neuronale Verarbeitung verstanden als nichtlineare Transformation in einem Vektorraum eine für das Problem der Wissensrepräsentation weitaus hilfreichere Erklärung darstellt als etwa die Beschreibung der Vorgänge und Dynamik auf molekularer Ebene. Natürlich sind molekulare Prozesse die Basis für das Verhalten von neuronalen Systemen – um die Theorie resp. das Modell operational und im Kontext des Problems der Repräsentation handhabbar zu machen, müssen wir eine *Abstraktion* vornehmen: i.e., wir müssen die Vorgänge auf molekularer Ebene durch ihre Funktionalität (i.e., ihr input/output Verhalten) ersetzen, und diese Ersetzung als Grundlage für das Modell eines neuronalen Systems verwenden.

Die mathematischen Modelle und der Ansatz der Simulation stellen ein viel *reicheres* und *flexibleres Vokabular* zur Verfügung als die rein kausalen Erklärungen. Die Aspekte der *Informationsverarbeitung* und der *Berechnung* stellen nicht nur ein unwahrscheinlich mächtiges (mathematisches) Instrumentarium dar, sondern scheinen auch – wie in diesem und den folgenden Kapiteln noch gezeigt wird – ein ganz zentraler Aspekt der Prozesse in neuronalen Systemen zu sein. Die Ausbreitung von Aktionspotentialen, die durch eine spezifische Architektur determiniert ist kann sowohl als kausaler Prozeß als auch – eine adäquate Abstraktion vorausgesetzt – als informationsverarbeitender Prozeß verstanden werden. Wenn wir die Wahl haben, so entscheiden wir uns für zweitere Variante, da sie uns größere Flexibilität, Funktionalität und Operationalität anbietet. Wie noch diskutiert und an konkreten Beispielen gezeigt wird (siehe Kapiteln 5ff), handelt es sich hier nicht um spekulative oder rein funktionalistische Modellvorstellungen, sondern um Theorien, die (i) gute *Erklärungen* und (ii) interessante und empirisch verifizierbare *Prognosen* liefern. Im Bereich des Lernens resp. der neuronalen Plastizität etwa haben computational models, wie wir noch sehen werden, sehr interessante und wichtige Konzepte und Theorien hervorgebracht, die von der experimentellen Neurowissenschaft als ernstzunehmende Kandidaten untersucht und diskutiert werden [CHUR 92].

Die NCS liegt – quasi wie in einem Sandwich – im Schnittpunkt der möglichen Erklärungsmechanismen für Kognition und Repräsentation: sie liefert einerseits interessante und brauchbare *funktionale* Erklärungen für die Generierung von Verhalten, für Repräsentation der Umwelt und für die Interaktion zwischen Umwelt und neuronalem Repräsentationssystem. Andererseits gibt sie auf einem abstrakten und operationalisierbaren Niveau auch eine adäquate Beschreibung der Vorgänge, die in neuronalen Systemen wirklich ablaufen: i.e., neuronale Dynamik als Vektortransformation (i.e., ein Vektor verursacht einen anderen Vektor), synaptische Plastizität als reinforcement Prozesse in synaptischen Gewichten, etc. Das Konzept der *Berechnung* resp. der damit verbundenen *Informationsverarbeitung* spielt eine zentrale Rolle. Wie bereits angedeutet ist eine leichte Tendenz der NCS in Richtung PCS festzustellen: Konzepte aus dem Bereich des *Artificial Life* versuchen, computational Aspekte auch in jene Bereiche einzubringen, die bisher fast ausschließlich durch die PCS abgedeckt wurden, die jedoch auch eine zentrale Rolle in der Frage der Wissensrepräsentation spielen: z.B. die Frage der Evolution, verstanden als abstrakter Adaptationsprozeß, der mittels *genetischer Algorithmen* simuliert wird. Wie wir gesehen haben, haben evolutive Prozesse einen starken Einfluß auf die Realisierung eines Wissen repräsentierenden Systems. Die Kombination von genetischen Algorithmen mit künstlichen neuronalen Netzwerken und deren Lerneigenschaften (z.B. *R.Belew* et al. [BELE 90, BELE 91], *Langton* et al. [LANG 91], *Mitchel* et al. [MITC 94], *Harp* et al. [HARP 89] u.v.a.) sieht recht vielversprechend aus und versucht, genetische Vorgänge und phylogenetische Prozesse in die Simulation neuronaler Systeme zu integrieren. Es gibt auch Überlegungen, neuronales Zellwachstum resp. neuronale Plastizität mit ihren räumlichen und biochemischen Eigenschaften zu simulieren (vgl. auch Artificial Life Literatur [LANG 89, LANG 91], u.v.a.). An dieser Stelle muß ganz klar gesagt werden, daß diese Entwicklung erst am Anfang und in ihren Kinderschuhen steckt, da weder die adäquaten Mechanismen, noch die notwendige Rechnerleistung und das viel notwendigere theoretische Gerüst vorhanden sind und ihrer Entwicklung harren. Die jüngsten theoretischen Entwicklungen im Bereich *dynamischer* und *chaotischer* Systeme zeigen jedoch äußerst interessante Aussichten und Anwendungsmöglichkeiten in der Frage der Repräsentation der Umwelt(dynamik) in der neuronalen Dynamik. Diese Forschungsrichtung wird in naher Zukunft ein hochinteressantes Gespann mit dem neurocomputational Ansatz ergeben und wird uns im Laufe dieser Arbeit immer wieder begegnen.

3.3 Berechnung, Funktion und Kognition

Aus obiger Diskussion ziehen wir den Schluß, daß der Ansatz der NCS als praktikable, epistemologisch und methodisch zufriedenstellende Alternative/Variante aus unseren fünf Ansätzen übrig bleibt. In den folgenden Kapiteln wird es darum gehen, diesen Ansatz im Rahmen der computational neuroepistemology zu konkretisieren, anhand von Beispielen und Evidenzen zu illustrieren und seine (vor allem epistemologischen) Implikationen (in bezug auf die Repräsentationsfrage und die Wissenschaftstheorie) im Detail zu diskutieren. Bevor wir dies tun, müssen noch einige *theoretische* Grundlagen klargestellt werden: im Zentrum dieses Abschnittes steht die Frage, ob es sinnvoll ist, das Gehirn oder, allgemeiner, jedes neuronale System als *informationsverarbeitendes* System zu verstehen. Wie aus dem Begriff "neuro*computational* Ansatz" hervorgeht, spielt der Begriff der *Berechnung*, ebenso wie seine Verbindung mit *neuronalen Prozessen* eine zentrale Rolle.

Können wir zeigen, daß es sich bei kognitiven Prozessen um *Berechnungsprozesse* handelt, so steht uns das Arsenal der mathematischen und informatischen Methoden für die Erklärung/Beschreibung von Kognition zur Verfügung. Unter der Annahme, daß neuronale Prozesse die Grundlage für "Kognition" resp. (kognitives) Verhalten sind, können wir, wenn wir neuronale Prozesse als berechnende/informationsverarbeitende Prozesse darstellen können, Kognition ebenfalls als Resultat eines Berechnungsprozesses darstellen. Für die Interpretation neuronaler Aktivität als Berechnungsprozesse resp. neuronaler Systeme als Informationsverarbeitungssysteme sprechen einige Gründe:

Neuronale Systeme führen offenbar eine *Transformation* von input-Stimuli zu output-Verhalten aus; i.e., die auf das System einwirkende Umweltdynamik wird durch einen internen Verarbeitungsmechanismus in Verhalten transformiert. Es gilt zu zeigen, daß dieser *"Verarbeitungsmechanismus"* sich als *berechnende/informationsverarbeitende* Transformation darstellen läßt. Die durch das Verarbeitungssystem realisierten Transformationen folgen bestimmten *Regeln* – diese herauszufinden ist das eigentliche Unternehmen der Neurowissenschaft und der cognitive (neuro-)science.

Die Dynamik des globalen Verhaltens eines kognitiven Systems bis "hinunter" zum Verhalten eines einzelnen Neurons oder eines Kanals im synaptischen Spalt kann als Erfüllung einer *Funktion* interpretiert werden. Dies impliziert, daß diese Funktion – vorausgesetzt, man parametrisiert sie – auch im *mathematischen* Sinne als Abbildung von Werten zwischen zwei Mengen verstanden werden kann. Damit wird das gesamte Theoriengerüst der Mathematik anwendbar. Mit der mathematischen Beschreibung des neuronalen Systems erhalten wir auch die Möglichkeit, dieses als *Simulationsmodell* auf einem Computer laufen zu lassen. Simulation stellt ein äußerst *mächtiges methodisches Werkzeug* dar, welches die Evaluierung eines mathematischen Modells ermöglicht. Ein anderer interessanter Aspekt der Simulation besteht darin, daß sie auch ein Werkzeug zur *"experimentellen Manipulation"* darstellt: i.e., ein mathematisches Modell kann relativ einfach variiert werden (z.B. Veränderung von Parametern, einer Funktion, etc.) – damit kann man den Einfluß und die Rolle der einzelnen Parameter genauer studieren. Simulation wird dadurch zu einer *Erweiterung* der Methode der empirischen Untersuchung – eine fruchtbare Interaktion zwischen diesen beiden methodischen Ansätzen ist gerade im Bereich des Ansatzes der neural computation zu beobachten ([KOCH 89, CHUR 92]).

3.3.1 Berechnung und Kognition

Die Annahme lautet also, daß neuronale Systeme ihr *Verhalten berechnen* – aus mathematischer Perspektive *erfüllen* sie dabei eine bestimmte *Funktion*. Wenn wir von Funktion und Berechnung im Kontext neuronal basierter kognitiver Systeme sprechen, so müssen wir diese Begriffe ein wenig präzisieren und spezifizieren. *P.S.Churchland* et al. geben eine interessante Definition:

> "...in the most general sense, we can consider a physical system as a *computational* system when its physical states can be seen as *representing* states of some other systems, where transitions between its states can be explained as operations on the representations. The simplest way to think of this is in terms of a mapping between the system's states and the states of whatever is represented. That is, the physical system is a computational system just in case there is an appropriate (revealing) mapping between the system's physical states and the elements of the *function computed*. This "simple" proposal *needs quite a lot of unpacking*[5]."
>
> *P.S.Churchland* et al, [CHUR 92], p 62

Dieses Zitat wirft die Frage auf, unter welchen Umständen ein physisches System ein *berechnendes* System ist. Die Antwort auf diese Frage betrifft einen Computer in gleichem Maße wie ein neuronales System. Folgendes Gedankenexperiment zur Diskussion dieses Problems[6] (siehe auch Abbildung 3.2): man stelle sich einen Behälter, der mit einer Flüssigkeit gefüllt ist, vor. Dieser Behälter ist durch einen Schieber in zwei genau gleich große Volumina geteilt. Die Flüssigkeit in einem Unterraum hat Temperatur T_1, im anderen Unterraum T_2. Was passiert, wenn man die Trennwand zwischen diesen beiden Unterräumen hochhebt, und sich diese beiden Flüssigkeiten verschiedener Temperatur miteinander vermischen?

Nach einiger Zeit wird sich ein Equilibrium zwischen den beiden Temperaturen T_1 und T_2 einstellen. Die Temperatur der Flüssigkeit im ganzen Behälter beträgt: $T_\mu = \frac{T_1 + T_2}{2}$. Das Erreichen des Equilibriums bei der Temperatur T_μ ist das Resultat des Ausgleiches der kinetischen Energie der Moleküle dieser Flüssigkeit. Sehen wir jedoch genauer hin, so entdecken wir, daß T_μ genau der *Mittelwert/Durchschnitt* der

---

[5] Hervorhebungen durch M.P.
[6] Dieses Beispiel wurde durch Oron Shagrir (UCSD) angeregt.

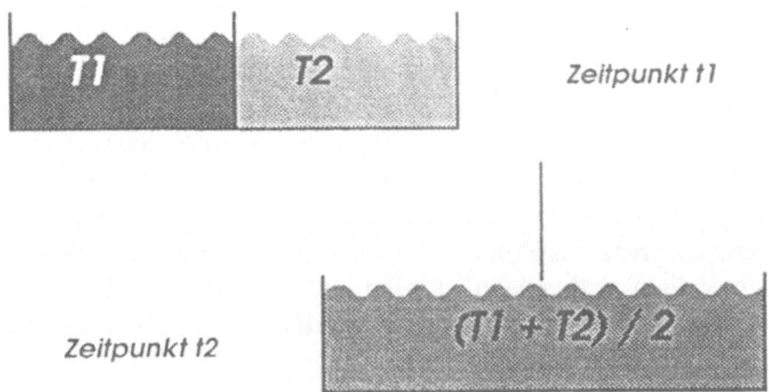

Bild 3.2 "Physische Berechnung" des Mittelwertes durch einen Flüssigkeitsbehälter.

beiden Temperaturen T_1 und T_2 ist. Wir haben also eine Maschine, eine sehr einfache Form einer *Rechenmaschine*, die uns den Mittelwert zweier Zahlen *berechnet*. Diese ist übrigens beliebig auf n Zahlen erweiterbar. Diese Erweiterung kann *sequentiell* geschehen: i.e., man berechne inkrementell den Durchschnitt zweier Zahlen, dieser Durchschnitt wird mit der nächsten Zahl gemittelt,...

"*Berechnen*" solche physischen Systeme den Mittelwert oder nicht? Im Grunde folgt dieses System ja lediglich seiner *kausalen* und *physischen Dynamik*, ähnlich wie ein Rechenschieber, dessen "Berechnung" durch eine Art "look-up table" realisiert ist. Auf der anderen Seite können wir von Computern auch sagen, daß sie bei der Ausführung eines Programms resp. einer Berechnung auch nur ihrer Dynamik folgen – wo setzen wir den Unterschied an, gibt es überhaupt einen Unterschied? Der kritische Punkt, der ein physisches System zu einem *berechnenden* System macht, ist der Akt der *Interpretation* – wie wir bereits gesehen haben, sind wir, wenn wir eine konstruktivistische Perspektive einnehmen, *Instrumentalisten* in bezug auf das Problem der Berechnung: i.e., physische Systeme werden zu berechnenden Systemen, wenn wir ihnen solch eine *Interpretation* zukommen lassen. In diesem Gedankenexperiment bedeutet das, daß wir die Temperaturen T_1 und T_2 als Parameter einer Funktion $f(T_1, T_2)$ interpretieren, die diese beiden Temperaturen auf ihren Durchschnitt abbildet: $f : (T_1, T_2) \mapsto \frac{T_1 + T_2}{2} (= T_\mu)$.

In dieser Form von Berechnung können wir die traditionelle Vorstellung von Algorithmen, Datenstrukturen und von einem Programm, das auf Datenstrukturen operiert nicht mehr wirklich aufrecht erhalten. Um kognitive resp. neuronale Prozesse als *Berechnungsprozesse* zu verstehen, muß der Begriff der Berechnung in obigem Sinn erweitert werden: im Falle neuronaler Systeme bedeutet das, daß, wenn man eine Funktion findet, welche das Verhalten eines kognitiven Systems berechnet und diese Funktion durch homomorphe Strukturen (i.e., neuronale Architektur) realisiert werden kann, so kann man diese Systeme als berechnende Systeme bezeichnen. Wir werden sehen, daß wir diesen Begriff im Kontext kognitiver Systeme und mittels des Repräsentationsbegriffes noch ein wenig einengen müssen – jedoch sicherlich nicht auf die Enge der Vorstellung von Algorithmen, die auf Datenstrukturen operieren. Wie sich im Laufe der folgenden Kapiteln herausstellen wird, kann man solch eine Funktion (i.e, nicht lineare Abbildungen in einem Vektorraum) und solch einen Mechanismus (i.e., künstliche neuronale Netzwerke) angeben.

Wie wir gesehen haben, ist der Akt der *Interpretation* ein kritischer Punkt in der Entscheidung, ob ein physisches System ein berechnendes System ist. Diese Interpretation ist im Grunde völlig *arbiträr* – man überlege sich folgendes Gedankenexperiment: man stelle sich einen Computer vor, der den Durchschnitt μ zweier Zahlen a und b berechnet. Trotz des Programms, welches angeblich den Durchschnitt von a und b berechnet, liegt wahrscheinlich eine fast unendlich große Anzahl von möglichen Interpretationen vor; das Programm erfüllt (berechnet?) u.a. folgende *Funktionen f*:

(i) Die "traditionelle" Interpretation: $f(a,b) = \frac{a+b}{2}$; i.e., das Programm erfüllt die Funktion der Berechnung des Durchschnittes μ.

(ii) Diese Interpretation stellt eine "Verfeinerung" der Interpretation (i) dar: ein bestimmtes Tastatureingabemuster wird durch die Funktion f auf ein bestimmtes Pixelmuster am Bildschirm abgebildet. Bei dieser Interpretation wird klar, daß es sich bei (i) um eine durch unser kognitives System konstruierte Interpretation handelt (genau so wie bei allen anderen, aber hier besonders!); i.e., z.B. das Pixelmuster am Bildschirm repräsentiert (generiert durch unseren kognitiven Apparat) die Gestalt einer Zahl. Der Computer führt jedoch – auf folgender Interpretationsebene – "nur" die berechnende Transformation/Funktion der Abbildung des Tastatureingabemusters auf das Pixelmuster aus.

(iii) Wir können unsere Interpretation auf der Ebene der *Schaltkreise* des Computers ansetzen: man kann beobachten und verfolgen, wie sich verschiedene *Bitmuster* in den Schaltkreisen bewegen und transformiert werden. Die Funktion bildet Bitmuster aufeinander ab: $f : \{0,1\}^* \mapsto \{0,1\}^*$.

(iv) Eine für uns scheinbar völlig absurde, jedoch mögliche Interpretation wäre folgende: man ermittelt die Temperatur des Computers zum Zeitpunkt des Programmbeginns T_{t_b} und des Programmendes T_{t_e}. Diese Maschine "berechnet" die Abbildung der Temperaturen aufeinander: $f : T_{t_b} \mapsto T_{t_e}$.

Was berechnet dieses System "Computer" nun "wirklich"? Welche Funktion(en) ist (sind) in diesem System verkörpert? Ist es die Mittelwertbildung zweier Zahlen a und b, ist es die Abbildung von Bitmustern, ist es die Abbildung von Temperaturen, etc., oder "berechnet" es all diese Funktionen (siehe auch Abbildung 3.3) zugleich? An sich berechnet dieses System gar nichts – es tut nichts anderes als seiner Dynamik zu folgen, die einerseits durch den aktuellen inneren Zustand, durch seine physische Architektur und andererseits durch den input aus der Umwelt determiniert ist. Dies kann als Erklärung für alle der oben angeführten Interpretationen gegeben werden. Wenn man so will, berechnet das System all diese Funktionen "auf einmal", einfach dadurch, daß es seiner internen Dynamik folgt ("Epiphänomen").

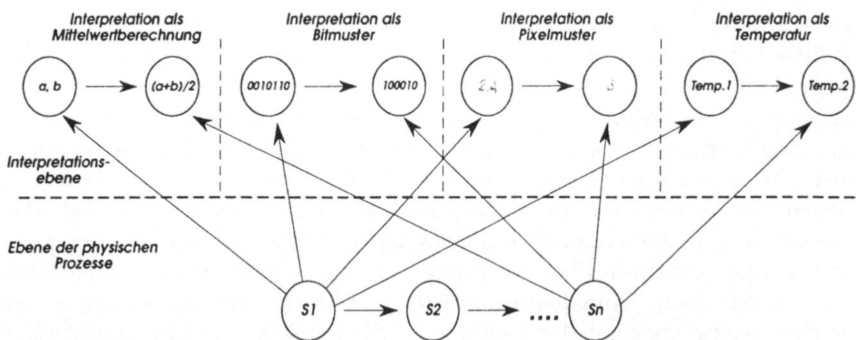

Bild 3.3 Mögliche Interpretationen des Verhaltens eines Computers.

Im Falle unseres "Flüssigkeitsdurchschnittsbilders" ist die Temperatur der Parameter, der für Beobachtungszwecke interessant ist. Im Falle des Computers sind die Interpretationen des in/outputs als Zahlen die relevanten Parameter. Die "Relevanz" der Parameter hängt natürlich immer davon ab, welche Berechnung resp. Funktion man von einem System erwartet; i.e., sie ist beobachter/inabhängig und *theoriegeladen*. Letzteres ist in dem Sinne zu verstehen, als der/die Beobachter/in immer schon mit einer Theorie resp. Erwartung an die Untersuchung des Verhaltens eines Systems herangeht (vgl. *R.Cummins'* [CUMM 89] Beispiel mit dem Auffinden einer Addiermaschine, von der man nicht weiß, daß es sich um eine Addiermaschine handelt).

Was bedeuten diese Überlegungen für die Untersuchung *neuronal basierter kognitiver Systeme*? Wir beobachten das Verhalten solch eines Systems und versuchen, es zu parametrisieren. In einem weiteren Schritt versuchen wir, die für das kognitive Verhalten "relevanten" Parameter herauszufiltern. In diesem Schritt müssen Abstraktionen und Reduktionen vorgenommen werden. Haben wir diese Parameter isoliert, so begibt man sich auf die Suche nach einer *Funktion*, die die Werte der Parameter zum Zeitpunkt t_1 auf die Werte der Parameter zum Zeitpunkt t_2 abbildet. Handelt es sich um eine berechenbare Funktion, so können wir dem beobachteten System die Interpretation zuschreiben, daß es sich um ein (diese Parameter) "berechnendes" System handelt. Im Grunde handelt es sich hier um eine Vorgehensweise, die in fast allen empirischen Disziplinen gepflegt wird – sie hat das Ziel, Modelle operational zu machen; i.e., durch Parametrisierung und Auffinden einer Funktion kann man den gesamten Apparat der *Mathematik, Informatik* und der *Computersimulation* auf diese Phänomene anwenden. Mittels dieses Instrumentariums kann man diese Modelle und die dahinterstehenden theoretischen Vorstellungen relativ einfach evaluieren, u.U. erklären und u.U. sogar *Prognosen* generieren.

Um ein neuronales System als berechnendes System bezeichnen zu können, müssen seine Zustände, Parameter, etc. in irgend einer Weise in repräsentierender Beziehung zur Umwelt stehen (siehe obiges Zitat). Es ist klar, daß es eine kausale Relation zwischen der Umwelt und dem neuronalen Repräsentationssystem gibt – aber kann man von einer traditionellen Auffassung von Repräsentation sprechen? Wie wir bereits gesehen haben und noch ausführlich darstellen werden, kann eine abbildende Relation in neuronalen Systemen nicht gefunden werden. Sind neuronale Systeme also keine berechnenden Systeme? Diese Frage kann aus zwei Gründen mit nein beantwortet werden: (a) einerseits können wir Parameter isolieren, die darauf hinweisen, daß die Prozesse in neuronalen Systemen als berechnende Vorgänge (z.B. Ausbreitung von Aktivierungen, synaptische Plastizität, etc.) interpretiert werden können. (b) Andererseits müssen wir die traditionelle Vorstellung des abbildenden Charakters von Repräsentation und als Operation auf diesen Abbildungen überdenken resp. revidieren ("we need quite a lot of unpacking", das obige Zitat war lediglich ein erster "Annäherungsversuch"). Hinweise auf das Aussehen solch einer Repräsentationsvorstellung wurden bereits gegeben – es geht darum, adäquates Verhalten als Funktion der Umweltstimuli, des inneren Zustandes und der Systemdynamik zu berechnen und *nicht* die Umwelt abzubilden.

Ein weiterer Vergleich soll die Beziehung zwischen Repräsentation und Berechnung in neuronalen Systemen illustrieren: wenn wir einen vom Baum fallenden Apfel beobachten, so unterstellen wir ihm nicht, daß er die *Newton*'schen Gesetze repräsentiert und seine Geschwindigkeit berechnet. Was veranlaßt uns, einem neuronalen System zu unterstellen, daß es seine Umwelt repräsentiert und sein aktuelles Verhalten mittels dieser Repräsentationen berechnet? Im Grunde tut es genau dasselbe, wie der fallende Apfel: es folgt, wie alle physikalischen Systeme, seiner kausalen und durch die physische Struktur und Interaktion mit der Umwelt vorgegebenen Dynamik. An dieser Stelle kommt wieder die Aktivität/Interpretation des/der Beobachters/in ins Spiel: durch seine/ihre Beobachtung eines an die Umwelt "angepaßten" Verhaltens unterstellt er/sie dem kognitiven System Repräsentation und berechnende Prozesse.

Das Argument, daß *evolutive* Prozesse eine neuronale Struktur hervorgebracht haben, die in einer repräsentierenden Beziehung zur Umwelt steht, geben der Unterstellung der Repräsentation (und Berechnung über diesen Repräsentationen) mehr Plausibilität. Dennoch ist es fraglich, ob wir das traditionelle Konzept von Repräsentation auf neuronale Systeme anwenden sollen und können. Vielmehr scheint es, ähnlich wie im Falle des fallenden Apfels, daß die strikte Trennung von Verarbeitung und Speicher ("processor-memory distinction"), der abbildende Charakter von Repräsentation und das Operieren eines Algorithmus auf den Repräsentationen zugunsten der Konzepte der *Verkörperung* von Wissen, des *Kollapierens* der Trennung von Speicher und Verarbeitung und des Generierens adäquaten Verhaltens aufgegeben werden muß. In diesem Fall ist es nicht mehr notwendig auf abbildenden Repräsentationen zu operieren, um adäquates Verhalten zu erzeugen – das System folgt seiner durch die Struktur determinierten Dynamik (welche das Wissen verkörpert) und erzeugt dabei sein Verhalten. Vielleicht ist es ganz nützlich, über Repräsentation und Berechnung in neuronalen (kognitiven) Systemen in den Kategorien der repräsentationalen Eigenschaften eines fallenden Apfels, der eine fiktive hochkomplexe Struktur besitzt, nachzudenken.

Wenn wir in neuronalen Systemen Berechnung und/oder Repräsentation postulieren, so müssen zumindest die folgenden drei Fragen geklärt werden: (a) die *Beziehung* zwischen der Struktur der Umwelt und der Struktur des Repräsentationssystems; handelt es sich um eine iso-/homomorphe Abbildungsbeziehung, besteht überhaupt eine stabile Beziehung zwischen Umwelt und dem Repräsentationssubstrat, etc.? (b) Art und Ort der Repräsentation und der Operationen/Berechnungen; i.e., wo findet in neuronalen Systemen Repräsentation statt, was ist das Substrat der Repräsentation und/oder der Verarbeitung? Können wir sie als getrennte Entitäten betrachten? (c) Welche Form von Funktion berechnet ein neuronales System, wie sieht diese Funktion aus und wie ist sie realisiert?

Eine Klärung dieser Fragen kann (muß) zu einer Neukonzeption der Begriffe Repräsentation (und Berechnung) führen. Um dieses "Projekt" in Angriff zu nehmen, müssen vorerst einige Begriffe genauer spezifiziert werden; Begriffe, die uns in den folgenden Kapiteln immer wieder begegnen werden und die eine zentrale Rolle in dem Vorschlag eines neuen Repräsentationsbegriffes spielen werden. Manche Begriffsklärungen und Definitionen werden u.U. einigen bekannt oder trivial vorkommen, aber es ist wichtig, daß die in den folgenden Kapiteln verwendete Terminologie klar abgesteckt ist.

3.4 Definitionen und grundlegende Konzepte

3.4.1 Funktion

Wenn wir neuronale Systeme als *berechnende* Systeme interpretieren, so müssen sie eine *Funktion* berechnen. Was verstehen wir also unter einer Funktion? Im folgenden soll nicht eine detaillierte Diskussion über die formalen Kriterien und Charakteristika einer Funktion aufgenommen werden; vielmehr soll der Funktionsbegriff im Kontext des Problems der Wissensrepräsentation in neuronalen Systemen genauer untersucht und vorgestellt werden:

> "A *function* in the mathematical sense is essentially just a mapping, either 1:1 or many:1, between the elements of one set, called the "domain", and the elements of another, usually referred to as the "range". Consequently, a function is a set of *ordered pairs*, where the first member of the pair is drawn from the domain, and the second element is drawn from the range."
> *P.S.Churchland* et al. [CHUR 92], p 62

Eine Funktion ist nicht auf die Abbildung von Zahlen oder Strings beschränkt; vielmehr handelt es sich um ein Konzept, das viel offener und breiter ist. So kann man die Beschreibungsform einer Funktion auch im Rahmen der Untersuchung kognitiver Prozesse oder der Ethologie anwenden: der input ist z.B. ein bestimmter Stimulus (und innerer Zustand) und der output ist ein bestimmtes Verhalten. Die Funktion *berechnet* den output – diese Berechnung ist eine Abbildung der input-Menge auf die output-Menge und kann als *Transformation* des inputs interpretiert werden. Wie wir sehen werden, ist die Struktur dieser Transformation eng mit der Frage der *Wissensrepräsentation* verknüpft.

Bisher haben wir lediglich von der Zuordnung der Werte zweier Mengen zueinander gesprochen: eine Funktion ist durch diese Zuordnung charakterisiert; folgt diese Zuordnung gewissen *Regeln*, und ist diese Regel auf alle Elemente der Ursprungsmenge anwendbar, so kann man diese Funktion als eine *berechenbare Funktion* bezeichnen: "A *computable function* then is a mapping that can be specified in terms of some *rule* or other, and is generally characterized in terms of what you have to do to the first element to get the second." (*P.S.Churchland* et al. [CHUR 92], p 62)

Zwei Beispiele für berechenbare Funktionen:

$$\{(2,10),(4,16),(7,25),(0,4),(-3,-5),\ldots\} \qquad x \mapsto 3x+4 \qquad (3.1)$$

$$\{(0,0),(-2,4),(3,9),(5,25),(4.2,17.64),\ldots\} \qquad x \mapsto x^2 \qquad (3.2)$$

Diese Zuweisung erfolgt *systematisch*; i.e., es existiert eine *Regel* (z.B. $x \mapsto 3x+4$ oder $x \mapsto x^2$), die auf alle Werte der Ursprungsmenge in gleicher Weise angewandt wird. Die Menge aller geordneten Paare stellt die gesamte Funktion dar. Im Falle der reellen Zahlen ist es jedoch nicht gut möglich, die gesamte Funktion in expliziter Weise (z.B. in einer Liste) darzustellen, da beide Mengen unendlich viele Elemente beinhalten. Dies ist auch einer der Vorteile berechenbarer Funktionen: man muß zu ihrer Charakterisierung nicht die ganze Menge der Zuordnungen (i.e., der geordneten Paare) angeben, sondern es genügt die beiden Mengen zu charakterisieren und die Regeln, die auf die Elemente der Ursprungsmenge angewandt wird, anzugeben.

Wenn wir diese Überlegungen auf physische Systeme (z.B. neuronale Systeme) umlegen, und diesen Systemen unterstellen, daß sie Berechnungen ausführen, so müssen sie zumindest folgende Charakteristika erfüllen: sie müssen meßbare und in irgend einer Weise quantifizierbare input- und output-Zustände besitzen und über ein Transformationssystem verfügen, welches die zuvor angesprochenen Regeln verkörpert. Die Fragen, die sich daraus ergeben lauten: kann das Gehirn oder ein neuronales System als solch eine Maschine charakterisiert werden, die eine Funktion berechnet, um sein Verhalten zu erzeugen? Können wir diese Regeln und Zustände finden[7]?

3.4.2   Computer und neuronale Systeme

Unter der Annahme, daß es sich bei neuronalen Aktivitäten um berechenbare Funktionen handelt, folgt, daß wir uns eines *Computers* – verstanden als eine universelle Maschine, die *Berechnungen* ausführen kann – bedienen können, um die Berechnungsprozesse eines neuronalen Systems zu *simulieren*; i.e., wir können kognitive Phänomene mittels jener (berechenbaren) Funktionen künstlich generieren (i.e., berechnen), die wir neuronalen Systemen zuschreiben. Die traditionelle Vorstellung

---

[7]Man behalte im Auge, daß es sich herausstellen könnte, daß neuronale Systeme *nichtberechenbare* Funktionen erfüllen. Aus pragmatischen und theoretischen Gründen entscheiden wir uns vorerst für die Arbeitshypothese, daß die Funktion neuronaler Systeme – zumindest näherungsweise – als berechenbare Funktion beschrieben werden kann.

eines Computers, wie er z.B. auf unseren Schreibtischen steht, ist zum Verständnis
eines neuronalen Systems als berechnendes System nicht ausreichend. Computer
mit einer traditionellen *von Neumann* Architektur sind nur *eine mögliche* Instantiierung von berechnenden Maschinen. Folgendes Zitat gibt eine allgemeinere Sicht
eines Computers:

> "A computer is a *physical device* with *physical states* and *causal inter-
> actions* resulting in transitions between those states. Basically, certain
> of its physical states are arranged such that they *represent something*,
> and its state transitions can be *interpreted* as computational operations
> on those representations. (p 66)
> ... we suggest, there is *no* intrinsic property necessary and sufficient for
> all computers, just the *interest relative* property that someone sees va-
> lue in interpreting a system's states as *representing* states of some other
> system, and the properties of the system support such an interpretati-
> on.(p 65f)[8]"
>
> *P.S.Churchland* et al. [CHUR 92], p 65f

Dieses Zitat spiegelt etwa die Position wider, welche in dieser Arbeit im Kontext
dieser Fragen eingenommen wird: wir sind *Instrumentalisten* in bezug auf Berechnung und Repräsentation. I.e., wir *interpretieren* die Prozesse des beobachteten kognitiven Systems als Berechnungsprozesse und als Repräsentationsprozesse[9]. Wenn
wir diese Position ins Extrem treiben, so kann fast jedes physische/lebende System
und seine Dynamik als ein System interpretiert werden, das (a) Berechnungen ausführt (i.e., wenn mathematische Modele gefunden werden, um das Verhalten des
beobachteten Systems zu beschreiben) und (b) ("Wissen" über) den Zustand eines
anderen Systems repräsentiert.

Wir dürfen uns hier nicht von den traditionellen Vorstellungen von Computer,
Berechnung und Repräsentation verleiten lassen – vielmehr ist es hoch an der
Zeit, alternative Konzepte und Ideen zu entwickeln, welche eine allgemeinere Sicht
dieser Probleme erlauben, um kognitive Systeme und ihre (Repräsentations- und
Verhaltens-)Dynamik besser verstehen zu können. Wie bereits angedeutet, darf z.B.
das Konzept des Computers und von Berechnung *nicht* auf digitale serielle *von Neumann* Maschinen/Architekturen beschränkt bleiben. Für diese Einschränkung gibt
es keine andere Rechtfertigung als unsere common sense Auffassung von Computer,
Programm, Datenstrukturen, Repräsentation, Speicher, Prozessor, etc. – i.e., diese
ist durch unsere täglichen Erfahrungen mit dem Computer auf unserem Schreib-
tisch, mit Programmieren, mit Programmanwendungen, etc. determiniert. Es stellt
sich heraus, daß wir diese Computer genau deshalb und genau dafür in einer Weise
konstruiert haben, damit wir ihre Zustände als (zumeist symbolische) *Repräsentationen* und ihre Zustandsübergänge als Berechnungen/Operationen/Manipulation

---

[8] Hervorhebungen durch M.P.
[9] Die Vorstellung – wie sie in obigem Zitat vertreten wird–, daß *auf Repräsentationen operier-
t/manipuliert* wird, muß wahrscheinlich noch ein wenig "zurechtgerückt" werden.

auf/über diesen Repräsentationen interpretieren und ausnutzen können! I.e., bestimmte Bitmuster oder bestimmte Pixelmuster, die an sich – zumindest im "traditionellen Sinn"[10] – keine Semantik besitzen, erhalten durch den *Akt der Interpretation* durch den/die Beobachter/in eine Bedeutung. I.a.W., es wird z.B. einem Bitmuster die Bedeutung zugeschrieben, daß es ein bestimmtes Symbol repräsentiert, welches wiederum ein bestimmtes Umweltphänomen repräsentiert. Diese zwei Stufen der Repräsentation/Interpretation finden jedoch in dem/der Beobachter/in statt. In diesem Sinne unterscheiden sich Computer, wie wir sie kennen, in keiner Weise von Computern, denen wir keinerlei berechnende oder repräsentierende Eigenschaften zuschreiben würden (Pflanzen, einfachen Organismen, etc.).

Versuchen wir, neuronale Systeme als natürliche berechnende Systeme zu interpretieren, so lassen sie sich wie folgt charakterisieren: "Nervous systems are also *physical devices* with *causal interactions* that constitute *state transitions.* Through slow *evolution*, rather than miraculous chance or intelligent design, they are configured so that their *states represent* – the external world, the body they inhabit, and in some instances, parts of the nervous system itself – and their *physical state transitions execute computations.*" (*P.S.Churchland* et al. [CHUR 92], p 67)

Die berechnenden und repräsentierenden Fähigkeiten des Nervensystems sind also kein Resultat irgendeines Designprozesses, sondern die Dynamik der *Evolution* spielt eine zentrale Rolle: sie hat die "Fähigkeit zur Repräsentation" als überlebensförderndes Konzept "entwickelt". Aus diesem Grund ist es wichtig, daß wir, wenn wir über Repräsentation und Berechnung in (natürlichen) neuronalen Systemen sprechen, nicht nur ontogenetische Prozesse, sondern auch phylogenetische Vorgänge im Blick haben. Wie sich herausstellt, sind diese beiden Dynamiken nicht voneinander zu trennen. Aus den bisherigen Überlegungen haben wir nun all die Schritte beisammen, um Gehirnaktivitäten und sog. kognitive Prozesse (a) als *neuronale Prozesse*, (b) als *berechnende Prozesse*, (c) als Prozesse, bei denen *Wissensrepräsentation* involviert ist und (d) als Prozesse, die auf einen Computer abgebildet werden können, zu interpretieren. Die Frage, wie (b), (c) und (d) realisiert werden und welche Implikationen dies auf unsere Konzepte von Wissensrepräsentation hat, ist Gegenstand der folgenden Kapiteln. Zuvor müssen wir jedoch noch einen kurzen "Exkurs" in die lineare Algebra unternehmen, um die folgenden Konzepte und Theorien besser zu verstehen. All jene, die mit dieser Materie bereits vertraut sind, vergeben mir die Trivialitäten.

3.4.3 Vektoren und Zustandsräume

Wir haben gesehen, daß der Verarbeitungs- und Repräsentationsmechanismus in neuronalen Systemen nicht auf symbolverarbeitenden Mechanismen ("symbol crunching") basieren kann. Das propositionale Paradigma, wie es von *Fodor* u.a., der IPS, CPS, kognitiven Psychologie, AI, etc. vorgeschlagen wird, ist aus bereits genannten Gründen für das Verständnis kognitiver Phänomene und deren neuronaler Basis als Erklärungskonzept unzureichend. Neuronale Prozesse lassen sich mathematisch als

---

[10]I.e., sie sind lediglich *Muster*, die vorerst keinerlei (sprachliche) Bedeutung haben.

Verarbeitung von *Vektoren* interpretieren: i.e., in neuronalen Systemen werden Vektoren aufeinander abgebildet – wie dies im Detail funktioniert und zu verstehen ist, wird in den folgenden Kapiteln ausführlich diskutiert. An dieser Stelle soll lediglich das mathematische Konzept eines Vektors vorgestellt werden, um es als Werkzeug verwenden zu können. Vektoren und deren Abbildung ist die *zentrale Verarbeitungsmethode* ("vector crunching") in neuronalen Systemen – aus diesen Überlegungen können alle Konzepte entwickelt werden, die für ein adäquates Verständnis von Repräsentation in neuronalen Systemen notwendig ist: Aktivierungsvektoren, Gewichtsmatrizen, Trajektorien, state spaces, weight spaces, etc. Was verstehen wir unter einem Vektor?

Vektor (def.): ein *Vektor* ist eine *geordnete Menge* von Zahlen. Mittels Vektorschreibweise kann man *zusammengehörige Zahlen* in eine Form bringen, die (a) *übersichtlich* und (b) durch *mathematische Operationen handhabbar* ist. Die Schreibweise für einen Vektor ist: $\vec{v} = (x_1, x_2, x_3, \ldots, x_n)$, wobei x_i die einzelnen *Komponenten* des Vektors sind.

Die *Ordnung* der Komponenten x_i des Vektors ist wichtig, da (i) die Operationen, die auf einem Vektor ausgeführt werden, "ordnungssensitiv" sind und (ii) in der geometrischen Repräsentation von Vektoren bei gleichen Werten verschiedener x_i, aber verschiedener Ordnung verschiedene Dinge repräsentiert werden (i.e., $(2, 5, 1) \neq (5, 1, 2)$). Wie sich herausstellen wird, berechnen neuronale Systeme Funktionen, die als vector-to-vector mapping interpretiert werden können [CHUR 89]. Es lassen sich also Funktionen finden, die die einzelnen Komponenten der Vektoren aufeinander abbilden: i.e., jede Komponente eines Vektors wird als Aktivierungswert/Feuerrate eines bestimmten Neurons zu einem bestimmten Zeitpunkt t interpretiert. Der Vektor zum Zeitpunkt $t + \varepsilon$ ist das Resultat einer Berechnung über dem Aktivierungsvektor zum Zeitpunkt t. Welche Form von Berechnungen hier stattfinden, wird in den folgenden Kapiteln noch ausführlich dargestellt.

Abschließend sei noch das Konzept des *state spaces* oder des *Zustandsraumes* vorgestellt. Dies ist eine hilfreiche Vorstellung, die das Verständnis von Repräsentation in neuronalen Systemen erleichtert. Sie stellt eine *geometrische* Interpretation des Konzeptes der Vektoren dar:

state space (def.):
(i) jedes Koordinatensystem definiert einen *state space* (Zustandsraum)[11]; (ii) die Anzahl der Achsen gibt die *Dimensionen* des Raumes an; (iii) jede Komponente x_i eines Vektors $\vec{x}$ ist mit einer Achse (Dimension) assoziiert. Daraus ergibt sich die zuvor angedeutete Wichtigkeit der Ordnung; (iv) der state space umfaßt den Raum *aller möglicher* Vektoren; (v) ein bestimmter Vektor $(x_1, x_2, \ldots, x_n)$ definiert *genau einen Punkt* im n-dimensionalen state space; (vi) eine Sequenz von Vektoren ist durch eine Sequenz von Punkten im state space charakterisiert und wird als *Trajektorie* bezeichnet; (vii) es gibt Funktionen (z.B. Matrixmultiplikation), die einen Vektor (= Punkt) $\vec{x}_a$ im state

---

[11] Die Begriffe "state space" und "Zustandsraum" werden *synonym* verwendet.

space a auf einen anderen Vektor (= Punkt) $\vec{x}_b$ im state space b abbilden (wobei a und b nicht verschieden sein müssen).

Wenn wir dies auf obige Überlegungen der Abbildung von neuronalen Systemen auf Vektoren anwenden, so bedeutet dies, daß sich der *Gesamtaktivierungszustand* eines neuronalen Systems als *ein Punkt in einem state space* darstellen läßt. Ebenso kann man damit auch den *zeitlichen Verlauf* der Aktivierungen beobachten – diese formen eine *Trajektorie* durch den state space. Die Implikationen und Details dieser Überlegungen sind Gegenstand der folgenden Kapiteln.

4 Wissensrepräsentation III: Repräsentationsräume

Die in Kapitel 3 vorgestellten abstrakten Konzepte von Berechnung, Vektoren, Repräsentation, etc. sollen in den folgenden Kapiteln anhand von Beispielen aus der experimentellen und computational neuroscience illustriert und konkretisiert werden – Ziel ist die Entwicklung einer alternativen Vorstellung von *Repräsentation* in neuronalen Systemen, die in einer Neufundierung der Wissenschaftstheorie als Basis dient. Dies wollen wir schrittweise tun: vorerst müssen wir (i) die Konzepte des activation (state) space und (ii) seine Verbindung mit dem Problem der Repräsentation näher untersuchen. In weiterer Folge werden wir uns mit (iii) der *Verarbeitung* in neuronalen Systemen auseinandersetzen. Hier spielt der (iv) weight space eine zentrale Rolle, da durch diesen die Dynamik des Systems und damit das Wissen, welches in diesem repräsentiert/verkörpert ist, determiniert ist. (v) *Lernen* resp. *Adaptation* stellen zentrale Aspekte in der Dynamik neuronaler Systeme dar: sie sind essentiell für die Frage der Repräsentation; die Untersuchung der Adaptationsprozesse gibt Aufschluß über die Art und Weise der Repräsentation. Aus all diesen Überlegungen, Beispielen und "Evidenzen" wird ein Repräsentationsbegriff entwickelt, welcher einerseits mit den empirisch-neurowissenschaftlichen Befunden korrespondiert und andererseits eine epistemologisch-konstruktivistische Basis besitzt. Daraus werden alternative Vorstellungen von sozialer Interaktion, Sprache, bis hin zur Wissenschaft entwickelt (s.a. Kapitel 11).

4.1 Repräsentation von Gesichtern

Wie wir in Kapitel 3 gesehen haben, definiert ein *state space* einen *Raum* möglicher Zustände. Die Idee im Kontext der Wissensrepräsentation in neuronalen Systemen ist dahingehend, daß man sich diesen Raum möglicher Zustände als *Repräsentationsraum* vorstellt; i.e., jeder Zustand korrespondiert (in einer ersten Annäherung) mit einem bestimmten Repräsentationszustand resp. einer bestimmten Repräsentation. Der Vorteil dieser Art der Repräsentation besteht darin, daß man, wie folgendes Beispiel illustrieren soll, mit relativ wenigen Komponenten einen exponentiell wachsenden Raum von möglichen Zuständen erhält. Angenommen wir betrachten einen Vektor mit 3 Komponenten, (x_1, x_2, x_3), und jede dieser Komponenten x_i kann 10 verschiedene Werte annehmen (z.B., $x_i \in \{0, 1, \ldots, 9\}$). Stellen wir uns diese Situation graphisch vor, so haben wir gesehen, daß ein Vektor mit 3 Komponenten genau einen Punkt in einem 3-dimensionalen Raum spezifiziert (siehe Abbildung 4.1). I.a.W., ein Vektor mit 3 Komponenten, von denen jede jeweils 10 verschiedene Werte annehmen kann, kann $10^3 = 1000$ verschiedene Punkte in einem

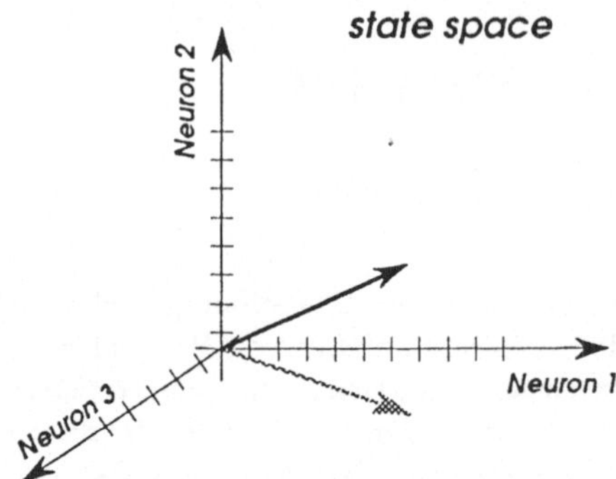

Bild 4.1　State space – Raum möglicher Zustände.

Raum erzeugen. I.e., durch einen 3-dimensionalen Vektor dieser Form können im Idealfall 10^3 verschiedene Zustände repräsentiert werden.

Allgemein bedeutet dies folgendes: (i) ein *Vektor* mit n Komponenten definiert einen n-dimensionalen Raum – diesen Raum nennen wir einen *state space*, wenn er einen Raum möglicher Zustände repräsentiert. (ii) Angenommen, jede Komponente des Vektors kann k verschiedene Zustände annehmen, so kann der n-dimensionale Vektor k^n verschiedene Zustände annehmen. Es besteht also ein *exponentielles* Verhältnis zwischen der Anzahl der Komponenten der Vektoren, der Anzahl der Zustände der einzelnen Komponenten und der Anzahl der möglichen Zustände/Kombinationen, die von diesem Vektor eingenommen/repräsentiert werden können ("kombinatorische Explosion" bei steigender Anzahl der Komponenten und ihrer möglichen Zustände). (iii) Jeder dieser Zustände, der durch eine bestimmte Wertebelegung in einem n-dimensionalen Vektor repräsentiert wird, korrespondiert mit *genau einem Punkt* im n-dimensionalen state space (Zustandsraum). Es besteht also eine *isomorphe* Beziehung zwischen (a) den zu repräsentierenden Zuständen und einer bestimmten Konfiguration der x_i-Werte eines Vektors und (b) zwischen den x_i-Werten eines Vektors und einem Punkt in dem durch den n-dimensionalen Vektor aufgespannten state space. I.e., die Gesamtheit aller Punkte im state space repräsentiert die Gesamtheit aller Zustände, die durch den n-dimensionalen Vektor repräsentiert werden können.

Folgende Idee ist naheliegend: diese Darstellungsform scheint geradezu die *ideale* Möglichkeit, um die schier unendlich scheinende Informations- und Stimuliflut aus der Umwelt, die auf ein kognitives System im Laufe seines Lebens einströmt, irgendwie in den Griff zu bekommen und zu repräsentieren. I.a.W., die Mechanismen der Darstellung von Zuständen in einem state space sollen auf das Problem der *Repräsentation* von Wissen in neuronalen Systemen angewandt werden. Die naive Idee, die sich hinter diesem Vorschlag verbirgt, ist, daß man die mit der Anzahl der Dimension exponentiell wachsende Anzahl der darstellbaren Zustände ausnutzt, um die einzelnen Zustände eines hochdimensionalen state space die unwahrscheinlich große Anzahl der Phänomene, Objekte, etc. der Umwelt repräsentieren zu lassen.

Hier handelt es sich freilich gleich in zweifacher Weise um eine zu vereinfachte und naive Annahme: (i) die Idee, daß genau ein Zustand ein Objekt, Phänomen, etc. der Umwelt repräsentiert und (ii) die Auffassung einer abbildenden Relation zwischen Umwelt und Repräsentationssystem. Wir werden diese Annahmen noch genauer untersuchen und in radikaler Weise revidieren müssen. Für den Moment belassen wir es jedoch bei dieser Vorstellung, um die Mächtigkeit und die Mechanismen dieses Konzeptes besser studieren zu können.

Die Mächtigkeit dieser Idee läßt sich mit einer einfachen Rechnung überschlagsmäßig überprüfen: nach moderaten Schätzungen befinden sich im menschlichen Gehirn ca. 10^{11} Neuronen [KAND 91]. Nehmen wir weiters die sehr vereinfachende Vorstellung an, daß sich jedes Neuron in zumindest zwei Zuständen (i.e., aktiviert und nicht aktiviert) befinden kann[1], so ergeben sich aus obigen Überlegungen folgende Konsequenzen: durch die Anzahl der Neuronen ist ein 10^{11}-dimensionaler state space definiert. Nach obiger Formel könnte das Gehirn nach einer moderaten Schätzung theoretisch ca. $2^{10^{11}} = 2^{10.000.000.000}$ verschiedene Zustände einnehmen; i.e., dies ist die Anzahl aller verschiedenen Kombinationen von Belegungen aller Neuronen verstanden als binäre Einheiten. Der naiven Idee folgend, daß ein bestimmter Zustand (i.e., ein bestimmtes Aktivierungsmuster in den 10^{11} Neuronen = ein Punkt im 10^{11} dimensionalen Zustandsraum) genau einen Gegenstand, Phänomen, etc. in der Umwelt repräsentiert, kommen wir zu dem Schluß, daß 10^{11} Neuronen mehr als ausreichend sind, um alle Atome dieser Welt zu repräsentieren. Diese einfache Rechnung sollte lediglich die Mächtigkeit des Konzeptes des state space, die durch die exponentielle (kombinatorische) Explosion mit dem Ansteigen der Dimensionen und Zustände entsteht, vor Augen führen. Wie bereits angedeutet, werden wir die Idee einer isomorphen (Abbildungs-)Beziehung zwischen Umweltentitäten und Repräsentationsentitäten (i.e., Aktivierungszustände, einzelne Punkte im state space) zugunsten eines alternativen Repräsentationskonzeptes *aufgeben* müssen, welches jedoch auch von den Vorteilen des state space Gebrauch macht.

4.1.1 Gesichter im Zustandsraum

Um das Konzept des state space (Zustandsraumes) als Grundlage für das Repräsentationsmedium besser verstehen zu können, überlegen wir uns folgendes fiktives Beispiel [CHUR 92, CHUR 94]: angenommen, es geht darum, *Gesichter* in einem state space zu *repräsentieren*. Weiters nehmen wir an, daß ein Gesicht nach drei Kategorien kategorisiert wird: (a) Breite der Nase, (b) Distanz der Augen voneinander und (c) Größe des Mundes. Diese drei Kategorien spannen einen 3-dimensionalen Raum auf, der als "face space" ("Gesichtsraum") bezeichnet werden kann: i.e., jeder Punkt in diesem Raum repräsentiert ein ganz bestimmtes Gesicht. I.a.W., durch einen Punkt in diesem 3-dimensionalen Raum sind die Werte der einzelnen Merkmale (Kategorien) genau festgelegt und damit ist auch die Form des Gesichtes (in diesen drei Kategorien) determiniert (z.B. großer Mund, kleiner Augenabstand, Nase

---

[1] Dies stellt natürlich nur eine *untere Schranke* und eine *Vereinfachung* für eine Schätzung dar – neurowissenschaftliche Befunde zeigen, daß sich Neuronen in weitaus mehr als zwei Zuständen befinden können.

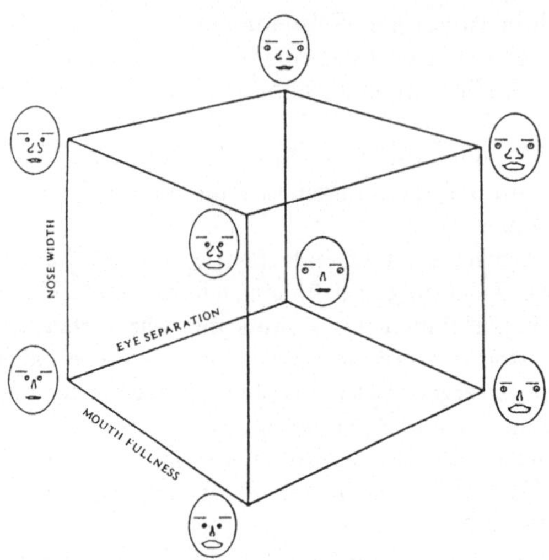

Bild 4.2 Repräsentation von Gesichtern in einem 3-dimensionalen state space ("face space") (aus P.S.Churchland et al., 1992).

mittlerer Breite, etc.) [und vice versa].

In Abbildung 4.2 ist eine graphische Repräsentation dieses state space dargestellt. An den *Eckpunkten* des Würfels befinden sich jeweils die *Extremausformungen* der einzelnen Merkmale. Jede einzelne der Kategorien wird durch eine eigene Dimension repräsentiert: i.e., es gibt eine Dimension für die Größe des Mundes, eine für die Breite der Nase und eine für den Abstand der Augen. Je nach dem, wie breit die Nase, wie dick der Mund, etc. ist, erhalten diese Merkmale ihre Werte. Diese Werte werden entlang der jeweiligen Dimension im state space aufgetragen und definieren damit genau einen Punkt in diesem Raum. I.e., genau ein Punkt im "face space" korrespondiert mit einem Gesicht, das die jeweiligen Werte in den drei Kategorien besitzt. Wir haben also einen möglichen *Repräsentationsmechanismus* gefunden, welcher imstande ist, die komplexen Formen und Ausprägungen von Gesichtern in wenigen Dimensionen und – im Vergleich mit der Komplexität des Problems – mit relativ wenig Speicheraufwand zu *repräsentieren*. Es sind natürlich nicht nur die in Abbildung 4.2 dargestellten (fast entstellten) "Extremgesichter" repräsentierbar – abhängig von der Auflösung in der Detektion innerhalb der einzelnen Dimensionen/Kategorien (z.B., a verschiedene Augenabstände, n verschiedene Nasenbreiten, m verschiedene Mundgrößen), sind verschiedene Zwischenformen möglich; die Gesamtanzahl der in einem solchen System darstellbaren Gesichter beträgt $m*a*n$. Eine Zahl, die mit Ansteigen der Auflösung (und der Dimensionen) sehr rasch größer wird und damit zu einer größeren Diskriminierungsfähigkeit führt.

Auf ein *neuronales* Repräsentationssystem übertragen würde dieses Konzept des "face space" bedeuten, daß es drei Neuronen gibt, deren verschiedene Feuerraten die "Intensität" des Vorhandenseins der drei Merkmale repräsentiert. I.e., jedes Neuron repräsentiert eines der drei Merkmale im visuellen Feld, wodurch ein 3-dimensionaler state space, auf dessen Achsen die verschiedenen Aktivierungen/Feuerraten aufgetragen sind, aufgespannt wird. Nun kann man sich vorstellen, daß unser Gehirn nicht nur nach drei Dimensionen/Kategorien kategorisiert, sondern ein Gesicht wahrscheinlich durch hunderte Merkmale charakterisiert ist. Aus neurowissenschaftlichen Untersuchungen (z.B., [KAND 91, CHUR 92]) wissen wir, daß unser Gehirn (a) gerade bei der Erkennung von Gesichtern eine unheimliche Diskriminationsfähigkeit besitzt und dies (b) mit unglaublicher Geschwindigkeit[2] und (c) mit hoher Akkuranz tut. Aus evolutionstheoretischer Perspektive ist dieses schnelle und relativ sichere Erkennen von Gesichtern verständlich, da das zuverlässige Erkennen des anderen kognitiven Systems für die *soziale Interaktion* unerläßlich ist. Da das Gesicht (i) jener Körperteil ist, der dem eigenen visuellen Feld mit hoher Wahrscheinlichkeit am direktesten zugänglich ist (i.e., selbe Höhe, selten verdeckt, etc.) und (ii) das Gesicht sehr viele markante Diskriminationspunkte (im Gegensatz zu den anderen Körperteilen) bietet, ist es verständlich, warum sich ein ganzes Areal im Gehirn teilweise auf die Erkennung von Gesichtern spezialisiert hat [KAND 91]. Wir benötigen daher einen Mechanismus, welcher die Fülle der Gesichter, denen wir im Laufe des Lebens begegnen, (a) *repräsentieren* und (b) *diskriminieren* kann. Weiters muß dieser Mechanismus (c) die Möglichkeit der *raschen* und *zuverlässigen Erkennung* resp. Charakterisierung ermöglichen.

Das Konzept des state space resp. des "face space" bietet eine Lösung für (a) und (b): die kombinatorische Explosion beim Ansteigen der Auflösung und der Dimensionen, nach denen diskriminiert wird, ermöglicht die Repräsentation einer sehr großen Anzahl von Gesichtern mit einer – im Vergleich – relativ kleinen Anzahl von "Basismerkmalen/-kategorien" (= Neuronen, die sich auf das Detektieren eines/r bestimmten Merkmals/Kategorie spezialisiert haben). Nur auf diese Weise läßt es sich erklären, wie der Mensch es schafft, aus einer großen Menge von Gesichtern mit hoher Geschwindigkeit und "Treffergenauigkeit" ein bekanntes Gesicht zu erkennen. Der face space stellt eine unwahrscheinlich große Anzahl von möglichen Kombinationen der Basiskategorien zur Verfügung und kann diese zugleich mit einem minimalen Aufwand an physischem Speichermedium repräsentieren. In obigem fiktiven Beispiel bedeutet dies, daß – unter der Annahme, daß jede Dimension in 10 Intensitäten eingeteilt ist – wir mit nur drei Neuronen bereits 10^3 verschiedene Gesichter repräsentieren können.

Die Lösung von (c) ist im visuellen System durch ein hierarchisches System von *Merkmalsdetektoren* realisiert [KAND 91]. Diese Merkmale werden z.B. aus dem Retinabild extrahiert: einzelne Pixel werden z.B. zu zusammenhängenden Linien einer bestimmten Orientierung und Position zusammengefaßt, Kanten, Ecken, Flächen, bewegte Objekte, etc. sind die "Basiskategorien", die durch die ersten Verarbeitungsschritte im visuellen System (i.e., Retina, LGN, V1, V2, etc.) extrahiert werden. I.e., das Feuern eines Neurons in einer dieser (kortikalen) Bereiche bedeutet das Vorhandensein eines bestimmten Merkmals (z.B. ein Balken in einer bestimmten Orientierung an einer bestimmten Position) im visuellen Feld.

---

[2]Diese Geschwindigkeit und Akkuranz wird besonders deutlich, wenn man sie mit dem *Rechen-* und *Zeitaufwand* eines *Computers* für ähnliche – meist einfachere – Mustererkennungsaufgaben vergleicht.

Man kann sich vorstellen, daß aus diesen Basismerkmalen schrittweise komplexere Merkmalsdetektoren zusammengesetzt werden. Dies reicht bis hin zu Detektoren, die z.B. den Abstand der Augen in einem menschlichen Gesicht repräsentieren (siehe auch die Diskussion um "grandmother cells" und local coding in Abschnitt 4.3). Wie diese Merkmalsdetektoren im neuronalen Substrat realisiert sind, werden wir noch genauer besprechen resp. kann in den Arbeiten von *Hubel & Wiesel* [HUBE 62, HUBE 65, HUBE 68, HUBE 77] und all ihren Folgearbeiten nachvollzogen werden.

Diese vom retinalen Bild extrahierten Merkmale können (a) für die *Repräsentation* von Objekten, Personen, etc. der visuellen Umwelt in einem state space, dessen Dimensionen die einzelnen mehr oder weniger komplexen Merkmale sind, verwendet werden und (b) für das relativ schnelle und zuverlässige Auffinden resp. Erzeugen der Repräsentation herangezogen werden: die einzelnen Merkmale können mit recht hoher Geschwindigkeit und Genauigkeit in wenigen Schritten (i.e., layers von Neuronen) berechnet werden; die Aktiviertheit der einzelnen Merkmale ist bereits in ihrer Gesamtheit – interpretiert als ein Punkt in einem state space – die gewünschte Repräsentation der Umwelt. Aus diesem Gesamtmuster der Aktivierungen lassen sich mittels neuronaler Architekturen und den dazugehörigen Lernprozessen leicht Assoziationen z.B. zu anderen Eigenschaften einer Person, eines Objektes, etc. herstellen. Man könnte sich etwa eine mit diesem System verbundene rekursive Architektur vorstellen, die nur dann in einen stabilen Zustand gerät, wenn die Merkmalsdetektoren ein Gesicht oder Objekt repräsentieren, welches bereits "bekannt" ist resp. welches bereits erlernt wurde.

Es muß uns hier freilich ganz klar sein, daß wir uns in dem soeben beschriebenen Szenario in einer äußerst naiven Vorstellung von Repräsentation bewegen: die (visuelle) Umwelt wird mittels neuronaler Systeme in verschiedene Merkmale unterteilt und auf die Aktivierung einzelner Neuronen *abgebildet*. Im Grunde laufen wir bei solch einer Auffassung wieder Gefahr, in ähnliche Fehler und Probleme zu geraten, wie das propositionale Paradigma, nämlich daß wir (i) die Umwelt einfach auf Aktivierungsmuster abbilden und (ii) daß die Kategorien, auf die wir die Umwelt abbilden, sprachliche Kategorien sind. (iii) Weiters stellt sich in solch einem Ansatz nicht einmal die Frage, *wie* diese Kategorien zustande kommen. Es geht in diesem Beispiel jedoch vorerst noch *nicht* darum, ein alternatives Repräsentationskonzept zu entwickeln, als vielmehr um das Aufzeigen von Konzepten und das prinzipielle Verständnis von Repräsentationsmechanismen in neuronalen Systemen. Dies können wir in einem ersten Schritt wie folgt zusammenfassen: ein bestimmtes Aktivierungsmuster in einer Population von n Neuronen/units korrespondiert mit genau einem Punkt in einem n-dimensionalen Raum (state space, activation space). Entlang der den Raum aufspannenden Achsen werden die verschiedenen Aktivierungszustände der Neuronen/units aufgetragen. Wenn wir eine einfache feed forward Architektur und damit eine abbildend-kategorisierende Repräsentationsvorstellung annehmen, so korrespondiert genau ein Punkt im state space mit jener Gruppe von Stimuli, die all jene Merkmale besitzen, um die einzelnen Merkmalsdetektoren so zu aktivieren, daß sie in ihrer graphischen Repräsentation diesen Punkt im state space darstellen.

Im Falle der Repräsentation von Gesichtern heißt das, daß ein Gesicht durch die Aktivierung in den einzelnen Merkmalen zusammengesetzt/*verteilt* repräsentiert wird. I.e., die Aktiviertheit eines/r Neurons/unit gibt an, in welchem Maße ein bestimmtes Merkmal (z.B. Breite der Nase im visuellen Muster) vorhanden ist. In der geometrischen Interpretation des state space gibt diese Aktivierung die Länge des Vektors in die Richtung der Komponente/Dimension, in der diese aufgetragen wird, an. In unserem "face space" Beispiel handelt es sich um eine vereinfachte und "nicht ganz pure" Form der *distributed representation*. Die Gesamtrepräsentation ist aus vielen einzelnen Merkmalen zusammengesetzt. In diesem Falle stellt die Bezeichnung der Merkmale durch explizite Propositionen (z.B. "Abstand der Augen", "Breite der Nase", etc.) eine Ausnahme dar. In den meisten Fällen der verteilten Repräsentation lassen sich den einzelnen Merkmalen keine (sprachlich) expliziten Namen geben.

Was bedeuten diese Überlegungen für unsere Fragestellung der Repräsentation in neuronalen Systemen? Das Konzept des state space läßt sich, wie folgt, relativ einfach auf neuronale Systeme übertragen: fassen wir n units/Neuronen eines neuronalen Netzwerkes zu einem Vektor zusammen und lassen wir die einzelnen Komponenten des Vektors die Aktivierungen/Feuerraten a_i der jeweiligen unit u_i zu einem bestimmten Zeitpunkt t repräsentieren, so spannen diese n Elemente einen *n-dimensionalen Raum* auf. Dies ist ein *state space*, wie wir ihn bereits kennengelernt haben – da es sich bei den einzelnen Komponenten um die *Aktivierungen* der einzelnen Neuronen handelt, nennen wir diesen state space auch *activation space* ("Aktivierungsraum"). Jede Komponente a_i (= Aktivierung) ist mit einer Dimension dieses Raumes assoziiert. Wir können nun eine Transformation resp. *isomorphe Relation* zwischen drei Darstellungsformen finden:

(i) *Aktivierungsmuster*: n units/Neuronen besitzen zu einem bestimmten Zeitpunkt t n Aktivierungswerte. Faßt man diese zu einer Ganzheit zusammen, so kann man von einem *Aktivierungsmuster* sprechen. Dieses Muster beschreibt den aktuellen (Aktivierungs-)Zustand des neuronalen Systems *eindeutig*.

(ii) *Aktivierungsvektor*: die einzelnen Aktivierungen lassen sich eindeutig auf einzelne Komponenten eines (Aktivierungs-)*Vektors* abbilden. Jede einzelne Komponente ist mit einer/m bestimmter/n unit/Neuron assoziiert. Der Vektor beschreibt den aktuellen (Aktivierungs-)Zustand des Netzwerkes *eindeutig*.

(iii) *activation space*: der Schritt von einem n-dimensionalen Vektor zu einem n-dimensionalen Raum ist klein: jede Komponente ist mit einer Dimension dieses Raumes assoziiert; damit läßt sich eine bestimmte Belegung der Komponenten mit aktuellen Aktivierungswerten in *einen Punkt* im activation space überführen. I.e., der aktuelle (Aktivierungs-)Zustand eines neuronalen Systems läßt sich durch einen Punkt im n-dimensionalen activation space *eindeutig* beschreiben.

Die *Isomorphie* zwischen diesen Darstellungsformen gibt uns die Freiheit, daß wir zwischen ihnen frei herumspringen und je nach dem, wie es die Anschauung oder das bessere Verständnis verlangt, eine Form auswählen können. Aktivierungsmuster und -vektoren sind oft eine recht unübersichtliche Form der Darstellung; besonders, wenn man temporale Sequenzen von Aktivierungsmustern verfolgen will. Für solche Fälle eignet sich die Darstellung im activation space – hier haben wir freilich die Probleme, daß wir uns auf drei Dimensionen beschränken müssen; und dies stellt in Anbetracht der oftmals $10^3 - 10^4$ units/Neuronen umfassenden Netzwerke eine ziemliche Einschränkung dar. Im Bereich der künstlichen neuronalen Netzwerke gibt es jedoch Möglichkeiten, wie man die Prozesse in diesen hochdimensionalen Räumen durch Projektion auf eine Ebene in einen 3- resp. 2-dimensionalen Raum zurückführen resp. veranschaulichen kann (vgl. *Elman* [ELMA 91]).

Durch solch eine Projektion wird es – unter der Voraussetzung, daß man die "interessanten" Stellen ("hot spots") kennt – möglich, daß man die Gesamtheit der Aktivierungen nicht nur zu einem bestimmten Zeitpunkt darstellt, sondern auch eine *zeitliche Sequenz* von Aktivierungsmustern und ihr Wandern im activation space beobachten kann. Solch eine Sequenz läßt sich als eine *Trajektorie*, die im activation space die zeitlich aufeinander folgenden Punkte (= Aktivierungsmuster) durch eine Linie verbindet, darstellen. Da der activation space den Raum aller möglichen Zustände darstellt, liegt diese Trajektorie zur Gänze innerhalb dieses hochdimensionalen Raumes. Mit Hilfe von Trajektorien läßt sich die *zeitliche Dynamik* neuronaler Strukturen beschreiben – diese ist besonders bei rekursiven Architekturen interessant, da man an der Form der Trajektorie stabile und instabile Zustände feststellen kann. Wie wir noch sehen werden, spielt die Frage der In-/Stabilitäten eine zentrale Rolle im Kontext des Problems der Wissensrepräsentation in neuronalen Strukturen (s.a. Abschnitt 7.5 und Kapitel 9).

Wie noch diskutiert wird, müssen wir diese relativ naive Vorstellung von Repräsentation, daß ein bestimmter (Aktivierungs-)Zustand im neuronalen System eine Entität in der Umwelt repräsentiert, daß also i.a.W. eine *iso-/homomorphe Beziehung* zwischen der Struktur der Umwelt und jener des (neuronalen) Repräsentationssystems (i.e., seinem globalen Aktivierungszustand) besteht, zumindest in neuronalen Systemen mit rekursiver Architektur *aufgeben*. Im Detail bedeutet dies, daß sich im Falle der feed forward Architektur zumindest noch eine homomorphe Beziehung Umwelt–Aktivierungszustand aufrechterhalten läßt; diese fällt jedoch, wie wir noch genauer untersuchen werden, bei rekursiven Architekturen gänzlich weg. Mit diesem Wegfallen verlieren wir auch die in vielen Repräsentationskonzepten häufig geforderte *stabile Relation* zwischen Umwelt und Repräsentationsmedium. An dieser Stelle ist es ratsam, ein bißchen genauer auf den Begriff der Stabilität einzugehen, da wir ihn bereits in anderem Kontext in unterschiedlicher Bedeutung verwendet haben. Die "stabile Beziehung" zwischen Umwelt und Repräsentationssystem, welche hier gemeint ist, betrifft die Beziehung zwischen den einzelnen Objekten, Phänomenen, Entitäten, etc. der Umwelt und den einzelnen (repräsentierenden) Zuständen im Repräsentationssystem – im Falle der symbolischen Repräsentation, etwa, ist diese Beziehung stabil: i.e., einem Symbol ist (durch nicht näher definierte Prozesse) eine bestimmte Struktur, Objekt, etc. der Umwelt zugeordnet und diese Zuordnung bleibt über die Zeit konstant. I.a.W., es existiert eine stabile Beziehung zwischen Repraesentans und Repraesentandum. Die andere Bedeutung von "stabiler Beziehung" zwischen Umwelt und Repräsentationssystem, die wir bisher verwendeten, betrifft das Problem, wie sich die Dynamiken der Umwelt und des Repräsentationssystem in solch einer Weise gegenseitig beeinflussen können, daß beide Systeme in einer stabilen Beziehung zueinander stehen. Hier geht es also nicht um die Frage, ob ein Zustand im Repräsentationssystem einen bestimmten Umweltzustand "stabil" repräsentiert, sondern ob sich diese beiden Systeme in einen (gemeinsamen) Zustand des Equilibriums bringen können. Eine stabile Repräsentationsbeziehung der ersten Art ist, wie wir noch ausführlich diskutieren werden, in neuronalen Systemen *nicht* Voraussetzung für die Ausbildung solch einer stabilen Relation (zweiter Art).

4.2 Sensorische inputs und Zustandsräume

Wie wir gesehen haben, ist das Konzept des state/activation space aus zumindest zwei Gründen ein/e sehr hilfreiche/r Vorstellung und Mechanismus im Kontext neuronaler Repräsentationssysteme: es stellt einen äußerst *ökonomischen* Weg dar, um den globalen Zustand eines komplexen dynamischen Systems (wie z.B. eines neuronalen Systems), welches durch n Variable beschrieben werden kann, zu repräsentieren. In diesem Sinne ist es ein *Repräsentationssystem* für komplexe Systeme. Sind diese Systeme selber Repräsentationssysteme (z.B. neuronale Systeme), so wird es zu einem Repräsentationssystem für Repräsentationssysteme; i.e., das Repräsentationsproblem (z.B. neuronaler Systeme) kann in diesen Raum transformiert und dort studiert und simuliert werden. Der aktuelle Zustand solch eines Systems wird durch genau einen Punkt in einem n-dimensionalen Raum dargestellt. Lassen wir den state space die Aktivierungsmuster eines neuronalen Systems repräsentieren, so könnte die Interpretation im Kontext der Repräsentationsfrage folgendermaßen aussehen: der zu repräsentierende Sachverhalt ist durch den *globalen* Zustand des Repräsentationssystems repräsentiert; i.e., eine ganz spezifische Verteilung der Feuerraten von n Neuronen repräsentiert einen Umweltzustand. I.a.W., alle Neuronen dieses Systems sind an der Repräsentation beteiligt: dies ist eine erste sehr oberflächliche Vorstellung der *distributed representation*.

Eine sehr interessante Eigenschaft, die state spaces anhaftet und die implizit in diesem Konzept bereits (sozusagen umsonst) inkludiert ist, ist die Tatsache, daß in jedem Vektorraum implizit auch bereits immer eine Art *Metrik* vorhanden ist. I.e., zwischen zwei oder mehreren Punkten kann man immer eine metrische Beziehung oder eine Form von *Abstand* definieren. Die *Euklidische Distanz* stellt eine der am weitesten verbreiteten Metriken dar – sie berechnet die Distanz zwischen zwei Punkten, die durch eine Gerade verbunden sind, in einem n-dimensionalen (Hyper-)Raum. Mit dieser Definition einer Distanz erhalten wir als Implikation (umsonst) ein Maß für die *Ähnlichkeit*; i.e., der Abstand zwischen zwei Punkten kann als Maß der Ähnlichkeit dieser beiden Punkte betrachtet werden. Näher beisammen liegende Punkte repräsentieren ähnlichere (Umwelt-)Zustände als Punkte, die eine größere Distanz voneinander trennt. Wir gehen bei dieser Auffassung von

Ähnlichkeit natürlich davon aus, daß es sich um einen homogenen Raum handelt[3]. Aus unseren eigenen Sinneserfahrungen können wir feststellen, ob sich zwei verschiedene Geschmäcker, Farben, Töne, Gerüche, etc. ähnlicher sind als ein anderes Paar. Wir scheinen also auch implizit eine Art Metrik, nach der wir z.B. Sinneseindrücke interpretieren, zu besitzen. Wie wir anhand des folgenden Beispiels des "Geschmacksraumes" sehen werden, erlaubt das Konzept des activation space nicht nur die ökonomische Repräsentation globaler und komplexer Zustände, sondern repräsentiert auch implizit deren *Relationen* und *Ähnlichkeiten* zueinander.

4.2.1 Geschmacksräume

Das Konzept der Repräsentation im activation space (im feed forward Fall) soll anhand des Beispiels der Repräsentation von *Geschmack* illustriert werden. Dieses eignet sich recht gut, da wir (a) die Vorgänge aus eigener Erfahrung "verifizieren" können und (b) die Komplexität der Repräsentation – im Vergleich mit z.B. dem visuellen oder auditiven System – relativ niedrig ist (z.B. geringe Anzahl der Basiselemente, etc.). Um die Repräsentation von Geschmack besser verstehen zu können, müssen wir uns zuerst kurz einige neurowissenschaftliche Gegebenheiten und Grundlagen des "Geschmackssytems" näher ansehen: das Detektieren von Geschmack hängt offenbar mit unserer Zunge zusammen; i.e., auf dieser befinden sich *Rezeptoren/Sensoren*, welche die "geschmackliche Qualität" dessen erfassen, was sich im Mundraum befindet. Was diese "geschmackliche Qualität" ausmacht, darüber gibt uns eine nähere Untersuchung der *Rezeptoren* Auskunft. Es ist eine Implikation aus dem naturalisierten Ansatz der computational neuroepistemology, daß wir die physischen Prozesse der Sensoren und des Nervensystems für "sinnliche Qualitäten" verantwortlich machen. Wir können auf der Zunge *vier* Bereiche ausfindig machen, die vornehmlich für einen der vier *"Grundgeschmäcker"* verantwortlich ist[4]. Jedem dieser vier "Grundgeschmäcker" ist ein Rezeptortyp zugeordnet – diese Rezeptortypen reagieren auf die Intensität des Vorhandenseins eines der vier Grundgeschmäcker, die wir als *bitter, süß, salzig* und *sauer* bezeichnen. Es gibt für jeden dieser vier Geschmäcker einen isolierten Transduktionsmechanismus.

Jedem Rezeptortyp ist eine bestimmte Gruppe von Rezeptoren zugeordnet ist, die sich auf genau einen Geschmack "spezialisiert" haben resp. für einen Geschmack sensibel sind. In jedem Fall geht es jedoch darum, daß beim Vorhandensein eines bestimmten Grundgeschmackes der spezifische Rezeptor in Abhängigkeit von der an der Rezeptoroberfläche vorhandenen Konzentration aktiv wird resp. feuert. Beim Geschmack handelt es sich um eine *chemische* Eigenschaft, die durch den Rezeptor detektiert werden muß. Das in natürlichen neuronalen Systemen sehr weit verbreitete (chemische) "Schlüssel-Schloß" Prinzip findet sich auch bei den Geschmacksrezeptoren: das Vorhandensein eines bestimmten Moleküls oder einer bestimmten

---

[3]I.e., daß es z.B. *nicht* der Fall ist, daß eine bestimmte Dimension dieses Raumes qualitative Unterschiede hervorbringt.

[4]Diese vier Zonen sind nicht so genau abgegrenzt – sie bezeichnen lediglich die Bereiche des niedrigsten Schwellenwertes für einen bestimmten Grundgeschmack. Es gibt Hinweise, daß es mehr als diese vier Grundgeschmacksrichtungen gibt [KAND 91].

Molekülform "sperrt" auf molekularer Ebene einen Kanal auf und löst eine Reaktion innerhalb des Rezeptors aus. Wie bei den meisten Transduktions- und Neurotransmitterübertragungsprozessen[5] können wir zwischen zwei Mechanismen unterscheiden [DODD 91]: (a) *directly mediated* und (b) *second messenger mediated*. Im ersten Fall löst das Vorhandensein eines bestimmten Moleküls (z.B. H^+ bei sauren Chemikalien oder Na^+ bei salzigen Stoffen) eine *direkte* Reaktion in Form von Interaktion der Na und K-Ionen und des Öffnens der Kanäle zur Erzeugung eines (Rezeptor-) Potentials aus. In Fall (b) löst ein Molekül eine *Kette* von Reaktionen aus, die nach mehreren Schritten zur Erzeugung eines Potentials führt. In jedem Fall wird jedoch das Vorhandensein eines Moleküls resp. der Form[6] eines Moleküls, das eine bestimmte Geschmacksrichtung repräsentiert, in neuronale Aktivität transformiert.

Im Transduktionsprozeß wird der "Globalgeschmack", welcher durch ein zusammengesetztes Molekül und dessen Konzentrationen an Molekülen für die "Basisgeschmäcker" determiniert ist, in die vier Grundgeschmäcker *aufgeteilt*. I.a.W., aus dem Gesamtgeschmack werden die Intensitäten der vier Grundgeschmäcker extrahiert und auf getrennten Bahnen weitergeleitet, um später wieder "zusammengesetzt" zu werden und eine "globale Geschmacksempfindung" hervorzurufen. Befindet sich beispielsweise eine saure Speise im Mund, so feuern die "Sauer-Rezeptoren" mit hoher Intensität (je nach der Konzentration der Sauerkeit). Dies gilt ebenso für die drei anderen Grundgeschmäcker. Nun ist es aber so, daß wir in den seltensten Fällen ausschließlich saure oder süße Speisen essen. Vielmehr machen die Nuancen und das raffinierte Zusammenspiel der Grundgeschmäcker den kulinarischen Genuß aus. In den meisten Fällen haben wir es also mit einem *Gemisch* aus den vier Grundgeschmäckern zu tun – die Zusammensetzung dieses Gemisches führt zum charakteristischen Geschmack eines bestimmten Stoffes. Z.B., ein Apfel der Sorte "Granny Smith" wird das Feuern der Sauer- und Süß-Rezeptoren auslösen, während eine reife Zwetschke zwar auch die Sauer- und Süß-Rezeptoren stimulieren wird, jedoch die Feuerrate der Süß-Rezeptoren infolge der höheren Konzentration des Zuckers höher liegen wird, als im Falle des Apfels. Dieser Unterschied (i.e., charakteristisches Muster, charakteristischer Vektor) macht den charakteristischen Geschmack der Zwetschke resp. des Apfels aus.

Um den Bezug zur Repräsentationsfrage und zu dem zuvor diskutierten Konzept des state/activation space wieder herzustellen, kann man sich folgende Transformation des Problems vorstellen: die einzelnen Feuerraten der vier Rezeptoren (süß, sauer, salzig und bitter) können als die einzelnen Komponenten eines 4-dimensionalen *Vektors* aufgefaßt werden. Alle möglichen Wertebelegungen dieses Vektors spannen einen 4-dimensionalen Raum, einen *"taste space"* (Geschmacksraum) auf. Innerhalb dieses Raumes können alle möglichen Geschmäcker repräsentiert werden. Ein be-

---

[5] Im Grunde handelt es sich beim Transduktionsprozeß und bei der Übertragung des Neurtransmitters von einem Neuron auf ein anderes um sehr *ähnliche* Prozesse: in beiden Fällen geht es darum, eine Aktivierung (Neurotransmitter)/Reiz aus der Umwelt des Neurons/Rezeptors in eine neuronale Aktivierung umzuwandeln und weiterzuleiten.

[6] Da die *Form* des Moleküls diese Mechanismen auslöst, kann man diese Rezeptoren auch "täuschen"; dies geschieht beispielsweise ganz gezielt beim künstlichen Süßstoff, der zwar annähernd die Form von Zuckermolekülen hat (und daher "süß" schmeckt), aber sonst sehr wenige Eigenschaften mit diesem Molekül gemein hat (vor allem weniger Kalorien).

stimmter Geschmack ist durch ein/e bestimmte/s Muster/Belegung der Feuerraten determiniert. Transformiert man dies auf unsere Vektorvorstellung, so ist ein bestimmter Geschmack mit genau einem bestimmten Punkt im 4-dimensionalen taste space assoziiert. Ein bestimmter Geschmack ist also durch ein bestimmtes Quadrupel von vier Feuerraten der vier Basisgeschmäcker determiniert. Dieses Quadrupel definiert – obigem Isomorphismus zwischen Vektoren und activation space zufolge – genau einen Punkt im taste space (= Aktivierungsraum des Geschmackes). Durch die Art und den Aufbau der Rezeptoren sind die Möglichkeiten, welche Geschmäcker überhaupt wahrgenommen resp. differenziert werden können, determiniert.

Das Konzept des *state space* stellt einen Mechanismus zur Verfügung, welcher uns erlaubt eine Unzahl verschiedener Entitäten (z.B. Geschmäcker) auf eine *einfache* und *ökonomische* Art und Weise zu repräsentieren. Eine kleine Überschlagsrechnung zeigt die Differenzierungsmöglichkeiten, die in diesem relativ einfachen System von nur vier Neuronen/Rezeptoren realisiert werden können: angenommen, die Rezeptoren können 10 verschiedene Intensitäten eines der vier Grundgeschmäcker unterscheiden. I.e., die Konzentration von Süß, Sauer, Salzig oder Bitter wird in je 10 verschiedene Feuerraten/Aktivitäten transformiert. Aus obigen Überlegungen ergibt sich, daß wir mit diesen 4 Neuronen die Möglichkeit der Wahrnehmung/Unterscheidung/Repräsentationen von $10^4 = 10.000$ *verschiedenen* Geschmäckern haben. Dies ist ein ökonomischer Zugang zu diesem Problem, wenn man es mit der Extremlösung einer Isomorphie zwischen Neuronen und Geschmäckern vergleicht (siehe auch die Probleme des local coding in Abschnitt 4.3): jeder mögliche Geschmack würde durch genau ein Neuron repräsentiert (i.e., 10.000 vs. 4 Neuronen für 10.000 Geschmäcker).

Jede geschmackliche Qualität, die wir erleben ist also ein/e *Gemisch/Kombination* aus den Aktivierungen in den Rezeptoren der vier Basisgeschmäcker. Die Erweiterung der Bandbreite der einzelnen Rezeptoren, welche z.B. durch eine feinere Diskriminierungsfähigkeit oder durch Ausweitung der feststellbaren Intensitäten des Vorkommens der Basisgeschmäcker realisiert werden kann, würde *keine qualitative* Veränderung in der Geschmackswahrnehmung bringen. Diese Veränderung würde eine Intensivierung der bestehenden Geschmäcker herbeiführen (i.e., man würde eine Speise süßer erleben, man könnte den sauren Anteil eines Stoffes bei geringerer Konzentration feststellen, etc.). Würden wir hingegen einen fiktiven weiteren *Rezeptortyp hinzufügen* (dieser könnte etwa für die Eiweißhältigkeit sensibel sein), so würde (a) nicht nur unsere Diskriminationsfähigkeit exponentiell ansteigen, sondern wir würden (b) auch eine *neue Dimension* im Geschmacksempfinden dazugewinnen. Katzen und Hunde etwa haben – basierend auf einer größeren Anzahl an Rezeptortypen für Grundgeschmäcker – ein viel feiner ausgeprägtes olfaktorisches und gustatorisches Rezeptorsystem und können daher eine viel höhere Anzahl von verschiedenen Geschmäckern/Gerüchen differenzieren.

Übertragen wir diese Überlegungen auf epistemologische und wissenschaftstheoretische Fragen, so sieht man, daß *Meßinstrumente* in den Naturwissenschaften im Grunde etwas sehr ähnliches tun: sie erweitern entweder das Spektrum der vom Menschen wahrnehmbaren Bandbreite einer Modalität oder sie führen eine gänzlich neue Modalität ein. Zweiteres kommt dem Hinzufügen eines neuen Rezeptortyps gleich. In jedem Fall werden neue (Umwelt)Bereiche eröffnet, die durch die Meßinstrumente in den "normalen[7]" Sensorbereich *transformiert* werden; z.B. Umwandlung der gemessenen Radioaktivität in den Ausschlag eines Geigerzählers, Umwandlung elektrischer Spannung in LCD-Anzeige des Voltmeters, etc. Durch diese Transformation geht jedoch die "Erfahrung der neuen Sinnesqualität" verloren – in einem Gedankenexperiment könnte man sich vorstellen, eines dieser Meßgeräte direkt an das Nervensystem anzuschließen und seinen input auf längere Zeit mit den anderen inputs zu integrieren. Mit der Zeit würden wir (wahrscheinlich) für diese neue Modalität sensibel werden und sie "direkt" in unsere interne Repräsentation zu integrieren beginnen.

Zurückkommend auf das Konzept des taste space, können wir feststellen, daß wir *Ähnlichkeitsbeziehungen* zwischen zwei oder mehreren Geschmäckern aufstellen: wir würden z.B. Äpfeln zweier verschiedener Sorten eine größere geschmackliche Ähnlichkeit zuschreiben als etwa zwischen einem Schweinsbraten und einem Apfel. Mit Hilfe des Konzeptes des taste/activation space läßt sich dieser Sachverhalt relativ leicht erklären und darstellen. Verschiedene Geschmäcker lassen sich durch verschiedene Punkte im state space darstellen. Wahrnehmungs*unterschiede* entsprechen den Relationen/*Distanzen* zwischen zwei oder mehreren Punkten im taste space ("internal qualia (hyper) cube"). Die Ähnlichkeiten sind durch die räumliche Positionierung der Punkte in einem n-dimensionalen Hypercube in diesem Repräsentationsschema sozusagen "umsonst" mitrepräsentiert. Punkte, die nahe beisammen liegen, repräsentieren Geschmäcker, die ähnlich sind; i.e., sie unterscheiden sich in den Werten der einzelnen Komponenten nur geringfügig.

Eine Folge dieser impliziten Repräsentation der Ähnlichkeit ist die *Toleranz* dieses Repräsentationssystems gegenüber *Fehlern*. Liefert beispielsweise ein Rezeptor nicht genau jenen Wert, der der Intensität des Stoffes auf dem Rezeptor entspricht, oder passiert bei der Übertragung des Signals ein Fehler, so ist der "globale" Fehler eher gering: da nahe beisammenliegende Punkte (z.B. fehlerhaft und richtig kategorisierter Geschmack) ähnliche Geschmacksempfindungen repräsentieren, kommt es nicht zu einem Totalausfall oder völligen Fehlkategorisierung. Hätten wir eine "1:1-Repräsentation" (i.e., ein bestimmter Geschmack wird durch genau ein Neuron repräsentiert), so hätte ein Fehler "katastrophale" Folgen, nämlich die völlige Mißrepräsentation oder gar keine Repräsentation. Das Problem des lokalistisch orientierten Ansatzes besteht darin, daß die einzelnen Repräsentationen isoliert voneinander sind und in keinerlei Beziehung (z.B. Halbordnung, etc.) zueinander stehen.

Bei all diesen Überlegungen ist *keine* Rede mehr von Repräsentation durch *propositionale* Entitäten. Wir haben diese Repräsentationsmechanismen durch die Konzepte und Dynamik der "*Vektorrepräsentation*" in einem n-dimensionalen state/activation space ersetzt. Es handelt sich ausschließlich um (Aktivierungs-)Werte und deren in einem Vektor zusammengefaßten Muster resp. deren geometrische Interpretation als ein Punkt im n-dimensionalen state space. Keinerlei Symbole oder sprachliche Entitäten können in dieser Form der Repräsentation gefunden werden. Propositionen sind ausschließlich in der *externen Interpretation* dieses neuronalen

---

[7] Unter "normalen Sensorbereich" verstehen wir jenen Bereich, der durch das menschliche Sensorsystem wahrgenommen werden kann.

Repräsentationssystems involviert: (a) die "Basiseigenschaften" (z.B. süß, sauer, etc.) lassen sich bestenfalls sprachlich bezeichnen und (b) die globalen Aktivierungsmuster (= Punkte im state space) können, müssen aber nicht mit Namen versehen werden. Der springende Punkt ist, daß die sprachliche Bezeichnung (i.e., die *sprachliche Explizitheit*) – im Gegensatz zum propositionalen/symbolverarbeitenden Paradigma – *nicht prinzipiell notwendig* ist, um Verhalten zu generieren. Die sprachliche Interpretation ist *keine Voraussetzung*, sondern lediglich eine Hilfe zum *besseren Verständnis* der (Repräsentations-)Prozesse.

4.2.2 Farbwahrnehmung und Aktivierungsräume

In diesem Abschnitt wollen wir uns mit dem Problem der *Farbwahrnehmung* auseinandersetzen, welches als ein weiteres Beispiel zur Illustration des Konzeptes der Repräsentation in einem state space dienen soll. Gehen wir von unserer eigenen Erfahrung aus, so stellen wir fest, daß wir – wenn wir nicht farbenblind sind – die visuelle Umwelt in verschiedenen Farben wahrnehmen können, daß verschiedene Farben einander ähnlicher sind als andere, daß wir Unterschiede in der "Sättigung" einer Farbe feststellen können, etc. Wenn wir uns das Phänomen des totalen oder teilweisen Verlustes der Fähigkeit der Farbwahrnehmung vor Augen führen, so sieht man, daß es sich bei der Farbwahrnehmung um eine Art Erweiterung[8] eines einfacheren Systems handelt: nämlich der Erweiterung der visuellen Wahrnehmung der Umwelt in *Graustufen*. Aus evolutiver Sicht scheint die Farbwahrnehmung eine relativ späte Entwicklung zu sein, die sich aus der Graustufenwahrnehmung entwickelt hat.

Wie man aus der Zeit der Schwarz-Weiß Photographie und des Schwarz-Weiß Fernsehers weiß, ist für die visuelle Orientierung in einer ersten Annäherung eine Graustufenwahrnehmung mehr als *ausreichend*. Die Rolle der Farbwahrnehmung geht jedoch weit über ein "ästhetisches Bedürfnis" hinaus: sie erhöht die Wahrnehmungsfähigkeit durch Extraktion von *Kontrasten*, die bei der reinen Graustufenwahrnehmung untergehen würden. Das Wahrnehmen von Kontrasten ist eine der wichtigsten Voraussetzungen zur visuellen Orientierung in der Umwelt und für die Generierung adäquaten Verhaltens. Im Falle der Graustufenwahrnehmung kollapieren viele Kontraste in ein und dieselbe Kategorie, die in der Farbwahrnehmung als unterschiedliche Fälle "gesehen" würden; man denke etwa an eine Schwarz-Weiß Aufnahme einer Verkehrsampel (bei Nacht): wüßte man nicht, daß sich oben Rot und unten Grün befände, so könnte man von den *Grautönen* selber her fast *keinen Unterschied* feststellen. An dieser Stelle wird wieder einmal die überaus wichtige Rolle des Perzeptionssystems resp. des Transduktionsmechanismus in bezug auf epistemologische Fragen klar: dieser Mechanismus steht "an vorderster Front" und trifft eine primäre Kategorisierung, auf der alle anderen (internen) Konstruktionsprozesse aufgebaut sind. Was an dieser Stelle nicht kategorisiert wird, kann – wenn

---

[8] Wie wir in den folgenden Absätzen noch sehen werden, gibt es dafür auch *neurowissenschaftliche* Evidenz.

überhaupt – nur mehr durch sehr große Mühen und "künstliche Behelfe" (z.B. wissenschaftliche Meßgeräte zur Detektion von Wellenlängen, die außerhalb unseres Wahrnehmungsbereiches liegen, etc.) nachträglich erbracht werden.

Ein kurzer Exkurs in die Neurophysiologie der Farbwahrnehmung enthüllt uns die "Geheimnisse" und dahinterstehenden Mechanismen der Phänomene, von denen wir bisher gesprochen haben. Die Farbe, in der uns ein Objekt erscheint, hängt von der/den Wellenlänge/n des Lichtes ab, das auf unsere Retina trifft. Diese Wellenlängenkomposition ist jedoch nicht ausschließlich von den Reflexionseigenschaften des Objektes selber abhängig, sondern auch von der/den Wellenlänge/n des Lichtes, das das Objekt umgibt resp. beleuchtet. Trifft verschiedenes Umgebungslicht (i.e., Licht verschiedener Wellenlängen) auf ein und dasselbe Objekt, so impliziert dies meßbar unterschiedliche Wellenlängen, mit der das Objekt wahrgenommen wird. I.a.W., Licht unterschiedlicher Wellenlängen trifft auf die Photorezeptoren der Retina (dieser Effekt wird durch das Phänomen der Farbkonstanz [KAND 91, CHUR 92] ermöglicht).

Wie man in Abbildung 4.3 (oben) sehen kann, ist das menschliche visuelle System fähig, nur einen *relativ kleinen Ausschnitt* aus dem ganzen uns bekannten Spektrum der elektromagnetischen Strahlen wahrzunehmen. Das ganze Spektrum reicht etwa von 10^{24}Hz (resp. 10^{-13}m Wellenlänge) bis etwa 1 Hz (resp. 10^8m Wellenlänge). Der kleine Ausschnitt des für das menschliche Auge sichtbaren Bereiches befindet sich im Intervall zwischen etwa 380nm und 760nm. Bei 380nm finden sich etwa die bläulichen Farbtöne und am anderen Ende des Spektrums findet man die rötlichen Farben.

Die Photorezeptoren auf der Retina, ihr Aufbau und ihre Dynamik sind für die (visuelle) Primärrepräsentation der Umwelt verantwortlich. Sie greifen einen durch ihren Aufbau determinierten Ausschnitt aus dem Spektrum der elektromagnetischen Strahlung heraus und wandeln diesen in neuronale Aktivierungen um. Genauer gesagt passiert folgendes: ein Rezeptor hat z.B. bei einer bestimmten Wellenlänge eine maximale Antwort; i.e., die Feuerrate resp. die Aktivierung ist bei Auftreten dieser Wellenlänge maximal. Dieser Rezeptor kann also als *Sensor* oder *Detektor* für diese bestimmte Wellenlänge (und die umliegenden Wellenlängen) interpretiert werden. Tritt in der Umwelt diese eine bestimmte Wellenlänge auf und trifft diese auf den Rezeptor, so wird sie durch diesen detektiert und in neuronale Aktivität umgewandelt. Auf der Retina sind Photorezeptoren, die für verschiedene Bandbreiten des sichtbaren Spektrums sensitiv sind, matrixartig (jedoch mit unterschiedlicher Dichte) vorhanden. Sie bilden ein dichtes Netz von Rezeptoren, welche die (visuelle) Szene in ein feines Raster kleiner Punkte zerteilt. Ähnlich wie bei einer Videokamera wird die Szene in *Pixels* zerteilt – jedes Pixel hat einen bestimmten Helligkeitswert, der durch den jeweiligen Photorezeptor detektiert wird. Dieses in Millionen Punkte aufgelöste Bild wird an den visuellen Kortex und höhere Verarbeitungsregionen weitergeleitet, wo es wieder zu einem "Gesamtbild", welches u.U. mit anderen Modalitäten verschränkt wird, zusammengesetzt wird[9].

In den Photorezeptoren ist der *Transduktionsprozeß*, welcher die Lichtintensität

---

[9]Dies ist jedoch *nicht* im Sinne einer Abbildung zu verstehen! Wie wir soeben gesehen haben, läßt sich dieser abbildende Charakter nicht einmal im Bereich der Farben finden (Farbkonstanz).

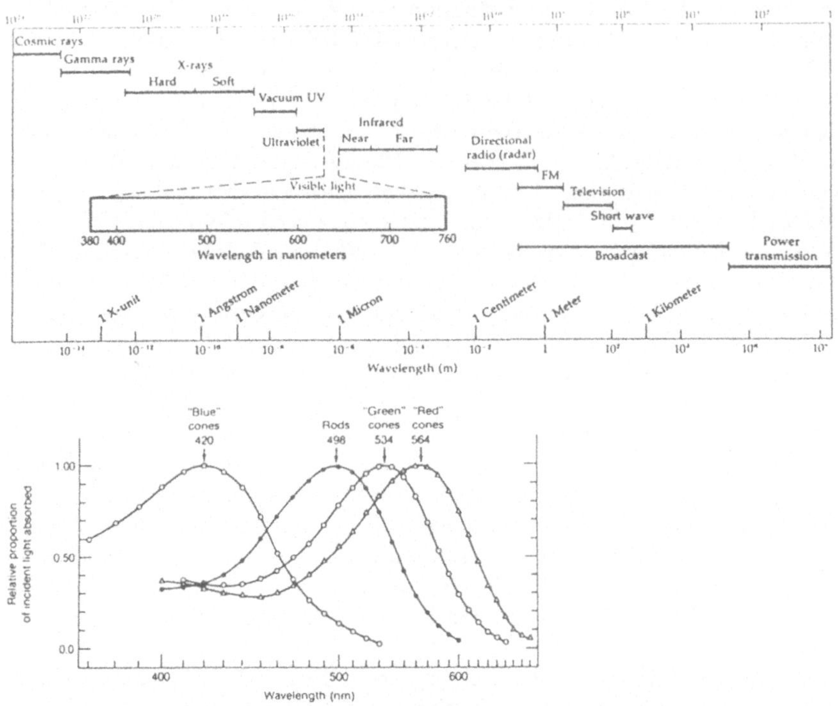

Bild 4.3 Das sichtbare Licht im Kontext des Spektrums der elektromagnetischen
Strahlung (oben). Empfindlichkeit der verschiedenen Typen von Photorezeptoren
(unten) (aus P.S.Churchland et al., 1992).

einer bestimmten Wellenlänge resp. eines bestimmten Wellenlängenbereiches in neuronale Aktivierungen umwandelt, realisiert. Der Prozeß der Phototransduktion ist
eine Kaskade biochemischer Vorgänge, die bereits durch das Auftreffen einiger weniger Photonen ausgelöst werden kann [SHEP 90, KAND 91]. Ähnlich wie beim Ge-
schmacksdetektor wird durch das Auftreffen von Licht die Struktur eines Moleküls
verändert (”Cis- und Transstellung”), welche nach einer Kette von biochemischen
Prozessen zu einer Veränderung des Potentials im Rezeptor führt. Das Auftreffen
von Photonen einer bestimmten Wellenlängenbandbreite führt zum ”Verstummen”
des ansonsten spontanen ”Feuerns” des Rezeptors. Man muß zwei Klassen von Photorezeptoren unterscheiden: einerseits die *Stäbchen* (”rods”) und andererseits die
Zäpfchen (”cones”). Sie unterscheiden sich vor allem – neben ihres unterschiedlichen äußeren Erscheinungsbildes – (i) in der Wellenlänge, für die sie sensitiv sind
und (ii) in der Dichte, mit der sie an der jeweiligen Stelle der Retina auftreten.

Wie wir in Abbildung 4.3 (unten) sehen können, gibt es (a) drei verschiedene Typen von Zäpfchen und (b) haben Stäbchen und Zäpfchen verschiedene ”response”-
Kurven:

- *Stäbchen (rods)*: sie sind *hochsensitiv* und daher vor allem für das Sehen bei Dunkelheit von großer Wichtigkeit. Sie sind (fast) nicht in der Fovea präsent. Wie man in Abbildung 4.3 (unten) sehen kann, liegt ihre Antwortkurve im mittleren Bereich des sichtbaren Spektrums. I.e., diese Rezeptoren haben bei ca. 498nm (zwischen blau und grün) [CHUR 92] ihre höchste Empfindlichkeit. Da es nur einen Rezeptortyp gibt, sind sie für das *achromatische* (Schwarz-Weiß-Grau) Sehen verantwortlich. Wenn alle Zäpfchen ausgefallen sind, so liefern nur die Stäbchen visuelle Information und der Mensch erfährt seine Umwelt nur in einer "Farbe"[10].

- *Zäpfchen (cones)*: die zweite große Gruppe von Photorezeptoren, die sich im Erscheinungsbild von den Stäbchen unterscheidet, sind die Zäpfchen (cones), welche sich wiederum in drei Untergruppen teilen lassen: wie man in Abbildung 4.3 (unten) sehen kann, gibt es *drei* Rezeptortypen, die sich durch ihre maximale Empfindlichkeit bei einer bestimmten Wellenlänge unterscheiden: "blue cones" (ca. 420nm), "green cones" (ca. 534nm) und "red cones" (ca. 564nm). Die angegebenen Wellenlängen entsprechen nur sehr ungefähr diesen Farben (i.e., Rot, Grün und Blau). Die Zäpfchen sind nicht so sensitiv wie die Stäbchen und sind daher auf *Tageslicht-Sehen* spezialisiert. Dies wird besonders deutlich, wenn man sich in Dunkelheit befindet; wenn man überhaupt etwas wahrnehmen kann, so ist es fast unmöglich – wenn man sich in einer unbekannten Umgebung befindet – den Objekten Farben zuzuordnen. Es sind fast ausschließlich die Stäbchen, welche auf das schwache Licht reagieren und nur achromatische Information weiterleiten. Die Zäpfchen treten in konzentrierter Weise in der Fovea auf, außerdem findet man in der Fovea eine erheblich dichtere Packung der Photorezeptoren, welche sich dadurch erklären läßt, daß die Ganglienzellen unter der Fovea seitlich versetzt sind und daher eine höhere Dichte der Photorezeptoren erlauben: dies impliziert, daß sich in der Fovea der Punkt (a) der höchsten Schärfe und (b) des besten Farbsehens befindet. Wie wir noch sehen werden, gibt es einen Reflex (vestibulo ocular reflex, VOR, s.a. Abschnitt 6.1), welcher durch die Bewegung des Auges die Fovea genau unter jenem Punkt der visuellen Szene bewegt, welcher zu einem bestimmten Zeitpunkt von größtem Interesse ist; i.e., der VOR steuert u.a. die visuelle Aufmerksamkeit (Sakkaden, etc.), indem er den Punkt der größten Schärfe/Auflösung unter die Projektion des visuellen Ausschnittes von Interesse bringt.

Chromatisches Sehen und Farbenräume

Wie man in Abbildung 4.3 (unten) sehen kann, besitzen die Antwortkurven der einzelnen Photorezeptoren eine relativ breite "Streuung"; i.e., sie sprechen nicht nur auf genau eine bestimmte Wellenlänge an (dann hätten sie genau bei dieser Wellenlänge ein Maximum und wären sonst 0), sondern haben eine recht breite Antwortrate. "Green cones" etwa haben ihre Maximalantwort ("peak") bei ca. 534nm,

---

[10]Diese wird meist (kulturell bedingt?) mit *Grauschattierungen* angegeben.

sie sprechen aber auch noch bei ca. 560nm, dem Maximum der "red cones" an. Das bedeutet, daß die einzelnen cone-Typen auf eine ganze *Bandbreite* von Wellenlängen ansprechen und nur bei einer bestimmten Wellenlänge ihren Maximalwert erreichen, bei allen anderen umliegenden Wellenlängen jedoch auch noch unterscheidbare Werte von sich geben. Dies führt, wie man in Abbildung 4.3 (unten) sehen kann, zu einer *Überlappung* der sensitiven Bereiche; z.B., bei Licht mit etwa 560nm Wellenlänge ist der "red cone" sehr, aber der "green cone" auch noch – wenn auch etwas schwächer – aktiv. In diesem Abschnitt wird gezeigt, wie *chromatisches Sehen* aus dieser *Überlappung* der Antwort-Kurven hervorgeht und welche Konsequenzen dies auf unsere Überlegungen bezüglich der Repräsentation und des activation space hat.

Sehen wir uns Photorezeptoren genauer an, so stellt sich heraus, daß sie nicht nur für die Wellenlänge sensitiv sind, sondern auch für die Intensität des einfallenden Lichtes [CHUR 92]. Der Transduktionsprozeß ist ein photochemischer Vorgang, bei dem Photonen in neuronale Aktivierungen umgewandelt werden. Die neuronale Aktivierung hängt von den auftreffenden Photonen (und des aktuellen Zustandes des Rezeptors) ab. Welche Konsequenzen hat dies für unser Problem der Farbwahrnehmung? Das Licht, das auf die Retina resp. die Photorezeptoren fällt, besitzt nicht nur eine bestimmte Wellenlänge, sondern auch eine bestimmte *Intensität*. In einem einzelnen Photorezeptor könnte man einen optischen Stimulus mit geringer Intensität, jedoch stark bevorzugter Wellenlänge (i.e., das Maximum der Antwortkurve befindet sich bei genau dieser Wellenlänge) von einem Stimulus hoher Intensität, jedoch nicht so sehr bevorzugter Wellenlänge *nicht* unterscheiden. Zwei in ihrer Farbe (und ihrer Intensität) unterschiedliche Stimuli werden als ein und die selben "Farben" (Schattierungen) wahrgenommen. Mit einem "ein-cone" Rezeptorsystem ist diesem Problem nicht beizukommen.

Als illustrierendes Beispiel des soeben dargestellten Sachverhaltes stelle man sich folgende Situation vor: ein red-cone, der sein Maximum bei ca. 560nm hat, reagiert auf Licht mit einer Wellenlänge von 560nm etwa doppelt so stark wie auf Licht mit 490nm. I.a.W., dieser red-cone absorbiert etwa doppelt so viele Photonen von Licht mit 560nm als von Licht mit 490nm mit jeweils derselben Intensität. Daraus folgt, daß derselbe red-cone dieselbe Anzahl von Photonen mit 560nm wie von Licht mit 490nm, jedoch doppelter Intensität absorbiert. Eine Unterscheidung zwischen diesen beiden Farben (i.e., 490nm und 560nm) ist bei diesem Intensitätsverhältnis mit nur einem cone-Typ *unmöglich*. Ein Ausweg aus diesem Dilemma scheint das im menschlichen visuellen System realisierte "3-cone-Typ" Verfahren ("trichromatisches Sehen") zu sein.

In Abbildung 4.4 (A) sind die Probleme des "single pigment systems" (i.e., jenes Codierungssystem, welches Farbe mit nur einem Rezeptortyp zu codieren versucht) dargestellt. Zweierlei Probleme ergeben sich bei dieser Form der Farbcodierung: (i) In Abbildung 4.4 (A) ist die Antwortkurve des green cone dargestellt. Diese hat bei ca. 530nm ihr Maximum. Um diesen peak herum fällt diese Kurve jedoch nicht auf Null, sondern zeigt einen *glockenkurvenartigen* Verlauf. Dies impliziert, daß man mittels dieses einzelnen cones *nicht* zwischen einem Stimulus mit etwa 500nm und einem anderen Stimulus mit etwa 600nm unterscheiden kann. Obwohl es sich hier offensichtlich um *unterschiedliche* Farben handelt, kann dieser Unterschied in diesem

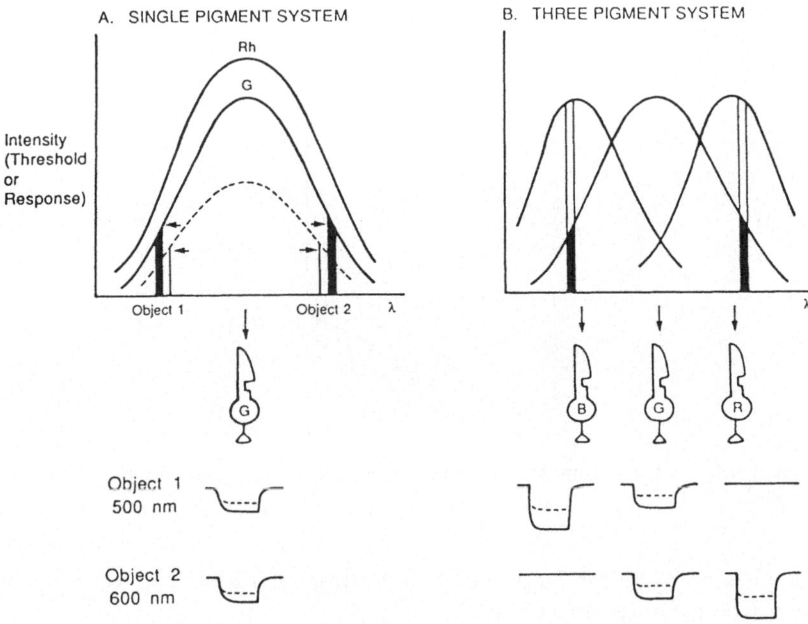

Bild 4.4 Mechanismen zur neuronalen Codierung von Farbe: (A) Lösung mit einem ein-Pigmentsystem, (B) Lösung mit drei überlappenden Pigmentsystemen; siehe Text zur genaueren Erläuterung (aus P.S.Churchland et al., 1992).

single pigment system *nicht* codiert werden. (ii) Verändert man neben der Wellenlänge nun auch gezielt die Intensität (gestrichelte Linie), so ist eine Unterscheidung zwischen Veränderung der Wellenlänge und Veränderung der Intensität unmöglich. Im unteren Teil der Abbildung 4.4 ist die Potentialveränderung des Rezeptors dargestellt: sie zeigt das selbe Muster für Objekt 1 (500nm) und Objekt 2 (600nm). Die gestrichelten Linien zeigen die Antworten bei veränderter Intensität.

Ein Ausweg aus dieser Situation ist in Abbildung 4.4 (B) dargestellt: es werden *drei Rezeptortypen* verwendet, die *überlappende* sensible Bereiche besitzen; i.e., ihre Glockenkurven (Antwortkurven) überlappen sich in Teilbereichen, sodaß das ganze Spektrum durch diese drei Kurven abgedeckt ist. Diese Form der Farbcodierung nennt man das *trichromatische* Codierungssystem – es determiniert unsere Farbwahrnehmung, über die ganze Farbenlehre bis hin zum Aufbau von Farbbildschirmen (RGB-Monitore, etc.). Dieses 3-Pigment System kann Wellenlängen unabhängig von ihrer Intensität unterscheiden. Wie man im unteren Teil der Abbildung sehen kann, stimulieren die beiden Objekte den blue-cone und den red-cone in unterschiedlicher Stärke. Die Aktivierung des green-cones ist, wie im Falle (A) gleich. Der *Farbcode* für die beiden Objekte ist jedoch im trichromatischen System für jedes Objekt *eindeutig*; i.e., wir fassen die *Aktivierungen* der drei Rezeptoren z.B. in einem *Vektor* zusammen und interpretieren diesen als eindeutiges (Aktivierungs-)Muster.

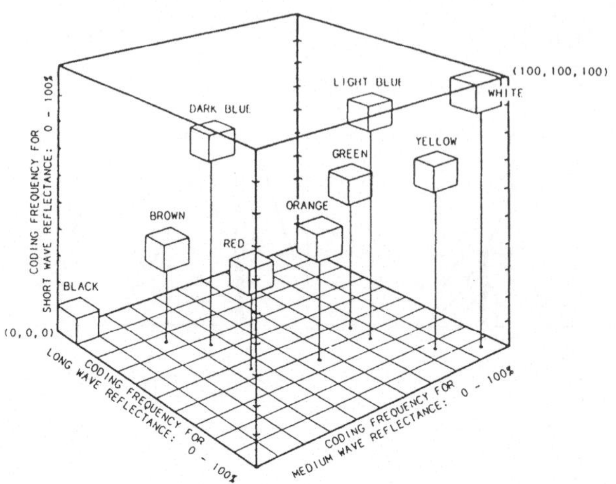

Bild 4.5 Der trichromatische Farbenraum (color state space) (aus P.M.Churchland, 1989).

Dies impliziert, daß jeder Farbe ein ganz spezifisches Muster von Aktivierungen in den drei Komponenten zugeordnet ist.

Wenden wir diese Überlegungen auf die Konzepte des state/activation space an, so ergeben sich folgende Konsequenzen (siehe auch Abbildung 4.5): alle wahrnehmbaren Farben können in einem 3-dimensionalen Raum, dem *color space*, dargestellt werden. Entlang jeder Achse (Dimension) wird die Feuerrate (Aktivierung) eines Rezeptortyps aufgetragen. Faßt man die drei Aktivierungen zu einem Vektor zusammen, so determinieren die Werte der einzelnen Komponenten einen Punkt im 3-dimensionalen activation (color) space. Dieser Punkt korrespondiert mit genau einer Farbe und mit genau einem Aktivierungsmuster. Zwischen diesen drei Domänen, dem Farbspektrum, den einzelnen Punkten im activation/color space und den Aktivierungsmustern der drei cone-Typen besteht also eine isomorphe Beziehung. Die in Abbildung 4.5 gewählten Bezeichnungen von "short", "medium" und "long wave reflectance" korrespondieren mit den drei Sensibilitätsbereichen der Zäpfchentypen. Durch die drei Komponenten des Farbvektors wird ein Farbenkubus aufgebaut, in welchem alle möglichen Farbtöne dargestellt/repräsentiert werden können. Hat ein Objekt in der Umwelt eine bestimmte Farbe, so korrespondiert diese Farbe mit genau einem Punkt in diesem (imaginären) Repräsentationsraum.

An dieser Stelle muß angemerkt werden, daß es sich bei dieser Beschreibung um genau *ein Pixel* (=3 Zäpfchen) auf der Retina handelt. Eine ganze Szene besteht aus hunderttausenden dieser aus drei Farbkomponenten zusammengesetzten (Farb)Punkte. I.e., für jedes Pixel wird solch ein color space aufgebaut, was dazu führt, daß an jedem Punkt in der Retina, wo sich solch ein Triplet von Rezeptoren befindet alle möglichen Farben innerhalb des Spektrums wahrgenommen werden können. Erst aus dieser großen Menge an "Farbpunkten" wird in höheren Verarbeitungsregionen eine kohärente Szene, Farbkonstanz, etc. konstruiert. Dieses trichromatische Codierungssystem für Farbe kommt auch in der *Farbenlehre* und *Computergraphik* zur Anwendung. Dabei ist interessant, daß *nicht* so sehr die "Physik der Farben" den Aufbau der Theorien bestimmen, sondern vielmehr die Dynamik und der Aufbau des *Wahrnehmungssystems* (z.B. drei verschiedene Rezeptortypen, die daraus folgenden drei "Grundfarben" (Rot, Grün und Blau), etc.). In der Computergraphik verwendet man das RGB-Modell zur Darstellung von Farben (*Encarnacao* et al., *Foley* et al. und *Newman* et al., [ENCA 88, FOLE 82, NEWM 79], vektorielle Codierung auch im alternativen HLS-Modell) – i.e., die drei Werte der drei Grundfarben Rot, Grün und Blau ergeben zusammengemischt jeden beliebigen Farbwert. Die Farbe eines Pixels am Bildschirm ist durch diese drei Werte determiniert. Auch die Darstellung am Bildschirm erfolgt eigentlich durch eine optische Täuschung: ein Farbpixel am Bildschirm ist eigentlich aus drei Punkten zusammengesetzt: einem roten, einem grünen und einem blauen Punkt. Dieses Triplet wird durch die Unschärfe/Übersteigen der Grenzen der Auflösung im beobachtenden Auge als ein Farbpunkt gesehen und erzeugt über genau diese Aufspaltung in die drei sog. Grundfarben einen bestimmten Farbeindruck.

Zusammenfassend kann man sagen, daß sich Farben, ähnlich wie Geschmack oder Geruch, in einem n-dimensionalen state/activation space darstellen/repräsentieren lassen. Die Anzahl der Dimensionen dieses Raumes (i.e., n) hängt von der Anzahl der "Basisfarben", -gerüche, etc. ab, aus deren Kombination die Gesamtfarbe, der Gesamtgeschmack "komponiert" wird. Dieser Gesamteindruck manifestiert sich auf neuronaler Ebene durch ein spezifisches (Aktivierungs-)Muster über den teilnehmenden Neuronen. Auf einer abstrakten Ebene kann man dieses Muster als einen Punkt im n-dimensionalen activation space interpretieren. Über diese Darstellung ist auch eine *Ähnlichkeitsbeziehung* definiert. Manche Farbenpaare werden als ähnlicher wahrgenommen/erfahren als andere. Eine mögliche Erklärung für dieses Phänomen könnte über das Konzept des activation space laufen: jene Farben, die als ähnlich wahrgenommen werden, können durch zwei (oder mehrere) Punkte in diesem Raum dargestellt werden, die nahe beisammen liegen. Farbenpaare, die als sehr unterschiedlich empfunden werden, trennt eine große Distanz im activation space. In Abbildung 4.5 können wir diese Überlegung graphisch nachverfolgen; Rot und Orange, etwa, werden als verwandte Farben wahrgenommen und liegen auch im activation space näher beisammen als etwa Rot und Hellblau.

Diese Vorstellung von *Distanz* und *Ähnlichkeit* läßt sich auch mathematisch präzisieren: sie ist, wie bereits weiter oben angedeutet, durch eine *Metrik* definiert. Je ähnlicher zwei Repräsentationen (i.e., zwei Punkte im n-dimensionalen state/activation space) sind, desto geringer ist die *Euklidische Distanz* zwischen ihnen. Mit Hilfe dieser Relation kann die *Ähnlichkeitsbeziehung* zwischen zwei oder mehreren Repräsentationen (= Aktivierungsmuster = Punkte im state/activation space) dargestellt/berechnet werden. Verallgemeinert man diese Vorstellung in den n-dimensionalen Raum, so handelt es sich um Punkte in einem *Hyperraum*, die durch eine Gerade, die durch diesen Raum gelegt wird, verbunden sind.

Das Konzept der Repräsentation im state/activation space liefert auch für ein anderes Phänomen, das uns gerade im Bereich der Farbwahrnehmung sehr deutlich "vor Augen" geführt wird, eine interessante und äußerst plausible Erklärung:

Farbenblindheit. In den meisten Fällen bedeutet Farbenblindheit den *Ausfall* eines Zäpfchensystems [GOUR 91]; i.e., z.B. die Zäpfchen für den mittleren Farbbereich (i.e., Grün) wurden aus irgendeinem Grund nicht entwickelt oder deren Funktion fällt aus. In unserer Transformation in die Darstellungsweise des state/activation space bedeutet das, daß diese Komponente des 3-dimensionalen Vektors konstant 0 ist. In der graphischen Repräsentation impliziert dies, daß der Farbwürfel um eine Dimension reduziert wird und somit zu einer "Farbfläche" *kollapiert.* Die Diskriminationsfähigkeit im mittleren Frequenzbereich fällt aus und wird auf zwei Dimensionen reduziert. Empirische Ergebnisse zeigen, daß es (normalerweise) drei Arten der Fabenblindheit gibt [GOUR 91]; dies läßt sich aus dem Verlust der Diskriminationsfähigkeit in einer der drei Dimensionen des Farbwürfels (i.e., in einer der drei Grundfarben) erklären.

4.2.3 Erste Schlußfolgerungen

Das Konzept des *state/activation space* scheint – nicht nur in der Farbwahrnehmung – eine zentrale Rolle in der Frage der Repräsentation in neuronalen Systemen zu spielen. Die Grundidee besteht darin, daß man mittels Kombination einer relativ kleinen Anzahl von Grundkategorien resp. -eigenschaften (z.B. Grundfarben, Grundgeschmäcker, etc.) äußert ökonomisch einen n-dimensionalen Aktivierungs-/Repräsentationsraum aufspannen kann, in dem sich eine – im Vergleich zu der Anzahl der Grundkategorien – recht große Anzahl an verschiedenen Zuständen/Repräsentationen darstellen laßt. Wie wir am Beispiel der Farbwahrnehmung gesehen haben, lassen sich durch überlappende Sensorbereiche Ambiguitäten eliminieren. Dies führt in der Regel zu einer Erhöhung des Kontrastes, was die Generierung eines gezielteren Verhaltens nach sich zieht und somit die Erhöhung der Überlebensfähigkeit impliziert. Weiters kann durch das sog. "coarse coding" eine höhere Auflösungsfähigkeit trotz niederer Auflösungsfähigkeit der einzelnen Sensoren erzielt werden.

Gerade beim *Farbwahrnehmungssystem* können die Konzepte und Konsequenzen der Repräsentation mittels Aktivierungsvektoren resp. in state/activation spaces sehr eindrucksvoll nachvollzogen werden. Außerdem können wir die relevanten Eigenschaften solch eines relativ einfachen Repräsentationssystems isolieren und im Detail studieren: es wird klar, wie sehr (i) der Aufbau und die Architektur, (ii) die Antwortkurve(n), (iii) die Anordnung und (iv) die (primäre) Verschaltung der Rezeptoren den "Wahrnehmungsraum" bestimmen (siehe etwa das Beispiel der Farbenblindheit; i.e., eine ganze Dimension fällt weg, was man fast mit dem Verlust einer "Sinnesqualität" gleichsetzen kann). Wie wir noch in einem eigenen Kapitel besprechen werden (siehe Kapitel 10), spielen das Sensorsystem, seine Dynamik und seine Sensibilitätsbereiche eine zentrale Rolle im Rahmen der Frage der Wissensrepräsentation, da diese Faktoren entscheidenden Einfluß darauf haben, wie (z.B. in welchen Kategorien, Dimensionen, Modalitäten, Auflösung, etc.) die Umwelt vom kognitiven System wahrgenommen und konstruiert wird. Die These, die u.a. in dieser Arbeit vertreten (und noch genauer argumentiert) wird, ist dahingehend, daß Wissensrepräsentation bereits zu einem großen Teil im Sensorsystem stattfindet.

Dies ist übrigens ein weiteres Argument dafür, daß wir in der Frage der Wissensrepräsentation in kognitiven Systemen den Aspekt der *evolutiven Entwicklung* (z.B. auch des Sensorsystems) *nicht* außer acht lassen dürfen.

An dieser Stelle münden diese Überlegungen in eine Aufforderung an die (naturalisierte) *Epistemologie*, die sich ja als "Wissenschaft vom Wissen" versteht [CHUR 79, CHUR 86], sich mit dem Phänomen, daß bereits ein großer Teil des Wissens des Systems in den Sensor-/Rezeptorsystemen repräsentiert ist, ausführlich auseinanderzusetzen. Wir werden dieser Aufforderung nachkommen und diesem Problem resp. dieser Frage ein ganzes Kapitel widmen (siehe Kapitel 10). Es handelt sich hier um eine Form *verkörperten* und *evolutiv entwickelten* Wissens – es erhebt sich wieder einmal die Frage, welcher qualitativer Unterschied zwischen der Repräsentation in neuronalen Strukturen und jener in z.B. Rezeptorsystemen besteht, oder ob nicht vielmehr diese strenge Unterscheidung fallen muß. Es wäre Aufgabe der Epistemologie, in diesem relativ heiklen Bereich der (fließenden) Übergänge in der Frage nach der Repräsentation von Wissen Klarheit zu schaffen und ihre Konzepte und Vorstellungen zur Anwendung zu bringen.

4.2.4 Wissenschaftstheoretische Implikationen

An diesem Punkt lassen sich bereits erste wissenschaftstheoretische Überlegungen anschließen: aus dieser Sicht sind naturwissenschaftliche (Meß-)Instrumente im Grunde nichts anderes, als der Versuch, unsere Sensorbandbreiten (und u.U. auch Sinnesmodalitäten und -qualitäten) *auszuweiten*, um die Umweltdynamik – durch Erhöhung der berücksichtigten Parameter – besser beschreiben, erklären und prognostizieren zu können resp. manipulierbarer zu machen. Dies wird über den Trick der *Transformation* der Daten aus der gemessenen (durch menschliche Sensorsysteme nicht wahrnehmbaren) Umweltdynamik in einen Bereich, der mit dem Sensorbereich des (menschlichen) kognitiven Systems kompatibel ist, realisiert (z.B., Röntgenbild). Meßinstrumenten kommen also *zwei* Aufgaben zu: (i) einerseits die Aufgabe, an die man meist denkt, nämlich Umweltzustände und -veränderungen zu *detektieren*. Andererseits (ii) das Problem, welches oft vernachlässigt wird, diese detektieren Zustände in einen Bereich und in eine Form zu *transformieren*, welche(r) durch das (menschliche) Wahrnehmungs-/Sensorsystem detektiert und weiterverarbeitet werden kann.

Hier zeichnet sich eine gegenseitige *Interaktion* resp. Stimulation zwischen der Wissenschaftstheorie und der (naturalisierten) Epistemologie ab, die durch die vermittelnde Rolle der computational neuroepistemology unterstützt werden kann: auf der einen Seite gibt es im Bereich der Wissenschaftstheorie interessante und wichtige Untersuchungen und Einsichten über das Problem der Determiniertheit sog. wissenschaftlicher Ergebnisse durch die angewandte Methode resp. des angewandten Meßmechanismus (z.B. *Feyerabend* [FEYE 80, FEYE 81, FEYE 81a, FEYE 82, FEYE 83]), die davon ausgehen, daß die *Theorie*, die hinter einer Methode resp. einem Meßinstrument steht, große Teile der Resultate determiniert. Das Meßinstrument stellt eine teilweise Externalisierung der Theorie zur Untersuchung eben dieser Theorie dar. Diese Vorstellung läßt sich auch auf kognitive Systeme erweitern, deren Sensorsysteme eine durch die Evolution entwickelte Meßmethode der Umwelt darstellen. Die Konsequenzen könnten aus der Wissenschaftstheorie übernommen werden. Andererseits können die Konzepte aus der Epistemologie (z.B. Konstruktivität von Wissen, Repräsentationsformen von Wissen, etc.) in die Wissenschaftstheorie übertragen werden. Die Rolle der computational neuroepistemology ist die einer Vermittlerin: durch (Simulations-)Experimente kann der Einfluß und die Interaktion zwischen Sensorsystem, Theorie, etc. in vielen Varianten untersucht und simuliert werden – das Ziel besteht darin, der Wissenschaftstheorie ein neues Fundament zu geben, nämlich, daß jegliches Wissen (und daher auch sog. wissenschaftliches Wissen) durch kognitive Systeme konstruiert wird und durch deren (im neuronalen Substrat) verkörperten Theorien determiniert ist. Eine Vorstellung, die in späteren Kapiteln noch aufgenommen wird.

4.3   Verteilte vs. lokalistische Repräsentation

In den letzten zwei Abschnitten wurde der Mechanismus des state/activation space ausführlich vorgestellt. Mehrere "Basiskomponenten/-kategorien" sind an der Repräsentation resp. der Codierung eines ("zusammengesetzten") Umweltzustandes beteiligt. Interpretiert man die Werte der einzelnen Basisvektoren/-komponenten als Werte entlang einer Dimension in einem n-dimensionalen Raum, so legt – in einer ersten Annäherung an dieses Problem – ein Punkt in diesem Raum die Repräsentation eines Umweltzustandes für das jeweilige kognitive System (i.e., Systemrelativität der Repräsentation) eindeutig fest. Im Bereich der neuronalen Repräsentation stehen einander zwei Formen der Repräsentation gegenüber: auf der einen Seite jene gerade diskutierte *verteilte* Form [GELD 91], auf der anderen Seite die *lokalisierte* Repräsentation. In diesem Abschnitt sollen diese beiden Formen einander gegenübergestellt und verglichen werden – es wird sich herausstellen, daß die lokalisierte Form aus empirischen und epistemologischen Gründen nicht haltbar und lediglich ein Relikt aus dem propositionalen Paradigma ist.

4.3.1   Local Coding und Local Representation

Im Gegensatz zur verteilten Repräsentation z.B. in einem state/activation space steht beim *local coding* (="punctate coding") (*Hinton* et al. [HINT 86], *P.S.Churchland* et al. [CHUR 92]) folgende Idee im Vordergrund: *ein* einzelnes Neuron steht für/repräsentiert *ein* (sprachliches) Konzept. I.e., wenn dieses Neuron aktiviert ist resp. feuert, so bedeutet dies das Vorhandensein resp. die Aktivierung eines Konzeptes. Es besteht also eine 1:1-Korrespondenz zwischen (sprachlichen) Konzepten und den Neuronen; i.a.W., jedem Neuron ist (oftmals durch eine/n Designer/in) solch ein (sprachliches) Konzept *zugeordnet*. Man könnte also ein einzelnes Neuron auch als eine *Variable* auffassen, deren *Name* auf das Konzept verweist, welches sie repräsentiert, und deren *Wert* (z.B. 0 oder 1, aktiviert oder nicht aktiviert, ein bestimmter Wahrscheinlichkeitswert, etc.) auf den Repräsentationszustand verweist; i.e., falls sich das Objekt, auf welches der Name verweist z.B. in der Umwelt befindet, so ist das Neuron aktiviert und zeigt damit die Repräsentation dieses Objektes an. Hier treffen wir wieder unsere Unterscheidung zwischen Repräsentation Typ-(i) und Typ-(ii) an (siehe Kapitel 3). Typ-(i) Repräsentation entspricht der Zuordnung zwischen Neuron und dem was es repräsentiert/repräsentieren soll, also der *Möglichkeit*, daß ein Neuron z.B. ein bestimmtes Objekt repräsentiert. Typ-(ii) Repräsentation referiert auf die *aktuelle* "Belegung" des Repräsentationssystems ("aktuelle Repräsentation"), i.a.W., auf das, was im Repräsentationssystem gerade repräsentiert wird (= aktueller Aktivierungszustand).

Das im Bereich der Repräsentation in neuronalen Systemen wohl prominenteste Beispiel der lokalen Repräsentationsform stellt die Idee der "*Großmutterzelle*" dar [BARL 72, PERR 87, CHUR 92]: wann immer die Großmutter z.B. die visuelle Bühne der Retina betritt oder ihr Geruch auf die Geruchsrezeptoren trifft, feuert diese eine Zelle. Diese Idee ist natürlich eine große Versuchung, da sie unserer Vorstellung von Repräsentation als Abbildungsvorgang, der noch dazu in sprachlichen Kategorien vor sich geht und damit "semantisch transparent" (*A.Clark* [CLAR 89]) und leicht nachvollziehbar wird, sehr nahe kommt. Wie wir jedoch noch sehen werden, können wir dieses Konzept nur in sehr beschränktem Maße und – wenn überhaupt – nur auf sehr niedrigen Ebenen der Wahrnehmung aufrecht erhalten.

Wo hat dieses Konzept der "one-cell-for-one-word" Korrespondenz ihren Ursprung? Die Wegbereiter für diese Vorstellung waren ganz sicher u.a. *Hubel* und *Wiesel* mit ihren Untersuchungen im visuellen Kortex [HUBE 62, HUBE 65, HUBE 68, MASO 91]: beim Studium des visuellen Kortex (V1, V2, etc.) fanden *Hubel* und *Wiesel* als eine der ersten *Detektoren*. Dies sind Zellen, die auf ganz bestimmte einfache Merkmale im visuellen Feld ansprechen; i.e., diese Zellen feuern genau dann[11], wenn auf der Retina ein ganz bestimmtes Umweltmerkmal auftritt (z.B. Balken, Kanten, etc.). Es besteht eine isomorphe Beziehung resp. eine 1:1-Korrespondenz zwischen Worten und den repräsentierten Merkmalen. I.e., jede Zelle wird nach der Funktion, nach dem Merkmal, Objekt, etc. *bezeichnet*, die/das sie detektiert. Wann immer ein adäquater Stimulus vorhanden ist, feuert diese Zelle und zeigt somit das Vorhandensein dieses Merkmals z.B. im visuellen Feld an. Natürlich sind Merkmalsdetektoren nicht nur auf das visuelle System beschränkt – in fast allen Wahrnehmungsmodalitäten kann man solche Detektoren finden, die aus einem Stimulus resp. aus einer Stimuluskonfiguration bestimmte Merkmale extrahieren [KAND 91, SHEP 90, KUFF 84].

Eine Implikation, die aus diesem Konzept gefolgert wurde, war, daß man diese Vorstellung doch auch auf sog. "höhere kognitive Konzepte" ausweiten könnte: wenn man aus einfachen Detektoren zur Kontrastfeststellung komplexere Detektoren für Balken mit verschiedenen Orientierungen und Geschwindigkeiten zusammenbauen kann, so müßte es doch auch möglich sein, Detektoren zu schaffen, die z.B. Gesichter oder ganze Gegenstände oder sogar ganze Szenen detektieren können. I.e., wenn z.B. mein Fahrrad, welches eine ganz bestimmte Form und Farbe hat und welches z.B. ein eingeschlagenes Vorderlicht hat (womit es sich von den meisten

---

[11] Oder sie *verändern* ihre Feuerrate genau dann, wenn...

anderen Fahrrädern dieser Art unterscheidet), in mein visuelles Feld tritt, so feuert die "mein-Fahrrad-Zelle". Denkt man diese Ideen konsequent zu Ende, so gelangt man zu der Vorstellung des Gehirnes als riesengroße "Bilddatenbank" oder "Tondatenbank", etc. Die "pictures-in-the-brain metaphor" [CHUR 92] ist geboren und hält sich wegen ihrer sehr anschaulichen Konzeption sehr hartnäckig in den Köpfen der Repräsentationstheoretiker/innen.

Diese Vorstellung der "Bilder im Kopf" kommt sehr gelegen, da sie mit der common sense Idee von Repräsentation kompatibel und noch dazu – wegen der linguistischen Transparenz – "sprachlich handhabbar" ist; i.e., jede Zelle ist sozusagen mit einem "Namensfähnchen" ausgestattet, welches erlaubt, die Vorgänge im Repräsentationssystem genau zu beobachten und nachzuverfolgen. Die Untersuchung des Problems der Wissensrepräsentation würde damit unheimlich vereinfacht werden: jede Zelle hat ihren Namen, der anzeigt, was sie repräsentiert.

Probleme des local codings

Wenn man dem Problem so leicht Herr würde, wie soeben beschrieben, könnte diese Arbeit hier enden – Repräsentation in neuronalen Systemen könnte als Abbildungsprozeß auf (sprachlich) bezeichenbare Repräsentationsentitäten (i.e., Neuronen resp. deren Aktivierungen) reduziert werden. Die Verarbeitung würde nach ähnlichen Mechanismen passieren, wie wir sie beispielsweise aus *semantischen Netzwerken* kennen. Daß dem *nicht* so ist, ist Gegenstand dieses Abschnittes. Ganz im Gegenteil stellt sich heraus, daß diese Auffassung von Repräsentation mit einer großen Anzahl von Problemen und Schwierigkeiten behaftet ist, die sowohl (neurowissenschaftlich-) empirischen als auch epistemologischen Ursprungs sind:

(a) Wie wir in folgendem Abschnitt 5.1 sehen werden, handelt es sich bei der lokalistischen Repräsentation resp. beim local coding um einen *Spezialfall* der verteilten Repräsentation. Wenn hier von "Repräsentation" und "Coding" die Rede ist, so handelt es sich vorerst um synonyme Begriffe: es geht um die Frage, wie die Umwelt in neuronalen Systemen *codiert* resp. *repräsentiert* wird. Da wir bisher fast ausschließlich von Repräsentation in "wahrnehmungs-/sensornahen" Regionen (z.B. Codierung des geschmacklichen Stimulus, Codierung eines Gesichtes, etc.) gesprochen haben, kollapiert diese Trennung von Codierung und Repräsentation.

(b) Es stellt sich die Frage, wie in der lokalistischen Repräsentationsform *neue Kategorien* resp. der Aufbau neuer Repräsentationen realisiert sind, da das *Erkennen* und Kategorisieren neuer, noch nicht dagewesener und unbekannter Stimuli, Objekte, Phänomene, etc. für das Überleben kritisch ist. (c) Eine einfache Rechnung rückt die Validität dieser Version der Repräsentationsvorstellung ins rechte Licht: alleine die Fülle der visuellen Stimuli, deren verschiedene Möglichkeiten, sie zu kategorisieren, deren verschiedene Kontexte, Variationen und Kombinationen, die uns im Laufe eines Lebens begegnen, *übersteigt* wahrscheinlich bei weitem die Anzahl aller Neuronen im visuellen Kortex, wenn nicht des ganzen Gehirnes. Wenn wir also eine 1:1-Korrespondenz zwischen den Entitäten/Stimuli der Umwelt und den einzelnen Neuronen als Repräsentationssubstrat für diese Entitäten annähmen, reichte die Anzahl der Neuronen einfach nicht aus, um diese Vielfalt der Umwelt (lokalistisch) zu repräsentieren.

(d) *Vergessen* könnte durch den *Ausfall* eines einzelnen Neurons erklärt werden. Diese 1:1-Korrespondenz zwischen Umweltstimulus/-entität und neuronalem Substrat (i.e., einem einzelnen Neuron) würde jedoch bedeuten, daß es zu einem *Totalausfall*, einem totalen Vergessen oder zur völligen Unfähigkeit des Erkennens eines spezifischen Objektes, Phänomens, etc. der Umwelt kommen müßte, i.a.W. den totalen Verlust der spezifischen Repräsentation. Aus eigener Erfahrung und aus Läsionsstudien weiß man jedoch, daß solche "alles-oder-nichts Ausfälle" relativ selten vorkommen[12]. Wir können daraus schließen, daß es sich beim neuronalen Repräsentationssystem um ein stark *verteiltes* und *hochredundantes* System handeln muß, welches das Konzept einer lokalistischen Repräsentation ausschließt. Auch "(Läsions-)Studien" im Bereich der künstlichen Netzwerke (z.B. *Hinton* et al. [HINT 91], *Farah* et al. [FARA 91], etc.) deuten auf eine verteilte Form der Repräsentation hin, in der Totalausfälle relativ selten sind.

(e) Die lokalistische Position der Repräsentation geht davon aus, daß es eine (1:1-)Korrespondenz zwischen den Entitäten der Umwelt und dem Repräsentationssubstrat geben muß. Diese ist (implizit) über die Ebene der *sprachlichen Kategorien* definiert: die Kategorien, die wir der Umwelt zuschreiben, sind zu einem sehr hohen Prozentsatz sprachlicher Natur – i.a.W., Worte, Symbole, sprachliche Kategorien beschreiben und unterteilen die Umwelt. Da wir unsere Neuronen im lokalistischen Repräsentationsprinzip mit "Fähnchen" ausstatten, auf denen das darauf steht, was sie repräsentieren, sind wir bei der Repräsentation automatisch an sprachliche Kategorien gebunden und durch diese *eingeschränkt*. Zumindest zwei Probleme sind die Folge aus dieser – für ein besseres Verständnis des Repräsentationsproblems eigentlich willkommenen – Einschränkung: (i) Was passiert mit all dem Wissen, das sprachlich nicht ausdrückbar ist (z.B. *Polanyis implizites Wissen* [POLA 66]), das einen großen Anteil unseres Wissens ausmacht? Bleibt dieses unberücksichtigt, so fehlt dem kognitiven System, ebenso wie allen propositionalen Modellen, ein wichtiger Aspekt des Wissens[13]. (ii) Ein noch schlimmeres Problem besteht darin, daß – im Gegensatz zum propositionalen Ansatz – im lokalistischen neuronalen Ansatz *kein* nur annähernd so mächtiger Mechanismus zur *Strukturierung* (z.B. Grammatiken, Produktionssysteme, etc.) und zur *Verarbeitung* (z.B. Symbolmanipulationsmechanismus) zur Verfügung steht, wie in den propositionalen Ansätzen. Man erhielte daher im Grunde keine Vorteile durch die "neuronal-lokalistische Position" (eher das Gegenteil ist der Fall). Außerdem geraten wir in dieselben, wenn nicht in noch schlimmere Probleme (siehe (ii)), wie sie uns aus dem *propositionalen* Ansatz bekannt sind.

(f) Eine Frage, die im lokalistischen Repräsentationsansatz nur sehr selten, wenn überhaupt, zu hören ist, betrifft wahrscheinlich die Majorität der Neuronen in einem (natürlichen oder künstlichen) neuronalen System: was repräsentieren, was bedeuten, welche Funktion haben all jene Neuronen, denen wir kein "Namenstäfelchen" umbinden können? Die Erfahrung mit Einzelzellableitungen zeigt, daß es neben den "Paradedetektoren" z.B. im visuellen Kortex, eine Unzahl von Neuronen gibt,

---

[12]Sieht man von der Zerstörung *großer Areale* ab.
[13]Wahrscheinlich sogar *der grundlegende* Aspekt des Wissens.

die scheinbar regellos und ohne offensichtlichen Grund vor sich hinfeuern. Was ist
mit all diesen *"namenlosen Neuronen"*? Haben sie eine repräsentierende Funktion
– auch dann, wenn man ihnen keinen Namen geben kann, wenn sie keine offensichtliche (sprachliche) Kategorien repräsentieren, wenn sie kein Umweltobjekt abbilden?
Sehr schnell ist man bereit, diese Prozesse als "Rauschen" abzutun, welches mit der
"eigentlichen Repräsentation" nichts zu tun habe. M.E. ist diese Erklärung zu bil-
lig, da die "rauschenden Neuronen" in der Überzahl sind – de facto ist es doch so,
daß wir nur einem ganz *geringen Prozentsatz* aller Neuronen z.B. im Kortex eine
sprachlich explizite Funktion resp. Repräsentationsaufgabe (im traditionellen Sinne) zuschreiben können. Es gelingt uns in primären Sensorrinden, welche immer als
Paradebeispiele für diese Form der Repräsentation angeführt (und auf den ganzen
Kortex verallgemeinert) werden, recht gut, einzelnen Neuronen die Repräsentation
eines bestimmten Merkmals zuzuschreiben – je komplexer jedoch die Verschaltungen
werden, je mehr rekursive Aktivierungen und verschiedene Modalitäten miteinander interagieren, desto unmöglicher wird die Bezeichnung einzelner Neuronen mit
Namen.

(g) Sehen wir uns die *epistemologischen* Annahmen der lokalistischen Repräsen-
tationsidee genauer an, so sieht man, daß es sich im Grunde um eine Spielart der
Abbildungstheorie handelt: nicht umsonst sprechen wir von einer "picture-in-the-
brain metaphor"; die Neuronen sind wie einzelne Bilder, die immer dann aktiv werden, wenn ein bestimmter Gegenstand, Objekt, etc. in der Umwelt auftritt, oder
wenn man sich an ihn erinnert, etc. Diese Vorstellung vermag vielleicht recht gut
erklären, wie verschiedene Repräsentationen im Gehirn durch bestimmte Stimuli
aktiviert werden – man denke etwa an die zuvor erwähnten Konzepte der hierar-
chisch gestaffelten Detektoren. Konzeptionell gesprochen, ist diese Vorstellung so
lange hilfreich, so lange es sich um einfache *feed forward Prozesse* handelt, in denen
die Stimuli nur in eine (Informationsfluß-)Richtung weiterverarbeitet werden.

Die Erklärungskraft versiegt jedoch bereits bei der Frage nach der Verarbeitung
in rekursiven Strukturen, bei der Frage, wie die Relationen zwischen den Repräsentationen realisiert sind, welche Bedeutung sie haben, wie sie entstehen resp. sich
verändern können und wie aus den "abbildenden" Vorgängen letztendlich ein *Motoroutput* generiert wird. Für unsere common sense Vorstellung von Repräsentation mag diese abbildende Relation und 1:1(:1)-Korrespondenz zwischen Umweltentitäten, sprachlichen Entitäten und neuronalen Repräsentationssubstrat/-entitäten
zwar sehr naheliegend und für das Verständnis und eine Erklärung recht vorteilhaft
scheinen, aber sie ist mit zu vielen Problemen behaftet, als daß man sie als ernst-
zunehmendes allgemeines neuronales Repräsentationskonzept anwenden könnte.

(h) Eine andere zentrale Frage ist ebenfalls epistemologischer Natur: wie kommen die einzelnen Neuronen zu ihrer *Bedeutung*? Wenn wir von solchen Systemen
sprechen, gehen wir implizit fast immer von der Annahme aus, daß es sich bereits
um eine fertige Architektur handelt, in der schon alle Neuronen ihre "Namensfähnchen" haben – dies ist vielleicht bei künstlichen Systemen möglich, in denen
ein/e Designer/in ihnen diese Fähnchen umbindet und explizit danach trachtet,
daß die 1:1(:1)-Korrespondenz zwischen Umwelt, Sprache und Neuron aufgebaut
wird und erhalten bleibt. In diesem Fall ist es also der/die Designer/in, der/die

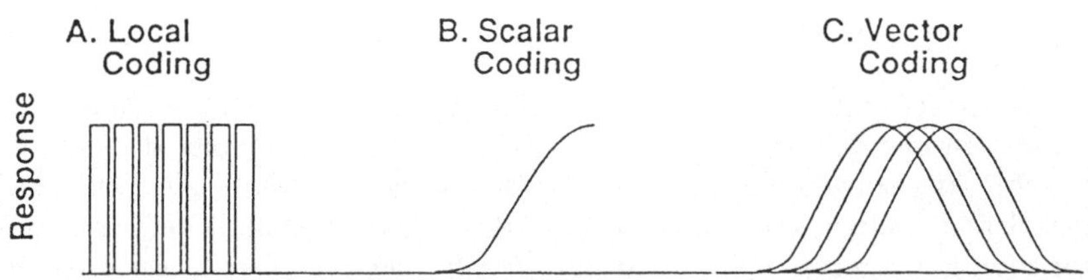

Bild 4.6 Drei Möglichkeiten, um Information zu codieren (aus P.S.Churchland et al., 1992).

dem/der Neuron/unit die (sprachliche) Bedeutung zuweist. Wie ist dies jedoch im Falle natürlicher neuronaler Systeme? Darüber wird in dieser Theorie – ebenso wie im propositionalen Ansatz – keine Aussage gemacht, weshalb im übrigen auch solche Phänomene, wie die Verschiebung der Semantik eines Symbols resp. das Neuerlernen einer Kategorie, etc. nicht ausreichend erklärt werden können.

(i) Als letzter Punkt sei ein im Bereich der AI und Cognitive Science bereits alter Bekannter, der sich in verschiedensten Gesichtern zeigt, erwähnt: es handelt sich um das *Homunkulusproblem* (s.a. [LYCA 90]). I.e., wenn wir von sprachlich bezeichneten Repräsentationseinheiten (z.B. "Neuronen mit Fähnchen", wie sie von so vielen heimlich gewünscht werden) ausgehen, stellt sich nicht nur die Frage, wie diese Fähnchen zu ihrer Bedeutung kommen, sondern auch *wer* diese Bezeichnungen *interpretieren* soll und welchem andren Zweck diese semantische Transparenz dienen soll als der einfachen Nachvollziehbarkeit für den/die beobachtende/n Neurowissenschaftler/in – Nachvollziehbarkeit ist ein höchst unbefriedigendes "Argument" und rechtfertigt m.E. in keiner Weise die vielen Nachteile, offenen Fragen und Probleme, die durch diese Form der Repräsentation entstehen.

4.3.2 Alternativen

Ausgehend von dieser relativ unbefriedigenden Situation, in die wir durch das local coding geraten sind, stellt sich die Frage, ob es nicht *Alternativen* für diese Codierungs-/Repräsentationsform gibt. In Abbildung 4.6 sind drei Möglichkeiten, die prinzipiell zur Verfügung stehen, dargestellt:

- *local coding*: siehe letzter Abschnitt;

- *scalar coding*: Umweltmerkmale werden durch die Feuerrate eines einzelnen Neurons codiert; eine bestimmte *Feuerrate repräsentiert* das Vorhandensein eines bestimmten Stimulus in der Umwelt. Es genügt ein einzelnes Neuron, um mehrere Merkmale (z.B. verschiedene Grade des Vorhandenseins) zu repräsentieren/codieren.

- *vector coding*: Umweltmerkmale werden durch das *Gesamtmuster* an Feuerraten einer Gruppe von Neuronen mit überlappenden Detektorbereichen repräsentiert. Diese Form der Codierung/Repräsentation, seine Voraussetzungen und Implikationen wird Gegenstand der folgenden Abschnitte sein.

Bei der Codierung resp. der (Primär-)Repräsentation von Umweltmerkmalen/-
stimuli stehen uns also drei Möglichkeiten zur Verfügung: die Form des local coding
stellt sich – aus epistemologischen und empirischen Gründen – als nicht plausibel
heraus. Scalar coding kann in manchen Fällen (z.B. Tastsinn) gefunden werden.
Vector coding, hingegen, stellt nicht nur die allgemeinste Form dieser drei Ansätze
(Fälle A und B in Abbildung 4.6 sind lediglich Spezialfälle von C), sondern auch,
wie wir noch sehen werden, den empirisch, theoretisch und epistemologisch plau-
sibelsten Codierungs-/Repräsentationsmechanismus dar, der noch dazu eine hohe
Fehlertoleranz besitzt.

4.3.3　Vector Coding

Vector coding stellt die konzeptionelle Voraussetzung für die Repräsentation in
neuronalen Systemen dar – die folgenden Begriffe werden im Kontext dieser Arbeit synonym verwendet: *distributed representation, verteilte Repräsentation, state
space representation* und *multidimensional representation*. In der Literatur ist am
häufigsten der Begriff der verteilten Repräsentation resp. der distributed representation zu finden (z.B., [HINT 86]). Fassen wir also die Konzepte, auf denen das
vector coding basiert, zusammen: wir gehen vom mathematischen Konzept eines
Vektors aus – es handelt sich um ein geordnetes n-Tupel von Zahlen; ein einzelnes Element des Vektors nennt man eine Komponente des Vektors. Jede dieser
Komponenten ist mit einem/r Neuron/unit assoziiert, genauer gesagt mit der Ak-
tivierung/Feuerrate des jeweiligen Neurons zu einem bestimmten Zeitpunkt t. In
einer ersten Annäherung, wie sie z.B. in konnektionistischen Modellen gemacht wird
[McCL 86, RUME 86, RUME86d, RUME 89], wird die Aktiviertheit eines Neurons
auf seine mittlere Feuerrate abgebildet. I.e., der Wert jeder einzelnen Komponente
des Vektors repräsentiert die mittlere Feuerrate eines bestimmten Neurons zu einem
bestimmten Zeitpunkt. Diese Komponenten werden zu einem Vektor zusammengefaßt, dessen "Gesamtmuster" (i.e., die Zusammenfassung der aktuellen einzelnen
Aktivierungen zu einem Muster) – in einer ersten Annäherung – als das Substrat
für die Repräsentation eines bestimmten Umweltzustandes verantwortlich ist. Man
rufe sich die Beispiele der Farb-, Geschmacks- oder Gesichtswahrnehmung in diesem Kapitel ins Gedächtnis: eine ganz bestimmte Kombination von Aktivierungen
repräsentiert eine bestimmte Farbe, Geschmack, etc. Das *Gesamtmuster* ist also
charakteristisch für die *Repräsentation* einer bestimmten Entität; diese wird im
Transduktionsprozeß in "Basismerkmale[14]", welche durch die Architektur und die
Dynamik der Rezeptoren determiniert sind, aufgeteilt und in einem für den Umweltreiz charakteristischen Gesamtaktivierungsmuster, welches durch die Werte der
einzelnen Komponenten des Aktivierungsvektors determiniert ist, repräsentiert.

---

[14] Die Basismerkmale müssen nicht notwendiger Weise sprachlich bezeichenbar sein.

Da der Umweltzustand in einem Vektor, oder genauer gesagt in der aktuellen Wertebelegung eines (Aktivierungs-)Vektors repräsentiert ist, nennt man diese Form der Repräsentation/Codierung *vector coding*. Eine interessante Implikation aus dieser Repräsentationsform ist, daß ein einzelnes Neuron nicht nur einen Umweltzustand repräsentiert, sondern an der Repräsentation *aller* Umweltzustände teilnimmt. I.e., es gibt keine stabile Beziehung zwischen einem einzelnen Neuron und einem bestimmten Umweltzustand/-phänomen. In den Termini der Informatik heißt dies, daß man ein einzelnes Neuron *nicht* mit einer Variablen vergleichen kann, die für einen ganz bestimmten (Gesamt-)Zustand in der Umwelt steht[15]. Im vector coding geht man sogar noch weiter: nicht nur, daß man keine 1:1-Beziehung zwischen Umweltzuständen und einzelnen Neuronen finden kann, es gibt auch keine umkehrbar eindeutige Beziehung zwischen der *Aktivierung* eines einzelnen Neurons und einem Umweltzustand. Betrachten wir beispielsweise die Aktivierungsvektoren $(3,6,1,5,9)$ und $(1,4,2,5,3)$, so hat die vierte Komponente zwar *denselben* (Aktivierungs-)Wert, der Gesamtvektor repräsentiert jedoch *unterschiedliche* Umweltzustände. Es ist also *unmöglich* geworden, die Repräsentation an einer unit oder an einem bestimmten Aktivierungswert eines Neurons festzumachen – nur das *Gesamtmuster* der Aktivierungen gibt Auskunft darüber, was in diesem Vektor (global) repräsentiert wird.

Ein/e einzelne/s Neuron/Komponente/unit ist an der Repräsentation aller Umweltzustände beteiligt und ein einzelner Umweltzustand wird durch *alle* Komponenten codiert – dies sind die beiden Grundsätze der *verteilten Repräsentation*. Vergleichen wir die Form des vector codings mit der des scalar codings, so stellt man auch hier eine große Überlegenheit bezüglich der Mächtigkeit und Ökonomie in der Repräsentation fest: nehmen wir an, es stehen 5 Neuronen/units zur Repräsentation zur Verfügung, von denen jede/s 10 verschiedene Zustände einnehmen kann. Stellen wir diese 5 Neuronen nebeneinander, so können sie im scalar coding $5 \star 10 = 50$ verschiedene Zustände einnehmen und somit 50 verschiedene Umweltzustände repräsentieren/codieren. Vergleichen wir dies mit den Kombinationsmöglichkeiten des vector codings (i.e., $10^5 = 10.000$), so nimmt sich die Zahl 50 recht dürftig aus.

---

[15]Dies steht im *Gegensatz* zu den meisten *symbolischen* Ansätzen, in denen ein/e Variable/Symbol (resp. ihr aktueller Wert) auf einen Umweltzustand referiert.

5 Wissensrepräsentation IV: erste Gehversuche im Aktivierungsraum

> *"Denn einerseits findet sich ja auch ein Tier in der Wirklichkeit zurecht und weil es das gewiß nicht in völliger seelischer Finsternis tut, muß selbst in ihm etwas sein, das den menschlichen Vorstellungen von Welt und Wirklichkeit entspricht, ohne daß es auch nur die geringste Ähnlichkeit* deshalb *haben müßte; und andererseits besitzen wir ja auch nicht die wahre Wirklichkeit, sondern können bloß in einem unendlichen Vorgang unsere Vorstellung von ihr verbessern,..."*
>
> R.Musil, Der Mann ohne Eigenschaften, p 1195f (Teil II)

5.1 Vector Coding und verteilte Repräsentation

Wir haben gesehen, daß jeder n-dimensionale Vektor genau einen Punkt in einem n-dimensionalen Raum definiert. Jede Komponente des Vektors ist mit einer Achse (Dimension) des Raumes assoziiert, entlang der der aktuelle Wert der Komponente aufgetragen wird. Interpretieren wir nun die Komponenten solch eines Vektors als *mittlere Feuerrate/Aktivierungswerte* der Neuronen/units eines neuronalen Netzwerkes, so erhalten wir einen *Aktivierungsvektor*. Diesen können wir natürlich wiederum geometrisch als einen Punkt im *activation space* interpretieren – i.e., ein Punkt in diesem Raum korrespondiert *genau mit einem* bestimmten Aktivierungszustand im Netzwerk. Auf die Isomorphie zwischen den Aktivierungen in einem Netzwerk, dem Aktivierungsvektor und seiner Darstellung im activation space wurde bereits eingegangen.

Der aktuelle Zustand eines neuronalen Systems läßt sich also, wie in Abbildung 5.1 illustriert, durch einen Punkt im activation space repräsentieren. Was in dieser Abbildung außerdem dargestellt ist, ist die Möglichkeit, daß man die Aktivierungen eines Netzwerkes zu aufeinanderfolgenden Zeitpunkten (t_1 und t_2) in diesem Raum ebenfalls darstellen kann. Verbindet man diese Punkte durch Linien, so kann man den *zeitlichen Verlauf* der Aktivierungsmuster graphisch darstellen und u.U. Stabilitäten, Regelmäßigkeiten, etc. entdecken. Wir werden noch sehen, daß solche *Trajektorien* u.U. eine wichtige Rolle bei der Repräsentation in rekursiven neuronalen Systemen spielen.

Im Kontext des vector coding resp. der distributed representation stellt sich die Frage, was die einzelnen Komponenten des Vektors resp. die einzelnen units resp. Neuronen eigentlich *repräsentieren*. Da sie die Achsen des activation space aufspan-

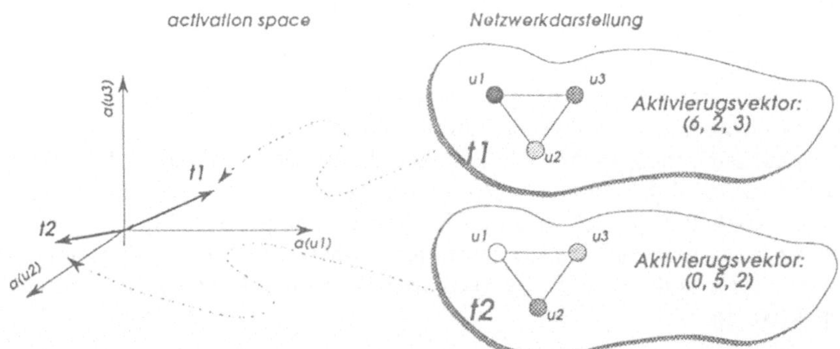

Bild 5.1 Neuronales Netzwerk und seine Darstellung im activation space.

nen und damit maßgeblich an der Dimension und Dynamik des Repräsentationsraumes beteiligt sind, dürfte ihnen eine zentrale Rolle in dieser Frage zukommen. Erinnern wir uns an das Beispiel der Farbwahrnehmung: die einzelnen Komponenten des Vektors repräsentierten die Präsenz der Intensität der drei *Grundfarben* (Rot, Grün und Blau). Jede Komponente ist mit einem Rezeptortyp assoziiert, der die Transduktion/Extraktion einer Grundeigenschaft vornimmt. Die einzelnen Komponenten resp. die einzelnen Neuronen repräsentieren also *Basismerkmale* oder Grundkategorien, aus deren Kombination komplexere Repräsentationen aufgebaut/konstruiert/zusammengesetzt werden.

In den Fällen der Farb- und der Geschmackswahrnehmung kann man diesen (Grund-)Kategorien explizit sprachliche/semantische/kognitive Kategorien zuordnen. I.a.W., wir können die Achsen des activation space mit Namen bezeichnen. In den meisten Fällen werden wir jedoch nicht über diese – für die Interpretation und Untersuchung sehr vorteilhafte – Möglichkeit verfügen und, wenn überhaupt, nur sehr vage Aussagen über die Semantik einer Grundkategorie machen können. Dies führt dazu, daß wir in vielen Fällen noch weniger Aussagen über die Bedeutung des Gesamtaktivierungsmusters machen können. Aus der Sicht, daß es bei Repräsentation nicht in erster Linie um Abbildung, sondern um die Generierung adäquaten Verhaltens geht, ist es auch nicht verwunderlich, wenn man keine offensichtlichen und direkten Zusammenhänge zwischen Umweltzustand und dem (Aktivierungs-) Zustand des Repräsentationssystems erkennen und keine semantische Zuweisung durchführen kann.

Den *einzelnen* Neuronen/units können wir in den meisten Fällen *keine* sprachliche Bezeichnung/Interpretation in bezug auf die Gesamtrepräsentation geben; im besten Fall können wir sagen, sie tragen diesen und jenen Aspekt zur Gesamtrepräsentation bei. Erst das Gesamtmuster kann, wenn überhaupt, einer sprachlichen Interpretation zugeführt werden. Aus der traditionellen Perspektive des propositionalen Paradigmas und der abbildenden Repräsentationsvorstellung mag dies vielleicht wie ein Nachteil klingen – man könnte die Kritik anbringen, daß man solche Systeme, denen man keinerlei sprachliche Erklärung geben kann, überhaupt nicht richtig verstehen kann und sie damit als Erklärungsmedium nicht geeignet seien. Diese Kritik mag aus der traditionellen Perspektive zurecht erhoben werden (vgl. auch Diskussionen um verteilte Repräsentation), jedoch ist es fraglich, ob dieses traditionelle Paradigma überhaupt von den "adäquaten" Prämissen ausgegangen ist und sich nicht bereits an diesem Punkt viele Probleme eingeschlichen haben (z.B. Beschränktheit auf Sprache, Abbildungsgedanke, etc.). All diese Schwierigkeiten (und Forderungen der semantischen Transparenz, der Abbildung, der stabilen Beziehung zwischen Repraesentans und Repraesentandum, etc.) fallen bei dem bereits skizzierten alternativen Konzept von Repräsentation. Sehen wir uns daher das Konzept des vector codings resp. der verteilten Repräsentation aus dieser alternativen Perspektive an:

5.1.1   Vector coding als Repräsentationsmechanismus

(i) *Allgemeinheit & Flexibilität*: Vergleichen wir das Repräsentationsmedium Sprache oder die symbolische Repräsentation mit jenem des vector codings resp. der distributed representation, so stellen wir fest, daß hier große Unterschiede in den Bereichen der *Flexibilität* und *Allgemeinheit* bestehen: der Raum des Wissens welches im Repräsentationsmedium Sprache repräsentiert werden kann, ist durch die Sprache selbst beschränkt. Alleine das Argument, daß ein neuronales System zur Repräsentation von Sprache und dazu noch viel mehr ("implizites Wissen", etc.) fähig ist, scheint ein Hinweis darauf zu sein, daß wir es bei einem neuronalen System mit einem viel *grundlegenderen* und allgemeineren Repräsentationssystem zu tun haben, als bei der Sprache. Die neuronale Ebene und Dynamik ist zudem viel flexibler als jene der Sprache: man führe sich etwa nur die relative Rigidität einer Grammatik oder der Semantik vs. die adaptive Flexibilität, die ein neuronales System etwa beim *Lernen* zeigt, vor Augen. Bewegungsabläufe können z.B. sprachlich oder in Form von Symbolmanipulation sehr schwer oder fast gar nicht dargestellt werden: es geht darum, eine große Anzahl von Muskeln in einem wohl ausbalancierten Konzert parallel anzusteuern, zu kontrollieren, ihr feedback zu beachten, Korrekturen vorzunehmen, sich an die tatsächliche Situation anzupassen, etc. Dies sind alles Prozesse, die wir u.U. sprachlich noch irgendwie (seriell) beschreiben könnten, wir werden jedoch sehr rasch Schwierigkeiten bekommen, wenn man all diese Prozesse zueinander in Relation setzen und ihren parallelen Ablauf beschreiben muß. Dies ist eine Eigenschaft, die bereits in der Natur, Dynamik und der Organisation neuronaler Systeme (sozusagen umsonst) enthalten ist. Da es im Gehirn größtenteils um eine (nichtsprachliche) *sensomotorische Integration* geht, ist die neuronale Kinematik als Repräsentations- und Verarbeitungswerkzeug sicherlich eher geeignet, als das rigide, relativ eingeschränkte und lineare System der Sprache.

(ii) *semantische Transparenz vs. distributed representation*: Die neuronale Kinematik impliziert für das Repräsentationsmedium, daß es nicht auf sprachliche Kategorien eingeschränkt ist, sondern auf einer umfassenderen Basis aufbaut und einer allgemeineren und flexibleren Dynamik folgen kann[1]. Die Untersuchung dieser Dynamik (und die Eingebundenheit des Repräsentationssystems der Sprache) ist u.a. Gegenstand dieser Arbeit. Erst durch dieses Aufbrechen der (Repräsentations-) Grenzen der (natürlichen) Sprache wird es möglich, das Phänomen der Sprache selber zu erklären – eine Erklärung, die uns die Linguistik und traditionelle AI und Cognitive Science in den meisten Fällen im Grunde schuldig geblieben ist. Sprache wird somit zu einer *Untermenge* resp. ist im neuronalen (Repräsentations-)Substrat realisiert. Wie wir noch sehen werden, ist damit ein radikal alternatives Verständnis von Sprache notwendig, das nicht mehr auf Produktionssystemen, Symbolmanipulation, Grammatiken, etc. beruht, sondern vielmehr systemtheoretischen und neuronalen Konzepten und Mechanismen folgt.

(iii) *mathematische Fundierung*: Wie wir in Kapitel 3 gesehen haben und in den folgenden Kapiteln noch diskutieren werden, steht uns durch die Verwendung von Vektoren und n-dimensionalen Vektorräumen als Beschreibung des Repräsentationsmediums für neuronale Prozesse die gesamte *lineare Algebra*, Differentialgleichungen, Matrizenrechnung, etc. zur Verfügung. In jedem Falle handelt es sich um ausgereifte Werkzeuge der Mathematik, die das theoretische Fundament für diese Vorgänge darstellen. Die Dynamik neuronaler Systeme kann mittels der Methode der *Vektorverarbeitung*, die auch die *Simulation* auf Computern erlaubt, beschrieben werden ("vector cruching"). Dies steht im Gegensatz zu den Methoden der Symbolverarbeitung: dort werden die Regeln der Logik auf (logische) Sätze angewandt ("sentence cruching"); i.e., durch gezielte regelgesteuerte Manipulation von Symbolen wird versucht, intelligentes Verhalten mittels einer *top-down* Strategie zu generieren.

(iv) *Ähnlichkeitsmaße*: Wenden wir die Methode des vector codings (im Gegensatz zum local coding) an, so inkludiert dies automatisch (und quasi "umsonst") die Fähigkeit zur Erhaltung von *Ähnlichkeiten*; i.e., ähnliche Vektoren werden auf ähnliche Vektoren abgebildet (man erinnere sich an die Darstellung des Farbraumes und der Punkte nahe beisammenliegender Farben in Abbildung 4.5). Im activation space sind also automatisch *Ähnlichkeitsverhältnisse* resp. eine *Metrik* mitrepräsentiert. Im Ansatz des vector codings ist diese Nachbarschaftsbeziehung inkludiert und man muß – im Gegensatz zum local coding oder zum symbolischen Ansatz – keine extra Anstrengungen unternehmen, um die Ähnlichkeit der Repräsentationen nochmals explizit zu repräsentieren.

(v) *Verbesserung der Auflösung*: In vielen Fällen *überlappen* sich die Antwort-Kurven der Rezeptoren teilweise. Dies hat u.a. den Vorteil, daß, wenn ein sehr schwaches Signal vorliegt, dieses nicht nur von einem, sondern von mehreren Rezeptoren detektiert wird. Die Wahrscheinlichkeit, daß solch ein Signal vom neuronalen System "wahrgenommen" wird ist also viel höher, als wenn nur ein einziger Rezeptor für diesen Umweltzustand zuständig wäre.

(vi) *Redundanz & Rauschen*: Natürliche Neuronen arbeiten nicht so "deterministisch" und fehlerfrei, wie ihre digitalen Partner – Fluktuationen in der Temperatur, in Kanälen, im chemischen Milieu, etc. können zu einer leichten Veränderung in der

---

[1] Vielmehr ist es so, daß das neuronale Repräsentationssystem die *Basis* für die Repräsentation der Sprache darstellt.

Dynamik eines Neurons führen. Dies impliziert, daß die Antwortaktivierung auf ein und denselben Umweltreiz über die Zeit – abhängig von zuvor erwähnten Veränderungen – variiert. Dies ist ein Verhalten, das für einen Sensor nicht wünschenswert ist und u.U. zu Fehlentscheidungen im nachfolgenden Verarbeitungsprozeß führen kann. I.a.W., natürliche Neuronen produzieren auch viel "Rauschen", das vom Verarbeitungsmechanismus nicht vom wirklich relevanten Umweltsignal unterschieden werden kann. Im vector coding sind jedoch – wiederum bedingt durch die Überlappung der Antwort-Kurven – viele Neuronen/Rezeptoren an der Detektion, Codierung und Weiterleitung des Umweltreizes beteiligt. Dies führt dazu, daß durch die dadurch entstehende Redundanz die "signal-to-noise ratio" erhöht wird und der "Rauschanteil" zumindest teilweise ausgefiltert werden kann [CHUR 92]. Da die Detektion nicht mehr auf einen einzelnen Rezeptor konzentriert, sondern auf viele Sensoren *aufgeteilt* ist, verringert sich bei einer Fehlfunktion eines Neurons/Rezeptors der Gesamtfehler auf ein Minimum, wenn man es mit dem Gesamtfehler, der beim local coding entstünde, vergleicht.

(vii) *Fehlertoleranz*: Durch die *verteilte Repräsentation* des Umweltsignals, aber auch des *Fehlers* kann der Gesamtschaden, der durch Fehlfunktionen entsteht, verringert werden. Besonders kraß ist dies, wenn z.B. ein Neuron oder ein Rezeptor aus irgendwelchen Gründen völlig ausfällt: im Falle des vector coding hat dies keine katastrophalen Folgen, da die Detektion des spezifischen Umweltsignals nicht völlig zusammenbricht. Ein Teil der "Arbeit" wird von den anderen Rezeptoren übernommen, die einen überlappenden Sensorbereich haben. Im Falle des local codings wäre der Ausfall eines Sensors oder eines Neurons katastrophal: es besteht keine Möglichkeit, diesen Fehler auszugleichen und dieses Signal könnte in keiner Weise mehr detektiert werden. Auf der anderen Seite muß natürlich angemerkt werden, daß, wenn ein Sensor oder Neuron im vector coding ausfällt, die Repräsentationen immer leicht verzerrt sein werden, da immer ein leichter Gesamtfehler vorhanden ist, während beim local coding der Gesamtfehler nur dann sehr hoch ist, wenn der Umweltzustand auftritt, für den der Detektor ausgefallen ist. Aus "überlebenstechnischer" Sicht ist es jedoch vorteilhafter, mit einem stetig leicht verzerrten Signal arbeiten zu müssen (das neuronale System könnte sich an dieses adaptieren), als den Totalausfall einer ganzen Sinnesqualität hinzunehmen. Eine andere Form von *Fehlertoleranz* ist die Folge aus der zuvor angesprochenen impliziten Repräsentation der Ähnlichkeiten (und der impliziten Metrik): in diesem Fall ist es nicht die Fehlertoleranz gegenüber des Ausfalls oder der Fehlfunktion eines oder mehrerer Neuronen/Rezeptoren, sondern gegenüber Fluktuationen im Umweltinput. I.e., dadurch, daß ähnliche Vektoren auf ähnliche Vektoren abgebildet werden, fällt die Repräsentation von sehr ähnlichen Umweltzuständen im activation space nicht sehr weit auseinander. In diesem Sinne ist das vector coding relativ fehlertolerant in bezug auf leicht veränderte Umweltzustände. Im Falle des local coding müßte ein ganz bestimmter Zustand genau erfüllt sein, um das Feuern des Detektors auszulösen.

(viii) *parallele Verarbeitung*: Diese Art der Repräsentation resp. Codierung erlaubt nicht nur eine *parallele Verarbeitung*, sondern erfordert geradezu diese Form der Verarbeitung: dadurch, daß die einzelnen Komponenten des Vektors – sie repräsentieren ja die einzelnen Neuronen resp. units – ihre Aktivierung (a) zwar isoliert voneinander und (b) aber auch voneinander abhängig berechnen, ist eine echte Parallelverarbeitung möglich und erforderlich: ein Neuron berechnet seine aktuelle Aktivierung *lokal* aus den Aktivierungen der *anderen*, an dieses Neuron angeschlossenen Neuronen. Jedes Neuron folgt diesem Prozeß und kann diese Berechnungen für sich selber ausführen ("autonome Agenten"). Keinerlei übergeordnete Organisation oder Steuerungsprozesse sind notwendig. Dies steht im Gegensatz zu den meisten traditionellen Ansätzen in der Informatik, die sehr stark von der *von Neumann* Architektur geprägt sind, in der ein zentraler Prozessor (CPU) alle Abläufe und Prozesse organisiert und steuert.

(ix) *zeitliche Dynamik*: Vector coding erlaubt die Darstellung des Repräsentierten in einem activation space – verfolgt man die Muster der Aktivierungen über die Zeit, bedeutet dies eine Punktfolge im activation space, welche zu einer *Trajektorie* zusammengefaßt werden kann. Diese charakterisiert die *zeitliche Verhaltensdynamik* des neuronalen Systems. Wie wir noch sehen werden, kann solch eine Trajektorie als möglicher/s Kandidat/Substrat für die Repräsentation in rekursiven neuronalen Systemen herangezogen werden. I.e., ein bestimmter zeitlicher Aktivierungsverlauf resp. eine bestimmte Trajektorie repräsentiert ein bestimmtes Phänomen, eine bestimmte Folge von Umweltzuständen, eine bestimmte Motoraktivität, etc.

(x) *coarse coding & hyperacuity*: Der Begriff *Hyperacuity* bezeichnet jene Fähigkeit unseres kognitiven Apparates, die uns erlaubt, kleinere zeitliche, räumliche, etc. Intervalle aufzulösen, als dies ein *einzelner* Rezeptor tun kann. Es ist jedoch eine "empirische Tatsache" physiologischer Untersuchungen (z.B. *Westheimer* et al. [WEST 75]), daß z.B. das räumliche Auflösungsvermögen weit über die Auflösung der einzelnen Photorezeptoren hinausgeht ("Vernier-style Hyperacuity"). Diese Untersuchungen zeigen beispielsweise, daß die physische Auflösung in der Fovea, die durch die mittlere Dichte resp. den Abstand der Photorezeptoren gegeben ist, sich im Bereich von etwa einer Bogen*minute* bewegt, während das menschliche visuelle System Diskrepanzen in der Position im Bereich weniger Bogen*sekunden* wahrnehmen kann. Hier handelt es sich also um einen Unterschied in der Auflösung, der sich in der Größenordnung von 10^1 bewegt – ein Phänomen, das zu übergehen, nicht gerechtfertigt ist und welches ein scheinbares Paradoxon darstellt. Vereinfacht gesprochen besteht der Trick darin, daß die einzelnen Rezeptoren/Neuronen relativ grob auf einen Stimulus reagieren, überlappende Antwortbereiche haben und zu einem Vektor zusemmangefaßt eine höhere "Perzeptionsschärfe" besitzen.

Abschließend sein noch bemerkt, daß die klare Trennung zwischen distributed representation resp. vector coding und local coding manchmal *verschwimmt*. I.e., man kann ein einzelnes Neuron als das Repräsentationssubstrat für ein ganz spezifisches Merkmal interpretieren (z.B. für die Grundfarbe Blau oder den Grundgeschmack Süß). Dies betrifft die Frage der semantischen Transparenz der *einzelnen* Merkmale, wie sie weiter oben schon angesprochen wurde. Ein ganz klares Charakteristikum des vector coding resp. der verteilten Repräsentation ist jedoch dadurch gegeben, daß die "Gesamtsemantik" (i.e., der globale Geschmacks-, Farb-, Geruchseindruck, etc.) *nicht* ohne den Kontext der Aktivierungen der anderen units/Neuronen bestimmt werden kann. Weiters ist zu beachten, daß die lokalistische Version der Repräsentation/Codierung immer ein Spezialfall des vector codings ist – geometrisch interpretiert bedeutet dies, daß im activation space nur Zustände an den jeweiligen Enden (i.e., Maximalwerten) resp. entlang der den Raum aufspannenden Achsen/Dimensionen eingenommen werden.

Zusammenfassend kann man – auch in bezug auf die in Kapitel 2 dargestellten Argumentationsziele – sagen, daß das Konzept des state/activation space nicht nur in der Erklärung und im Verständnis des Repräsentationsproblems in neuronalen Systemen, sondern auch für die Darstellung der Dynamik und der Generierung von Verhalten eine zentrale Rolle spielt. Dieses Konzept wird uns bis ans Ende dieser Arbeit begleiten, wenn wir auch unsere ("aktuelle") Vorstellung von Repräsentation (i.e., daß ein bestimmtes Aktivierungsmuster resp. ein Punkt im activation space auf den zu repräsentierenden Umweltzustand referiert) revidieren resp. einschränken müssen.

5.2 Fels-Mine Unterscheidung und Repräsentation im Aktivierungsraum

Unsere bisherigen Betrachtungen über die Konzepte des state/activation space waren vornehmlich theoretischer Natur – im letzten Abschnitt haben wir die Eigenschaften des vector coding (im Vergleich zum local coding) genauer untersucht und festgestellt, daß es sich nicht nur um einen ökonomischen, sondern auch um einen recht plausiblen Ansatz handelt, der in der Frage der Repräsentation von Wissen in neuronalen Strukturen sehr hilfreich sein kann. In einem ersten Schritt wollen wir uns diese "Repräsentationseigenschaften" des activation space anhand eines einfachen Beispiels genauer ansehen: es handelt sich um das Problem einer *binären* Entscheidung; i.e., verschiedene input Muster sollen in zwei Klassen kategorisiert werden. *Gorman* und *Sejnowski* [GORM 88, GORM 88a, CHUR 89, CHUR 92] haben ein Netzwerk entwickelt, welches fähig ist, aus Sonarechos zwischen Minen und Felsen zu unterscheiden ("mine-rock distinction"). Der Sachverhalt entstammt einem realen Problem, welchem man nur mit großen Schwierigkeiten beigekommen ist[2]. Von einem U-Boot werden Sonarpulse ausgesandt, die am Meeresboden reflektiert werden. Aus der Analyse dieser *Echos* soll man eine Unterscheidung, ob es sich um Felsen oder um eine Mine handelt, fällen. Daß dies keine leichte Aufgabe ist – vor allem, wenn man sie automatisiert z.B. durch einen Computer durchführen lassen will –, scheint klar.

Wie kann man solch ein Problem mittels neuronaler Architekturen lösen? In diesem Falle wird eine *feed forward* Architektur angewandt, die aus 60 input, 24 hidden und 2 output units besteht (siehe auch Abbildung 5.2). Ein großes Problem stellt die Frage dar, wie der *input codiert* werden soll. Das zurückkommende Echo ist ein Frequenzgemisch, welches sich als ein bestimmter Ton anhört. In diesem Frequenzgemisch ist – so hofft man – die Information über die Beschaffenheit des

---

[2]Die *automatische* Erkennung/Unterscheidung ist durch herkömmliche Algorithmen fast nicht möglich – dieses Netzwerk ist jedoch fähig, einen relativ hohen Prozentsatz an Sonarechos richtig zu kategorisieren.

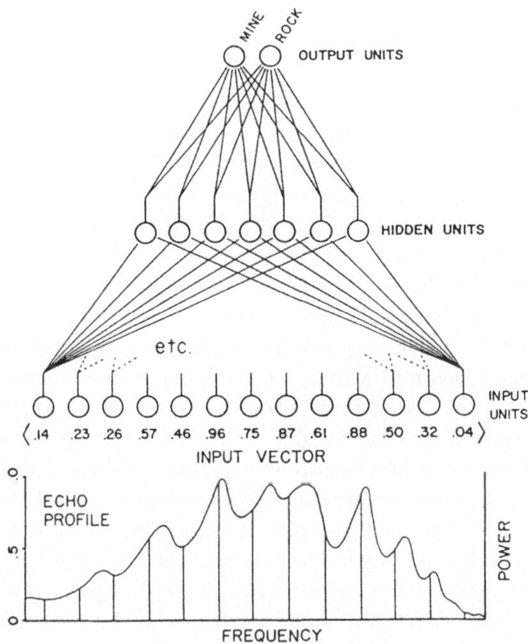

Bild 5.2 Codierung des inputs (unten) und Netzwerkarchitektur (aus P.M.Churchland, 1989).

Meeresbodens enthalten. Eine Transformation, die bei ähnlichen Problemen (z.B. Spracherkennung) oft durchgeführt wird, und die relevante Information expliziter macht, stellt die *Fouriertransformation* dar: ein Frequenzgemisch wird in die Anteile der einzelnen Frequenzen aufgespalten. Als Ergebnis erhält man ein Spektrum, in dem die Anteile jedes Frequenzbandes enthalten sind (siehe Abbildung 5.2 unten). Dies ergibt eine für jedes Frequenzgemisch (Echo, Geräusch, etc.) *charakteristische* Kurve resp. eine Folge von Frequenzanteilswerten, auf der operiert werden kann.

Im Falle unseres Beispiels wurde die Frequenzanalyse in 60 Bändern durchgeführt; i.e., es wurden die relativen Frequenzanteile in 60 Frequenzbereichen aus dem jeweiligen Echo berechnet. Diese Werte wurden im Bereich [0, 1] normalisiert, wodurch eine Folge von Zahlen entsteht, die alle im Bereich [0, 1] liegen. Diese Werte werden auf die Aktivierungswerte der 60 input units abgebildet. Diese 60 Aktivierungen kann man zu einem Vektor, dem *input vector* zusammenfassen, welcher in den folgenden Schritten weiterverarbeitet wird.

Abbildung 5.2 zeigt eine Vereinfachung des Netzwerkes; i.e., in der Struktur der Architektur ist keine Vereinfachung vorgenommen worden, lediglich die Anzahl der input und hidden units wurde drastische reduziert. Am output sehen wir zwei units, die jeweils mit "rock" resp. "mine" bezeichnet sind. Der output ist wie folgt codiert: fassen wir diese beiden units wiederum zu einem (*output*) Vektor zusammen, so bedeutet der Vektor $(1, 0)$, daß das Echo als eine Mine klassifiziert wurde. Ist der Vektor $(0,1)$, so deutet dies auf einen Fels hin. Im output haben wir also eine binäre Entscheidung, die lokal codiert ist (i.e., für jeden möglichen Repräsentationszustand ist eine eigene unit vorhanden). Was passiert nun in solch einem (künstlichen) Netzwerk? An die input units wird ein input, der in obiger Form generiert wurde, angelegt; i.e., der input Vektor wird mit Aktivierungswerten aus der *Fourieranalyse* "gefüllt". Diese Aktivierungen breiten sich durch das Netzwerk ("spreading activations") in Richtung der output units aus – diesen Vorgang nennt man das *"Durchpropagieren"* von Aktivierungen. Sind diese Aktivierungen bei den output units angelangt, so ergeben sie einen bestimmten (output) Aktivierungsvektor; dieser wird in zuvor dargestellter Weise interpretiert.

In der Anfangsphase, in der das Netzwerk noch nicht "trainiert" wurde, sind diese outputs natürlich chaotisch (i.e., der output entspricht in keiner Weise der gewünschten Entscheidung zwischen Fels und Mine), da die Gewichte des Netzwerkes mit Zufallszahlen initialisiert wurden. Aus diesem Grund müssen Netzwerke dieser Kategorie einer *Trainingsphase* ausgesetzt werden. I.a.W., die Gewichte müssen durch später noch genauer besprochene Mechanismen so verändert/adjustiert werden, daß sie das gewünschte Ergebnis produzieren. In der Trainingsphase geht es also darum, *Assoziationspaare* zu lernen; i.e., bestimmte input Vektoren sollen durch das Netzwerk auf bestimmte output Vektoren abgebildet werden – es handelt sich also in diesem Falle, wie in den meisten Standardanwendungen des PDP, um das Problem des Erlernens einer *Abbildung* zweier Vektoren[3] aufeinander, wenn man so will, um das Erlernen einer (impliziten) Funktion, die zwei Vektoren aufeinander abbildet – diese Funktion, welche durch die Gewichte determiniert ist, soll aber nicht nur ein Vektorpaar, sondern eine ganze Gruppe von Assoziations(vektor)paaren abzubilden fähig sein.

In der Trainingsphase[4] werden inputs an das Netzwerk angelegt, welche durch das Netzwerk durchpropagiert werden und ein bestimmtes output Muster erzeugen. Dieses Muster wird gegen das gewünschte Muster (i.e., Mine oder Fels resp. $(1,0)$ oder $(0,1)$) verglichen. Aus diesem Vergleich läßt sich – meist durch einfache Differenzbildung – der *"Fehler"*, den jede unit gemacht hat, berechnen. Mittels des *error back propagation* Algorithmus (*Rumelhart* et al. [RUME86a]) wird dieser Fehler in Richtung der input units zurückpropagiert und im Zuge dieses Vorganges die Gewichte je nach dem, wieviel sie zur Erzeugung dieses Fehlers beigetragen haben, adjustiert. Mit jedem Trainingsdurchgang wir die Performanz erhöht; i.e., der aktuell produzierte output nähert sich dem gewünschten output an. Dieser Vorgang wird für alle Assoziationspaare wiederholt. Mathematisch gesehen basiert dieser Adjustierungsmechanismus auf einem *gradient descent* Verfahren – einem Optimierungsverfahren, welches versucht, den Fehler mittels Gewichtsadjustierung so weit wie möglich zu minimieren (s.a. Kapitel 8).

Simulationsergebnisse zeigen, daß man (fast) nie eine 100%-ige Erfolgsrate erreicht (i.e., jeder gelernte input wird nicht *genau* auf $(0,1)$ oder $(1,0)$ abgebildet). Dies ist im Grunde auch nicht das Ziel dieses Prozesses, da es ausreichend ist,

---

[3]Über den *hidden layer*.

[4]In den folgenden Kapiteln werden wir noch sehr genau auf das Problem des/der *Lernens/Adaptation* eingehen; hier wird dieser Vorgang vorerst nur sehr rudimentär geschildert.

klare *Tendenzen* der Unterscheidung zu zeigen. "Ungenauigkeiten" können etwa durch Thresholds (Schwellwerte) eliminiert werden. Im Falle dieses Netzwerkes zur Unterscheidung zwischen Minen und Felsen hat man am Ende der Trainingsphase bei verschiedenen Durchläufen (i.e., unterschiedliche Initialisierung, unterschiedliche Trainingsreihen, etc.) eine Erfolgsquote zwischen 93% und 99% für die bereits erlernten Musterpaare festgestellt. Sowohl die Initialisierung als auch die Reihenfolge, mit der Assoziationspaare erlernt werden, haben Einfluß auf diese Ergebnisse.

Interessante Eigenschaften zeigt das Netzwerk, wenn inputs angelegt werden, mit denen das Netzwerk noch nie konfrontiert war. Die Ergebnisse zeigen, daß das Netzwerk zumindest die gleiche, wenn nicht manchmal eine höhere Erfolgsrate bei der Kategorisierung hat, als ein auf dieses Problem trainierter Mensch. In diesem Sinne könnte man sagen, daß dieses Netzwerk "gelernt" hat, aus den gegebenen und erlernten Trainingsfällen zu *generalisieren*. Diese Annahme ist natürlich nur dann gültig, wenn in den Trainingsfällen und in den aktuell präsentierten Fällen eine versteckte resp. nicht offensichtliche gemeinsame Struktur enthalten ist, die es erlaubt eine Kategorisierung durchzuführen. Diese *Generalisierungsfähigkeit* ist also einerseits u.a. auf die Eigenschaften und impliziten Regelmäßigkeiten der "Struktur der Umwelt" und andererseits auf folgende beide Eigenschaften neuronaler Systeme zurückzuführen:

(a) Einerseits basiert dieses Verhalten auf der bereits im Kontext des vector coding erwähnten Eigenschaft der Erhaltung der *Ähnlichkeiten*; i.e., ähnliche input Vektoren werden auf ähnliche output Vektoren abgebildet. I.a.W., wir gehen in diesem Falle von der Annahme aus, daß eine ähnliche Struktur des Echos eine ähnliche Kategorisierung erwarten läßt – dies ist eine Tatsache, von der wir in unseren tagtäglichen Inferenzen ständig Gebrauch machen. (b) Andererseits bilden sich, wie wir noch ausführlich besprechen werden, durch den Vorgang des Lernens resp. der Adaptation der Gewichte *Detektoren* für (statistisch markante) Merkmale aus.

Sieht man sich die Frequenzspektra und deren Kategorisierung in Mine oder Fels mit "bloßem Auge" an, so kann man eine Unterscheidung/Kategorisierung *nicht* verläßlich durchführen. Auch die Kategorisierung aus dem akustischen Muster fällt dem Menschen sehr schwer und erfordert langes Training und viel Erfahrung. I.a.W., für unser Sensorsystem und unser kognitives System gibt es auf den ersten Blick, auf das erste Hinhören *keinerlei* klare Anhaltspunkte, Strukturen oder offensichtliche Kategorien, nach denen wir das Frequenzspektrum, den Ton, etc. kategorisieren könnten. Am Rande sei bemerkt, daß auch Personen, die gelernt haben, diese Kategorisierung durchzuführen nur äußerst schwer (sprachlich explizite) Hinweise geben können, nach welchen Kategorien oder Kriterien sie diese Entscheidung fällen.

Dies alles sind Hinweise, daß wir hier mit unseren sprachlichen und traditionellen kognitiven Kategorien an ganz klare Grenzen stoßen, die wir im Scheitern der propositionalen Ansätze deutlich zu spüren bekommen. Sprachliche/linguistische Kategorien sind offenbar nicht die ultimativen Repräsentationskategorien, sondern basieren auf einem viel grundlegenderen Repräsentationssubstrat, das zu untersuchen wir in dieser Arbeit angetreten sind. Einen guten Ausgangspunkt finden wir im Studium des *hidden layers*, genauer gesagt im activation space, der durch die units des hidden layers aufgespannt wird. Es stellt sich heraus, daß dieser eine *zentrale Rolle* in der Repräsentation des Wissens und im Kategorisierungsprozeß spielt: wie bereits angedeutet, können hidden units als *rezeptive Felder* resp. *Merkmalsdetektoren* für die Aktivierungsmuster, die am input layer anliegen, aufgefaßt werden. I.e., eine bestimmte hidden unit tendiert immer dann aktiv zu werden resp. hat immer dann eine erhöhte Feuerrate, wenn ein bestimmtes Merkmal (z.B. ein bestimmtes Frequenzmuster in der Frequenzanalyse, ein bestimmtes visuelles Muster, etc.) im input Aktivierungsvektor vorhanden ist. Welche unit sich auf welches Merkmal "stürzt", wird durch die Verteilung und Adjustierung der Gewichte determiniert. I.a.W., die Gewichte steuern die Ausbreitung der Aktivierungsmuster in solch einer Weise, daß man eine bestimmte hidden unit als einen Detektor für ein bestimmtes Merkmal interpretieren kann.

Überlegen wir uns zur Illustration folgendes Beispiel: angenommen für unsere Kategorisierung zwischen einer Mine und einem Fels ist es für die Kategorie "Fels" wichtig, daß im input ein hoher Frequenzanteil sowohl in der Bandbreite zwischen 1 kHz und 2 kHz als auch zwischen 20 kHz und 25 kHz vorhanden ist. Hier handelt es sich um ein Muster, das zu detektieren für die Kategorisierung unbedingt notwendig ist. Es ist wahrscheinlich, daß sich im hidden layer eine (oder mehrere) unit/s herausbildet/n, welche sich auf diese Bandbreiten spezialisiert/en. I.e., diese hidden unit wird genau dann aktiv, wenn dieses Aktivierungsmuster im input layer vorliegt. Wie wird solch ein Mustererkennungsproblem in neuronalen Systemen realisiert/repräsentiert/verkörpert? Wie bereits angedeutet, ist die Verhaltensdynamik durch die Konfiguration der Gewichte determiniert. Diese Gewichte werden durch den *Lernalgorithmus* so eingestellt/adjustiert, daß sich solche Detektoren ausbilden. In unserem Beispiel bedeutet das, daß sich von jenen input units, die die zuvor angesprochenen Frequenzbänder repräsentieren stark positive (exzitatorische) Gewichte zu dieser einen hidden unit bilden, die sich auf dieses Muster spezialisiert hat. Die Gewichte, die von den anderen units kommen, gehen eher gegen 0 oder sind sogar negativ, sodaß sie inhibitorischen oder keinen Einfluß auf diese hidden unit haben. Diese Gewichtskonfiguration an unserer hidden Detektor-unit erlaubt es, daß diese unit genau dann aktiv wird, wenn dieses Muster im input anliegt. Natürlich können in einer solchen Detektor-unit auch noch komplexere Zusammenhänge repräsentiert werden: durch gezielte positive und negative Gewichte kann man erreichen, daß diese unit nur dann auf ein input Muster anspricht, wenn ein bestimmtes anderes Muster nicht in demselben input vorhanden ist, etc. In jedem Fall befinden sich im hidden layer eine ganze Reihe solcher Detektoren, die zusammengefaßt als Aktivierungsvektor wieder ein bestimmtes Aktivierungsmuster ergeben. Die *output units* ("mine-unit" oder "rock-unit") fungieren wiederum als *Merkmalsdetektoren*: genau so wie die hidden units haben sich diese units wiederum auf ganz spezifische Muster im hidden layer spezialisiert, die für das Vorhandensein eines Fels resp. einer Mine verantwortlich sind. Im hidden layer hat also eine *Vorkategorisierung* stattgefunden, die dann in einer zweiten Stufe im output layer nochmals ("endgültig") kategorisiert wird. Jene Kategorien, in die menschliche kognitive Systeme eine Gruppe von Mustern einteilen, müssen nicht notwendiger Weise mit den Kategorien übereinstimmen, die durch ein anderes (z.B. künstliches) neuronales System

gefunden werden. Dieses Phänomen tritt oft bei *unsupervised* Lernalgorithmen[5] auf;
beim Competitive Learning (*Rumelhart* et al. [RUME86b]) etwa werden manchmal
völlig unerwartet Kategorisierungen gefunden, die neben anderen Kategorisierungs-
möglichkeiten auch in den Aktivierungsmustern enthalten sind. Außerdem kann es
der Fall sein, daß verschiedene Kategorisierungen zu ein und demselben passenden
Ergebnis führen.

Wie können wir all diese Phänomene in die weiter oben diskutierten Konzepte
des *activation space* einbetten? Kann uns die Darstellungsform des activation space
Hinweise oder Erklärungen geben? In Abbildung 5.3 ist der Sachverhalt der Fels-
Mine Unterscheidung im *activation space* dargestellt; natürlich handelt es sich um
eine vereinfachte Darstellung, da – aus offensichtlichen Gründen – nur drei Dimensionen abgebildet werden können. Die Abbildung zeigt einen Ausschnitt des auf drei
Dimensionen reduzierten activation space der *hidden units*; i.e., die Aktivierungen
der hidden units H_1, H_2 und H_3 spannen einen 3-D activation space auf. Legen wir
nun an das bereits "trainierte" Netzwerk bestimmte input Muster an, so können wir
eine *Regelmäßigkeit* in diesem activation space feststellen: alle input Muster, die in
die Kategorie der Mine fallen, sind in einem Teil des activation spaces zu finden, alle
anderen im restlichen Teil; i.e., der input wird durch das Netzwerk durchpropagiert
und erzeugt einen bestimmten hidden- und output-activation vector. Greifen wir
nun drei units des hidden Vektors heraus und lassen diese in bereits diskutierter
Weise einen activation space aufspannen, so können die Aktivierungsmuster in diesen drei hidden units als *Punkte* in diesem Raum dargestellt werden. Wir entdecken,
daß der gesamte (hidden) activation space (i.e., der activation space, der durch die
drei resp. durch alle hidden units aufgespannt wird) in zwei *Subräume partitioniert*
wird – der eine wird durch "Minen-inputs", der andere durch "Fels-inputs" erzeugt
[CHUR 89].

Es scheint so, als ob es einen "Vorhang" gäbe (grauer Schleier im activation space
in Abbildung 5.3), der diese beiden Subräume (implizit) voneinander *trennt*. Alle
Aktivierungsmuster, die sich "vor" diesem Vorhang befinden, fallen in die Kategorie "Mine", alle, die sich dahinter befinden, werden als "Felsen" kategorisiert. Hier
finden wir eine andere Repräsentationsform der zuvor angesprochenen *rezeptiven
Felder*, eine Repräsentationsform im activation space. Es ist wichtig darauf hinzu-
weisen, daß es sich hier *nicht* um die Darstellung des input Vektors im activation
space, sondern um die Aktivierungen der *hidden units* handelt – diese Aktivierungen
sind also bereits einmal durch die Gewichtskonfiguration zwischen input- und hidden
layer *transformiert*. Weiters sollte man sich vor Augen führen, daß der Schein, daß
bereits in den einzelnen hidden units die Entscheidung/Kategorisierung "Mine-oder-
Fels" abzulesen ist, *trügt*. Lediglich das *gesamte Aktivierungsmuster* kann Auskunft
über diese Entscheidung geben – eben dieses Muster zu klassifizieren ist Aufgabe
der output units. Der "Vorhang", den wir in Abbildung 5.3 sehen, ist nur für uns
so klar sichtbar – aus der Perspektive einer einzelnen hidden unit ist die Kategorisierung nicht sichtbar; man überlege sich folgendes Beispiel in Abbildung 5.3:
sehen wir uns die Aktivierung von hidden unit H_3 an, so bemerken wir, daß sie

---

[5] Dies sind Lernalgorithmen, bei denen *kein expliziter Lehrer* die Kategorisierung vorgibt – diese
muß aus den statistischen Eigenschaften der präsentierten Mustern erfolgen.

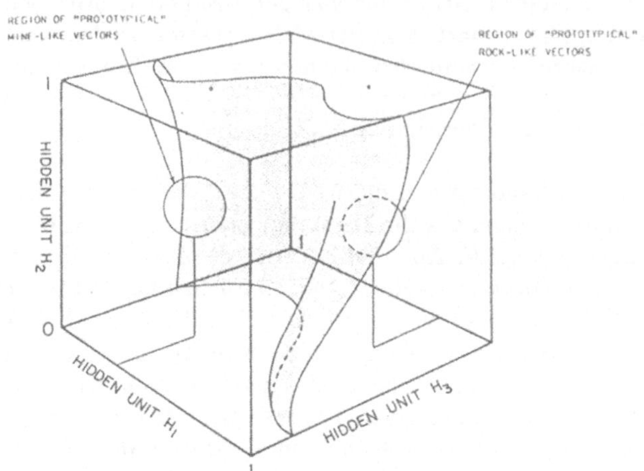

Bild 5.3 Die Partitionierung des activation space im Falle des "rock-mine" Netzwerkes (aus P.M.Churchland, 1989).

unter der Annahme, daß H_1 konstant 1 und H_3 konstant 0.5 sind, bei kleiner Aktivierung von H_2 in die Kategorie "Fels" fällt und mit steigendem H_2 in die Kategorie "Mine" wandert. Was hier gezeigt werden sollte ist, daß es *nicht* ausreicht, die Aktivierung einer einzigen hidden unit für die Kategorisierung (in "Mine" oder "Fels") des inputs heranzuziehen. Vielmehr ist es erst das *Gesamtmuster* der Aktivierungen des hidden layers resp. der *Punkt* im (hidden) activation space, der uns Auskunft über die Kategorisierung geben kann (i.e., auf welcher Seite des "Vorhanges" der Punkt liegt). Diese Kategorisierung des hidden Vektors kann durch neuronale Mechanismen nur durch Hinzufügen eines dritten layers geschehen, welcher den *output layer* repräsentiert. Erst in diesem kann die Kategorisierung eindeutig abgelesen werden (zumindest, wenn, wie in diesem Beispiel, eine lokalistische Repräsentation des outputs gewählt wird).

Auch der Prozeß des *Lernens* resp. der *Adaptation* in (künstlichen) neuronalen Systemen kann man im Lichte des *activation space* einer Neuinterpretation zuführen – in einem ersten Schritt haben wir Lernen als Minimierung eines (durch eine/n externe/n Instanz/Lehrer vorgegebenen) Fehlers charakterisiert. Im Kontext unserer Überlegungen zum activation space könnte man Lernen auch folgendermaßen beschreiben: es wird eine Gewichtskonfiguration gesucht, die den activation space, den die hidden units "aufspannen" solcher Art *partitioniert*, daß – auf unser "Fels-Mine Beispiel" zurückkommend – ein beliebiger "Minen-input" in einen begrenzten Subraum fällt und daß ein beliebiger "Fels-input" so transformiert wird, daß seine Darstellung als Punkt im hidden activation space in den anderen Subraum fällt. Es handelt sich um eine Umformulierung des ursprünglichen Suchproblems nach einer Minimierung des Fehlers in die Aufgabe, daß eine Partitionierung in zwei (n) Subräume des activation space der hidden units gefunden werden muß.

Graceful degradation

Anhand der Darstellung der Aktivierungen (des hidden layers) im activation space ist es auch möglich, ein interessantes Phänomen, welches man häufig in natürlichen und künstlichen neuronalen Systemen findet, besser zu verstehen: *graceful degradation*. Hierbei handelt es sich um die Frage, was passiert, wenn in einem neuronalen System eine Komponente ausfällt. In traditionellen (symbolverarbeitenden) Systemen oder *von Neumann* Architekturen hätte der Ausfall auch nur einer Komponente meist katastrophale Folgen: ein umgekehrtes Bit in einem Speicher kann ein Programm schon zum Absturz bringen, ein kleiner Fehler in der CPU führt zum Systemausfall, etc. – das Problem mit diesen Architekturen besteht in ihrer "alles-oder-nichts" Strategie und Organisation; i.e., alle Komponenten sind hochspezialisiert und arbeiten zentral gesteuert. Fällt hingegen in neuronalen Systemen eine Komponente aus, so bricht nicht gleich das ganze System zusammen – vielmehr verringert sich die Performanz (bis zu einem gewissen Grad des Ausfalls nur geringfügig). Aus natürlichen neuronalen Systemen kennen wir das Phänomen, daß trotz (kleiner) Läsionen resp. trotz des Absterbens von Neuronen kaum Einbußen in der Ausführung kognitiver Fähigkeiten zu merken sind [KAND 91, CHUR 92] – dieses Phänomen wird *graceful degradation* genannt. Wir können zumindest zwei Möglichkeiten von Ausfällen/Fehlfunktionen finden:

(a) Ausfall eines *Gewichtes* resp. einer *synaptischen Verbindung*: in diesem Fall sind fast gar keine Einbußen in der Performanz zu bemerken. Transformieren wir diesen Fall in die Darstellungsform des activation space so ergibt sich folgendes Bild: der Ausfall eines Gewichtes impliziert lediglich eine *leichte Verschiebung* des "Vorhanges" (in Abbildung 5.3) resp. eine leichte Veränderung der Abgrenzungen der Partitionierungen. Diese leichten Veränderungen haben – abgesehen von "Randfällen" – kaum einen Einfluß auf die endgültig Kategorisierung. (b) Ausfall einer *unit* resp. eines *Neurons*: anhand von Abbildung 5.3 kann man sich leicht überlegen, was in diesem Fall passiert – in diesem Beispiel können zwei Fälle auftreten:

(i) entweder hidden unit H_1 oder H_2 fällt aus: die Kategorisierung kann noch immer halbwegs durchgeführt werden, da die *Hauptlast* der Diskriminierung auf unit H_3 liegt.

(ii) fällt hingegen unit H_3 aus, so kollapiert die Kategorisierungsfähigkeit in hohem Maße. In diesem (fiktiven) Beispiel spielt hidden unit H_3 eine zentrale Rolle in der Partitionierung des activation space, da die Diskriminierung hauptsächlich entlang der Dimension von H_3 durchgeführt wird und der Ausfall dieser Dimension daher zu einem Verlust der Kategorisierungsfähigkeit führen würde.

An dieser Stelle ist es jedoch wichtig anzumerken, daß es sich in diesem Beispiel um einen eher *untypischen* Fall handelt. Folgende Gründe können dafür angeführt werden: (i) in den meisten Fällen geht es nicht um eine binäre Entscheidung, sondern der activation space wird in viele kleine Subräume partitioniert. (ii) Die Partitionierung des activation space findet meist nicht so klar fast entlang einer

Achse/Dimension des activation space statt; vielmehr ist es häufiger der Fall, daß die Grenzen quer durch den Raum und keinen geometrischen Formen folgend gelegt werden. Damit ist die Gefahr gebannt, daß, wenn die Partitionierung durch eine Hyperebene parallel zu einer Dimension des Koordinatensystems realisiert ist und jene unit, die orthogonal zu dieser Hyperebene aufgetragen wird, ausfällt, die Kategorisierungsfähigkeit ebenfalls ausfällt. (iii) Die dritte untypische Eigenschaft dieses Beispiels besteht darin, daß wir hier – aus darstellungstechnischen Gründen – lediglich die Aktivierungen von nur 3 units betrachten. Der Ausfall von nur einer unit bedeutet bereits den Verlust von 33% des neuronalen Substrates. In den meisten Fällen (künstlicher neuronaler Netzwerke) haben wir es jedoch mit hidden layers mit $10 - 10^3$ (oder mehr) zu tun[6] – dies bedeutet, daß der Ausfall einer einzigen oder einer relativ kleinen Anzahl von units prozentmäßig kaum ins Gewicht fällt und damit auch keinerlei schwerwiegende Folgen für die Kategorisierung hat, da diese Kategorisierung nicht mehr an eine einzige Dimension gebunden ist, sondern im Zusammenspiel und verteilt über die große Anzahl der hidden units durchgeführt wird. Das im Bereich des Konnektionismus immer wieder zitierte Modell "NETtalk" von *Sejnowski* und *Rosenberg* [SEJN 86, SEJN 87], welches die Aufgabe hat, geschriebene englische Sprache in Phoneme umzuwandeln, stellt ein weiteres Beispiel dar, bei dem mittels cluster analysis die Partitionierung des Aktivierungsraumes untersucht werden kann.

Fassen wir all unsere Überlegungen zu Aktivierungsmustern, Aktivierungsvektoren, activation space, etc. zusammen, so ergibt sich in bezug auf unsere Frage der Repräsentation in neuronalen Systemen und unsere in Kapitel 2 dargelegten Argumentationsziele folgendes Bild: In einem Punkt des activation space spiegelt sich der momentane *(Aktivierungs-)Zustand* des Netzwerkes wider. Ein bestimmter Aktivierungs-)Zustand in einem Netzwerk resp. ein Punkt im activation space kann (zumindest in einem *feed forward Netzwerk*) als Aktivierung einer bestimmten (internen) *Repräsentation* interpretiert werden. Im hidden layer (eines feed forward Netzwerkes) findet eine *Partitionierung* des activation space statt. Diese ist durch die aktuelle Gewichtskonfiguration determiniert und bedeutet eine Vorkategorisierung des inputs in "Basiskategorien", die dann – zusammengefaßt als Vektor/Muster – über die Gewichte, die den hidden mit dem output layer verbinden, zu einem output zusammengestellt werden. Diese Basiskategorien müssen *nicht* sprachlich interpretierbar/bezeichenbar sein; sie lassen sich jedoch mittels cluster analysis und principal component analysis [HERT 91] (mathematisch) verfolgen. Die Bewahrung der *Ähnlichkeiten* beim Abbildungsprozeß der Aktivierungsvektoren aufeinander (und damit auch ein Teil der sog. *Generalisierungsfähigkeit* von neuronalen Systemen) läßt sich mittels Ähnlichkeitsmaßen und *Metriken* innerhalb des activation space darstellen. Der *zeitliche Verlauf* von Aktivierungsmuster (z.B. in rekursiven Netzwerken) läßt sich mittels einer *Trajektorie*, die die einzelnen Punkte im activation

---

[6]Besonders in *natürlichen neuronalen Systemen* finden wir andere Größenordnungen.

space (i.e., die verschiedenen Aktivierungszustände zu aufeinanderfolgenden Zeitpunkten) verbindet, verfolgen.

Das Wissen, das in solch einem Netzwerk repräsentiert/verkörpert ist, hat *nichts*
mehr mit langen Listen oder hierarchischen Strukturen von Symbolen, Sätzen oder
Propositionen zu tun. Die einzigen Variablen resp. Parameter, die wir vorfinden sind
Muster von Aktivierungen und Gewichtskonfigurationen. Wie diese untereinander
und mit dem Problem der Repräsentation verwoben sind, ist Gegenstand der folgenden Ausführungen. So weit haben wir festgestellt, daß das *"aktuelle* Wissen" und
das aktuell produzierte/generierte Verhalten in den Aktivierungen repräsentiert ist,
welche sich als ein Punkt im activation space darstellen lassen.

5.3 Neuronale Verarbeitung und Repräsentation

In diesem Abschnitt studieren wir die Frage der *Verarbeitung* in neuronalen Strukturen. Es stellt sich heraus, daß es einen ganz engen *Zusammenhang* zwischen der
Art und Weise, wie Aktivierungsmuster aufeinander abgebildet werden, welche repräsentationale Funktion sie besitzen, was die Dynamik im activation space determiniert, welche Operationen auf Aktivierungsvektoren ausgeführt werden, wie Repräsentation, Verarbeitung und Speicherung funktionieren, gibt. Wir werden dies
in drei Schritten tun: zuerst wird anhand eines einfachen Beispiels das prinzipielle
Konzept der *Vektorverarbeitung* eingeführt, dieses wird dann auf ein Beispiel für die
sensomotorische Integration angewandt. Der dritte Teil beschäftigt sich dann mit
den epistemologischen Konsequenzen in bezug auf das Repräsentationsproblem in
neuronalen Strukturen.

5.3.1 Vektorverarbeitung

Wie wir in den vorigen Abschnitten und in Kapitel 3 gesehen haben, lassen sich
die Aktivierungen eines neuronalen Systems in einem *Aktivierungsvektor* zusammenfassen – die aktuelle Belegung dieses Vektors zeigt uns, (a) in welchem (aktuellen repräsentationalen) Zustand sich das neuronale Netzwerk zu einem bestimmten
Zeitpunkt t gerade befindet, (b) gibt uns eindeutige Auskunft über den aktuellen
Aktivierungszustand des Netzwerkes und (c) läßt sich als Punkt in einem durch die
n Komponenten des Vektors aufgespannten n-dimensionalen Aktivierungsraum darstellen. Wenn wir die Gesamtaktivierung (i.e., das Aktivierungsmuster) als Vektor
darstellen können, so stehen uns alle mathematischen Methoden der *Vektorverarbeitung* zur Verfügung. Die Kombination von Vektorverarbeitung und vector coding
passen komplementär zusammen wie Schlüssen und Schloß – das Zusammenspiel
von dieser Form von Repräsentation und Verarbeitung stellt (a) ein *alternatives
Konzept* der *Verarbeitung* und Berechnung in kognitiven Systemen (Vektorabbildung vs. Manipulation von Symbolen resp. Propositionen) und (b) ein alternatives
Konzept von *Repräsentation* dar: es handelt sich um eine *"symbiotische"* Beziehung zwischen neuronalem Repräsentationssubstrat (neuronaler Architektur) und

der Dynamik der sich ausbreitenden Aktivierungen, die für das Verhalten des Systems verantwortlich sind. Durch das Kollapieren der Trennung von Repräsentation und Verarbeitung tritt das Konzept der *Verkörperung* von Wissen an die Stelle der traditionellen Repräsentationsvorstellungen.

Die Verarbeitung in (natürlichen und künstlichen) neuronalen Systemen wird nicht mehr als eine Form der Manipulation auf Repräsentationen verstanden, sondern als eine durch die Architektur (synaptische Konfiguration, Gewichtskonfiguration) verkörperte *vector-to-vector Transformation*. Man kann sich vorstellen, daß die Aktivierungen durch die Synapsen/Gewichte "durchgezwängt" resp. verstärkt werden und die Aktivierung der empfangenden unit erhöht oder inhibiert wird. Die synaptische Konfiguration/Gewichte kann als eine *Matrix* aufgefaßt werden, in der jedes Element ein (synaptisches) Gewicht repräsentiert. Die Aktivierungen eines neuronalen Systems können in einem (Aktivierungs-) *Vektor* zusammengefaßt werden. In einer *ersten Annäherung* können wir die Verarbeitung in neuronalen Systemen als eine *Vektor-Matrixmultiplikation* charakterisieren[7]. Das Ergebnis einer solchen Multiplikation ist wiederum ein Vektor, dessen Komponenten – aus Skalierungs- und anderen Gründen – noch mittels einer Aktivierungs-/Outputfunktion ("squashing function") skaliert werden. Der dadurch entstehende Vektor ist der *neue Aktivierungsvektor* des Netzwerkes resp. der neue Aktivierungszustand des neuronalen Systems. Mittels dieser relativ einfachen Operationen lassen sich die Aktivierungszustände eines neuronalen Systems berechnen. In natürlichen neuronalen Systemen kann die Architektur der Verknüpfungen (i.e., Konfiguration der Synapsen/Gewichte) als eine Art *"lebende Matrix"* interpretiert werden.

Folgendes Beispiel soll die soeben diskutierten Konzepte veranschaulichen. Angenommen, wir hätten ein Netzwerk mit 4 input und 3 output units. Solch ein Netzwerk läßt sich auf verschiedene Arten darstellen. Abbildung 5.4 zeigt zwei Formen; einerseits die Möglichkeit, wie sie uns bereits bekannt ist: units werden durch Gewichte miteinander verbunden, es handelt sich um ein einfaches 2-layer feed forward Netzwerk. Daneben finden wir eine alternative, jedoch isomorphe Darstellung: sie kommt der Form einer Matrix schon ein bißchen näher. Auf der linken Seite kommen horizontal die inputs in das System herein. Die schwarzen Punkte repräsentieren die (synaptischen) Gewichte, durch die die durch die inputs hereinkommenden Aktivierungen "durchgequetscht" werden. Der output verläßt das Netzwerk vertikal am unteren Ende – jeder einzelne output berechnet sich aus der Summe der Produkte von jeweiligem Gewicht und input. Transformieren wir diese Darstellung in den formalen Raum der Matrizenrechnung, so ergibt sich folgendes Bild: der input Vektor $\vec{i}$ wird mit der Gewichtsmatrix $\mathbf{W}$ multipliziert und erzeugt den output Vektor $\vec{o}$:

$$\vec{i} \;=\; (2,3,0,1) \tag{5.1}$$

---

[7]Natürlich können wir *nicht* bei solch einer einfachen linearen Vorstellung bleiben – für den Moment ist diese jedoch ausreichend.

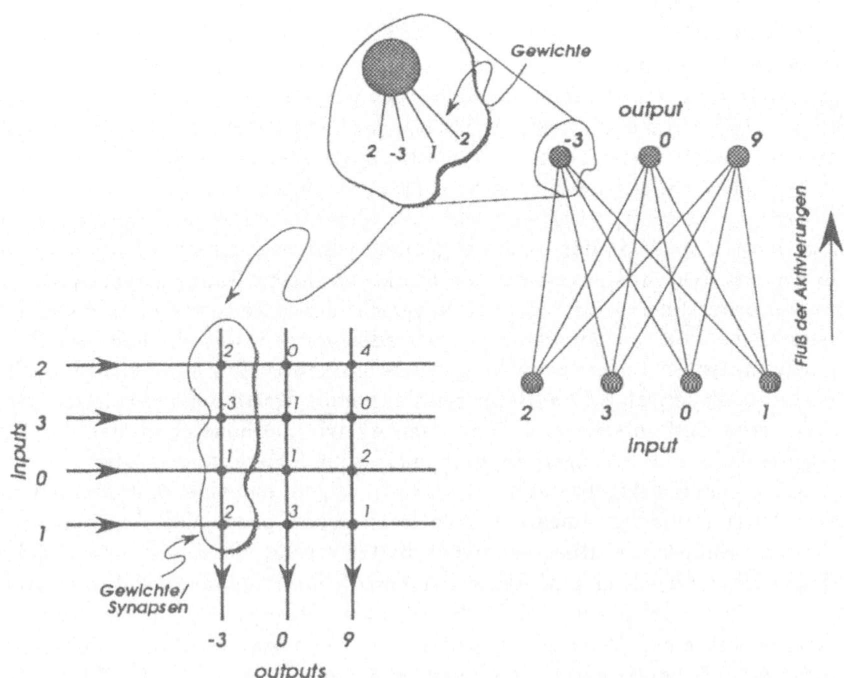

Bild 5.4 Zwei Darstellungsformen eines 2-layer feed forward Netzwerkes (für nähere Erklärungen siehe Text).

$$\mathbf{W} \;=\; \begin{pmatrix} 2 & 0 & 4 \\ -3 & -1 & 0 \\ 1 & 1 & 2 \\ 2 & 3 & 1 \end{pmatrix} \tag{5.2}$$

$$\vec{o} \;=\; \vec{i} \star \mathbf{W} = (-3, 0, 9) \tag{5.3}$$

Diese Darstellung repräsentiert eine allererste Annäherung an das Problem der *Verarbeitung* in neuronalen Systemen. Es illustriert das *Zusammenspiel* zwischen Aktivierungsvektoren und den synaptischen Gewichten, welches sich auf Matrixoperationen zurückführen läßt. In jedem Fall fällt auf, daß es sich in keiner Weise um irgend eine Form von Symbolmanipulation handelt, sondern ausschließlich um Abbildungen von Aktivierungen zwischen activation spaces. Weiters ist wichtig anzumerken, daß durch ein und dieselbe Matrix alle beliebigen Vektoren verarbeitet werden können – es ist also *nicht* der Fall, wie man es häufig im symbolischen Ansatz findet, daß nur ganz spezielle Teile eines Programms, eines Regelsystems, etc.

resp. der Verarbeitungsstruktur für ganz spezifische inputs zuständig sind. Im Falle des vector crunching ist dies keine Frage, da es für die Matrixmultiplikation egal ist, welche Zahlen im input Vektor enthalten sind (solange es nur Zahlen sind). In dem hier diskutierten Beispiel handelt es sich um eine *lineare Transformation* von Vektoren von einem Vektorraum in einen anderen. In diesem Fall des 2-layer Netzwerkes haben wir die units des input- und des output-layers getrennt und zu zwei activation spaces zusammengefaßt – das Propagieren resp. die Ausbreitung der Aktivierungen kann als *Abbildung/Transformation* eines Punkts im input activation space auf einen Punkt im output activation space (mathematisch) beschrieben werden. In vielen Fällen (nämlich genau dann, wenn alle units als ein gemeinsamer activation space interpretiert werden) fällt diese Trennung in Ursprungsraum und den activation space, in den hinein abgebildet wird weg: die Abbildung findet innerhalb eines activation space statt. Die Punkte in diesen Räumen repräsentieren die Aktivierungsverteilung im Netzwerk zu verschiedenen Zeitpunkten und können, wie bereits angedeutet, zu *Trajektorien* verbunden werden, mittels derer die Dynamik des neuronalen Systems nachvollzogen werden kann. Man kann sich diese lineare Transformation durch die Gewichte resp. durch die Matrixmultiplikation auch in einem anderen Bild vorstellen: die einzelnen Aktivierungsmuster werden durch *plane Spiegel* verzerrt und erzeugen dadurch ein output Aktivierungsmuster.

Aus der linearen Algebra können wir auch zeigen, daß eine Hintereinanderschaltung solcher (einfacher linearer) Transformationen prinzipiell keine neuen Möglichkeiten eröffnet: ein Hintereinanderschalten würde die Einführung neuer layer und Gewichte bedeuten und käme mit einer Hintereinanderausführung von Matrixmultiplikationen gleich. Nun läßt sich aber zeigen, daß sich jede Hintereinanderausführung einer Matrixmultiplikation auf eine *einzige Matrix(multiplikation)* reduzieren läßt und damit ein 2-layer Netzwerk für jegliche lineare Abbildung/Transformation von Aktivierungsvektoren ausreicht. In unserer "Spiegelanalogie" bedeutet dies, daß wir die Hintereinanderaufstellung planer Spiegel durch einen "günstig" aufgestellten planen Spiegel ersetzen können. Wie bereits angedeutet handelt sich in diesem Fall nur um eine *erste Annäherung* und um den allereinfachsten Fall/Erklärungsmechanismus in der Frage der *Verarbeitung* in neuronalen Systemen. Außerdem stellt sich heraus, daß einfache lineare Netzwerke, wie sie hier vorgestellt wurden, eine Vielzahl von Problemen, die für erfolgreiches Verhalten unbedingt notwendig wären, *nicht* lösen/repräsentieren können (z.B. XOR-Problem, Statistiken höherer Ordnung, z.B. *Minsky* und *Papert* [MINS 69], *Rumelhart* et al. [RUME86a], etc.).

In den meisten Fällen werden in Netzwerksimulationen – wenn sie nicht viel aufwendigere Aktivierungsfunktionen verwenden (z.B. [CAIA 65, SATO 72, SATO 74] u.v.a.) – *Nichtlinearitäten* in Form von sog. "squashing functions", die z.B. sigmoid sind oder einen Schwellwert besitzen, eingeführt. Was in obigem Beispiel beschrieben wurde, ist lediglich der einfachste Fall, in dem der *Nettoinput* (=die Summe der gewichteten inputs) zugleich den output darstellt. In sog. "nicht linearen" Netzwerken/units wird dieser Nettoinput dann nochmals durch eine der zuvor erwähnten squashing Funktionen (Aktivierungs-/output Funktion) transformiert/skaliert und als output an die anderen "angeschlossenen" units weitergeleitet. In unserer Spiegelanalogie bedeutet die Anwendung von nicht linearen Funktionen, daß anstelle planer Spiegel *gekrümmte* Spiegel zur Verzerrung eingesetzt werden. Das "Reduktionsargument" auf nur einen Spiegel resp. auf zwei layer kann nicht mehr – oder nur mit sehr hohem mathematischen Aufwand – angewandt werden. I.e., durch die Einführung einer Nichtlinearität wird die Reduktion auf nur mehr eine Gewichtsmatrix, die alle anderen Gewichtsmatrizen ersetzt unmöglich (siehe auch Diskussion um die Minimalanforderungen an layers und Forderung nach nicht linearer Aktivierungsfunktion für XOR-Netzwerke u.ä., z.B. [RUME86a]).

Was wir aus diesen Überlegungen lernen können ist, daß die *lineare Algebra* (angereichert um Nichtlinearitäten in den Aktivierungsfunktionen) die mathematisch-theoretische Grundlage sowohl für (a) die *Repräsentation* (i.e., state/activation space und vector coding) als auch für (b) die *Verarbeitung* (i.e., Vektortransformation) in neuronalen Systemen darstellt und diese beiden Punkte ((a) und (b)) aufs engste miteinander verknüpft sind. Wir haben nun das *Werkzeug*, die theoretische Erklärung und die Möglichkeit zur *Simulation* neuronaler Systeme beisammen, um uns auf die Fragen der Repräsentation und der Prozesse, die in kognitiven Systemen ablaufen, konzentrieren zu können. In den allermeisten Fällen lassen sich kognitive Fähigkeiten auf die Frage der *sensomotorischen Integration* zurückführen – diese ist eine zentrale Aufgabe eines jeden kognitiven Systems und es scheint, als ob man auch sog. höhere kognitive Fähigkeiten auf diese Formulierung des Problems reduzieren könnte und sie unter diesem Aspekt mittels neuronaler (Repräsentations- und Verarbeitungs-)Mechanismen neu interpretieren und einer neuen Erklärung zuführen könnte. Die meisten unserer Aktionen gehen automatisch und ohne größere sog. "geistige" Anstrengungen vor sich: Gehen, Hören, Schreiben, Lesen, bestimmte Bewegungen, etc. Es hat den Anschein, daß es sich hier um sehr einfache Automatismen und Prozesse handelt, die keiner großen Fragen bedürfen. Es stellt sich jedoch heraus, daß diese *keineswegs* trivial und in ihrer Organisation viel komplexer sind, als erwartet. Sehen wir uns folgendes scheinbar einfaches Beispiel an:

5.3.2 Sensomotorische Integration am Beispiel von "Roger the Crab"

Man stelle sich einen Organismus vor, der nach einem Gegenstand greift, der vor ihm steht. Es also geht darum, die Entfernung und Richtung zu "berechnen" und in Relation mit der Position des (rechten/linken) Armes zu bringen, um die "Befehle" für die notwendigen Motoraktionen zu geben. Die Entfernung "berechnet" z.B. das visuelle System u.a. über Ausnutzung des *Stereoeffektes*, der durch die beiden Augen ermöglicht wird. Leichte Unterschiede der Bilder auf der Retina und die Rotationspositionen der Augen können Auskunft über die ungefähre Entfernung geben. Aus dieser Entfernungsberechnung wird das "neuronale Programm", welches die einzelnen Muskeln ansteuert mit den notwendigen "Parametern" versehen und ausgelöst. Das Resultat ist die Bewegung/Kontraktion einer Reihe von Muskeln, was wir als das "Greifen nach dem Gegenstand" interpretieren. Freilich sind hier noch eine ganze Menge anderer Mechanismen, wie etwa feed back Schleifen, die über die aktuelle Position des Armes Auskunft geben und mit der gewünschten Position in Relation gesetzt werden, feed back aus dem visuellen System, etc., im Spiel, die wir jedoch in diesem ersten Schritt vorerst einmal außer acht lassen wollen.

Allgemein gesprochen geht es darum, das (z.B. visuelle) *Sensorsignal* durch Transformationen (und unter Berücksichtigung des inneren Zustandes) derart in ein *Motorsignal* umzurechnen, daß es die Muskeln so aktiviert, daß sie in der "richtigen" Entfernung und Richtung nach dem Gegenstand greifen. Wenn hier von Sensorresp. Motorsignal die Rede ist, so bedeutet das nicht nur ein einzelnes neuronales Signal, sondern vielmehr ein ganzes Bündel von Signalen, die miteinander verrechnet werden müssen. Man denke etwa an die neuronalen Stränge, die durch den nervus opticus in den visuellen Kortex gelangen oder an die unheimlich feine Abstimmung und "Orchestrierung", die für die Ansteuerung der vielen Muskelfasern für die Ausführung einer Bewegung notwendig ist. Diese Verrechnung von sensorischem input in motorischen output nennt man die *sensomotorische Integration*. Sie ist auf das engste mit der Frage der *Repräsentation von Wissen* verbunden, da (a) das, was wir als "Wissen" eines Organismus bezeichnen resp. das, was wir einem Organismus als sein "Wissen" unterstellen, genau jene *Transformation* ist, die die Umrechnung der sensorischen (input) Signale auf motorische output Signale vornimmt. In dieser Transformation[8], wie immer sie realisiert ist, ist das Wissen des Systems repräsentiert. (b) Offensichtlich müssen die in der *Umwelt* vorgegebenen Strukturen mit den *internen* Strukturen und der internen Dynamik in irgend eine Relation gebracht werden, um in der Umwelt erfolgreich ("adäquat") handeln zu können. In irgendeiner – noch im Detail zu diskutierender – Weise muß sich die Struktur der Umwelt *in Relation zum kognitiven System* in der Struktur des repräsentierenden Organismus widerspiegeln. Dies ist jedoch *nicht* im trivialen Sinne einer Abbildung zu verstehen, sondern vielmehr im *systemrelativen* Sinne einer Struktur, deren Aufgabe darin besteht, ein *für das jeweilige System* adäquates Verhalten zu generieren.

Das *Wissen*, welches dem beobachteten System unterstellt wird resp. welches dieses System repräsentiert/verkörpert, liegt in der *Transformation*, die das sensorische input-Signal in das Motoroutputsignal umrechnet. Die interessante Frage, die sich an diese Überlegungen anschließt, ist, *wie ist diese Transformation*, die für die Frage der Wissensrepräsentation so zentral scheint, *realisiert*? Sehen wir uns dazu ein zwar relativ einfaches, jedoch sehr lehrreiches Beispiel aus dem Bereich der künstlichen neuronalen Netzwerke an. Wir werden einander zwei (drei) Ansätze zur Realisierung dieser Transformation gegenüberstellen und ihre (epistemologischen, informationstheoretischen und empirischen) Voraussetzungen und Konsequenzen genauer diskutieren: in Abbildung 5.5 (a) ist "Roger the Crab" dargestellt (*P.M.Churchland* [CHUR 89]): es handelt sich um ein fiktives krabbenähnliches Tier, welches über zwei Augen verfügt, die um die Vertikalachse rotieren können und welches einen Arm hat, der in einen Unter- und Oberarm unterteilt ist und der nach Objekten innerhalb der Reichweite greifen kann. Man darf sich nicht zu viel von Roger erwarten, er ist im Raum fixiert und sein Ziel und Lebensinhalt besteht darin, nach Nahrung, die sich innerhalb seiner Reichweite befindet, zu greifen. Dies tut er fol-

---

[8]Nochmals sei daran erinnert, daß eine Transformation von input- in output Signale *nicht* notwendiger Weise ein simples stimulus-response Verhalten bedeuten muß – wie wir noch in späteren Kapiteln sehen werden, können wir diese Einengung durch *rekursive* Transformationen/Architekturen vermeiden.

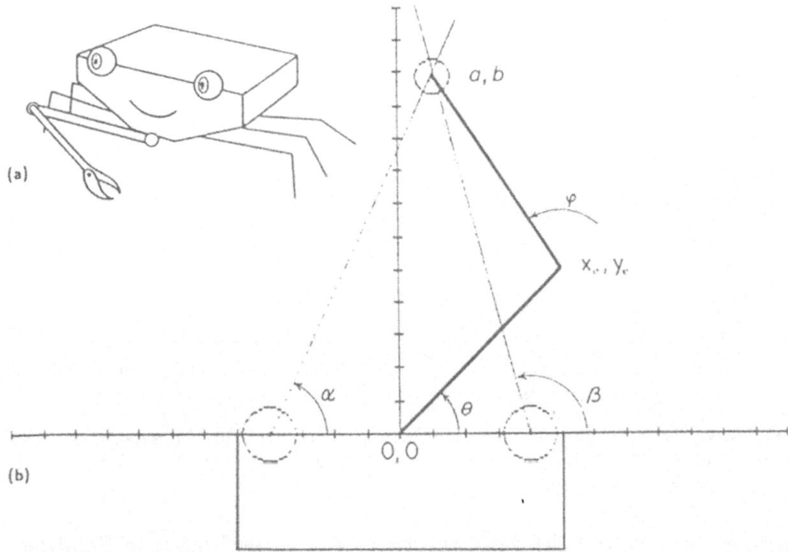

Bild 5.5 "Roger the Crab" (a) und seine kognitive Domäne (b) (aus P.M.Churchland, 1989).

gendermaßen: über sein visuelles System erhält er Information über die Position des Objektes, sein Arm befindet sich immer in der in Abbildung 5.5 dargestellten Ausgangsposition. Aus der (visuellen) sensorischen Information muß er nun die Bewegungen des Armes so berechnen, daß sich der Arm genau zum Objekt hinbewegt. Abstrahiert man das Problem ein wenig, so erhält man eine Situation, wie sie in Abbildung 5.5 (b) dargestellt ist: das Problem wird in einen zwei-dimensionalen Raum transformiert und sieht folgendermaßen aus:

Ein Gegenstand (z.B. Nahrung) befindet sich auf der Position (a, b). Da die Augen beweglich sind (Rotation um Vertikalachse), können sie ihren "Blick" (i.e., eine Gerade, ein "Sehstrahl") so wenden, daß beide Augen auf den Gegenstand schauen. Die Winkel, auf die die beiden Augen eingestellt sind (α und β), repräsentieren den *sensorischen input*, der in das System gelangt. Die Aufgabe besteht darin, die Information über die Position des Gegenstandes, die über diese beiden Winkel dem System zur Verfügung steht, in einen Motoroutput umzurechnen, genauer gesagt wieder in zwei Winkel φ und θ, die die Endposition des Armes bestimmen; i.e., der Arm besitzt zwei Gelenke und jedes dieser Gelenke kann durch die Winkel φ resp. θ in eine bestimmte Position gebracht werden. Ziel ist es, jenes Winkelpaar zu finden, welches das Ende des Armes genau auf (a, b) positioniert. Wie man sich leicht überlegen kann, kann man ohne Schwierigkeiten aus den beiden Augenwinkeln α und β die Position von (a, b) berechnen, die ja für das kognitive System in expliziter Weise nicht zugänglich ist. Aus der Perspektive der *Repräsentationsfrage* ergibt sich die Annahme, daß das kognitive System über irgendeine Form von *Wissen*

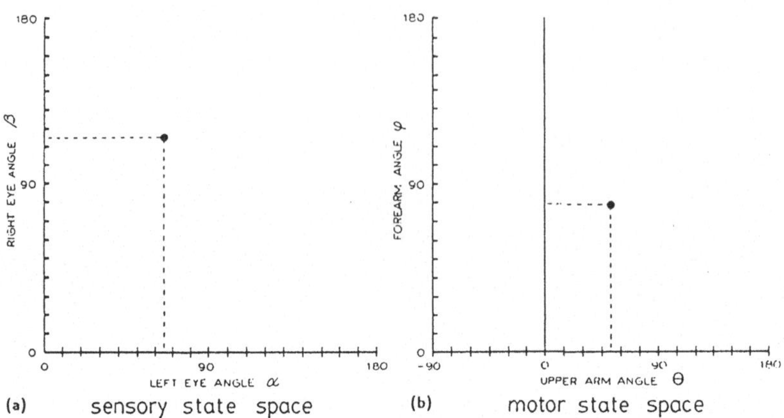

Bild 5.6 Roger's state spaces: (a) *Sensor state space* der Augenwinkeln; (b) *Motor state space* der Winkeln für die Ansteuerung des Armes (aus P.M.Churchland, 1989).

über (a) die Umwelt und (b) darüber, *wie* es den Umweltinput in Relation zu der gestellten Aufgabe des Greifens nach dem Gegenstand setzt, verfügen muß. Es geht darum, eine Transformation zu finden, die das Winkelpaar (α, β) in das Winkelpaar (φ, θ) transformiert – nicht nur für ein bestimmtes Paar, sondern für alle *möglichen* input-Kombinationen (i.e., alle möglichen Kombinationen von (a, b) in Reichweite des Armes)!

Die sensomotorische Integration besteht darin, daß eine "Augenwinkel-zu-Armwinkel" Relation aufgebaut werden muß. An dieser Stelle ist es wichtig anzumerken, daß es darum geht, *interne Repräsentationen* zueinander in Beziehung zu setzen. I.a.W., die interne Repräsentation des Sensor-inputs (i.e., die Repräsentation des Winkelpaares (α, β)) muß in die (interne) (Motor-)output Repräsentation des Winkelpaares (φ, θ) *transformiert* werden. Diese Transformation repräsentiert resp. verkörpert in vielerlei Hinsicht "Wissen": (i) Wissen über die Umweltgegebenheiten und (ii) die Beziehung dieser Umweltzustände zum Wissen repräsentierenden Organismus, (iii) Wissen über das eigene Sensorsystem, (iv) Wissen über die Möglichkeiten des Motorsystems und (v) Wissen über die Integration des Sensorinputs mit dem Motorsystem. Die Frage, auf die sich das Problem der sensomotorischen Integration bei "Roger" reduzieren läßt, heißt: welche Transformation kann das input Winkelpaar der Augen auf das output Winkelpaar der Motoransteuerung abbilden – hier geht es, wie man sieht, nicht mehr vordergründig um eine Frage der Abbildung der Umwelt oder um Manipulationen auf Repräsentationen der Umwelt, sondern vielmehr um das Auffinden einer *Funktion* (im Sinne von Kapitel 3), die diese Transformation durchführt. Wieder einmal stellt sich das Konzept des *state space* als ein hilfreiches Konzept sein, welches zur Lösung dieses Problems beitragen könnte: jeden beliebigen Punkt in Roger's visuellen Feld können wir als *Koordinatenpaar* in einem state space auffassen – bei Roger's Problem gibt jedoch nicht nur einen, sondern drei state spaces:

(a) Das *"absolute"* Koordinatensystem, wie es in Abbildung 5.5 dargestellt ist: der Punkt (a, b) determiniert eindeutig den Punkt, an dem sich der zu ergreifende Gegenstand im (absoluten) Raum befindet – das Problem besteht darin, daß Roger *keinen direkten* Zugang zu diesen Koordinaten hat und sich diese – zumindest in einer abbildenden Repräsentationsvorstellung – erst aus seinen Sensordaten (i.e., Augenwinkel) *erschließen* muß. Dieser Raum ist das Resultat einer von *uns* durchgeführten Beobachtung, Kategorisierung und Konstruktion. Im Falle dieser Darstellung als Punkt in einem Koordinatensystem kollapiert die Trennung zwischen state space und Koordinatensystem – jeder Punkt kann als Vektor (a, b) interpretiert werden und determiniert damit seine Position im "absoluten" 2-dimensionalen state space.

(b) Roger's *sensory state space*: dieser ist in Abbildung 5.6 (a) dargestellt. Dies ist die "Welt", wie sie sich für Roger darstellt: ein Koordinatenpaar, das dadurch entsteht, daß seine beiden Augen in solch eine (Winkel-)Position rotieren, daß der Gegenstand auf beide Foveae projiziert wird (i.e., Triangulation des Gegenstandes). Dieses Winkelpaar (α, β) läßt sich genau so wie (a, b) in einem Koordinatensystem darstellen – hier handelt es sich um einen *system-relativen* 2-dimensionalen *state space* für den sensorischen input; jede Position des Gegenstandes im visuellen Feld läßt sich *eindeutig* in diesem state space darstellen. Es besteht eine isomorphe Beziehung zwischen der Darstellung in Abb. 5.5 (b) und Abb. 5.6 (a) – die absoluten Koordinaten aus Punkt (a) wurden durch das Sensorsystem in den sensory state space transformiert. Ein Punkt in diesem Raum *repräsentiert*/steht eindeutig für einen Gegenstand an einer bestimmten Position.

(c) Der dritte state space ist Roger's *motor state space*: er repräsentiert die Endposition des Armes in Raum (a). I.e., wie man in Abbildung 5.5 (b) sehen kann, kann man die Position des Gegenstandes auch durch das Winkelpaar, das den Arm "entfaltet" eindeutig beschreiben. Faßt man dieses Winkelpaar (φ, θ) zu einem Vektor zusammen und baut man dadurch einen 2-dimensionalen state space auf, so liegt der Punkt, der in Abb. 5.5 (b) in (a, b) zu finden ist, in diesem System auf (φ, θ) (siehe Abbildung 5.6 (b)) – es existiert wiederum eine eindeutige/isomorphe Relation zwischen absoluter Position und Winkelposition des Armes.

Wir haben also drei Räume (state spaces), in denen immer ein und derselbe Sachverhalt dargestellt ist, nämlich ein Gegenstand, der sich (im absoluten Raum (a)) auf der Position (a, b) befindet. Aus der Transitivität isomorpher Relationen[9] folgt, daß alle drei state spaces *eindeutig ineinander überführbar* sind. In der geometrischen Interpretation bedeutet dies, daß eine Funktion/Abbildung/Transformation gefunden werden muß, die alle Punkte des sensory state space in Punkte des Motor state space transformiert resp. überführt[10]. Wie man sich leicht überlegen kann und

---

[9] Z.B., wenn $a = b \wedge a = c$, so folgt daraus, daß $b = c$.

[10] Zu diesem Zeitpunkt berücksichtigen wir die *zeitliche* Dimension der Motoransteuerung noch nicht – sie wird uns im Kontext *rekursiver* Architekturen wieder begegnen (vgl. Kapitel 7).

wie wir später noch genauer sehen werden, reicht für diese Transformation eine einfache 1:1 Abbildung oder eine lineare Abbildung/Funktion *nicht* aus – wir werden keine lineare Funktion finden, die allgemein die Überführung aller Punkte leistet. Dafür gibt es auch eine *trigonometrische* Erklärung:

Wir können das Problem der Abbildung der Punkte zwischen den beiden state spaces lösen, indem wir unser *trigonometrisches Wissen* anwenden und es für diese Situation einsetzen: wir werden so vorgehen, daß wir zuerst versuchen, die absolute Position (a, b) des Gegenstandes aus den Winkeln (α, β) zu berechnen, um in einem zweiten Schritt die daraus resultierenden Winkel (φ, θ) für die korrekte Positionierung des Armes zu ermitteln. Wie wir gesehen haben, hat Roger selber ja keinen direkten Zugang zu den absoluten Koordinaten (a, b) des Gegenstandes – er hat lediglich den Sensorinput der Winkel seiner beiden Augen (α, β), die den Gegenstand triangulieren. Wir müssen also aus den Winkeln α und β die Werte für a und b berechnen[11]; wir beziehen uns dabei immer auf die Maße in Abbildung 5.5. Der Schnittpunkt der beiden Augenstrahlen, die durch α und β determiniert sind, ist genau der Punkt (a, b):

$$a = -4 \frac{\tan \alpha + \tan \beta}{\tan \alpha - \tan \beta} \tag{5.4}$$

$$b = -8 \frac{\tan \alpha \cdot \tan \beta}{\tan \alpha - \tan \beta} \tag{5.5}$$

Die Spitze des Unterarmes muß den Gegenstand auf Position (a, b) berühren; nehmen wir an, die Längen von Unterarm und Oberarm sind gleich und haben den Wert l. In einem zweiten Schritt kann man sich die Position des Ellbogens (x_e, y_e) berechnen:

$$x_e = ((l^2 - \frac{(a^2 + b^2)^2}{4b^2}(1 - \frac{\frac{a^2}{b^2}}{\frac{a^2}{b^2} + 1})))^{\frac{1}{2}} +$$

$$+ ((\frac{a}{b} \frac{a^2 + b^2}{2b})/(\frac{a^2}{b^2} + 1)^{\frac{1}{2}}/$$

$$/(\frac{a^2}{b^2} + 1)^{\frac{1}{2}} \tag{5.6}$$

$$y_e = \sqrt{l^2 - x_e^2} \tag{5.7}$$

Die drei Punkte (a, b), (x_e, y_e) und $(0, 0)$ bestimmen die endgültige Position des Armes und somit die Werte der Winkel φ und θ:

$$\theta = \tan^{-1} \frac{y_e}{x_e} \tag{5.8}$$

$$\varphi = 180 - \left(\theta - \tan^{-1} \frac{b - y_e}{a - x_e} \right) \tag{5.9}$$

---

[11]Diese Lösung stammt aus P.M.Churchland [CHUR 89].

Nach langen trigonometrischen Umformungen haben wir nun das gewünschte Wertepaar (φ, θ) erhalten – man muß sich bezüglich der Komplexität vor Augen führen, daß, wann immer z.B. a oder x_e in einer Formel vorkommt, der ganze Ausdruck, der diese Werte berechnet, einzusetzen ist. Das Wichtige jedoch ist, daß man mittels dieser Formeln aus jeder Rotationsposition der Augen (i.e., jeder beliebigen Position des Gegenstandes im visuellen Feld) den adäquaten Motoroutput berechnen kann, um dieses Objekt zu ergreifen.

Sehen wir uns diese (trigonometrische) Lösung aus der (epistemologischen und methodischen) Perspektive der Frage der *Wissensrepräsentation* an, so ergeben sich folgende Aspekte: (a) die hier präsentierte Lösung ist eine Repräsentation der Umstände aus *trigonometrischer* Sicht; sie ist durch die Transformation des Problems in den theoretischen Raum der Trigonometrie entstanden. (b) Um zu solch einer Lösung zu kommen, benötigt man ein umfangreiches *Vorwissen* aus der Mathematik resp. Trigonometrie (siehe den komplexen Aufbau der Formeln) – der weiter oben angeführte Vorschlag ist also hochgradig *theoriegeladen*. (c) Dieser Lösungsvorschlag *erfordert immer* eine/n *externe/n Beobachter/in*, der/die die Umweltverhältnisse *und* den internen Aufbau des Organismus zu jedem Zeitpunkt aus allen Perspektiven betrachten und zueinander in Beziehung setzen kann.

(d) Im Gegensatz zu natürlichen Systemen und "natürlich" (z.B. evolutiv oder adaptiv) entwickelten Abbildungsfunktionen ist diese Lösung das Resultat eines *Design*prozesses; für Lösungen dieser Art ist immer ein/e Designer/in notwendig, der/die aus den im obigen Punkt erwähnten internen und externen Beobachtungen Relationen aufbaut, diese mit seinem/ihrem theoretischen Wissen verknüpft und daraus z.B. die Regel- resp. Formelsysteme ableitet. (e) Dieser Lösungsvorschlag stellt einen für diesen Fall *speziellen Satz* von Formeln zur Verfügung, der genau auf diese Situation und diese Beziehung zwischen Umwelt- und Organismuszuständen/-architektur abgestimmt ist. Er repräsentiert *keine allgemeine* Lösung für das Problem der sensomotorischen Integration. Vielmehr muß für jede Situation *individuell* solch ein Satz von Formeln entwickelt werden. (f) Traditionelle Ansätze, wie z.B. das symbolverarbeitende oder propositionale Paradigma, haben diesen Weg der Lösung dieser Probleme eingeschlagen und aus verschiedensten Gründen, wie z.B. zu komplexe Formeln, zu rigides Verhalten, etc., nur *mäßige* Erfolge gehabt. (g) Dieser Ansatz repräsentiert eine Form eines *top-down* Zuganges zu diesem Problem: i.e., wir gehen von einem (extern) beobachteten Phänomen aus und versuchen, dieses durch (externe) theoretische Kategorien, die wir in das System hineinprojizieren, zu lösen – die Möglichkeit, daß das System dieses Problem von sich aus, durch interne Prozesse oder durch Adaptationsprozesse u.ä. löst, wird nicht in Erwägung gezogen.

Ein weiteres Problem, das nicht unterschätzt werden darf, besteht darin, daß dieser Lösungsvorschlag relativ komplexe Rechenoperationen benötigt. Rechenoperationen und Verkettungen dieser, die nicht nur (biologisch und epistemologisch) unplausibel sind, sondern auch eine Menge Zeit für ihre Ausführung benötigen. Zeit ist jedoch gerade bei diesen Problemen, wie Greifen nach der Beute, etc., eine ganz klare *Randbedingung* und damit in solchen Situationen immer "Mangelware" – wer schneller ist, überlebt. Außerdem scheint diese Methode der Berechnung des Verhaltens resp. der sensomotorischen Integration aus offensichtlichen Gründen sehr unwahrscheinlich – wer glaubt wirklich, daß ein natürliches kognitives System solch komplexe serielle Berechnungen zur Generierung des Verhaltens ausführt? Was also ist der Wert solch einer Beschreibung/Lösung/"Erklärung"? Eine Frage, die wir uns immer wieder – vor allem im Bereich der propositionalen Ansätze – stellen müssen. *Methodisch* gesehen haben wir unser theoretisches Wissen aus der Trigonometrie auf ein spezielles Problem der sensomotorischen Integration angewandt. Das Ergebnis: ein Satz von Formeln, der die gewünschten Ergebnisse (i.e., adäquate Positionierung des Armes) erbringt. Welchen Erklärungswert haben diese Ergebnisse? Wenn man aus dieser Lösung nicht die Schlußfolgerung ziehen möchte, daß ein natürliches kognitives System diesen Formelapparat für die Generierung seines Verhaltens zur Anwendung bringt, so ist der Erklärungswert dieser Lösung eigentlich recht *gering...*

Alternative Darstellungen und Erklärungen

Welche Alternativen der Darstellung dieser Transformation/Abbildung zwischen den beiden state spaces gibt es? In Abbildung 5.7 sehen wir, wie eine *geometrische* Lösung dieses Problems aussehen könnte: der sensory state space (a) wird Punkt für Punkt auf den motor state space (b) projiziert. I.e., jedes Augenwinkelpaar (α, β), das einen bestimmten Gegenstand trianguliert, wird auf das Armwinkelpaar (φ, θ) abgebildet, das den Arm genau auf die korrespondierende Position (a, b) bewegt. In Abbildung 5.7 sind einige Punkte des sensory state space zu einem Gitter verbunden worden, um die Struktur der Abbildung besser sehen zu können: an der Struktur dieses Gitters im motor state space ist ersichtlich, daß in dieser Abbildung die *topologischen Strukturen erhalten* bleiben, während sich die *metrischen Beziehungen verändern*. I.a.W., die Nachbarschaftsbeziehungen bleiben erhalten, aber die Entfernungen zwischen benachbarten Punkten werden in nicht-linearer Weise verzerrt. Dies wird recht deutlich, wenn man beobachtet, wie das Dreieck resp. das Rechteck im sensory state space (Abbildung 5.7 (a)) im motor state space (b) verzerrt wird – die Topologie einer Figur mit drei resp. vier Ecken, die miteinander in einer bestimmten Weise (Reihenfolge) verbunden sind, bleibt erhalten, die metrischen Beziehungen werden verzerrt.

Aus dieser Abbildung sieht man, daß es sich um eine *nichtlineare Transformation* handelt, die auf den einzelnen Werten α und β ausgeführt wird. Es erhebt sich die Frage, wie man dieses Problem der Abbildung lösen könnte, ohne auf trigonometrische Hilfsmittel zurückgreifen zu müssen. Eine weitere Forderung ist die der *biologischen* resp. *neurowissenschaftlichen Plausibilität*. Ist es möglich, diese Transformation *neuronal* zu realisieren? Die Antwort ist ja, und dies ist gar nicht so schwierig, da wir dieses Problem bereits in die Form eines state space transformiert haben und neuronale Verarbeitung, wie wir weiter oben festgestellt haben, als Abbildung zwischen zwei state/activation spaces interpretiert werden kann. Wir werden diese Lösung in zwei Schritten angehen: in einem ersten Schritt wollen wir uns für eine "lokalistische" Variante entscheiden, die den Vorteil der Übersichtlichkeit, aber sonst alle Nachteile, die wir im Kontext der lokalistischen Repräsentation diskutiert

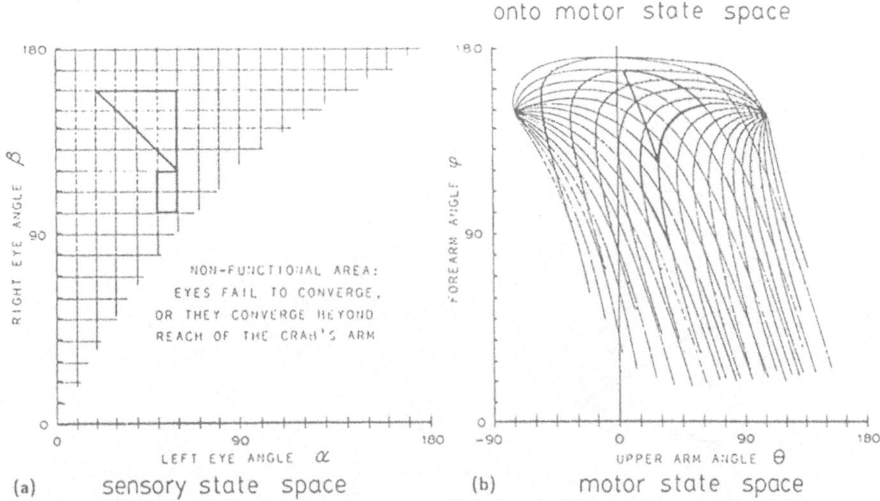

Bild 5.7 Punktweise Abbildung des sensory state space auf den motor state space (aus P.S.Churchland et al., 1992).

haben, besitzt. In einem zweiten Schritt schlage ich eine Lösung mit vector coding vor, die auch imstande ist, diese Transformation zu *erlernen*.

In Abbildung 5.8 ist eine *lokalistische neuronale* Lösung dieses Transformationsproblems dargestellt: für jede Augenposition gibt es einen eigenen Sensor; i.e., wenn sich ein Auge auf z.B. 85° befindet, so wird jener/s Sensor/Neuron aktiv, der/das 85° repräsentiert. Diese Sensorsysteme sind natürlich an beiden Augen angebracht. Der Sensorinput beider Augen – zwei Bündel von Nervenfasern – werden auf die metrisch deformierte topographische sensory map projiziert. Ein Neuron dieses deformierten Netzwerkes wird genau dann aktiv, wenn es von zwei anderen Neuronen zugleich erregt wird. Dieses Neuron sendet sein Axon vertikal auf die darunterliegende nicht deformierte motor map, von der die Motorsignale ausgegeben werden. Auch diese Signale sind lokalistisch codiert: i.e., eine bestimmte Winkelstellung wird durch die Aktivierung genau eines Neurons repräsentiert. Der Vorteil dieser Lösung besteht darin, daß sie äußerst schnell ist: nur 2 Relaisstellen sind notwendig, bis der Motoroutput das Netzwerk verläßt. Auch biologisch ist diese Anordnung nicht ganz unplausibel – wie wir noch sehen werden, gibt es Hinweise auf solche verzerrte maps z.B. im superior colliculus [CHUR 92]. Zumindest ein Problem besteht jedoch: dieser Vorschlag ist extrem "neuronenaufwendig", da man für jeden möglichen Sensor- resp. Motorzustand ein eigenes Neuron benötigt, und diese Neuronen unökonomisch benutzt werden, da sie nur eine binäre Entscheidung transportieren/repräsentieren, obwohl sie – z.B. durch unterschiedliche Feuerraten – viel differenziertere Signale übertragen könnten.

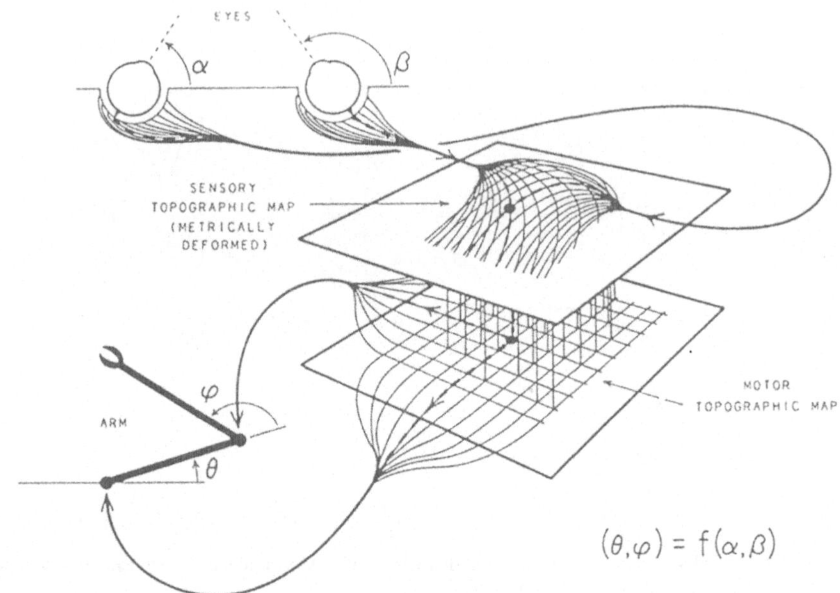

$$(\theta, \varphi) = f(\alpha, \beta)$$

Bild 5.8 ”Roger's brain”: Transformation durch verzerrte Projektion (aus P.S.Churchland et al., 1992).

Eine mögliche Lösung dieses Problems besteht darin, dieses Netzwerk stark zu *reduzieren*: das Problem lautet doch, einen 2-dimensionalen (sensory) state space auf einen 2-dimensionalen (motor) state space abzubilden. Warum lassen wir nicht einfach jeweils zwei Neuronen den input resp. den output repräsentieren. Ihre Aktivierungen sind proportional zu den Winkeln, die sie repräsentieren. Durch ein relativ einfaches *feed forward* Netzwerk mit einem input-, einem hidden- und einem output layer kann dieses Problem gelöst werden. Der 2-dimensionale sensory activation space wird – wie in unserem ”Fels-Mine” Beispiel – über die hidden units auf den 2-dimensionalen motor activation space projiziert. Ein weiterer interessanter Aspekt dieser Lösung besteht darin, daß diese Abbildung *gelernt* werden resp. durch *Adaptation* entstehen kann. Im lokalistischen Fall sind wir mit dem Problem konfrontiert, *wer* oder *was* diese verzerrenden Projektionen in das System ”implementiert” hat (z.B. evolutive Prozesse?). Mittels z.B. backpropagation kann diese Abbildung *aus Beispielen* gelernt werden und niemand muß irgendwelche Formeln oder irgendwelche verzerrten maps ”entwerfen” und ”installieren”. Das einzige was vorhanden sein muß, ist eine Minimalarchitektur, ein Lernalgorithmus und eine Menge von ”Beispielfällen”.

Sicherlich werden wir mittels dieser Realisierung keine ”100%-igen” Ergebnisse erhalten, wenn wir dies etwa mit der Genauigkeit der Berechnungen des ”trigonometrischen Ansatzes” vergleichen. Dies ist jedoch kein wirklicher Nachteil, da, wenn wir uns natürliche Systeme näher ansehen – z.B. das Gehirn auch keine Motorsignale erzeugt, die 100%-ig passen und Verhalten erzeugen, das z.B. den Arm genau in die gewünschte Position bringt. Vielmehr ist es so, daß durch ständiges *feedback* über das visuelle System und z.B. durch die Muskelspindeln eine kontinuierliche Kontrolle über das, was die Muskelkontraktionen an Verhalten erzeugen, ausgeübt wird.

5.3.3 Sensomotorische Integration und Repräsentation

Dieses Beispiel ist scheinbar ein äußerst triviales Problem im Bereich unserer Frage der sensomotorischen Integration und Repräsentation – wir sollten es jedoch nicht unterschätzen, da sich in ihm der Schlüssel für ein besseres Verständnis der Repräsentationsproblematik in neuronalen Systemen liegt. In diesem Sinne können wir äußerst viel und – wegen der scheinbaren Einfachheit des Problems – auch äußerst übersichtlich sehen, was in solchen Systemen in bezug auf die *Repräsentation* und ” *Verarbeitung von Wissen*” vor sich geht:

(i) *Abbildung?* In der neuronalen Lösung finden wir *keinerlei Abbildung* der Umwelt im neuronalen Substrat – die Aktiviertheit der Neuronen repräsentiert kein direktes (z.B. visuelles) Abbild des Gegenstandes, auf dem in der Folge operiert wird. Vielmehr ist es bemerkenswert, daß eine Form von *innerer Repräsentation* vorliegt: i.e., die Stellung der Augen, die den Gegenstand triangulieren, wird als repräsentativ für den – für das kognitive System relevanten – Ausschnitt der Umwelt angesehen. Das externe Objekt wird in diesem Sinne nicht direkt wahrgenommen, sondern vielmehr als *interner* Zustand (i.e., das Winkelpaar (α, β)), der *indirekt* auf das externe Objekt verweist.

(ii) *Indirekte Beziehung.* Natürlich besteht eine (kausale) *Beziehung* zwischen dem Repräsentationssystem und den Umweltzuständen; diese Beziehung ist jedoch eine höchst *indirekte* und hat mit einer Abbildung der Umwelt reichlich wenig zu tun. Der (bereits) interne Zustand der Augenwinkel, der durch die Position des Objektes in der Umwelt kausal bedingt ist, wird durch das neuronale System repräsentiert und verweist somit indirekt auf das Objekt in der Umwelt. In jedem Fall können wir keine triviale 1:1-Beziehung[12] zwischen dem absoluten Koordinatenraum und dem sensory activation space feststellen.

(iii) *Transduktion.* Im Moment der *Transduktion* ist das ursprüngliche Umweltsignal verloren gegangen – in diesem Fall bedeutet Transduktion die Transformation der Position des Gegenstandes in das Winkelpaar (α, β), welches die Augen einnehmen müssen, um den Gegenstand zu triangulieren. In einem ersten Schritt wird durch den Transduktionsmechanismus ein internes (Repräsentations-)Signal erzeugt resp. konstruiert, welches mit dem eigentlichen Umweltsignal nur mehr indirekt etwas zu tun hat.

---

[12] In diesem Fall findet sich zwar eine isomorphe Beziehung zwischen Umweltzuständen und den Zuständen im sensory state space, jedoch hängen diese beiden Räume über eine *nichtlineare* Transformation zusammen – wie wir noch sehen werden, müssen wir diese Beziehung bei rekursiven Architekturen aufgeben.

(iv) *Repräsentationssubstrat.* Als Implikation können wir weder die units, ihre Aktivierungen noch die Gewichte als Abbilder der Umwelt interpretieren. Aktivierungen sind das Resultat einer *verzerrenden Transformation*, die durch den Transduktionsmechanismus determiniert ist. Den indirekten Zusammenhang zwischen Umweltzuständen und Repräsentationszuständen scheinen wir im Falle der *Gewichte* resp. der aktuellen *Gewichtskonfiguration* endgültig zu verlieren. Diese spiegeln das Wissen wider, welches zur *Generierung* des gewünschten (Motor-)outputs notwendig ist. Die Gewichtskonfiguration ist durch eine über die Zeit inkrementelle Adjustierung entstanden und es ist kein direkter Verweis auf die Repräsentation eines Umweltzustandes mehr zu finden. Vielmehr geht es ja in den Gewichten *nicht* um die Repräsentation der Umwelt, sondern um die Repräsentation des Wissens für die Verhaltensgenerierung. Genauer gesagt, muß der hereinkommende Sensorinput mit dem Motoroutput über die aktuelle Gewichtskonfiguration in Beziehung gesetzt werden. In diesem Sinne ist nicht zu erwarten, daß Gewichte (in direkter Weise) Umweltzustände repräsentieren, sondern vielmehr das *Transformationswissen*, welches die als Sensorsignale umgewandelten Umweltzustände in Motorsignale transformiert.

(v) *systemrelative Repräsentation.* Die bisherigen Überlegungen implizieren, daß das, was im sensory activation space repräsentiert wird, nicht so sehr eine Abbildung des Umweltzustandes ist, als vielmehr ein *Umweltzustand in Relation zum Repräsentationssystem.* Unter "Repräsentationssystem" verstehen wir hier, wie bereits früher festgestellt, nicht nur das neuronale System, sondern auch alle Systeme, die mit ihm interagieren – besonders das Sensorsystem, da in diesem bereits ein großer Teil des Wissens des Systems repräsentiert/verkörpert ist[13]. In dieser Repräsentationsvorstellung spielt nicht mehr nur die Struktur der Umwelt eine zentrale Rolle, sondern mindestens im selben, wenn nicht größerem Maße, die Struktur des Repräsentationssystems selber – es handelt sich sozusagen um eine *systemrelative Repräsentation.* Angenommen, ein Objekt befindet sich in unserem Beispiel an der Position (a, b), so findet, wie wir gesehen haben, bereits bei seiner Wahrnehmung/Transduktion eine *Transformation* auf das *systemeigene* Repräsentationssystem des sensory activation space statt (i.e., Transformation auf das Winkelpaar (α, β)). In diesem Falle handelt es sich um eine metrische Verzerrung, die jedoch die *topologischen* Relationen (i.e., die Nachbarschaftsbeziehungen) erhält. Die Erhaltung dieser Relationen ist auch sinnvoll, da sie für das Generieren von Verhalten resp. für die Koordination der Motoraktionen von großer Wichtigkeit sind – das Motorsystem muß letztendlich auch wieder in der selben topologischen Struktur des Raumes agieren, aus dem der Stimulus stammt. Die Erhaltung der topologischen Relationen kann man in den meisten Sensorsystemen beobachten – sie finden in der Ausbildung "topographischer maps", wie wir sie aus dem primary sensory cortex (S1), primary visual cortex (V1), primary auditory cortex (A1), etc. und auch von "höheren" Regionen kennen, ihren Niederschlag.

(vi) *Gewichte.* Die Gewichte resp. die synaptischen Verbindungen spielen eine zentrale Rolle in der Frage der Repräsentation: sie stellen die (impliziten) *Regeln*

---

[13]Wie wir noch ausführlicher besprechen werden, spielt in diesem Kontext das Konzept der *Verkörperung* eine zentrale Rolle.

für die *Transformation* von sensory activation space in den motor activation space dar. Wie bereits angedeutet, können wir *nicht* erwarten, daß wir eine abbildende Struktur oder Repräsentation der Umwelt in der Struktur der Gewichte finden, da diese ja in erster Linie *nicht* für die Abbildung der Umwelt, sondern für das *Generieren von Verhalten* verantwortlich sind. Es geht um die Koordination und das "zueinander-in-Relation-Setzen" von *internen Repräsentationen* des inputs resp. des outputs, die wir, wie in den vorigen Punkten diskutiert, in den wenigsten Fällen als "Abbilder" der Umwelt bezeichnen können. Hier begegnet uns die *Systemrelativität* der Repräsentation (der Transformation) in anderem Gewande. Synaptische Gewichte repräsentieren keine Umweltzustände, sondern sind sozusagen der Repräsentationsträger zur Erzeugung der Verhaltensdynamik.

(vii) *Einnehmen einer internen Perspektive.* Solch ein Netzwerk nimmt also im Kontext der Frage der Repräsentation eine radikal *interne* und *systemspezifische* (systemrelative) Position ein. Dies ist in diesem Sinne zu verstehen, daß in der neuronalen Repräsentation, wie wir sie z.B. in unserer dritten Variante der Realisierung von Roger's Repräsentationssystem (i.e., einfaches feed forward Netzwerk) gesehen haben, so gut wie fast keine Komponenten zu finden sind, die durch eine/n *externe/n Beobachter/in* in das System eingebracht wurden. Es befinden sich also keinerlei explizite Beobachter/in-kategorien im Repräsentationssubstrat[14]. Die Repräsentation ist zumindest in einem zweifachen Sinn Resultat eines *internen* Konstruktionsprozesses: (i) im Transduktionsprozeß und in den ersten Verarbeitungsschritten findet, wie weiter oben besprochen, eine nach internen Regeln folgende Konstruktion/Transformation der (neuronalen) Repräsentation statt; (ii) im Lern-/Adaptationsprozeß folgt das neuronale System ebenfalls nur seiner inneren Dynamik, die durch die Umweltsignale lediglich *angestoßen* wird – was hier geschieht, ist, daß gelernt wird, *interne Repräsentationen* zueinander in adäquate Beziehungen zu setzen. Die Rollen, die die Umwelt dabei spielt, sind (a) eben die des "Anstoßens" oder Auslösens von der durch die Systemarchitektur determinierten Dynamik, (b) die des Lieferns "aktueller Werte" für die interne Repräsentation (z.B. Miß-/Erfolg) und (c) daß sie das kognitive System mit gewissen *Regelmäßigkeiten* konfrontiert.

(vii) *Propositionen.* In all den Gewichten und Neuronen/units ist *keine* Spur von *Propositionen* oder Symbolen zu finden. Die Gewichte, die die Transformation des input in den output determinieren, wären im traditionellen Fall beispielsweise als *Regeln* ("if–then rules") realisiert. Im neuronalen Ansatz gibt es jedoch keine Hinweise, daß Regeln dieses Typs in irgendeiner Form realisiert wären. Abgesehen von unserer Interpretation z.B. der beiden Sensorunits als Repräsentation des Augenwinkelpaares, können wir auch in den units und ihren Aktivierungsmuster keinen explizit propositionalen Charakter feststellen – dies wird besonders augenfällig, wenn wir versuchen, die hidden units mittels Propositionen zu bezeichnen. Wie wir in Abschnitt 5.2 gesehen haben, können wir manchmal den Aktivierungsmustern der

---

[14]Man könnte dieser Aussage entgegenhalten, daß das Wissen durch einen von einem *externen Lehrer* vorgegebenen Satz von Beispielfällen in das System eingebracht wurde. Dagegen kann man argumentieren, daß (a) in natürlichen Systemen oft die *Umwelt* und ihre Dynamik selber der Lehrer ist und (b) daß dieses Wissen durch den Lehrer *nicht* in einer *expliziten* Weise dem System vermittelt wird, sondern nur anhand von *Beispielen*, aus denen das System *selbständig* und *indirekt* die relevanten Generalisierungen, Regeln, Transformationen, etc. ableiten muß.

hidden units (z.B. mittels cluster analysis) eine sprachlich explizite Bedeutung zuweisen, dies ist jedoch – besonders bei komplexeren Systemen, die keinen explizit sprachlichen in/output haben – der Sonderfall.

Auch wenn man die (Repräsentations-)Funktion einer unit sprachlich bezeichnen könnte, so besteht doch ein prinzipieller (epistemologischer) Unterschied zum propositionalen Ansatz: in diesem sind die repräsentierenden symbolischen Strukturen, Propositionen, etc. fast immer durch eine/n *externe/n Beobachter/in* in ihrer Bedeutung festgelegt – es handelt sich, wie bereits weiter oben angedeutet, um das Einbringen eines *externen* Standpunktes in das Repräsentationssystem. Dieser Standpunkt impliziert meist, daß es notwendig ist, das System von außen in seiner Beziehung zur Umwelt zu sehen und aus diesen Erkenntnissen die interne Repräsentationsstruktur zu konstruieren und von außen in das System zu implementieren. Dieser Sichtweise steht der Ansatz der neuronalen Systeme gegenüber, bei denen anfangs noch nicht – oder nur sehr rudimentär – festgelegt ist, welcher Aspekt der Umwelt wo und wie repräsentiert werden wird. Erst durch die kontinuierliche Interaktion und "Erfahrung" (durch Lernen/Adaptation/Evolution) baut sich allmählich ein Repräsentationsgefüge auf, das nachträglich durch eine/n Beobachter/in einer sprachlichen Interpretation zugeführt werden kann – diese linguistische Transparenz [CLAR 89] ist, im Gegensatz zu den meisten propositionalen Systemen, *keine Voraussetzung* für das Funktionieren (und Verstehen) des Systems. Auch dem natürlichen neuronalen System bleibt diese externe Position in jedem Falle *verborgen*. Aus epistemologischer Perspektive erscheint es also "unredlich", diese externe Position in die Erklärung kognitiver Systeme und ihrer Repräsentationsmechanismen einzubringen. Dieser Vorgang bedeutet nicht nur, daß ein kognitives Modell plötzlich Zugang zu einer Position erhält, die ein natürliches System in dieser Form nicht einnehmen kann, sondern auch die "Mißachtung" jeglicher Autonomie und Systemrelativität, die wir u.a. als Charakteristika für kognitive Systeme angeben.

(ix) *Verhaltensdynamik.* Die *Dynamik* der Ausbreitung von Aktivierungen ("spreading activations") und damit die beobachtbare *Verhaltensdynamik* ist durch die aktuelle Konfiguration der Gewichte/Synapsen determiniert – diese *verkörpern implizit* die Dynamik, die durch die aktuellen Aktivierungsmuster, die das Netzwerk durchströmen, explizit wird. Bei der Verarbeitung dieser Muster findet keinerlei Manipulation von Symbolen oder von Repräsentationen, die die Umwelt abbilden, statt. Die Neuronen/units, die Gewichte und die durch sie determinierte Architektur transformieren die Aktivierungen durch Gewichtung, Integration und Weiterleitung an andere Neuronen/units.

(x) *Verarbeitung & Vektortransformation.* Verarbeitung in neuronalen Systemen hat also mit dem traditionellen Konzept der Symbolmanipulation resp. der Operation auf Repräsentationen nichts mehr zu tun. Diese Vorstellung wird durch das mathematische Konzept der Matrizen-Vektor Multiplikation, durch die Transformation in Vektorräumen, etc. ersetzt. Auch wenn man die neuronale Lösung mit der trigonometrischen Lösung unseres "Roger Problems" vergleicht, sieht man, daß es sich bei der trigonometrischen Lösung lediglich um eine mögliche Lösung dieses Problems handelt – noch dazu um eine höchst künstliche und, wie wir gesehen haben, um eine höchst theoriegeladene. Jedes Netzwerk, das das adäquate Verhalten des

Greifens nach diesem Objekt zu generieren imstande ist, hat – aus epistemologischer Perspektive – das für das jeweilige kognitive System "richtige" oder "passende" Wissen gefunden. Für dieses Wissen ist jedoch kein/e externe/r Designer/in und mathematisches und theoretisches Vorwissen notwendig; es genügt, um die inneren Relationen und die durch die Umwelt gegebenen Randbedingungen zu wissen, um diese Funktion, die die internen Zustände zueinander in Relation setzt, (z.B. mittels trial-&-error) zu finden. Wiederum geht es *nicht* darum, die Umwelt möglichst gut oder exakt z.B. in trigonometrischen Formeln abzubilden oder zu repräsentieren, sondern um das Finden einer – im Sinne der *funktionalen Passung* (*Oeser* [OESE 76], *v.Glasersfeld* [GLAS 81, GLAS 90, GLAS 95]) – *passenden* Funktion, die die adäquate Transformation vornimmt und damit für den/die Beobachter/in *adäquates Verhalten* generiert.

(xi) *Theoriegeladenheit.* Ähnlich wie der trigonometrische Lösungsvorschlag, welchem neben epistemologischen Schwierigkeiten auch das Problem der *Theoriegeladenheit* anhaftet, ist der "neuronale Vorschlag" natürlich auch nicht ganz frei von letzterer Schwierigkeit – sie stellt sich jedoch in einem ganz anderen Lichte dar und ist m.E. epistemologisch vertretbar: die Theoriegeladenheit bezieht sich nicht so sehr auf die Theorie, mit der die Umwelt beschrieben/repräsentiert wird (z.B. trigonometrische Verhältnisse, etc.), sondern betrifft fast ausschließlich die Theorie neuronaler Systeme resp. die Theorie, die durch die physische Struktur neuronaler Systeme verkörpert wird. Es handelt sich um eine viel allgemeinere Theorie, nämlich jene der Umweltbewältigung durch Aufrechterhaltung der Stabilität resp. des homöostatischen Zustandes, die/der u.a. ein lebendes System von lebloser Materie unterscheidet. Die neuronale Struktur selber ist die *verkörperte Theorie* der Umwelt resp. ihrer *Bewältigung* durch die Generierung adäquaten Verhaltens. Theoriegeladenheit besteht somit lediglich in den durch die Dynamik des neuronalen Substrates (z.B. Dynamik der Adaptation, der spreading activations, Sensoren, etc.) abgesteckten *Möglichkeiten* der Verhaltensentfaltung. In diesem Sinne handelt es sich nicht so sehr um eine Theorie über die Umwelt, sondern um eine Theorie der internen Relationen, die sehr allgemein ist, sich evolutiv/adaptiv entwickelt hat und dem Ziel der Generierung überlebensfördernden Verhaltens dient.

(xii) *"Aufmerksamkeit".* Ein weiterer Aspekt der Generierung von Verhalten, der in diesem Modell jedoch nicht berücksichtigt wurde, aber von größter Wichtigkeit ist, betrifft die "Aufmerksamkeit": damit meine ich in diesem Kontext nicht so sehr eine erhöhte (psychische) Bereitschaft Umweltreize aufzunehmen, sondern eine viel elementarere Tätigkeit, nämlich die *Positionierung von Sensoren*; dies kann von Bewegen der Augen in einer Sakkade, über Drehen des Kopfes oder Aufstellen der Ohren (z.B. bei Hunden), damit man ein Geräusch besser wahrnehmen kann, bis hin zu einer globalen Ortsveränderung durch Bewegung des gesamten Organismus, um seine Sensoren an diesem Ort auszustrecken und die (neue) Umwelt zu strukturieren (in der Extremausformung, wie z.B. mein Forschungsaufenthalt hier in Amerika), reichen. Es hängt also zu einem Großteil vom *Organismus selber* ab, welcher Ausschnitt der Umwelt durch (mehr oder weniger) gezieltes Positionieren seines Sensoriums überhaupt Eingang in das Repräsentationssystem findet. Der Motoroutput dient daher nicht nur der Fortbewegung, dem Nahrungssuchen, etc. sondern auch zu einem Gutteil der "*Erforschung*" der Umwelt, indem er die sensorische Aufmerksamkeit auf bestimmte Bereiche dieser richtet. Dieser (rekursive) Aspekt der Wissensrepräsentation darf nicht unterschätzt werden – Repräsentation von Wissen bedeutet nicht nur "Wissen über die Umwelt" und "Wissen zur Verhaltensgenerierung/Umweltbewältigung", sondern auch Wissen (Antrieb) zur Erforschung der Umwelt, um neues Wissen zu aquirieren. I.a.W., der innere Zustand und die Dynamik des neuronalen Systems determinieren in diesem "erforschenden Aspekt" die Wahrnehmung(-smöglichkeiten) und damit rückwirkend auch die Verhaltensmöglichkeiten.

Aus all diesen Überlegungen ergeben sich zwei Fragen, die zu beantworten wir in dieser Arbeit angetreten sind: (a) kann man unter diesen Umständen in neuronalen Systemen überhaupt noch von "Repräsentation der Umwelt" sprechen? und (b) wenn ja, *berechnet* ein neuronales System sein Verhalten aufgrund von Operationen auf Repräsentationen seiner Umwelt?

ad (a): Repräsentationen?

Von einer Annahme können wir mit Sicherheit ausgehen: in neuronalen Systemen handelt es sich ganz sicher *nicht* um Repräsentationen im Sinne des propositionalen Paradigmas oder a la *Fodor* u.a. [FODO 75, FODO 81, FODO 88, FODO 90]. Wir haben gesehen, daß wir weder eine Form der *linguistischen Transparenz* ("distributed representation"), noch eine wirklich stabile Referenzbeziehung zwischen Umweltzuständen und neuronalen Repräsentationszuständen finden können. Bis zu diesem Punkt haben wir angenommen, daß Aktivierungszustände etwas mit der Repräsentation zu tun haben müssen, ebenso die Gewichte/synaptische Konfiguration, die ja u.a. für die Generierung dieser Aktivierungszustände verantwortlich zeichnen. In rekursiven Architekturen stellt sich heraus, daß wir die (postulierte) stabile Referenzbeziehung zwischen Umweltzuständen und Aktivierungs-/Repräsentationszuständen aufgeben müssen (siehe spätere Kapiteln für ausführliche Diskussion); über die Gewichte resp. ihre Konfiguration können wir noch weniger Aussagen in bezug auf ihre Repräsentationsfunktion und -beziehung zur Umwelt machen. Wir stehen also mit mehr Fragen und scheinbar unlösbaren Problemen in der Frage der Repräsentation in neuronalen Struktur da, als wir Antworten haben – diese Probleme sind vielleicht nicht nur deswegen Probleme, weil wir keine Lösung für sie finden können und weil wir die Fragestellung verschärft und auch epistemologische Aspekte einbezogen haben, sondern vielleicht auch deswegen, weil die traditionellen Vorstellungen von Repräsentation für solche Systeme einfach nicht adäquat sind und diese sich daher nicht in diesen theoretischen Raster hineinpressen lassen. Warum stellen wir diese scheinbar allgemein und weithin akzeptierten Grundannahmen, wie z.B. der stabilen Beziehung zwischen Repraesentans und Repraesentandum nicht in Frage und versuchen, alternative Konzepte zu entwickeln, die den hier untersuchten neuronalen Systemen eher entsprechen, als die durch Logik, logischen Empirismus, formale Systeme, Grammatiktheorien, sprachphilosophisch etc. durchtränkten propositionalen Ansätze, die sich in abstrakten Höhen der Repräsentationsfrage weitab vom eigentlichen Repräsentationssubstrat bewegen?

(i) *Repräsentation in Aktivierungsmustern.* Von dieser Form der Repräsentation war bisher meist die Rede: "Roger repräsentiert einen Gegenstand seiner Umwelt in seinem sensory activation space"; i.e., die Position des zu ergreifenden Objektes ist – in transformierter Form – als ein bestimmter Aktivierungsvektor resp. als ein Punkt im activation space repräsentiert. I.a.W., der *aktuelle* Umweltzustand hat einen kausalen Einfluß, der im allgemeinen nicht mit einer Abbildung charakterisiert werden kann, auf die Aktivierungsmuster des kognitiven Systems. Aus der Diskussion um die Rolle der Gewichte resp. der synaptischen Verbindungen wird klar, daß die Aktivierungen alleine nicht Repräsentationsträger sein können. Sie sind nur teilweise für die Repräsentation des Wissens des neuronalen Systems verantwortlich. In einer ersten Annäherung könnte man ihre Repräsentationsfunktion wie folgt charakterisieren – dazu müssen wir zwei Fälle unterscheiden:

(a) Aktivierungsmuster, die als ein Punkt in einem activation space interpretiert werden können, und sich im *peripheren Sensorbereich* resp. in einer *feed forward Architektur* befinden, repräsentieren – sofern sie nicht durch irgendwelche feedback Verbindungen, die aus dem System "herauskommen", "gestört" werden – eine Transformation der *aktuellen Umweltzustände*, für die das Sensorium sensibel ist. Diese Repräsentation ist in den meisten Fällen *verteilt.* Die Transformation ist einerseits durch die Dynamik des Sensors und andererseits durch die Gewichtskonfiguration determiniert. Im feed forward Fall können wir eine homomorphe und stabile Relation zwischen Umweltzuständen und Repräsentationszuständen in Form von Aktivierungsmustern postulieren. (b) Über die Repräsentationsfunktion von Aktivierungen in *rekursiven Architekturen* (i.e., Architekturen mit feedback Verbindungen) können wir vorerst nur sagen, daß sie die Beziehung zwischen den durch die Sensoren vermittelten Umweltzuständen (i.e., Aktivierungen im Sensor(feed forward)Bereich des Netzwerkes), dem aktuellen *inneren* Zustand (i.e., Aktivierungen im "Inneren" des Netzwerkes) und der aktuellen Architektur darstellen. Dies stellt noch eine recht vage Aussage dar, die wir in den folgenden Kapiteln noch konkretisieren werden. Die *Dynamik* der Aktivierungsmuster (i.e., *"spreading activations"*) kann man als ein "in-Beziehung-Setzen" von Aktivierungsmustern (i.e., transduzierte Aktivierungen, innere Zustände, etc.) charakterisieren. Sie ist durch die Konfiguration der Gewichte determiniert. Zusammenfassend kann man sagen, daß *Aktivierungen* eine Form von *aktueller Repräsentation* darstellen. Diese Repräsentation ist durch die Umweltzustände und -dynamik, durch den aktuellen inneren Zustand (i.e., Repräsentationszustand des Systems) und durch die Konfiguration der synaptischen Gewichte determiniert.

(ii) *Repräsentation in Gewichten.* Wie wir gesehen haben, stehen die Gewichte in *keiner* direkten (repräsentierenden) Beziehung zum aktuellen Umweltzustand. Sie repräsentieren diesen nicht einmal in einer indirekten Weise, die sich z.B. in einer (verzerrenden) Transformation beschreiben ließe. Vielmehr verkörpern die Gewichte das "Wissen", um das zuvor angesprochene "in-Beziehung-Setzen" von Aktivierungen zu realisieren oder i.a.W. das Wissen, welches zur Generierung des adäquaten Verhaltens resp. der Durchführung der Transformation der Aktivierungen zwischen Vektorräumen notwendig ist. Wenn wir überhaupt von Repräsentation sprechen können, so repräsentieren die Gewichte die Umwelt in *zweifach indirek-*

ter Weise: (a) einerseits repräsentieren sie eine *rekursive Relation*, welche durch die Gewichts-/Synapsenkonfiguration realisiert ist, die die feedback Schliefe zwischen Umweltdynamik und kognitivem System schließt; i.e., die Gewichte stellen die Verbindung und die Kontrolle der Dynamik zwischen input und output des kognitiven Systems dar. Diese durch die Gewichte repräsentierten/verkörperten Relationen, welche teils durch evolutive, teils durch adaptive (Lern-)Prozesse entstanden sind, spiegeln auf äußerst indirekte Weise (siehe Punkt (b)) die Regelmäßigkeiten, die in bezug auf das System in der Umwelt auftreten, wider. I.e., durch adaptive Prozesse werden die Umweltregelmäßigkeiten, die durch das kognitive System detektiert wurden, in diesen Relationen repräsentiert – dies ist jedoch nicht so zu verstehen, daß diese Regelmäßigkeiten in irgendeiner Weise abgebildet werden, vielmehr geht es darum, die extrahierten Regelmäßigkeiten mit der Systemdynamik und den Systemregelmäßigkeiten so in Beziehung zu setzen, daß daraus für das System adäquates Verhalten erzeugt werden kann. Diese durch die Gewichte repräsentierte stabile Beziehung unterliegt auf einem größeren Zeitmaßstab jedoch auch einer gewissen *Dynamik*: beim Lernen/Adaptation findet eine stetige Veränderung dieser Relationen statt – diese hängt von der Interaktion mit der Umwelt, vom Miß-/Erfolg des durch diese Relationen generierten Verhaltens, von Verstärkungen/"Bestrafungen" für bestimmtes Verhalten, etc. ab. Auf einem noch größeren Zeitmaßstab befinden sich die durch *evolutive Prozesse* hervorgerufenen Veränderungen der Relationen. Sie folgen einer *trial-&-error* Strategie und ihr Miß-/Erfolg (Überleben und Reproduktion) stellt sich im Laufe der Ontogenese heraus.

(b) Andererseits repräsentieren die Gewichte das Wissen zur *Generierung* von *Verhalten*: i.a.W., sie determinieren die Dynamik der Aktivierungsausbreitung im neuronalen System und damit auch das Verhalten, welches man extern beobachten kann. Sie sind für die Verkörperung der Transformation verantwortlich, die Aktivierungsvektoren auf solche Weise abbilden, daß letztendlich Verhalten entsteht, welches in die Umwelt "paßt", was u.a. auch bedeutet, daß das kognitive System überlebens- und reproduktionsfähig bleibt. Das Generieren von adäquatem Verhalten setzt jedoch wiederum ein Minimalwissen über die Zusammenhänge resp. die Regelmäßigkeiten der Umwelt in Relation zur eigenen Systemdynamik und -regelmäßigkeit voraus (siehe Punkt (a)). Die Systemrelativität der Repräsentation von Wissen wird auch bei der Repräsentationsfunktion der Gewichte deutlich, da sie zwar einerseits die Regelmäßigkeiten der Umwelt "in Betracht ziehen", jedoch dies immer in Hinblick auf die eigenen Systemregelmäßigkeiten, -anforderungen und -dynamik tun.

ad (b): Berechnungen über Repräsentationen?

Die Frage, von der wir ausgegangen sind, war, ob man in neuronalen Systemen – unter der Annahme, daß wir das Konzept der Repräsentation nicht aufgeben – davon sprechen können, daß ein neuronales System sein Verhalten durch Operationen über seinen Repräsentationen berechnet. In obigem Abschnitt haben wir uns dafür entschieden, das Konzept der Repräsentation, wenn wir es auch unter dem Aspekt neuronaler Systeme neuformulieren müssen, nicht ganz aufzugeben. Bezüglich der

Verarbeitung in neuronalen Systemen können wir festhalten, wenn wir nicht davon ausgehen, daß dieses System nicht-berechenbare Funktionen ausführt, daß es sich scheinbar – zumindest in künstlichen neuronalen Systemen – um Berechnungen handelt: z.B. Vektor-Matrixmultiplikation, squashing function, etc. Wir können, wie weiter oben diskutiert, jedoch sicherlich *nicht* von Operationen *über Repräsentationen* im Sinne des propositionalen Paradigmas sprechen. Die Verhaltensdynamik neuronaler Systeme entsteht *nicht* durch Operationen auf Aktivierungen/Repräsentationen; interne Repräsentationen sind *keine Operanden*, sondern *Operatoren*: i.e., die Aktivierungsmuster *steuern* in der Interaktion mit den Gewichten die Dynamik; sie werden durch die Gewichte in Grenzen gehalten resp. "kanalisiert". Es findet jedoch *keine* Berechnung über (externen) Repräsentationen statt. Interessant ist auch die *Rückwirkung*, die die Aktivierungen auf die sie kanalisierenden Gewichte haben: je nach dem wie "erfolgreich" die durch die Gewichte determinierte Verhaltensdynamik, die sich durch die Ausbreitung der Aktivierungen manifestiert, war, werden die Gewichte inkrementell verändert ("Lernen", Adaptation, etc.).

Fassen wir dieses Kapitel zusammen, so ergibt sich folgendes Bild: wir haben in den letzten Abschnitten gesehen, daß Repräsentation in neuronalen Systemen *nichts* mit Abbildung zu tun haben kann – wir konnten kein Substrat finden, welches diese abbildende Repräsentationsfunktion übernehmen könnte. Vielmehr geht es in der Frage der neuronalen Repräsentation um das Problem der *Generierung adäquaten Verhaltens*, welches dem jeweiligen Umweltkontext entspricht und das Überleben und die Reproduktion des Organismus erlaubt. Auch die Idee einer stabilen und/oder iso-/homomorphen Relation zwischen Umweltzuständen und Repräsentationszuständen mußten wir in diesem Kontext aufgeben, da es nicht um das Abbilden der Umwelt geht, sondern um das "in-Beziehung-Setzen" der Umweltzustände mit den internen Zuständen und der internen Dynamik zur Erzeugung adäquaten Verhaltens. Weder Aktivierungen, Aktivierungsmuster (in rekursiven Architekturen) noch Gewichte/synaptische Konfigurationen konnten als Substrat einer iso/homomorphen Beziehung oder einer direkten Referenzbeziehung ausgemacht werden.

6 Sensomotorische Integration und rekursive Architekturen I

6.1 Vestibulo Ocular Reflex (VOR) und Superior Colliculus

In diesem Abschnitt wenden wir uns einem zweiten Beispiel für die *sensomotorische Integration* zu; während "Roger the crab" aus dem Bereich der künstlichen neuronalen Netzwerke stammte, kommt das hier verwendete Beispiel aus dem Bereich der natürlichen neuronalen Systeme: es handelt sich um den *vestibulo ocular reflex (VOR)*. Auch hier geht es im Grunde um die Integration von (visuellen) sensorischen inputs mit motorischen Aktionen. Warum wähle ich diese teilweise recht einfachen Beispiele? (a) Sie sind größtenteils *empirisch* recht gut verstanden und durch eine große Anzahl von Untersuchungen dokumentiert [GOLD 91]. (b) Für viele dieser (relativ einfachen) Phänomene existieren bereits Computermodelle (z.B. im PDP Paradigma). Dies bedeutet, daß wir all die Vorteile, die uns durch die Methode der *Simulation* zur Verfügung stehen, ausnutzen können (vgl. Methodologie der computational neuroepistemology; Interaktion empirischer und simulativer Ansätze). (c) Wie wir in den letzten Abschnitten gesehen haben, konnten wir bereits aus dem relativ einfachen Beispiel von "Roger" eine Menge in bezug auf die Frage der Wissensrepräsentation in neuronalen Systemen lernen. (d) Wir müssen uns auf diese "einfacheren" Phänomene der sog. "tieferen Ebenen" konzentrieren, da die sog. höheren kognitiven Funktionen bisher fast ausschließlich *spekulative* Erklärungen haben und nicht wirklich gut verstanden werden. Dies resultiert wohl auch teilweise daraus, daß man anfangs die Basis, die wir hier nun untersuchen, vernachlässigt hat und glaubte, sich gleich auf die scheinbar interessanteren Phänomene wie Sprache, Denken, etc. stürzen zu können. Sehen wir uns jedoch die wissenschaftliche Realität an, so erkennen wir, daß wir gerade erst in diese sehr grundlegenden und relativ einfachen Funktionen "erste Einsichten" bekommen und daß wir von einem Verständnis der "höheren Funktionen" noch weit *entfernt* sind. Außerdem stellt sich, wie wir in den letzten Abschnitten gesehen haben, heraus, daß diese eher grundlegenden Funktionen (i) gar nicht so uninteressant in bezug auf die Frage der Wissensrepräsentation und (ii) Voraussetzung für das Verständnis und die Funktionsweise der höheren Funktionen sind.

Die Devisen, die in dieser Arbeit verfolgt werden, sind in bezug auf neuronale Systeme *"small is beautiful"* und in bezug auf Wissensrepräsentation die *bottom-up* Strategie. Da es sich bei neuronalen Systemen stets um vernetzte und meist rekursive Systeme handelt, hat man schon bei relativ kleinen Systemen mit nur wenigen interagierenden Komponenten Schwierigkeiten, den Überblick zu bewahren. Um wieviel komplexer sind dann erst größere Netzwerke oder gar Systeme mit der Komplexität unseres Gehirnes? Als einzige ehrlich (i.e., nicht nur spekulativ) durchführbare Alternative bleibt uns somit nur die bottom-up Strategie, die sich anfangs mit der Funktionsweise und der Erklärung relativ kleiner und einfacher Systeme auseinandersetzen muß – die hier gewonnenen Einsichten können als Basis für Theorien über sog. höhere Funktionen herangezogen werden (und nicht umgekehrt). Wie bereits angedeutet, werden wir uns in diesem Abschnitt mit zwei relativ einfachen natürlichen Systemen auseinandersetzen: dem VOR und mit der Funktion des superior colliculus, der u.a. für den "visual grasp reflex" verantwortlich zeichnet. Es geht nicht so sehr darum, die neurophysiologischen und -anatomischen Details zu diskutieren – vielmehr interessieren uns die systemtheoretischen und epistemologischen Implikationen. Auf zwei Aspekte soll besonders eingegangen werden: (a) einerseits soll die Art der *Berechnung* (im Sinne neuronaler Informationsverarbeitung), die bei diesen Prozessen vor sich gehen, untersucht und mit unserem Vorschlag der Transformation in einem state/activation space verglichen werden; (b) andererseits stellen wir uns die Frage der *Repräsentation* in solchen Systemen. In welcher Weise sind Umwelt und "Innenwelt" repräsentiert resp. zueinander in Relation gesetzt, um das beobachtete Verhalten zu erzeugen?

6.1.1 Vestibulo Ocular Reflex (VOR)

Beide erwähnten Funktionen fallen in die größere Kategorie des *ocular motor systems*; jenes Motorsystem, welches die Bewegung der Augen steuert. Diesem System kann man prinzipiell zwei Funktionen zuschreiben: (i) Steuerung des direkten (gewollten oder ungewollten) *Richten des Blickes* auf einen Gegenstand, Objekt, etc. im visuellen Feld – die Muskeln rotieren die Augen so, daß die visuelle Aufmerksamkeit auf diesen Gegenstand gelenkt wird. (ii) Steuerung der *Ausgleichsbewegung*, damit das Bild auf der Netzhaut *stabilisiert* wird. Bevor wir uns diesen Funktionen und ihren neuronalen Realisierungen zuwenden, sei ein kurzer Exkurs in die Anatomie des Auges und seiner Muskeln erlaubt, damit ein besseres Verständnis dieser Vorgänge möglich ist.

Man kann das Auge geometrisch annähernd als eine Kugel charakterisieren, welche sich in drei Freiheitsgraden bewegen kann; i.e., wir können drei Rotationsachsen, die jeweils orthogonal aufeinander stehen, finden. Eine Achse repräsentiert die Blickrichtung. Alle Bewegungen des Auges können aus einer Zusammensetzung der Rotationen um diese drei Achsen beschrieben werden. Dementsprechend hat uns die Evolution mit drei komplementären Muskelpaaren ausgestattet, die diese Rotationen durchführen. Wir wollen hier vernachlässigen, daß jeder Muskeln das Auge nicht um genau eine Achse rotiert. In jedem Fall wird die Bewegung des Auges durch diese *sechs Muskeln* gesteuert.

Fünf Klassen von Bewegungen des Auges

Fünf Klassen von Bewegungen des Auges können durch diese sechs Muskeln ausgeführt werden (*Goldberg* et al. [GOLD 91]); diese 5 Klassen lassen sich in zwei große Gruppen trennen:

(a) Augenbewegungen, die das Auge resp. das Netzhautbild *stabilisieren*, wenn sich der Kopf/Körper bewegt; in diesem Falle befindet sich das Objekt in der Umwelt in einer stabilen Position und der Körper bewegt sich:

- *vestibulo ocular reflex (VOR)*: angenommen man fixiert den Blick auf ein Objekt und bewegt dabei den Kopf oder geht dabei; der VOR versucht, das Bild auf der Retina zu *stabilisieren*, indem die Bewegungen, die durch den Körper verursacht werden, durch die Bewegung der Augen ausgeglichen wird. Dabei bedient sich dieser Reflex der Information, die aus dem Gleichgewichtssystem (vestibular system) kommt, welches imstande ist, Bewegungen des Kopfes/Körpers zu detektieren.

- *optokinetic*: diese Bewegung versucht, das Bild auf der Retina bei *gleichmäßiger Körperbewegung stabil* zu halten. Es muß *visuelle Information* verarbeitet werden, um die Ausgleichsbewegung der Augen zu erzeugen. Dies benötigt freilich viel komplexere Verarbeitungsmechanismen als der VOR.

(b) Augenbewegungen, die die *Fovea* (i.e., den Punkt höchster visueller Auflösung auf der Retina) auf ein Objekt, einen Gegenstand, etc. in der visuellen Umwelt *richten*; i.e., das Objekt bewegt sich resp. erweckt plötzlich Interesse und der Körper befindet sich in einer stabilen Position:

- *Sakkade*: diese Bewegung des Auges bringt Objekte von Interesse auf die Fovea; i.e., die Muskeln bewegen das Auge so, daß sich die Fovea unter die Projektion des Gegenstandes von Interesse schiebt.

- *smooth pursuit*: bei dieser Bewegung des Auges geht es um das *Nachverfolgen* eines bewegten Gegenstandes; i.e., es wird versucht, mittels Augenbewegung das (bewegte) Objekt von Interesse auf der Retina stabil zu halten. I.a.W., die Bewegung des Auges folgt dem bewegten Gegenstand nach. Dies geschieht (bei Affen [GOLD 91]) so, daß der bewegte Gegenstand zuerst einmal mit still gehaltenen Augen verfolgt wird – offenbar eine Phase, in der Berechnungen über Geschwindigkeit und Richtung der auszuführenden Augenbewegungen durchgeführt werden. Dieser Phase folgt eine Sakkade auf den bewegten Gegenstand ("lock on"), welchem in einer dritten Phase in der berechneten Geschwindigkeit und Richtung stetig gefolgt wird.

- *vergence*: diese Bewegung richtet die Augen auf Gegenstände verschiedener Entfernung; die passende Überlappung der beiden Retinabilder bei Objekten, die sich in verschiedener Entfernung befinden, wird durch die Rotation um die vertikale Achse realisiert.

Diese klare Trennung der verschiedenen Kategorien von Bewegungen des Auges verschwimmt natürlich – meist handelt es sich um ein *Gemisch* aus mehreren dieser Bewegungen, die die Gesamtbewegung des Auges ausmacht; wir können z.B. einen smooth pursuit eines bewegten Gegenstandes bei Bewegung des Kopfes durchführen, etc. In den folgenden beiden Abschnitten wollen wir uns ausführlich mit dem VOR und der Sakkadenbewegung des Auges auseinandersetzen und diese im Kontext der Frage der Wissensrepräsentation in der sensomotorischen Integration diskutieren.

VOR

Zweck dieses Reflexes ist, wie bereits angedeutet, die Bewegungen des Körpers resp. des Kopfes durch eine Bewegung des Auges auszugleichen, damit das Bild, welches auf die Netzhaut projiziert wird, stabil bleibt. Hätten wir diesen Reflex nicht, so könnten wir, wenn wir uns bewegen, gehen, den Kopf rasch bewegen, etc., nur verschwommene Bilder sehen. Dieser Reflex ist deswegen notwendig, da unser visuelles System (a) in der zeitlichen Auflösung und Umwandlung in neuronale Impulse der auf die Retina projizierten Bilder und (b) in der zeitlichen Auflösung der Analyse der Einzelbilder nicht schnell genug ist. Wie wir aus der Photographie wissen, ist das Extrahieren von Information aus "verwackelten" Bildern ("smearing image") ein schwieriges Unterfangen. Um es in photographischer Terminologie auszudrücken, kommt in diesem Falle das "Verwackeln" nicht durch einen zu schnell bewegten Gegenstand, sondern durch die Bewegung des "Aufnahmegerätes" (i.e., des Auges) und der zu langen "Belichtungszeit" zustande. Die evolutionäre Entwicklung hat eine recht unerwartete und ungewöhnliche Lösung zu diesem Problem anzubieten: ein hochsensibles Reflexsystem, welches nicht nur den ganzen Körper stabilisiert, sondern besonders jenen Teil des Körpers ruhig zu halten versucht, welcher für die visuelle Wahrnehmung verantwortlich ist, nämlich die beiden Augen; das Konzept ist bestechend einfach: das VOR System erzeugt eine Bewegung (Rotation) der Augen, die der Bewegung des Kopfes/Körpers genau *entgegengesetzt* ist, sodaß sich diese Bewegungen in Summe aufheben und das Bild auf der Retina stabil bleibt. Zwei Forderungen werden an dieses System gestellt: (i) es muß äußerst schnell auf Bewegungen reagieren, da sonst das Bild auf der Retina zu verschmieren beginnt und (ii) es muß äußerst genau funktionieren; i.e., es muß gut kalibriert sein, damit die Ausgleichsbewegungen nicht zu stark oder zu schwach ausfallen, da damit in vielen Fällen das Verschmieren des Bildes noch verschlimmert würde. Es zeigt sich, daß bereits 6–14msec nach Beginn der Kopfbewegung das VOR System mit seiner Gegenbewegung durch die Augen einsetzt [CHUR 92]. Dies ist eine sehr kurze Zeit, vergleicht man sie mit der Antwortzeit des smooth pursuit, welche sich etwa im 100msec-Bereich befindet [GOLD 91, CHUR 92]. Dies ist auch nicht verwunderlich, da im smooth pursuit viel komplexere Berechnungen involviert sind, als im VOR[1].

In einem einfachen Experiment, das jede/r an sich selber durchführen kann, kann man diesen Unterschied in der Bewegung der Augen ausprobieren: als Beispiel für das smooth pursuit halte man den Kopf still und bewege seine Hand so schnell als möglich (in Entfernung von ca. 75cm) vor dem Körper hin und her. Dabei versuche man, die Bewegung der Hand so gut als möglich nachzuverfolgen resp. ein klares Bild von der Hand zu bekommen. Der visuelle Eindruck, den wir von diesem Versuch bekommen ist wahrscheinlich ein ziemlich verschmiertes und unklares Bild der bewegten Hand. Im Versuch, der die Funktion und die Geschwindigkeit des VOR

---

[1] Im smooth pursuit muß erst einmal das Objekt von Interesse extrahiert, dann seine Geschwindigkeit und Richtung festgestellt, eine Sakkade auf die neue Position gemacht werden und erst dann kann das smooth pursuit einsetzen. Dies steht der relativ einfachen Detektion der Bewegung des Kopfes gegenüber, die über ebenfalls relativ einfache Prozesse in Ausgleichsbewegungen umgerechnet werden können. Beim VOR ist es *nicht* notwendig, direkt visuelle Information zu verarbeiten – dies ist, was das smooth pursuit relativ langsam macht.

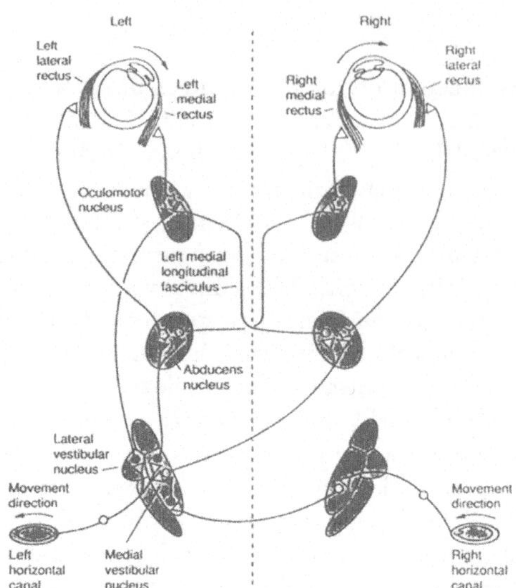

Bild 6.1   Verschaltungsplan des VOR (aus Goldberg et al., 1991).

demonstrieren soll, halte man die Hand in etwa der selben Entfernung still, fixiere sie mit den Augen und bewege nun den Kopf so schnell als möglich nach links und rechts. Trotz der ähnlichen Geschwindigkeiten und relativen Bewegungen, die in diesen beiden Versuchen auftreten, ist das Bild der Hand im "VOR-Versuch" viel klarer resp. wird u.U. überhaupt keinen bewegten oder verschmierten Eindruck machen. Wie bereits angedeutet, ist bei der Verarbeitung im VOR keinerlei visuelle Information involviert – die Verarbeitung visueller Information ist aus offensichtlichen Gründen um Größenordnungen aufwendiger als die Verarbeitung einer relativ kleinen Anzahl von Signalen aus Bewegungsdetektoren. Nebenbei sei erwähnt, daß es zusätzlich zum VOR noch Stabilisierungsreflexe gibt, die den Kopf z.B. während des Gehens stabilisieren [CHUR 92]. Die feine Stabilisierung ("fine tuning") wird aber in jedem Fall vom VOR übernommen.

Wie funktioniert der VOR? Die Latenzzeit von etwa 6–14msec weist drauf hin, daß es nur sehr wenige Zwischenschritte der Verrechnung (i.e., synaptische Schaltstellen[2]) geben darf. Es stellt sich heraus, daß diese Verrechnung im kürzesten Falle über drei Schritte (i.e., drei Synapsen) realisiert werden kann. Abbildung 6.1 zeigt die grundlegenden Schaltpläne des VOR in unterschiedlicher Detailliertheit.

Man kann vier Stationen auf dem Weg zwischen Sensor und Effektor finden: (i) *Detektion* der Bewegung im Gleichgewichtsorgan ("vestibular system"). An dieser Stelle wird die Bewegung des Kopfes in neuronale Signale transformiert und weitergeleitet; (ii) *Verschaltung* im vestibular nucleus, welcher sich im brain stem befindet. (iii) Von dort wird das neuronale Signal zum oculomotor resp. abducens

---

[2] In der *synaptischen Übertragung* des neuronalen Signals geht – in Relation zur Zeit, die für die axonale Übertragung benötigt wird – die meiste Zeit verloren.

nucleus weitergeleitet, wo er noch einmal umgeschaltet wird, um (iv) in einem letzten Schritt mit den eigentlichen Augenmuskeln Kontakt zu machen. Interessant sind auch die in Abbildung 6.1 dargestellten Interaktionen zwischen den beiden Hälften der Verarbeitung. Durch Überkreuzung der Bahnen werden Informationen aus beiden Bewegungsdetektorsystemen verarbeitet.

ad Detektion der Bewegung

Hinter dem Ohr befindet sich das *vestibular system* ("Gleichgewichtssystem"), welches die Beschleunigung/Geschwindigkeit der Rotation/Bewegung des Kopfes/Körpers um eine der drei Achsen detektiert. Dementsprechend ist das vestibular system als ein Detektor für die drei möglichen Bewegungsdimensionen organisiert. Diese drei Detektorsysteme stehen jeweils orthogonal aufeinander. Jedes dieser drei Systeme ist für die Detektion von Bewegung in einer der drei möglichen Dimensionen verantwortlich. Vereinfacht gesprochen resultiert dieser Prozeß in drei neuronalen Signalen, die – als Vektor zusammengefaßt – die globale Bewegung des Kopfes/Körpers beschreiben/repräsentieren.

Wie wird die Geschwindigkeit/Beschleunigung der Rotation des Kopfes detektiert? Auch hier hat die Evolution – lange vor der Physik – Phänomene "erkannt" und ausgenutzt, welche wir *Trägheit* und *Gravitation* bezeichnen; man stelle sich folgende in Abbildung 6.2 dargestellte Situation vor: in einer gallertartigen Masse befinden sich kleine Steinchen. Bewegt sich dieses System, so werden diese Steinchen, die dadurch, daß sie in diese Masse eingebettet sind, relativ frei beweglich sind, durch die Beschleunigung des restlichen Körpers kaum berührt. I.a.W., durch ihre Trägheit verbleiben sie mehr oder weniger an ihrer Position. Relativ zum restlichen Körper bewegen sie sich jedoch – nämlich genau in die entgegengesetzte Richtung, in die sich der restliche Körper bewegt. Diese relative Bewegung kann detektiert werden. Dies geschieht durch sog. "Härchenzellen" (s.a. Kapitel 10): wie man in Abbildung 6.2 sehen kann, handelt es sich um kleine Härchen, die vertikal zu ihrer Grundfläche stehen. Werden diese Härchenzellen durch die Steinchen ("otoliths") umgebogen, so verändern sie ihr/e Feuerrate/Rezeptorpotential und zeigen somit an, daß der Kopf um eine bestimmte Achse rotiert ist. Außerdem wirkt in diesem Mechanismus natürlich auch die Gravitation mit: beim Drehen des Kopfes verändert sich die relative Position der Otolithen zu den Härchenzellen – dies bedeutet, daß die Schwerkraft in einem Falle (indem sie die Otolithen hinunterzieht) die Härchenzelle nicht umbiegt (Schwerkraft wirkt parallel zur Orientierung der Härchenzelle) und im anderen Falle (z.B. gedrehter Kopf) die Härchenzelle umbiegt (Schwerkraft wirkt nicht parallel zu Orientierung der Härchenzelle, *Kelly* [KELL 91]).

In jedem Falle kommt es zu einer *Kollision* zwischen den Otolithen und den Härchenzellen, was zu einem Verbiegen dieser führt. Je nach dem, in welche Richtung das Verbiegen stattfindet, kommt es zu einer Rezeptordepolarisation (Ansteigen der Feuerrate) resp. Rezeptorhyperpolarisation (Verringern der Feuerrate). Die Stärke dieser Veränderung richtet sich nach der Stärke des Umbiegens und ist daher ein Maß für die Kräfte, die hier wirken und damit ein Maß für die Beschleunigung resp. für die relative Position/Rotation des Kopfes. Durch die drei Detektoren in jeweils einer der

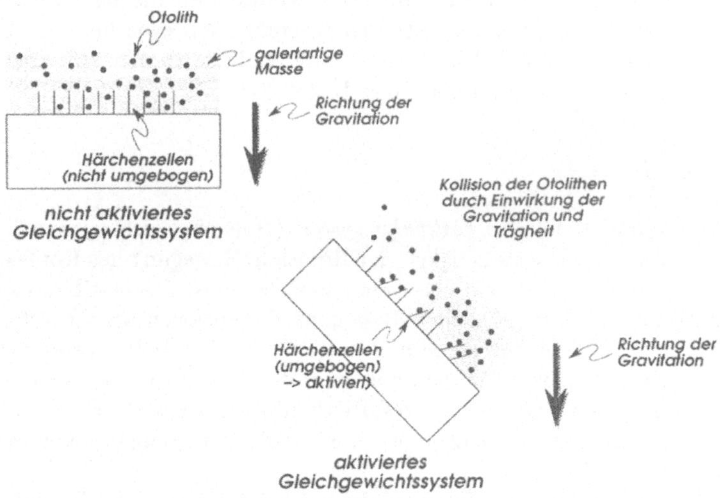

Bild 6.2 Detektion von Bewegung/Beschleunigung durch Härchenzellen und Wirkung von Trägheit und Gravitation.

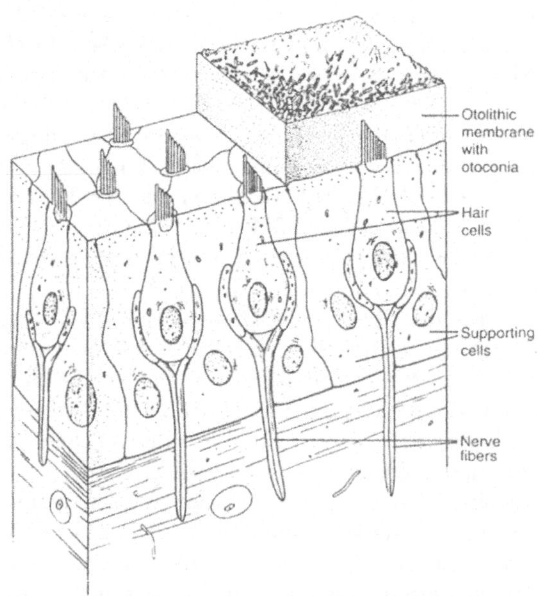

Bild 6.3 Organisation der Härchenzellen (aus Kelly, 1991).

drei Dimensionen[3] wird die globale Bewegung in drei – nach der jeweiligen Intensität der Bewegung in der jeweiligen Dimension – *getrennten* "Kanälen" codiert. Auch hier liegt ein Fall von *vector coding* vor. Fassen wir diese Einzelaktivierungen zu einem Vektor zusammen, so kann man aus diesem die globale Stärke und Richtung der Bewegung des Kopfes ablesen. Diese Information gelangt verteilt an die nächste Verschaltungsstation:

ad Verschaltung im vestibular nucleus, oculomotor nucleus und abducens nucleus

Der am besten bekannte und untersuchte Pfad im VOR ist der *horizontale VOR* (*Goldberg* et al. [GOLD 91]). Dies ist genau jener Reflex, der beispielsweise bei einer Rechtsdrehung des Kopfes eine Linksdrehung der Augen um genau so viel Grad bewirkt, wie sich der Kopf bewegt hat, sodaß sich in Summe die Bewegung auf dem Bild der Retina zu 0 aufhebt und damit zu einem stabilen Retinabild führt (siehe auch unser "VOR-Eigenexperiment" von vorhin). Wie man sich vorstellen kann, ist für die Ausführung dieser Funktion ein System notwendig, das äußerst genau kalibriert ist, da feinste Einstellungen vorgenommen werden müssen, um die Stabilität des Netzhautbildes zu garantieren. Wie wir in Abbildung 6.1 sehen können, handelt es sich um eine *feed forward* Architektur, die die Steuerung dieser Gegenbewegung durch die Augenmuskel übernimmt. Würde man eine feed back Architektur verwenden, wäre sie für dieses Problem mit großer Sicherheit zu langsam, da solche Architekturen immer einige Zeitschritte benötigen, bis sie sich stabilisiert haben ("settling"). Wenn man bedenkt, daß Drehbewegungen des Kopfes mit einer Geschwindigkeit von bis zu 300°/sec vor sich gehen können [CHUR 92] und daß diese Bewegungen innerhalb kürzester Zeit ausgeglichen werden müssen, so ist die Randbedingung der Zeitökonomie *nicht* zu vernachlässigen.

Bei einer Drehung des Kopfes nach links oder rechts verändert sich die Feuerrate, die durch die Aktivierung der Horizontaldetektoren determiniert ist. Diese Aktivierungsmuster werden an den vestibular nucleus weitergeleitet, wo Interneuronen die Verrechnung des Signals vornehmen. Dasselbe geschieht in den zwei anderen nuclei, die das Signal verteilt an die Motorneuronen weiterleiten. Durch die Aktivierung dieser Neuronen werden die Muskeln einzeln angesteuert und kontrahiert. Die Verrechnung geschieht nach dem selben Prinzip, wie wir es bei "Roger" (neuronale Lösung) gesehen haben: die Neuronen empfangen die Aktivierungen und gewichten diese in den Synapsen. Diese gewichteten inputs werden über Zeit und Raum integriert[4]. In einem weiteren Schritt wird der output des Neurons (in Form einer bestimmten Feuerrate) erzeugt; dieser output wird an alle anderen Neuronen weitergeleitet, zu denen eine Verbindung in Form eines Axons besteht. All diese Vorgänge finden in allen Neuronen parallel statt.

Vergleicht man diesen Vorgang mit den Prozessen, die in künstlichen neuronalen

---

[3]Natürlich gibt es für jede Dimension *viel mehr* als nur einen Bewegungssensor!

[4]Diese raum-zeitliche Integration wird in den meisten künstlichen neuronalen Netzwerken, wie sie der PDP Ansatz vorschlägt, nur insofern simuliert, daß die gewichteten inputs zum *Nettoinput* aufsummiert werden.

Netzwerken ablaufen, so kann man die Verrechnung in den nuclei in folgender Weise interpretieren: im vestibular nucleus etwa werden die Aktivierungen des sensory activation space in Aktivierungen des motor activation space transformiert. Wir können diese nuclei als *hidden layers* verstehen, die, wie z.B.in unserem "Fels-Mine Beispiel" einen hidden activation space aufspannen, der durch die synaptischen Gewichtungen in Subräume partitioniert ist. Es handelt sich also um eine Form der *sensomotorischen Integration*, die ein Sensorsignal in ein Motorsignal umwandelt. Wir können dieselben theoretischen Konzepte des activation space, der Verrechnung, der Vektorabbildung, etc. anwenden, wie wir sie in den letzten Kapiteln diskutiert haben. Wiederum hängt es von der Kalibrierung/Konfiguration der synaptischen Gewichte und deren Interaktion mit den hereinkommenden Aktivierungen ab, welches Verhalten (in Form von Bewegung der Augen) generiert wird. Die synaptische (Gewichts-)Konfiguration determiniert, wie diese Umrechnung erfolgt resp. repräsentiert/verkörpert das Wissen, welches für diese Transformation notwendig ist. Ein Detail am Rande, das wir hier jedoch vernachlässigen: es genügt nicht, nur ein Geschwindigkeits-/Beschleunigungssignal an die Augenmuskeln zu schicken [GOLD 91], da das Auge sonst wieder in seine ursprüngliche Position zurückkehren würde. Das Motorsignal muß auch irgendeine Form von Positionsinformation enthalten, um die Augen in der richtigen Position zu halten, wenn die Bewegung des Kopfes beendet ist.

Der vestibular nucleus ist also jener Ort, an dem die Integration zwischen Sensorinputs und Motoroutput stattfindet. Wie man in Abbildung 6.4 sehen kann, gibt es für das Motorsystem des Auges aber auch noch andere inputs, die von anderen Nuclei (z.B. superior colliculus, etc.) kommen (ls, lp, rs, ls). Diese inputs sind Signale für sakkadische Augenbewegungen, für smooth pursuit, etc. Im vestibular nucleus (VN) werden all diese inputs *integriert* und als gemeinsames Signal in verteilter Form an die Motorneuronen weitergeleitet. Die verschiedensten Funktionen und Signale werden also in *verteilter* Form ("distributed representation") repräsentiert, integriert und verarbeitet. *Alle* Neuronen des vestibular nucleus sind in der gleichen Weise an der Verarbeitung und der Produktion des Signals für die Augenbewegung beteiligt. In diesem Sinne gibt es keine getrennten Pfade für unterschiedliche Funktionen. Mittels vector coding ist es möglich all diese Funktionen zu integrieren: Vektoren eines activation space werden auf Vektoren eines anderen (output/motor) activation space abgebildet und dabei zu einem gemeinsamen Signal transformiert, welches in verteilter Weise an die einzelnen Muskeln übertragen wird und dort eine globale Bewegung des Auges ausführt, die alle gewünschten Funktionen integriert: etwa eine Mischung aus VOR-Ausgleichsbewegung und sakkadischer Augenbewegung.

Was kann uns die Theorie künstlicher neuronaler Netzwerke, unsere Konzepte des activation space, etc. in diesem Kontext sagen? Können uns unsere Überlegungen über Repräsentation, Verarbeitung und Berechnung in neuronalen Systemen Erklärungen liefern (s.a. beispielsweise [CRIC 89, ZIPS 88])? Vom Standpunkt der computational neuroscience ist es interessant, welche Berechnungen, Architekturen, etc. für die Ausführung solcher Funktionen verantwortlich sind. Wenn wir diese – in natürlichen neuronalen Systemen – beobachteten Phänomene simulieren können,

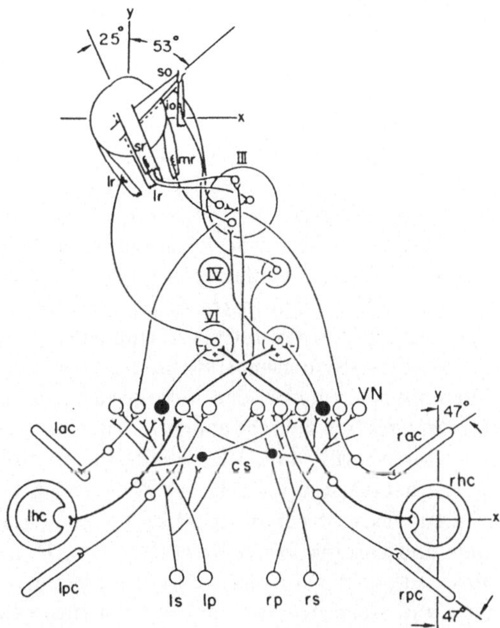

Bild 6.4 Pathways zur Ansteuerung der Motorneuronen des Auges (aus Anastasio
et al., 1989).

so erlaubt uns dies ein genaueres Studium der repräsentationalen Eigenschaften,
der Dynamik, etc. *Anastasio* et al. [ANAS 89] haben ein einfaches PDP Modell für
dieses Phänomen entworfen:

Es handelt sich um ein relativ einfaches *feed forward* Netzwerk, wie wir es bereits
bei den Beispielen in den vorigen Kapiteln kennen gelernt haben. Im input Vektor
wird die (Geschwindigkeit der) Rotation des Kopfes in verteilter Weise repräsentiert.
I.e., ein Punkt im activation space der Sensorunits referiert auf eine ganz bestimmte
Rotation des Kopfes. Ebenso werden das smooth pursuit Signal und das Signal zur
sakkadischen Bewegung in vector coding Form repräsentiert. Der output Vektor
repräsentiert die integrierten und globalen Bewegungssignale für die Augenmuskel.
Der hidden layer repräsentiert den vestibular nucleus (VN in Abbildung 6.4) – in
ihm werden alle inputs integriert. Das Netzwerk ist zu Beginn nur mit einer zufällig
initialisierten feed forward Architektur ausgestattet; es wäre so gut wie unmöglich,
all diese Signale, die in verteilter Repräsentation vorliegen, mittels eines "von Hand"
vorprogrammierten Netzwerkes zu integrieren. Zu schnell wächst die Komplexität
und die Anzahl der Randbedingungen, die man alle zugleich berücksichtigen müßte.

Aus diesem Grund hat man sich in diesem Modell [ANAS 89] für das *Erlernen*
dieser Abbildung zwischen input und output Vektoren entschieden. Als Lernalgorithmus dient die uns schon bekannte *error back propagation* Strategie (oder Generalized Delta rule, z.B. [RUME86a]) – warum dieser Algorithmus trotz seiner

biologischen Unplausibilität gerechtfertigt ist, werden wir in den folgenden Paragraphen diskutieren. Als teaching input dient u.a. der Grad der Stabilität resp. des Verwischens des Bildes auf der Retina. Das Ziel besteht also darin, wie beim VOR, das Retinabild mittels Ausgleichsbewegungen der Augen zu stabilisieren. Diese Ausgleichsbewegungen sind durch die Aktivierungen in den output units repräsentiert. Aus Gründen der *biologischen Plausibilität* können nur die Gewichte zwischen input und hidden layer verändert werden. Die Gewichte, die vom hidden layer zum output layer führen (i.e. die Verbindung vestibular nucleus – Motorneuronen), sind fixiert. Der Untersuchungszweck dieser Simulation besteht darin, herauszufinden, wie sich die Performanz unter Verwendung verschiedener Populationen (z.B. unterschiedliche Anzahl von hidden units, verschiedene Vernetzungsstrategien, etc.) verändert. I.a.W., wie gut kann die gewünschte Transformation unter verschiedenen Umständen durchgeführt werden, welche Gewichts-/Synapsenstrukturen treten auf, etc. Welche Gründe und Rechtfertigungen sprechen dafür, den biologisch nicht plausiblen Lernalgorithmus der *error back propagation* zu verwenden?

(i) Ein sehr gewichtiger Grund besteht darin, daß, wie bereits angedeutet, ab einer bestimmten Komplexität und Vernetztheit des Problems die Gewichte *nicht* mehr *von Hand* gesetzt werden können. Dies ist ein pragmatisches und ökonomisches Argument, aber nur eine globale und automatisierte Strategie, die u.U. mittels trial-&-error arbeitet, kann eine passende Gewichtskonfiguration finden. (ii) Eine Implikation aus diesen Überlegungen und sicherlich auch ein äußerst interessanter Aspekt dieser Simulation besteht darin, daß keinerlei explizite Regeln oder ähnliches vorgegeben werden müssen, sondern das Netzwerk aus der Präsentation der *Beispiele* diese Regeln in Form von Gewichtsadjustierungen, die zu einer Gewichtskonfiguration, die die korrekte Transformation repräsentiert/verkörpert, führen, *erlernt*. (iii) Ein interessanter Aspekt, der sich beim Lernen ergibt, besteht darin, daß das Netzwerk seine möglichen Gewichts-/Architekturkonfiguration im Zuge dieses Prozesses *selber* "erforscht". Die Konfiguration ist nicht durch einen Designer vorgegeben, sondern entwickelt sich aus den durch die teaching inputs vorgegebenen Randbedingungen selber.

(iv) Der backpropagation Algorithmus versucht das Transformationswissen eher in einer *verteilten* Weise in den Gewichten zu repräsentieren – lokalistische Lösungen sind nicht nur biologisch unplausibel, sondern werden auch so gut wie fast nie von einem error back propagation Lernalgorithmus erzeugt. (v) Backpropagation wurde sicherlich *nicht* gewählt, weil man dachte, es handle sich um einen biologisch plausiblen Lernalgorithmus – wie bereits angedeutet, handelt es sich um eine pragmatische Lösung, die auch aus einem gewissen Mangel an alternativen, etwa gleichmächtigen Lernalgorithmen entstanden ist. Das eigentliche, was an dieser Simulation interessiert, ist jedoch nicht der Lernalgorithmus resp. der Prozeß des Lernens, sondern der *Vergleich* der activation spaces und weight spaces zwischen *natürlichen* und *künstlichen* Systemen. Die Idee, von der man ausgeht besteht darin, daß backpropagation eigentlich ein Optimierungsalgorithmus ist, der nach einem Minimum sucht, welches implizit in der Fehleroberfläche repräsentiert ist. Es ist keine unplausible Annahme, daß evolutive Prozesse ebenfalls als Optimierungsverfahren unter vorgegebenen Randbedingungen verstanden werden können. Aus dieser Perspektive scheint der Vergleich zwischen z.B. den Partitionierungen des hidden activation space und jener des activation space des vestibular nucleus nicht so absurd. Die Einsichten, die beide Lösungen – die biologisch-evolutive und die künstlich neuronale – hervorbringen, können von gegenseitigem Interesse sein und stehen ganz im Sinne der in der computational neuroepistemology vorgeschlagenen Interaktion zwischen den simulativen und empirischen Methoden und Resultaten. (vi) Mittels der Methode der Simulation können, wie wir in diesem Abschnitt noch sehen werden, Prognosen gemacht werden, die dann empirisch verifiziert werden können. Backpropagation ist also ein Vorhersagemechanismus, der uns über Fragen der Repräsentation in neuronalen Systemen Auskunft geben kann. In diesem Fall ist das *Resultat* der Simulation des Lernprozesses von Interesse und nicht so sehr der Lernprozeß selber; mit Resultat ist hier eine bestimmte Konfiguration der Gewichte, eine bestimmte Partitionierung des activation space, eine bestimmte Architektur, etc. gemeint. Aus diesen Ergebnissen lassen sich in Interaktion mit empirischen Untersuchungen Theorien über Repräsentationsmechanismen, über Verarbeitungsmechanismen, etc. bilden, die sich u.U. aus rein empirischen Experimenten nicht ergeben hätten.

Was also können wir aus diesem Modell von *Anastasio* et al. [ANAS 89] für unser Problem der Wissensrepräsentation und Verarbeitung in neuronalen Strukturen lernen?

(a) Die Verarbeitung und Weiterleitung der verschiedenen "Instruktionssignale" aus dem vestibular system für smooth pursuit, Ausgleichsbewegung und die sakkadische Augenbewegung ist jeweils *verteilt* repräsentiert und die Transformation in (wiederum verteilt repräsentierte Motorsignale) passiert in den hidden units, ebenfalls über alle beteiligten units verteilt. I.a.W., einzelne Pfade, wie wir sie gerne für Interpretations- und Erklärungszwecke wünschten, sind *nicht* mehr zu *unterscheiden*. I.e., die *semantische Transparenz* ist in diesem Problem der sensomotorischen Integration nicht mehr gegeben. Dies erklärt auch die "Konfusion" bei dem Versuch, empirischen Meßergebnissen, Einzelzellableitungen u.ä. von einzelnen Neuronen des vestibular nucleus eine semantische Interpretation oder eine isolierte (sprachlich bezeichenbare) Funktion zuzuordnen. Im Falle des vector coding und der distributed representation ist dies nicht mehr, oder nur in seltenen, zumeist recht künstlichen Fällen möglich. Wie wir gesehen haben, ist die Globalbewegung der Augen im *Gesamtaktivierungsmuster* der Motorneuronen repräsentiert und es ist schwierig, den einzelnen Aktivierungen eine klare Interpretation zu geben.

(b) Die Untersuchung der Aktivierungen und Vorgänge im hidden layer, der den vestibular nucleus simuliert, haben gezeigt, daß dort die oftmals komplementären "Instruktionen", die durch die Signale des smooth pursuit, der sakkadischen Bewegung und des VOR in diesen layer hereinströmen, zu einem "gemeinsamen Ergebnis" zusammengeführt und so gut als möglich erfüllt werden. Der vestibular nucleus wird also zum *Integrationszentrum* für all diese hereinströmenden Signale. (c) In mehreren Simulationsläufen zeigte sich, daß diese zu unterschiedlichen Ergebnissen führen; unter Simulationslauf ist in diesem Kontext das "Trainieren" eines Netzwerkes gemeint. Diese unterschiedlichen Ergebnisse manifestieren sich in *unterschiedlichen Gewichtskonfigurationen* des Netzwerkes. I.a.W., für ein und dasselbe Problem gibt es, wie wir bereits bei unserem NETtalk Beispiel [SEJN 86, SEJN 87] gesehen haben, unterschiedliche Lösungsmöglichkeiten. Den Grund für diese Lösungsvielfalt kann man u.a. darin finden, daß mehr units verwendet werden, als unbedingt notwendig. Das bedeutet, daß die Transformationsarbeit auf viele verschiedene units aufgeteilt werden kann – es sind mehr units vorhanden, als zur Partitionierung des hidden activation space benötigt werden. So kann es passieren, daß sich zwei units die "Arbeit", die normalerweise von einer unit übernommen werden könnte, aufteilen. Diese Aufteilung ist u.a. sehr stark von der (zufälligen) Initialisierung der Gewichte und der Reihenfolge der präsentierten Beispielfälle abhängig.

(d) Punkt (c) deutet auf den Fall eines *redundanten Systems* hin. Diese Redundanz ist auch in empirischen Untersuchungen der Neuronen des vestibular nucleus zu finden. I.a.W., auch im vestibular nucleus befinden sich mehr Neuronen, als für diese Transformation unbedingt notwendig wären. Wenn wir eine "evolutionäre Perspektive" einnehmen, so ist die Ausstattung dieses Systems mit Redundanz nicht verwunderlich: da es sich beim VOR um ein für die visuelle Wahrnehmung und in weiterer Folge für die Generierung von Verhalten äußerst kritisches und unbedingt notwendiges System handelt, könnte sein Ausfall für das Überleben des Organismus verheerende Folgen haben. Der Schluß liegt nahe, daß es kein Zufall ist, daß in der phylogenetischen Entwicklung eine hoch redundante Architektur für dieses kritische System entstanden ist. Wie bereits im Kontext der Fehlerredundanz im Kontext der distributed representation resp. des vector coding erwähnt wurde, wählt die Evolution meist redundante Systeme aus, um sich vor Ausfällen in der manchmal nicht verläßlichen biologischen "wet ware" zu schützen. Auch hier gilt, was im Zusammenhang mit dem vector coding festgestellt wurde: wenn eine Aufgabe über viele Neuronen *verteilt* be-/verrechnet wird, so ist der Ausfall oder die Fehlfunktion einer Verarbeitungseinheit oder einer Verbindung (Synapse) in der Gesamtfunktion kaum bemerkbar. Die *Fehlertoleranz* und das Phänomen der *graceful degradation*, die man auch bei künstlichen "Läsionen" an diesem Modell festgestellt hat, ist in der Performanz des gesamten Systems bis zu einem gewissen Prozentsatz der Zerstörung fast vernachläßigbar. Ein Phänomen, das bei einem lokalistischen Ansatz sicherlich nicht auftreten würde, da der Ausfall einer/s unit/Neurons zu einem Totalausfall einer ganzen Funktions-/Verhaltensgruppe führen würde. Im Falle der hier demonstrierten *verteilten Repräsentation* "übernehmen" Nachbarneuronen (ohne "Nachlernen") teilweise die Funktionen der ausgefallenen Verarbeitungselemente, da sie – bedingt durch ihre redundante Organisation – diese Funktionen bereits vor dem Ausfall teilweise erfüllt haben.

(e) Variationen in der Architektur haben gezeigt, daß sich das Problem des VOR (horizontal) durch ein *Minimalnetzwerk* (feed forward) mit drei layers zu je zwei units pro layer lösen ließe. Fällt in solch einem Netzwerk eine unit aus, so ist der Verlust in der Performanz signifikant. Fügt man weitere units hinzu, so erhält man all jene zuvor erwähnten Phänomene der Fehlertoleranz und der graceful degradation. (f) Bei der Simulation ist eine interessante *Komplementarität* aufgetaucht: jedes Neuron im hidden layer (vestibular nucleus) exzitiert ein Motorneuron, während es zugleich ein anderes *inhibiert*. Dies bedeutet, daß eine Form *antagonistischen Verhaltens* erlernt wurde [CHUR 92], ohne daß diese Forderung explizit an das Netzwerk gestellt wurde. Diese Ergebnisse sind auch in empirischen Untersuchungen zu finden, wo man eine reziproke Ansteuerung komplementärer Muskeln festgestellt hat. (g) In dieser Simulation stellt sich heraus, daß unsere Arbeitshypothese über die Berechnungsvorgänge, Repräsentation (i.e., Matrix-Vektor-Multiplikation, activation space, etc.) fürs erste recht brauchbar ist – sie liefert in der Verifikation mit empirischen Ergebnissen gute Resultate, die nicht nur mit den Experimenten übereinstimmen, sondern, wie wir noch sehen werden, Vorhersagen treffen können. Man kann also auch den VOR als eine Abbildung von zwei state/activation spaces aufeinander sehen. Bezüglich der Berechnung/Verarbeitung treten die selben Gesetzmäßigkeiten und Phänomene auf, wie wir sie in den vorigen Kapiteln beschrieben haben – und dies gilt für beide Systeme (künstliche *und* natürliche). Durch diese Simulation sind wir in der Annahme bestärkt, daß es sich bei neuronalen Systemen (zumindest in einer ersten Annäherung) um *berechnende* Systeme handelt, die sich mit den Konzepten des activation space, Aktivierungsvektoren und ihren Abbildungen recht gut beschreiben lassen. Weiters bestärkt es uns, die Methode der *Simulation* als ernsthafte Partnerin für empirische Untersuchungen nicht zu unterschätzen. Auf die gegenseitige stimulierende und verifizierende Interaktion zwischen diesen beiden methodischen Ansätzen wurde bereits hingewiesen.

In bezug auf die Frage nach der *Repräsentation* von Wissen in diesem System lassen sich folgende Anmerkungen machen: (i) beim VOR handelt es sich um ein sog. "hard wired" System, was so viel bedeutet, daß die Architektur "fest verdrahtet[5]" und sehr wahrscheinlich durch das genetische Material determiniert und nicht erst durch ontogenetische Erfahrung entstanden ist. Die meisten Systeme, von denen eine sehr schnelle, monotone, aber sichere Antwort erwartet wird – das betrifft hauptsächlich *Reflexsysteme* –, sind im natürlichen Nervensystem hard wired Architekturen. Diese genetische Determiniertheit erscheint aus "überlebenstechnischer" Perspektive klar, da es sich in den meisten Fällen um Basisreaktionen handelt, die sofort nach der Geburt vorhanden sein und nicht erst langwierig durch Erfahrung erlernt werden müssen. Diese Notwendigkeit wird beim VOR besonders deutlich, da – sobald ein Organismus sehen kann – ein klares Retinabild die Voraussetzung für Orientierung und Überleben darstellt. Wie wir weiter unten sehen werden, erweist sich der VOR jedoch bis zu einem gewissen Grade auch als *plastisch*; i.e., gewisse "Nachjustierungen" können nachträglich erlernt werden.

(ii) Der selektive Druck, der hinter diesem System steht, manifestiert sich in einem *minimalen Aufwand* an Zwischenschaltstellen bei maximaler Sicherheit und Genauigkeit. In der phylogenetischen Entwicklung des VOR stehen einander zwei Randbedingungen gegenüber: einerseits eine ganz klare Beschränkung in der Geschwindigkeit der Verarbeitung zum Bilderkennen und andererseits die Notwendigkeit der

---

[5]Dies ist ein Begriff, der eigentlich aus der Informatik stammt und im Kontext von CPUs verwendet wird – er bedeutet, daß eine Funktion oder Berechnung bereits *hardwaremäßig* auf dem Chip implementiert ist. Dies steht im Gegensatz zu *frei programmierten* Funktionen. Der Vorteil dieser hard wired Funktionen besteht darin, daß sie sehr effizient und schnell ausgeführt werden können, während sie den Nachteil haben, daß es sich – im Gegensatz zu frei programmierbaren Funktionen – wegen ihrer Hardwareimplementierung um starre Funktionen handelt, die in herkömmlichen CPUs so gut wie nicht verändert werden können.

visuellen Information, die es einem Organismus erlaubt, sich in seiner Umwelt zu orientieren und in weiterer Folge dementsprechend (adäquat) zu verhalten. Variation und Selektion haben in einem trial-&-error Verfahren eine Architektur entwickelt, die ein äußerst effektives System zur Stabilisierung des Retinabildes darstellt. Aus der Perspektive der Wissensrepräsentation könnte man sagen, daß in dieser Architektur diese soeben erwähnten Randbedingungen *verkörpert/repräsentiert* sind. (iii) Aus Verhaltensbeobachtungen können wir sagen, daß diese Verschaltungsarchitektur das Wissen um eine äußerst schnelle und exakte Ausgleichsbewegung der Augen repräsentiert. Sehen wir uns dieses System abstrakt und ohne seinen (z.B. sensorischen und motorischen) Kontext an, so repräsentiert es jedoch (lediglich) eine *Transformation von Vektoren.* I.a.W., es handelt sich um ein funktionales System, welches – in den sensomotorischen Kontext des VOR gestellt – eine Ausgleichsbewegung der Augen ermöglicht. Welche Funktion es, abgesehen von der mathematisch-abstrakten Funktion, erfüllt resp. welche *Semantik* diese Architektur resp. dieses Netzwerk hat, ist zu einem mindestens ebenso großen Teil durch den Kontext resp. die Einbettung des Netzwerkes (z.B. in Sensor- und Effektorsysteme, Umwelt, etc.) determiniert, wie durch die Funktion selber. Im konkreten Falle des VOR kann man sagen, daß die Architektur/Gewichtskonfiguration die *Funktion* zur Ausgleichsbewegung der Augen *erfüllt.*

(iv) In fast allen unseren Beispielen natürlicher und künstlicher neuronaler Systeme haben wir bisher das Phänomen der *verteilten Repräsentation* vorgefunden. Weiters konnten wir sehen, daß das Konzept der *Vektortransformation* und der Abbildung zwischen activation spaces die Prozesse, die bei der neuronalen Verarbeitung vor sich gehen, in adäquater Weise beschreiben und erklären. Aus dieser Perspektive und empirischen Untersuchungen zufolge ist es recht wahrscheinlich, daß sich das Konzept der *distributed representation* über weite Teile des Gehirnes erstreckt und daß es sich um eine Repräsentationsform handelt, welche den Repräsentationscharakter eines einzelnen Neurons viel besser verstehen läßt als die lokalistische Vorstellung. Dies ist auch ein methodischer Hinweis an die empirisch arbeitenden Neurowissenschaften, die Einzelzellableitungen durchführen: wenn man nur einzelne Zellen und ihre Repräsentationseigenschaften untersucht, so werden die Ergebnisse – aus der Perspektive der distributed representation – oft *nicht* befriedigend sein, da man implizit erwartet, daß eine einzelne Zelle (wie z.B. Detektorzellen im V1 oder die legendäre "grandmother cell") auf ein ganz spezifisches Umweltmerkmal anspricht. Wenn man hingegen von der Annahme einer verteilten Repräsentation ausgeht, so weiß man, daß eine *Gruppe* von Neuronen an der Repräsentation *eines* Merkmals beteiligt ist und daß ein *einzelnes* Neuron an der Repräsentation *vieler* Merkmale beteiligt ist. Daher ist es nicht verwunderlich, wenn man keine "eindeutigen Repräsentationsergebnisse" erhält. Man müßte eine Population von mehreren hundert oder tausend Neuronen zugleich beobachten, um halbwegs aussagekräftige Hinweise auf die Repräsentationsfunktion zu bekommen. Dies hat freilich einen "methodischen Haken": es ist wegen der fehlenden Technologie für Meßinstrumente (noch?) nicht möglich, von hunderten oder tausenden Neuronen simultan Einzelzellableitungen zu machen. Die Entwicklung dieser Technologie könnte u.U. "empirisches Licht" auf diese bisher hauptsächlich in Simulationen beobachteten Phänomene und die daraus geschlossenen Konzepte werfen.

(v) Ein interessanter Aspekt, der bereits angesprochen wurde, besteht darin, daß man in all diesen Fällen das "*Wissen*", welches diesen Systemen unterstellt wird resp. welches in der neuronalen Architektur/Gewichtskonfiguration verkörpert ist, *niemals* ohne die *peripheren Prozesse* verstehen kann, von denen das neuronale Netzwerk seine inputs erhält resp. an die es seine outputs weitergibt. Im Falle des VOR bedeutet das, daß das neuronale Netzwerk erst durch seinen Anschluß an das vestibular system und an die Muskeln, die die Augen bewegen, (s)eine "*Semantik*" erhält. Isoliert würde die neuronale Architektur lediglich einen Mechanismus darstellen, welcher Aktivierungsmuster nach bestimmten Regelmäßigkeiten auf andere Aktivierungsmuster abbildet. Erst durch seine Interaktion mit der Peripherie resp. in vielen Fällen mit der Umwelt wird aus der puren und abstrakten Musterverarbeitungsmaschine eine semantisch interessante Funktion. Dies ist u.a. auch deswegen interessant, da sich herausstellt, daß neuronale Systeme für sich genommen *äußerst allgemeine* "Musterabbildungsmaschinen" sind, die je nach Kontext, in den sie hineingesetzt werden, verschiedene Interpretationen erfahren können. Für eine adäquate Beschreibung eines neuronalen Systems ist also die Beschreibung der Architektur *nicht* ausreichend – erst die Einbettung in den Kontext gibt solch einer Musterabbildungsmaschine ihre Semantik.

Plastizität des VOR

Wie wir gesehen haben, handelt es sich beim VOR um ein äußerst fein eingestelltes System, von dem gefordert wird, daß es mit *höchster Genauigkeit* funktioniert. Bereits kleinste Veränderungen können zu einer Fehlfunktion und damit zu einem verwischten Retinabild führen. Man denke beispielsweise an das Wachsen des Auges, Veränderung der optischen Eigenschaften des Auges, Veränderung in der Augenmuskulatur, etc. All dies sind Vorgänge, die die Ausgleichsbewegung des Auges und auch die anderen Augenbewegungen beeinflussen und verändern. Aus diesem Grund ist es notwendig, daß das VOR und die anderen Augenansteuerungssysteme von Zeit zu Zeit *rekalibriert* werden, um z.B. ein Verschmieren des Retinabildes zu vermeiden. Wir haben gesehen, daß es sich beim VOR um eine "hard wired" Architektur handelt, was darauf schließen läßt, daß keine Plastizität vorhanden ist.

Empirische Untersuchungen (*Lisberger* [LISB 88]) zeigen jedoch, daß es sehr wohl so etwas wie neuronale Plastizität oder zumindest eine Form der *Rekalibrierung* im VOR-System geben muß; das Experiment, das dieses Phänomen zeigt, ist in Abbildung 6.5 dargestellt: in einem normalen Affen funktioniert der VOR, wie zuvor beschrieben – wenn der Affe seinen Kopf (horizontal) bewegt und dabei einen Gegenstand fixiert, so werden durch die Augenmuskeln Ausgleichsbewegungen des Auges erzeugt, sodaß das Retinabild stabil ist (Abbildung 6.5, links unten). Setzt man dem Affen Vergrößerungsgläser auf, so wird die Kopfbewegung durch die Augenbewegung nicht mehr richtig ausgeglichen. Das Resultat ist ein verwischtes Retinabild (Abbildung 6.5, mitte). I.a.W., durch diese optische Veränderung bewegt sich das fixierte Objekt bei gleicher Bewegung des Kopfes schneller über die Retina, als

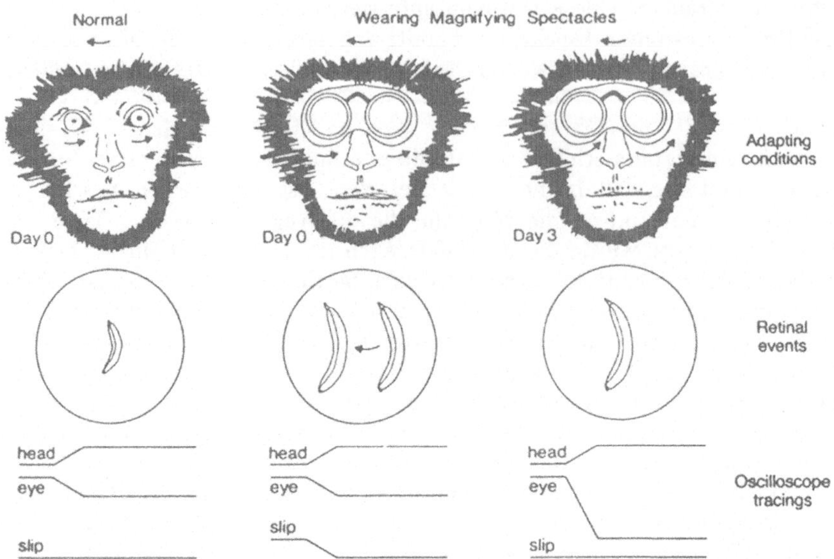

Bild 6.5 Ein Experiment, das die Rekalibrierung des VOR zeigt; für nähere Erklärungen siehe Text (aus Lisberger, 1988).

wenn der Affe keine Vergrößerungsgläser trägt. Die durch das noch nicht rekalibrierte VOR-System erzeugte Ausgleichsbewegung ist zu klein für die Geschwindigkeit, mit der sich das Objekt über die Retina bewegt. Das Resultat ist ein verwischtes und instabiles Retinabild. Dieses konstante Verschmieren ist der Auslöser für einen *Rekalibrierungsprozeß*, der bereits drei Tage nach der "Installation" der Vergrößerungsgläser seinen Effekt zeigt (Abbildung 6.5, rechts): die VOR Signale beginnen sich bereits Stunden nach dem Auftreten der Fehlfunktion inkrementell so lange zu verändern, bis sich das Retinabild nach zwei bis drei Tagen stabilisiert. Die einzige Erklärung, die man dafür angeben kann, sind physische Veränderungen im neuronalen Substrat, die zu diesen Veränderungen im (Ausgleichs-)Verhalten führen.

Wir postulieren also einen *Adaptations-/Lernvorgang*, der sich in einer Veränderung im neuronalen Substrat niederschlagen muß. Da man sich der großen Komplexität des natürlichen neuronalen Systems und der vielen verschiedenen Möglichkeiten wegen nicht sicher war, an *welchem Ort* diese Lernvorgänge wirklich passieren, ist man den Umweg über ein *Simulationsmodell* gegangen: *Lisberger* [LISB 88, LISB 92] entwickelte ein PDP Simualtionsmodell, das die Grundarchitektur der VOR Verschaltung besitzt. An dieser Stelle gehen wir nicht auf Details ein, da uns diese in diesem Fall nicht so sehr interessieren, wie die methodische Vorgangsweise. Ähnlich wie im zuvor beschriebenen Fall (des Lernens der VOR Gewichtskonfiguration) wurde der back propagation Algorithmus als Lernstrategie angewandt. Diese relativ aufwendige Netzwerksimulation hat einen Ort im Netzwerk "vorgeschlagen", wo mit sehr hoher Wahrscheinlichkeit die physische Veränderung dieses adaptive Phänomen hervorbringt. Eine empirische Untersuchung und Nachprüfung hat der Simulationshypothese ihre "Richtigkeit" bestätigt.

Dies ist aus *methodischer* Sicht von großem Interesse: es handelt sich um eines von einer schnell anwachsenden Anzahl von Beispielen, in denen Simulationsexperimente *Prognosen* erstellen, die dann empirisch verifiziert werden können. Dies steht ganz im Sinne der von der computational neuroepistemology vorgeschlagenen Methodologie der gegenseitigen Interaktion und Stimulation der einerseits empirischen und andererseits simulativen Vorgangsweisen. Gerade im Bereich der Neurowissenschaften scheint die *Simulationsmethode* besonders vorteilhaft, da (a) bereits recht robuste und erprobte Computermodelle zur Verfügung stehen und (b) diese Methode keinerlei lebendes Material zur Theorienbildung benötigt. In einem Prozeß gegenseitiger *Stimulation* aber auch *Verifikation* können reichere Ergebnisse entstehen, als wenn man sich nur einer einzigen Methode verschreibt.

6.1.2 Sensomotorische Integration im superior colliculus

In einem weiteren Beispiel aus dem Bereich der Steuerung der Augenbewegung soll das Konzept und die Wichtigkeit der *sensomotorischen Integration* verdeutlicht werden: es handelt sich im den sog. *"visual grasp reflex"*, dessen Verrechnung zu großen Teilen im superior colliculus stattfindet. Wiederum können wir sehen, daß es sich bei der neuronalen Verarbeitung um eine Art Deformation resp. Transformation von Vektoren handelt, die von einem activation space in einen anderen abgebildet werden. Das Phänomen des visual grasp Reflexes kann wie folgt beschrieben werden: tritt auf der Retina an einem bestimmten Punkt eine plötzliche Veränderung z.B. in der Helligkeit auf, so kann man eine Sakkade auf genau diesen Punkt beobachten. Ein Beispiel kann dies illustrieren[6]: man stelle sich vor, daß man in einem abgedunkelten Kino sitzt und auf die Leinwand blickt. Plötzlich zündet sich – in Zeiten, als das Rauchen im Kino noch erlaubt war – jemand in den ersten Reihen eine Zigarette an. Man kann sicher sein, daß fast alle Augen der Zuseher in diesem Moment ungewollt eine *Sakkade* (von der Leinwand) auf genau dieses Aufflammen des Streichholzes machen werden. Diese Situation ist in Abbildung 6.6 dargestellt. Es handelt sich um eine Reflexhandlung, die man nur schwer unterdrücken kann. Sie ist die Grundvoraussetzung der visuellen Aufmerksamkeit – Veränderungen in der Umwelt werden durch diese Reaktionen ("visual grasp reflex") sehr schnell wahrgenommen und für wichtige Entscheidungen für die Verhaltensgenerierung herangezogen. Letztendlich handelt es sich wiederum um ein System, das der Förderung des Überlebens dient, da die Erfassung von plötzlichen Veränderungen in der Umwelt und die ungewollte Lenkung des (z.B. visuellen) Sensoriums resp. der Aufmerksamkeit auf diese Veränderung von großem Vorteil für das Überleben sein kann.

In einem anderen Versuch könnte man denselben Effekt erzielen (i.e. Sakkade der Augen), wenn man sich in einem (abgedunkelten) Raum befindet und eine andere Person (auf einer unbekannten Position) plötzlich und unerwartet in die Hände

---

[6]Dieses Beispiel ist aus [CHUR 89] entnommen.

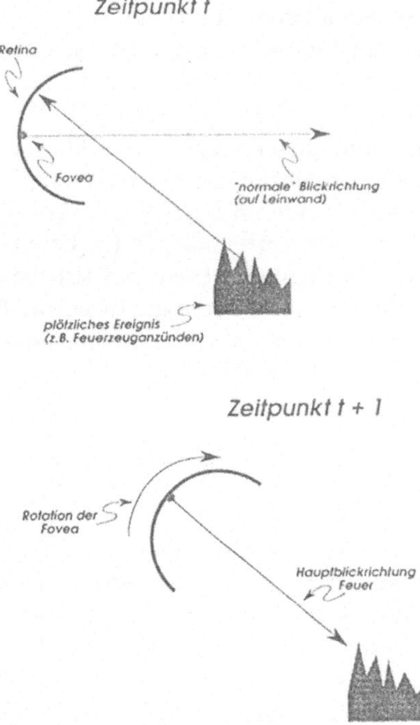

Bild 6.6   Sakkade der Fovea auf den Punkt von Interesse resp. der plötzlichen Veränderung (z.B. Aufflammen des Streichholzes im abgedunkelten Kino).

klatscht. Die Reaktion ist eine sofortige Sakkade auf den Ursprung dieses Geräusches. Die visuelle Aufmerksamkeit ist also nicht allein durch optische Reize auslösbar, sondern durch verschiedene Modalitäten (akustisch, taktil, etc.). Dieser Reflex sichert unser Überleben wahrscheinlich zig Male an einem Tag – er ermöglicht z.B., daß wir beim Überqueren der Straße auch ein Auto bemerken, welches sich nur im ganz äußersten Augenwinkel bewegt, welches uns anhupt, etc. Allgemein gesprochen geht es beim visual grasp reflex um folgendes Problem: die Retina ist, wie wir gesehen haben, mit Photorezeptoren ausgestattet, die das einfallende Licht (resp. die durch die Linse einfallende visuelle Szene) in einzelne Punkte auflösen und die Helligkeit an den jeweiligen Punkten in neuronale Signale umwandelt. Nun besteht das Problem, daß die Dichte der Photorezeptoren nicht überall gleich groß ist, was dazu führt, daß es Orte auf der Retina gibt, an denen besonders scharf gesehen werden kann und an denen – wegen der niedrigen Dichte der Photorezeptoren – nur unscharfe Ausschnitte aus der Szene extrahiert werden können. Der Ort der höchsten Rezeptordichte und somit der größten Schärfe befindet sich in der *Fovea*[7]

---

[7]Die Unterschiede in der Rezeptordichte betragen nicht nur wenige Prozentpunkte, sondern erzeugen *erhebliche Differenzen* in der Auflösung des Bildes auf der Retina – in peripheren Gebieten des Retina kann man überhaupt nur Helligkeitsflecken wahrnehmen.

[BUSE 92, KAND 91]. Wenn man einen Gegenstand fixiert, so schaut man immer mit der Fovea auf dieses Objekt. Mit der Entfernung von der Fovea nimmt die Rezeptordichte auf der Retina rapide ab, sodaß bereits wenige Grad von der Fovea entfernt kein scharfes Bild mehr entsteht. Im visual grasp reflex geht es darum, die Fovea durch eine gezielte Bewegung des Auges genau unter jenen Punkt zu schieben, auf den z.B. eine plötzliche Veränderung im visuellen Umfeld projiziert wurde (siehe auch Abbildung 6.6). Dies ist unbedingt notwendig, da sich der Organismus nur durch solch ein Vorgehen ein "scharfes Bild" des plötzlich aufgetretenen Phänomens machen kann. Wenn also z.B. ein Blitzlicht auf Photorezeptoren, welche sich nicht in der Fovea, sondern am Rande der Retina befinden, trifft, muß das Auge so rotiert werden, daß die Fovea genau unter jenem Punkt zu liegen kommt, an dem der Blitz von dem peripheren Photorezeptor detektiert wurde. Hier handelt es sich um ein weiteres Beispiel einer *sensomotorische Integration*: der visuelle oder auditive Reiz meldet eine Veränderung in einem bestimmten Bereich des Gesichtsfeldes, dieser muß verrechnet und in eine Motoraktion zur adäquaten Rotation des Auges transformiert werden. Der Ort, in dem diese Transformation stattfindet, ist der *superior colliculus*.

Ebenso, wie beim VOR, liegt beim visual grasp reflex die Forderung vor, daß er sehr schnell und sehr genau funktionieren muß, da seine Funktion sonst sinnlos wäre. Diese Transformation ist, ähnlich wie bei "Roger the crab" mittels deformierter "maps" im superior colliculus realisiert [CHUR 89]. Dieser repräsentiert eine metrisch deformierte map. Stimuliert man den superior colliculus (in tieferen Regionen) an bestimmten Positionen, so erzeugt diese Stimulation eine Bewegung der Augen in die auf der map angegebene Richtung. Der Trick, der bei der Verschaltung des superior colliculus – die zentrale Transformationsstelle für die sensomotorische Integration beim visual grasp reflex – angewandt wird, besteht darin, daß zwei maps, eine davon ist deformiert, übereinandergelegt werden und durch vertikale Verbindungen miteinander assoziiert sind. Man könnte diese Architektur mit einem 2-dimensionalen *look up table* vergleichen, der genau so funktioniert, wie ein (2-dimensionaler) Rechenschieber. Die Vorteile dieser Verschaltung liegen auf der Hand: (a) sie ermöglicht eine äußerst *schnelle* Verrechnung, da nur eine Minimalanzahl an synaptischen Verschaltungsstellen durchlaufen werden muß und (b) sie arbeitet sehr *genau*, da die beiden Karten und ihre Verbindungen, wenn sie einmal in der richtigen Position übereinander gebracht sind, eine äußerst genaue Punkt zu Punkt Verbindung zwischen dem (visuellen) sensory activation space und dem motor output activation space darstellen. Dies sind genau jene Eigenschaften, welche wir von einem Reflexsystem erwarten.

Die hier geschilderte Situation stellt eine starke *Vereinfachung* der Vorgänge und Architektur in natürlichen neuronalen Systemen dar – es geht jedoch in erster Linie um das Verständnis der grundlegenden Eigenschaften und Konzepte. Im etwas komplexeren Bild stellt die motor map eine zur aktuellen Augenposition *relative* Karte dar ("where-to-foveate-from-here"). Es geht also darum, die Augen von ihrer aktuellen Position (und nicht von der jeweiligen "0-Position") in die gewünschte Position zu bringen. Weiters findet im superior colliculus ein Vorgang statt, den man *vector averaging* nennt: normalerweise findet eine plötzliche Veränderung auf der

Retina nicht genau auf einem Punkt statt – die Stimulation betrifft meistens eine oder mehrere Regionen. Das Problem, das sich daraus ergeben kann, ist eine aus der Informatik bekannte Schwierigkeit: eine *deadlock Situation*. Eine Situation, in der zugleich mehrere u.U. sich widersprechende Randbedingungen/Anforderungen erfüllt werden müssen. Man kann sich etwa vorstellen, daß zur gleichen Zeit eine Stimulation links und rechts von der Fovea stattfindet und somit nicht klar ist, in welche Position sich das Auge im nächsten Moment bewegen soll. In den meisten Fällen sind die Gegensätze jedoch nicht so extrem, da es eher wahrscheinlich ist, daß Veränderungen in der Umwelt kohärent und in einem zusammenhängenden Bereich auftreten. Der superior colliculus löst dieses Problem mittels einer relativ simplen Methode, die *vector averaging* genannt wird [CHUR 92]: mathematisch gesehen, wird eine komponentenweise Mittelwertbildung über die aktivierten Motorsignale durchgeführt, was dazu führt, daß sich das Auge in Summe in den meisten Fällen dorthin bewegen wird resp. seine visuelle Aufmerksamkeit durch Rotation der Fovea dort hin lenken wird, wo die meisten Stimuli/Veränderungen aufgetreten sind.

In diesem Zusammenhang ist es auch interessant zu erwähnen, daß in diesem Prozeß (im superior colliculus) auch Sensorsignale anderer Modalitäten *integriert* werden: unerwartete taktile Signale, die z.B. aus einer bestimmten Körperregion kommen, werden im superior colliculus auf ähnliche Weise über deformierte Karten abgebildet und bewirken die Rotation der Augen auf die stimulierte Körperstelle. Ebenso akustische Signale: aus der Verzögerung und der Differenz des Signalanfanges resp. der Intensität der an den beiden Ohren ankommenden Signale kann eine neuronale Schaltung die *Richtung*, aus der der akustische Stimulus stammt, feststellen [KELL 91a]. Auch diese Richtungssignale fließen in die Berechnung des Motorsignals für die Augenbewegung ein. All diese Signale werden mittels vector averaging gemittelt und erzeugen eine globale Bewegung der Augen, die in den meisten Fällen die Fovea unter die Projektion des Objektes oder der Szene von Interesse, resp. von der der visuelle, akustische, taktile, etc. Stimulus ausgegangen ist, bringt.

6.2   Rekursive Architekturen und Trajektorien

Zurecht werden einige Leser/innen kritisch vermerken, daß wir uns bisher fast ausschließlich mit sehr einfachen Systemen auseinandergesetzt haben: es handelt sich in den meisten Fällen um *Reflexsysteme*, die in sehr monotoner Weise auf einen bestimmten Stimulus – solange nicht gelernt wurde – immer mit dem selben response antworten. Der Grund für diese Rigidität des Verhaltens liegt darin, daß die bisher besprochenen Systeme fast ausschließlich über eine *feed forward* Architektur verfügen. I.a.W., die Aktivierungen fließen nur in *eine Richtung* (vom input zum output) und es besteht *keine* Möglichkeit, daß die inneren Aktivierungen z.B. auf die input Aktivierungen zurückwirken. Dies bedingt auch das *reflexartige* Verhalten, in dem ein bestimmter Stimulus *immer* ein bestimmtes Verhalten bewirkt. Sehen wir uns jedoch natürliche neuronale Systeme an, so können wir ein viel reichhaltigeres, spontaneres und viel weniger rigides und nicht monotones Verhalten beobachten.

Dieses können wir durch Einführung einer neuen Dimension erreichen: wenn Aktivierungen nicht mehr nur in eine Richtung fließen, sondern auch auf sich selbst *zurückwirken* können, so kann dies z.B. zu einer Beeinflussung des inputs führen, was wiederum impliziert, daß das (output) Verhalten beeinflußt wird. Das bedeutet, daß das produzierte Verhalten nicht mehr alleine vom input abhängig ist, sondern auch von den Aktivierungen, die *von innen* her auf den input einwirken. I.a.W., das neuronale System inter-/reagiert nicht mehr alleine mit/auf seine/r Umwelt, sondern auch mit seinen *inneren* Zuständen. Diese Interaktion mit den inneren Zuständen ist in neuronalen Systemen durch *interne Rückverbindungen* realisiert; i.e., Gewichte/Synapsen, die nicht nur Verbindungen in Richtung output, sondern auch in Richtung input darstellen. I.e., der Informationsfluß resp. der Aktivierungsfluß geht in *beide Richtungen*, wodurch es zu einer Interaktion zwischen den Aktivierungen des inputs und des inneren Zustandes kommt. Diese Architektur der Rückverbindungen wird *rekursive Architektur* genannt, da die Aktivierungen, wie in einer rekursiven Funktion, aufeinander und teilweise auf sich selbst zurückwirken. Welche Konsequenzen diese *feedback* Verarbeitungsweise auf die Dynamik des Verhaltens, auf die Frage der Repräsentation, etc. hat, ist Gegenstand der folgenden Abschnitte und Kapiteln.

6.2.1 Erste Annäherung an rekursive Architekturen: das Necker Cube Modell

Ein altbekanntes Phänomen soll uns als Beispiel für eine erste Annäherung an die Funktionsweise rekursiver Architekturen dienen: es geht um die *Auflösung von Ambiguitäten*. Jede/r kennt die Ambiguität, wenn man sich einen unperspektivischen Würfel ("Necker cube"), bei dem alle Kanten dargestellt sind, ansieht: es gibt zwei mögliche Perspektiven, aus denen man sich diesen Würfel ansehen kann (siehe Abbildung 6.7, unten); einmal sieht man von unten auf die untere Deckfläche, ein anderes mal sieht man von oben auf die obere Deckfläche des Würfels. Zwischen diesen beiden Ansichten kann man – obwohl der Stimulus unverändert bleibt – willentlich hin- und herspringen. Es gibt jedoch nur diese zwei Lösungen, für die man sich entscheiden kann. Das folgende Beispiel einer Netzwerksimulation zeigt, wie man mittels einer rekursiven Architektur das "sich-für-eine-bestimmte-Lösung-Entscheiden" simulieren resp. modellieren kann.

Die von *Rumelhart* et al. [RUME86c] vorgeschlagene Architektur ist in Abbildung 6.7 (oben) dargestellt: jedes (rekursive) PDP Netzwerk kann als ein Netzwerk von *constraints* (Randbedingungen) verstanden werden – in unserem Beispiel des Necker cube bedeuten diese Randbedingungen etwa, daß sich z.B. ein bestimmter Punkt in der zweidimensionalen Darstellung nicht zur gleichen Zeit an einer Vorder- und Hinterkante des Würfels in seiner dreidimensionalen Wahrnehmung befinden kann. Folgende Zuordnungen werden getroffen:

- *Units* und ihre *Aktivierungen* repräsentieren *Hypothesen*; z.B. das Vorhandensein bestimmter semantischer, visueller, etc. Merkmale. In unserem Beispiel

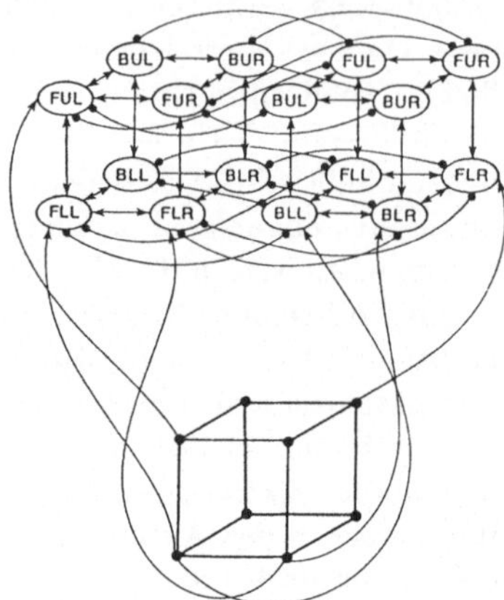

Bild 6.7 Necker cube und seine in einem rekursiven Netzwerk dargestellten constraints (aus Rumelhart, 1986).

werden wir, um die Funktionsweise besser verstehen zu können, vorerst auf eine lokalistische Form der Repräsentation zurückgreifen. Das bedeutet, daß, wenn man in einer bestimmten unit eine hohe Feuerrate/Aktivität findet, so ist ein bestimmtes Merkmal vorhanden resp. stellt dies eine Bestärkung der Hypothese dar.

- *Gewichte* repräsentieren die *constraints* resp. die Randbedingungen und Relationen, die zwischen diesen Hypothesen bestehen. Vereinfacht gesprochen kann man sich dies so vorstellen: wenn eine Korrelation zwischen Merkmal A und Merkmal B vorhanden ist – i.a.W., wenn Merkmal A auftritt, so ist es sehr wahrscheinlich, daß Merkmal B auch auftritt und vice versa –, so wird dies folgendermaßen dargestellt: es gibt zwei units, deren Aktivierung jeweils das Vorhandensein von Merkmal A resp. B repräsentiert. Die Randbedingung, daß diese beiden Merkmale immer gepaart auftreten wird durch die Gewichte, welche diese beiden units verbinden, repräsentiert. Eine positive Korrelation wird durch ein *positives Gewicht* repräsentiert. Die Gewichte sind in diesem Fall bidirektional. Damit ist dieser Umstand repräsentiert, daß wenn A vorhanden ist, auch B aktiviert werden muß und umgekehrt. Schließen sich beide Hypothesen/Merkmale aus, so sind die sie repräsentierenden units mit *negativen Gewichten* miteinander verbunden.

Der *absolute Wert* des Gewichtes repräsentiert die *Stärke* der Randbedingungen: je größer der Wert des Gewichtes ist, desto stärker ist die Randbedingung (ein starkes positives Gewicht bewirkt eine starke Beeinflussung in Form einer Exzitation[8] in der an dieses Gewicht angeschlossenen unit). Ein großer positiver input an eine unit zeigt an, daß sehr große Evidenz für die eine bestimmte

---

[8] Nur unter der Annahme positiver Aktivierungen.

Hypothese oder ein Merkmal (z.B. linkes unteres Eck) vorhanden ist. Ein negativer input besagt, daß diese Hypothese auszuschließen ist. Je größer der absolute Wert der Aktivierung einer unit, desto "sicherer" die positive oder negative Evidenz.

Nun kann man sich leicht vorstellen, daß wir uns nicht auf zwei Hypothesen/units beschränken müssen – vielmehr können wir beliebig viele Hypothesen durch eben so viele units repräsentieren lassen. Die constraints/Relationen zwischen diesen Hypothesen werden durch die Gewichte gemäß obiger Beschreibung repräsentiert: Hypothesen, die miteinander korrelieren werden durch positive, Hypothesen, die einander ausschließen, werden durch negative Gewichte miteinander verbunden. Was passiert, wenn man nun solch ein Netzwerk einige Zyklen laufen läßt: zu Beginn sind ein paar units z.B. durch Umweltstimuli oder Designerinput aktiviert; sie repräsentieren das Vorhandensein gewisser Hypothesen. Diese Aktivierungen breiten sich nach dem üblichen Muster aus, aktivieren und deaktivieren (je nach Gewicht) andere units und nach wenigen Zyklen dieser Aktivierungsausbreitung (im Folgenden werden wir uns diese noch im Detail ansehen) befindet sich das Netzwerk – wenn bestimmte Bedingungen erfüllt sind – in einem stabilen Zustand: ein Zustand, der die bestmögliche Lösung unter Berücksichtigung aller constraints/Randbedingungen repräsentiert. I.e., durch die Aktivität der einzelnen units kann man die Hypothesen, die aktiv resp. nicht aktiv sind, unterscheiden. Diesen Prozeß des Findens einer globalen Lösung durch Aktivierungsausbreitung in einem rekursiven Netzwerk nennt man das *"settling"* oder *"relaxation"* eines Netzwerkes. Im Grunde handelt es sich hier um eine Art *constraint satisfaction*: der Unterschied zu herkömmlichen Ansätzen besteht darin, daß diese constraints nicht 100%-ig erfüllt werden müssen, sondern es sich um "soft constraints" handelt.

Das in Abbildung 6.7 dargestellte Modell ist ein Beispiel für solch ein (rekursives) Netzwerk mit diesen Eigenschaften. Es repräsentiert das Necker cube Problem: wie wir gesehen haben, gibt es für dieses Problem nur zwei mögliche Lösungen; i.a.W., die Punkte im zweidimensionalen Raum können – zusammengefaßt als ein Muster – nur in zwei verschiedenen Konfigurationen als Würfel im dreidimensionalen Raum interpretiert werden. Alle anderen Interpretationen dieser Punkteanordnung stellen nicht kohärente Lösungen dar. Es handelt sich insofern um ein *constraint satisfaction* Problem als die Punkte zueinander in einer ganz bestimmten Relation stehen müssen, um als eine der beiden Lösungen erkannt zu werden. Wie ist dieses rekursive Netzwerk aufgebaut?

Sieht man genau hin, so besteht dieses Netzwerk aus zwei Subnetzwerken, die miteinander rekursiv verbunden sind. Weiters kann man sehen, daß diese beiden Subnetzwerke jeweils die Struktur des darunterliegenden Würfels widerspiegeln. Jede unit dieser beiden Netzwerke empfängt vom jeweiligen Eckpunkt des – als visuellen zweidimensionalen input gedachten – unteren Würfel denselben input. Es geht darum, aus dem nicht eindeutigen zweidimensionalen input Muster eine eindeutige dreidimensionale Repräsentation (i.e., den Würfel in der einen oder in der anderen Ansicht) zu erzeugen. Die Eckpunkte des 2-D Würfels sind jeweils mit den korrespondierenden Eckpunkten in der jeweiligen Ansicht des 3-D Würfels verbunden – sie repräsentieren den input zu diesem System. Die units im Netzwerk sind nach folgender Regel bezeichnet: das Namenslabel besteht aus drei Buchstaben an drei Positionen: erste Position: **F** = "front" oder **B** = "back", zweite Position: **U** = "upper" oder **L** = "lower" und dritte Position: **R** = "right" oder **L** = "left". Die unit mit der Bezeichnung "**FLL**" repräsentiert also den "front, lower, left" Eckpunkt im 3-D Würfel. Von jedem Eckpunkt im 2-D Würfel gehen zwei Verbindungen (positive Gewichte) aus: z.B. der Eckpunkt links unten hat eine Verbindung zu "FLL" und "BLL" – genau jene zwei Positionen, in denen dieser Punkt im 3-D Würfel erscheinen kann: links unten an der Vorderfläche und links unten an der Hinterfläche des 3-D Würfels.

Die beiden Subnetzwerke repräsentieren die beiden Möglichkeiten, in welcher Ansicht sich der 2-D Würfel gerade befindet. Die Gewichte zwischen den units determinieren die Dynamik, mit der sich die Aktivierungen ausbreiten und gegenseitig beeinflussen; die Gewichte – vergessen wir nicht, daß sie die *Randbedingungen* zwischen den in den units repräsentierten Hypothesen repräsentieren – sind nach folgenden Regeln (von Hand) eingestellt: alle Gewichte sind *bidirektional* und *symmetrisch*: i.e., $w_{ij} = w_{ji}$. Dies gilt nicht für die Gewichte, die den input layer (des 2-D Würfels) mit dem oberen Teil des Netzwerkes verbinden. Die Nachbarpunkte *innerhalb* eines Subnetzwerkes sind mit positiven Gewichten miteinander verbunden; dies ist in Abbildung 6.7 durch einen Doppelpfeil zwischen z.B. "FLL" und "FUL" angedeutet. In der Interpretation dieser Gewichte bedeutet das, daß durch diese positiven Gewichte eine *Stärkung* der eigenen Hypothese der jeweiligen 3-D Ansicht des Würfels repräsentiert ist; i.e., bei der rekursiven Ausbreitung der Aktivierungen findet eine gegenseitige Exzitation statt. *Konkurrierende* Eckpunkte in den beiden 3-D Ansichten des Würfels (z.B. "FLL" im linken und "BLL" im rechten Subnetzwerk) werden durch *negative* Gewichte miteinander verbunden. Diese beiden Punkte stehen insofern in einem Konkurrenzverhältnis, als sie im 2-D Würfel in der selben Position sind, jedoch in der 3-D Interpretation dieses Würfels in der einen oder anderen Ansicht entweder "FLL" oder "BLL" sind. Das negative Gewicht führt zur Unterdrückung der "Konkurrenzhypothese". Das negative Gewicht repräsentiert also die Randbedingung, daß zwei Hypothesen zur gleichen Zeit nicht aktiv sein können und führt außerdem dazu, daß nicht nur die beiden units, sondern, bedingt durch die Vernetzung, die beiden Hypothesen (i.e., die zwei möglichen Ansichten/Interpretationen des 2-D Würfels) miteinander in *Kompetition* treten. Außerdem sind die gleichnamigen units in den beiden Subnetzwerken miteinander durch negative Gewichte verbunden, da nicht zwei Konzepte zur gleichen Zeit aktiv sein können.

Alle units des Netzwerkes empfangen vom mehrdeutigen Stimulus des 2-D Würfels einen leicht exzitatorischen input. Diese Aktivierungen beginnen sich im Laufe der Zeit über das Netzwerk auszubreiten. Angenommen jede der 16 units könnte 2 Aktivierungszustände einnehmen, so kann sich das Netzwerk zu jedem Zeitpunkt in einem von 2^{16} (= ca. 65.500) verschiedenen (Global-)Zuständen befinden. I.a.W., der 16-dimensionale Vektor hat 2^{16} verschiedene Kombinationsmöglichkeiten, seine Komponenten mit "0" und/oder "1" zu besetzen. In der Interpretation des 16-dimensionalen activation space bedeuten diese 2^{16} Möglichkeiten alle Eckpunkte des 16-dimensionalen Hypercubes. Nehmen wir – wie in diesem Beispiel – kontinuierliche

Aktivierungswerte an, so gibt es theoretisch gesehen unendlich viele verschiedene globale Aktivierungszustände. Es stellt sich jedoch heraus, daß die Gewichte auf die Ausbreitung der Aktivierungen *constraints* (Einschränkungen) ausüben, sodaß nicht alle möglichen Aktivierungszustände vom System durch die Ausbreitung der Aktivierungen eingenommen werden können. Die Gewichte erlauben lediglich eine *Auswahl* an Zuständen und Zustandsübergängen – sie determinieren die *Trajektorien*, auf denen sich das System bewegen kann. Sie repräsentieren die *Randbedingungen*, die vom System eingehalten werden müssen.

Was passiert nun im Detail, wenn dieses System "läuft"? Angenommen zu Beginn sind die Aktivierungen aller units des oberen Netzwerkes aus Abb. 6.7 gleich 0. Lediglich die Aktivierungen am 2-D input Würfel sind alle gleich groß und von 0 verschieden. Es wird eine *asynchrone* update Strategie angewandt; i.e., zu einem bestimmten Zeitpunkt wird *zufällig* eine bestimmte unit ausgewählt, die dann ihr update durchführt. Das heißt, daß sie ihre inputs von anderen units gewichtet, aufsummiert (Berechnung des Nettoinputs), ihre eigene Aktivierung mittels der squashing function berechnet und den anderen angeschlossenen units im nächsten Zeitschritt zur Verfügung stellt. Dieser Vorgang der zufälligen Auswahl und des updates wiederholt sich zu jedem Zeitpunkt und nach einigen Zeitschritten wird ein Großteil der units ein update durchgeführt haben. Nehmen wir an, die "FLL" unit des linken Subnetzwerkes wurde im ersten Schritt zufällig ausgewählt und führt ihr update durch. Dies führt dazu, daß die "FLL" unit nach dem ersten Zeitschritt als einzige der units in den beiden Subnetzwerken eine leicht positive Aktivierung haben wird.

Im zweiten Zeitschritt gibt es zwei Möglichkeiten: (i) wird eine unit ausgewählt, die innerhalb desselben Subnetzwerkes liegt und u.U. noch dazu ein direkter Nachbar ist, so wird diese unit einen positiven input sowohl vom input Netzwerk als auch von der "linken FLL" unit erhalten. Ist diese neue unit kein direkter Nachbar, so erhält sie dieselbe Aktivierung wie die "FLL" unit. (ii) Wird eine unit ausgewählt, die im anderen Subnetzwerk liegt, so gibt es wiederum zwei Möglichkeiten: (a) entweder sie ist mit einer aktiven "konkurrierenden unit" des anderen Subnetzwerkes verbunden, dann wird die Aktivierung größtenteils unterdrückt, da sich die positive Aktivierung aus dem input Netzwerk und die (durch das negative Gewicht) negative Aktivierung der konkurrierenden unit in Summe aufhebt. Der andere Fall (b) tritt ein, wenn keine "Unterdrückung" durch konkurrierende units vorhanden ist: die unit dieses Netzwerkes erhält die gleiche Aktivität, wie unsere "linke FLL" unit.

Die Gesamtsumme der Aktivierungen in den jeweiligen Subnetzwerken gibt uns ein Maß, welche Ansicht des Würfels gerade favorisiert wird. In Abbildung 6.8 sieht man die Dynamik, die solch ein Netzwerk nimmt. Die Aktivierungsmuster, die in eine linke und eine rechte Hälfte getrennt sind und die beiden Subnetzwerke repräsentieren, werden durch kleine Quadrate dargestellt; je größer die Fläche dieses Quadrates, desto größer die Aktivierung dieser einzelnen unit. Wir können sehen, wie sich die Größe der Quadrate (i.e., die Aktivierungen innerhalb und zwischen den beiden Subnetzwerken) verändert. Innerhalb eines Subnetzwerkes kommt es durch die positiven Gewichte zu einer *Verstärkung* der eigenen Aktivierungen und damit zu einer Verstärkung der Hypothese der jeweiligen Ansicht des Würfels. Durch

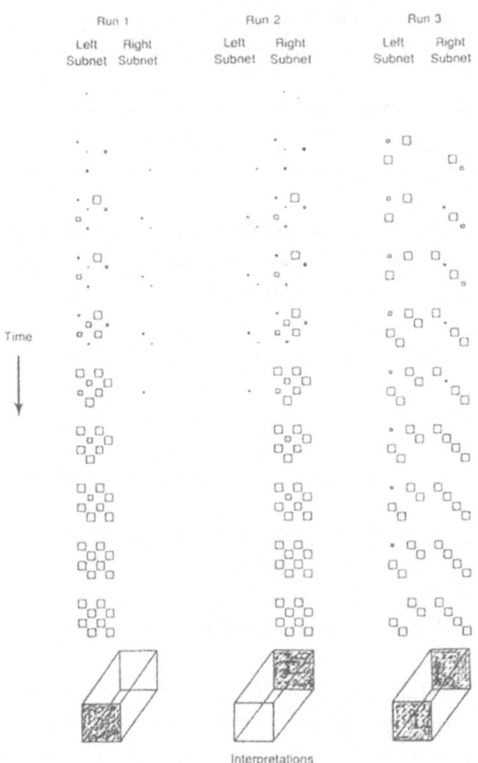

Bild 6.8 Die Dynamik des Necker cube Netzwerkes; nähere Erläuterung siehe Text (aus Rumelhart, 1986).

die negativen Gewichte zwischen den Subnetzwerken werden die Aktivierungen des jeweils anderen Netzwerkes *unterdrückt* resp. gegen 0 gezogen. Es entspinnt sich also eine Art *Kompetition* zwischen diesen beiden Netzwerken, in denen das Prinzip "the-rich-get-richer" oder "winner-takes-all" gilt. Es handelt sich um einen *sich selbst verstärkenden* Prozeß, in dem jenes Subnetzwerk einen klaren Vorteil hat, welches zu Beginn zufällig ausgewählt wurde, daß eine seiner units ein update macht (siehe auch Abbildung 6.8). Wenn wir uns die Zeitfolgen in dieser Abbildung ansehen, so sehen wir, daß sich bereits in den ersten Zeitschritten entscheidet, welches Subnetzwerk der "Gewinner" sein wird. Die restlichen Zeitschritte werden lediglich dazu benötigt, die eigenen Aktivierungen weiter zu verstärken und damit zugleich die Aktivierungen des anderen Subnetzwerkes zu schwächen. Hier handelt es sich um eine Dynamik, die sehr an *chaotische Systeme* erinnert: eine kleine Tendenz zu Beginn (z.B. die leichte Aktivierung einer unit in einem Subnetzwerk) determiniert bereits die spätere Entwicklung.

In jedem Fall erreicht diese Art von Netzwerk[9] nach einigen Zeitschritten einen *stabilen Zustand*: i.e., zu Beginn ist eine starke Veränderung/Dynamik in den Aktivierungsmustern festzustellen, welche sich nach einer bestimmten Zeit stabilisiert ("settling of the network"). Stabilisieren bedeutet in diesem Kontext, daß trotz weiterer update Zyklen keine Veränderung im Aktivierungsmuster mehr festzustellen ist. In unserem Beispiel heißt das, daß ein Subnetzwerk voll aktiviert ist, während das andere nicht aktiviert ist (abgesehen von der Lösung 3, die in Abbildung 6.8 zu sehen ist und die eine rare Ausnahme darstellt). In unserer Interpretation bedeutet dies, daß im einen Fall der Würfel von oben, im anderen Fall der Würfel von unten gesehen (interpretiert) wird. Abschließend sei noch bemerkt, daß das hier vorgestellte Modell des Necker cube zwar ein interessanter Ansatz zur Erklärung des Phänomens von Umsprungbildern ist, jedoch aus neurowissenschaftlicher und epistemologischer Sicht *nicht* plausibel ist, da ein Necker cube sicherlich nicht in dieser Art und Weise in unserem Gehirn repräsentiert ist. Was dieser Abschnitt zeigen sollte, ist die prinzipielle Funktionsweise rekursiver Netzwerke, wie z.B. die Kompetition, das Finden einer Stabilität, etc. Dies sind Konzepte und Phänomene, die hier einmal anhand eines relativ einfachen und daher auch verständlichen Beispiels demonstriert werden sollten und die wir in den folgenden Kapiteln im Detail theoretisch ausarbeiten und auf unsere Frage der Repräsentation anwenden werden.

---

[9] Nicht alle rekursiven Netzwerke gelangen in einen stabilen Zustand dieser Art – vor allem die Symmetrie der Gewichte ist für dieses Phänomen verantwortlich. Die verschiedenen Formen von *Stabilitäten* werden uns in späteren Kapiteln noch bezüglich der Frage der *Repräsentation* beschäftigen.

7 Rekursive Architekturen und Repräsentation II

Anhand des Beispiels und des Modells für das Auflösen von Ambiguitäten (z.B. des Necker cubes) mittels rekursiver Architekturen aus Kapitel 6 haben wir in einer ersten Annäherung die Phänomene und Dynamik dieser Architekturen beobachtet. In diesem Kapitel werden wir auf die einzelnen Konzepte im Detail eingehen. Worin bestehen die grundlegenden Unterschiede zu der uns schon bekannten feed forward Architektur? (i) Rekursive Netzwerke haben *Rückverbindungen*: i.e., sie besitzen Gewichte, die die Aktivierungen nicht nur in Richtung output units projizieren, sondern auch "zurück" in Richtung der input units. Dieser äußerst wichtige Unterschied ist schematisch in Abbildung 7.1 dargestellt. (ii) Aus (i) folgt, daß neuronale Systeme mit rekursiver Architektur nicht nur mit Aktivierungen, die von den inputs resp. aus der Umwelt in das System gelangen, sondern auch mit ihren *eigenen Zuständen/Aktivierungen interagieren*. (iii) Rekursive neuronale Systeme besitzen einen *inneren Zustand*, welcher sich im aktuellen Aktivierungsmuster widerspiegelt. (iv) Durch diese inneren Zustände besitzt das System eine *Eigendynamik*, welche es ihm erlaubt, nicht nur reaktiv, sondern auch "selbständig" oder spontan (i.e., ohne Veränderung im input) Verhalten zu generieren. (v) Rekursive Netzwerke können als *dynamische Attraktorsysteme* interpretiert werden, die stabile und instabile Zustände haben. (vi) Diese *stabilen Zustände*, welche in Form von Fixpunkten, limit cycles, etc. auftreten können, werden eine zentrale Rolle in unserer Grundfrage nach der Repräsentation in neuronalen Systemen spielen. (vii) Wie wir gesehen haben, kann man die Dynamik rekursiver neuronaler Systeme als *constraint satisfaction* interpretieren; im Prozeß des Aufsuchens eines stabilen Zustandes wird nach einer möglichst guten Erfüllung und Befriedigung der Randbedingungen, die durch die Gewichte/Synapsen repräsentiert sind, gesucht. In den folgenden Abschnitten wird jeder dieser Punkte im Detail besprochen und auf seine Relevanz in bezug auf die Repräsentationsproblematik untersucht.

7.1 Rückverbindungen

In neuronalen Systemen mit *feed forward* Architektur gibt es lediglich synaptische Verbindungen/Gewichte die von den input units in Richtung der output units gehen. Dies impliziert, daß der Fluß resp. die Ausbreitung der Aktivierungen nur in dieser Richtung vor sich gehen kann. Wie wir gesehen haben, impliziert dies auch eine relative *Rigidität* im Verhalten des Netzwerkes: wir haben es mit *reaktiven* Systemen zu tun, die auf einen bestimmten Stimulus monoton – falls dazwischen nicht gelernt wurde – mit einer bestimmten output Aktivierung/Verhalten ant-

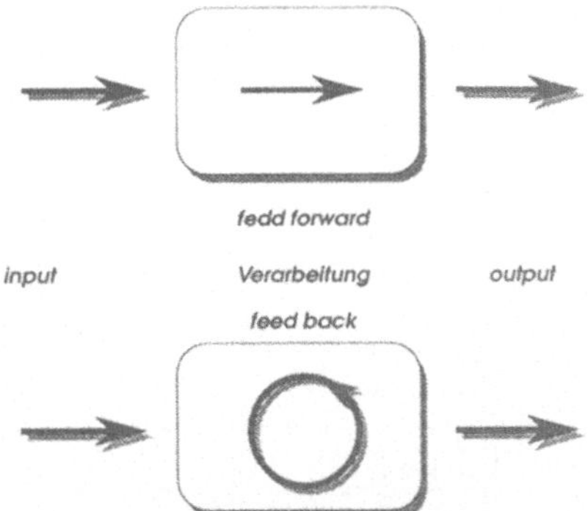

Bild 7.1 Feed forward vs. rekursive (feed back) Architektur.

worten. Sie können keine *zeitlichen Sequenzen* repräsentieren oder erzeugen (eine Bewegung benötigt beispielsweise die zeitlich aufeinander abgestimmte Aktivierung bestimmter Muskeln, etc.), sie haben kein "spontanes" Verhalten, das auch ohne (Veränderung am) input erzeugt werden kann, etc. Eine Lösung dieses Problems besteht in der Einführung *rekursiver* Architekturen, die die Dynamik solcher Systeme um Größenordnungen bereichern, aber zugleich auch sehr komplex und kaum analysierbar machen. Die Frage der Repräsentation in neuronalen Strukturen erhält, wie wir noch sehen werden, in rekursiven Architekturen ebenfalls ein neues Gesicht.

Die Einschränkung, daß es nur Verbindungen in Richtung der output units geben darf, fällt im Falle der rekursiven (feed back[1]) Architekturen. Zumal Gewichte in alle Richtungen gestattet sind, können sich die Aktivierungen auch in alle Richtungen ausbreiten und daher, wie wir noch ausführlich besprechen werden, mit "sich selbst" interagieren. Im Extremfall sind alle units mit allen anderen units *und* mit sich selbst verbunden. Dies bedeutet bei einem Netzwerk mit n units/Neuronen n^2 Gewichte/Synapsen. Diese allgemeinste Form neuronaler Architekturen nennt man *fully connected networks* – sie ermöglicht, daß *alle* units/Neuronen in einem Zeitschritt miteinander und sogar mit sich selbst interagieren können. I.a.W., die Aktivierung, die – wenn wir ein diskretes Zeitsystem und synchrones update annehmen – zum Zeitpunkt $t - \varepsilon$ von unit u_j an unit u_i weitergegeben wurde hat zum Zeitpunkt t (über die Aktivierung der unit u_i) eine Rückwirkung auf u_j selber. Man kann sich leicht vorstellen, daß in solch einer Architektur die maximale Interaktion zwischen Neuronen repräsentiert ist. In den meisten Fällen (natürlicher und künstlicher neuronaler Systeme) werden jedoch *nicht* alle Verbindungen verwendet, da es (a) *biologisch unplausibel* ist – es wurden bisher keine Strukturen in natürlichem neuronalen Substrat gefunden, die auf solch eine Architektur hinweisen würde (vgl. Studien der Gehirnanatomie). (ii) Für die meisten ("kognitiven") Probleme benötigt man gar kein voll verbundenes Netzwerk. (iii) Es ist aus rein *topologischen* Über-

---

[1] "Rekursive Architektur" und "feed back Architektur" werden im Folgenden *synonym* verwendet.

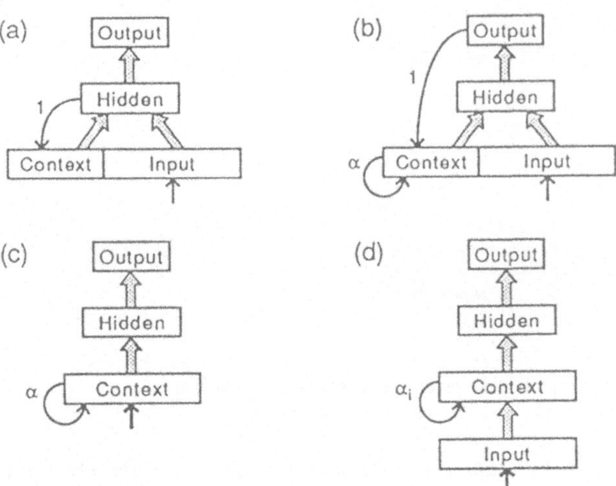

Bild 7.2 Vier Variationen von "abgespeckten" rekursiven Architekturen (aus Hertz et al., 1991).

legungen äußerst schwierig, n Verarbeitungskomponenten über n^2 Verbindungen physisch miteinander zu verbinden. Durch das quadratische Wachstum der Anzahl der Verbindungen mit der Anzahl der Neuronen ist die physische Realisierung der Verbindungen (u.a. aus Platz- und Organisationsproblemen) äußerst problematisch.

(iv) In Simulationen macht ein zumindest *quadratischer Anstieg der Rechenzeit* und des Speichers mit wachsender Anzahl der units große Netzwerke ($> 10^3 - 10^4$ units) so gut wie nicht simulierbar. (v) Bei Netzwerken mit Vollverbindung und einer relativ kleinen Anzahl von units/Neuronen (< 10) wird das Verhalten bereits so komplex, daß es dafür kaum ausreichende Erklärungs- und Analysemechanismen gibt. Neuere Entwicklungen in der Theorie *dynamischer* und *chaotischer Systeme* scheinen diese Phänomene eines hochkomplizierten dynamischen Verhaltens, bei dem "jedes von jedem" abhängt, ein wenig in den Griff zu bekommen; sie stehen aber erst am Anfang ihrer Entwicklung. (vi) Es stehen keine wirklich effizienten *Lernalgorithmen* (zur Veränderung der Gewichte) für die Simulation dieser Netzwerke zur Verfügung. Bei diesem Vernetzungsgrad ist es so gut wie unmöglich, die Gewichte auch nur eines kleinen Netzwerkes "von Hand" zu setzen Kandidaten für das Lernen in solchen Architekturen stellen. *Hopfields* et al. und *D.O.Hebbs* Konzepte für adaptive Prozesse in neuronalen Systemen dar [HOPF 82, HOPF 85, HEBB 49].

In biologischen und künstlichen neuronalen Systemen kommen daher meist vereinfachte und "abgespeckte" rekursive Architekturen zur Anwendung, die an das jeweilige Problem, welches sie repräsentieren/lösen sollen, angepaßt sind. Die in den letzten Jahren im Bereich der künstlichen neuronalen Netzwerke am häufigsten verwendeten Architekturen sind Variationen der sog. *Elman* networks (*J.Elman* [ELMA 90, ELMA 91]). Sie sind in Abbildung 7.2 [HERT 91] dargestellt. Diese Architekturen haben gegenüber voll verbundenen Netzwerken zumindest folgende

Vorteile: (a) man kann diese Netzwerke mit dem gut erprobten *error back propagation* Lernalgorithmus [RUME86a] lernen lassen. Dies löst eines der Hauptprobleme, nämlich, wie man die Gewichte in rekursiven Netzwerken setzen soll, damit sie ein "brauchbares" Verhalten zeigen. (b) Zugleich besitzen sie jedoch alle Eigenschaften (siehe Punkte (i)–(vii) der Aufzählung zu Beginn dieses Kapitels), die rekursive neuronale Netzwerke auch haben. Sie können also, ebenso wie voll vernetzte Systeme, genau nach denselben Regeln studiert werden und zeigen ähnliche (Verhaltens-)Phänomene. (c) Ein weiterer Vorteil besteht darin, daß die rekursive Interaktion nicht so "total" ist wie in fully connected networks und die rekursiven Interaktionen daher besser und isolierter untersucht werden können.

Wie man in den Arbeiten u.a. von *Elman* [ELMA 90, ELMA 91] sehen kann, zeigen rekursive Architekturen dieser Form bereits hochinteressante Phänomene, auf die wir im Laufe dieses und der nächsten Kapiteln noch zurückkommen werden. Jedenfalls ermöglicht die weniger massive rekursive Verbindungsstruktur das Nachverfolgen und die Analyse rekursiver Aktivierungen und ihrer Auswirkungen auf die Verhaltensgenerierung. Durch *Elman*-ähnliche Architekturen wird es möglich, daß man temporale Sequenzen erkennt, zeitliche Sequenzen von Verhalten erzeugen kann, in-/stabile Zustände findet, etc. Das beobachtete Verhalten ist nicht mehr alleine Resultat des inputs, sondern auch der gesamten "Aktivierungs- und input-Geschichte" des rekursiven Systems. Der Vorteil der sich aus dieser "Historizität" ergibt, ist u.a. darin zu sehen, daß es z.B. für Prognosen[2] meist von großer Wichtigkeit ist, nicht nur den momentanen input als Grundlage der Prognose zu verwenden, sondern auch zeitlich weiter zurückliegende Ereignisse. Dies läßt sich mit einer einfachen feed forward Architektur nicht realisieren, da sie – abgesehen vom Aktivierungszustand zum Zeitpunkt $t - \varepsilon$ – *keinerlei* Möglichkeit hat, vorherige Aktivierungszustände zu speichern und mit diesen in Interaktion zu treten; die Aktivierungen werden vom input zum output in eine Richtung "durchgeschoben", und es ist kein Mechanismus vorhanden, in dem frühere Aktivierungen "hängenbleiben" oder gespeichert werden können. Im Gegensatz dazu *kreisen* in rekursiven Netzwerken die Aktivierungen – zwar sicherlich nicht in ihrer ursprünglichen, sondern in stark "deformierter" und mit den anderen Aktivierungen integrierter Form – im Netzwerk und hinterlassen eine "Spur" (in Form eines inneren Aktivierungszustandes), aus der auf zeitlich weiter zurückliegende Ereignisse, inputs, etc. zurückgegriffen werden kann.

Am Beispiel der *Verarbeitung von Sprache* in natürlichen und künstlichen kognitiven Systemen kann man die Wichtigkeit der Erkennung *zeitlicher Sequenzen* ersehen: sprachliche Ausdrücke sind in den meisten Fällen *lineare* Ketten von einzelnen Bedeutungsträgern – i.e., sie müssen in einer zeitlichen Sequenz wahrgenommen werden und können erst danach zu einer "Globalbedeutung" des Satzes, Absatzes, Textes, etc. zusammengesetzt werden. Dazu ist eine Form von "Speichermechanismus" notwendig, der eine Art Zwischenspeicherung der einzelnen Komponenten, die in der zeitlichen Sequenz in das System gelangen, vornimmt. Man stelle sich

---

[2] Die Erstellung von *Prognosen* jeglicher Art ist sicherlich eine der wichtigsten Aufgaben für kognitive Systeme, da von diesen ihr Überleben abhängt.

vor, ein Satz besteht aus einer Reihe von *verschachtelten Relativsätzen*. Um die Bedeutung dieses Satzes zu verstehen, ist es notwendig, daß man den Zusammenhang über die verschiedenen Ebenen der Verschachtelung der Relativsätze nicht verliert ("Der Mann, dem der Hund, der gerade über den Zaun, der das Haus umzäunt, springt, gehört, geht auf der linken Straßenseite."). In diesem Beispielsatz ist es bereits schwer, die zusammengehörigen Verba und Substantiva zu finden und damit die Gesamtaussage des Satzes zu konstruieren. In den meisten Fällen geht die Verschachtelungstiefe jedoch nicht über zwei Ebenen hinaus. Für das Verstehen der Semantik ist jedoch irgendeine Form von Zwischenspeicherung notwendig, um auf die Information, die zeitlich weiter zurückliegt, zurückzugreifen. Wie wir gesehen haben, hat z.B. die Verschachtelungstiefe von Relativsätzen, von Genetivkonstruktionen, die Länge von Sätzen, etc. eine "kognitive" Grenze, ab der wir den Sinn nicht mehr verstehen und wir uns u.U. nur mehr damit helfen können, die Satzstruktur aufzuschreiben und analytisch zu lösen. Diese natürliche Beschränkung läßt sich damit erklären, daß ein bestimmter input eine Art Spur (in Form eines Aktivierungsmusters) hinterläßt, die mit den anderen im System vorhandenen Aktivierungsmustern integriert/vermischt wird. Diese "klare" Spur bleibt für einige Zyklen, in denen neue inputs in das System gelangen und auf genau die selbe Weise verarbeitet werden, erhalten, "verdünnt" sich jedoch zunehmend. Diese "Verdünnung" kann als unser "Verlieren des Zusammenhanges" z.B. in verschachtelten Relativsätzen interpretiert werden. Dies steht im Gegensatz zu den ideellen Konzepten und Maschinen des traditionellen Paradigmas, wie Automaten, *Turing*maschinen, "push-down automata", rekursive Produktionssysteme, etc., die theoretisch einen unbegrenzten Speicher haben (z.B. einen Stack), und damit theoretisch z.B. unendlich verschachtelte Relativsätze verarbeiten könnten. Diese Begrenzung der kurzzeitigen Speicherfähigkeit in natürlichen und künstlichen rekursiven neuronalen Systemen ist u.a. ein möglicher Hinweis darauf, wie das *short term memory (STM)* realisiert sein könnte [ZIPS 91, CHUR 92]; nämlich als rekursive Architektur, in der für einige Zeit Aktivierungen kreisen ("reverberating activations"), die mit der Zeit abnehmen und durch neue inputs verwischt werden.

Nicht nur in der Sprachverarbeitung, sondern in fast jedem Bereich der Wahrnehmung und Verhaltenssteuerung sind *zeitliche Sequenzen* und damit *rekursive Architekturen* zur Erzeugung dieser notwendig. Will man sich nicht auf monotones stimulus-response Verhalten beschränken, so ist der Einsatz rekursiver Architekturen nicht zu vermeiden. Feedback Verbindungen sind das "Um & Auf" und das absolute "Muß" in biologischen Systemen – alle natürliche Systeme sind *rückgekoppelte* Systeme, nicht nur auf neuronaler Ebene, sondern in ihrer ganzen Organisation der Zellbiochemie, der Interaktion mit der Umwelt, etc.

7.2 Interaktion mit eigenen Aktivierungen

Durch die Gewichte/Synapsen, die nicht vom input in Richtung output gehen, wird die *Interaktion* mit den *eigenen (internen) Aktivierungen* möglich. I.a.W., die Aktivierungen einer unit u_i fließen direkt oder indirekt in transformierter Form wieder zu dieser unit zurück, i.e., die Aktivierung von u_i wird zu einem späteren Zeitpunkt direkt oder indirekt durch ihre eigene Aktivierung beeinflußt. Es kommt also zu *Kreisläufen* von Aktivierungen und der Gesamtaktivierungszustand zum Zeitpunkt $t + \varepsilon$ hängt auch vom Aktivierungszustand zum Zeitpunkt t ab. Wie bereits angedeutet ist der Folgezustand eines neuronalen Systems mit rekursiver Architektur – im Gegensatz zur feed forward Architektur – nicht nur eine Funktion des aktuellen inputs[3], sondern auch des *aktuellen Aktivierungszustandes*. Das bedeutet, daß das Netzwerk bei der Verarbeitung mit seiner eigenen "Aktivierungsgeschichte" interagiert. Es besitzt so etwas, wie ein "short term memory", welches durch die Interaktion mit internen Aktivierungen und durch den internen Kreislauf der eigenen Aktivierungen realisiert ist. Wie wir im Beispiel mit der Verarbeitung verschachtelter Relativsätze gesehen haben, nimmt der Einfluß (zeitlich) weiter zurückliegender Aktivierungen über die Zeit ab – es findet mit fortschreitender Zeit eine Form von "decay" statt. Die alten Aktivierungen werden durch immer neue inputs graduell überschrieben. Dies ist nicht so sehr im Sinne eines "first-in-first-out" Speichers zu verstehen, da durch die rückläufigen Verbindungen in manchen Fällen bereits die inputs mit inneren Aktivierungen integriert/vermischt werden. Vielmehr ist das Bild einer "Spur", die durch immer neue inputs immer stärker verwischt wird, eher adäquat. Die stetige Interaktion und Integration mit anderen Aktivierungen im gewichteten Aufsummierungsprozeß in den units/Neuronen "speichert" die Muster nicht in ihrer ursprünglichen Form, wie sie durch den input in das System gelangen, sondern verzerren und "deformieren" diese durch wiederholte Gewichtung, Integration und Abbildungen innerhalb des activation space. Durch die Interaktion mit den eigenen internen Aktivierungen wird das relativ monotone und rigide behavioristische stimulus-response Verhalten der feed forward Netzwerke durch ein komplexes *"nicht lineares*[4]*"* Verhalten ersetzt: in rekursiven Netzwerken ist nicht gesichert, daß ein und derselbe input ein und denselben output erzeugt, da der Folgezustand des Systems nicht nur vom input, sondern zumindest im gleichen Maß vom aktuellen *inneren Zustand* des Systems abhängt.

7.3 Innerer Zustand

Man stelle sich folgende Situation vor: präsentiere einem Organismus zu zwei unterschiedlichen Zeitpunkten *den selben* Stimulus. Unter der (m.E. fiktiven) Annahme, daß man alle Parameter der Umwelt und der Umweltwahrnehmung konstant halten kann[5], wird sich zeigen, daß trotz des selben Stimulus das darauf folgende Verhalten in vielen Fällen *unterschiedlich* ausfällt. I.a.W., unter der Annahme, daß es sich bei

---

[3] In *feed forward* Systemen determiniert der input den erzeugten output.

[4] "Nicht linear" ist in diesem Kontext nicht im ursprünglichen mathematischen Sinne zu verstehen (lineare Abhängigkeiten zwischen Variablen).

[5] Das heißt nicht nur, daß man zwei Mal den exakt selben Umweltzustand präsentiert, sondern z.B. auch daß man den Organismus in die *selbe* "Position" bringt, damit auch seine Wahrnehmung der Umwelt unverändert ist.

jedem Organismus um einen mehr oder weniger komplexen input-output Mechanismus handelt (nicht auf den behavioristischen Sinn beschränkt!), bedeutet dies, daß zwei oder mehrere gleiche inputs zu verschiedenen Zeitpunkten *verschiedene* outputs hervorrufen. Welche Möglichkeiten der Erklärung[6] gibt es hierfür? Da fällt zuerst einmal die Möglichkeit auf, daß sich der Mechanismus, der für die Generierung des output Verhaltens aus dem aktuellen input verantwortlich ist, zwischen den beiden Zeitpunkten *verändert* hat. Im Falle neuronaler Systeme bedeutet das, daß sich die Gewichtskonfiguration verändert hat und dadurch zu zwei Zeitpunkten beim selben input unterschiedlichen output erzeugt hat. Diese Option wollen wir jedoch bis zum Ende dieses Abschnittes *ausschließen*. Die zweite Möglichkeit besteht darin, daß wir so etwas wie ein internes Entscheidungskriterium annehmen müssen, das nicht nur in Abhängigkeit vom aktuellen input über die Verhaltensgenerierung entscheidet. Als externe Beobachter/innen stehen wir vor dem Problem, daß wir in einer ersten Annäherung nicht in das untersuchte System hineinschauen können und über die internen Prozesse nur *spekulieren* können. In jedem Fall können wir jedoch sagen, daß es – unter der Annahme einer konstanten Gewichtskonfiguration – im Inneren des Systems einen Mechanismus geben muß, der nach irgendwelchen (noch herauszufindenden) Kriterien darüber entscheidet, daß bei ein und demselben input I einmal das Verhalten (output) O_1 und ein andermal das Verhalten O_2 generiert wird.

Allgemeiner (in kybernetisch-systemtheoretischen Termini) formuliert kann man einen sog. *inneren Zustand* postulieren [ASHB 64, HEID 92, FOER 93], auf den wir als Beobachter/innen von außen keinen Zugriff und keine Einsicht haben, der jedoch (implizit) diese zuvor erwähnte Entscheidung vornimmt. Normalerweise erwartet man als Beobachter/in von Organismen oder Maschinen, daß, wenn man keinerlei äußere Veränderungen feststellen kann, auch die Präsentation unveränderter Stimuli zu den selben Verhaltensweisen führen müßten. Aus der Unzugänglichkeit des internen Zustandes (i.e., wir können diesen nicht an einer extern beobachtbaren Verhaltensweise erkennen) ergeben sich schwerwiegende Probleme, die im Grunde Grundprobleme der Physik, der Psychologie, der Cognitive Science, Neurowissenschaft etc. sind und erstmals von der Kybernetik resp. Systemtheorie systematisch und theoretisch verfolgt wurden [ASHB 64]: im Gegensatz zu simplen stimulus-response (feed forward) Systemen können wir lediglich Spekulationen über die Verhaltensgenerierung und deren *Regelmäßigkeiten* anstellen. Dies wird besonders deutlich, wenn man versucht, *Verhalten von rekursiven Systemen zu prognostizieren*. Konnte man im feed forward Fall durch die Beobachtung des inputs und sein in-Beziehung-Setzen mit dem output alleine vom Stimulus prognostizieren, welches Verhalten generiert wird, so ist dies im rekursiven Fall so gut wie unmöglich. Wir können zwar endlose Untersuchungsreihen machen und so manchen internen Zustand und seine Regelmäßigkeiten in bezug auf den input und auf das beobachtete Verhalten verantwortlich machen. Jedoch aus einer prinzipiellen Sicht können wir – solange wir das System nicht öffnen – *niemals* sicher sein, ob nicht plötzlich noch ein neuer interner Zustand auftritt, der eine neue Verhaltensdynamik erzeugt. Diese Probleme

---

[6]Unter der Annahme, daß es sich um ein *deterministisches* System handelt.

sind im Grunde der Antrieb der meisten Naturwissenschaften: sie stellen Spekulationen über die internen Zustände und ihre Dynamik an, um das Verhalten des Systems zu erklären resp. prognostizieren, obwohl sie es nur teilweise oder gar nicht geöffnet haben. Je unvorhersagbarer ein System funktioniert, desto mehr fasziniert es uns und wahrscheinlich desto komplexer sind seine internen Strukturen und seine extern nicht zugängliche innere Dynamik.

7.3.1 Spekulation vs. Öffnen des Systems

Bei der Untersuchung solcher Systeme, die diese Phänomene zeigen, stehen wir vor einem *methodischen Problem*, für das es zumindest zwei mögliche Lösungen gibt:

(i) *Spekulation*. Man schreibt dem beobachteten kognitiven System *spekulativ* innere Zustände zu, die sich aus dem beobachteten Verhalten und aus dem Vergleich mit eigenen Erfahrungen (z.B. durch Introspektion) ergeben. I.a.W., es handelt sich um eine *Projektion* der Erfahrung eigener innerer Zustände in jene des beobachteten Systems. Dieses Phänomen kommt besonders kraß zum Ausdruck, wenn z.B. Menschen mit ihren Haustieren sprechen, ihre Gefühlszustände mit "menschlichen" Termini beschreiben, oder manchmal Maschinen gewisse psychische Zustände unterstellen. Im Grunde handelt es sich hier um den methodischen Zugang, den ein Großteil der Psychologie (besonders der folk psychology) genommen hat. Ihren "Höhepunkt" erreicht er in den propositionalen Ansätzen der kognitiven Psychologie, AI und traditionellen Cognitive Science. Dem beobachteten (natürlichen oder künstlichen) System werden "beliefs", "desires", Ängste, etc. unterstellt – innere Zustände, die u.a. auch repräsentationalen Charakter haben und deren Dynamik (neben dem input) das Verhalten des Systems determiniert.

(ii) *interne Analyse*. Die alternative methodische Herangehensweise an solche Phänomene (i.e., Systeme, die scheinbar über innere Zustände verfügen) besteht darin, das System einer *internen Analyse* zu unterziehen: i.e., man *öffne* den beobachteten Organismus, die beobachtete Maschine, etc. und untersuche jene Mechanismen, die für die Generierung des "nicht linearen" Verhaltens verantwortlich sind, anstatt sie durch spekulative Relationen zu ersetzen. Dies ist ein *bottom-up* Zugang, den die Neurowissenschaft und die computational neuroepistemology gewählt hat. Er hat freilich zumindest zwei Schwierigkeiten: (a) es ist in den meisten Fällen viel aufwendiger und komplexer, extern beobachtetes Verhalten auf die Dynamik einer extrem komplexen internen Struktur, wie z.B. der des Nervensystems, zurückzuführen. (b) Oft ist es schwierig oder ethisch problematisch, das System zu öffnen; besonders im Falle des Nervensystems besteht nicht nur das Problem, daß man beim Öffnen und im Zuge der Untersuchung viele Schäden im neuronalen Substrat anrichtet (welche größtenteils irreversibel bleiben), sondern auch, daß die Experimente selber durch die angewandte Methode beeinflußt werden (hier handelt es sich um theoretisch-methodisch ähnliche Probleme wie in der Atomphysik). Dies ist ein Grund mehr, die Methode der *Computersimulation* als zweites Standbein zu etablieren; mit ihrer Hilfe können diese internen Prozesse in fast beliebiger Genauigkeit und Variation studiert werden und Hinweise auf die interne Dynamik in natürlichen Systemen geben.

input	output	input	output
hell	*gehen*	*hell*	*gehen*
hell	*stehen*	*hell*	*stehen*
hell	*stehen*	*hell*	*stehen*
dunkel	*gehen*	*dunkel*	*gehen*
dunkel	*stehen*	*dunkel*	*stehen*
hell	*stehen*	*dunkel*	*stehen*
hell	*gehen*	*dunkel*	*stehen*
dunkel	*gehen*	*dunkel*	*stehen*
hell	*stehen*	*hell*	*stehen*

Bild 7.3   Ergebnis der Verhaltensstudie, die das input-output Verhalten in einer Liste zusammenfaßt.

Verhalten und innere Zustände – eine "Fallstudie"

Eine simple (fiktive) Fallstudie soll die Funktion, die Notwendigkeit und die Wichtigkeit innerer Zustände und ihrer Dynamik demonstrieren: angenommen wir beobachten das Verhalten eines Organismus in seiner Umwelt. Als Eingangsvariablen wählen wir zwei mögliche Umweltzustände, die dieses System mit seinem (primitiven visuellen) Sensorium erfassen kann: *"hell"* und *"dunkel"*. Die Ausgangsvariablen resp. sein Verhalten sind ebenfalls sehr einfach: entweder der Organismus bewegt sich (*"gehen"*) oder er steht still (*"stehen"*). Zwei Ziele definieren diese Untersuchung: (a) man soll versuchen, das Verhalten des Organismus zu *prognostizieren* und (b) es geht darum, einen *Mechanismus* zu finden, welcher imstande ist, das beobachtete *Verhalten* (z.B. in einer Simulation) zu *generieren*. In einer Verhaltensstudie legt man sich eine Liste an, in der der input in Relation zum output gesetzt wird. I.a.W., wir gehen von der Annahme aus, daß der input in enger kausalen Beziehung zum beobachteten output des Systems steht. Die in Abbildung 7.3 dargestellte Liste repräsentiert das Ergebnis dieser Studie. Man sieht sofort, daß es sich *nicht* um ein System mit simplen stimulus-response Verhalten handeln kann, da bereits in den ersten zwei Zeilen dieser Liste der Umweltzustand "hell" einmal "gehen" und in der nächsten Zeile "stehen" auslöst. Wir haben es also mit einem System zu tun, dessen innerer Zustand mit darüber entscheidet, welches Verhalten bei einem bestimmten Umweltinput erzeugt werden soll. Das Problem, vor dem wir nun stehen, besteht darin, daß wir das Verhalten aus dieser Liste prognostizieren müssen: angenommen das System befindet sich in seinem "Initialzustand[7]" – der/die Leser/in soll versuchen, aus dieser Liste in Abbildung 7.3 die Verhaltenssequenz für folgende input-Sequenz zu prognostizieren: hell, dunkel, hell, hell, hell, dunkel, dunkel,... Außerdem soll man einen Mechanismus finden, welcher imstande ist, dieses Verhalten in einer allgemeinen Form zu generieren. Wahrscheinlich wird jede/r eine unterschiedliche Lösung finden. Eine mögliche Antwortsequenz, die

---

[7] Alleine um diesen herauszufinden, müßte man den Organismus *"öffnen"*, um seinen aktuellen internen (Initial-)Zustand feststellen zu können.

input	innerer Zustand	output	input	innerer Zustand	output
hell	Hunger	gehen	hell	Hunger	gehen
hell	müde	stehen	hell	müde	stehen
hell	warm	stehen	hell	warm	stehen
dunkel	kalt	gehen	dunkel	kalt	gehen
dunkel	müde	stehen	dunkel	müde	stehen
hell	warm	stehen	dunkel	müde	stehen
hell	Hunger	gehen	dunkel	müde	stehen
dunkel	kalt	gehen	dunkel	müde	stehen
hell	warm	stehen	hell	warm	stehen

Bild 7.4 Ergebnis der Verhaltensstudie, die das input-output Verhalten in Relation zum aktuellen *inneren Zustand* in einer Liste zusammenfaßt.

in diesem Falle "passend" ist, lautet: hell ⇒gehen, dunkel ⇒gehen, hell ⇒stehen, hell ⇒gehen, hell ⇒stehen, dunkel ⇒stehen, dunkel ⇒stehen,... Ebenso wie die Prognosen sehr unterschiedlich ausgefallen sind, werden auch wahrscheinlich die allgemeinen Mechanismen der Verhaltensgenerierung unterschiedliche Strukturen aufweisen.

Sehen wir uns dieses Problem in einer etwas alternativen Form an: in Abbildung 7.4 ist das selbe input-output Verhalten wie in Abbildung 7.3 dargestellt, jedoch haben wir für jedes input-output Paar einen *inneren Zustand* eingefügt. Diese Liste ist folgendermaßen zu interpretieren: das System befindet sich in einem gewissen inneren Zustand und ist mit einem bestimmten input konfrontiert. Dieser input löst (a) den Übergang in einen anderen inneren Zustand und (b) ein bestimmtes Verhalten (output) aus. Wir finden durch das Öffnen des Systems heraus, daß dieses System vier innere Zustände besitzt: "Hunger", "kalt", "warm", "müde". Versuchen wir nun, aus der input-Sequenz: hell, dunkel, hell, hell, hell, dunkel, dunkel,... die Sequenz des output Verhaltens zu prognostizieren, so wird uns das Auffinden der "richtigen" Lösung viel leichter fallen, da wir zusätzlich über die Information der inneren Zustände verfügen. Der/die Leser/in soll probieren, dieses Prognoseproblem zu lösen und er/sie wird den Wert und die Notwendigkeit des Konzeptes des inneren Zustandes klar sehen! Wie gehen wir bei der Lösung dieses Problems vor? Wir gehen wieder von einem "neutralen" Startzustand aus und sehen in der ersten Zeile von Abbildung 7.4, daß, wenn "hell" als input kommt, unser beobachtetes System "gehen" als output generiert und in den Zustand "Hunger" übergeht. Unser erster input in der Prognosereihe ist auch "hell", also können wir (vorher)sagen, daß nach diesem input der innere Zustand auf "Hunger" übergehen und der output "gehen" sein wird. Der zweite input ist "dunkel". Was passiert nun? Wir wissen, daß sich das System im Zustand "Hunger" befindet und der aktuelle input "dunkel" ist. Aus unserer Liste können wir aus dieser Information die Prognose folgender-

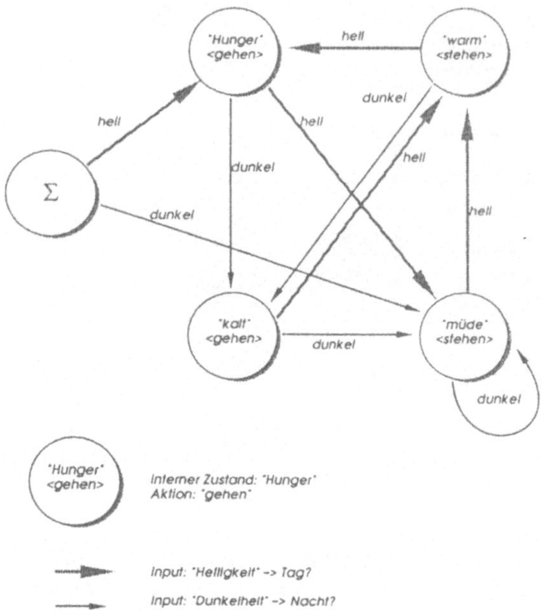

Bild 7.5   Der Automat, der das beobachtete Verhalten unseres Organismus erzeugt.

maßen ableiten: man suche jene Zeile(n), in der der input = "dunkel" ist *und* in der darüberliegenden Zeile der innere Zustand = "Hunger" ist. Der input und output dieser darüberliegenden Zeile sind irrelevant. Aus diesem Zeilenpaar (z.B. 7. und 8.Zeile der linken Spalte in Abbildung 7.4) können wir den folgenden inneren Zustand und das produzierte Verhalten ablesen: im Falle unseres Beispiels ist dies (in Zeile 8) "kalt" als innerer Zustand und "gehen" als Verhalten. Im nächsten Schritt iterieren wir dieses Verfahren.

Aus diesen Überlegungen kann man auch einen Mechanismus ableiten, der imstande ist, diese Verhaltensformen zu generieren. Wir benötigen eine Maschine, die bestimmte (innere) Zustände einnimmt, die einen input empfängt und aufgrund dieses inputs einer festen Regel folgend und vom aktuellen inneren Zustand abhängig in einen anderen Zustand übergeht und dabei nach außen hin Verhalten erzeugt. Einen Mechanismus, der für dieses Problem ideal scheint und aus der *Informatik* stammt, stellt ein *finiter Automat* dar; in Abbildung 7.5 kann man sehen, wie solch ein Automat aufgebaut ist: er besteht aus Knoten und gerichteten Kanten. Die Knoten repräsentieren die *inneren Zustände* und den output; i.e., die Begriffe in Hochkomma referieren auf den aktuellen inneren Zustand, während die Begriffe in spitzen Klammern auf das nach außen hin gezeigte Verhalten referieren. Der Zustand "Σ" ist der *Ausgangszustand*, von dem jede unserer Beobachtungen ausgegangen ist. Die *gerichteten Kanten* repräsentieren die *Zustandsübergänge*: diese sind durch die aktuellen inputs determiniert, die auch die Bezeichnungen der Kanten darstellen. Die Richtung des Pfeiles gibt an, von welchem Zustand in einen anderen

Zustand übergegangen wird. Wie funktioniert solch ein Automat, wie ist Abbildung 7.5 zu lesen? Zu Beginn befinden wir uns im Zustand Σ, dem Initialzustand. Kommt der erste input, z.B. "hell", so folgen wir der "hell"-Kante, die von diesem Zustand in den Folgezustand ("Hunger", <gehen>) führt. Dies bedeutet, daß wir uns nun im (inneren) Zustand "Hunger" befinden und das generierte Verhalten "gehen" ist. Angenommen der folgende (Umwelt-)input ist "dunkel", so folgen wir der "dunkel"-Kante, die in den neuen Zustand "kalt" und die Verhaltensweise "gehen" führt,... Auf diese Weise kann man das Verhalten dieses fiktiven Organismus (a) beschreiben und (b) prognostizieren/simulieren. Am Rande sei bemerkt, daß die Listen aus Abbildung 7.3 und 7.4 durch genau diesen Automaten generiert wurden.

Was wir bereits aus diesem äußerst einfachen Modell ganz klar sehen können, ist, daß es sich beim Konzept der rekursiven Systeme und der inneren Zustände um äußerst mächtige Mechanismen handelt, denen wir in der Untersuchung neuronaler Systeme andauernd begegnen. Solch ein Automat ist eine Instantiierung eines *rekursiven Systems* und wir werden sehen, daß es eine Äquivalenz zwischen (rekursiven) neuronalen Systemen und solchen Automaten gibt (siehe Abschnitt 9.2) – sie werden uns in späteren Kapiteln noch hilfreiche Dienste in der Frage der Repräsentation in neuronalen Systemen leisten. Was wir zumindest daraus gelernt haben ist, wie *V.Braitenberg* [BRAI 84] sagt, das "Gesetz" der einfachen Synthese und der komplizierten Analyse. Wäre uns der in Abbildung 7.5 dargestellten Automaten bereits zu Beginn unserer Untersuchung zur Verfügung gestanden, so hätten wir keinerlei Probleme im Auffinden der Regelmäßigkeiten und der Verhaltensprognose gehabt. Es ist interessant, wie solch ein relativ einfacher Automat doch ein – vor allem, wenn man *keinen* Zugang zum inneren Zustand des Systems hat – recht komplex erscheinendes Verhalten erzeugen kann. Die Analyse und das Auffinden eines verläßlichen Generierungsmechanismus ist aus der in Abbildung 7.3 dargestellten Liste (i.e., die Daten aus der reinen Verhaltensbeobachtung) so gut wie unmöglich.

Im Grunde ist es das Ziel fast jeder naturwissenschaftlichen Disziplin, solch einen "Automaten" in der einen oder anderen Form zu finden. Es handelt sich hier sicherlich um ein Darstellungsmedium, das sich geradezu ideal für die Repräsentation von Systemen, die über Zustände und Zustandsübergänge verfügen[8], und ihrer Dynamik eignet. Auch *neuronale Systeme* fallen in diese Kategorie: wir haben bereits des öfteren das Konzept des *state space* in ihrem Kontext strapaziert – dieser stellt den *Schlüssel* für die Abbildung neuronaler Systeme und ihrer Dynamik in Automatenform dar. In den folgenden Kapiteln werden wir auf diese Gedanken zurückkommen. Was können wir nun aus diesem relativ einfachen Beispiel lernen?

(i) Ohne die Annahme innerer Zustände können wir das beobachtete Verhalten (in bezug auf die input-Stimuli aus der Umwelt) *nicht* erklären. Wenn ein und derselbe Stimulus verschiedene Verhaltensweisen auslöst, so bleibt uns keine andere Wahl, als für deren Erklärung eine interne Instanz mit ihrer eigenen Dynamik, die über die Generierung des jeweiligen Verhaltens entscheidet, anzunehmen. (ii) Weiters wird aus diesem Beispiel klar ersichtlich, wie wichtig die *Geschichte* der inputs für die Generierung des aktuellen Verhaltens ist. I.e., die Generierung des aktuellen

---

[8]Fast jedes *physische System* kann auf solch ein System von Zustandsübergängen zurückgeführt werden.

outputs hängt nicht nur vom aktuellen input ab, sondern auch vom inneren Zustand des Systems. Dieser aber ist das Resultat einer Sequenz von Interaktionen zwischen inputs und inneren Zuständen. In diesem Sinne determiniert die *Historizität* des Systems die Produktion des Verhaltens. (iii) Untersucht man das System lediglich nach seinen input-output Relationen resp. hat man keinen Zugang zu den inneren Zuständen und ihrer Dynamik, so ist es fast unmöglich, einen verläßlichen Vorhersagemechanismus für das Verhalten zu finden. Diese daraus erzeugten Mechanismen beruhen meist auf intuitiven und spekulativen "extern erzeugten und unterstellten internen Mechanismen", die die innere Struktur des eigentlichen Verhaltensgenerierungsmechanismus meist nur schlecht widerspiegeln und oftmals – z.B. aus der Perspektive der Neurowissenschaft –, wie wir anhand des Beispiels der propositionalen Ansätze gesehen haben, zu verfehlten Schlüssen und Theorien führen können. Auch eine sehr lange Liste von erhobenen Daten und eine ausführliche Korrelationsanalyse zwischen input und output und sogar zwischen Sequenzen von inputs und outputs kann nicht davor schützen, daß man trotz Übereinstimmung des Generierungsmodells (z.B. in Form eines Automaten) im Fall der Konfrontation mit neuen Fällen und neuen Sequenzen in der Prognose zu Ergebnissen kommt, die nicht mit den beobachteten Daten übereinstimmen. Das Problem liegt meist darin, daß keine strukturelle Äquivalenz zwischen dem Generierungsmechanismus im beobachtet System und jenem im modellierten System besteht. Vielmehr ist oft eine ziemliche Divergenz festzustellen: man denke etwa an Unterschiede in der Struktur der Generierungsmechanismen in neuronalen Systemen und jener in propositionalen Systemen (z.B. Regeln, Produktionssyteme, etc.). Die vordergründige Übereinstimmung bestimmter extern beobachtbarer Verhaltensphänomene (in Relation zu den Umweltinputs) ist aus der Sicht des heutigen Standes der empirischen und computational Neurowissenschaften nicht mehr als Argument für eine Erklärung eines kognitiven Systems hinreichend. Vielmehr muß die logisch abstrakte, funktionelle und auf die reine (externe) Verhaltensebene reduzierte Sicht der Forderung nach einer Übereinstimmung der *inneren* Mechanismen, Prozesse, Struktur und Dynamik weichen. (iv) Als Implikation aus all dem wird die unbedingte Notwendigkeit der *Öffnung* des untersuchten rekursiven Systems klar; erst durch diesen Vorgang erhalten wir Hinweise auf das Funktionieren des Systems. Hinweise, die im Gegensatz zu rein spekulativen Unterstellungen, zu einem Modell und letztlich zu einer Erklärung des beobachteten (kognitiven) Systems und seines Verhaltens führen können.

Übertragen wir in einem weiteren Schritt all das Wissen, welches wir bisher über rekursive Systeme, Automaten, etc. und welches wir u.a. auch in diesem Beispiel gesammelt haben, auf *rekursive neuronale Systeme*, so ergibt sich etwa folgendes Bild: in einem (rekursiven) neuronalen System ist der *innere Zustand* durch eine bestimmte Konfiguration der Aktivierungen (= ein *bestimmtes Aktivierungsmuster* = ein bestimmter Punkt im activation space) gegeben. Ohne Kenntnis dieses Zustandes kann man in einem rekursiven neuronalen System *keine* Vorhersage über das nach außen hin gezeigte Verhalten machen. Die Beobachtung des inputs alleine genügt nicht, um diesen in Relation zu einem bestimmten output zu setzen. Vielmehr benötigen wir auch das Wissen um die *innere Struktur* (i.e., Gewichtskonfiguration) *und* den *aktuellen (inneren) Aktivierungszustand*. Wie wir im Falle des Automaten gesehen haben, genügt es auch in rekursiven neuronalen Systemen *nicht* das aktuelle Verhalten als Reaktion auf einen aktuellen input zu beschreiben; vielmehr muß man die gesamte – oder zumindest große Teile der – *Geschichte* der inputs in die Beschreibung mit einbeziehen.

7.3.2   Input als Selektor

Sieht man sich den in Abbildung 7.5 dargestellten Automaten und seine Dynamik an, so kann man folgendes feststellen: man kann einen bestimmten *input* (= transformierter Stimulus aus der Umwelt) als *Selektor* interpretieren; wir haben beobachtet, daß der input einen bestimmten *Pfad* durch den Zustandsraum des Automaten selektiert. I.e., der Automat befindet sich zum Zeitpunkt t im Zustand $s_k(t)$. Der input $i(t)$ selektiert eine der möglichen Kanten, die vom Zustand s_k ausgehen. Er determiniert, wenn sich das System in einem bestimmten Zustand befindet, in welchen Folgezustand $s_j(t + \varepsilon)$ der Automat zum nächsten Zeitpunkt $t + \varepsilon$ übergeht. Dies stellt ein uns bekanntes Muster dar: in rekursiven neuronalen Systemen haben wir festgestellt, daß der Folge(aktivierungs)zustand des Systems vom aktuellen Zustand *und* vom input abhängt. Befindet sich das neuronale System in einem bestimmten inneren Zustand, so sind durch die Konfiguration der Gewichte nur ganz bestimmte Folgezustände erlaubt resp. möglich. I.a.W., die Gewichte legen bezüglich der möglichen Folgezustände ”Randbedingungen” auf. Dies impliziert, daß nur eine relativ kleine *Untermenge* aus der Menge aller möglichen Aktivierungszustände als mögliche Folgezustände des aktuellen Zustandes in Frage kommt. In unserem Automatenbeispiel ist dies etwa mit dem Bündel der Kanten, die vom aktuellen Zustand weggehen zu vergleichen. Als Folgezustand des Automaten kommt ausschließlich jene (Unter-)Menge von Zuständen in Frage, zu denen Kanten von diesem aktuellen Zustand führen. Damit sind auch die möglichen extern beobachtbaren Verhaltensweisen eingeschränkt. I.a.W., man kann mittels eines bestimmten inputs nur eine ganz begrenzte und vorherbestimmte Menge von inneren Zuständen, outputs resp. extern beobachtbaren Verhaltensweisen auslösen/slektierten.

Dem aktuellen input $i(t)$ kommt eine zentrale Rolle zu: er *selektiert* aus der Menge der möglichen Folgezustände *einen* bestimmten Zustand, in den das System dann tatsächlich übergeht. Genauer gesagt ist es der aktuelle Wert des inputs resp. die input-Aktivierungen, die diese Selektion vornehmen. Das Resultat dieses Vorganges ist, daß (a) das System in einen neuen (internen) Zustand kommt und daß (b) mit diesem Zustand auch ein extern beobachtbares *Verhalten* gekoppelt ist (siehe in Abbildung 7.5: die Zustände sind mit Namen bezeichnet, in spitzen Klammern sind die extern beobachtbaren Verhaltensäußerungen angegeben; diese korrespondieren *nicht* eindeutig mit den internen Zuständen). Dieser neue (Folge-)Zustand ist nun der aktuelle Zustand des Systems, von dem wiederum ein Bündel von Kanten weggeht – eine dieser Kanten wird vom neuen input selektiert und führt wiederum in einen neuen Zustand. In diesem Sinn kann man das Verhalten eines Automaten resp. auch eines neuronalen Systems als ein kontinuierliches *Selektieren von Zuständen durch den input* auffassen.

Es scheint auf den ersten Blick so, als ob der input doch eine die Dynamik determinierende Wirkung hat; dem ist jedoch *nicht* so: zu jedem Zeitpunkt befindet sich das (neuronale) System in einem bestimmten Zustand (sei es in einem Zustand des Automaten oder in einem Aktivierungszustand). Wir haben gesehen, daß von jedem Zustand ein Bündel von Kanten weggeht. Durch diese Kanten sind alle möglichen Folgezustände eines aktuellen Zustandes *festgelegt*. Es ist also *nicht* so, daß der input völlige "Wahlfreiheit" in bezug auf die Zustände hat; i.e., er kann nicht jeden beliebigen Zustand als Folgezustand selektieren, sondern er ist auf genau jene Menge von möglichen Folgezuständen *beschränkt*, auf die eine Kante, die vom aktuellen Zustand ausgeht, zeigt. Aus dieser Sicht determiniert das System, seine Architektur, seine Dynamik, etc. die möglichen Folgezustände und der input trifft lediglich eine *Auswahl* aus diesen durch das System angebotenen möglichen Folgezuständen. M.E. ist dies der *Schlüssel* zum Verständnis jeglicher rekursiver Systeme, seien es Automaten, rekursive neuronale Netzwerke, biologische Systeme, etc. Es ist die "*Symbiose*" zwischen der durch das System determinierten Dynamik (der möglichen Folgezustände) und der Auswahl dieser möglichen Pfade durch die aktuellen Umweltinputs. Dies ist auch der Schlüssel zu *H.Maturanas* Konzept der *Strukturdeterminiertheit* [MATU 70, MATU 75, MATU 78, MATU 80, MATU 82], welches in der Frage der Repräsentation leider etwas überzogen wurde.

In dieser "symbiotischen Beziehung" liegt auch eine mögliche Antwort zu der Frage der *Repräsentation* in neuronalen Systemen: sie definiert die Beziehung zwischen Umwelt und Repräsentationssystem in einem neuen Licht – es ist nicht so sehr eine abbildende (i.e., durch die Umwelt determiniert) oder eine solipsistische (i.e., ausschließlich durch das Repräsentationssystem determiniert), sondern eine Beziehung, in denen die Dynamik der Zustände *beider* Systeme eine Rolle spielt. Es ist jedoch ganz klar festzuhalten, daß das *Repräsentationssystem vorgibt/determiniert*, welche Zustände von ihm überhaupt eingenommen werden können, und wie diese Zustände (abstrakt z.B. durch Kanten) miteinander verbunden sind. Es ist also alleine das Repräsentationssystem, welches den Raum seiner möglichen Dynamik durch seine Struktur absteckt[9]. Die aktuellen Umweltzustände agieren in Form von inputs lediglich als *Auslöser*, als Selektoren, etc., die die vorgegebenen Bahnen (im Bild des Automaten: die vorgegebenen Kanten entlang fahren). Die Implikationen für unsere Frage der Repräsentation werden wir später noch ausführlich diskutieren. Hier sei nur festgehalten, daß es die Struktur des Systems selber ist, welche den Raum der Repräsentationsmöglichkeiten und der Möglichkeiten der (internen und externen) Verhaltensdynamik absteckt und die Umwelt aus diesen Möglichkeiten durch ihre aktuellen Zustände, die in den Sensoren in inputs transduziert werden, aus diesem Raum der Möglichkeiten lediglich *auswählt*. In diesem Sinne ist der Begriff der "symbiotischen Beziehung" zwischen Umwelt und Repräsentationssystem zu verstehen.

Die Dynamik eines rekursiven Systems kann man als "*Verhaltensselektion (aus dem Raum der möglichen Verhaltensweisen) durch den aktuellen input unter Berücksichtigung des inneren Zustandes*" interpretieren. Der *innere Zustand* spielt

---

[9]Dies gilt zumindest, solange *nicht gelernt* wird; aber Lernprozesse könnte man auch als einen Teil einer Metadynamik interpretieren.

eine zentrale Rolle, da von ihm die Kanten zu den möglichen Folgezuständen ausgehen, die durch den input selektiert werden können. Aus dieser Sicht wird auch die Wichtigkeit der *Geschichte* der Zustände und inputs klar: der aktuelle Zustand des Systems ist immer das Resultat des vorangegangenen Zustandes und des inputs; der vorangegangene Zustand ist jedoch wiederum das Resultat seines Vorgängerzustandes und des inputs... Dieses Paar (vorangegangener Zustand und input) definiert in jedem Fall den neuen Zustand. Daraus wird auch ersichtlich, warum wir hier ständig von *rekursiven* Systemen sprechen: das Resultat (i.e., ein bestimmter Zustand) ist zugleich der Ausgangspunkt für einen neuen Zustand. Auch darauf werden wir noch im Detail eingehen.

Es erhebt sich nun die Frage, wie wir all diese Überlegungen mit unserem ursprünglichen Problem der *Repräsentation* in neuronalen Systemen in Zusammenhang bringen und ob uns diese Konzepte im Verständnis dieser Frage weiterhelfen können. Es stellt sich heraus, daß durch die Einführung rekursiver Systeme eher neue Fragen und Probleme entstanden sind, als sie zu einer Lösung des Repräsentationsproblems beitragen können. Diese Probleme sollen jedoch als *Aufforderung* für ein radikales Umdenken in diesem Kontext verstanden werden, da in unserem Gehirn und allgemein in natürlichen Nervensystemen ein sehr hoher Prozentsatz der Architektur *rekursiven* Charakter hat [VARE 90, VARE 91a]. Feedback Verbindungen sind das "Um & Auf" der Verarbeitung in neuronalen Systemen [VARE 90, KAND 91, KUFF 84]. Wie wir gesehen haben könnte man sich die Repräsentation und Verarbeitung beispielsweise zeitlicher Sequenzen ohne rekursive Verbindungen gar nicht vorstellen – zeitliche Sequenzen sind die Grundlage jeglicher Wahrnehmung und Bewegung (Sprache, Gehen, rhythmische Bewegungen, etc.). Man benötigt also einen Mechanismus, der diese zu generieren und zu repräsentieren imstande ist. Das Konzept innerer Zustände in rekursiven Systemen ist dazu geradezu ideal geeignet. Die inputs sind lediglich *Auslöser/Selektoren* der durch die Gewichte/Kantenstruktur vorgegebenen Dynamik des Systems. Sie determinieren, welcher tatsächlicher Pfad vom System durch diese Kanten- und Knotenstruktur in Form einer *Trajektorie* eingeschlagen wird. Der input wirkt als *Operator* und *nicht* mehr als Operand (in Form einer Repräsentation der Umwelt), auf dem durch einen Algorithmus operiert wird. Die Idee einer stabilen Beziehung zwischen Repräsentationssystem und seiner Umwelt müssen wir deswegen aufgeben, da, wie aus obigen Überlegungen hervorgeht, der input (als Primärrepräsentation der Umwelt) den internen (Repräsentations-)Zustand nicht mehr determiniert – vielmehr ist dieser das Resultat aus dem aktuellen Repräsentationszustand *und* dem aktuellen input. Verschiedene interne Zustände können also trotz des gleichen inputs zu verschiedenen Folgezuständen führen. Das System resp. sein aktueller innerer Zustand und die durch die synaptischen Gewichte festgelegte Menge seiner Folgezustände *alleine* entscheidet, welche Veränderungen resp. Folgezustände zulässig sind und damit, welche möglichen Wirkungen (in Form von Selektion von Folgezuständen) die Umweltdynamik auf die Dynamik des Repräsentationssystems haben kann (die weitreichenden Konsequenzen für das Verständnis von Sprache, Semantik, Kommunikation, etc. sind Gegenstand der folgenden Kapiteln).

7.4 Eigendynamik und Eigenverhalten

Wie wir aus obigen Beispielen gesehen haben, erhält ein neuronales System mit rekursiver Architektur durch seine (rekursive) Interaktion mit den eigenen Aktivierungen ein Verhalten, das man am besten durch den Ausdruck "*Eigendynamik*" charakterisieren könnte. Dies ist darauf zurückzuführen, daß das System nicht nur mit den Umweltstimuli, sondern auch mit seinen internen Aktivierungen in Interaktion steht. I.a.W., das Netzwerk folgt seiner *internen* Dynamik und bewegt sich (bei gleichbleibenden input) entlang einer bestimmten *Trajektorie*. Wie man in Abbildung 7.5 sehen kann, kann man sich dieses Verhalten leicht erklären: auch ein konstanter input *selektiert* zu jedem Zeitpunkt einen bestimmten Zustand aus der Menge der möglichen Folgezustände. Dadurch ergibt sich eine (Eigen-)Dynamik auch bei unverändertem input. Konstante Umweltstimuli können dazu führen, daß sich das Netzwerk in *Attraktoren* "verfängt", die sich entweder in zyklischem oder in konstantem Verhalten manifestieren (siehe auch Abschnitt 7.5). Die aktuelle Konfiguration der Gewichte geben die möglichen Trajektorien vor und determinieren damit die Eigendynamik des Systems. Wie in obigem Abschnitten diskutiert, fungiert der input als *Selektor*, der aus der durch die synaptischen Gewichte und den aktuellen inneren Zustand determinierten Menge der möglichen Folgezustände einen Aktivierungszustand auswählt. Das Eigenverhalten resp. die Eigendynamik ist durch diese Faktoren vorgegeben. Aus dieser Perspektive kann man den input nicht mehr als den die (Verhaltens-)Dynamik determinierenden Faktor[10] bezeichnen, sondern muß ihn vielmehr als *Störung*, *Perturbation* (vgl. auch *Maturana* [MATU 70E, MATU 80, MATU 82]) oder *Trigger* sehen, der die Eigendynamik des Systems beeinflußt/stört, indem er dieses auf eine bestimmte Trajektorie bringt, *nicht* jedoch einen bestimmten Zustand (ohne Wissen über die internen Zustände und ihre Relationen) forcieren/herbeiführen kann.

Das Phänomen des *spontanen Verhaltens* verliert aus dieser Perspektive ebenfalls seinen "geheimnisvollen Charakter". Durch die *Eigendynamik* des rekursiven Systems ist dieses Verhalten in den synaptischen Gewichten und den dadurch determinierten Zustandsübergängen festgelegt. Nicht mehr der input ist für die Generierung des Verhaltens verantwortlich, sondern vielmehr die rekursive Architektur und die rekursiven Interaktionen der Aktivierungen des Systems selber. Bei dieser Überlegung müssen wir jedoch vorsichtig sein: man kann nicht sagen, daß das beobachtete kognitive System "*keinen*" input erhält – vielmehr ist es ein *konstanter* input, der sich dadurch ergibt, daß in der Umwelt resp. sich in der Relation zur Umwelt keine Veränderung bemerkbar macht. I.a.W., daß die Signale, die von den Sensoren aufgenommen werden, sind *konstant*. Wie wir gesehen haben, sind die Konzepte der Eigendynamik und des inneren Zustandes auch dafür verantwortlich, daß umgekehrt bei Veränderung der Stimuluskonfiguration u.U. das beobachtete Verhalten ohne Veränderung bleiben kann.

---

[10] Dies kann man eigentlich nur im Falle von feed forward Netzwerken behaupten – und da muß man dies auch mit *Vorsicht* tun, da diese auch über eine Form eines *inneren Zustandes* verfügen, welcher jedoch nicht wirklich zum Tragen kommt, da er durch die nachfolgenden inputs aus dem Netzwerk "hinausgeschoben" wird.

Sieht man sich das Phänomen der Eigendynamik aus einer abstrakten Perspektive an, so kann man es mittels *rekursiver* Funktionen beschreiben. In einem ersten Schritt gehen wir davon aus, daß das System der Einfachheit halber vorerst nur mit einem konstanten input konfrontiert ist. Wir können sein Verhalten mittels einer rekursiven Funktion charakterisieren – es handelt sich um eine Funktion, die bei ihrer Berechnung auf das Resultat ihrer *vorhergegangenen* Berechnungen zurückgreift (z.B. rekursive Berechnung der Fakultät einer ganzen Zahl $n > 0$). I.e., es ist *das* Charakteristikum rekursiver Funktionen, daß das Resultat der Funktion im nächsten Iterations-/Zeitschritt zum Operand wird ([KROH88, KROH 92]):

$$X(n + 1) = f(X(n)) \tag{7.1}$$

I.a.W., im Operanden findet eine Form von *feedback* statt – dieses feedback bringt Information über vergangene Zustände, Resultate, etc. der Funktion in die Berechnung des neuen Resultats der Funktion ein. So gut wie alle natürlichen und künstlichen Systeme beruhen auf diesen Konzepten; an die Stelle der Zahlen treten *Zustände*, die auf sich selber angewandt werden – die Iteration resp. die rekursive Anwendung findet entlang der zeitlichen Dimension statt. Im Falle rekursiver neuronaler Systeme bedeutet dies, daß der aktuelle (Aktivierungs-)Zustand $s(t)$ immer auf sich selber angewandt wird. I.e., er ist der *Ausgangspunkt* für die Berechnung/Auswahl des darauffolgenden Folgezustandes. Dies bedeutet aber auch, daß $s(t)$ selber das Resultat der zeitlich davor liegenden Zustände ist – er ist also zugleich Resultat und Operand (für die Berechnung von $s(t + \varepsilon)$). Das Resultat $s(t + \varepsilon)$ wird wiederum zum Operand des seinem Folgezustand folgenden update-Zyklus. Man erhält daher alle Effekte und Phänomene, die man von einem *nicht linearen* (rekursiven) System resp. *dynamischen* System erwarten würde (Attraktoren, chaotisches Verhalten, Historizität, Nichtlinearität, Bifurkationen, etc.). Aus obiger abstrakter Betrachtungsweise wird auch die *Geschichtsgeladenheit* rekursiver Systeme klarer: die aktuelle Aktivierung ist immer von der Aktivierungsgeschichte (i.e., der Folge der Zustandsübergänge) abhängig und auf das Engste mit dieser verwoben.

7.5 Attraktoren

Aus unseren Überlegungen der obigen Abschnitte ergeben sich recht interessante Implikationen in bezug auf das Verhalten rekursiver (neuronaler) Systeme: gehen wir wiederum von der Annahme aus, daß der input an ein rekursives Netzwerk/System konstant gehalten wird[11], so bewegt sich das Netzwerk entlang einer bestimmten Trajektorie. Aus unserem Automatenbeispiel haben wir gesehen, daß sich das System entlang genau jener Trajektorie bewegt, die mit dem (konstanten) input bezeichnet ist. I.a.W., das System folgt seinem Eigenverhalten resp. seiner

---

[11]Dies trifft auch zu, wenn *"kein"* input an das Netzwerk angelegt wird – in diesem Fall wird der "0"-input resp. der "neutrale" input konstant gehalten.

Eigendynamik. Drei interessante Phänomene/Regelmäßigkeiten können in diesen Beobachtungen auftreten: (i) Fixpunkte, (ii) limit cycles und (iii) chaotisches Verhalten; hierbei handelt es sich um Phänomene, die für rekursive resp. dynamische Systeme typisch sind ([KROH 92, HEID 92, ARBI 87, ARBI 89] u.v.a.) – sie sind Formen von *Stabilitäten*, die in den folgenden Abschnitten genauer untersucht werden:

7.5.1 Fixpunkte

Wird der input an ein rekursives neuronales System konstant gehalten, so kann im Falle einer *Fixpunktstabilität* folgendes passieren: in den ersten update-Zyklen wird sich das Verhalten resp. die Dynamik der Aktivierungen i.a. relativ stark verändern. I.a.W., trotz konstanten inputs kommt es zu einer Veränderung der Aktivierungen, die sich in den meisten Fällen auch als eine Veränderung im beobachteten Verhalten manifestiert. Nach einiger Zeit kann man jedoch beobachten, daß diese Veränderungen in den Aktivierungsmuster immer geringer werden und nach einiger Zeit u.U. sogar ganz zum "Stillstand" kommen. Obwohl oder gerade weil ständig ein konstanter input anliegt und obwohl durch die Neuronen/units andauernd updates durchgeführt werden, verändern sich ihre Aktivierungen nicht mehr. Das Netzwerk ist in einen *stabilen Zustand* in Form eines *Fixpunktes* geraten. Dies bedeutet, daß der Austausch von Aktivierungen zwischen den teilnehmenden im rekursiven Netzwerk verbundenen Neuronen/units "ausbalanciert" ist und zu *keinen* Veränderungen in den Aktivierungen und damit zu einem unveränderten extern beobachtbaren Verhalten führt[12]) immer nur dieselben Aktivierungszustände zur Folge hat[13]. Diese Verhaltensform ist uns schon einmal im Beispiel des Necker cube begegnet (siehe Abbildung 6.8). Den Punkt höchster Stabilität nennt man einen *Attraktor*. Wie der lateinische Ursprung dieses Wortes verrät, hat ein Attraktor etwas damit zu tun, daß er etwas "anziehendes" an sich hat. I.a.W., kommt man in die Nähe solch eines Attraktors, so zieht er durch eine scheinbar "magische" Kraft das System in einen bestimmten Zustand, aus dem es nicht mehr "entkommt" (außer der input wird verändert). Wie durch einen Strudel werden alle Zustände in seiner Nähe auf diesen einen Fixpunkt hingezogen. Befindet sich das System einmal in diesem Zustand, so kommt es trotz ständiger Selbstanwendung des updates auf diesen Zustand[14] zu keiner Veränderung mehr (vgl. rekursive Anwendung der Funktion $f(x) = \sqrt{x}$ auf $x = 1$). Die "Magie" dieses Phänomens hat freilich sehr bald ihr Ende, wenn man sich einer der Darstellungsformen aus den obigen Abschnitten bedient: in unserer

---

[12] Wir gehen vorerst einmal davon aus, daß ein *konstanter* input am Netzwerk anliegt.

[13] Mathematisch könnte man diesen Vorgang etwa mit der *Konvergenz* einer Funktion/Reihe vergleichen; man denke etwa an folgende Funktion: $f(x) = \sqrt{x}$. Berechnet man diese Funktion rekursiv, i.e., läßt man das Ergebnis der Funktion zum Operanden werden und geht man von einem Ausgangswert $x_0 > 0$ aus, so kann man feststellen, daß diese Funktion gegen der Wert 1 konvergiert. Ist dieser Wert einmal erreicht, so ist das Resultat für jeden folgenden Rekursions-/Iterationsschritt trotz wiederholter Anwendung der Funktion gleich 1 – der Wert 1 ist ein *Fixpunkt* in bezug auf die Wurzelfunktion.

[14] Die Durchführung eines *updates* kann man als Anwendung einer Funktion auf einen bestimmten Zustand im Netzwerk interpretieren.

Automatenanalogie ist solch ein Phänomen dadurch zu erklären, daß es einen (oder mehrere) Zustände gibt, die Kanten *zu sich selbst* besitzen. Kommt so ein System einmal in solch einen Zustand und erhält es aus der Umwelt einen "adäquaten" input, der genau diese rückbezügliche Kante selektiert, so hat es nach außen hin den Anschein, daß sich der Zustand des Systems nicht verändert.

Mit der Veränderung des inputs kann sich die Trajektorie verändern und damit auch der Attraktor, gegen den das neuronale System zustrebt. Genauer gesagt wird nicht der Attraktor selber verändert – dieser ist fix durch die Konfiguration der synaptischen Gewichte vorgegeben – vielmehr wird ein anderer Attraktor durch den veränderten input *ausgewählt*. Wie bereits im Kontext des Necker cube Modells angedeutet, nennt man das "in-einen-Attraktor-Fallen" auch das *settling* oder *relaxation* eines Netzwerkes. Aus dem Verhalten des Aufsuchens eines Fixpunktes ergeben sich interessante Eigenschaften in bezug auf die Repräsentationsproblematik: *Mustervervollständigung* und *Fehlertoleranz* sind nur die beiden wichtigsten von ihnen. Abschließend sei noch darauf hingewiesen, daß nicht alle Gewichtskonfigurationen Fixpunkte als stabile Zustände besitzen (siehe auch folgende Abschnitte). Um Fixpunktstabilitäten zu erreichen müssen sie eine hinreichende (aber nicht notwendige) Bedingung[15] erfüllen [HERT 91, CHUR 92]: sie müssen *symmetrische Gewichte* haben (i.e., $w_{ij} = w_{ji}$).

7.5.2 Limit cycles

Bei limit cycles handelt es sich ebenfalls um *Attraktoren*, jedoch haben sie eine andere Erscheinungsform als Fixpunkte (vgl. [HERT 91, HEID 92, KROH 92] u.v.a.). Wie Fixpunkte stellen auch limit cycles eine Form der *Stabilität* in neuronalen Systemen dar – im Gegensatz zu Fixpunkten, bei denen ein bestimmtes Aktivierungsmuster nach einer "Einschwingphase" konstant bleibt, handelt es sich bei limit cycles um *zyklisch wiederkehrende Aktivierungsmuster* oder um *Oszillationen* von Aktivierungen. Bei konstantem (unverändertem) input verfällt das System (bei einer bestimmten Gewichtskonfiguration) in eine Art *"Eigenschwingung"*, die man u.U. mit einer möglichen Eigenfrequenz eines akustischen Systems vergleichen könnte. Diese Eigenschwingung wird durch externe Stimuli lediglich *angestoßen* resp. *ausgelöst*. Sie läuft so lange zyklisch weiter, bis entweder die Energie ausgeht oder – was viel wahrscheinlicher ist – ein neuer Anstoß von außen kommt (i.e., eine Veränderung im Stimulus). Eine andere Möglichkeit besteht auch darin, daß sich die physische Struktur der synaptischen Gewichte verändert (aber diese Veränderungen spielen sich in einem unterschiedlichen zeitlichen Maßstab ab und werden in diesem Abschnitt vorerst ausgeschlossen).

Das Fallen in einen (zyklischen) Attraktor könnte man am besten als *Modulation* charakterisieren: das zyklische Wiederkehren der Aktivierungsmuster ist davon abhängig, auf welcher Trajektorie sich das neuronale System befindet. Die Dynamik der Umwelt hat keinen direkten Einfluß auf den Folgezustand. Vielmehr handelt es

---

[15] I.e., Fixpunktstabilitäten können auch durch bestimmte nicht symmetrische Gewichtskonfigurationen entstehen.

sich um einen *modulierenden* Einfluß: i.e., durch den input wird lediglich die *Trajektorie selektiert*, nicht jedoch ein ganz bestimmter Folgezustand (dieser kann nur ausgewählt werden, wenn man um den aktuellen inneren Zustand und über die Zustandsübergänge weiß). Modulation ist also in diesem Sinne zu verstehen, als durch den input die interne Dynamik resp. die Eigendynamik nur angestoßen/moduliert, nicht jedoch dominiert/determiniert wird. In der Automatendarstellung resp. als Trajektorie im activation space stellt sich ein limit cycle (resp. ein zyklischer Attraktor/Stabilität) durch einen geschlossenen Kreislauf von Kanten (mit derselben input-Bezeichnung) dar. Der input kann lediglich eine Modulation von einer Trajektorie zu einer anderen vornehmen. In welchem Attraktor man landet, hängt von zwei Faktoren ab: (a) von welchem aktuellen inneren Zustand man ausgeht und (b) vom input. Was zyklische Muster so interessant macht, ist, daß sich ihr Verhalten trotz konstanten inputs ständig verändert – diese Veränderungen treten in einer *zyklischen* Weise auf: entweder das System springt nur zwischen zwei Zuständen hin und her, oder es durchläuft eine zyklische Kette von Zuständen. Diese Verhaltensweisen erlauben eine Reihe von interessanten Anwendungen, von denen zwei kurz angesprochen werden sollen:

(i) *Short term memory (STM)*: ein rekursives Netzwerk mit zyklischen Stabilitäten[16] wird durch externe Stimuli moduliert und verfällt je nach Stimuluseigenschaften in unterschiedliche limit cycles. Dies löst *kreisende Aktivierungen* aus, die als *Zwischenspeicher* (Puffer) für temporal erstreckte Stimuli (z.B. in der Sprache) fungieren können [ZIPS 91, CHUR 92]. (ii) *Pattern generator*: ein großer Prozentsatz aller Bewegungen, die ein Organismus ausführt, sind *rhythmische*, zeitlich erstreckte oder *zyklische* Bewegungen. Man denke etwa an das Gehen, das Schwimmen, an die Bewegung einer Schlange, etc. Bei all diesen Bewegungen geht es darum, verschiedene Muskeln in einer genau festgelegten zeitlichen Reihenfolge anzusteuern und zu ”orchestrieren”. Rekursive Netzwerke, deren Gewichte implizit limit cycles repräsentieren, scheinen geradezu ideal für diese Aufgabe geeignet zu sein. Die zyklische Aktivität der einzelnen Neuronen solch eines Netzwerkes kann dazu verwendet werden, die einzelnen Muskeln in der richtigen Reihenfolge anzusteuern. Im Rückenmark (und auch im Gehirn) finden sich eine ganze Reihe solcher pattern generators oder ”pacemakers” (*Hertz* et al. [HERT 91], *P.S.Churchland* et al. [CHUR 92]), die die Ansteuerung der Muskeln vornehmen (die Kortexsignale modulieren die pattern generators lediglich).

7.5.3 Chaotisches Verhalten

Die dritte Form der ”Stabilität” resp. eines Attraktors, der in rekursiven (neuronalen) Systemen auftreten kann, ist *chaotisches Verhalten* [HERT 91]. Diese Verhaltensform läßt sich weder als limit cycle noch als Fixpunkt charakterisieren, sondern zeigt ein scheinbar regelloses Verhalten. Das bedeutet jedoch *nicht*, daß es sich in diesem Fall nicht mehr um ein deterministisches System handelt – vielmehr ist seine Gewichtskonfiguration derart, daß es sich nicht in die ”traditionellen” Formen von

---

[16]Diese sind *implizit* in den synaptischen Gewichten repräsentiert.

Attraktoren einordnen läßt. Hier steht die Forschung jedoch erst am Anfang – es stellt sich heraus, daß einige Parallelen zu *chaotischen, fraktalen* und *dynamischen* Systemen zu finden sind.

Zusammenfassend kann man sagen, daß rekursive (neuronale) Systeme über stabile Zustände in Form von *Attraktoren* verfügen. Diese sind durch die Konfiguration der Gewichte determiniert. In den meisten Systemen ist nicht nur ein Attraktor zu finden, sondern eine größere Anzahl von Stabilitäten. Diese müssen nicht alle von der gleichen Art sein (z.B. Fixpunkt, limit cycle, etc.), sondern können durchaus gemischt vorkommen. Wie wir noch in späteren Kapiteln sehen werden, ist das Auftreten mehrere Attraktoren in einem Netzwerk für die Frage der *Repräsentation* von besonderem Interesse.

7.6 Stabile Zustände und Repräsentation

In obigem Abschnitt haben wir gesehen, daß die durch die Gewichtskonfiguration determinierten Attraktoren das Substrat für *Stabilitäten* innerhalb eines rekursiven neuronalen Systems darstellen. Stabilität ist in diesem Kontext so zu verstehen, als sich in der (zeitlichen) Veränderung der Aktivierungsmuster im neuronalen System Regelmäßigkeiten feststellen lassen. Wie wir noch später ausführlich diskutieren werden, stellen diese *Stabilitäten* mögliche *Kandidaten* für unser Problem, von dem wir eigentlich ausgegangen sind, dar: dem *Repräsentationsproblem* in (rekursiven) neuronalen Systemen. Man könnte diese Stabilitäten als Substrat der Repräsentation verstehen, obwohl sie physisch nicht direkt existieren – i.e., man kann z.B. im Falle eines zyklischen Attraktors nicht sagen, daß ein bestimmtes Aktivierungsmuster repräsentationalen Charakter besitzt, sondern erst eine bestimmte zeitliche Sequenz von Aktivierungsmustern; diese hat jedoch viel mehr den Charakter eines Konstrukts des/der Beobachter/in[17], als die simple Beobachtung z.B. einer Aktivierung. In diesem Sinne handelt es sich um ein "abstraktes Repräsentationssubstrat", welches physischen Ursprung hat. Diese Stabilitäten werden erst dann explizit, wenn ein aktueller input an das Netzwerk angelegt wird und damit eine bestimmte Aktivierungsdynamik/-ausbreitung im Netzwerk *auslöst*. In den synaptischen Gewichten ist das "Wissen" um diese Stabilitäten (mit repräsentationalen Charakter) nur *implizit* enthalten; sie verkörpern/repräsentieren/determinieren die *"Attraktorlandschaft"*, die für die Ausbildung der Attraktoren/Stabilitäten verantwortlich zeichnet. Erst die Gewichte *gemeinsam mit* der (durch diese determinierten) Dynamik der Aktivierungsausbreitung können etwas in diesem Netzwerk "repräsentieren" (vgl. "symbiotisches Verhältnis" zwischen synaptischen Gewichten und Aktivierungen). Dieses Zusammenspiel könnte eine mögliche Antwort auf die Frage der Repräsentation geben.

---

[17]Im Gegensatz zum Konstrukt z.B. eines Aktivierungsmusters, muß er/sie über die zeitliche Sequenz abstrahieren.

7.7   Constraint Satisfaction

Wir haben bereits gesehen, daß es die Aufgabe der synaptischen Gewichte ist, den Raum der möglichen Folgezustände eines aktuellen Zustandes *einzuschränken*. I.e., durch die Gewichte geht implizit ein Bündel von Kanten vom jeweils aktuellen Zustand zu der Menge der möglichen Folgezustände aus – der input wählt unter diesen Kanten aus. Alle anderen Zustände können von diesem System zu diesem Zeitpunkt *nicht* eingenommen werden. Man kann die Gewichte also auch als *constraints* oder *Randbedingungen* auffassen, die die Dynamik des Netzwerkes einschränken (i.e., sie determinieren die möglichen Zustandsübergänge)[18]. Die Prozesse, die in solch einem Netzwerk vor sich gehen, können als ein "Suchen nach einer möglichst guten Erfüllung der Randbedingungen" (unter bestimmten Anfangsbedingungen) interpretiert werden. Man denke etwa an Mustervervollständigung von Bildern [HERT 91]: in den Gewichten sind implizit die Randbedingungen repräsentiert, die zu einem – für den/die Beobachter/in – klaren und erkennbaren Bild führen. Jedes Bild manifestiert sich in der "energy landscape" als ein Attraktor, in den das neuronale System durch einen externen input ausgelöst "hineinfällt". Dieses "Hineinfallen" ist nichts anderes als das Suchen nach einer Lösung, die möglichst wenige (durch die Gewichte repräsentierte) Randbedingungen verletzt. Gelangt das System zum Fixpunkt (i.e., die Aktivierungen bleiben über die Zeit konstant), so befindet es sich in einem Minimum, in dem es (fast) keine Randbedingungen mehr verletzt (vgl. auch Beispiel mit Necker cube) – dies manifestiert sich in einer *Stabilität*, die wir in späteren Kapiteln noch als Kandidat für das Repräsentationssubstrat in (rekursiven) neuronalen Systemen untersuchen wollen.

Was haben wir aus dieser Betrachtung *rekursiver neuronaler Systeme* in bezug auf unsere Ausgangsfrage der Repräsentation von Wissen in neuronalen Systemen gelernt? Sehen wir zurück auf unsere Argumentationsziele aus Kapitel 2, so können wir folgende Punkte festhalten: (a) auch in rekursiven Systemen – oder gerade erst hier – wird deutlich, daß Repräsentation in neuronalen Strukturen nicht so sehr etwas mit Darstellung/Abbildung der Umwelt im neuronalen Substrat zu tun hat, als vielmehr mit dem Wissen um *Generierung* von (adäquatem) *Verhalten* (in der jeweiligen Umweltsituation). Gerade in rekursiven Architekturen haben wir beobachten müssen, daß – bedingt durch unterschiedliche innere (Aktivierungs-)Zustände – keine eindeutige und stabile Referenzbeziehung zwischen Umweltphänomen und Repräsentationszustand mehr zu finden ist. Vielmehr geht es darum, daß der Umweltinput die Dynamik des (rekursiven) neuronalen Systems nur mehr anstößt und diese auf eine bestimmte Trajektorie bringt, die dann der eigenen Dynamik

---

[18] Im "Idealfall" könnte man davon ausgehen, daß man von einem bestimmten Zustand (i.e., Aktivierungsmuster) in alle (im activation space) möglichen (einschließlich dem aktuellen) Zustände übergehen kann – solch ein System wäre jedoch *nicht* sehr sinnvoll, da es über so gut wie keine Struktur verfügte.

folgend zu bestimmten Verhaltensweisen führt. Die Umweltdynamik hat lediglich
"*modulierenden*" Charakter. (b) Repräsentation ist eine "*nicht-triviale Transformationsvorschrift*"; diese Aussage konnten wir in den letzten Abschnitten konkretisieren: "nicht-trivial" bezieht sich auf die *Rekursivität*, die wir ausführlich diskutiert
und in all ihren Facetten dargestellt haben. In den synaptischen Gewichten ist die
Transformation des inputs auf den output *unter Einbeziehung des aktuellen inneren
Zustandes* implizit repräsentiert/verkörpert. Die Gewichte legen durch ihre aktuelle Konfiguration alle möglichen Zustandsübergänge und damit die Struktur der
Transformation fest. (c) Verarbeitung in neuronalen Systemen kann *nicht* mehr als
Manipulation von Repräsentationen interpretiert werden – da wir die traditionellen Konzepte der Repräsentation (z.B. Referenzbeziehung zwischen Umwelt und
Repräsentationssystem) aufgeben mußten, gibt es keine "Objekte" (i.e. Repräsentationen im traditionellen Sinn), auf denen wir operieren könnten. Vielmehr haben
wir gesehen, daß in rekursiven neuronalen Systemen die durch den Transduktionsprozeß in "primäre Repräsentationen" der Umwelt in Form von Aktivierungsmuster umgewandelten Umweltstimuli selber *Operatoren* sind, die einen *selektieren-
den/modulierenden* Einfluß auf die rekursive Systemdynamik haben. Sie selektieren
Trajektorien aus den "ihnen angebotenen" möglichen – durch die synaptischen Gewichte und den aktuellen inneren Zustand determinierten – Folgezuständen.

7.8 Optische Täuschung und Konstruktion

In diesem Abschnitt werden die Resultate und Konzepte, die wir bisher aus theoretischen Überlegungen und Simulationsexperimenten gewonnen haben, zur Anwendung gebracht. Anhand teilweise bekannter Phänomene (z.B. optische Täuschungen) wird der *konstruktive Charakter* unseres Wissens demonstriert. Mehrdeutige
Darstellungen ("ambiguous figures"), wie sie uns bereits im Beispiel des Necker
cubes begegnet sind, sind der Ausgangspunkt und zugleich Evidenz für die Überlegung, daß es sich bei unserer Wahrnehmung und Repräsentation der Umwelt um das
Resultat eines *Konstruktionsprozesses* handelt, welcher (a) durch neuronale Prozesse realisiert, (b) durch diesen determiniert und (c) durch die Umweltdynamik
ausgelöst wird. Folgende Beispiele optischer Täuschungen sind Extremfälle, in denen diese Prozesse sehr klar zu Tage treten. Sie wurden auch deshalb ausgewählt,
da sie (i) relativ leicht nachzuvollziehen sind und (ii) den konstruktiven Charakter
sehr deutlich erscheinen lassen. Diese Beispiele geben zusammen mit dem Wissen
der obigen Abschnitte Hinweise, wie die Konstruktionsprozesse, mit denen wir hier
konfrontiert sind, funktionieren könnten. Wie bereits angedeutet, findet bereits im
(primären) *Wahrnehmungssystem* (z.B. Transduktion, Sensorarchitektur, primäre
Verschaltungen, etc.) – bedingt durch dessen Struktur, Architektur, etc. – ein erster Schritt der Konstruktion statt. Sieht man sich den Verlauf, die Verschaltungen
und die Struktur der weiteren Nervenbahnen an, so gibt dies Zeugnis, daß es sich
sicherlich nicht um einen passiven Abbildungsprozeß von der Umwelt auf das Repräsentationssystem handeln kann (z.B. Interaktion mit rekursiven Aktivierungen,

etc.). In den sog. "höheren" Regionen finden wir hochrekursiv verschaltete Systeme, in denen die Verschränkung von Modalitäten, die Verrechnung und Interaktion einer großen Anzahl von Aktivierungen (der fan-in und der fan-out eines Kortexneurons beträgt nach moderaten Schätzungen etwa $10^3 - 10^4$ [KAND 91]), Abstraktionsprozesse, Lernprozesse, etc. Ein erstes sehr simples Beispiel für die Auflösung von Ambiguitäten haben wir bereits im Necker cube Modell gesehen.

7.8.1 Blinder Fleck

Ein Beispiel für die Konstruktivität, die in unserer Wahrnehmung stattfindet, ist in Abbildung 7.6 dargestellt: es handelt sich um das *"nicht* Wahrnehmen" des blinden Flecks. Dazu betrachte man diese Abbildung, halte sie etwa in 15–30cm Entfernung vom Auge, schließe das *rechte* Auge und fixiere mit dem linken Auge eines der Kreuze. Am besten beginnt man mit der obersten Zeile – nach einigem Herumprobieren (i.e., Variation in der Entfernung) kann man feststellen, daß in einer bestimmten Entfernung der relativ große schwarze Punkt *verschwindet* und diese Zeile – abgesehen vom Fixierungskreuz – plötzlich ganz weiß erscheint. Was ist hier "passiert"? Auf der Retina gibt es eine Stelle, an der sich *keine* Photorezeptoren befinden [BUSE 92, SHEP 90]; diese Stelle wird "optic disc" oder *"blind spot"* genannt. Dort tritt der optische Nerv (nervus opticus) aus dem Auge aus und bildet die Sehbahn in Richtung des LGN. Da sich die Photorezeptoren an der äußeren Schicht der Retina befinden und das Licht durch die Ganglien- und Bipolarzellen durchfallen muß, ist an dem Ort, an dem der nervus opticus austritt, kein Platz für Photorezeptoren, weshalb das Auge an diesem Punkt "blind" ist. Die Blindheit an dieser Stelle fällt uns normalerweise nicht auf, da der blinde Fleck nicht direkt in der optischen Achse liegt und wir binokular sehen: i.e., ein bestimmter Punkt in der Umwelt fällt in den beiden Retinae auf (leicht) verschiedene Regionen – durch eine Überlagerung und durch Verrechnung kann die fehlende Information an den blinden Stellen (u.a. aus dem jeweils anderen Retinabild extrapoliert und eingesetzt werden (dies stellt bereits eine Form von Konstruktion dar). Dadurch wird der Fehler ausgeglichen und fällt im alltäglichen Sehen überhaupt nicht mehr auf. Erst wenn man Versuche macht, wie die Betrachtung der Abbildung 7.6 und das visuelle System in eine hoch-künstliche Situation bringt (z.B. Schließen eines Auges, ganz spezieller visueller Stimulus, etc.), wird dieser Fehler bemerkbar. Am blinden Fleck könnte man die Erfahrung der Blindheit machen – es wird nicht so sehr als "Schwarz-Sehen", sondern vielmehr als "nichts-Sehen" erfahren [KAND 91].

Die Verrechnungs- und Konstruktionsmechanismen des visuellen Systems sind jedoch noch leistungsfähiger ("smart"): sie können nicht nur mit Hilfe der zwei Retinabilder Fehler ausgleichen, sondern selbständig eine Form von Extrapolation durchführen: geht man auf die zweite und dritte Zeile der Abbildung 7.6 über, so ist das Ergebnis noch verblüffender; nicht nur daß der schwarze Punkt verschwindet, die fehlenden Stücke werden – dem Kontext entsprechend – sogar *ergänzt*. I.e., in der zweiten Zeile erscheint der schwarze horizontale Balken plötzlich durchgängig, in der dritten Zeile werden sogar die vertikalen Streifen in ihrem Grauwert und ihrer

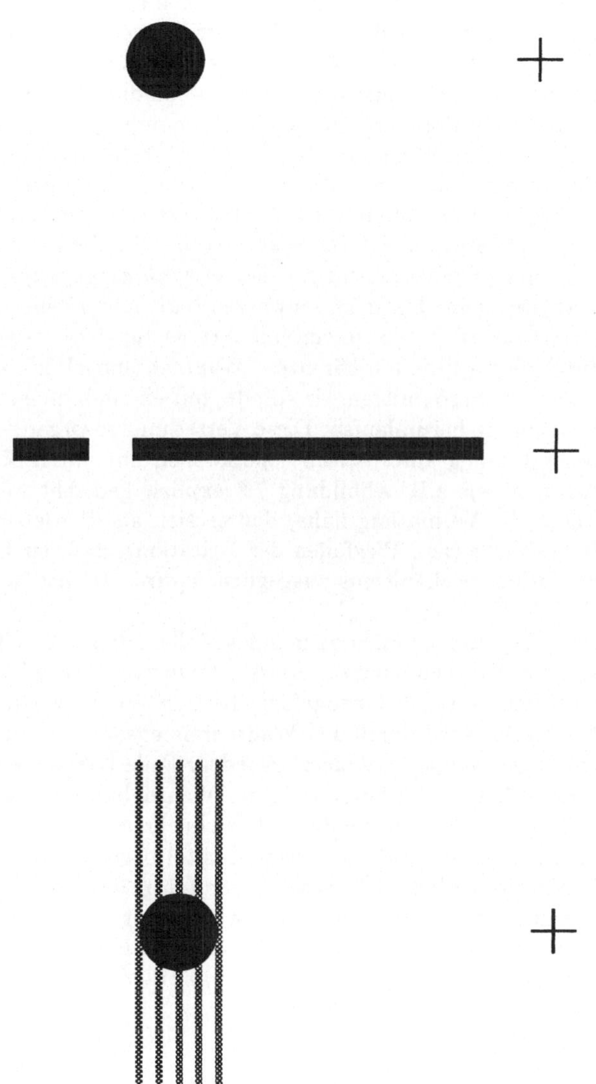

Bild 7.6 Beispiele für das (nicht) Wahrnehmen des blinden Flecks (siehe Text zur Erläuterung).

Textur "richtig" *ersetzt/ausgefüllt.* I.e., für den/die Betrachter/in entsteht der Eindruck, daß es an dieser Stelle gar keinen "blinden" Punkt gibt, sondern daß ein einheitliches durchgängiges Muster vorhanden ist. Epistemologisch passiert hier etwas sehr eigenartiges, was jeglicher Vorstellung der *Abbildung* der Umwelt durch unseren Wahrnehmungsapparat *widerspricht*; die erste Zeile könnte man noch u.U. mit der abbildenden Vorstellung rechtfertigen: bedingt durch den Aufbau des Sensorsystems verschwindet scheinbar plötzlich ein Punkt aus unserer Wahrnehmung, obwohl er als Stimulus noch vorhanden ist – dieses Phänomen ließe sich u.U. noch als eine Form von homomorpher Abbildung darstellen. In Zeilen zwei und drei kann diese Sicht jedoch sicherlich *nicht* mehr aufrecht erhalten werden: offensichtlich wird durch den neuronalen Verrechnungsapparat etwas *dazukonstruiert*. Während in Zeile 1 nur etwas ausgelassen wird[19], wird in den anderen beiden Zeilen etwas *hinzugefügt*, was im Stimulus *nicht* enthalten ist. Die weiße Lücke im schwarzen Balken von Zeile 2 wird durch einen schwarzen Strich ausgefüllt – es findet eine Art *Extrapolation* aus dem Kontext statt, um ein durchgängiges und kohärentes "Wahrnehmungsbild" zu erhalten. Würde dies nicht geschehen, so müßten wir ständig mit einem blinden Fleck in unserer visuellen Wahrnehmung herumlaufen. Diese Verrechnungsvorgänge sind neuronal basiert und passieren völlig automatisch – sie können nur durch Stimuli und Wahrnehmungssituationen, wie z.B. Abbildung 7.6 explizit gemacht werden. Aus evolutionärer Sicht liegt die Vermutung nahe, daß es sich als überlebensfördernd herausgestellt haben könnte (i.e., Wegfallen der Irritation), daß der blinde Fleck durch einen Extrapolationsmechanismus ausgeglichen wird (*Ramachandran* [RAMA 92, RAMA 92a]).

In bezug auf die Frage der Repräsentation kann man feststellen, daß es bereits bei relativ einfachen Prozessen der Wahrnehmung zur *Konstruktion* von Wissen kommt. I.e., der Sinneserfahrung werden Merkmale hinzugefügt, die im Stimulus selbst nicht vorhanden sind oder der Stimulus wird durch den Wahrnehmungsapparat und seine nachfolgenden Verrechnungsprozesse *verändert*. In jedem Falle können wir aus diesen Beobachtungen lernen, daß es sich bereits bei der Wahrnehmung sicherlich *nicht* mehr um eine *Abbildung* der Umwelt handelt, als vielmehr um einen *aktiven* Prozeß der *Konstruktion*. Aus der Sicht der in diesem Kapitel besprochenen Konzepte rekursiver neuronaler Systeme läßt sich dieses Verhalten recht gut erklären: die Umweltstimuli sind lediglich *Auslöser* für die interne Dynamik des neuronalen Systems. Dieses folgt seiner Dynamik und ist durch diese determiniert. Das Auffinden von Stabilitäten und das Folgen dieser internen Dynamik interpretieren wir als Beobachter/innen als aktives Konstruktionsverhalten.

7.8.2   "Schwarze Quadrate"

In Abbildung 7.7 (oben) ist eine Illusion dargestellt, die unter dem Namen "*Hermann* Illusion" [GREG 73] bekannt ist. An den Kreuzungsstellen der weißen Linien, die die schwarzen Quadrate voneinander trennen, sieht man graue Schleier. Deckt

---

[19]Dieses "Auslassen" ist vielleicht auch ein aktives "Ausfüllen" mit der Kontextstruktur des Stimulus.

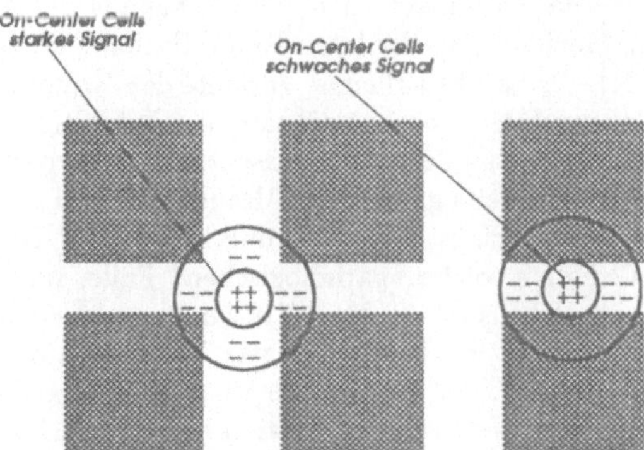

Bild 7.7 Der weiße Raum zwischen den schwarzen Quadraten erscheint an den Kreuzungsstellen grau (oben); neurowissenschaftliche Erklärung dieses Phänomens (unten).

man jedoch die schwarzen Felder ab, so erscheinen dieselben Stellen − wie erwartet − weiß. Das einzige, was verändert wurde, ist der Kontext des Stimulus, der Stimulus selber (i.e., das weiße Stück) wurde nicht verändert. Wieder einmal sitzen wir einer Täuschung unseres visuellen Systems auf. Es stellt sich heraus, daß es für das Zustandekommen dieser Täuschung eine relativ einfache Erklärung gibt − interessanter Weise kommt diese Täuschung schon in einer der ersten Verarbeitungsschritten zustande, nämlich in den on(off)-center-ganglion cells [KAND 91]:

Fällt Licht sowohl auf den "+" als auch auf den "−"-Bereich, so feuert sie mit mittlerer (Spontan-)Rate. Wird nur das Umfeld des Zentrums (i.e., ausschließlich der "−"-Bereich) belichtet, so wird die on-center Zelle inhibiert. Ganz etwas ähnliches passiert in obiger optischer Täuschung (siehe Abbildung 7.7 (unten)): fällt solch ein rezeptives Feld genau auf eine Kreuzungsstelle von zwei weißen Balken, so kommen wir genau in jene Situation, daß der inhibitorische Einfluß des "surrounds" des rezeptiven Feldes stärker ist, als der exzitatorische Einfluß des "centers". Dies führt dazu, daß man an diesen Kreuzungspunkten eine leichte Graufärbung wahrnimmt, während die restlichen Balken weiß erscheinen, da sich dieser Effekt zwischen den Quadraten aufhebt oder zumindest abschwächt. I.a.W., an den Kreuzungsstellen ist eine stärkere *laterale Inhibition* festzustellen, die zu einer Abschwächung des Signals und damit zu einer dunkleren Wahrnehmung führt. Da unser visuelles System (LGN, V1, etc.) fast nur *Kontrastinformation* empfängt (und nicht absolute Helligkeits-/Farbwerte), bedeutet das, daß das schwächere Signal an der Kreuzungsstelle als dunkler empfunden wird als das Signal von "nicht-Kreuzungsstellen".

Durch den Mechanismus der on/off-center cells ist es möglich, die visuelle Umwelt nicht so sehr in ihren absoluten Helligkeitswerten, als vielmehr in *Kontrastübergängen* "wahrzunehmen". Hierfür hat die Evolution das sehr allgemeine Konzept der *lateralen Inhibition* "entwickelt", welches primär der *Kontraststeigerung* dient. Kontraste (in jeder Modalität!) sind das wichtigste Kriterium, um rasche und genaue Kategorisierungen vorzunehmen, auf deren Basis in einem weiteren Schritt über die Generierung eines bestimmten Verhaltens entschieden werden kann. Das Konzept der Kontrasterhöhung durch den Mechanismus der lateralen Inhibition findet sich in fast allen Modalitäten [KAND 91] – er beruht auf einer Variante der "winner-takes-all" Strategie. In den meisten Fällen ist das Konzept der lateralen Inhibition bereits in den *primären Verarbeitungsebenen* vorhanden – es repräsentiert/verkörpert einen Mechanismus zur "Bereinigung des Umweltsignals": das "Rauschen" und das Konstante der Umwelt muß von der "eigentlich interessanten und relevanten" Dynamik der Umwelt getrennt werden. Lediglich solche "pathologischen" Fälle, wie Abbildung 7.7 führen diese (oftmals) überlebensnotwendigen Systeme und Mechanismen ad absurdum, indem sie ihre Funktionsweise in überspitzter Weise herausfordern. Ein Meister dieser Kunst ist *V.Vasarely*, der im Grunde einen großen Teil seines künstlerischen Werkes der Täuschung des visuellen Systems gewidmet hat ("ein Kognitionstheoretiker der Kunst?").

Aus repräsentationstheoretischer Sicht läßt sich sagen, daß das Repräsentationssystem scheinbar versucht, durch eigene *konstruktive* Eingriffe die signal-to-noise-ratio zu verbessern. Die daraus resultierenden (konstruierten) Repräsentationen liefern "schärfere" Signale als dies die Sensoren tun könnten (vgl. auch coarse coding, hyper acuity, etc.). Aus diesen durch die Umweltdynamik getriggerten Konstrukten lassen sich – wegen der Erhöhung des Kontrastes – verläßlichere Entscheidungen für die Generierung (adäquaten) Verhaltens treffen. Wie wir an diesem Beispiel gesehen haben, findet dieser Konstruktionsprozeß bereits in den ersten Verrechnungsstationen nach den Sensoren statt (die ja selber schon einen ersten erheblichen Konstruktionsschritt darstellen). Bereits das relativ simple Konzept der lateralen Inhibition hat solch weitreichende Effekte. Um wieviel komplexer müssen erst die Konstruktionsprozesse sein, die in höheren Hirnregionen vor sich gehen. Dort finden wir eine um ein Vielfaches komplexere Architektur, was auf eine komplexere Funktionsweise zurückschließen läßt. In jedem Fall können wir zwei Dinge festhalten: (a) bei der Repräsentation und Wahrnehmung handelt es sich in keinem Fall um einen passiven Abbildungsprozeß, in dem die Umweltstrukturen auf die Repräsentationsstrukturen homo-/isomorph abgebildet werden. Vielmehr ist das Repräsentationssystem *aktiv* an der Konstruktion einer neuronal basierten kognitiven Wirklichkeit beteiligt. (b) Die Funktion der Repräsentation zielt in keinem Fall auf die möglichst "realistische" Darstellung/Abbildung der Umwelt ab, sondern setzt die in Aktivierungsmuster transformierten Umweltstimuli immer in Relation zum eigenen Repräsentationssystem und zu dem zu generierenden Verhalten. Der *"generative Aspekt"* der Repräsentation steht also gegenüber dem darstellenden Aspekt klar im Vordergrund. Dies wird am Beispiel der lateralen Inhibition gut illustriert: es geht nicht darum, den Umweltzustand möglichst gut im Repräsentationssystem abzubilden, sondern vielmehr durch z.B. Kontrasterhöhung die Voraussetzung für die Generierung möglichst adäquaten Verhaltens zu schaffen.

7.8.3 "Sichtbare unsichtbare Dreiecke"

Auch die in Abbildung 7.8 dargestellten optischen Täuschungen werden vielen bekannt sein – es scheint jedoch interessant, sich diese bekannten Phänomene einmal aus einer alternativen, neuroepistemologischen Perspektive anzusehen. Im obersten Objekt sieht man lediglich ein Dreieck, das in seinen Kanten Unterbrechungen hat[20]. Nur durch das Hinzufügen dreier Punkte (in der zweiten Zeile), entsteht der Eindruck, daß über der schwarzen Kontur des Dreiecks ein weißes Dreieck liegt. Dieser Effekt wird im dritten Objekt noch verstärkt: die schwarzen Kreise und ihre Ausschnitte lassen das weiße Dreieck klar erscheinen und es besteht so gut wie keine Möglichkeit, sich dieses Eindrucks zu erwehren.

Diese Illusionen sind nicht mehr das Resultat der Primärverarbeitung – vielmehr geht es hier bereits um das Problem der Figur-Hintergrund Unterscheidung [KAND 91, SHEP 90]. I.e., hier wird bereits "abstrakte" und konstruierte Information über zusammenhängende Objekte, Flächen, über Tiefe, Vordergrund und Hintergrund, über Verdeckung, etc. benötigt. Diese ist in den höheren Zentren der visuellen Verarbeitung angesiedelt (V2, V3, etc.). Unser visuelles System vermittelt uns den starken Eindruck eines weißen Dreiecks, das das darunterliegende Objekt verdeckt, obwohl es sich nur um imaginäre Begrenzungslinien handelt, die lediglich an ihren Endpunkten angedeutet sind. Es scheint, als ob der neuronale Verrechnungsapparat – wie im Falle des blinden Flecks – diese angedeuteten Linien extrapoliert und versucht, zu einem *kohärenten* Gegenstand/Objekt zusammenzusetzen. Daraus ergeben sich sofort die jeweiligen Tiefen- und Verdeckungsrelationen der beiden Objekte. Der Versuch, kohärente Objekte zu erkennen kann, wie wir im Beispiel des Necker cubes gesehen haben (i.e., Suche nach einer kohärenten Lösung für eine bestimmte Ansicht des Würfels), durch eine rekursive neuronale Architektur realisiert werden, welche so lange in Dynamik ist, bis eine kohärente/stabile Lösung gefunden wurde; auf dem Weg dorthin kann es passieren, daß der eigentliche Stimulus um – nicht im Widerspruch zur Stimuluskonfiguration/-struktur stehende – Elemente erweitert/"angereichert" wird (z.B. Einführung imaginärer Kanten des weißen Dreiecks). Durch Einführung dieser Kanten werden die *Randbedingungen*, (a) nicht mit

---

[20]Kennt man diese Illusion schon, so ist man geneigt, bereits hier ein illusionäres weißes Dreieck zu sehen.

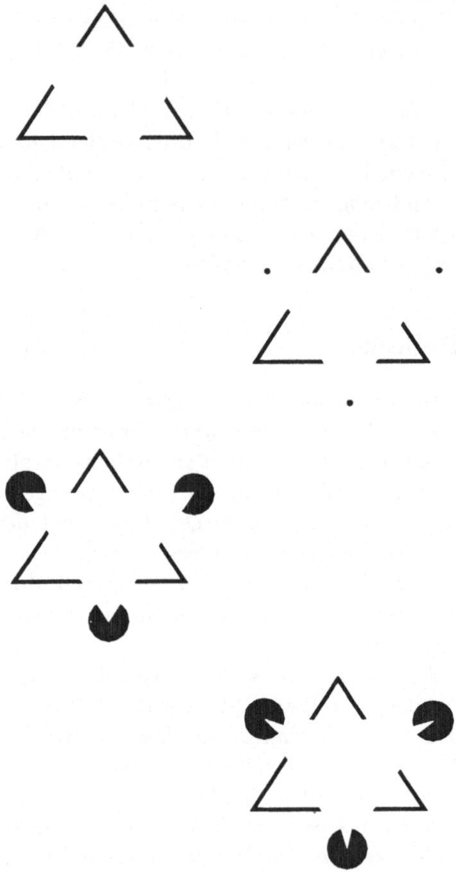

Bild 7.8 Illusional triangles

dem Stimulus in Widerspruch zu stehen und (b) kohärente/zusammengehörige Objekte in einer bestimmten räumlichen Position zu extrahieren, erfüllt. Es handelt sich also auch hier um eine Form der *constraint satisfaction* (oder relaxation) eines rekursiven Netzwerkes.

Wir als Betrachter/innen dieser Abbildung können uns der Konstruktionsleistung unseres Gehirnes *nicht* entziehen – sie ist immer aktiv und fällt uns wahrscheinlich in den aller seltensten Fällen, wie diesen hier präsentierten, in denen diese Konstruktionsprozesse zu Demonstrationszwecken auf die Spitze getrieben werden, auf. Das hier präsentierte Phänomen ist ein Beispiel, daß die Konstruktionsprozesse nicht nur im sensornahen Bereichen stattfinden, sondern auch in sog. höheren Ebenen der Verarbeitung. Es muß jedoch ganz deutlich gesagt werden, daß aus neurowissenschaftlicher Sicht über die Vorgänge in diesen Ebenen noch relative Ungewißheit herrscht.

7.8.4 Rekursive Netzwerke, Bilderkennung und Ambiguitäten

Die *Auflösung von Ambiguitäten* z.B. in visuellen Stimuli stellt eine der zentralen Aufgaben des Verrechnungs- und Repräsentationsmechanismus dar, da eine adäquat kategorisierte Umweltsituation Voraussetzung für die Generierung funktional passenden Verhaltens ist. An dieser Stelle muß angemerkt werden, daß im Grunde zu einem guten Teil die Sensoren selber, ihr Aufbau, ihre Anordnung, ihre Funktionsweise, etc. für das Zustandekommen dieser Ambiguitäten verantwortlich sind. In jedem Fall geht es darum, die in Aktivierungsmuster transformierten/transduzierten Umweltstimuli nach verschiedensten Kriterien zu *klassifizieren*. Im Falle des visuellen Systems ließe sich dies etwa wie folgt charakterisieren: bringe Ordnung, Kohärenz und logische Zusammenhänge (i.e., Konstruktionen aus den Stimuli) in die zwei 2-dimensionalen temporalen Sequenzen von Pixelmuster der Retinabilder. Das Problem der Ambiguität beschränkt sich sicherlich nicht auf solche relativ künstlichen Fälle wie Necker cubes, Sprungbilder, etc.; m.E. handelt es sich hier um ein viel allgemeineres Problem, das bereits bei der scheinbar einfachen Aufgabe der Unterscheidung zwischen Hintergrund und Objekt auftritt (siehe auch das Beispiel mit den "illusionary triangles"). Hier geht es darum, eine Ambiguität in diesem Sinne aufzulösen, als versucht wird, eine kohärente Figur, Objekt, etc. aus dem (chaotischen) Hintergrund (sei es visuell, auditiv, oder taktil, etc.) herauszulösen und als zusammengehörige Einheit zu identifizieren.

Anhand von Abbildung 7.9 kann man dieses Problem sehr gut demonstrieren: man versuche, auf diesem Bild irgend etwas zu erkennen. Es handelt sich um einen scheinbar chaotisch verteilten Haufen von Punkten, in dem auf den ersten Blick keinerlei Regelmäßigkeit zu entdecken ist. Sieht man jedoch genauer hin und erhält man einen Hinweis, daß sich in diesem Bild ein Hund befindet, so kann man diesen in den meisten Fällen entdecken. Man führe eine kurze Selbstbeobachtung durch und versuche, sich bewußt zu machen, wie man an die Erkennung solch eines Bildes herangeht (wenn man es nicht ohnehin schon kennt). Es ist eine Art *reflektierendes* Nachdenken: man erstellt verschiedene Hypothesen, die dann gegen den (visuellen) Stimulus getestet und – falls sie nicht passen – verworfen, falls sie passen, weiter ausgefeilt und getestet werden. Eine Vorgangsweise, die dem wissenschaftlichen (trial & error) Theorienbildungsprozeß nicht unähnlich ist.

Wenden wir unser Wissen aus der Untersuchung rekursiver neuronaler Architekturen und ihrer Dynamik auf dieses Phänomen an, so können wir folgendes festhalten: der visuelle Stimulus stößt die Dynamik des Netzwerkes an und bringt es auf eine bestimmte Trajektorie – nun wird versucht, einerseits ein internes Minimum/Stabilität zu finden, welche/s dadurch gegeben ist, daß aus dem Stimulus kohärente Objekte, Muster, etc. (allgemein, kohärente Hypothesen über den Umweltstimulus) extrahiert werden. Andererseits muß auch die Kohärenz resp. die Konsistenz mit dem Stimulus erfüllt bleiben; i.e., das neuronale System kann nicht beliebiges konstruieren, sondern muß in seinen Konstruktionen *innerhalb der Grenzen,*

Bild 7.9 Verborgene Strukturen (aus P.S.Churchland et al., 1992).

die der Stimulus auferlegt, verbleiben (z.B. imaginäre Kanten eines weißen Dreiecks sind erlaubt, während beispielsweise graue Kanten gegen die Konsistenz mit
dem Stimulus sprechen würden). Der Stimulus legt dem Konstruktionsprozeß klare
Randbedingungen auf – die Beachtung dieser wird beispielsweise unter Alkohol- oder
Drogeneinfluß teilweise gesprengt und die Eigendynamik des Systems übernimmt
die dominierende Rolle, ohne Rücksicht auf die Konsistenz mit den Umweltstimuli
zu nehmen (diese dienen lediglich als Auslöser der hoch sensiblen Dynamik). Im Normalfall kommt das Auffinden eines/r Minimums/Stabilität also einer Aufhebung der
Ambiguitäten und einer Erfüllung verschiedenster interner und externer Randbedingungen gleich. Im Falle der Abbildung 7.9 besteht das Auflösen der Ambiguität
darin, daß die Figur eines Hundes aus dem Hintergrund herausgelöst/extrahiert
werden kann und als isolierte und zusammengehörige Figur erkannt wird.

Die richtigen Hinweise lenken auf die "richtige" Trajektorie und plötzlich
"*springt*" einem das richtige Bild (i.e., ein Hund, der sitzt) entgegen und man kann
sich gar nicht vorstellen, daß man diese Abbildung jemals anders gesehen hat resp.
ihr keinerlei Interpretation zuordnen konnte. Hat man einmal ausreichend Hinweise bekommen, so vervollständigt sich das Bild geradezu automatisch – in unserer
Terminologie ist dies der Vorgang, in dem ein bestimmtes Aktivierungsmuster (i.e.,
eine bestimmte Hypothese) nahe an einen Attraktor geraten ist und nun ohne Möglichkeit des "Entkommens" in diesen z.B. Fixpunkt wie durch einen Strudel hinein-
gezogen wird. Eine kohärente, mit dem Stimulus konsistente zusammenhängende
Figur hebt sich vom Hintergrund ab.

Diese Form der Auflösung von Ambiguitäten ist *nur* mittels *rekursiver* Architekturen möglich. Lösungsvorgänge dieser Art sind in den seltensten Fällen "feed
forward" (nicht nur in der neuronalen Dynamik, sondern auch in ihrer logischen Dynamik); i.e., es wird immer rückläufige (rekursive) Information benötigt, um solche

Optimierungsaufgaben[21] zu lösen. Wie bereits angedeutet, ist dies auch die prinzipielle Strategie bei der *wissenschaftlichen* Wissensgewinnung: die Strategie des *trial-&-error* ist ein Kreislaufprozeß, bei dem die Lösungen, Hypothesen, Theorien, etc. immer wieder rekursiv aufeinander zurückwirken, weiterentwickelt, verifiziert, verändert werden, etc. Dieses spiralenartige Vortasten und Konstruieren von Theorien über die Umwelt spiegelt sich auch in den rekursiven Kreislaufprozessen der Aktivierungen in rekursiven neuronalen Systemen wider. Die laterale Information (z.B. zusätzliche Hinweise, etc.) kann als *Kontextinformation/-input* interpretiert werden und triggert alternative Trajektorien, die ebenfalls in soeben dargestellter trial-&-error Manier durchprobiert werden. Durch das Triggern bestimmter Trajektorien werden ganze "Subräume" an Möglichkeiten im activation space ausgeschaltet – dies wird so lange wiederholt, bis sich die Dynamik im Attraktor eines Minimums, das alle Randbedingungen möglichst gut erfüllt, "verfangen" hat. Bezüglich der Frage der Repräsentation ist in diesem Bereich alles anwendbar, was bereits im Kontext der rekursiven Architekturen gesagt wurde. Diese Beispiele sollten die abstrakten Konzepte, die in den obigen Kapiteln vorgestellt wurden, konkretisieren und verdeutlichen, daß fast alle unsere kognitiven Vorgänge ständig auf *rekursiven Prozessen* basieren und daß es aus diesem Grund unbedingt notwendig ist, kognitive Systeme als *rekursive Systeme* zu verstehen und sich diese nicht (auf feed forward Systeme) simplifizieren lassen, da durch das Konzept der Rekursion grundlegend neue Qualitäten in der Dynamik des Systems eingeführt werden.

---

[21] Abstrakt gesprochen handelt es sich in den meisten Fällen um *Optimierungsaufgaben*: i.e., es geht darum, ein Minimum in Form einer Stabilität resp. die möglichst optimale Erfüllung von Randbedingungen zu finden.

8 Synaptische Gewichte, Lernen und Repräsentation

Bisher lag unser Hauptinteresse bei der Untersuchung der *Aktivierungen*, wie sie sich ausbreiten, beim Zusammenhang zwischen der Dynamik der Aktivierungsmuster und der synaptischen Gewichte, beim Konzept des activation space und seiner Funktion im Bereich der Frage der Repräsentation, etc. Wir haben gesehen, daß man die Aktivierungsmuster eines neuronalen Systems in einem n-dimensionalen *activation space* darstellen kann – in diesem Raum korrespondiert jedes mögliche Aktivierungsmuster mit genau einem Punkt. Der Übergang von einem Aktivierungsmuster zu einem anderen kann im activation space ebenfalls nachverfolgt werden: verbindet man die korrespondierende Punktfolge, so erhält man eine *Trajektorie*, die die *zeitliche Dynamik* des neuronalen Systems widerspiegelt. Wir haben gesehen, daß diese Dynamik durch drei Faktoren determiniert ist: (a) aktueller input, (b) aktueller innerer (Aktivierungs-)Zustand und (c) die Konfiguration der *synaptischen Gewichte*. In den folgenden Abschnitten werden wir im Detail auf die Rolle der *synaptischen Gewichte* und ihrer Dynamik (i.e., Adaptation/Lernen) in bezug auf die Repräsentationsfrage eingehen.

8.1 Adaptive Veränderungen in den synaptischen Gewichten

In der computational neuroscience geht man von der Annahme aus, daß die Gewichte w_{ij} eines künstlichen neuronalen Netzwerkes mit den *Synapsen* eines natürlichen neuronalen Systems verglichen werden können (siehe auch Diskussionen in [CHUR 92, ANDE 88, ANDE 91]). Wie bisher werden die Begriffe Gewicht, Synapse und synaptisches Gewicht auch weiterhin *synonym* verwendet. In diesem Abschnitt werden wir uns ausführlich mit der Repräsentationsfunktion der Gewichte und ihrer Dynamik, welche man als Beobachter/in oft als "Lernen" bezeichnet, auseinandersetzen. Bevor wir dies tun, fassen wir noch einmal zusammen, was wir bisher über die Funktion der synaptischen Gewichte in Erfahrung bringen konnten: (i) die Gewichte determinieren die *Struktur/Architektur* des Netzwerkes. (ii) Durch die Gewichte wird die Menge der möglichen Folgezustände eines (jedes) aktuellen Zustandes (i.e., ein bestimmtes Aktivierungsmuster) festgelegt. (iii) Die aktuellen Werte der Gewichte bestimmen daher den *Raum der möglichen Verhaltensweisen* des Systems, da sie für die Steuerung der Ausbreitung der Aktivierungen verantwortlich sind. Sie determinieren die interne und externe *Verhaltensdynamik*. (iv) In folgendem Sinne ist in den Gewichten auch das *Wissen* des neuronalen Systems *repräsentiert/verkörpert*: der/die Beobachter/in stellt ein bestimmtes Verhalten (im Kontext einer bestimmten Umweltsituation) fest und schließt aus dieser Verhaltensweise, daß das beobachtete kognitive System Wissen über seine Umwelt repräsentieren muß, um sich überhaupt so verhalten zu können. Aus den Punkten (ii) und (iii) folgt, daß das beobachtete Verhalten das Resultat der internen Dynamik (der sich ausbreitenden) Aktivierungen ist. Diese ist durch die Konfiguration der Gewichte determiniert, was wiederum impliziert, daß wir die Gewichte für das Wissen, welches dem kognitiven System (aus der Verhaltensbeobachtung) unterstellt wird, verantwortlich machen. Die synaptischen Gewichte sind also das *Substrat* der Repräsentation der (Verhaltens-)Dynamik des Netzwerkes, indem sie die möglichen Abfolgen von Aktivierungsmustern bestimmen. I.a.W., sie legen implizit die Trajektorien für die (interne und externe) Verhaltensdynamik fest.

8.1.1 Vektorraum der Gewichte

In jedem Falle determinieren die Gewichte (gemeinsam mit dem aktuellen input und dem aktuellen inneren Aktivierungszustand) das (interne und externe) Verhalten des kognitiven Systems. Wie wir bereits gesehen haben, lassen sich die Gewichte, ebenso wie die Aktivierungen, zu einem Muster zusammenfassen: im Falle der synaptischen Gewichte ist jedoch eine *Matrixdarstellung* aus bereits diskutierten Gründen (i.e., Vektor-Matrix Multiplikation bei der Verarbeitung, etc.) eher angebracht als eine Vektordarstellung. Angenommen ein Netzwerk besitzt n units/Neuronen, so lassen sich alle möglichen Verbindungen/Gewichte in einer $n \star n$ *Gewichtsmatrix* $\mathbf{W}_{n \star n}$ darstellen. Man kann sich vorstellen, daß an ihren Rändern zeilen-/spaltenweise die Bezeichnungen der einzelnen units $u_1, u_2, \ldots, u_n$ stehen. Am Schnittpunkt einer Zeile i (u_i) und einer Spalte j (u_j) ist der Wert des Gewichtes w_{ij} zu finden. Dies ist jenes synaptische Gewicht, welches unit u_i mit unit u_j verbindet[1]. Wie wir bereits gesehen haben, ist diese Matrix jedoch in den seltensten Fällen voll besetzt – dies würde eine *Vollverbindung*[2] bedeuten, welche wir aus empirischen und praktischen Gründen verworfen haben. Der "0"-Eintrag in einem Feld der Gewichtsmatrix bedeutet also, daß *keine Verbindung* zwischen den beiden units, existiert. Ist das Gewicht $w_{ij} > 0$, so hat unit u_i *exzitatorischen* Einfluß auf u_j. Ist $w_{ij} < 0$, so hat u_i *inhibitorische* Wirkung auf u_j. Diese erregende und hemmende Wirkung auf eine Aktivierung eines Neurons ist die primäre Aufgabe eines Gewichtes – durch diese Funktion kanalisiert die Gesamtheit der Gewichte die Ausbreitung der Aktivierungen im neuronalen System.

Fassen wir die Gewichte nicht zu einer Matrix, sondern zu einem *Vektor* zusammen (i.e., wir rollen die Matrix linear auf), so ergibt sich folgendes, uns bereits vertrautes Bild: dieser Gewichtsvektor *spannt* (in seiner geometrischen Interpretation) einen *Raum auf*, den wir *weight space* nennen. Es handelt sich ebenfalls um einen state space, wie wir ihn bereits im Rahmen der Aktivierungen kennen gelernt haben. Dieser Raum hat ebenso viele Dimensionen, wie es Gewichte gibt. Eine

---

[1] Bezüglich des Index ij gibt es keine einheitliche Regelung, ob w_{ij} nun die Verbindung zwischen unit u_i und u_j, oder zwischen u_j und u_i darstellt (Gewichte sind i.a. *unidirektional*); im folgenden werden wir auf die erstere Variante zurückgreifen: i.e., w_{ij} bezeichnet das Gewicht zwischen u_i und u_j.

[2] I.a.W., jede/s unit/Neuron ist mit allen anderen *und* mit sich selbst verbunden.

bestimmte Konfiguration der Gewichte bestimmt die Werte der einzelnen Komponenten des Gewichtsvektors. Dadurch ist genau *ein Punkt* im weight space definiert. Wir finden also auch hier eine isomorphe Relation zwischen einer bestimmten Gewichtskonfiguration und einem bestimmten Punkt im weight space. Der Vorteil der Anschauungsweise des weight space wird bei der Diskussion des Lernens klarer. In jedem Fall kann man sagen, daß durch einen Punkt im weight space ein mögliches Netzwerk definiert ist – an dieser Stelle sei auf die Gefahr der Verwechslung mit dem activation space hingewiesen. Im einen Fall (i.e., activation space) handelt es sich um die Darstellung der *Aktivierungen* und ihrer Dynamik in einem state space, im anderen Fall um die Darstellung der *Gewichte*.

Natürlich sind diese beiden Räume voneinander abhängig. Der aktuelle (Gewichts-)Zustand des Netzwerkes läßt sich als *ein* Punkt im weight space darstellen. Dieser Punkt repräsentiert die Gewichtskonfiguration und damit – wie zuvor angesprochen – die *Verhaltensdynamik*, die Dynamik der Ausbreitung der Aktivierungen. In einem (rekursiven) Netzwerk passiert folgendes: zu jedem Zeitpunkt befindet sich das System in einem bestimmten Zustand $s(t)$, der als Punkt $P^a_{s(t)}$ im *activation space* dargestellt ist. Durch den aktuellen Punkt P^w im *weight space* sind alle möglichen Folgezustände von $s(t)$ determiniert. I.a.W., durch den Punkt P^w sind (für alle möglichen $s(t)$) *implizit* alle Kanten, die vom jeweiligen Punkt $P^a_{s(t)}$ ausgehen, determiniert/repräsentiert. Das heißt, daß der aktuelle Punkt im weight space den Fluß der Aktivierungen resp. die Zustandsübergänge des Systems determiniert. Verändert sich der Punkt im weight space (i.e., verändern sich die Gewichte), so verändern sich die Zustandsübergänge resp. die Kantenstruktur im activation space. Die Implikationen dieses Vorganges werden wir in den folgenden Abschnitten noch ausführlich diskutieren. Die Gewichte (zusammengefaßt dargestellt als ein Punkt P^w im weight space) determinieren also die *Trajektorien*, die u.U. zu Stabilitäten verschiedenster Ausprägungen führen können. Diese Trajektorien sind jedoch nicht explizit in den Gewichten zu finden – erst durch die aktuelle Belegung mit Aktivierungen werden diese im activation space sichtbar/explizit.

Ändert man die Position des Punktes im weight space, so verändert sich die ganze Attraktorlandschaft – die durch einen Punkt im weight space festgelegte Gewichtskonfiguration entscheidet also über In-/Stabilität des Netzwerkes (man vergleiche z.B. *Hopfield's* Forderung nach symmetrischen Gewichten als Voraussetzung von Fixpunktstabilitäten [HOPF 82, HOPF 85]). Bei der Ausbreitung von Aktivierungen wird deutlich, daß es sich bei der Gewichtskonfiguration nicht um die Abbildung der Umwelt handelt, sondern vielmehr um das Wissen, das die *Dynamik* der sich ausbreitenden Aktivierungen steuert und somit die Verhaltensdynamik determiniert – Wissen zur *Generierung von (adäquatem) Verhalten*, also. Daraus können wir schließen, daß die Gewichte auch etwas mit der Repräsentation der Umwelt zu tun haben müssen, da man adäquates Verhalten nicht völlig unabhängig von der Umweltdynamik erzeugen kann. Das *Wissen* des Netzwerkes (zur Generierung adäquaten Verhaltens) ist im *physischen Substrat* der *synaptischen Gewichte* repräsentiert/verkörpert.

8.1.2 Adaptation und Lernen

Bis zu diesem Punkt sind wir – von einigen wenigen Ausnahmen abgesehen – von der Annahme ausgegangen, daß die Gewichte *konstant* sind. Dies haben wir aus dem Grund getan, um die Dynamik der sich ausbreitenden Aktivierungen "ungestört" studieren zu können. Mit der Veränderung der Gewichte führen wir eine neue Dimension in der Dynamik eines neuronalen Systems ein – diese wird meist *Lernen* oder *Adaptation* genannt. Trotz einiger Unterschiede der beiden Begriffe[3], möchte ich sie in diesem Kontext synonym verwenden. In jedem Fall handelt es sich bei diesen Vorgängen um eine *Metadynamik* [VARE 91], die der Dynamik der sich ausbreitenden Aktivierungen nochmals "übergestülpt" ist. Der Begriff des "Lernens" muß in diesem Kontext etwas mit Vorsicht verwendet werden – wie wir noch sehen werden, hat Lernen in neuronalen Systemen eher etwas mit *adaptiven Prozessen* zu tun als etwa mit dem (expliziten) Abspeichern von Daten oder Erlernen von Wissen (im traditionellen/abbildenden Sinn). Lernen in neuronalen Systemen bezieht sich auf den/die adaptiven Aufbau/Veränderung von (Kor-)Relationen, die physisch in der synaptischen Struktur (Gewichtskonfiguration) realisiert sind. Wir haben gesehen (und man kann sich durch Überlegen sehr leicht davon überzeugen), daß eine Veränderung der Gewichte zu einer Veränderung der Dynamik der Ausbreitung der Aktivierungen führt. Dies impliziert eine (an diese gekoppelte) Veränderung des beobachteten Verhaltens. Der/die Beobachter/in ist sehr schnell bereit, von diesem veränderten Verhalten darauf zurückzuschließen, daß der beobachtete Organismus etwas "gelernt" und sich somit sein "Wissen über die Umwelt" verändert hätte.

Wir werden die traditionelle (computermetapherorientierte) Vorstellung des Lernens gegen eine, wie es die computational neuroepistemology vorschlägt, *konstruktivistisch-adaptionistische* Sicht eintauschen. Dies ist, wie wir bereits gesehen haben, mit der Aufgabe einiger lieb gewonnener (common sense) Vorstellungen (wie etwa der Abbildungsidee, die ja beim Lernen besonders verführerisch ist) verbunden; Lernen wird als ein mehr oder weniger gerichteter (trial-&-error) *Anpassungsprozeß* an die Randbedingungen der Umwelt verstanden. Anpassung in diesem Sinne, als sich die Strukturen, die für die Generierung der Verhaltensdynamik verantwortlich sind, so verändern müssen, daß sie die stabile Beziehung zwischen Umwelt und Organismus (i.e., das Überleben fern ab vom thermodynamischen Gleichgewicht) aufrecht erhalten können. I.a.W., adaptive Prozesse müssen das neuronale Repräsentationssubstrat so verändern, daß sie das für das Überleben erforderliche Verhalten zu erzeugen imstande sind.

In diesem Abschnitt soll *nicht* im Detail auf die verschiedensten Lernmechanismen, die von der empirischen und computational neuroscience vorgeschlagen werden, eingegangen werden. Vielmehr geht es um die allgemeine Darstellung der grundlegenden Prinzipien und deren epistemologische Implikationen in bezug auf die Frage der Repräsentation. Ganz allgemein kann man sagen, daß Lern-/Adaptationsprozesse in neuronalen Systemen durch Veränderung der synaptischen Gewichte realisiert sind. Die computational neuroscience schlägt eine Vielzahl von Lernalgorithmen vor, von denen die meisten auf dem Prinzip beruhen,

---

[3] Ich danke E.v.Glasersfeld für seine Hinweise in dieser Frage.

daß sie die synaptischen Gewichte um ein kleines In-/Dekrement Δw_{ij} verändern: $w_{ij}^{neu} := w_{ij}^{alt} + \Delta w_{ij}$.

Bei den sog. Lernalgorithmen geht es also in erster Linie darum, das Δw_{ij} zu berechnen. Einige Beispiele, wie dieser Wert berechnet wird, folgen noch später in diesem Abschnitt. Vorerst überlegen wir uns jedoch, was diese Gewichtsveränderung im Kontext der Darstellung der Gewichtskonfiguration im *weight space* bedeutet. Die Veränderung eines Gewichtes w_{ij} um ein In-/Dekrement von Δw_{ij} impliziert, daß sich der Wert einer Komponente des Gewichtsvektors verändert. Dies führt dazu, daß der Punkt im weight space, der die aktuelle Gewichtskonfiguration und damit die Struktur/Architektur und die Dynamik des Netzwerkes repräsentiert, zu *wandern* beginnt. Lernen/Adaptation in neuronalen Systemen bedeutet also die *Veränderung der Position des Punktes im weight space.* Wiederholt man den Lernvorgang und wendet diese Berechnung des Δw_{ij} auf verschiedene Gewichte an, so entsteht, ähnlich wie im activation space, eine *Trajektorie* durch den weight space. Jeder Punkt im weight space ist mit einer ganz bestimmten Zustandsübergangsstruktur im activation space assoziiert; i.e., jedem Punkt im weight space ist – wenn wir auf die Automatenanalogie zurückgreifen – eine bestimmte Kantenstruktur, die die Punkte im activation space miteinander verbindet, zugeordnet. Die Veränderung in der Kantenstruktur zieht natürlich auch eine Veränderung in der Verhaltensdynamik nach sich. Im Falle eines feed forward Netzwerkes bedeutet das eine *Veränderung* der *Partitionierung* des activation space; in rekursiven Architekturen wird die "*Attraktorlandschaft*" verändert und es bilden sich neue In-/Stabilitäten aus resp. bereits vorhandene verändern sich oder verschwinden. In fast jedem Fall implizieren Gewichtsveränderungen eine Veränderung der extern beobachtbaren Verhaltensdynamik und damit eine Veränderung des Wissens, welches dem beobachteten neuronalen System unterstellt wird.

Gewichte/Synapsen resp. die Verbindungsstruktur sind also ernsthafte *Kandidaten* für das *Substrat der Wissensrepräsentation* in neuronalen Systemen, da sie für die Generierung von Verhalten (i.e., die Verhaltensdynamik) verantwortlich sind und sie damit das Wissen für die Generierung dieses mehr oder weniger adäquaten Verhaltens in irgendeiner Weise repräsentieren/verkörpern müssen. Der/die Beobachter/in hat in den meisten Fällen nur Zugang zum extern beobachtbaren Verhalten des Organismus und sieht, daß sich dieser – in bezug auf die aktuelle Umweltsituation – mehr oder weniger adäquat verhält; i.e., das kognitive System tut etwas, was im aktuellen Umweltkontext (für den/die Beobachter/in) "sinnvoll" resp. der Lebenserhaltung zu dienen scheint. Der Schluß liegt natürlich nahe, daß die Umwelt des Organismus in irgendeiner Weise in seinem Repräsentationssystem verkörpert resp. repräsentiert sein muß, da es sonst nicht erklärbar wäre, wie das adäquate Verhalten zustande kommt. Wir als Beobachter/innen *unterstellen* diesem System also, daß es Wissen über seine Umwelt *repräsentiert*, daß es eine Art *Modell* der Umwelt besitzt, mit Hilfe dessen es adäquates Verhalten erzeugen kann. Anders kann man sich die relative "Umweltsensitivität" oder "Kontextsensitivität" (in bezug auf die Umwelt) nicht vorstellen. Der Schluß liegt also nahe, daß die Gewichte zumindest eine sehr wichtige Rolle in der Repräsentation des Wissens in neuronalen Systemen spielen. In welcher repräsentativen Funktion sie stehen, worauf sie refe-

rieren, was sie repräsentieren/verkörpern, etc. müssen wir vorerst noch offen lassen
– wir können lediglich davon ausgehen, daß sie als Kandidat für das *Substrat* für die
Repräsentation in neuronalen Systemen sehr ernst zu nehmen sind.

Diese Überlegungen legen die These nahe, daß man das *Wissen* eines Organismus mit der Organisation, Struktur und Architektur seines physischen
(Repräsentations-) Substrates gleichsetzen kann. Dieses physische Substrat umfaßt sowohl die neuronale Struktur als auch die restliche Körperstruktur – dem
neuronalen System kommt jedoch eine besondere Rolle zu, da es so scheint als
seine Primärfunktion eine Übertragungs-, Vermittlungs- und Transformationsfunktion (von Information[4]) ist. Ein Argument für diese "Gleichsetzungsthese" ergibt
sich aus den Überlegungen, die wir bezüglich des Lernens in neuronalen Systemen
angestellt haben: das Nervensystem ist zentral an der Generierung von Verhalten
beteiligt; um *adäquates* Verhalten zu erzeugen, müssen wir – wie wir gesehen haben – von der Annahme ausgehen, daß die neuronale Struktur irgend etwas mit
der Umwelt zu tun haben muß, sie muß irgendeine Form von "Wissen" über die
Umwelt besitzen. Weiters haben wir gesehen, daß die synaptischen Gewichte die
Verhaltensdynamik determinieren. Ein Großteil dieses postulierten Wissens muß also in diesen Gewichten, in den Synapsen, in der Architektur stecken. Verändert
man die Gewichtskonfiguration, so hat dies zur Folge, daß sich auch die Verhaltensdynamik verändert. Der/die Beobachter/in stellt dieses veränderte Verhalten fest
und bezeichnet es als "Lernen"; in den meisten Fällen scheint es so als ob sich das
Verhalten an die (u.U. veränderten) Umweltverhältnisse "angepaßt/adaptiert" hat.
Mit dem Begriff der Anpassung muß man freilich in diesem Kontext sehr vorsichtig
umgehen:

Wir müssen bei solchen Beschreibungen und Beobachtungen *immer* im Auge behalten, daß es sich bei der Beobachtung um eine *Interpretation* durch unser kognitives System handelt; so weit es möglich ist, sollte versucht werden, die Perspektive
des beobachteten Organismus einzunehmen. Wenn wir von Anpassung/Adaptation
sprechen, entsteht der Eindruck, daß es darum geht, daß sich der Organismus resp.
sein Verhalten in eine ganz bestimmte Richtung hin entwickelt. Es geht jedoch nicht
um eine "Annäherung" an die Wirklichkeit (z.B. in Form einer möglichst "genau-
en" Abbildung), sondern vielmehr darum, *eine mögliche* Verhaltensform zu finden,
die es ermöglicht, im aktuellen Umweltkontext längerfristig zu überleben[5]. In vielen
Fällen ist das Lernen kein gerichteter Prozeß; man könnte es eher als einen *trial-&-
error* Vorgang bezeichnen, der die synaptischen Gewichte versuchsweise verändert
und aus den Fehlern, die bei diesen Veränderungen aufgetreten sind, lernt. Bezüglich
der "Adaptiertheit" eines beobachteten Organismus können wir lediglich folgende
Aussage machen: wenn man eine Verhaltensänderung (z.B. im Kontext einer Veränderung der Umweltdynamik) beobachtet, so kann man sagen, daß es sich um einen
Adaptationsprozeß resp. um angepaßtes Verhalten handelt, wenn der Organismus

---

[4] Dies ist etwa im Gegensatz zum *Magen* zu sehen, der zwar auch eine Transformationsfunktion hat – in neuronalen Systemen geht es jedoch nicht in erster Linie um die Übertragung von
Information, Steuerung von Motorsystemen,...

[5] Dies ist wiederum *nicht* nur auf das physische Überleben eingeschränkt, sondern betrifft alle
möglichen (z.B. sozialen, kommunikativen, kulturellen, etc.) Kontexte.

seinen *homöostatischen Zustand aufrecht erhält* (i.e., überlebt). Dies ist das einzige
Kriterium für Angepaßtheit.

Das veränderte Verhalten hat sich also in obigem Sinn an die (u.U. veränderte)
Umwelt "adaptiert" – dies ist physisch in der Veränderung der synaptischen Gewichte realisiert. Der/die Beobachter/in unterstellt dem beobachteten System, daß
es sein Wissen über die Umwelt verändert haben muß, da es sonst seine Verhaltensdynamik nicht verändern hätte können. Die physische Veränderung des neuronalen
Substrates wird mit der Veränderung des Wissens gleichgesetzt, und damit können wir das physische Substrat mit dem Wissen selber gleichsetzten ("verkörperte
Theorie zur Umweltbewältigung"). Die Frage, die wir in den folgenden Abschnitten zu beantworten angetreten sind, betrifft das eigentlich interessante Problem, in
welcher repräsentationalen/referentiellen Funktion die Gewichte zur Umwelt stehen
resp. in welcher Weise wir von Wissen in neuronalen Systemen sprechen können.

8.2   Repräsentation und neuronale Architektur

Um diese Frage zu klären, müssen wir auf eine Unterscheidung zurückgreifen, die
wir bereits im Kontext der Frage der Repräsentationsfunktion von Aktivierungen
gemacht haben; i.e., wir müssen zwischen zwei Aspekten der Repräsentation von
Wissen unterscheiden: (i) Darstellung/Repräsentation/Modell der Umwelt und (ii)
Generieren von Verhalten.

8.2.1   Repräsentation der Umwelt

Dieser Aspekt schwebt den meisten Menschen vor, wenn man sie fragt, was sie sich
unter Wissensrepräsentation vorstellen – die Annahme besteht darin, daß Wissensrepräsentation irgend etwas mit der Abbildung resp. der Darstellung der Umwelt in
einem Repräsentationssystem zu tun haben muß. Das Wissen und dessen Repräsentation ist eine Art Bild (z.B. [KOSS 88, KOSS 90]), Modell oder Abbild der Umwelt,
welches im Repräsentationssystem realisiert ist. Genau diese Annahme führt zu den
bereits in Frage gestellten Konzepten einer iso-/homomorphen (Referenz-) Beziehung zwischen der Umwelt und dem Repräsentationsmedium. Viel mehr noch als bei
der Untersuchung der Aktivierungsmuster stellt sich heraus, daß man in den synaptischen Gewichten vergeblich nach solch einer Relation suchen wird, obwohl wir
weiter oben festgestellt haben, daß diese essentiell an der Repräsentation beteiligt
sind. Die Annahme struktureller Äquivalenzen zwischen Umwelt- und Repräsentationsstrukturen hat zu einer krampfhaften Suche nach dem Substrat und dem Aussehen dieser Abbilder der Umwelt geführt. Die Idee der "Großmutterzelle" und das
Konzept der symbolischen Repräsentation stellen die vorläufigen Höhepunkte dieser
Suche dar. Wie wir bereits in den vorigen Kapiteln gesehen haben, läßt sich diese Auffassung jedoch weder aus neurowissenschaftlicher noch aus epistemologischer
Sicht aufrecht erhalten. I.a.W., eine alternative Auffassung von Wissensrepräsentation ist notwendig; diese werden wir – in bezug auf die Repräsentationseigenschaften

der synaptischen Gewichte – in Abschnitt 8.2.2 diskutieren.

Aus einer common sense Perspektive ist jedoch der Wunsch nach dieser "picture-of-the-environment" Repräsentation (auch in bezug auf die synaptischen Gewichte) verständlich – unsere Sprache und unser Denken basieren implizit auf diesen Konzepten: *scheinbar* besteht eine iso-/homomorphe Beziehung zwischen den Objekten, Phänomenen, etc. der Umwelt und jenen Entitäten, die sie repräsentieren (z.B. Symbole, Sätze, "Gedanken", etc.). Worte sind von ihrer Konzeption her *Abbilder* der Umwelt; Abbilder in dem Sinn, als sie mehr oder weniger eindeutig auf den Gegenstand, das Phänomen, etc. (in der Umwelt) *referieren*, welches sie bezeichnen. Diese Annahme wird (implizit) durch das visuelle System weiter verstärkt, da es, als primärer und umfassendster Zugang zur Umwelt, dafür verantwortlich ist, daß der Eindruck entsteht, die Umwelt spiegle sich in unserem Kopf resp. wird in unserem Kopf abgebildet.

Als Implikation dieser Auffassung der abbildenden Repräsentation wird das Problem, wie mittels dieser Repräsentation Verhalten erzeugt werden soll, folgendermaßen gelöst: durch Operationen und Manipulationen auf diesen Repräsentationen, Abbildern, Symbolen, etc. werden diese nach bestimmten *Regeln*, die wiederum als Abbilder aus der Umwelt zu verstehen sind[6], verändert, zusammengesetzt, gelöscht, etc., um wiederum neue Abbilder (z.B. Symbole) zu erzeugen. Diese werden dann als output interpretiert (z.B. Antwort auf eine Frage, Lösung eines Problems, Ansteuerung eines Roboters, etc.). Grob gesprochen ist dies der Ansatz, der von der GOFAI verfolgt wird: die repräsentierenden Einheiten sind abstrakte Symbole, die auf rein syntaktischer Ebene (im Computer) manipuliert werden. Sie sind an sich bedeutungslos und erhalten erst durch einen "geheimnisvollen" Akt der *Interpretation* durch den/die Benutzer/in ihre *Bedeutung*. Dieser "Akt" ist jedoch m.E. die eigentlich interessante Frage, die von den propositionalen Ansätzen – aus (aus deren Perspektive) verständlichen Gründen – leider zumeist vernachlässigt wird.

Schwierigkeiten im "picture-of-the-environment" Ansatz

Eines der Argumente, die *für* diesen Ansatz der Wissensrepräsentation sprechen, ist, daß er der *common sense* Vorstellung von Repräsentation sehr entgegenkommt und implizit in gewisser Weise die Position des (naiven) Realisten widerspiegelt. Abgesehen von den empirischen Befunden sprechen jedoch auch *epistemologische* und *evolutionstheoretische* Überlegungen *gegen* diesen Ansatz:

(i) *Epistemologische Bedenken.* Ein grundlegendes Problem, dem wir bei jeder Beobachtung der Umwelt begegnen, besteht darin, daß, wenn wir von "*der*" Umwelt sprechen, wir im Grunde (prinzipiell) niemals "*die*" Umwelt meinen[7] (können), sondern immer nur *unsere Interpretation/Wahrnehmung/Repräsentation* der Umwelt. Wir haben bereits gesehen, welch einschneidende Konstruktionsschritte bereits auf der Ebene der Sensoren vor sich gehen und welchen Grad an Konstruktivität und

---

[6] Grob gesprochen, bilden sie die *Dynamik* und die (dynamischen) Zusammenhänge der Umwelt ab.

[7] Da wir *keinen* direkten Zugang zu dieser haben – dies gilt natürlich auch für die Umweltbeschreibungen/-erklärungen, die z.B. aus der Physik kommen.

Autonomie (in bezug auf Repräsentation) wir in sog. höheren Verarbeitungszentren erwarten können. Im Grunde kann man *keine* positive Aussage über "*die*" Struktur der Umwelt machen, da wir immer nur einen (zumindest durch unsere Sensoren und unser Nervensystem) vermittelten und indirekten Zugang zu dieser haben. Es wurde bereits angedeutet, daß der Zugang eines kognitiven Systems zu seiner Umwelt stets ein *theoriegeladener* ist; i.e., die Struktur unseres Nervensystems, der Sensoren, etc. verkörpern immer schon eine Art Theorie über die Umwelt. Mit dieser Theorie gehen wir andauernd an die Untersuchung unserer Umwelt heran – wir können dieser Theoriegeladenheit durch nichts (nicht einmal durch die scheinbar "objektiven" Methoden und Theorien der Naturwissenschaft) entgehen, da sie all unserem Denken *vorausgesetzt* ist. Das viel schlimmere ist jedoch, daß wir von all dem nichts oder fast nichts merken, sodaß der Eindruck entsteht, wir hätten einen direkten Zugang zu unserer Umwelt. Nur in Extremsituationen, wie etwa optische oder andere Täuschungen, der Einfluß von Drogen, das Entdecken eines neuen Weltbildes, etc. wird uns diese Theoriegeladenheit und der u.a. daraus resultierende *konstruktive* Charakter des Wissens, der Wahrnehmung und der Repräsentation bewußt.

Für das alltägliche Leben ist die Vernachlässigung der Theoriegeladenheit und Konstruktivität kein Problem, oder wahrscheinlich sogar ein Vorteil – es ist sicherlich viel ökonomischer, mit der Annahme zu leben, daß die Welt so ist, wie sie uns von unserem neuronalen System "präsentiert" wird. Wir bekommen sogar ständig Bestätigungen dieser Annahme – nämlich immer dann, wenn wir eine Handlung erfolgreich abgeschlossen haben, etwas richtig prognostiziert haben, einen Gegenstand in der Umwelt ergreifen,..., also im Grunde in fast jeder Interaktion mit der Umwelt. Warum sollten wir dieses Konzept anzweifeln, wenn es sich recht gut bewährt hat? Betrachten wir dieses Problem aus der Sicht der *funktionalen Passung*, so sehen wir (a) kein Problem mit dieser Einstellung, da es sich um *ein mögliches* funktional passendes Konstrukt handelt, das eine effiziente Manipulation der Umwelt erlaubt und (b) daß es jedoch auch noch *andere* Möglichkeiten gibt, das Repräsentationsproblem zu lösen. Untersuchen wir kognitive Systeme und ihre Repräsentationsfähigkeit, so hat die Vernachlässigung der Theoriegeladenheit unserer Wahrnehmungen fatale Folgen, die man u.a. lebhaft in den propositionalen Ansätzen der Wissensrepräsentation mitverfolgen kann. Gerade beim Studium von Repräsentationssystemen ist es von größter Wichtigkeit, sich – wenn wir ihr schon nicht entgehen können – zumindest der Tatsachen der Theoriegeladenheit und Konstruktivität unserer eigenen Repräsentation (z.B. des beobachteten Repräsentationssystems) bewußt zu sein. Viele Fehler, wie sie z.B. in den proportionalen Ansätzen gemacht wurden (z.B. Abbildungsvorstellung, Reduktion auf Sprache, etc.), ließen sich dadurch vermeiden. Eine Konsequenz, die wir im Ansatz der computational neuroepistemology daraus ziehen, besteht darin, daß wir eben diese Annahmen z.B. einer abbildenden Repräsentation, eines direkten Zugangs zur Umwelt, etc. als das Resultat eines viel *grundlegenderen* Repräsentationsmechanismus und seiner Dynamik verstehen, nämlich jenes *neuronaler Prozesse*.

Dieser *erzeugt* den Eindruck, daß wir über "*die*" Umwelt sprechen, obwohl wir bereits über eine Repräsentation der Umwelt (i.e., *unsere* Repräsentation/Interpretation dieser) sprechen. Diese Täuschung durch unser eigenes Repräsentationssystem verleitet uns zu solchen Theorien/Annahmen wie der "picture-of-the-environment" Repräsentation. Dies impliziert, daß sprachliche Kategorien/Strukturen nicht notwendiger Weise mit der Struktur der Umwelt übereinstimmen müssen. Vielmehr scheint es so, daß sie sich als recht brauchbare/viable (*E.v.Glasersfeld* [GLAS 95]) und (in bezug auf das Überleben) erfolgreiche Repräsentationskategorien erwiesen haben. Sie sind funktional passende Konstrukte des darunterliegenden neuronalen Repräsentationssubstrates. Die funktionale Passung impliziert jedoch *keine* strukturelle iso-/homomorphe Beziehung zwischen Umwelt und Repräsentationssystem. Der Erfolg und die Brauchbarkeit der Sprache ist m.E. noch *keine* Rechtfertigung und *kein* Argument, sie – trotz besseren Wissens aus der Neurowissenschaft – als ultimatives Repräsentationsmedium für die Erklärung kognitiver Prozesse heranzuziehen (siehe propositionale Ansätze). Sprache, symbolische Repräsentation, etc. sind lediglich eine *sekundäre* Repräsentationsform, die in die zugrundeliegenden neuronalen Strukturen, Mechanismen und Dynamik eingebettet sind.

Wie wir im folgenden Abschnitt 8.2.2 sehen werden, werden wir den abbildenden Gedanken von Repräsentation durch einen *generativen* und adaptiv konstruktivistischen (auch in bezug auf die synaptischen Gewichte) ersetzen und seine Implikationen anhand eines Beispiels diskutieren.

(ii) *Evolutionstheoretische Bedenken.* Wie wir an einem Beispiel in Abschnitt 8.2.3 sehen werden, ist das Konzept der Abbildung aus evolutionstheoretischer Sich äußerst aufwendig und unökonomisch. Es existieren viel einfachere Mechanismen für die Aufrechterhaltung des Überlebens, als etwa Symbolsysteme, cognitive maps, etc. Es stellt sich heraus, daß es sich hier lediglich um Projektionen unserer Repräsentationsvorstellungen in das untersuchte resp. zu simulierende Repräsentationssystem handelt. Um adäquates Verhalten zu generieren, genügen oft relativ einfache interne Mechanismen, die inputs und outputs in eine bestimmte Relation setzen und über keinerlei Konzepte verfügen, die durch eine externe Beobachterinstanz eingebracht wurden.

8.2.2 Generierung von Verhalten

Der zweite Aspekt von Repräsentation betrifft die Frage, *wie* (adäquates) *Verhalten* durch das Repräsentationssystem *generiert* wird. Eine Möglichkeit haben wir gerade zuvor diskutiert: die Operation auf resp. Manipulation von abbildenden Repräsentationen. Da wir die Abbildungsvorstellung aus diversen Gründen verwerfen mußten, müssen wir dies auch mit dieser Idee tun. In neuronalen Systemen scheint der Aspekt der *Verhaltensgenerierung* – im Gegensatz zu den meisten anderen Repräsentationskonzepten und -mechanismen – im Vordergrund zu stehen. Es geht bei Repräsentation in neuronalen Systemen nicht so sehr um die möglichst genaue und "wahrheitsgetreue" Abbildung/Darstellung der Umwelt im Repräsentationssystem, sondern darum, die inputs mit den outputs in solch eine nicht-lineare Beziehung zu setzen, daß im jeweiligen internen und externen Umweltkontext adäquates Verhalten erzeugt wird. Dieses Verhalten muß folgende Kriterien erfüllen:

(a) Es muß dem *Überleben* (und in letzter Konsequenz auch der Reproduktion) des jeweiligen Organismus direkt oder indirekt nützlich sein – auch hier verwenden wir den Begriff des Überlebens in seiner allgemeinsten Form, die sich sicherlich nicht nur auf das physische Überleben beschränkt. (b) Das Verhalten muß einen "*Prognoseaspekt*" haben: i.e., adäquates Verhalten ist u.a. auch dadurch charakterisiert, daß bestimmte Phänomene, Ereignisse, etc. in der Umweltdynamik (aber auch in der Dynamik des Organismus) durch das Repräsentationssystem vorweggenommen/prognostiziert werden. Im Grunde beanspruchen wir diesen Prognoseaspekt ständig, wenn wir irgendeine Handlung setzen; um diese überhaupt ausführen zu können müssen wir (i) um die Umweltbedingungen und Möglichkeiten der Veränderungen (Dynamik) und (ii) die potentiellen Konsequenzen der jeweiligen Handlung wissen. Nur eine gewisse Prognosefähigkeit ermöglicht eine gewisse Kontrolle (im Sinne einer gezielten Störung, Perturbation, etc.) und ein Eingreifen in die Umwelt(dynamik). Die Naturwissenschaft treibt genau jenen Aspekt der Prognose und Kontrolle über die Umwelt auf die Spitze. (c) Adäquates Verhalten muß in irgendeiner Weise "*kontextsensitiv*" sein; i.e., es muß auf veränderte Umweltzustände und eine das Überleben des kognitiven Systems betreffende Veränderung der Umwelt- oder internen Dynamik mit verändertem Verhalten reagieren. (d) Das Verhalten muß in einer noch zu definierenden Relation zur Umwelt stehen (z.B. funktionale Passung) und ist für die Etablierung und Aufrechterhaltung eines Equilibriums resp. eines *homöostatischen* Zustandes *innerhalb* des kognitiven Systems und *zwischen* Umwelt und kognitiven System verantwortlich.

Untersucht man die Repräsentationsfunktion der *synaptischen Gewichte*, so stellt sich folgendes heraus: konnten wir bei den Aktivierungsmustern zumindest beim input noch eine gewisse Referenzbeziehung zur Umwelt feststellen, so ist dies bei den Gewichten *nicht* mehr möglich. Im Grunde ist dies auch nicht verwunderlich, da es ja nicht ihre Aufgabe ist, die Umwelt abzubilden; sie sind vielmehr dafür verantwortlich, daß adäquates Verhalten generiert wird. Sie repräsentieren also die Dynamik für die *Transformation* des inputs (unter Berücksichtigung des inneren Zustandes) in den output. Diese ist nur *indirekt* mit der Struktur der Umwelt verbunden; das in den Gewichten repräsentierte Wissen muß eher als ein "in-Beziehung-Setzen" der Umweltdynamik/-struktur mit der (internen) Dynamik resp. der Struktur des Repräsentationssystems verstanden werden (i.e., *systemrelative* Repräsentation der Umwelt). Ein mögliches Gegenargument gegen die Aufgabe des Abbildungskonzeptes könnte lauten, daß man zur Erfüllung dieser Kriterien doch eine Art der abbildenden Relation zur Umwelt benötigt. Durch Operation auf resp. Manipulation von diesen Repräsentationen kann adäquates Verhalten erzeugt werden, da es sich doch um die Umwelt abbildende Repräsentationen handelt. Es ist klar, daß das Repräsentationssystem in einer Beziehung zu seiner Umwelt stehen muß. Es ist jedoch, wie folgendes Beispiel zeigt, *keineswegs* notwendig, daß es sich bei dieser Beziehung um eine abbildende (iso-/homomorphe) Relation zwischen Umwelt und Repräsentationssystem handeln muß. Im Gegenteil stellt sich heraus, daß diese Beziehung aus der Perspektive der *funktionalen Passung* eher unwahrscheinlich und recht unökonomisch ist.

8.2.3 Repräsentationsmöglichkeiten in einem einfachen Organismus

Um diese beiden Ansätze der Wissensrepräsentation zu illustrieren, überlege man sich folgendes Beispiel: man stelle sich ein sehr einfaches fiktives Lebewesen vor, welches im Wasser lebt und folgende Ausstattung besitzt: (a) einen *optischen Sensor*: dieser Reagiert auf Helligkeitsunterschiede in der Umwelt; i.e., er wird immer dann aktiv, wenn aus der Richtung, in die er "schaut", Helligkeit kommt. (b) Ein *Motorsystem*: es handelt sich um ein schwimmflossen- oder geißelähnliches "Aggregat", welches dem Organismus erlaubt, sich in die Richtung zu bewegen, in die er gerade schaut. I.a.W., der optische Sensor und das Motorsystem liegen auf einer Achse.

Das Ziel dieses Organismus besteht darin, zu überleben – dies tut er indem, er nach *Nahrung* sucht, die ihm Energie für Bewegung, Aufrechterhaltung der Energieversorgung diverser Organe, etc. liefert. In der Umwelt ist implizit folgende Regularität (Ordnung) vorhanden: nahe der Oberfläche des Wassers ist die Wahrscheinlichkeit größer, eine höhere Nahrungskonzentration zu finden als in tieferen Wasserschichten. Dies impliziert, daß das Sonnenlicht eine gute *Orientierungshilfe* bei der Nahrungssuche darstellt; je heller die Umgebung ist, desto höher die Wahrscheinlichkeit, Nahrung zu finden. In diesem Sinn kann der optische Sensor auch als indirekter Nahrungsdetektor verstanden werden – dort, wo er Helligkeit detektiert, ist mit erhöhter Wahrscheinlichkeit Nahrung zu erwarten. Die Aufgabe des Organismus besteht darin, aus diesen sensorischen Daten über einen Repräsentations- und Verarbeitungsmechanismus diese Zusammenhänge zu erkennen und adäquates Verhalten zu generieren; i.e., die sensomotorische Integration ist dafür verantwortlich, daß der Organismus entlang des Helligkeitsgradienten in Richtung der erwarteten Nahrung bewegt wird. Das Problem, mit dem wir hier konfrontiert sind, läßt sich folgendermaßen formulieren: wie repräsentiert man die Umwelt im Repräsentationssystem dieses Organismus, damit die Aufgabe der Nahrungssuche erfolgreich durchgeführt werden kann? Diese Frage ist jedoch bereits etwas "tendenziös" formuliert, da sie die Idee einer Abbildung der Umwelt im Repräsentationssystem suggeriert. Anders formuliert könnte sie so lauten: welche Mechanismen und Strukturen sind notwendig, um die Transformation des inputs in output-Verhalten so zu realisieren, daß der Organismus in Regionen bewegt wird, wo erhöhte Nahrungskonzentration zu erwarten ist? Wie man in Abbildung 8.1 sehen kann, gibt es zumindest zwei Lösungsmöglichkeiten für dieses Problem:

(i) *"picture-of-the-environment"* Lösung ("Typ-*a* Organismus"): das kognitive System verfügt über eine Art cognitive map; in dieser Karte ist die Umwelt repräsentiert und die Regionen höherer Nahrungskonzentration eingezeichnet. Anhand dieser Repräsentation kann sich der Organismus orientieren und sein Verhalten erzeugen. Kennt das kognitive System seine aktuelle Position, so kann es sich mittels dieser Karte gezielt zu den nächsten Futterquellen bewegen.

(ii) *"functional fitness"* Lösung ("Typ-*b* Organismus"): wie man in Abbildung 8.1

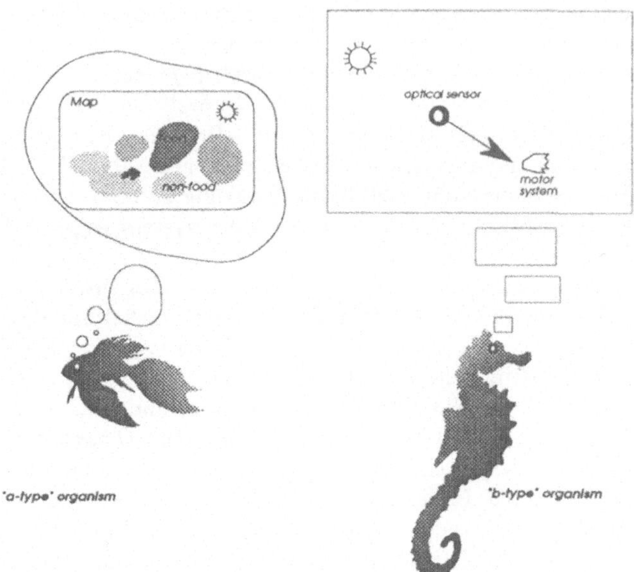

Bild 8.1 Zwei Möglichkeiten der Realisierung von Wissensrepräsentation: "picture-of-the-environment" vs. "functional fitness" Lösung.

sehen kann, verbindet eine relativ einfache (neuronale) feed forward Verschaltung den optischen Sensor mit dem Motorsystem (vgl. auch *V.Braitenbergs* "künstliche Vehikel" [BRAI 86]). Fällt Helligkeit auf den lichtempfindlichen Sensor, so wird dieser aktiviert. Diese Aktivierung wird über den Verschaltungsmechanismus (man könnte sich etwa ein einfaches neuronales feed forward Netzwerk vorstellen) an das Motorsystem weitergeleitet. Dort wird dieses Signal in Motoraktivität umgewandelt, was wegen der Anordnung des Motorsystems[8] dazu führt, daß der Organismus in Richtung der Lichtquelle schwimmt und damit in eine Region gerät, in der mit erhöhter Wahrscheinlichkeit Nahrung zu erwarten ist. Am Rande muß noch eine Zusatzannahme getroffen werden: falls kein Licht auf den optischen Sensor auftrifft, so muß gewährleistet sein, daß sich der Organismus z.B. durch Zufallsbewegungen oder durch Wasserströmung bewegt. Dies soll die "Rückkehr" des Organismus ermöglichen, falls er in eine Region geraten ist, in der kein Helligkeitsgradient mehr zur Verfügung steht.

In Abbildung 8.2 ist eine zusammenfassende Gegenüberstellung dieser beiden

---

[8] I.e., das Motorsystem bewegt den Organismus in jene Richtung, in der er gerade "schaut".

	Cognitive Map Solution	Functional Fitness Solution	
–	relativ kompexer Repräsentations- mechanismus ist notwendig, um cognitive map* zu repräsentieren	einfache Realisierung des Repräsentations- problems durch feed forward Architektur	+
–	komplexeres Sensorsystem notwendig	einfaches Sensorsystem ist ausreichend	+
–	unökonomische Lösung des Rep-problems	ökonomische Lösung des Rep-problems	+
–	evolutionstheoretisch unplausibel • sehr allgemeiner Repräsentations- mechanismus, der mehr kann, als notwendig ist, aber auch mehr 'Ressourcen' erfordert	evolutionstheoretisch plausibel • Evolution, Selektion, etc. hat dieses den spezifischen Umweltbedingungen & Aufgaben gerechte System hervorgebracht	+
+	hohe Flexibilität der (ontogenetischen) An- passungsfähigkeit bei Umweltveränderungen	rigider & unflexibler Repräsentations- & verhaltensgenerierungsmechanismus	–
–	unflexibel bei Ortsveräderung, da Karte ortsabhängig ist	flexibel bei Ortsveränderung, da Reprä- sentationsmechanismus ortsunabhängig	+
–	epistemologisch unsauber & common sense Vorstellung der Abbildungstheorie folgend	epistemologisch haltbar Konzept der functional fitness	+
–	biologisch & neurowissenschaftlich unplausibel	biologisch & neurowissenschaftlich plausibler Repräsentationsmechanismus	+

Bild 8.2 Vergleich der zwei Lösungsvorschläge für Wissensrepräsentation: "picture-of-the-environment" vs. "functional fitness".

Lösungen dargestellt. Folgende Vor- und Nachteile ergeben sich: (i) *picture-of-the-environment* (cognitive map). Ein relativ *komplexer* und sehr aufwendiger Repräsentationsmechanismus ist notwendig, um solch eine Karte zu repräsentieren, zu erstellen und "up-to-date" zu halten; hier handelt es sich um eine *Abbildungslösung* – die Umwelt wurde auf eine cognitive map abgebildet, welche als Grundlage für die Orientierung dient. Um die aktuelle Position des Organismus auf dieser Karte festzustellen (was die Voraussetzung für die Generierung des Verhaltens ist), ist ein etwas komplexeres Sensorsystem notwendig – es genügt nicht mehr alleine die Richtung, aus der die Helligkeit kommt, festzustellen, vielmehr muß (u.U. anhand von markanten Punkten) die absolute Position des Organismus im Raum *in Relation* zur internen Repräsentation festgestellt werden. Vergleicht man den Aufwand und die Komplexität der Repräsentationsmechanismen dieser beiden Lösungsmöglichkeiten, so stellt sich heraus, daß Typ-*a* Repräsentation – gemessen an der Aufgabe – um ein Vielfaches komplexer ist als Typ-*b* Repräsentationsmechanismus I a W , für die relative Einfachheit dieser Aufgabe ist diese Lösung für die Repräsentation dieses Problems zu aufwendig und "überdimensioniert". Diese "Luxuslösung" ist aus *evolutionärer Sicht* nicht sehr plausibel, da sie relativ *unökonomisch* ist. Der Verbrauch an Ressourcen ist – verglichen mit der Einfachheit des Problems – ungerechtfertigt hoch. Evolutionäre Lösungen sind in den meisten Fällen auch Lösungen, die relativ ökonomisch sind, da sie u.a. zumeist aus einer gewissen Ressourcenknappheit entstanden sind.

Ein Vorteil, den diese Abbildungslösung hat, besteht darin, daß sie um vieles *flexibler* ist als Typ-*b* Lösung: i.e., verändern sich die Umstände und Regelmäßigkeiten in der Umwelt, so ist durch eine Veränderung in der Abbildung/Karte eine schnellere Anpassung möglich. Diese Anpassung ist *nicht* an phylogenetische Prozesse gebunden, sondern kann (und soll) auch in der Ontogenese eines einzelnen Organismus möglich sein. M.E. stellt sich hier jedoch die Frage, wie oft es vorkommt, daß sich die grundsätzlichen Regelmäßigkeiten in der Natur verändern – es ist sehr unwahrscheinlich, daß sich die Naturbedingungen innerhalb einer relativ kurzen Zeitspanne so drastisch verändern (z.B. Nahrung in Dunkelheit), daß sich dieser Aufwand wirklich lohnt. Dem Vorteil der Flexibilität über längere Zeiträume hinweg steht der Nachteil relativer Rigidität bei Beibehaltung der prinzipiellen Umweltbedingungen (z.B. Nahrung in helleren Regionen), aber bei Veränderungen des Ortes gegenüber; bei Verlassen der Region, die auf der Karte verzeichnet ist, wird der Aufbau einer neuen Karte/Repräsentation notwendig – dieser Vorgang ist jedoch relativ aufwendig, da eine neue Karte nur durch Exploration der neuen Umwelt erstellt werden kann. Der klare Nachteil dieser Form der Repräsentation ist die relative *Ortsabhängigkeit* dieses Mechanismus. Diese Vorstellung von Repräsentation entspringt einer common sense Auffassung dieses Problems und ist durch die *Abbildungsidee* geprägt. Sie ist nicht auf die Probleme und die Struktur des jeweiligen seine Umwelt repräsentierenden Organismus bezogen, sondern durch *unsere* kognitiven Kategorien und Vorstellungen determiniert. Hier begegnet uns wieder einmal das *epistemologische* Problem der Projektion von Beobachterkategorien in das beobachtete System. Diese Vorstellung der cognitive maps ist auch *neurobiologisch nicht* haltbar, da es kaum Evidenz für das Vorhandensein solcher Karten im neuronalen Substrat gibt.

(ii) *functional fitness.* Diese Realisierung des Repräsentationsmechanismus ist denkbar *einfach* – zur Erfüllung dieser Aufgabe reicht ein feed forward Mechanismus aus, der die detektierten optischen Umweltsignale in linearer Weise in Motoraktivitäten umwandelt. Zur Detektion einer möglichen Nahrungsregion reicht ein einfacher optischer Sensor aus, der lediglich auf Helligkeit ansprechen muß. Diese Lösung des Repräsentationsproblems ist wahrscheinlich die ökonomischste Möglichkeit, das Überleben des Organismus zu sichern; es ist daher aus evolutionärer Sicht viel plausibler, daß diese Lösung "selektiert" wurde, da sie lange nicht so aufwendig und umständlich zu realisieren ist, wie Typ-*a* Repräsentation. Da der Repräsentationsmechanismus "fix verdrahtet" ist, ist eine ontogenetische Veränderung des Verhaltens sehr unwahrscheinlich – i.e., dieses System verhält sich bei Veränderungen der Umweltregularitäten sehr rigid, da der Transformationsmechanismus durch phylogenetische Prozesse entstanden ist und sich genau an diese Umweltregelmäßigkeiten angepaßt hat.

Dieser scheinbare Nachteil wird durch einen großen Vorteil aufgewogen: dieser Repräsentationsmechanismus funktioniert – solange sich die prinzipiellen Lebensbedingungen nicht verändern – *unabhängig* vom jeweiligen Ort. Vergleicht man diese Fähigkeit mit dem Aufwand und den Problemen, die es in diesem Kontext mit Typ-*a* Repräsentation (i.e., Neuerstellung der cognitive map) gibt, so ist diese Form der Repräsentation um ein Vielfaches flexibler und allgemeiner. Typ-*b* Repräsentation ist *epistemologisch plausibel,* da die Repräsentationskategorien intrinsisch und systemspezifisch sind. Dies steht im scharfen Gegensatz zur Typ-*a* Repräsentation, in welcher dem Organismus externe (Designer-)Vorgaben und Kategorien zur Operation unterstellt werden. In diesem Organismus ist das Repräsentationskonzept der *funktionalen Passung* und der *Systemrelativität* realisiert – durch das Repräsentationsmedium und seine Dynamik wird ein in die Umweltbedingungen und für das System selber passendes Verhalten generiert, ohne auf Abbilder der Umwelt oder externe Beobachterkategorien zurückgreifen zu müssen. *Systemrelativität* ist ein weiteres Standbein dieser Repräsentationsform: es geht nicht so sehr um die Darstellung der Umweltstrukturen, sondern vielmehr um das in-Beziehung-Setzen der internen Struktur, Dynamik und Notwendigkeiten mit den Regelmäßigkeiten der Umwelt. Dieses Repräsentationskonzept ist *neurowissenschaftlich/biologisch plausibel*: diese Form der Transformation kann relativ leicht durch neuronale Systeme realisiert werden (z.B. einfaches feed forward Netzwerk). Aus systemtheoretischer Sicht handelt es sich hier um ein feedback System, welches das kognitive System, die Notwendigkeit, Nahrung zu finden und seine Homöostase aufrecht zu erhalten, mit den Regelmäßigkeiten und Randbedingungen der Umwelt in Beziehung setzt (i.e., feedback über die Umwelt).

Wenn wir diese beiden Ansätze miteinander vergleichen, stellt sich die Frage, was wir aus diesem Beispiel für unser Problem der Wissensrepräsentation in neuronalen Strukturen und für das vorgeschlagene Konzept der funktionalen Passung lernen können? (i) Wie man aus Typ-*b* Repräsentation sehen kann, ist für die Generierung adäquaten Verhaltens *keine* Abbildung der Umwelt notwendig. (ii) Im Rahmen *evolutiver Prozesse* kommt es durch Variation, Kombination und Selektion zu jenem/r Repräsentationsmechanismus/-architektur, der/die dazu fähig ist, adäquates Verhalten zu generieren. I.e., hervorgerufen durch Mutationen wird die (Repräsentations-)Architektur des Organismus in einem trial-&-error Prozeß so lange verändert, bis sich einmal das adäquate Gleichgewicht zwischen Notwendigkeiten des Organismus (z.B. Energiezufuhr), Repräsentationsmechanismus (zur Erzeugung des adäquaten Verhaltens) und Umweltregelmäßigkeiten eingestellt hat. Aus einer Beobachterperspektive – und nur aus dieser – könnte man sagen, daß sich das Repräsentationssystem an die Umweltregelmäßigkeiten adaptiert hat. (iii) Für ein bestimmtes Problem (z.B. das Überleben eines Organismus mit einer bestimmten Struktur/Dynamik, mit bestimmten Notwendigkeiten in einer bestimmten Umweltstruktur) gibt es immer *mehrere Repräsentationsarchitekturen*; i.e., jeder Mechanismus, der dieses (Überlebens-)Problem (i.e., Generierung adäquaten Verhaltens) zu lösen imstande ist, hat dieselbe Berechtigung. (iv) Die neuronale Struktur *verkörpert* das Wissen resp. die "Theorie" über die Umwelt und ihrer Bewältigung (im Kontext der Aufrechterhaltung der internen Homöostase) – sie stellt *eine* Möglichkeit dar, die Umwelt *in Relation* zum jeweiligen Organismus zu repräsentieren. (v) Die *Systemrelativität* der Repräsentation steht im Konzept der funktionalen Passung klar im Vordergrund: Wissensrepräsentation befindet sich immer in der Relation zwischen den Eigenschaften und der Dynamik des jeweiligen Organismus und den Umweltgegebenheiten, die als externe *Randbedingungen* für das Überleben des Organismus fungieren. Bei der Repräsentation steht jedoch immer der repräsentierende Organismus im Vordergrund: durch *seine* Struktur sind (a) die Dynamik der

Repräsentation und (b) die Notwendigkeiten zum Überleben definiert; die Umwelt spielt nur insofern eine Rolle, als sie Randbedingungen vorgibt, innerhalb derer sich der Organismus bewegen kann. Im Repräsentationssystem wird nicht die Umwelt, sondern die *Umwelt in Relation zum jeweiligen System* (resp. zum Überleben des jeweiligen Systems) "dargestellt". Das Wissen bezieht sich auf die "Bewältigung" der Umwelt resp. der Aufrechterhaltung der internen Randbedingungen.

(vi) Der Aspekt der *Generierung adäquaten Verhaltens* steht im Typ-*b* Repräsentationskonzept der funktionalen Passung klar vor jenem der Abbildung der Umwelt. Es ist klar, daß das Repräsentationssystem in einer Beziehung zu seiner Umwelt stehen muß, aber es stellt sich aus diversen bereits diskutierten Gründen heraus, daß es sich nicht um eine abbildende Beziehung handeln muß, sondern: (vii) das (neuronale) Repräsentationssystem repräsentiert die Umwelt in solch einem Sinne, als es das Substrat für die Dynamik für das Generieren adäquaten Verhaltens bereitstellt. Diese Dynamik ist in den Synapsen/Gewichten/Architektur implizit verkörpert – diese stehen in einer "*generativen Beziehung*" zur Umwelt.

Nicht die möglichst exakte Abbildung der Umweltstrukturen auf die Repräsentationsstrukturen ist das Ziel (dies ist aus epistemologischer Sicht ohnehin nicht möglich, da uns der "direkte" Zugang zur Umwelt verwehrt bleibt), sondern die Erzeugung möglichst adäquaten (i.e., überlebenssichernden) Verhaltens – i.e., Verhalten, das die interne und externe Stabilität garantiert. Die synaptischen Gewichte sind das *Substrat* für die Erzeugung der Verhaltensdynamik; sie sind für die Dynamik der aktuellen Aktivierungen ("aktuelle Repräsentationen") verantwortlich – die Repräsentation in den Gewichten steuert also die Dynamik der aktuellen Repräsentationen, die zu einem Verhalten führen, welches in die aktuelle Situation der Umwelt paßt und das Überleben des Organismus "organisiert". Wir können *nicht* erwarten, daß wir in den Gewichten irgendeine Form von Abbildung/Beschreibung der Umwelt finden können. Die Konfiguration der synaptischen Gewichte ist keine "Beschreibung" oder Abbildung der Umwelt, sondern ist viel mehr als Substrat für den *Schlüssel* (= Aktivierungen und Verhalten) zum Schloß (= Umwelt) zu verstehen. Das Ziel der funktionalen Passung besteht darin, durch adaptive trial-&-error Prozesse *einen möglichen* Schlüssel zu finden, der funktional passendes Verhalten zu erzeugen imstande ist. Das erzeugte Verhalten triggert in ähnlicher Weise die Dynamik der Umwelt, wie die Umweltstimuli die Dynamik des kognitiven Systems triggern. Das generierte Verhalten des kognitiven Systems löst also die Selektion einer bestimmten Trajektorie in der internen und externen Umweltdynamik aus, die (hoffentlich) zum gewünschten Ziel führt. Dieses ist u.a. in einem Gleichgewichtszustand resp. einem Equilibrium zwischen der Dynamik des kognitiven Systems und der Umwelt zu sehen – das Repräsentationssystem versucht, durch die Generierung (adäquaten) Verhaltens dieses Gleichgewicht zu etablieren und aufrecht zu erhalten.

Man kann sagen, daß solch eine Form der Repräsentation die Umwelt im besten Fall in einer *negativen* Weise (in Relation zum eigenen Repräsentationssystem) beschreibt. I.a.W., dort, wo das durch das Repräsentationssystem generierte Verhalten "*gescheitert*" ist, ist man an die *Grenze* des aktuellen Repräsentationszustandes gelangt. I.e., die *Theorie über die Umweltbewältigung in Relation zur eigenen Organismusdynamik* – so könnte man das Wissen, welches in den Gewichten repräsentiert/verkörpert ist, am besten charakterisieren – ist schlicht und einfach "falsch". Diese Diskrepanz erkennt man am *Mißerfolg* der auf dieser Theorie basierenden Ausführung des Verhaltens. Die Theorie über die Umweltbewältigung ist also mit der eigentlichen Umwelt "zusammengestoßen", indem das generierte Verhalten *nicht* in diese *gepaßt* hat – ein Versagen der funktionalen Passung. Dies ist ein alt bekanntes Phänomen aus der Wissenschaft(-stheorie): das Scheitern einer Theorie oder einer Hypothese ist der Ausgangspunkt für die Veränderung dieser (vgl. *T.Kuhn* [KUHN 62, KUHN 92]) – solange die empirischen Ergebnisse mit der Theorie übereinstimmen und die Umwelt mit Hilfe dieser Theorie und den Vorstellungen der Wissenschaft und Technik manipulierbar bleibt, besteht keine wirkliche Notwendigkeit oder Veranlassung, die Theorie zu verändern. Sie stellt eine Strategie dar, die (a) funktional in die aktuelle Umweltsituation paßt, sie (b) manipulierbar macht und (c) den eigenen Bedürfnissen nach Manipulierbarkeit entspricht.

Die einzigen Aussagen, die man in dieser Repräsentationsvorstellung im Grunde über die Umwelt machen kann sind folgende: solange man *erfolgreich in der Umwelt operiert*, indem man z.B. richtige Vorhersagen macht, die Umweltdynamik halbwegs unter "Kontrolle" hat resp. sie erfolgreich manipulieren kann, ist die aktuelle *Repräsentation/Theorie* über die Umwelt keine Beschreibung der Umwelt, sondern *eine mögliche* Struktur, die die Umweltdynamik in Relation zum jeweiligen Repräsentationssystem *bewältigt* resp. *manipulierbar* macht. Es ist klar, daß es potentiell wahrscheinlich unendlich viele unterschiedliche (neuronale) Architekturen, oder allgemeiner Repräsentationssysteme, gibt, die die Umwelt erfolgreich bewältigen resp. die ein *funktional* in die Umwelt *passendes* Verhalten zu generieren imstande sind. Im folgenden Sinne können lediglich *negative* Aussagen über die Struktur der Umwelt gemacht werden: nämlich immer dann, wenn das generierte Verhalten an der Umwelt *gescheitert* ist, können wir sagen, daß sie Umwelt so *nicht* ist resp. daß die Umwelt so *nicht* manipuliert werden kann.

Der Punkt des *Scheiterns* ist – wie wir im Kontext des Lernens sehen werden – aus diesem Grunde von großem Interesse, da das Repräsentationssystem durch "Anstoßen" (= Scheitern) des von ihm generierten Verhaltens in der Umwelt zugleich an seine eigenen (Repräsentations-)Grenzen gestoßen ist. Bis zu diesem Zeitpunkt hat es Verhalten erzeugt, welches funktional in die Umwelt paßte; i.a.W., das Equilibrium konnte aufrechterhalten werden und beide Systeme sind innerhalb ihrer "zulässigen Parameterwerte" geblieben. Das Scheitern des Repräsentationssystems an der Umwelt hat i.a. drei mögliche Folgen: (a) Den *Tod* des Organismus; dies ist die krasseste Konsequenz eines gescheiterten Repräsentationskonstruktes, welches in Form eines "unpassenden Verhaltens" den Weg in die Umwelt genommen hat. I.a.W., durch dieses Verhalten wurde in der Umwelt und/oder im Organismus selber eine Dynamik ausgelöst, die zur Auflösung des homöostatischen Zustandes führt und die Dynamik des kognitiven Systems in Richtung des thermodynamischen Gleichgewichts befördert. (b) Eine zweite Alternative wäre ein *"reduziertes"* oder sehr eingeschränktes *Weiterleben* – dies bedeutet, daß der Organismus zwar überlebt, aber es sich nur um ein Gleichgewicht handelt, welches nicht seinen vollen Funktionsmöglichkeiten und -umfang entspricht. (c) Die dritte Konsequenz ist vom Standpunkt der Repräsentation eigentlich die interessanteste: *Adaptation*. Es geht darum, die Repräsentation/Theorie zur Umweltbewältigung zu *verändern*.

Punkt (c) ist von besonderem Interesse, da er ein Licht auf die Beziehung zwischen Umwelt und Repräsentationssystem/-substrat werfen könnte – und hier sind wir wieder zurück bei der Problematik, von der wir ausgegangen sind: dem Prozeß des Lernens resp. der Adaptation in neuronalen Systemen. Fall (b) ist meist die Voraussetzung für das Anstoßen des adaptiven Prozesses: wenn das System durch irgendwelche Interaktionen oder Veränderungen aus dem Gleichgewicht gerät und die Generierung von Verhalten durch das Repräsentationssystem diese Störungen nicht mehr ausgleichen kann[9], ist dies der Auslöser und zugleich das Signal dafür, daß eine Veränderung im Repräsentationssystem vorgenommen werden muß. Im Falle der Adaptation geht es *nicht* um das Auffinden einer besseren oder ”exakteren” Abbildung der Umwelt – der *generative Aspekt* der Repräsentation steht natürlich auch bei diesem Problem im Vordergrund. I.e., durch die Veränderung des neuronalen Repräsentationssubstrates (in Form von Veränderungen der synaptischen Gewichte oder der Architektur), welches für die Generierung des Verhaltens verantwortlich ist, muß die Verhaltensdynamik in solch einer Weise verändert werden, daß das generierte Verhalten die Umweltdynamik (und/oder die Organismusdynamik) in einer für den Organismus *adäquaten Weise triggert*, daß das Weiter-/Überleben gesichert ist. Dies geschieht in natürlichen und künstlichen neuronalen Systemen durch eine (mehr oder weniger gezielte) trial-&-error Veränderung der synaptischen Verbindungen (und/oder einer Veränderung der körperlichen Struktur und damit der Randbedingungen für den homöostatischen Zustand).

An diesem Punkt kommt das Konzept der *Konstruktivität* ins Spiel: die Veränderung der synaptischen Gewichte kann man als Konstruktion und Veränderungen von Relationen verstehen, die für das Generieren von Verhalten verantwortlich sind – also jene Relationen, die den input mit dem output in Beziehung setzten, werden einer Veränderung unterworfen. Wenn sich diese verändern, verändert sich folglich auch das Verhalten des Systems. Wie wir gesehen haben, basieren diese Veränderungen auf mehr oder weniger gerichteten trial-&-error In-/Dekrementen der Gewichte; i.a.W., die Gewichte werden *versuchsweise* verändert, was zu einer Veränderung der Verhaltensdynamik führt – das in Form von Verhalten externalisierte Wissen wird auf die Umwelt angewandt und getestet. Falls sich diese Form der Umweltbewältigung bewährt resp. erfolgreich ist (i.e., ”adäquates Verhalten”), so besteht keine Notwendigkeit für weitere Veränderungen.

8.3 Lernstrategien, Adaptation und Repräsentation

Ziel dieses Abschnittes ist es *nicht* auf die verschiedensten Lernstrategien im Detail einzugehen – dazu ist bereits reichlich Literatur vorhanden, die jedes Jahr um zahlreiche Konferenzbände (IJCNN, etc.) und einschlägige Sammelbände erweitert wird.

---

[9]In dem Sinne, als es das System und seine Beziehung wieder in den *homöostatischen Zustand* zurückbringt.

Ein gewisses Grundwissen dieser Mechanismen und Eigenschaften wird vorausgesetzt. In diesem Abschnitt geht es vielmehr um eine allgemeine Untersuchung der Lern-/Adaptationsmechanismen im Kontext der Frage nach Wissensrepräsentation in natürlichen und künstlichen neuronalen Systemen. Wir haben gesehen, daß es sich bei neuronalen Prozessen um *Informationsverarbeitungsprozesse* handelt; Aktivierungsmuster werden mittels neuronaler Verarbeitungsmethoden (Gewichtung, Integration, Weiterleitung, Parallelität, etc.) aufeinander abgebildet. Informationsverarbeitung findet in diesem Sinne statt als eine Funktion diese Aktivierungsmuster durch Berechnungsprozesse transformiert. Diese Transformation von Aktivierungsmustern ist durch Transformationsregeln, die implizit in den Gewichten und der Funktionsweise der Neuronen/units verkörpert sind, repräsentiert. Sie sind das Substrat für die Generierung der Verhaltensdynamik. Der input eines Systems wird über diese Transformation und unter Berücksichtigung des aktuellen inneren Zustandes auf einen output abgebildet. Die Dynamik eines rekursiven Netzwerkes kann mittels folgender rekursiven Funktion beschrieben werden:

$$s(t + \varepsilon) = f(i, s(t)) \tag{8.1}$$

$s(t)$ repräsentiert den *inneren Zustand* zum Zeitpunkt t – das aktuelle interne Aktivierungsmuster im neuronalen System; i stellt den aktuellen *input*, der an das System zum Zeitpunkt t angelegt wird, dar. Das extern beobachtbare *Verhalten* des Systems $o(t + \varepsilon)$ ist eine *Untermenge* des Aktivierungszustandes/-vektors $s(t + \varepsilon)$: $o(.) \subseteq s(.)$.

I.e., nur eine Untermenge aus der Menge der Neuronen/units ist an ein Motorsystem angeschlossen und hat dadurch die Möglichkeit, neuronale Aktivierungen in Form von Verhalten zu "externalisieren". Im Grunde gehören diese Motorneuronen jedoch auch zum inneren Zustand. Abstrakt gesprochen, bedeutet Lernen/Adaptation in neuronalen Systemen nichts anderes als eine Veränderung der Gewichte und damit der Transformationsvorschrift und damit der *Funktion* $f(.)$, die input und aktuellen inneren Zustand miteinander in Beziehung setzt. I.a.W., eine Lernfunktion $l(.)$ wird auf die Funktion $f(.)$ angewandt:

$$f_{t+\varepsilon_l}(.) \leftarrow l(f_t(.)) \tag{8.2}$$

Die zeitliche Dynamik $t + \varepsilon_l$ muß nicht notwendigerweise die selbe Größenordnung haben, wie in der Berechnung der neuen Aktivierungszustände. I.a.W. findet das Lernen resp. die Veränderung der synaptischen Strukturen in einem langsameren Zeitraum statt, als die Veränderungen der Aktivierungen. Lernen/Adaptation kann also als *Veränderung der Funktion*, die die Transformation repräsentiert, charakterisiert werden. Dieser Prozeß läßt sich mittels Differentialgleichungen beschreiben. Das In-/Dekrementieren von Gewichten ist eine *Dynamik zweiter Ordnung*, die der Dynamik der sich ausbreitenden Aktivierungen (i.e., Dynamik erster Ordnung) aufgesetzt ist und mit dieser in starker Wechselwirkung steht.

8.3.1 Interaktion von Dynamiken

Die Veränderung der physischen Struktur der Gewichte bewirkt eine Veränderung der Transformation und der Funktion. Die Beobachtung der Veränderung der Verhaltensdynamik impliziert eine Veränderung des dem System unterstellten Wissens. Das Ziel all dieser Veränderungen kann, wie folgt, definiert werden: "...the point of the learning algorithm is to produce a weight configuration that can be said to represent something in the world, in the sense that when activated by an input vector, the correct answer is produced." (*P.S.Churchland* et al. [CHUR 92], p 97). Was wir unter "correct answer" verstehen läßt sich am besten mit dem Begriff des *funktional passenden (= adäquaten) Verhaltens* charakterisieren. Beim neuronalen Lernen/Adaptation geht es also darum, das Substrat für eine Verhaltens-/Aktivierungsdynamik zu schaffen, welche eine stabile Beziehung zwischen Umwelt und kognitiven System und das Überleben des kognitiven Systems selber (i.e., Aufrechterhaltung der internen Homöostase) erlaubt. Um dieses Ziel zu erreichen, ist die Interaktion von verschiedensten Dynamiken notwendig. Diese sind auf verschiedenen zeitlichen und räumlichen Größenordnungen, die miteinander in Interaktion stehen, zu finden. Drei miteinander interagierende Dynamiken sind zentral, da sie für die Frage der Wissensrepräsentation von großem Interesse sind:

(i) *Aktivierungsausbreitung, spreading activations* (Dynamik erster Ordnung). Diese Dynamik ist am unteren Ende der Zeitskala angesiedelt; i.e., die schnellsten Veränderungsraten finden im Bereich von msec statt. Dies ist die eigentliche Ebene der *Verhaltensgenerierung* durch die sich ausbreitenden Aktivierungen. Wie wir noch sehen werden, hat sie sowohl Einfluß auf die Dynamik der Gewichte als auch auf die phylogenetische Dynamik. I.e., die zu Verhalten externalisierten Aktivierungen entscheiden u.a. über den Miß-/Erfolg, das Überleben und Reproduktion des Organismus.

(ii) *synaptische Plastizität* (Dynamik zweiter Ordnung). Auf dieser Ebene finden die wesentlichen Veränderung für die *ontogenetische* (Adaptations-)Dynamik statt, da in der synaptischen Struktur das aktuelle Wissen des Organismus repräsentiert resp. verkörpert ist – Dynamik in diesem Bereich bedeutet also auch immer Dynamik des repräsentierten Wissens. Auf der zeitlichen Skala ist die synaptische Plastizität resp. die Veränderung der synaptischen Gewichte im Bereich der Sekunden, Stunden und Tage angesiedelt. Die aktuelle Gewichtskonfiguration ist durch zwei Parameter/Einflüsse determiniert: (a) durch die *phylogenetischen Vorgaben* und die Basisarchitektur (siehe Punkt (iii)) und (b) durch die aktuellen Aktivierungsmuster. Zwischen der Dynamik der sich ausbreitenden Aktivierungen und der Gewichtsveränderungen gibt es eine starke Interaktion:

- (ii) ⇒(i): einerseits determiniert die sich dynamisch verändernde Konfiguration der synaptischen Gewichte den Fluß und die Dynamik der Ausbreitung der Aktivierungen (i.e., Veränderungen der Trajektorien im activation space);

- (i) ⇒(ii): andererseits ist der Adaptationsprozeß der Gewichtsadjustierung resp. der synaptischen Plastizität von den Aktivierungen und den aktuellen Aktivierungsmustern abhängig: diese erzeugen ja letztendlich das Verhalten, welches eine Veränderung in der Umwelt hervorruft. Erst durch dieses Verhalten kann mittels des Sensorsystems festgestellt werden, ob die aktuelle Gewichtskonfiguration überhaupt für den Organismus adäquates Verhalten zu generieren imstande ist.

Diese beiden Dynamiken können also in keiner Weise als getrennt und unabhängig voneinander gesehen werden – vielmehr repräsentieren sie ein System, das aus zwei Subsystemen besteht, deren Dynamiken in ständiger Interaktion miteinander stehen. Die Dynamik der Gewichtsveränderung kann man als *Metadynamik* bezeichnen (vgl. *Varela* [VARE 91]).

(iii) *phylogenetische Dynamik* (Dynamik dritter Ordnung). Diese Dynamik ist durch *evolutionäre* Prozesse realisiert und ist daher auch auf dieser Zeitskala einzuordnen. Durch trial-&-error Variation des Genotyps und durch Selektion evolviert der Organismus und sein Repräsentationssystem über Generationen und Populationen hinweg. Die *gesamte* Organisation und Struktur des Organismus stellt eine Art Repräsentation oder Theorie der Umwelt in bezug auf die Notwendigkeiten des jeweiligen Überlebens dar. Dies ist jedoch nicht im Sinne der Abbildung der Umwelt zu verstehen, sondern im Sinne der funktionalen Passung und Systemrelativität: der Genotyp repräsentiert in seiner Struktur das Wissen, das notwendig ist, um einen adäquaten Organismus zu generieren, der wiederum dazu fähig sein muß, adäquates (funktional passendes) Verhalten zu generieren, um überleben und sich reproduzieren zu können. Dies impliziert natürlich eine starke Interaktion mit den Dynamiken aus den Punkten (i) und (ii): die Prozesse in (i) und (ii) determinieren implizit den Selektionsvorgang: nur jene Organismen, die dazu fähig sind, (a) adäquates Verhalten zu erzeugen, (b) zu überleben *und* (c) mittels Reproduktion ihre Erbinformation und damit die Basisrepräsentation an einen neuen Organismus weiterzugeben, haben auf lange Sicht (i.e., über viele Generationen hinweg) die Chance, zu überleben. Im Laufe der Ontogenese ((i) und (ii)) entschiedet sich erst, ob die Basisinformation/-repräsentation zur Erfüllung dieser drei Kriterien ausreicht – Selektion wird, wie bereits früher festgestellt, nicht so sehr durch irgendeine externe Instanz durchgeführt, sondern ist an das Überleben und die Reproduktion des jeweiligen Organismus gebunden.

Das Erbmaterial enthält die Information zur *Entwicklung* und zum *Aufbau* des Organismus und der "*Basisrepräsentation*" – diese ist ebenfalls einer *Dynamik* (dritter Ordnung) unterworfen: evolutive trial-&-error Prozesse. Variationen im Erbmaterial führen zu Variationen in der Struktur des Organismus und damit auch zu veränderten Verhaltensweisen. Diese Dynamik dritter Ordnung kann entweder direkt auf die Architektur des Nervensystems wirken; es kann aber auch zu einer Veränderung z.B. der Lern-/Adaptationsmechanismen (i.e., eine Dynamik der Dynamik zweiten Ordnung), des Sensor- oder Motorsystems, der Körperstruktur, etc. kommen. Die Information, die im Genom enthalten ist, ist lediglich eine *Anweisung zum Aufbau des Organismus in der Interaktion mit der Umwelt*, nicht jedoch, wie sich dieser im Detail verhalten soll – sicherlich ist alleine durch die grundlegende Architektur bereits ein Großteil des Verhaltensrepertoires und der prinzipiellen *Verhaltensmöglichkeiten* festgelegt – je komplexer und flexibler das Nervensystem jedoch wird, desto mehr Raum ist für die ontogenetische Entfaltung in der *aktuellen Interaktion mit der Umwelt*, für (ontogenetische) Variationen und Vielfältigkeiten im Repräsentationsraum vorhanden. Einfachen informationstheoretischen Überlegungen zufolge ist es gar nicht möglich, daß unser gesamtes Erbmaterial z.B. das gesamte Nervensystem (ganz zu schweigen von seiner Verbindungsstruktur) codiert. Der Genotyp enthält Information zur Generierung des Organismus *in der Interaktion* mit der Umwelt (z.B. Aufbau der primären Verbindungsstrukturen des Nervensystems durch Interaktion mit (i) und (ii)). Der Genotyp repräsentiert, ähnlich wie die Gewichte in Bezug auf das Verhalten, nur das *Generierungswissen*, um das Nervensystem und den Organismus in groben Zügen aufzubauen. Es stellt sozusagen eine "*Metarepräsentation*" dar: "das Genom repräsentiert Wissen/Information zur adäquaten Generierung eines Organismus, der wiederum (adäquates) Verhalten generiert".

Hier handelt es sich um drei Formen der Dynamik, aber auch der Repräsentation – es ist unmöglich, sie getrennt voneinander sehen oder verstehen zu können. Ihre Verwobenheit geht aus obiger Diskussion hervor. Bei allen drei Formen der Repräsentation/Dynamik kann man die *konstruktivistischen* Konzepte der *funktionalen Passung*, der *Systemrelativität* und der *Generierung adäquaten Verhaltens* und alle ihre Konsequenzen anwenden. Der Repräsentationsmechanismus ist in jedem Fall darauf ausgelegt, adäquates Verhalten, sei es in Form von "echtem" Verhalten oder in der Erzeugung eines funktionierenden Organismus, der ja wieder adäquates Verhalten erzeugt, zu erzeugen. Das Ziel ist die Aufrechterhaltung des homöostatischen Zustandes innerhalb des kognitiven Systems und zwischen Umwelt und Organismus.

8.3.2 Supervised und unsupervised learning

Die Dynamik der *synaptischen Plastizität* spielt bei der ontogenetischen Repräsentation der Umwelt eine zentrale Rolle – sie wird durch die Veränderung, den Aufbau und das Auflösen von synaptischen Verbindungen physisch realisiert. Allgemein läßt sich dieser Vorgang als Veränderung der synaptischen Gewichte um ein In-/Dekrement beschreiben – in der computational neuroscience unterscheidet man zwischen zwei prinzipiellen Formen des Lernens/Adaptation resp. der synaptischen Plastizität ([RUME86d, HERT 91, BECH 91, CHUR 92], u.v.a.):

(i) *unsupervised learning*. Das neuronale System erhält *kein* direktes *externes feedback* über den Miß-/Erfolg des Verhaltens, das es generiert hat. Das heißt, daß es *keine externe* Instanz gibt, die über die Performanz des Verhaltens entscheidet und dem neuronalen System Information darüber gibt, in welcher Weise es sich verändern soll, um adäquateres Verhalten zu erzeugen. Das *Hebb* rule [HEBB 49] etwa erkennt *Korrelationen* in den input Mustern und verändert die Gewichte graduell in solch einer Weise, daß diese Korrelationen zwischen den einzelnen input Aktivierungen implizit in den Werten der einzelnen Gewichte repräsentiert werden. Es geht also in diesem Fall des Lernens um das Erlernen von *(Kor)Relationen* ohne, daß es einen externen Lehrer gibt, der die Kategorien oder die Korrelationen festlegt und der dem System mitteilt, wie es sich zu verändern habe. Unsupervised learning kann beispielsweise für die (Erklärung der) Entwicklung von *feature Detektoren* eingesetzt werden – es stellt die ideale Lernstrategie für das Erlernen der Primärverarbeitung des inputs dar (z.B. *Linsker* [LINS 88, LINS 90, LINS 90a]). Es stellt sich heraus, daß es in fast allen Strategien des unsupervised learnings, in den meisten selbstorganisierenden lernenden Systemen, in den meisten biologischen Systemen, etc., eine (implizite) *interne Fehlerfunktion* (i.e., ein internes Maß für einen Fehler) gibt, welche optimiert werden soll. Das Suchen nach einem gewissen Grad an Stabilität, nach einem homöostatischen Zustand, etc. in rekursiven neuronalen Systemen ist ein Beispiel für solch einen Optimierungsvorgang, bei dem ein internes Maß (z.B. für Stabilität) erfüllt werden muß.

(ii) *supervised learning*. Das neuronale System steht in Interaktion mit seiner Umwelt – es erzeugt Verhalten und es gibt eine *externe Instanz*, die über den Miß-/Erfolg dieses Verhaltens entscheidet und je nach dem eine Form von feedback oder reinforcement an das Netzwerk weitergibt, um so beim nächsten Lernschritt die Performanz zu verbessern. I.a.W., das Netzwerk wird über eine externe Instanz über seine Fehler und seine Miß-/Erfolge informiert und berücksichtigt diese externe Information beim Lernen resp. bei der Veränderung der Gewichte. Supervised learning basiert im Gegensatz zu unsupervised learning, auf drei Komponenten: *input, innere Dynamik* und *Evaluierung des Verhaltens durch eine externe Instanz*, einem "Lehrer".

Ein Beispiel für supervised learning stellt der error back propagation Algorithmus (generalized delta rule) [RUME86a] oder die delta rule [WIDR 60] dar: das In-/Dekrement Δw_{ij} der Veränderung der Gewichte wird *gezielt* nach einem extern festgestellten Fehler berechnet – i.e., eine externe Instanz beobachtet das Verhalten (in Relation zum input) und berechnet die Differenz zwischen aktuellem Verhalten und gewünschtem Verhalten (der "target"). Diese Differenz (z.B. komponentenweise Differenz zwischen aktueller und target Aktivierung) repräsentiert das *externe Fehlermaß*, welches an das Netzwerk weitergegeben wird und die Veränderung der Gewichte so vornimmt, daß beim nächsten Durchgang dieser Fehler etwas kleiner sein wird. Es gibt mehrere Abstufungen und Strategien der Fehlerberechnung und drei Möglichkeiten der Bekanntgabe des Fehlers an das Netzwerk [HERT 91, CHUR 92]:

(a) *Binäres feedback*: das Fehlersignal gibt lediglich Auskunft, ob das generierte Verhalten "richtig" oder "falsch" ist – i.e., das Netzwerk erhält keine Hinweise, wie nahe oder ferne es sich vom gewünschten target aufhält. (b) *Globales Fehlersignal*: der Fehler wird als *globales* Signal über den output aller units berechnet – i.e., es handelt sich um ein Skalar, welches jedoch bereits eine detailliertere Auskunft über den Miß-/Erfolg des Verhaltens des neuronalen Systems gibt, als bloß eine "richtig/falsch"-Antwort. Diesen globalen Wert könnte man etwa durch Mitteilung der Fehler in den einzelnen Aktivierungen berechnen. Die Formen (a) und (b) nennt man auch *reinforcement learning* oder *"learning with a critic"* [HERT 91] – nur relativ globale Information über die Natur des Fehlers wird an das Netzwerk weitergegeben. Dies steht im Gegensatz zur dritten Form (c): *"learning with a teacher"* – das Fehlersignal ist sehr *detailliert*: ein externer Lehrer oder Supervisor berechnet nicht nur einen globalen Fehler, sondern versucht, den Fehler jeder einzelnen output Aktivierung zu bestimmen. I.e., er bildet die Differenz zwischen den einzelnen output und target Aktivierungen und erzeugt damit eine Art Fehlervektor, der dem Lernalgorithmus als detaillierte Hilfe für die Adjustierung der Gewichte dient, da man durch dieses detaillierten Fehlermaß nun weiß, welche Aktivierung in Ordnung

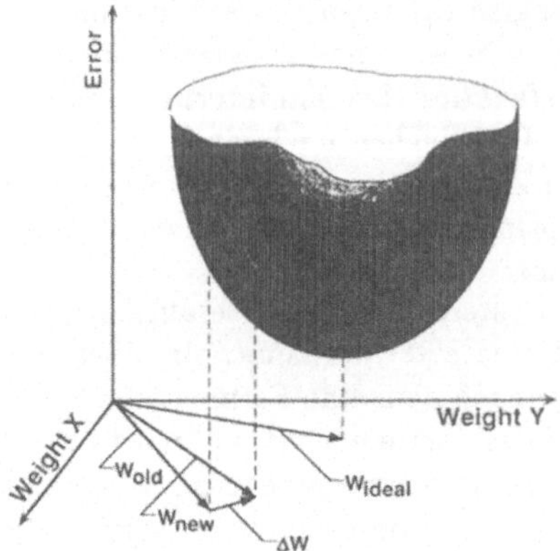

Bild 8.3 Lernen: *Minimierung* des Fehlers auf einer "error surface" (aus
P.S.Churchland et al., 1992).

war und welche nicht entsprochen hat – dadurch ist es auch möglich, die einzelnen
Gewichte, die ja im Grunde für die Produktion des Fehlers resp. des passenden
outputs verantwortlich sind, sehr *gezielt* zu verändern. Weiters ist es möglich, den
Fehler auch an die units in Richtung input zurückzupropagieren und auch in den
Gewichten dieser units Gewichtsveränderungen vorzunehmen. Jedes einzelne Gewicht wird in dem Maße mit einer Veränderung "bestraft"/be-/verstärkt, als es an
der Generierung des fehlerhaften resp. passenden outputs beteiligt war.

Sehen wir uns anhand eines Fallbeispiels an, was beim supervised learning, wie
z.B. der back propagation oder delta rule passiert. Es wurde bereits angedeutet, daß
es sich in den meisten Fällen um ein *Optimierungsproblem* handelt. Um dies besser
verstehen zu können, rufe man sich noch einmal das Konzept des weight space ins
Gedächtnis: wir haben gesehen, daß Lernen/Adaptation in neuronalen Systemen
durch die Veränderung der synaptischen Gewichte realisiert ist. Diese Veränderung
der Gewichte bewirkt ein Herumwandern des Punktes und über die Zeit eine *Trajektorie* im *weight space*. Nach Veränderung der Gewichte werden wieder die Aktivierungen durch das Netzwerk durchpropagiert – der output wird in Form eines
Aktivierungsmusters in den output units erzeugt. Vom externen Lehrer wird der
Miß-/Erfolg (i.e., der Fehler oder die Abweichung vom target output) bestimmt und
in Form eines Fehlersignals an das Netzwerk zurückgegeben. Im nächsten Schritt
der Veränderung der Gewichte geht es darum, diesen Fehlerwert zu *verringern* –
in folgendem Sinne handelt es sich beim Lernen in neuronalen Systemen auch um
eine *Optimierungsaufgabe*: der Fehler soll durch gezielte Veränderung der Gewichte
minimiert werden ([RUME86a, CHUR 92, HERT 91], u.v.a.). In Abbildung 8.3 ist
dieser Vorgang dargestellt.

In dieser Abbildung ist jedoch nicht nur der weight space alleine dargestellt, sondern er wurde um eine Dimension erweitert: angenommen, ein Netzwerk besitzt *n*
Gewichte, so wird durch diese Gewichte ein *n*-dimensionaler weight space aufgespannt. Wir haben gesehen, daß, wenn sich diese Gewichte verändern, der Punkt,

der die aktuelle Gewichtskonfiguration im weight space repräsentiert, herumwandert. Durch die Veränderung der Gewichte wird auch die Dynamik der Aktivierungsausbreitung verändert (i.e., das ist ja genau der Zweck der Gewichtsveränderung). Angenommen wir sind in einem ersten Schritt lediglich daran interessiert, daß nur *eine* bestimmte Abbildung von einem input-Aktivierungsvektor auf einen output-Aktivierungsvektor erlernt werden soll (in einer einfachen feed forward Architektur). Theoretisch könnte man für jeden Punkt im weight space (also für jede mögliche Gewichtskonfiguration) einen Fehlerwert berechnen, indem man die input Aktivierung durch die Netzwerke mit all diesen möglichen Gewichtskonfigurationen durchpropagiert und der externe Lehrer für all diese Fälle den Fehlerwert berechnet. I.a.W., jedem Punkt im weight space wird genau ein Fehlerwert zugeordnet. Diese Zuordnung läßt sich auch graphisch darstellen, indem man den n-dimensionalen weight space um eine Dimension erweitert und in dieser $(n+1)$-ten Dimension die Fehlerwerte aufträgt – das Ergebnis ist eine *"error surface"*, eine Fläche in einem $(n+1)$-dimensionalen Raum, die jeder Gewichtskonfiguration einen bestimmten Fehlerwert zuordnet. Genau dies ist in Abbildung 8.3 für $n = 2$ dargestellt.

Beim Lernen geht es darum, auf dieser error surface im "weight-error space" ein Minimum zu finden – genau an diesem Punkt (i.e., in genau dieser Gewichtskonfiguration) ist der Fehler minimal resp. 0 und somit das vom externen Lehrer vorgegebene Ziel (der adäquaten Abbildung vom input auf den output) erfüllt. Aus dieser Sicht wird (supervised) learning zu einer *Optimierungsaufgabe*. Das Problem besteht jedoch darin, daß wir so gut wie nie eine explizite Darstellung der error surface besitzen, wie sie in Abbildung 8.3 zu sehen ist. Dafür gibt es eine Reihe von Gründen: (a) fast alle Netzwerke besitzen *viel mehr* als zwei Gewichte und daher ist diese (anschauliche) Darstellungsform so gut wie nicht möglich, (b) in den seltensten Fällen ist die Fehlerfläche eine so wohlgeformte Fläche – vielmehr handelt es sich meist um eine zerklüftete und unregelmäßige Landschaft mit vielen lokalen Minima, etc., (c) ob der großen Anzahl der Gewichte (und ihrer möglichen Werte, die sie einnehmen können) ist es (aus praktischen Gründen) nicht ökonomisch, für jede mögliche Gewichtskonfiguration den Fehlerwert zu berechnen und aus diesen Fehlern dann das Minimum herauszusuchen[10]. Diese error surface liegt also niemals in ihrer expliziten Form vor uns, sondern muß mittels eines gerichteten *trial-&-error* Prozesses erst *sondiert* werden.

Das Problem, daß einem die error surface nicht in einer expliziten Weise zugänglich ist, kann durch ein Verfahren, welches aus der Optimierungstheorie, der Mathematik resp. aus dem Operations research kommt, gelöst werden: das *gradient descent* Verfahren und all seine Variationen. Die prinzipielle Idee ist recht simpel und kann in Abbildung 8.3 nachvollzogen werden: das Netzwerk befindet sich in einer bestimmten Gewichtskonfiguration w_{old} (i.e., ein Punkt resp. Vektor im weight-error space) und die Performanz ist nicht zufriedenstellend – das Problem besteht darin,

---

[10]Hier begegnen wir wieder einmal dem Phänomen der *exponentiellen (kombinatorischen) Explosion* – man muß sich hier vor Augen halten, daß es sich in diesem Falle um den *weight space* handelt und nicht um den *activation space*; i.e., jede unit hat nicht nur ein Gewicht, sondern – abhängig von der Architektur – bis zu n Gewichte, wenn n die Anzahl der units ist. Also alleine die Anzahl der Gewichte und damit der Dimensionen des weight space steigt schon mit dem Quadrat und diese Anzahl steigt dann noch einmal exponentiell...

daß man nicht weiß, wo sich jener Punkt im weight space (= jene Gewichtskonfiguration) befindet (i.e., w_{ideal}), in dem der Fehler minimal ist (i.e., ein Minimum in der error surface). Aus dem Gradienten kann man jedoch zumindest die Richtung, die in ein mögliches (wahrscheinliches) lokales oder globales Minimum führt, erfahren. Aus dem Gradienten läßt sich auch das Δw berechnen[11], das In-/Dekrement, um das die einzelnen Gewichte verändert werden müssen. Dieser Vorgang der Berechnung des Gradienten und der Addition des In-/Dekrements Δw wird wiederholt, die Gewichtskonfiguration verändert sich *inkrementell* und erzeugt, wenn sie im Minimum der error surface angelangt ist, keinen oder einen minimalen Fehler im output. Mann kann diesen Vorgang mit einem "Herabgleiten" auf der error surface vergleichen – man versucht, durch dieses "Herabgleiten" in ein Minimum der error surface zu geraten, was das Erreichen des Lernzieles bedeutet. Die Probleme des "Hängenbleibens" in lokalen Minima und technische Details wollen wir hier nicht behandeln, da es uns im erster Linie um das prinzipielle Verständnis geht, und wie man all das in unsere epistemologischen Probleme einbetten kann. Interessant ist lediglich, daß ein Fehler in der (a)-Dynamik (siehe voriger Abschnitt; i.e., spreading activations) zu einer Veränderung in der (b)-Dynamik (i.e., synaptische Plastizität) führt und durch deren Veränderung reduziert/eliminiert werden kann.

Auch in diesem Falle gilt es, einen Art *Gleichgewichtszustand* zu erzeugen: im Grunde geht es nämlich darum, ein Equilibrium zwischen Umwelt, die in Form eines Lehrers, der ein externes feedback gibt, und der neuronalen Dynamik zu etablieren – dieses ist dann erreicht, wenn der durch den Lehrer festgestellte Fehler (oder das interne Fehlermaß) durch die Gewichtsveränderung *minimiert* wurde. Der Allgemeinheit halber muß hier hinzugefügt werden, daß ein neuronales System ja nicht nur ein, sondern eine ganze Reihe von Mustern erlernen muß – i.e., es muß für all diese Assoziationen ein Gleichgewicht geschaffen werden. I.a.W., das Verhalten des Netzwerkes muß nicht nur den Fehler, der bei einer Assoziation gemacht wird, minimieren, sondern muß durch seine Gewichtskonfiguration alle Fehler, die bei den Assoziationen der verschiedensten Mustern auftauchen, *zugleich* auf einem Minimum halten. In jedem Fall ist jedoch *keinerlei* Abbild oder abbildende Strukturübereinstimmung zwischen Umwelt und den Gewichten zu finden. Die einzelnen Werte der synaptischen Gewichte entstehen durch *graduelle* und *inkrementelle* Veränderungen, die mittels eines mehr oder weniger gerichteten trial-&-error Mechanismus[12] vorgenommen werden. Das Ziel dieser Vorgänge besteht darin, daß die durch die Gewichte verkörperte Dynamik in der Umwelt adäquates Verhalten erzeugt.

Lern- resp. Adaptationsvorgänge dieser Form (in neuronalen Systemen) sind *Konstruktionsprozesse*, bei denen durch Veränderung der Gewichte (versuchsweise) die Relationen zwischen input, inneren Zuständen und output des Systems verändert werden – all dies führt zu einer Veränderung des extern beobachteten Verhaltens und damit zu einer Veränderung des dem neuronalen System unterstellten Wissens. Diese Konstrukte (in Form von veränderten physischen Relationen zwischen Akti-

---

[11]In diesem falle handelt es sich um einen *Vektor*, dessen Komponenten die Veränderungen der einzelnen Gewichte angeben.

[12]Die *Gerichtetheit* dieses Mechanismus hängt auch vom Einfluß des externen Lehrers und von der Form des feedbacks ab.

vierungsmustern) werden durch die Verhaltensgenerierung *erprobt*; i.e., durch das tatsächliche Durchströmen von Aktivierungen und die Konfrontation des Systems mit einem aktuellen Umweltkontext entsteht – determiniert durch die Dynamik, die die aktuelle Konfiguration der Gewichte vorgibt – Verhalten (i.e., eine Form von *"Externalisierung"* der internen Konstrukte). Über die Sensoroberfläche des Systems werden die Resultate dieses Verhaltens an das neuronale System zurückgeleitet (feedback), wo der Miß-/Erfolg "geprüft" wird. Je nach dem werden die Gewichte weiter verändert oder so belassen – es handelt sich also um einen trial-&-error Prozeß, in dem durch Externalisierung der internen Konstrukte (i.e., des "Wissens zur Umweltbewältigung", welches durch Relationen in den synaptischen Gewichten physisch realisiert ist) diese probeweise auf die Umwelt zur Manipulation dieser angewandt werden. Die synaptischen Gewichte sind *Verkörperungen* dieser Konstrukte, die so lange aufrechterhalten werden, bis sie nicht mehr das notwendige adäquate Verhalten erzeugen. Eine Veränderung der Umwelt- oder der internen Bedingungen ist oftmals der Auslöser, daß das generierte Verhalten nicht mehr "paßt" und der trial-&-error Vorgang des Suchens nach der adäquaten Gewichtskonfiguration von neuem beginnt.

Zur *biologischen Plausibilität* der hier diskutierten Lernmechanismen und -konzepte, die eigentlich aus dem Bereich der künstlichen neuronalen Systeme und der Systemtheorie/Kybernetik stammen, sei folgendes gesagt: wenn hier von künstlichen neuronalen Systemen oder von PDP-Netzwerken die Rede ist, so muß man sich ganz klar vor Augen führen, daß es sich um äußerst *abstrakte* Konzepte und Modelle natürlicher neuronaler Systeme handelt. Trotz ihrer Abstraktheit repräsentieren sie dennoch die *prinzipiellen Merkmale*, die für ein natürliches neuronales System charakteristisch und typisch sind: i.e., Parallelität, hoher Vernetzungsgrad, Verteiltheit, die selbe Form der Verarbeitung, synaptische Gewichte, Aktivierungsausbreitung, etc. *Lernen* und *synaptische Plastizität* sind eine der größten noch un-/halbgelösten Probleme der aktuellen empirischen Neurowissenschaften; über sie herrscht noch relativ viel Spekulation und Unklarheit. Die hier vorgeschlagenen Mechanismen, die sich eigentlich in ihrer grundlegenden Form auf die Konzepte *D.O.Hebb's* [HEBB 49] zurückführen lassen, scheinen jedoch nicht nur aus der Sicht der computational neuroscience recht aussichtsreich, sondern auch aus der Perspektive der experimentellen Neurowissenschaften; die Phänomene der *Long Term Potentiation (LTP)* und der *Long Term Depression (LTD)* (*Levitan* et al. [LEVI 91], *Bliss* et al. [BLIS 73], *Douglas* et al. [DOUG 75], *Wigstrom* et al. [WIGS 88], *Brown* et al. [BROW 90], *Singer* [SING 90], *Hawkins* et al. [HAWK 84], *Nicoll* et al. [NICO 88], *Dudai* [DUDA 89], u.v.a.) scheinen nach ähnlichen Prinzipien zu funktionieren, wie die von *Hebb* vorgeschlagenen Mechanismen (i.e., vereinfacht gesprochen, Verstärkung der synaptischen Gewichte/Verbindungen bei häufigem Gebrauch und vice versa).

Das Zurückpropagieren eines Fehlersignals, wie es beim backpropagation Lernmechanismus vorgeschlagen wird, ist in biologischen Systemen jedoch höchst *unplausibel*. Wie wir anhand einiger Beispiele aus den letzten Kapiteln gesehen haben (VOR, etc.), ist das *Ergebnis* dieses Prozesses oft recht hilfreich für weitere empirische Untersuchungen. Error back propagation ist daher kein guter Erklärungsmechanismus für Lernprozesse selbst, aber es erzeugt Gewichtskonfigurationen (i.e., eine bestimmte Repräsentation), die in natürlichen Systemen durchaus plausibel sind. Wie bereits angedeutet, scheint jedoch das allgemeine Konzept der *Hebb* rule auch in natürlichen neuronalen Systemen zur Anwendung zu kommen, weshalb diese Vorstellung der synaptischen Plastizität durchaus seine Berechtigung als Erklärungsmechanismus besitzt.

Im Kontext der biologischen Plausibilität stellt sich auch die interessante Frage, ob man nicht auch die *räumliche* Dimension neuronaler Systeme bei der Simulation mit einbeziehen sollte. In den Modellen des Parallel Distributed Processing (Konnektionismus) handelt es sich um abstrakte Verarbeitungselemente (units), die nach einem bestimmten Muster miteinander verbunden sind – deren Anordnung im 3-dimensionalen Raum ist jedoch für das Modell völlig *irrelevant* und bleibt unberücksichtigt. Räumliche Verhältnisse und Relationen spielen jedoch bei der Entwicklung und der synaptischen Veränderung des neuronalen Systems eine zentrale Rolle; man denke etwa an das Auswachsen von spines, an growth cones, an chemisch geleitetes Wachsen von Axonen, etc. [LEVI 91, KAND 91, CHUR 92, DUDA 89]. In all diesen Prozessen hängt es entscheidend davon ab, an welchem *Ort* sich diese Vorgänge abspielen, in welche räumliche Richtung sie sich bewegen, welche Neuronen räumlich benachbart sind, etc. Es scheint daher fraglich, ob man diesen Aspekt bei der Simulation künstlicher neuronaler Systeme (und vor allem ihrer Adaptationsprozesse) außer acht lassen soll/darf. Die Wahrscheinlichkeit, daß etwa zwei näher beisammen liegende Neuronen einen synaptischen Kontakt bilden ist wegen ihrer räumlichen Nachbarschaftsverhältnisse viel größer als zwischen zwei entfernten Neuronen. Dieser Aspekt fällt in konnektionistischen Netzwerken völlig unter den Tisch, da es nur um die logisch/abstrakte Verbindungsstruktur geht. Eine andere Frage, die im Kontext der biologischen Plausibilität interessant und wichtig erscheint, betrifft das Problem der Berücksichtigung der *kausalen, chemischen* und *physikalischen* Vorgänge, die in natürlichen Neuronen und ihrer Interaktion mit dem restlichen Körper und der Umwelt vor sich gehen. Der Zellmetabolismus oder der Energiehaushalt eines Neurons etwa können u.U. wichtige Parameter auch in der Frage der Repräsentation sein – die Berücksichtigung dieser Ebene würde einen Schritt in die Richtung der "purely causal story" (PCS, siehe Kapitel 3) bedeuten. Der in dieser Arbeit verfolgten Perspektive der Verkörperung von Wissen in physischen Strukturen scheint dieser Schritt entgegenzukommen – wie bereits angedeutet, müssen wir auf umfassendere Simulationen auf dieser Ebene jedoch aus technologischen und methodologischen Gründen noch warten.

Abschließende Überlegungen

Die synaptischen Gewichte und die aus ihnen geformte Architektur des natürlichen oder künstlichen neuronalen Systems müssen als *zentrale Kandidaten* für das *Repräsentationssubstrat* in kognitiven Systemen angesehen werden. Sie sind für die Generierung/Repräsentation der *Verhaltensdynamik* verantwortlich und damit für das Wissen, welches dem System unterstellt wird. Diese Unterstellung beruht auf der Beobachtung des (externen) Verhaltens und auf einer Form der *Projektion* durch den/die Beobachter/in in das beobachtete System. Beim Lernen (auch das ist eine Unterstellung) findet eine adaptive physische Veränderung der synaptischen Gewichte statt; diesen Prozeß kann man als *konstruktiven trial-&-error* Vorgang charakterisieren, in dem die Relationen, die für die Generierung der Verhaltensdynamik verantwortlich sind, verändert werden. Das Repräsentationssubstrat wird *versuchsweise* einer *Veränderung* unterzogen und das darin repräsentierte/verkörperte Wissen durch Verhalten *externalisiert* und in der Umwelt *erprobt*. Je nach Miß-/Erfolg werden die Gewichte weiter adjustiert/adaptiert, so lange, bis sie zur Generierung adäquaten (funktional passenden) Verhaltens fähig sind. In diesem Sinne hat Lernen in neuronalen Systemen sehr *wenig* mit der traditionellen Form von "Speicherung" (z.B. Ablegen eines Wertes auf eine bestimmte Variable, Erstellung von Listen, etc.) zu tun – es handelt sich vielmehr um einen *inkrementellen, kumulativen, adaptiven* und *konstruktiven* Zugang zum Problem der "Wissensfixierung". Das repräsentierte Wissen (zur Umweltbewältigung) ist freilich in keiner Weise fix – vielmehr ist es an die Dynamik der ständigen physischen Veränderungen im neuronalen Substrat gebunden (vgl. auch die Gleichsetzung des repräsentierten Wissens mit der Struktur des neuronalen Substrates).

Im Grunde handelt es sich beim Lernen um einen rekursiven und inkrementellen Vorgang: die Veränderung der Gewichte baut immer auf der bereits vorhandenen Gewichtskonfiguration auf und plötzliche starke Veränderungen sind unwahrscheinlich. In diesem Sinne sind neuronale Systeme in bezug auf ihr Adaptations-/Lernverhalten *konservativ* – es wird versucht, das bereits "Erworbene" so lange als möglich zu bewahren und nur durch kleine versuchsweise Veränderungen zu einer Verbesserung zu gelangen. Es handelt sich um *rekursive* Vorgänge, da das Ergebnis eines Lernschrittes immer zugleich Ausgangspunkt für den darauffolgenden Schritt ist – i.a.W., die aktuelle Architektur/Gewichtskonfiguration (als Resultat früherer Lernprozesse) wird im darauffolgenden Lernschritt als Operand auf *sich selber angewandt*. Die repräsentationale Beziehung zwischen der Umwelt und dem Repräsentationssubstrat der Gewichte ist eine *generative* und eine der *funktionalen Passung*. Das Konzept der funktionalen Passung kann auch so verstanden werden, daß bestimmte Randbedingungen durch eine Funktion erfüllt werden müssen. Diese Randbedingungen sind einerseits durch die Dynamik der Umwelt und andererseits durch die Systemparameter und ihre Dynamik determiniert (i.e., interne Notwendigkeiten zur Aufrechterhaltung des Überlebens resp. des internen Gleichgewichtes). Die Synaptischen Gewichte repräsentieren *eine mögliche* Funktion/Transformation, die den input und den aktuellen inneren Zustand in ein Verhalten transformieren, das *funktional* in diese Randbedingungen *paßt*. In einem Bild kann man dieses Verhalten als einen Schlüssel interpretieren, der in das Schloß (der Umwelt) paßt. Es geht um das Aufsuchen eines Equilibriums resp. eines homöostatischen Zustandes zwischen Umwelt und Repräsentationssystem mittels eines *trial-&-error* Verfahrens. Das Konzept des Fehlers oder der "Differenz" zwischen einem idealen oder gewünschtem Zustand spielt eine zentrale Rolle für den Prozeß des Lernens – er ist ein Maß für die Notwendigkeit der Veränderung der (neuronalen) physischen Repräsentationsstruktur, die in weiterer Folge eine Veränderung zu einem (hoffentlich) funktional passenden (adäquaten) Verhalten nach sich zieht.

9 Neuronale Systeme und Repräsentation

Dieses Kapitel ist in zwei Teile gegliedert: im ersten Teil gehen wir auf ein (eher praktisches) Beispiel für Repräsentation in rekursiven neuronalen Systemen ein: die *Repräsentation von zeitlichen Sequenzen*. Dies dient der Veranschaulichung des Konzeptes der *Verkörperung* von Wissen in (rekursiven) neuronalen Strukturen. Im zweiten Abschnitt wenden wir uns einem *theoretischen* Problem zu: es geht darum, welche Kandidaten als *Substrat* für Repräsentation in neuronalen Systemen in Frage kommen und welche Funktion und Rolle sie in diesem Kontext spielen. Wir werden uns bei dieser – auf dem Wissen und der Argumentation der vorangegangenen Kapiteln aufbauenden – Diskussion einer *Analogie* aus der Informatik bedienen, die uns schon einmal recht gute Dienste geleistet hat, nämlich des Konzeptes des finiten Automaten. Unsere bisherigen Überlegungen werden in diesem Abschnitt integriert und einer Synthese zugeführt.

9.1 Verkörperung zeitlicher Sequenzen

In diesem Abschnitt wird das Konzept der *Verkörperung* von Wissen in (rekursiven) neuronalen Strukturen anhand eines Beispiels im Detail diskutiert – wir gehen von folgender Überlegung aus: die synaptischen Gewichte verkörpern in ihrer physischen Struktur eine bestimmte Verhaltensdynamik, welche wir als Beobachter/innen als die Repräsentation eines bestimmten Wissens bezeichnen. Dies soll anhand der Repräsentation von zeitlichen (Aktivierungsmuster-)Sequenzen und rhythmischer Muster in rekursiven neuronalen Systemen demonstriert werden. Wie wir aus den vorigen Kapiteln wissen, besitzen rekursive neuronale Architekturen eine *innere Dynamik*, die durch die rekursive Interaktion des inputs mit den *inneren (Aktivierungs-)Zuständen* entsteht. Weiters haben wir gesehen, daß rekursive Architekturen über verschiedene Arten von *Stabilitäten* resp. *Attraktoren* verfügen. Es sind genau diese Attraktoren, die dazu imstande sind, Sequenzen von Aktivierungsmustern zu speichern, zu generieren, zu erkennen, etc. Im Falle von limit cycles handelt es sich um zyklisch wiederkehrende Aktivierungsmuster, die dazu herangezogen werden können, *Sequenzen von Verhalten* oder *rhythmische Verhaltensweisen* zu generieren. Die meisten Verhaltensweisen eines kognitiven Systems sind entweder durch zeitliche Sequenzen oder rhythmische Muster von Muskelaktivierungen bedingt, da Verhalten in den aller wenigsten Fällen nur das Resultat eines stimulus-response Prozesses ist. Man denke an die vielfältigsten Verhaltensweisen, wie Schwimmen, Gehen, Kauen, Herz- und Atemrhythmus, Fliegen, Bewegung der Arme, Verdauung, etc. In all diesen Fällen wird eine *Sequenz von Aktivierungs-*

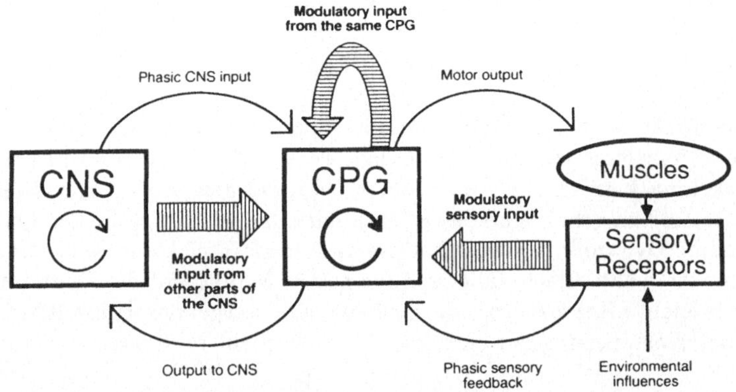

Bild 9.1 Central pattern generator (CPG) im Rückenmark und seine Interaktion mit dem Gehirn und den Muskeln (aus P.S.Churchland et al., 1992).

vektoren in eine Sequenz von Motoraktivierungen (meist in Form von Kontraktion einzelner Muskeln) und damit in ein globales durch eine/n externen Beobachter/in feststellbares Verhalten umgewandelt. Die Dynamik, die zur Ansteuerung der einzelnen Muskeln notwendig ist, ist durch die rekursive Architektur oder, genauer gesagt, durch die *Gewichtskonfiguration*, die diese Architektur bedingt, *verkörpert*. Die synaptischen Gewichte erzeugen im "symbiotischen" Zusammenspiel mit den aktuellen Aktivierungen die Sequenzen von Aktivierungsmustern zur Ansteuerung der Muskeln.

Im *Rückenmark* befinden sich eine große Anzahl solcher rekursiver Netzwerke (allerdings weitaus komplexerer Natur [KATZ 90, CHUR 92]) – diese werden zur Ansteuerung der einzelnen Muskeln (in bestimmten Sequenzen) zur Erzeugung komplexer Bewegungen verwendet. Sie werden *central pattern generators (CPG)* genannt [CHUR 92, KAND 91]. Sie funktionieren in hohem Maße unabhängig vom Gehirn – i.e., es genügt, daß sie durch einen einmaligen input oder durch eine bestimmte Stimulation *angestoßen* werden und sie laufen selbständig und ohne weiteren input ab. Man kann zeigen, daß, wenn man einer Katze das Gehirn vom Rückenmark abtrennt und ihr Gewicht unterstützt, sie weiter typische Gehbewegungen ausführen kann, obwohl sie keinen input mehr vom Gehirn erhält [CHUR 92]. Mit dem Wissen aus den vorangegangenen Kapiteln läßt dies darauf schließen, daß es im Rückenmark rekursive neuronale Architekturen geben muß, die durch die rekursive Interaktion mit den inneren Zuständen diese rhythmischen Bewegungen erzeugen können. Das Gehirn hat lediglich *modulatorischen* Einfluß; i.e., es steuert diese Kreisläufe insofern an, als es sie "in Bewegung setzt", anstößt, ein bestimmtes Muster aufmoduliert – in unserer Terminologie bedeutet dies, daß durch das Gehirn ein bestimmter zyklischer Attraktor selektiert wird und das System in diesen Attraktor hineinfällt und zyklische Aktivierungsmuster, die durch das Motorsystem in zyklische Bewegungen transformiert werden, erzeugt.

In Abbildung 9.1 ist die Interaktion zwischen dem Gehirn, einem central pattern

generator und den Muskeln dargestellt; man kann sehen, daß der CPG im Rücken-
mark durch inputs aus dem Gehirn (CNS) moduliert wird, aber auch feedback
Information von den Muskeln, die er ansteuert, erhält. All diese Einflüsse steuern
und *modulieren* den rekursiven Kreislauf der Aktivierungsmuster in der rekursiven
Architektur des Rückenmarks. Das Gehirn muß sich nicht mehr um die "Details" der
Ansteuerung der einzelnen Muskeln kümmern – es genügt, das rekursive Netzwerk
(CPG) im Rückenmark durch einen modulierenden input anzustoßen, sozusagen einen globalen "Befehl" zu geben, und das Rückenmark bewerkstelligt die Detailarbeit
durch seine interne Dynamik. Umwelteinflüsse und das feedback aus Sensoren (z.B.
in den Muskeln, etc.) haben ebenfalls modulierenden Einfluß auf die Dynamik des
CPG; sie führen leichte Korrekturen, die sich aus den "aktuellen" Umweltgegebenheiten, die in der Ansteuerung der einzelnen Muskeln nicht berücksichtigt wurden,
ergeben, durch.

Verschiedene Gangarten, wie man sie etwa von Pferden oder Hunden kennt, sind
das Resultat der rekursiv interagierenden Aktivierungen in den CPGs. Man kann
zeigen, daß es sich um rhythmische Muster handelt, die zyklisch wiederholt werden. Durch das Gehirn wird der CPG angesteuert (moduliert) und eine bestimmte
Gangart ausgelöst, die dann so lange abläuft, bis ein anderes Modulationssignal
aus dem Gehirn kommt. Rekursive neuronale Architekturen, wie wir sie in den
vorigen Kapiteln diskutiert haben, sind das ideale Substrat für die Verkörperung
dieser zyklischen Prozesse – wir müssen uns jedoch klar vor Augen halten, daß sich
die verschiedenen Gangarten in *ein und dem selben* neuronalen System realisieren
lassen. I.e., ein Netzwerk ist fähig, verschiedene Gangarten zu "repräsentieren".
Das Verfallen in eine bestimmte Gangart kann man mit der Selektion einer bestimmten Trajektorie/Attraktor, die zu einem *limit cycle* führt, erklären. I.a.W.,
jeder Gangart ist ein bestimmter *Attraktor* zugeordnet – wird dieser durch ein bestimmtes input-Aktivierungsmuster vom Gehirn ausgewählt, so durchläuft man eine
zyklische Folge von Aktivierungsmustern, welche zu einer zyklischen Bewegung (z.B.
einer bestimmten Gangart) führt.

9.2 Neuronale Systeme, finite Automaten und Repräsentation

Um die in den vorigen Kapiteln diskutierten Vorschläge und Beispiele für Konzepte
der Wissensrepräsentation in neuronalen Systemen auf den Punkt zu bringen und
zusammenfassend darzustellen, bedienen wir uns in diesem Abschnitt des methodischen "Kunstgriffes" einer *Analogie* resp. einer *Transformation*: i.e., in einem ersten
Schritt soll eine Analogie zwischen neuronalen Systemen und *finiten Automaten* hergestellt werden – es stellt sich heraus, daß es sich hier nicht bloß um eine "lockere"
Analogie handelt, sondern um eine theoretisch gerechtfertigte und fundierte (isomorphe) Transformation zwischen zwei Theoriegebäuden. Wir werden dies tun, um
dem Problem der Repräsentation in neuronalen Systemen näher zu kommen und
um es in einer besseren Weise verstehen zu können. Folgende methodische Strategie

werden wir in diesem Abschnitt verfolgen: durch Überführung resp. Transformation des Problems (der Wissensrepräsentation in neuronalen Systemen) in eine andere Domäne (i.e., in die informatische Domäne der Automatentheorie) hoffen wir, daß wir einige Charakteristika besser aufzeigen, verstehen und eine Erklärung resp. Theorie für unser ursprüngliches Problem in dieser Domäne vorschlagen können. Der Sinn dieser Transformation besteht darin, daß durch diese strukturerhaltende Überführung in eine anderen Domäne zwar die Struktur des Problems erhalten bleibt, jedoch durch diese Transformation neue Kategorien sichtbar werden, die in der ursprünglichen Domäne nur implizit vorhanden waren – anhand dieser neuen Facetten könnte man zu neuen Antworten eines alt bekannten Problems kommen. Da es sich um eine quasi-isomorphe Transformation handelt, kann man diese neuen Antworten ohne große Schwierigkeiten wieder in die ursprüngliche Domäne (der neuronalen Systeme) zurückprojizieren und dort anwenden. Die bereits ausführlich diskutierten Konzepte des *activation* und *weight space* werden uns in dieser Transformation hilfreiche Dienste leisten.

Ausgangspunkt unserer Überlegungen ist das Problem, daß wir gesehen haben, daß wir aus diversen Gründen die traditionellen Vorstellungen und Konzepte von Repräsentation (z.B. Abbildung, stabile Referenzbeziehung, etc.) in rekursiven Architekturen aufgeben mußten. I.a.W., wir können in rekursiven neuronalen Systemen keine expliziten Repräsentationen a la GOFAI oder *Fodor* u.a. finden. I.e., wir können keine (über die Zeit stabile) iso-/homomorphe Relation zwischen den Entitäten, Phänomenen, Objekten, Strukturen, etc. der Umwelt und den Strukturen des neuronalen Substrates mehr finden. Einer der Gründe dafür ist sicherlich auch darin zu sehen, daß es keineswegs mehr ganz sicher ist, *was* überhaupt das Repräsentationssubstrat in (rekursiven) neuronalen Systemen ist – im Laufe der Diskussion stellte sich heraus, daß es mehrere mögliche Kandidaten für die Rolle des Repräsentationssubstrates gibt. Wahrscheinlich können wir nicht einen einzelnen Kandidaten isolieren; vielmehr sieht es so aus, als ob es das *Zusammenspiel* verschiedener Repräsentationsentitäten ist, das die gesamte Repräsentationsfähigkeit eines neuronalen Systems ausmacht. Diese Problematik ist Gegenstand dieses Abschnittes.

Anstelle der Abbildungsrelation haben wir die Konzepte der funktionalen Passung und des Generierens (adäquaten) Verhaltens gesetzt. Das Vokabular der internen neuronalen Repräsentation erlaubt uns nicht mehr, von Symbolen oder Abbildungen, die manipuliert werden, zu sprechen, sondern nur mehr von (neuronalen) Strukturen, deren – durch die Organisation z.B. der synaptischen Gewichte determinierten Dynamik – dafür verantwortlich ist, adaquates (funktional passendes) Verhalten zu erzeugen. Dennoch muß es eine Beziehung zwischen Umwelt und Repräsentationssystem geben, die wir in diesem Abschnitt genauer untersuchen wollen. Beginnen wir der Einfachheit halber mit der Untersuchung neuronaler Systeme mit *feed forward* Architektur – hier findet sich zumindest eine stabile *Korrespondenz* zwischen Ereignissen, Phänomenen, Zuständen, etc. der Umwelt und Zuständen im neuronalen System: i.e., ein bestimmter Umweltstimulus/-zustand wird durch das Sensorsystem in ein Aktivierungsmuster umgewandelt (Transduktion), welches an die input-units/-Neuronen angelegt wird. Durch den bereits ausführlich diskutierten Mechanismus der Gewichtung, Integration, Weiterleitung etc. der Aktivierung durch die einzelnen Neuronen/units breiten sich diese Aktivierungen im Netzwerk aus (spreading activations). Da es sich um eine feed forward Architektur handelt, ist die Ausbreitung der Aktivierungen nur auf *eine* Richtung beschränkt: i.e., von den input units hin zu den output units. Es kommt also zu keiner Interaktion mit inneren Zuständen, da diese in Richtung des outputs "hinausgeschoben" werden.

Da es zu keinerlei Interaktion zwischen dem input und den Zuständen, die sich zu früheren Zeitpunkten im Netzwerk befunden haben, kommt, können wir im feed forward Fall eine *homomorphe Korrelation* zwischen den Umweltereignissen und den Aktivierungsmustern herstellen (wenn ein bestimmter Stimulus über mehrere Zeitzyklen konstant an den input angelegt wird[1]). I.e., ein bestimmtes Aktivierungsmuster im neuronalen System korrespondiert immer mit einer bestimmten *Klasse* von Umweltzuständen/-stimuli. Durch nicht-Linearitäten im Transduktionsprozeß und im Laufe der neuronalen Verarbeitung können unterschiedliche externe Stimuli zu einer Klasse von Aktivierungsmuster kollapieren (genau dies wird bei *Klassifikationsnetzwerken* ausgenutzt). Aus dieser Dynamik ergibt sich auch, daß ein bestimmter externer Stimulus *immer* ein und das selbe Aktivierungsmuster verursacht (sobald er die bereits im Netzwerk befindlichen Aktivierungen beim output "hinausgeschoben" hat) – im Falle rekursiver Netzwerke ist diese stabile Beziehung in keiner Weise gegeben, da die Folgezustände nicht nur alleine vom input, sondern im selben Maße auch vom aktuellen inneren Zustand abhängig sind. Im Falle von feed forward Netzwerken gibt es zwar auch so etwas wie einen inneren Zustand – dieser hat jedoch *keinerlei* rückwirkende/rekursive Wirkungen auf die durch die input units hereinkommenden Aktivierungen.

In feed forward Architekturen können wir also festhalten, daß es zumindest ein Repräsentationskorrelat im traditionellen Sinne gibt: bestimmte Aktivierungsmuster referieren (unter bestimmten Umständen, wie daß z.B. der input eine Zeit lang konstant gehalten werden muß) stabil auf eine Klasse von Umweltzuständen. In diesem Sinne kann man sagen, daß *Aktivierungsmuster* das *Substrat* für die *aktuelle Repräsentation* darstellen. Eine Eigenschaft, die aus der traditionellen Perspektive recht wichtig erscheint, müssen wir jedoch auch in den meisten Fällen der feed forward Architektur aufgeben: das Konzept der *linguistic transparency* (*A.Clark* [CLAR 89]). I.e., die Annahme einer isomorphen Relation zwischen (a) Phänomenen, Objekten, Ereignissen, etc. der Umwelt und sprachlichen/semantischen Kategorien und (b) zwischen diesen sprachlichen/semantischen Kategorien und den "eigentlichen Repräsentationskategorien" im natürlichen oder künstlichen kognitiven System (i.e., Symbole, Regeln, Aktivierungen, etc.). Diese Kategorien können in den einzelnen Aktivierungen *nicht* mehr oder nur mehr durch sehr hohen Aufwand und in "künstlichen Situationen", wie z.B. einem symbolischen input/output code, gefunden werden.

Das bedeutet, daß wir unseren Repräsentationsträgern (i.e., den einzelnen Aktivierungen) – im Gegensatz etwa zu Symbolsystemen – *keine* explizite sprachliche

---

[1] Genau dann sind alle vorangegangenen Aktivierungen aus dem Netzwerk "*hinausgeschoben*" und der Aktivierungszustand des gesamten Netzwerkes verändert sich trotz ständigen updates *nicht* mehr.

Bezeichnung mehr zukommen lassen können. Ein bestimmter Aktivierungszustand eines bestimmten Neurons kann in verschiedenen Kontexten (z.B. bei unterschiedlichen Nachbaraktivierungszuständen) verschiedene "Bedeutung" haben. I.a.W., betrachten wir nur den Wert einer einzelnen Komponente des Aktivierungsvektors, so kann man aus dieser einzelnen Aktivierung *nicht* darauf zurückschließen, was gerade in diesem System repräsentiert wird. Lediglich das *gesamte Aktivierungsmuster* hat die zuvor erwähnte Eigenschaft der eindeutigen (homomorphen) Referenzbeziehung zwischen Umwelt und Repräsentationssystem. Diese Form der Repräsentation nennt man *distributed representation* oder *subsymbolische* Repräsentation (z.B. *Smolensky* [SMOL 88]) – im besten Fall ist es möglich, dem gesamten Aktivierungsmuster eine sprachlich explizite Bedeutung zuzuordnen. In bezug auf die Repräsentationseigenschaften der Aktivierungen in feed forward Architekturen können wir also folgende Punkte festhalten: (a) es existiert eine stabile Referenzbeziehung zwischen dem *gesamten* Aktivierungsmuster und den Umweltzuständen, (b) bei einzelnen Aktivierungen ist diese jedoch nicht mehr gegeben, da eine bestimmte Aktivierung einer/s bestimmten unit/Neurons an verschiedenen Gesamtaktivierungen und damit an verschiedenen Repräsentationen beteiligt sein kann, und (c) die linguistische Transparenz muß in neuronalen Systemen in fast allen Fällen zugunsten einer verteilten/subsymbolischen Repräsentation aufgegeben werden. Eine Frage bleibt freilich noch offen: welche repräsentationale Funktion haben die *synaptischen Gewichte*, die ja in der Generierung des Verhaltens eine zentrale Rolle spielen? In welcher Beziehung stehen die Gewichte/Synapsen/Architektur zur Umwelt? Sie sind das Substrat für die Dynamik und daher für die *Verhaltensgenerierung* des Netzwerkes – es läßt sich keine direkte (im Sinne von referentiellen) Relation/Beziehung zur Struktur der Umwelt finden; einzig die abstrakte Form einer "*generativen*" Beziehung, welche sich auf die funktionale Passung des generierten Verhaltens bezieht, ist in den Gewichten realisiert.

Wie wir bereits in den vorangegangenen Kapiteln gesehen haben, müssen wir in *rekursiven* neuronalen Systemen auch das – zuvor noch für feed forward Systeme gerettete – Konzept der homomorphen Relation zwischen Klassen von Umweltzuständen und Repräsentationszuständen aufgeben. Folgende Gründe sind dafür verantwortlich: in einem rekursiven Netzwerk gibt es *rekursive* (Rück-)Verbindungen, die zu einem internen feedback und internen Rückwirken von Aktivierungen führen. Aus diesen Rückverbindungen ergibt sich, daß sich jedes rekursive System zu jedem Zeitpunkt in einem *inneren* Zustand (im Falle von neuronalen Systemen ist dies ein Aktivierungszustand) befindet, der auch auf die durch die inputs hereinkommenden Aktivierungen *zurückwirkt*[3] und zugleich teilweise das Resultat der Verarbeitung früherer inputs ist. Durch diese Rückverbindungen kommt es zu einer *Interaktion* von internen Aktivierungen mit den input Aktivierungen, was dazu führt, daß der Folgezustand des Systems nicht alleine vom input, sondern auch von den aktuellen internen Aktivierungen abhängig ist – es liegt also eine doppelte Abhängigkeit für die Berechnung des Folgezustandes vor. Als Implikation kann man keinen isolier-

---

[2]Dies ist der *prinzipielle Unterschied* zwischen feed forward und feedback Systemen: im feed forward Fall hat der aktuelle Aktivierungszustand *keine* Rückwirkung auf die hereinströmenden Aktivierungen.

ten Aktivierungszustand als "repräsentativ" für einen bestimmten Umweltzustand angeben; ein und derselbe Umweltzustand kann – abhängig vom aktuellen inneren Zustand – unterschiedliche Folgezustände im neuronalen System verursachen. Wir müssen also die stabile homomorphe (abbildende) Relation zwischen Klassen von Umweltzuständen und Aktivierungsmustern aufgeben.

Es erhebt sich nun die Frage, ob wir im rekursiven Fall überhaupt ein Substrat für Repräsentation (im traditionellen Sinn) finden können. In neuronalen Systemen mit feed forward Architektur mußten wir bereits das Konzept der linguistic transparency aufgeben. Nun kommt die m.E. noch viel weitreichendere Aufgabe einer stabilen Referenzbeziehung zwischen Umweltzuständen und Repräsentationszuständen (i.e., Aktivierungsmustern) hinzu. Der verzweifelte Versuch, diese beiden für die Vorstellung von Repräsentation sehr wesentlichen Konzepte aufrecht zu erhalten, muß spätestens an diesem Punkt scheitern. Es stellt sich die Frage, ob man nicht vielmehr nach einer/m *alternativen Auffassung/Konzept* von Repräsentation suchen sollte, anstatt ständig zu versuchen, z.B. neuronale Phänomene in traditionelle repräsentationstheoretische Muster hineinzupressen. Auf dem Weg durch diese Arbeit sind wir dieser Aufforderung im Grunde schon die ganze Zeit nachgekommen und haben vier Konzepte/Prinzipien als die Grundpfeiler dieser alternativen Auffassung ausgemacht: (a) konstruktivistische Auffassung von Wissen und Repräsentation, (b) funktionale Passung, (c) generative (anstelle abbildender) Beziehung zur Umwelt und (d) neurobiologische Plausibilität. In den folgenden Abschnitten werden diese Punkte konkretisiert und zueinander in Beziehung gesetzt, um zu einem einheitlichen Verständnis von Repräsentation in neuronalen Systemen und in weiterer Folge in Sozietäten, Sprache, Kultur und Wissenschaft zu gelangen.

9.2.1   Kandidaten für das Repräsentationssubstrat

Wissen ist im physischen Substrat und der Organisation des Nervensystems und des restlichen Körpers *verkörpert*. Das physische Repräsentationssubstrat ist einerseits das neuronale System (mit seiner Dynamik) und andererseits seine Eingebettetheit in die Köperstruktur. Bisher haben wir zwei mögliche "*Repräsentationsräume*" kennengelernt:

(i) *activation space. Aktivierungen/Aktivierungsmuster*, die sich als ein Punkt im activation space darstellen lassen, kann man als "*aktuelle Repräsentationen*" charakterisieren: sie sind einerseits durch die Ereignisse, Dynamik und Stimuli aus der *Umwelt* getriggert und durch die vorangegangene *Geschichte* der Aktivierungen bestimmt und andererseits durch die aktuelle *Konfiguration der synaptischen Gewichte* determiniert.

(ii) *weight space.* Ein bestimmtes Netzwerk mit einer bestimmten Gewichtskonfiguration kann als ein Punkt im weight space dargestellt werden. Die Gewichtskonfiguration repräsentiert/verkörpert das "intrinsische Wissen" des Netzwerkes – i.e., Wissen, welches zur *Generierung von (adäquatem) Verhalten zur Umweltbewältigung* notwendig ist. I.a.W., das *Transformationswissen*, welches die Verarbeitung von input und aktuellem inneren Zustand vornimmt und den output in Form von Verhalten (i.e., Motoraktionen) erzeugt. Die Gewichtskonfiguration determiniert die

Trajektorien im activation space und damit die Attraktorlandschaft und damit das nach außen hin gezeigte Verhalten des Systems – i.a.W., die Werte der synaptischen Gewichte repräsentieren/verkörpern die gesamte *Dynamik* des neuronalen Systems. Eine *Veränderung* der Konfiguration der Gewichte führt zu einem Wandern des Punkts im weight space. Mit jeder Veränderung der Gewichte verändert sich die Trajektorienstruktur im activation space. Diese Veränderung im Verhalten wird von einem/r externen Beobachter/in auf eine Veränderung des repräsentierten Wissens zurückgeführt, weshalb er/sie dem System unterstellt, es habe "gelernt".

Wir haben gesehen, daß sich anscheinend weder im weight space noch im activation space eines rekursiven neuronalen Systems Merkmale isolieren lassen, von denen man behaupten könnte, daß sie die traditionellen Vorstellungen von Repräsentation (stabile und eindeutige Referenzbeziehung, Abbildungsvorstellung, etc.) erfüllen würden. Wir finden keinerlei linguistische Transparenz (*A.Clark* [CLAR 89]), keine eindeutige Beziehung zwischen einer/m einzelnen unit/Neuron (resp. ihrer/seiner Aktivierung) und (zu repräsentierenden) Umweltphänomenen, da *alle* Neuronen/units an der Repräsentation *aller* Umweltzustände teilnehmen. Wir konnten einem einzelnen *Gesamtaktivierungszustand* (i.e., ein bestimmtes Muster von Aktivierungen) noch am ehesten eine Art von *Repräsentationsfunktion* zuschreiben, ein Repräsentationszustand, der über alle Neuronen/units *verteilt* ist ("distributed representation"). Bei den synaptischen Gewichten begegnen wir einem ähnlichen Phänomen: wir können einem einzelnen Gewicht noch viel weniger eine Repräsentationsfunktion zuschreiben als einem einzelnen Neuron/unit – die Gewichte sind für die *Generierung aller* möglichen Aktivierungsmuster und damit für die Generierung des Verhaltens (und nicht für die Darstellung der Umwelt) verantwortlich. Folgende drei (vier) Kandidaten kommen als *Substrat/Träger* der Repräsentation/Verkörperung der Umwelt, der Umweltbewältigung, der Verhaltensgenerierung, etc. (im Sinne der bereits skizzierten alternativen Repräsentationsvorstellung) in Frage. Die einzelnen Kandidaten schließen sich gegenseitig *nicht* aus, vielmehr scheint es so, als ob die gesamte Repräsentationsfunktion eines neuronalen Systems das Resultat der Interaktion dieser ist:

(i) *Neuronen/units & ihre Aktivierungen.*
Aktivierungen können als Träger der "aktuellen Repräsentation" verstanden werden – sie charakterisieren den aktuellen (Repräsentations-)Zustand des neuronalen Systems. Dieser ist das Resultat des inputs, des davorliegenden Repräsentationszustandes (i.e., "innerer Zustand") und der aktuellen Konfiguration der synaptischen Gewichte. Wir müssen hier ganz klar zwischen zwei Entitäten unterscheiden: das/die Neuron/unit per se und seine/ihre Aktivierung. Das/die Neuron/unit ist das physische Substrat, der Träger, der verschiedene (Repräsentations-)Zustände in Form unterschiedlicher Aktivierungen annehmen kann. Auf der anderen Seite gibt es die *aktuellen Aktivierungen*, die die "Aktivierungsvariable" mit einem Wert füllen – dieser Wert ist jedoch nicht das Resultat eines zentral gesteuerten Algorithmus, der auf diesen Variablen operiert, sondern der Variable selber. Das *Gesamtaktivierungsmuster* hat repräsentationalen Charakter und ist für das "in-Beziehung-Setzen" interner und externer Zustände und die Generierung des Verhaltens

verantwortlich, von dem der/die Beobachter/in auf das "Wissen" zurückschließt, welches diesem System unterstellt wird.

(ii) *Synapsen/Gewichte.*
Weder zwischen einzelnen Gewichten noch zwischen der gesamten Konfiguration der synaptischen Gewichte und den Zuständen der Umwelt ist eine "direkte" (iso-/homomorphe) Relation zu finden. Die synaptische Struktur (Gewichte) ist das Resultat eines inkrementellen *Adaptationsprozesses*, dessen Ziel es ist, über die Regulierung des Flusses der sich ausbreitenden Aktivierungen mittels der Gewichte adäquates Verhalten zu erzeugen. Es besteht also eine *generative Beziehung* zwischen Umwelt und der Struktur der Gewichte (als Repräsentationssubstrat). Diese generative Beziehung ist über das Konzept der *funktionalen Passung* definiert – es geht darum, funktional passendes ("adäquates") Verhalten zu erzeugen; Verhalten, das in die Strukturen der Umwelt paßt resp. diese zu "bewältigen[3]" imstande ist.

(iii) *Trajektorien & Attraktoren.*
Trajektorien und die durch sie definierten Attraktoren können in einem rekursiven Netzwerk noch am ehesten das Kriterium einer iso-/homomorphen Beziehung zwischen Umweltzuständen und Repräsentationszustand (i.e., in diesem Falle ein bestimmter Attraktor) aufrecht erhalten. Ein bestimmter input triggert eine bestimmte Reihe von Aktivierungen; i.a.W., der input selektiert aus der durch die Gewichte und der durch den aktuellen Zustand determinierten Menge der möglichen Folgezustände einen bestimmten Aktivierungszustand. Im activation space bewegen sich die Aktivierungen auf einer *für den input typischen Trajektorie* zumeist auf einen stabilen Zustand (i.e., Fixpunkt, limit cycle, etc.) zu. In diesem Sinne stünde die Trajektorie, die durch den input ausgewählt wurde, in einem repräsentationalen Verhältnis (i.e., ein bestimmter input selektiert immer (s)eine bestimmte Trajektorie, aber nicht notwendigerweise dieselben Aktivierungsmuster) und damit eine bestimmte Gruppe von Attraktoren in einem repräsentationalen Verhältnis zur Umwelt. I.a.W., durch einen bestimmten (unveränderten) input wird eine bestimmte Trajektorie ausgewählt, die zu einem bestimmten Attraktor in Form z.B. eines Fixpunktes oder eines limit cycles führt. Diese Form der Repräsentation ist hochdynamisch, da sie sich stets aus einer *Sequenz* von Aktivierungsmustern zusammensetzt. Außerdem ist in rekursiven Architekturen nicht gewährleistet, daß derselbe input immer in den selben Attraktor führt, da dieser Selektionsprozeß auch vom aktuellen inneren Zustand abhängig ist. Man muß sich darüber im klaren sein, daß – wenn sich das System in unterschiedlichen internen Zuständen befindet und mit ein und demselben input konfrontiert ist – verschiedene Attraktoren selektiert werden können. Es handelt sich jedoch um eine klar abgegrenzte *Gruppe* von Attraktoren, die jeweils auf bestimmte Umweltzustände referieren. Dies bedeutet, daß auch in

---

[3]"Bewältigen" ist in diesem Kontext als "die Dynamik der inneren und äußeren Umwelt so beeinflussen, daß es dem Überleben dient", zu verstehen.

diesem Falle eine stabile und iso-/homomorphe Beziehung zwischen einem bestimmten Attraktor und einem bestimmten Umweltzustand nicht garantiert werden kann.

(iv) *genetische Information/Repräsentation.*
Diese Form der Repräsentation fällt ein wenig aus der Reihe der neuronalen Repräsentation, da sie sich (a) auf einer völlig anderen zeitlichen und (b) strukturellen Ebene befindet. Ihr kommt jedoch eine entscheidende Rolle zu, da sie für die *Basisarchitektur* verantwortlich ist – sie repräsentiert sozusagen die prinzipielle Repräsentationsstruktur des neuronalen Repräsentationssystems. Es handelt sich um eine "third order relation" in bezug auf die Frage der Repräsentation der Umwelt durch ein neuronales System, dessen Ziel darin besteht, adäquates Verhalten zu generieren. Der genetische Code enthält nicht nur die Repräsentation der Grundausstattung des neuronalen Repräsentationssystems, sondern auch z.B. die Repräsentation der notwendigen "*Lernalgorithmen*", welche es dem sich entwickelnden neuronalen System gestatten, aus der Basisarchitektur mittels adaptiver Mechanismen kontinuierlich jene Architektur entstehen zu lassen, welche in unterschiedlichen Umweltkontexten die Dynamik zur Generierung adäquaten Verhaltens zur Verfügung stellt.

9.2.2 Transformation in die Domäne der Automatentheorie

Um das Zusammenspiel dieser verschiedenen Formen und Kandidaten der Repräsentation und ihre Funktion besser verstehen zu können, wenden wir den "methodischen Trick" der Transformation dieses Problembereichs in eine andere Domäne an. Die Domäne der *Automatentheorie* kann uns hilfreiche Dienste zu einem besseren Verständnis der Konzepte der Wissensrepräsentation in neuronalen Systemen leisten. Sehen wir uns deshalb einmal die Prinzipien, die uns diese Domäne zur Verfügung stellt, näher an: das Konzept des *Automaten* stammt aus der Informatik und stellt eines der flexibelsten Werkzeuge zur Darstellung, Simulation, Repräsentation, etc. von Umweltphänomenen und ihrer Dynamik dar. Sie können auf ein Computerprogramm abgebildet und dadurch automatisch ausgeführt und simuliert werden. Folgendes ist die Grundlage jeder Form von *Simulation*: Analyse der Umweltphänomene in ihre einzelnen *Zustände* und *Zustandsübergänge* und Abbildung dieser auf eine automatenähnliche Struktur. Ein Automat besitzt, wie jedes physische System[4], verschiedene *Zustände* (vgl. auch Kapitel 7, verhaltensgenerierender Automat). Simuliert man mittels dieses Automaten Phänomene der Umwelt, so können diese (Automaten-)Zustände bestimmte Umweltzustände repräsentieren (z.B. psychische Zustände eines kognitiven Systems, physische Zustände in biologischen Systemen, mechanische Zustände von Maschinen, Zustände eines Computers, wie z.B. verschiede Bitmuster, etc.). Es besteht also eine Korrespondenz zwischen Umweltzuständen und ihren Übergängen und den Zuständen (und ihren Übergängen) im formalen Konstrukt des Automaten. In Abbildung 9.2 ist solch ein Automat

---

[4]Ein Automat ist ein *theoretisches Konstrukt* der Informatik, das jedoch die Eigenschaften, bestimmte Aspekte und die Dynamik eines physischen Systems (modellhaft) widerspiegeln kann.

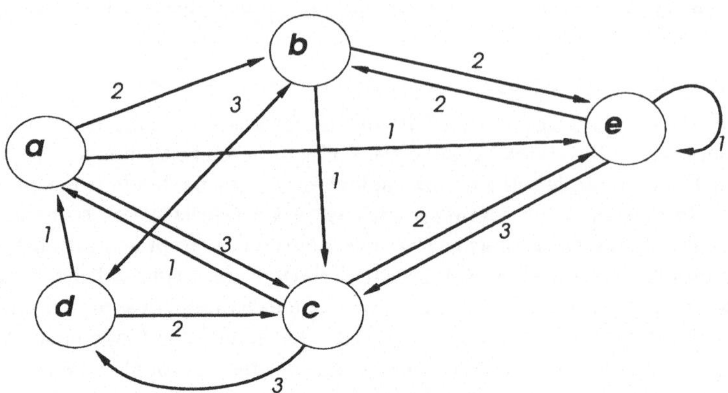

Bild 9.2   Graphische Darstellung eines Automaten.

graphisch dargestellt. Es handelt sich um einen *Graphen*, der aus Knoten und *gerichteten* Kanten besteht. Die Knoten repräsentieren die verschiedenen Zustände des Automaten, die mit den in den Kreisen stehenden Buchstaben bezeichnet sind.

Solch ein Automat kann von einem Zustand in einen anderen Zustand übergehen ("state transition"). Je nachdem, welches (Um-)Weltsystem/-phänomen dieser Automat repräsentiert, kann solch ein Zustandsübergang ein psychischer Zustandsübergang (z.B. Angst ⇒Geborgenheit), ein Zustandsübergang in einem biologischen System (z.B. das Erreichen einer bestimmten Konzentration eines bestimmten Stoffes bewirkt den Übergang in einen Zustand der Produktion eines bestimmten Proteins, etc.), ein Zustandsübergang (zu einem anderen Bitmuster im Speicher) in einem Computer, etc. sein. Der/die Designer/in ist für die *Zuordnung* zwischen Zuständen (und ihren Übergängen) in der beobachteten Umwelt und im abstrakten Raum des Automaten verantwortlich[5]. In den meisten Fällen hat ein bestimmter Zustand nicht nur einen Folgezustand, sondern eine Menge *möglicher Folgezustände*; die möglichen Folgezustände eines bestimmten Zustandes s_i sind durch die gerichteten Kanten, die von diesem Zustand s_i ausgehen, repräsentiert und in Abbildung 9.2 mit Ziffern bezeichnet. Welche Kante letztlich ausgewählt wird, entscheidet sich erst im Laufe der "Konfrontation" des Automaten mit seiner Umwelt; i.a.W., der *input selektiert* eine der möglichen Kanten und entscheidet somit, welcher Folgezustand nun "wirklich" (i.e., in der aktuellen Anwendung des Automaten) eingenommen wird. Die Zustandsübergänge repräsentieren und determinieren die *Dynamik* des Systems/Automaten. Eine (in bezug zu unserer Repräsentationsfrage) wichtige Anmerkung am Rande: ein bestimmter input[6] bewirkt *nicht*

---

[5] Es handelt sich an sich um eine *arbiträre Zuordnung*, in der der/die Designer/in freie Wahl hat, welche Parameter, Beobachtungen, durch Experimente isolierte Zustände, etc. er/sie in die Modellbildung einfließen läßt.

[6] Dieser repräsentiert in der Simulation eines kognitiven Systems ja den aktuellen *Umweltzustand* resp. sein transduziertes Signal.

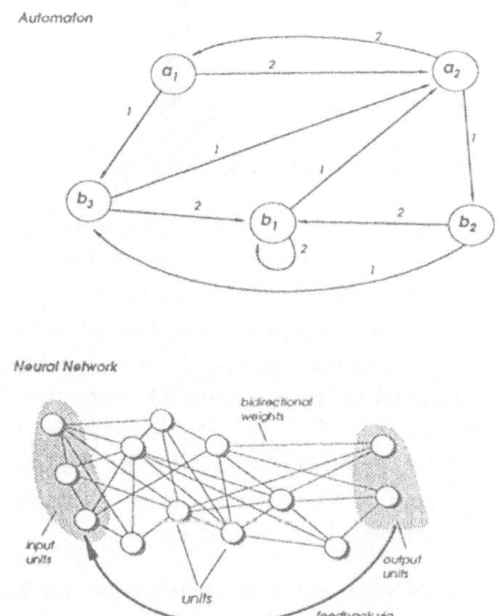

Bild 9.3 *Transformation* eines neuronalen Systems in einen Automaten – hier handelt es sich um einen stark vereinfachten Automaten.

in jedem Falle den Übergang in den selben Zustand. Auch hier tritt das uns bereits bekannte Phänomen auf, daß der Folgezustand von *drei* Faktoren abhängt: (a) vom aktuellen input, (b) vom aktuellen (inneren) Zustand und (c) von der Struktur der Zustandsübergänge (i.e., die Architektur der Kanten).

Automaten stellen den idealen Mechanismus dar, der es erlaubt, Umweltphänomene, Systeme, etc., die sich in Zustände und Zustandsübergänge "zerlegen" lassen, und ihre Dynamik darzustellen, zu modellieren und zu simulieren. Der Vorschlag, der in diesem Abschnitt gemacht wird, besteht darin, *neuronale Systeme* und ihre Dynamik auf diese Mechanismen zu übertragen. *M.Arbib* ([ARBI 87], p 24f) gibt einen mathematischen Beweis für die isomorphe Überführung/Transformation neuronaler Systeme (z.B. konnektionistischer Netzwerke) in einen *finiten Automaten*. Dies ist in Abbildung 9.3 graphisch dargestellt. Das Ziel dieser Transformation besteht darin, ein besseres Verständnis der Dynamik neuronaler Systeme in bezug auf die Repräsentationsfrage zu bekommen.

Es würde zu weit führen und für unsere Frage von nach der Repräsentation in neuronalen Systemen nicht sehr viel bringen, in die Details dieses Beweises zu gehen. Weiter unten wird eine intuitive Überführung dieser beiden Domänen ineinander genauer diskutiert. Hier sei eine Einschränkung festgehalten: diese Isomorphie zwischen der Domäne der neuronalen Systeme und der Automatentheorie bezieht sich lediglich auf neuronale Systeme mit *diskreten* Aktivierungswerten in den Neuronen/units; kontinuierliche Zustände würden eine unendliche Anzahl von Zuständen im Automaten beanspruchen. Diese Einschränkung beschränkt uns jedoch in unserer Frage der Wissensrepräsentation in neuronalen Systemen in keiner Weise, da wir es ja auch bei der *Simulation* neuronaler Systeme automatisch immer nur mit einer "diskreten Annäherung" dieser zu tun haben (und wir uns für einen simulativen Zugang entschieden haben). Weiters nehmen wir an, daß das update des Netzwerkes *synchron* passiert. In einer ersten Annäherung läßt sich diese Transformation eines neuronalen Systems in einen Automaten folgendermaßen charakterisieren:

- es besteht eine isomorphe Beziehung zwischen der Dynamik des neuronalen Systems und jener des Automaten; jeder Aktivierungszustand s_i^n des neuronalen Systems wird eindeutig auf einen Punkt P_i im *activation space* abgebildet. Zwischen den Punkten im activation space und den Zuständen s_i^A des Automaten besteht wiederum eine *eindeutige* Beziehung. Wie man sich sehr leicht an der Menge der Punkte in einem activation space vorstellen kann, ist dieser Automat *sehr groß*. Es gibt also genau so viele Automatenzustände, wie es mögliche Aktivierungszustände des neuronalen Systems gibt. Es besteht eine *bijektive* Zuordnung zwischen diesen beiden Zustandsdomänen – es läßt sich also eine *isomorphe* Relation zwischen diesen beiden definieren.

- in der Domäne der inputs ist ebenfalls eine isomorphe Relation zu finden: die Anzahl der möglichen inputs in den Automaten ist durch das Produkt der möglichen Aktivierungswerte, die die einzelnen input-units/-Neuronen annehmen können, gegeben. I.a.W., alle möglichen k Kombinationen, die die Aktivierungswerte des zu einem Vektor zusammengefaßten inputs annehmen können; angenommen ein Netzwerk verfügt über 5 input-units/-Neuronen, von denen jede/s 3 verschiedene mögliche Werte annehmen kann, so hat der Automat 3^5 mögliche verschiedene inputs. In einem neuronalen System ist dies so realisiert, daß eine Untermenge von units/Neuronen nicht nur Aktivierungen von anderen units/Neuronen empfangen kann, sondern auch aus der Umwelt resp. von Sensoren. Für den Automaten bedeutet dies, daß es für jeden möglichen input (i.e., jedes mögliche input-Aktivierungsmuster im neuronalen System) eine Kante gibt, die den aktuellen Automatenzustand mit einem (anderen) Zustand verbindet. Und dies gilt für *jeden* Zustand des Automaten. I.a.W., von *jedem* Zustand des Automaten s_i^A (i.e., jedem Punkt im activation space) geht ein Bündel von k Kanten aus, wobei k die Anzahl der möglichen inputs ist.

- die *spreading activations* eines Netzwerkes werden durch die *Zustandsübergänge* im Automaten repräsentiert. I.e., der Übergang von einem Aktivierungsmuster auf ein anderes ist durch den Übergang eines Automatenzustandes auf einen anderen realisiert/repräsentiert.

- befindet sich der Automat in einem bestimmten Zustand s_i^A, so ist durch das Bündel der k Kanten, die von diesem Zustand weggehen, bereits die Menge der möglichen Folgezustände determiniert. Der aktuelle input wählt eine dieser Kanten und damit einen Zustand aus der Menge der potentiellen Folgezustände aus. Über mehrere Zeitschritte hinweg ergibt dies eine nachvollziehbare *Trajektorie*: man kann anhand der Kanten, die die tatsächlich eingenommenen Zustände verbinden, die (Verhaltens-)*Dynamik* des Automaten und damit des neuronalen Systems nachverfolgen. In der Terminologie des activation space bedeutet dies, daß wir einer Trajektorie, die durch die Punkte, die die jeweiligen Aktivierungszustände repräsentieren, gegeben ist, folgen können. Auch im activation space geht implizit von *jedem* Punkt ein "Bündel von k Kanten" aus – diese Kanten sind implizit durch die Gewichtskonfiguration für *jeden möglichen Aktivierungszustand* vorgegeben; sie verbinden den aktuellen Zustand P_i mit seinen k potentiellen Folgezuständen, von denen *einer* durch den aktuellen input ausgewählt wird.

Folgende erste Schlußfolgerungen und Übereinstimmungen mit unseren drei zuvor diskutierten potentiellen Kandidaten für das *Repräsentationssubstrat* in neuronalen Systemen lassen sich aus dieser Transformation ziehen:

(i) *Aktivierungen & Aktivierungsmuster.*
In der Automatenanalogie wird noch klarer, daß die Aktivierungen resp. Aktivierungsmuster eines *rekursiven* neuronalen Systems *nicht* im traditionellen Sinne als Repräsentation oder Abbildung verstanden werden können. In dieser Analogie stellt sich klar heraus, daß der Folgezustand eines Automaten zu einem Gutteil auch vom aktuellen Zustand und nicht nur alleine vom input abhängt. I.a.W., wir können einem bestimmten Zustand (i.e., einem Aktivierungsmuster) keine repräsentationale Eigenschaft im traditionellen Sinne zuschreiben (i.e., ein bestimmter Zustand referiert nicht eindeutig und stabil auf einen bestimmten Umweltzustand, durch den er ausgelöst wurde). Dies bedeutet, daß *keine* isomorphe, nicht einmal eine homomorphe Beziehung zwischen aktuellem Umweltzustand (= input) und (internen) Automatenzustand gewährleistet ist. Ein bestimmter Umweltzustand ruft nicht notwendiger Weise einen bestimmten (Repräsentations-)Zustand im Automaten und daher auch nicht im neuronalen System (i.e., einen eindeutigen Aktivierungszustand, ein eindeutiges Aktivierungsmuster)[7] hervor.

(ii) *synaptische Gewichte.*
Die Konfiguration der Gewichte ist implizit in der Struktur der Kanten des Automaten repräsentiert. Diese Kanten sind, ebenso wie die Gewichte, für die *Dynamik* des Systems verantwortlich, indem sie die Abfolge der Zustände des Automaten determinieren (i.e., die Trajektorien im activation space). Im Automaten wird diese in den Gewichten implizit verkörperte Dynamik durch die Architektur der Kanten explizit. In diesen Kanten ist ebensowenig eine abbildende/referentielle Funktion zu finden, wie in den synaptischen Gewichten – der *generative* Aspekt steht klar im Vordergrund. Die Kanten sind nicht in erster Linie für die Darstellung/Repräsentation/Abbildung der Umwelt da, sondern sie sind vielmehr für die Generierung adäquaten *Verhaltens* verantwortlich. Was bedeutet Lernen/Adaptation resp. die Veränderung der

---

[7] Wir können diese Implikation/Transformation von der Domäne der Automaten *zurück* in die Domäne neuronaler Systeme durchführen, da wir gezeigt haben, daß es eine *isomorphe/umkehrbar eindeutige* Beziehung zwischen diesen beiden Domänen gibt.

Gewichte in dieser Analogie? Wir haben gesehen, daß eine Veränderung der Verbindungsstärken zwischen den Neuronen/units zu einer veränderten Verhaltensdynamik führt. Dies läßt darauf zurückschließen, daß sich die Struktur, die für die Generierung der Dynamik verantwortlich ist, verändert hat. In einem Automaten ist diese verhaltensgenerierende Struktur die Architektur der Kanten. Verändern sich die Gewichte eines neuronalen Systems, so impliziert dies eine neue Kantenstruktur im Automaten – die Zustände bleiben die selben, lediglich die sie verbindenden Kanten verändern sich. I.a.W., es entsteht ein neuer Automat mit einer neuen Verhaltensdynamik. Die Trajektorienlandschaft, die durch die Kantenstruktur determiniert ist, wird dadurch ebenfalls umgestaltet.

(iii) *Trajektorien & Attraktoren.*
Einer Trajektorie im activation space entspricht einer Folge von Zuständen im Automaten. Der aktuelle input wählt aus der Menge der potentiellen Folgezustände des aktuellen Zustandes einen Zustand aus – diese Auswahl ergibt über mehrere Zeitschritte eine Trajektorie durch das Kantengeflecht des Automaten. Das Netzwerk, ebenso wie der Automat, erhält *immer* einen input: auch wenn "kein" input anliegt, so ist dies ein "neutraler" Stimulus oder z.B. ein "0"-Vektor, der ebenso wie alle anderen inputs eine bestimmte Trajektorie auswählt – dieser "neutrale" Stimulus unterscheidet sich qualitativ *nicht* von allen anderen inputs. Dies "entzaubert" auch die die Spontaneität sog. spontaner Verhaltensweisen: neutrale, konstante oder "keine" Stimuli wählen genau so wie alle anderen Stimuli ständig eine Trajektorie aus und halten die Dynamik des rekursiven neuronalen Systems in Gang. Liegt über längere Zeit ein *konstanter* input an, so kann der Automat in einen *stabilen Zustand* übergehen: in Abbildung 9.3 sind die beiden Formen der Stabilität zu finden: (a) *Fixpunkt*: der Zustand "b_1" bei input "2"; (b) *limit cycle*: z.B.: die Zustandsfolge "$a_2, b_2, b_3, a_2, \ldots$" bei input "1" oder "$a_2, a_1, a_2, \ldots$" bei input "2". Wie man in der Automatendarstellung sehen kann bewirkt eine Veränderung des inputs eine Veränderung der Trajektorie resp. des aktuellen stabilen Zustandes. Wie bereits angedeutet, könnten Attraktoren u.U. Kandidaten für das "Repräsentationssubstrat" fungieren – wie man jedoch anhand der Abbildung 9.3 sehen kann, ist eine stabile iso-/homomorphe Beziehung zwischen Umweltzustand (=input) und einer bestimmten Attraktor auch hier nicht garantiert (angenommen der input ist "2": abhängig, in welchem Ausgangszustand z.B. "a_1" oder "a_2" sich der Automat befindet, wird durch denselben input eine unterschiedliche Trajektorie und damit ein unterschiedlicher Attraktor ausgewählt). Man kann daher nur sagen, daß eine bestimmte *Gruppe* von Attraktoren auf einen bestimmten Umweltzustand referiert.

Auch in der Automatenanalogie sieht keiner der drei möglichen Kandidaten sehr vielversprechend aus, daß er die Kriterien der traditionellen Repräsentationsvorstellung erfüllen könnte – ein weiterer Hinweis, diese Vorstellung von Repräsentation in neuronalen Systemen aufzugeben. Das in dieser Arbeit im Kontext der computational neuroepistemology vorgeschlagenen Alternativkonzept könnte man am ehesten als *"Repräsentation ohne Repräsentationen*[8]*"* charakterisieren [PESC 94]. Das Verhalten des neuronalen Systems/Automaten ist durch dessen *interne Dynamik* (i.e., Gewichts-/Kantenstruktur) determiniert. Diese stellt jedoch *keine* Abbildung der Umwelt dar, sondern hat sich *adaptiv* und *inkrementell* so entwickelt, daß sie fähig ist, durch das "in-Beziehung-Setzen" von internen und externen Zuständen (über die synaptische Struktur) *funktional passendes* Verhalten zu generieren. Die Umweltstimuli (i.e., die Zustände in der Umwelt) haben lediglich *auslösende/selektierende* Wirkung auf die interne Dynamik des neuronalen Systems/Automaten – sie können keinen bestimmten (Aktivierungs-)Zustand erzwingen, wenn er nicht in der Menge der potentiellen Folgezustände des aktuellen Zustandes enthalten ist. I.a.W., ohne Wissen über den aktuellen (inneren) Zustand und die Kanten-/Gewichtsstruktur kann man keine sichere Aussage über den Folgezustand eines rekursiven (neuronalen) Systems machen. Dies ist auch der Grund, warum Aktivierungsmuster und Trajektorien in rekursiven Systemen keine abbildende/referentielle Funktion haben können.

Auch im Falle des Automaten ist das Wissen "implizit" in der Kantenstruktur repräsentiert/verkörpert – es ist kein Wissen "über" die Umwelt, sondern Wissen zur *Bewältigung/Beeinflussung/Kontrolle* dieser. Dieses Wissen wird durch die aktuellen inputs *explizit* gemacht, indem sie verschiedene Trajektorien und damit verschiedene Verhaltensformen auslösen. Der Vorteil der Automatendarstellung besteht darin, daß man das implizit in den synaptischen Gewichten des neuronalen Systems repräsentierte Wissen durch die Kantenstruktur explizit gemacht hat. Durch diese explizite Kantenstruktur wird noch deutlicher, daß der input lediglich eine *Selektion* aus der vorgegebenen Menge der möglichen Folgezustände durchführt. I.a.W., die Kantenstruktur determiniert die möglichen Folgezustände, nicht alleine der input. Dies bedeutet, daß durch die Konfiguration der Gewichte implizit jedem Zustand die Menge der "zulässigen" Folgezustände zugeordnet wird.

Aus dieser Automatenanalogie wird auch die heikle Frage des Zusammenspiels von *Einfluß der Umwelt vs. Autonomie des neuronalen Repräsentationssystems* (resp. des Automaten) klarer: einerseits besitzt der Automat resp. das rekursive neuronale System eine ganz klar definierte interne Dynamik, die durch die Gewichtskonfiguration/Kantenstruktur gegeben ist – sie determiniert den *Raum* der *Möglichkeiten*, innerhalb derer sich die Dynamik bewegen kann. I.a.W., durch die Kanten/Gewichte sind alle möglichen Zustandsübergänge und damit die mögliche Dynamik im *vorhinein* festgelegt[9] – man könnte sie, wie bereits angedeutet, in einem (state) transition table tabellarisch zusammenfassen, quasi das "Programm", das durch eine Sequenz von inputs angestoßen, ausgeführt wird. Die Kantenstruktur repräsentiert eine Form eines Rasters, innerhalb dessen sich die Dynamik zu bewegen hat, indem es die Möglichkeiten *aller* Zustandsübergänge festlegt. Andererseits wird aus diesen Folgezuständen *durch den aktuellen Umweltzustand* (i.e., durch den in eine neuronale Aktivierung transduzierten Stimulus) ein ganz bestimmter Zustand (i.e., jener, dessen Kante für den input "verantwortlich" ist) *ausgewählt*. Nicht direkt der Folgezustand wird durch den input selektiert, sondern eine ganz bestimmte *Trajektorie*

---

[8] Im traditionellen Sinn.
[9] Unter der Annahme, daß (vorerst) *nicht gelernt* wird.

(i.e., die Kante mit der Bezeichnung des aktuellen inputs), die zu dem Folgezustand führt. Dies bedeutet, daß wenn ein bestimmter input i_1 eine bestimmte Trajektorie (mit der Bezeichnung "i_1") selektiert, damit noch *nicht* das Gelangen in einen bestimmten (Aktivierungs-)Zustand gesichert.

Aus dieser Perspektive ist m.E. auch *H.Maturanas* Begriff der *Strukturdeterminiertheit* besser zu verstehen [MATU 70, MATU 72, MATU 75, MATU 78, MATU 80, MATU 82]. Die *Umwelt* hat insofern *Einfluß* auf das kognitive (neuronale) System, als sie aus den *durch das System determinierten Möglichkeiten* der Dynamik eine bestimmte Trajektorie *auswählt*. Die Umwelt hat jedoch *keinen* direkten Einfluß auf die Struktur und Dynamik (i.e., auf die Kantenstruktur) des Systems[10]. I.e., durch die Umwelt kann das System *nicht* in einen bestimmten Zustand bewegt werden, der durch die Gewichtskonfiguration/Kantenstruktur und den aktuellen Zustand nicht zulässig ist. Wie wir gesehen haben, kann die Umwelt insofern Einfluß auf die Dynamik (i.e., auf die Gewichtskonfiguration) nehmen, als durch *adaptive Prozesse der Gewichtsveränderung* (oder auch durch phylogenetische Prozesse) sich die Dynamik des neuronalen Systems verändert. Beim ontogenetischen Lernen ist aber dazuzusagen, daß auch in diesem Fall der Raum der möglichen Veränderungen der Basisarchitektur (und ihre Erweiterungsmöglichkeiten) durch den Lernvorgang bereits vorgegeben ist, also wiederum durch die Systemeigenschaften (z.B. genetisch) determiniert ist.

Dies hat interessante Implikationen auf das Wissen, welches dem neuronalen System unterstellt wird: da wir das Wissen mit der physischen Struktur und Dynamik des neuronalen Systems gleichsetzen, ergibt sich, daß sich das System durch seine Eigenschaften (Kantenstruktur, Gewichtskonfiguration, Lernprozesse, etc.) die *Grenzen des Wissens* und seiner Dynamik *selbst* definiert. Die Umwelt ist lediglich *Auslöser*, der einen aktuellen "Pfad durch den Dschungel der vorhandenen Möglichkeiten (in Form von durch Gewichte/Kanten determinieren Zustandsübergängen)" selektiert. Der Raum der Möglichkeiten ist jedoch durch das *System selbst* determiniert[11]. Es existiert also ein relativ "ausgeglichenes" Verhältnis zwischen dem Einfluß der Umwelt und der Autonomie des kognitiven (neuronalen) Systems; einerseits können wir dadurch die solipsistische Position und andererseits die (naiv) realistische Position ausschließen. Das kognitive System hat m.E. eine leicht dominante Rolle, da es determiniert, was überhaupt an Möglichkeiten "zugelassen" wird. Man vergleiche das Beispiel mit dem einfachen Organismus aus Abschnitt 8.2.3: wenn kein Sensor z.B. für Lichtquellen vorhanden wäre, so hätte Licht keinerlei Einfluß/Wirkung auf die Dynamik des Systems. Freilich ist diese Dominanz der Autonomie des Systems aus der Perspektive der Evolution ein wenig zurückzunehmen, da die Umwelt in den Adaptationsprozessen zwar nicht direkt formend beteiligt war, jedoch die Randbedingungen klar vorgegeben hat. Das System selbst bestimmt die (Über-)Lebensbedingungen und die Umwelt stellt diese (in Form von

---

[10]Dies ist wieder unter der Annahme, daß (vorerst) *nicht gelernt* wird.

[11]Hier ist natürlich anzumerken, daß das neuronale System – im Falle, daß es sich um ein natürliches System handelt – das Resultat eines *evolutiven/adaptiven Prozesses* ist und daher seine Struktur ("sein Raum der Möglichkeiten") mit der Umwelt *indirekt* zusammenhängt ("third order relation").

Randbedingungen) zur Verfügung oder nicht. Es obliegt der Dynamik der Phylo- und Ontogenese, ob sich der Organismus (resp. seine Spezies) adaptiert oder nicht.

Die Umweltzustände sind in ihrer transduzierten Form als input Aktivierungen *Operatoren*, die aus dem durch die Gewichtskonfiguration/Kantenstruktur vorgegebenen Raum der Dynamik des Systems auswählen/selektieren. Dies widerspricht der traditionellen Vorstellung, daß auf den Repräsentationen der Umwelt operiert wird – die Umweltrepräsentation (in Form von input Aktivierungen) ist in rekursiven Systemen nicht mehr Operand, sondern *Operator*.

Ein weiteres Problem, das man in der Untersuchung eines rekursiven neuronalen Systems nur schwer sehen kann, wird in der hier vorgeschlagenen Automatenanalogie sichtbar: normalerweise schließen wir vom *Verhalten*, das wir als externe Beobachter/innen feststellen können, auf den inneren Zustand, auf die Dynamik, auf das repräsentierte Wissen, etc. des beobachteten kognitiven Systems. Aus der Perspektive eines Automaten ist dies *methodisch nicht* mehr haltbar; betrachten wir noch einmal Abbildung 9.3, so sehen wir, daß der Automat über zwei Gruppen von Zuständen verfügt: all jene Zustände, die mit "a" (i.e., $a_1, a_2 \ldots$) und jene, die mit "b" (i.e., $b_1, b_2, \ldots$) gekennzeichnet sind. Diese beiden Gruppen der Zustände unterscheiden sich insofern, als alle "a-Zustände" *ein* bestimmtes *extern* beobachtbares Verhalten und alle "b-Zustände" ein *anderes* hervorrufen. I.a.W., obwohl die Zustände "b_1" und "b_2" für den Automaten unterschiedliche Zustände darstellen, werden sie von dem/der externen Beobachter/in als ein und das selbe Verhalten interpretiert/festgestellt. Es ist also unzulässig, vom beobachteten Verhalten auf einen bestimmten inneren Zustand zurückzuschließen. Dies bedeutet, daß sich ein weiteres Moment der Unsicherheit in unserer Untersuchung rekursiver neuronaler Prozesse auftut.

Im Falle neuronaler Systeme impliziert dies, daß ein bestimmtes Verhalten eines kognitiven System nicht mehr als eindeutiger Indikator für einen bestimmten Aktivierungszustand und damit für einen bestimmten Repräsentationszustand herangezogen werden kann. Die nach außen hin als Verhalten feststellbaren outputs eines kognitiven Systems sind lediglich eine *Untermenge* der gesamten möglichen (internen) (Aktivierungs-)Zustände. I.a.W., verschiedene interne Zustände (i.e., Aktivierungsmuster) können ein und das selbe output Muster und damit ein identisches extern beobachtbares Verhalten erzeugen. An dieser Stelle tritt uns wieder einmal ein *methodisches Problem* der *Psychologie* entgegen – ein Problem, das wir mittels dieser Darstellung leicht entlarven können: zumeist wird in der (folk) Psychologie vom extern beobachteten Verhalten (seien es reine Verhaltensbeobachtungen, gesprochene Protokolle, etc.) auf die sog. "psychischen Zustände[12]" zurückgeschlossen – eine Vorgehensweise, die spätestens aus dieser Perspektive zumindest hinterfragt, wenn nicht aufgegeben werden sollte. Mit dem selben Argument lassen sich ebenfalls fast alle propositionalen Ansätze, die GOFAI, etc. entlarven: Sprache ist das Resultat einer sehr langen Kette von *internen* Prozessen, die, obwohl zwei sprachliche Äußerungen identisch sind, nicht unbedingt identisch sein muß[13]. I.a.W., unterschiedliche in-

---

[12] Diese sollen wohl auf so etwas ähnliches wie "*Repräsentationszustände*" referieren.
[13] Im Extremfall denke man an die unterschiedlichen internen Repräsentationszustände bei der

terne Prozesse können zu gleichen sprachlichen Äußerungen führen. Dem Denken propositionalen Charakter und Symbolmanipulation als Substrat der Verarbeitung zu unterstellen, ist also zumindest aus dieser Perspektive nicht gerechtfertigt.

Abstrakt gesprochen, gibt es eine isomorphe Beziehung zwischen den Aktivierungsmustern der output units und dem extern beobachteten Verhalten; es gibt jedoch nur eine *homomorphe* Beziehung zwischen den Aktivierungsmustern der output units/Neuronen und jenen der restlichen Neuronen. Die Menge der "restlichen Aktivierungen" wird durch die Möglichkeiten der output-Aktivierungsmuster in "Äquivalenzklassen" geteilt – jede dieser Klassen entspricht einem extern unterscheidbaren Verhalten; das, was der/die Beobachter/in zu sehen bekommt, sind diese Klassen, nicht jedoch die einzelnen sie konstituierenden internen Zustände. I.a.W., verschiedene Aktivierungsmuster in den hidden- und input units können ein und dasselbe output Muster (= Verhalten) erzeugen. Einige Implikationen, die sich aus diesen Überlegungen ergeben, seien in den folgenden Punkten aufgelistet:

(a) Ein kognitives System, welches mit einer rekursiven Architektur ausgestattet ist, kann man *keinesfalls* als ein simples *stimulus-response* System verstehen. (b) In einer rekursiven Architektur ist das Rückschließen vom extern beobachteten Verhalten auf das in der neuronalen Architektur repräsentierte Wissen im Grunde nicht gerechtfertigt, da verschiedene interne Zustände oft für ein und dasselbe Verhalten verantwortlich sein können (vgl. "unterscheidbar" in den hidden units und "nicht unterscheidbar" in den output units). (c) Ein und dasselbe Verhalten[14] kann durch verschiedene Stimuli hervorgerufen werden. (d) Ein und derselbe Stimulus kann verschiedene Verhaltensweisen erzeugen/hervorrufen, da diese auch von den Aktivierungen des hidden layers (i.e., "innerer Zustand") abhängig sind. (e) Unterschiedliche Zustände können für ein und dasselbe Verhalten verantwortlich zeichnen; unterschiedliches Verhalten kann jedoch *nicht* durch identische Aktivierungsmuster in den hidden units erzeugt werden.

Aus dieser Betrachtung schwindet die Hoffnung auf das Auffinden einer Korrespondenz zwischen einem bestimmten Umweltzustand und einem bestimmten Zustand im Repräsentationssystem resp. einem Aktivierungszustand (im Sinne einer stabilen Abbildung/Referenz) noch mehr. Eine andere Lehre, die wir aus dieser Automatenanalogie ziehen können, betrifft die Frage der *Informationsverarbeitung/Berechnung* in neuronalen Systemen: aus dieser Analogie können wir neuronale Systeme als Systeme verstehen, die ihr Verhalten durch *Zustandsübergänge* generieren. Diese Zustandsübergänge sind in neuronalen Systemen im Substrat der synaptischen Gewichte/Verbindungen verkörpert. Der aktuelle input selektiert einen Zustandsübergang aus der durch die Gewichte vorgegebenen Menge. Der aktuelle Zustand ist immer das Resultat dieser Selektionsgeschichte – er erfüllt eine *rekursive Funktion*: es handelt sich hier nicht um eine Funktion, die einfach den input auf einen output abbildet, sondern die in ihre Berechnung immer auch noch zusätzlich zum aktuellen input das Resultat ihrer vorangegangenen Berechnungen (i.e.,

---

Äußerung einer Lüge.

[14]Wenn in diesem Kontext von *Verhalten* die Rede ist, so bedeutet dies immer extern beobachtbares Verhalten, welches sich in einem bestimmten Aktivierungsmuster in den output units manifestiert.

innerer Aktivierungszustände) mit einbezieht. Das Resultat (i.e., der Aktivierungszustand) zum Zeitpunkt $t + \varepsilon$ ist immer vom Aktivierungszustand zum Zeitpunkt t und vom aktuellen input $i(t)$ abhängig. Wir haben es also mit einem "hochhistorischen" resp. *geschichtsgeladenen* System zu tun – jeder Aktivierungszustand ist das Resultat seiner Vorgänger und der selektierenden inputs.

Diese Aussage läßt sich in der Automatenanalogie sehr einfach nachverfolgen: da sich ein Automat immer in einem bestimmten Zustand befindet, von dem k Kanten weggehen (mit k=die Anzahl der möglichen input Kombinationen), selektiert ein bestimmter input eine dieser Kanten und damit einen Folgezustand. Von diesem Zustand gehen wieder k Kanten weg, von denen der nun aktuelle input einen neuen Zustand selektiert, etc. Befindet sich das System in einem anderen Ausgangszustand, so ist es recht unwahrscheinlich, daß das System trotz desselben inputs in denselben Folgezustand gerät. Hier wird die *Abhängigkeit* solch eines Systems von seiner *Aktivierungsgeschichte* deutlich. Jeder Aktivierungszustand in einem neuronalen System ist Resultat dieser Geschichte – die Sequenz der inputs legt eine nicht verwischbare Trajektorie (Pfad) durch den activation space (zumindest, wenn man nicht zufällig in einen schon einmal vorhandenen Aktivierungszustand fällt).

Konsequenzen

Was können wir aus diesem Abschnitt und dieser Analogie für abschließende Konsequenzen bezüglich unserer Repräsentationsfrage ziehen? (i) Die endgültige Aufgabe der Vorstellung des Abbildungskonzeptes in neuronalen Repräsentationsmechanismen – wir können kein (abbildendes) Korrelat in neuronalen Strukturen finden. I.a.W., es gibt keine "idetifyable states" oder Entitäten, die stabil auf einen Umweltzustand referieren resp. diesen repräsentieren (und durch diesen erzeugt werden). (ii) Als Alternative haben wir das Konzept der *"Repräsentation ohne Repräsentation(en)"* eingeführt, in dem der Aspekt der Generierung *funktional passenden Verhaltens* im Vordergrund steht. (iii) Neuronale Verarbeitung und Repräsentation ist einem hoch dynamischen look-up table ähnlich. Die möglichen Aktivierungszustände des activation space können auf einen Automaten abgebildet werden. In diesem sind die möglichen Zustandsübergänge durch Kanten repräsentiert, die durch den aktuellen input selektiert werden. (iv) Rekursive Systeme sind in bezug auf ihren Aktivierungszustand in höchstem Maße *geschichtsgeladen*. (v) Die auf ausschließlich externer Verhaltensbeobachtung basierende Interpretation von Wissensrepräsentation ist aus der Perspektive rekursiver neuronaler Systeme *nicht* mehr sinnvoll und nicht gerechtfertigt; i.e., der Rückschluß vom beobachteten Verhalten auf das repräsentierte Wissen und auf den internen Aktivierungs-/Repräsentationszustand ist aus dieser Sicht nicht mehr haltbar. (vi) Es besteht eine *generative* Beziehung zwischen den Umweltzuständen, -randbedingungen, der Umweltdynamik und dem neuronalen Repräsentationssubstrat. Dieses ist durch das "symbiotische Verhältnis" zwischen Aktivierungszuständen und den synaptischen Gewichten charakterisiert. (vii) I.e., es besteht eine starke Interaktion in bezug auf die Frage der Repräsentation zwischen der Dynamik der Aktivierungen und der Struktur (aber auch der Dynamik) der Gewichte. Die Aktivierungsausbreitung (i.e., die Zustandsübergänge im Automaten) ist durch die aktuelle Gewichtskonfiguration (Kantenstruktur) determiniert. Der Miß-/Erfolg des dadurch erzeugten Verhaltens hat Einfluß auf die kontinuierliche Veränderung der Gewichte (i.e., Veränderung der Kantenstruktur im Automat).

An dieser Stelle wird uns die *epistemologische* Dimension dieser eher theoretischen und systemtheoretischen Überlegungen klar – betrachten wir neuronale Systeme aus solch einer Perspektive, so bekommen wir eine alternative Sicht des Repräsentationsproblems und können z.B. die Unplausibilität des Abbildungskonzeptes in neuronalen Systemen oder der propositionalen Ansätze der Psychologie, AI, etc. besser verstehen. Die von der computational neuroepistemology vorgeschlagene Integration von naturwissenschaftlichen Ansätzen mit epistemologischen Theorien und simulativen Methoden erlaubt (fordert sogar) solch eine Sichtweise, die eine Klärung für diese schwierigen Fragen bringen kann.

Die hier vorgeschlagene Alternative ist ein Ansatz der "Repräsentation ohne Repräsentationen" (im traditionellen Sinne) – es geht darum, Stabilität innerhalb und zwischen dem kognitiven System und der Umwelt zu erzeugen, trotzdem es sich bei beiden Systemen um hochdynamische Entitäten handelt. I.a.W., ein kognitives System versucht, Kontrolle, Vorhersagekraft, etc. über die Umwelt, in der es lebt, zu erlangen, indem es mittels trial-&-error Strategien die Grenzen seines Repräsentationsraumes und jene der Umweltdynamik zu "erforschen" sucht und seine Repräsentationsstrukturen (zur Umweltbewältigung) so lange verändert, bis sie adäquates (i.e., funktional passendes) Verhalten erzeugen. Eine abschließende Bemerkung zu der in diesem Abschnitt vorgeschlagenen Automatentransformation: ein Automat ist ein ideales Repräsentationsmedium, in dem Umweltzustände und Umweltdynamiken modelliert resp. simuliert werden können. Was wir bei der Transformation eines neuronalen Systems auf einen Automaten gemacht haben, war eine Transformation eines *Repräsentationssystems* (nämlich des neuronalen Repräsentationssystems) auf ein anderes Repräsentationssystem (nämlich jenes des Automaten). Die Zustände des Automaten repräsentieren also in erster Linie das neuronale System und nicht so sehr das Wissen, von welchem gesagt wird, daß es im neuronalen System repräsentiert werde. Implizit ist dieses Wissen natürlich auch in diesem Automaten repräsentiert, es handelt sich jedoch um eine Repräsentation *zweiter Ordnung*. Bei der Simulation eines neuronalen Systems in einem Computer handelt es sich um ein ähnliches Verhältnis: nicht in erster Linie das Wissen, welches im neuronalen System repräsentiert ist, ist im Computer repräsentiert, sondern vielmehr die Strukturen des neuronalen Systems selber (die durch ihre Struktur und Dynamik ebenfalls eine Form von Wissen *implizit* repräsentieren/verkörpern, welche uns eigentlich interessiert). Dies ist m.E. ein weiterer drastischer Unterschied zu Symbolsystemen, bei denen das "Wissen selber" (i.e., die Symbole) im Computer repräsentiert werden und nicht so sehr das Repräsentationssystem.

10 Perzeption, Konstruktion und Repräsentation

> ”... *Wir wissen, daß sich das Leben ebenso in die un-*
> *menschlichen Weiten des Raumes wie in die unmenschlichen*
> *Engen der Atomwelt verliert, aber dazwischen behandeln wir*
> *eine Schichte von Gebilden als die Dinge der Welt, ohne uns*
> *im geringsten davon anfechten zu lassen, daß das bloß*
> *die Bevorzugung der Eindrücke bedeutet, die wir aus einer*
> *gewissen mittleren Entfernung empfangen.*”
> *R.Musil*, Der Mann ohne Eigenschaften, p 527 (Teil I)

Nachdem der Fokus der vorigen Kapitel auf den Repräsentationseigenschaften des *neuronalen Systems* gelegen ist, werden wir uns in diesem Kapitel ausführlich mit der Frage der Repräsentation und Konstruktion von Wissen in der *Peripherie* beschäftigen – wenn in diesem Kontext von ”Peripherie” die Rede ist, so ist immer das Sensor- resp. das Motorsystem eines neuronalen Systems gemeint, also jene Teile des kognitiven Systems, welche das *Interface* zur Umwelt darstellen. Ebenso stellt die gesamte körperliche Struktur und deren Organisation ein nicht zu vernachlässigendes Substrat, klare Einflüsse und Randbedingungen in der Repräsentationsfrage dar (”Verkörperung des Wissens”). Wie wir sehen werden, kommt besonders dem *Sensorsystem* eine *zentrale Stellung* bei der *Konstruktion* des Wissens im jeweiligen kognitiven System zu. Anhand von einigen Beispielen aus der Neurowissenschaft wird diese Konstruktionsleistung im Detail demonstriert – es stellt sich heraus, daß evolutive Prozesse eine unerwartet wichtige Rolle in diesem Kontext spielen. Folgenden Weg werden wir in diesem Kapitel einschlagen: im ersten Teil werden wir uns die Prozesse des Sensor-, Motorsystems und der Transduktion theoretisch und aus epistemologischer Perspektive ansehen. Im zweiten Teil liegt der Schwerpunkt auf der Übertragung dieser theoretischen Überlegungen auf Beispiele aus der Neurowissenschaft – dabei wurden zwei Sensorsysteme ausgewählt, bei denen man diese Phänomene nicht erwarten würde.

10.1 Die Repräsentationale Funktion der Peripherie

Führen wir uns noch einmal die Ausgangssituation und die momentane Position, die wir bisher argumentiert haben, vor Augen: im Grunde geht es um die *Integration sensorischen inputs* mit *motorischem output*. Diese Integration ist durch einen *neuronalen Mechanismus* realisiert, welcher die notwendigen *rekursiven Transformationen* vornimmt – i.e., es findet eine rekursive Transformation der durch die Sensoren hereinströmenden inputs (input Aktivierungen) unter Berücksichtigung des aktuellen internen Aktivierungszustandes in Aktivierungsmuster, die Motorsignale erzeugen und als Verhalten interpretiert werden, statt. Wir als Beobachter/innen unterstellen aus der Betrachtung der gesamten Situation und aus der Projektion unserer eigenen Interpretation diesem Transformationsmechanismus, daß er eine Form von *Wissen* über seine Umwelt besitzen/repräsentieren muß, um den adäquaten (i.e. in die aktuelle Umwelt- und Organismussituation passenden) motorischen output generieren zu können. Diese abbildende Vorstellung von Repräsentation haben wir aus bereits diskutierten Gründen zugunsten des Konzeptes der *funktionalen Passung* und der *Generierung adäquaten Verhaltens* aufgegeben.

Wir als Beobachter/innen stehen vor der Situation, daß wir bei der Untersuchung kognitiver Systeme und ihrer Repräsentationseigenschaften *zwei dynamische Systeme* betrachten, die miteinander in enger Interaktion stehen: einerseits das *kognitive System* selber, dessen (Verhaltens-)Dynamik zu einem Großteil durch sein neuronales System (und seine Körperprozesse) determiniert ist und andererseits die *Umwelt* und ihre Dynamik. Wir müssen uns als Beobachter/innen im klaren sein, daß *wir selber* solch ein dynamisches System und Teil der Umwelt des beobachteten kognitiven Systems sind, ebenso, wie alle anderen Phänomene, Objekte, kognitiven Systeme, etc. der Umwelt. IN jedem Falle handelt es sich um jeweils *autonome*[1] und *rekursive* Systeme, die eine eigene Dynamik besitzen, die durch das jeweils andere System "gestört" oder getriggert wird. Die Ziele eines kognitiven Systems und seiner Interaktion mit der Umwelt sind zweifach:

(i) Erstens geht es darum, eine *stabile Relation* zwischen der Dynamik der Umwelt und jener des kognitiven Systems herzustellen – i.e., vor allem durch die Aktion des kognitiven Systems soll eine Form der Kontrolle oder Veränderung der Umwelt bewirkt werden, sodaß beide Systeme in einer gewissen Stabilität existieren können. Diese gegenseitige Beeinflussung ist über die physische Interaktion zwischen diesen beiden Systemen realisiert. Es stellt sich jedoch heraus, daß dieses Kriterium der stabilen Relation zwischen zwei dynamischen Systemen etwas zu schwach ist, um die Beziehung zwischen einem kognitiven System und seiner Umwelt adäquat zu charakterisieren. Eine Teetasse, die auf einem Tisch steht, steht auch in einer (sehr) stabilen Relation zu dem Tisch (wird durch diese Tasse etwas repräsentiert?). Ebenso steht ein toter Organismus, der auf der Erde liegt auch in einer recht stabilen Relation zu dieser. Wir müssen dieses Kriterium der Stabilität also noch etwas verschärfen – und hier kommen evolutive Prozesse und das Repräsentationskonzept ins Spiel:

(ii) Dieses Zusatzkriterium betrifft das *"Überleben"* (und die Reproduktion) des Organismus: i.e., zusätzlich zur Stabilitätsforderung, die ja auch im thermodynamischen Gleichgewicht erfüllt ist – und da wahrscheinlich am besten –, kommt die Forderung, daß die innere Dynamik des kognitiven Systems seinem Über-/Weiterleben dienen muß. I.a.W., das erzeugte Verhalten und die u.U. dadurch hervorgerufenen Veränderungen in der internen und externen Umwelt resp. in Relation zum kognitiven System müssen der Aufrechterhaltung resp. der Förderung der *inneren*

---

[1] "Autonom" in dem Sinne, als sie zwar voneinander durch ihre jeweils internen resp. externen Randbedingungen abhängig sind, sich gegenseitig "stören, jedoch jeweils ihrer *eigenen rekursiven Dynamik* folgen.

Homöostase dienen. Das heißt, daß die beiden Dynamiken (des kognitiven Systems resp. der Umwelt) so aufeinander abgestimmt sein müssen, daß (a) das Überleben (und langfristig die Reproduktion) des Organismus gesichert ist (internes Equilibrium) und (b) eine (halbwegs) stabile Beziehung zwischen beiden Systemen herrscht (externes Equilibrium).

Wenn hier von "internem Equilibrium" oder "interner Homöostase" die Rede ist, so bedeutet dies, daß es sich um einen *stabilen Zustand* handelt, der sich fernab vom thermodynamischen Gleichgewicht befindet – Stabilitäten dieser Kategorie sind u.a. ein Kriterium für Leben; sie sind keineswegs die energetisch "günstigste" Lösung und müssen daher mit gewissem Aufwand aufrecht erhalten werden. Eben dieses Wissen zur Aufrechterhaltung dieses (künstlichen) Zustandes ist u.a. in einem neuronalen System in der Kombination und Interaktion mit den übrigen Körperstrukturen verkörpert – durch die Generierung von Verhalten, welches durch die Dynamik der neuronalen Struktur determiniert ist, wird dieses Wissen explizit gemacht. Das generierte Verhalten verändert die Umwelt resp. den Organismus in solch einer Weise, daß das Überleben gesichert ist. I.a.W., es generiert *funktional passendes* resp. *adäquates* Verhalten; dies bewirkt, daß eine stabile Beziehung zwischen den beiden Systemen und ein homöostatischer Zustand innerhalb des kognitiven Systems etabliert wird. Der/die Beobachter/in interpretiert die Generierung adäquaten Verhaltens als das Resultat einer "adäquaten Repräsentation" der Umwelt. Wie bereits angedeutet, beinhaltet diese Stabilität das physische Überleben genau so wie das soziale, kulturelle oder wissenschaftliche "Überleben" im "Selbsterhaltungskampf". All dies wird durch eine kontinuierliche Veränderung der Organisation/Struktur des Organismus und vor allem seines Nervensystems erreicht. I.e., ontogenetische Adaptationsprozesse (wie wir sie im Kontext des Lernens besprochen haben) und/oder evolutive (Adaptations-)Prozesse oder/und die Veränderung der Dynamik in der Umwelt (entweder aus "eigenen Stücken" oder durch Einwirkung des/der kognitiven Systems/e) selber können eine Stabilisierung der internen Dynamik und der Interaktionsdynamik bewirken.

Welche Faktoren sind nun für diese scheinbar recht wichtige *Interaktion* zwischen kognitivem System und seiner Umwelt von Bedeutung? I.a.W., welche Faktoren determinieren die Dynamik der Interaktion zwischen Umwelt und kognitivem System?

(a) *Struktur & Dynamik in der Umwelt.* Wie wir bereits in früheren Kapiteln diskutiert haben, ist es aus verschiedensten Gründen recht *unplausibel*, von der Annahme auszugehen, daß die Umwelt ein völliges *Chaos* ist – das heißt, daß wir in der Umwelt mit bestimmten *Regelmäßigkeiten/Regularitäten* konfrontiert sind, die vom kognitiven System detektiert und zur Prognosenbildung resp. zur gezielten Manipulation der Umwelt herangezogen werden können. Diese Regelmäßigkeiten präsentieren sich jedoch meist implizit (z.B. über den Verlauf einer bestimmten Zeitspanne) und es liegt am Repräsentationssystem des Organismus, diese festzustellen und u.U. zur Verhaltensgenerierung zu benutzen. Wir können zumindest zwei Gruppen von Regularitäten in der Umwelt unterscheiden (siehe auch Kapitel 11, kulturelle Konstruktionen):

(i) *natürliche Regularitäten*: dies sind jene Regelmäßigkeiten, die sich aus der internen Dynamik der Umwelt ergeben; sie sind das Resultat *physikalischer*

Prozesse (und der ihnen zugrunde liegenden [von Menschen konstruierten] Gesetze) und folgen der den physischen Systemen (der Umwelt) intrinsischen Dynamik, wie etwa, daß in einem Gewitter auf einen Blitz ein Donner folgt. Es handelt sich also um natürliche Phänomene und Kausalketten, die in den Regelmäßigkeiten der Physik der Dinge selber liegen.

(ii) *künstliche Regularitäten*: dies sind all jene Phänomene in der Umwelt, die durch ein oder mehrere kognitive Systeme *"konstruiert"*, gemacht, etc. wurden; sie sind das Resultat eines *Manipulationsprozesses*, der durch das Verhalten eines kognitiven Systems realisiert ist. Es handelt sich im weitesten Sinne um *"kulturelle Phänomene"*, um *Artefakte*, wie etwa Sprache, Schrift, Werkzeuge, Bilder, Wissenschaft, etc. – je komplexer das kognitive System, desto höher ist die Wahrscheinlichkeit, daß es mit einer größeren Anzahl dieser künstlichen Regularitäten in seiner Umwelt konfrontiert ist, daß es eine größere Anzahl dieser künstlichen Regularitäten benutzt und selber konstruiert. Diese künstlichen Regularitäten basieren natürlich auch auf den selben physikalischen Eigenschaften, wie die in Punkt (i) angesprochenen natürlichen Regularitäten – zusätzlich haben sie jedoch noch einen Aspekt der Regularität, der durch die Manipulation eines kognitiven Systems eingebracht wurde.

Es handelt sich um *Artefakte/Symbole* im weitesten Sinne – sie haben eine Funktion, eine Form der Bedeutung, eine *Semantik* im weitesten Sinne. Dies gilt für einfache Werkzeuge bis hin zu Schrift und z.B. Computern. Sie sind zumeist das Resultat nicht nur eines einzelnen kognitiven Systems, sondern einer kollektiven Interaktion einer Gruppe von kognitiven Systemen (untereinander und mit der Umwelt). Künstliche Regularitäten stellen *externalisierte Repräsentationen* dar, die in den meisten Fällen im weitesten Sinn dem Überleben, der Kommunikation, als Werkzeug, als Instruktion, der Weiterführung von Traditionen, etc. dienen. Kommunikative künstliche Regularitäten, wie etwa Sprache, Schrift, ikonische Darstellungen, Bilder, etc. werden dazu verwendet, um in dem/der Betrachter/in, Zuhörer/in, Empfänger/in, etc. ein intendiertes Verhalten, einen Repräsentationszustand, etc. *auszulösen*[2]. Zumeist entstehen diese künstlichen Regularitäten in einer Sozietät von kognitiven Systemen durch den *konsensuellen Gebrauch* von *Referenzsystemen*, welche die ursprünglichste und allgemeinste Form von *Symbolen* (als Referenzsystem) repräsentieren. Auf diese Form der Regularitäten werden wir im abschließenden Kapitel noch genauer eingehen.

In jedem Fall sind die Regelmäßigkeiten in der Umwelt – egal ob natürlich oder künstlich[3] – ein *"Anhaltspunkt"* für kognitive Systeme, um (i) eine Repräsentation (zur Umweltbewältigung) aufzubauen und (ii) Verhalten generieren zu können, mit

---

[2] "Auslösen" wird hier in dem selben Sinne gebraucht, wie wir es im Kontext *rekursiver neuronaler Systeme* getan haben.

[3] Oft wird diese klare Grenze zwischen diesen beiden Formen *verschwimmen*; man denke beispielsweise an unsere eigene Kultur, etwa an Pflanzen, die das Resultat genetischer Manipulation sind, etc.

welchem sie die Umwelt gezielt (und verläßlich) (zu ihren Gunsten) manipulieren können.

(b) *interne Struktur und Dynamik des Organismus.* Der zweite große Einflußfaktor in der Beziehung zwischen Umwelt und kognitiven System ist natürlich die verhaltensgenerierende Struktur des Repräsentationssystems – diese verkörpert die Struktur der Umwelt im Sinne der funktionalen Passung; i.e., sie ist für die Generierung jenes Verhaltens verantwortlich, welches obige Kriterien der Stabilität erfüllt. Die Diskussion und das Studium der Regularitäten des neuronalen Repräsentationssystems haben wir im Grunde in extenso in den bisherigen Kapiteln unternommen.

(c) *Struktur der Sensoren/Effektoren.* Wie wir im Verlauf dieses Kapitels sehen werden, hat der Aufbau und die Struktur des Sensor- und Motorsytems einen zentralen Einfluß auf die Struktur der Wissensrepräsentation. Besonders das Sensorsystem ist für die *Primärstrukturierung* der Umwelt verantwortlich. Erst durch Sensoren und ihren Transduktionsmechanismus erhält die Repräsentation der Umwelt im neuronalen Substrat eine gewisse Struktur. Die Motorsysteme sind aus repräsentationstheoretischer Sicht insofern von Interesse, als sie durch ihren Aufbau den Raum der Möglichkeiten von Verhaltensweisen klar abstecken.

(d) *evolutionsbedingte Beziehung zwischen Sensoren/Effektoren, Körperdynamik, neuronalem Repräsentationssubstrat und Umwelt.* Ein Punkt, der für unsere Frage der Wissensrepräsentation in kognitiven Systemen von großem Interesse ist, besteht in der Untersuchung der Beziehung zwischen dem neuronalen Repräsentationssystem, seiner Peripherie und der Umwelt – es stellt sich heraus, daß es hier enge evolutions-/selektionsbedingte Beziehungen gibt. Die These, die wir in diesen Abschnitten verfolgen werden läuft darauf hinaus, daß bereits in der *Struktur* und im *Aufbau* des Sensorsystems (und auch des Motorsystems) eine Menge *Wissen repräsentiert/verkörpert* ist, welches sich nur so erklären läßt, daß es das Resultat eines langen *evolutiven/adaptiven* Prozesses ist. Das Thema dieses Abschnittes ist also die Beziehung zwischen Umwelt und der Struktur des peripheren Systems (über die "generative" Beziehung des neuronalen Repräsentationssystems zur Umwelt haben wir ja bereits ausführlich gesprochen). Hier geht es also darum, welche *repräsentationale Funktion* dieses *Interface* zwischen neuronalen Aktivierungsmuster und den Umweltsignalen hat.

Besonders dem *Sensorsystem* kommt eine zentrale Stellung bei der Repräsentation der Umwelt zu: es geht darum, die Umwelt zu *strukturieren* und ihre Regularitäten zu erkennen. In den Sensorsystemen finden die allerersten Schritte der Erfüllung dieser Aufgabe statt. Aus den durch die Sensoren gewonnenen Signalen/Daten (i.e., Aktivierungsmuster, neuronale Primärrepräsentationen) der Umwelt und dem aktuellen Zustand wird mittels des neuronalen Transformationsmechanismus adäquates (= überlebenssicherndes) Verhalten erzeugt. Sensoren für UV-Licht haben sich beispielsweise bei Menschen als nicht unbedingt überlebensnotwendig herausgestellt – i.a.W., im Laufe der Evolution hat sich wahrscheinlich keine Notwendigkeit ergeben, Sensoren für diesen Spektralbereich zu entwickeln, da das durch Variation und Mutation entstandene visuelle System im "normalen" Spektralbereich ausgereicht hat, um adäquates Verhalten zu generieren. Menschen sind daher (abgesehen davon, daß sie wissenschaftliche Meßinstrumente verwenden[4] nicht dazu imstande, UV-Licht zu sehen – ihnen entgeht eine ganze Dimension möglicher Sinneseindrücke und vor allem Strukturen der Umwelt, die im UV-Bereich sichtbar wären, während sie im "normalen" Spektralbereich unentdeckt bleiben; diese neuen Strukturen könnten zur Generierung adäquaten/-eren Verhaltens herangezogen werden.

Bei Bienen war offenbar die Notwendigkeit vorhanden, UV-Licht wahrnehmen zu müssen, um zu überleben. Blüten reflektieren im UV-Bereich viel stärker und können von Bienen daher als helle Flecken ausgenommen und leichter ausfindig gemacht werden. Durch die Wahrnehmung im UV-Bereich wird der *Kontrast* erhöht und daher ein leichteres Detektieren der Nahrung ermöglicht. Das optische System der Bienen verfügt über Photorezeptoren, die auch im UV-Bereich sensitiv sind und erlaubt den Bienen eine "völlig andere Sicht auf die Welt", als es beispielsweise die Menschen haben. Ihre Repräsentation der Umwelt ist daher bereits *alleine* durch die Unterschiede im Sensorsystem strukturell verschieden zu etwa unserer Repräsentation. I.e., nicht nur Unterschiede in der Architektur, im Aufbau des Nervensystems sind für strukturelle Unterschiede in der Repräsentation verantwortlich, sondern auch bereits (und vielleicht in dem selben Maße) der Aufbau und die Funktionsweise des Sensorsystems. Die Repräsentationskategorien werden daher strukturell verschieden sein und die daraus resultierenden Verhaltensweisen ebenso. Die Welt stellt sich für Organismen mit unterschiedlichen Sensorsystemen in unterschiedlicher Weise dar. Unterschiede in der Repräsentation und im Verhalten sind daher nicht verwunderlich.

Evolutive Prozesse spielen in diesem Bereich insofern eine zentrale Rolle, als sie für die Entwicklung des je spezifischen Sensorsystems verantwortlich sind – ihre adaptive trial-&-error Vorgangsweise wirft ein Licht auf die Beziehung zur Umwelt, ihrer Struktur und Dynamik: auch hier gilt das Prinzip der *funktionalen Passung*. Über die ontogenetische Erprobung des Sensorsystems, des Motorsystems, des Verhaltens, also des gesamten Repräsentationssystems wird die Adäquatheit der gesamten Struktur getestet. Überleben und Reproduktion entscheiden über den Erfolg der evolutiven Entwicklungen des Repräsentationssystems (in dem das Sensorsystem natürlich auch inkludiert ist).

10.1.1 Verkörperung von Wissen im Sensorsystem

Aus folgenden Gründen hat die Struktur und Funktionsweise des Rezeptor-/Sensorsystems aber auch des Motorsystems einen starken Einfluß auf die Art und Weise der Wissensrepräsentation in neuronalen Systemen, ja, ist im Grunde bereits ein wichtiger *Teil* des Repräsentationssystems: das periphere System (i.e., Sensor- und Motorsystem) stellt das *primäre Interface* zur Umwelt dar. I.e., jede Interaktion zwischen Umwelt und dem neuronalen Repräsentationssystem geht durch dieses Sensor-/Motorsystem. Sie sind sozusagen die *Vermittler* zwischen den beiden Domänen (i.e., zwischen Umweltstimuli und neuronalem Repräsentationsraum), die

---

[4] Aber auch in diesem Falle "erfahren" sie die Dimension des UV-Lichtes nicht, da es ja u.a. Sinn eines Meßinstrumentes ist, Umweltstimuli in einen für den Menschen wahrnehmbaren Wahrnehmungsbereich zu *transformieren*.

im Normalfall[5] *nicht* umgangen werden können. Die Struktur und Dynamik der Sensor- und Motorsysteme determinieren den Raum der möglichen Interaktionen des Repräsentationssystems mit seiner Umwelt. I.e., das Repräsentationssystem ist (im Falle des Sensorsystems) auf jene neuronalen Primärrepräsentationen in Form von Aktivierungsmustern als einzige "Information", als einziges "Fenster" zur Umwelt angewiesen. I.e., die Sensor- und Motordynamik formt und schränkt das Repräsentationssystem ein.

Das Sensor-/Motorsystem ist für die Umwandlung und *De-/Codierung* der internen und externen Umwelt[6] in neuronale Aktivierungen und vice versa verantwortlich. Bei jedem Codierungsprozeß spielt der *Code* und wie ein Signal in diesen Code transformiert wird, eine zentrale Rolle – in welcher Weise ist der Code strukturerhaltend, wie gut ist seine Auflösung, konstruiert er etwas dazu, etc.? Diesen zentralen Prozeß der Codierung von Umweltstimuli in neuronale Aktivierungen nennt man die *Transduktion*: den *Transduktionsprozeß* kann man mit einem Betrachten der Umwelt z.B. durch eine Falschfarbenkamera (z.B. für IR-Licht) vergleichen – diese macht beispielsweise infrarotes Licht für das menschliche Auge sichtbar. Ebenso werden durch das Sensorsysteme Umweltstimuli verschiedenster Natur im Transduktionsprozeß *aktiv* in einen Bereich *transformiert* (i.e., der Bereich neuronaler Aktivitäten), in dem sie (in der Sprache der neuronalen Aktivierungen und ihrer Ausbreitung) "verstanden", untereinander kompatibel gemacht und weiterverarbeitet werden können.

Dieses Falschfarbengerät eröffnet uns eine neue Welt, ohne daß man das Repräsentationssystem selber großartig verändern mußte. Man denke etwa daran, wie z.B. Menschen oder Häuser mit offenen Fenstern im Winter aus IR-Perspektive aussehen. Eine neue Repräsentationswelt eröffnet sich und damit auch völlig neue Möglichkeiten, adäquates Verhalten zu generieren. Im Grunde ist dies genau jene Vorgangsweise, die die Naturwissenschaft anwendet, wenn sie neue Meßgeräte entwickelt. Mit der Entdeckung der radioaktiven Strahlung wurde ein neues Repräsentationsuniversum, eine neue Stimulusqualität entdeckt, die einem/einer auch ganz klare Hinweise gibt, wie man sich verhalten sollte, wenn sie beispielsweise in einer bestimmten Überdosis auftritt. I.a.W., diese bisher unsichtbare Welt wird durch Meßgeräte in unseren Repräsentationsraum transformiert und in Theorien verwandelt, die zu Handlungen/Verhalten führen (im Extremfall zum Bau von Atomkraftwerken oder Atombomben). Das Meßgerät steht (neben einer oder mehrerer Hypothesen) am Beginn jeglicher Theorienbildung über die Umwelt – das gilt für die Wissenschaft im selben Maße wie für kognitive Systeme, nur mit dem Unterschied, daß wir im Falle der kognitiven Systeme bereits mit einem "fertigen" und gut erprobten Satz von "Meßinstrumenten" und "Experimentiermaschinen" (i.e., Sensor- und Effektorsysteme) ausgestattet sind und uns in den aller wenigsten Fällen mehr ihrer Funktion bewußt sind; vielmehr denken wir, daß die (Um)Welt so *ist*, wie sie

---

[5]"Normalfall" bedeutet in diesem Kontext, daß keine extreme Stimulation vorgenommen wird – eine Möglichkeit, das periphere System und seine Interfacefunktion zu umgehen besteht darin, z.B. einen Nerv direkt elektrisch zu stimulieren.

[6]Intern und extern bezieht sich auf den Körper des Organismus – für das Nervensystem ist alles *Umwelt*, was nicht Nervensystem ist (also auch z.B. körperinterne Sensorsignale, wie Körpertemperatur, Blutdruck, etc.).

uns die Sensorsysteme darstellen. Wie wir jedoch noch im Laufe dieses Kapitels sehen werden, ist dieses scheinbar harmlose Interface, dem man intuitiv eher eine passive Rolle der Abbildung der Umwelt auf neuronale Aktivierungen zuschreiben würde, höchst *aktiv* und *konstruktiv* an der *Konstruktion* des Wissens über die Umwelt beteiligt. Im übrigen ist dieser "Satz von Meßinstrumenten", nicht so "fertig", wie es scheint – auf der Zeitskala evolutiver Prozesse sieht man eine trial-&-error Dynamik der Entwicklung, die jener der wissenschaftlichen Theorie- und Hypothesenbildung nicht unähnlich ist.

Wenn wir von Strukturierung der Umwelt durch des Sensorsystem sprechen, so müssen wir zumindest zwei Prozesse resp. zwei Formen der Strukturierung klar unterschieden:

(i) *Strukturierung der Umwelt in verschiedene Modalitäten*: in einem ersten Schritt findet eine "Grobeinteilung" der Umwelt in die durch das jeweilige Sensorsystem detektierbaren *Modalitäten* statt. Diese stellen die "Basisstrukturen" dar – elektromagnetische Wellen, mechanische Stimuli, akustische Wellen, chemische Stimuli, etc. Jede dieser Modalitäten wird durch den Sensor im *Transduktionsprozeß* in den "Einheitscode" der neuronalen Aktivierungen transformiert [FOER 73, FOER 84, FOER 93]. Durch diese Primärstrukturierung wird die Umwelt in primäre (Äquivalenz-)Klassen eingeteilt (i.e., in die Kategorien der verschiedenen Modalitäten). Eine recht große Klasse repräsentiert wahrscheinlich die Klasse der durch das Sensorsystem nicht detektierbaren Modalitäten. I.a.W., durch die Strukturierung der Umwelt in verschiedene Modalitäten wird eine Form einer primären homomorphen Relation zwischen Umwelt und Repräsentationssystem etabliert, die im folgenden Schritt verfeinert wird:

(ii) *Strukturierung der Umwelt innerhalb einer Modalität*: *innerhalb* einer Modalität findet eine weitere Aufsplitterung der Stimuli statt: sie werden je nach *Intensität* in unterschiedliche neuronale Signale umgewandelt. In fast allen Fällen ist der Unterschied in der Stimulusintensität in der *Feuerrate* codiert. In den meisten Fällen sind die Sensorsysteme nicht fein genug in ihrer Auflösung, um die kleinsten physikalisch möglichen Unterschiede innerhalb einer Modalität aufzulösen: auch hier findet innerhalb einer Modalität keine isomorphe Abbildung des Reizes auf eine bestimmte Aktivierung oder Feuerrate statt – vielmehr ist es im besten Fall eine homomorphe Abbildung; wir werden noch sehen, daß wir das Bild der (homomorphen) Abbildung auch in diesem Falle nicht aufrecht erhalten werden können, da es sich bei jedem Sensor um ein eigenständiges aktives und konstruierendes System handelt, aber für eine erste Annäherung reicht diese Auffassung aus. Diese homomorphe Relation bedeutet, daß innerhalb einer Klasse von Stimuli (i.e., innerhalb einer bestimmten Modalität) eine weitere Klasseneinteilung vorgenommen wird. I.a.W., eine Gruppe von Umweltstimuli innerhalb einer Modalität wird in dasselbe Sensorsignal (i.e., neuronale Primärrepräsentation, raum-zeitliches Aktivierungsmuster, etc.) umgewandelt – meist ist dies eine Gruppe von Stimuli, deren Intensitäten relativ nahe beisammen liegen.

Von einer isomorphen Abbildung kann also bereits in einem so frühen Stadium (und bereits in einer stark vereinfachten Sicht) der Umweltwahrnehmung/-repräsentation keine Rede mehr sein. Im Prozeß der Transduktion werden (im mathematischen Sinn) nicht nur Äquivalenzklassen über die Umwelt induziert, sondern auch eine *Halbordnung* – dies ist im folgenden Sinn zu verstehen: wir haben gesehen, daß verschiedene Stimulusintensitäten auf unterschiedliche neuronale Signale (zumeist Feuerraten) abgebildet werden. In diesem Prozeß wird implizit allen Stimuli einer Modalität eine (Halb-)*Ordnung* aufgeprägt; i.e., über beispielsweise die Feuerraten ist automatisch schon immer eine "größer/kleiner-gleich Relation" definiert. Dies bedeutet, daß die Umwelt nicht nur nach Modalitäten und nach der Intensität innerhalb einer Modalität strukturiert wird, sondern immer auch bereits ein relatives Maß mitrepräsentiert ist. Bei den Sensorsystemen müssen wir zumindest drei Klassen unterschieden – die Beziehung, die sie zur Umwelt unterhalten, ist ein Charakteristikum, in welche der Klassen ein bestimmter Sensor fällt:

(a) *"Nahsinne"*: hier handelt es sich um jene Sensoren, die durch unmittelbare mechanische oder chemische *Kollision* mit der Umwelt aktiv werden – Mechanorezeptoren sind Beispiele für diese Klasse von Sensoren. Man kann sie dadurch charakterisieren, daß das *unmittelbare Zusammentreffen* des zu detektierenden Objektes, Phänomens, etc. mit dem Organismus resp. mit dem jeweiligen Sensor notwendig ist, um seine Aktivierung auszulösen. Ein Organismus, der lediglich mit solch einem Typ von Sensoren ausgestattet ist, muß sich zur "Erforschung" seiner Umwelt physisch an alle zu erforschenden Stellen begeben, um etwas über sie zu "erfahren". Dies ist eine relativ *unökonomische* Art, sich in der Umwelt zu orientieren und Wissen (in Form von Regularitäten) über sie zu sammeln.

(b) *"Fernsinne"*: diese Sensoren machen von der Möglichkeit Gebrauch, daß sich bestimmte Formen von Energie/Signalen von bestimmten Objekten ausbreitet/n und an einer entfernten Stelle wieder detektiert werden können: elektromagnetische Wellen (z.B. visuelles System), akustische Wellen, Gerüche, etc. Diese Form der Umweltwahrnehmung hat den großen Vorteil, daß sich der Organismus nicht direkt zur Quelle des Reizes hinbegeben muß, sondern das Objekt, das Phänomen, etc. mit seinen Eigenschaften (zumindest in dieser Modalität) *aus der Entfernung* wahrgenommen werden kann. Gegenüber dem Nahsinnsystem handelt es sich um eine äußerst ökonomische Art, sich in seiner Umwelt zu orientieren. Es bedeutet klare Vorteile besonders dann, wenn diese Orientierung mit hoher Genauigkeit, wie etwa beim visuellen System (i.e., die Kopplung mit einem relativ leistungsfähigen Linsensystem, mit einer fein organisierten und relativ hoch auflösenden Retina, mit einem Stereosystem zur Tiefenwahrnehmung, mit einem Farbsystem zur trichromatischen Wahrnehmung und Verbesserung der Kontraste, mit einem äußerst großen Gebiet im Kortex, etc.) oder beim akustischen System (Organisation der Gehörschnecke, etc.) geschieht. Fernsinne haben gegenüber den Nahsinnen folgende Vorteile: (i) sie ermöglichen flexiblere Orientierung, (ii) schnellere Orientierung, ohne sich zur Stimulusquelle hinbewegen zu müssen, (iii) sie eröffnen "neue Repräsentationsdimensionen" und (iv) liefern für die Generierung adäquaten Verhaltens einen meist "umfassenderen[7]" input.

(c) *"interne Rezeptoren"*: diese Sensoren sind für die Detektion von "internen Pa-

---

[7]Man denke etwa an den input und seinen Beitrag zur Generierung von Verhalten, der alleine durch das visuelle System an den Verrechnungsapparat geliefert wird und vergleiche dies mit der Informationsmenge, die etwa von den Mechanorezeptoren stammt.

rametern", wie etwa der Muskelspannung, der internen Temperatur, Flüssigkeits-
konzentrationen, Druck, etc., verantwortlich. Sie führen zu einer Repräsentation der
"Innenwelt" des Organismus – diese "Innenwelt" ist aber auch (interne) Umwelt des
Nervensystems. Diese Repräsentation ist von größter Wichtigkeit für die Aufrechterhaltung des *internen homöostatischen Zustandes*; nur durch Detektion dieser
internen Parameter kann das Nervensystem die Körperbedürfnisse feststellen und
damit die Generierung des Verhaltens in der Weise steuern, daß diese Bedürfnisse
erfüllt werden. Die Detektion der internen Parameter hat also ganz entscheidende
Einflüsse auf das gesamte Verhalten des Organismus. Die internen Parameter und
ihre Dynamik sind *zumindest* in dem selben Maße als Auslöser an der Verhaltensgenerierung beteiligt, wie die Umwelt und ihre Dynamik.

Natürlich kann man die beiden ersten Domänen nicht ganz strikt trennen
– ein taktiler Sensor spricht etwa auch bei starken niederfrequenten akustischen Schwingungen an (dies ist beispielsweise fühlbar, wenn man neben einer
Baßlautsprecherbox steht). Die Kombination aus Nah- und Fernsinnen ermöglicht
die optimale Orientierung in der Umwelt; sie ist eine Voraussetzung, um adäquates Verhalten zu generieren. "Orientierung" oder Wahrnehmung der Umwelt darf
jedoch nicht im Sinne einer Konstruktion einer "Karte" der Umwelt mißverstanden
werden, sondern muß eher im Sinne der *funktionalen Passung* aufgefaßt werden. I.e.,
die Sensoren liefern Signale, die Veränderungen der Umwelt (und Innenwelt) detektieren und diese neuronalen Signale werden zur Generierung adäquaten Verhaltens
herangezogen.

In folgendem Sinn kann es in einem Sensor auch zu einer *Mißrepräsentation* kommen: dies tritt meist dann auf, wenn ein nicht adäquater Reiz auf den Sensor auftrifft
(i.e., ein Umweltstimulus, für den der Sensor nicht vorgesehen ist). Dies ist der Fall,
wenn man z.B. einen Faustschlag auf das Auge bekommt. Das Resultat ist, daß
man "Sterne sieht" – die Folge einer nicht adäquaten Reizung der Photorezeptoren, die aber doch zu einem visuellen Eindruck führt. Es ist vielleicht trivial, aber
m.E. aus epistemologischer Sicht recht interessant, daß man trotz aller Gewalt einem optischen Sensor niemals eine taktile Empfindung entlocken können wird. Dies
ist eine andere Spielart der Strukturdeterminiertheit des kognitiven Systems, welche u.a. auch darauf zurückzuführen ist, daß die Photorezeptoren mit den visuellen
Bereichen im Kortex verbunden sind und nicht mit dem sensorischen Kortex. In
jedem Fall gibt es im neuronalen System Zustände, die auf Grund der Struktur
und Dynamik des Systems nicht zugelassen werden. Die verschiedenen Modalitäten
der Umweltdynamik werden im Transduktionsprozeß in die *"Einheitssprache"* der
neuronalen Aktivierungen transformiert – i.e., an der neuronalen Aktivierung selber
ist *nicht* mehr festzustellen, aus welcher Modalität sie stammt. Dies ist nur mehr
möglich, wenn man das Signal bis zu seinem räumlichen Ursprung zurückverfolgt.
I.e., man muß die Nervenbahn bis zum Sensor zurückverfolgen, um feststellen zu
können, welcher Modalität eine bestimmte Aktivierung entstammt. Das neuronale
Signal selber trägt diese Information nicht mehr. Dies impliziert die Frage, wie es,
wenn diese scheinbar recht wichtige Information verlorengegangen zu sein scheint,
zur Generierung einer "sinnvollen" Repräsentation und adäquaten Verhaltens kommen kann.

Aus der Sicht der traditionellen (abbildenden) Repräsentationsvorstellung ist die Modalitätsinformation *unbedingt notwendig* und ihr Verlust würde das System zusammenbrechen lassen. Die gesamte Sensorinformation muß man sich als "wohlbezeichnete" komplexe Variablenstruktur vorstellen, welche in folgendem Sinne *semantisch transparent* ist: mit jedem Sensorwert ist eine Variable assoziiert. Der Name dieser Variable verweist genau auf den Ursprung des Sensorwertes; so gibt es etwa eine Variable `"linke Retina, Position (x,y)"`, deren Wert den aktuellen Helligkeitswert in der linken Retina an der Position (x, y) wiedergibt. Die Semantik bleibt während des ganzen Verarbeitungsprozesses transparent und man kann zu jedem Punkt der Programmausführung genau sagen, welche Variable auf welche Objekte, Phänomene, Sensoren, u.U. Umweltzustände, etc., verweist. Der Grund dafür ist, daß wir die ganze Zeit mit abbildenden Operanden (und Operationen) handeln und somit die ständige Kontrolle über die Semantik gewährleistet ist. Aus der Sicht der *funktionalen Passung* ist der Verlust der Modalitätsinformation *kein* großes Problem, da das Ziel ja nicht darin besteht, die Umwelt möglichst genau und semantisch transparent abzubilden; vielmehr geht es darum, die input Signale – egal, woher sie kommen – über die Architektur des neuronalen Systems so mit den aktuellen (internen) Aktivierungen zu integrieren, daß ein adäquater output (i.e., funktional passendes Verhalten) erzeugt wird. Im Gegenteil stellt sich heraus, daß die *Einheitssprache* der neuronalen Aktivierungen in diesem Falle sogar einen großen *Vorteil* darstellt: die problemlose Integration innerhalb einer Modalität und zwischen verschiedensten Modalitäten ist durch die Verwendung des einheitlichen Codes der neuronalen Aktivierungen gewährleistet. Im Transduktionsprozeß wird dieser Code aus den Umweltzuständen erzeugt und damit "Kompatibilität" mit dem restlichen Repräsentationssystem hergestellt. Im Falle der Symbolverarbeitung bekommt man sicherlich Schwierigkeiten, wenn man beispielsweise bestimmte olfaktorische mit visuellen Reizen kombinieren will – wie soll man diese Variable benennen, worauf soll sie referieren, etc., wenn man linguistisch transparent bleiben will (muß)? Im Falle neuronaler Aktivierungen kann diese "wortlose" (i.e., semantisch nicht transparente) Verschränkung zweier oder mehrerer Modalitäten gerade zum Auslöser für ein wichtiges Verhalten werden...

10.2 Konstruktionsprozesse in Rezeptoren

In diesem Abschnitt wird der Prozeß der Transduktion anhand von einigen empirischen Belegen im Detail illustriert. Es wird sich herausstellen, daß wir in den meisten Fällen nicht einmal mehr eine homomorphe Beziehung zwischen Umweltsignal[8] und dem durch den Transduktionsprozeß generierten neuronalen Signal feststellen können; dies führt uns zu dem Schluß, daß bereits in dem ersten – für die Repräsentation und Verhaltensgenerierung – äußert wichtigen Schritt der Transformation der Umweltzustände in neuronale Aktivierungen (i.e., neuronale Repräsentationen der Umwelt) ein *aktiver Konstruktionsvorgang* vor sich geht. Diesen werden wir anhand

---

[8] Genauer gesagt, zumeist der *Intensität* des Umweltsignals.

von zwei Beispielen aus der Neurowissenschaft im Detail nachverfolgen. Diese empirischen Befunde dienen uns als Grundlage, (neuro)epistemologische Konsequenzen in bezug auf die Frage der Repräsentation in neuronalen Systemen zu ziehen. Ich verwende hier absichtlich *nicht* das ansonsten sehr dankbare Beispiel des visuellen Systems und der Photorezeptoren, da deren Funktionsweise als Paradebeispiel für Wahrnehmungsvorgänge in tausendfacher Auflage vorexerziert und diskutiert wurde (vgl. z.B. *G.Roths* Darstellung des visuellen Systems im Kontext des Konstruktivismus [ROTH 92a]) und daher sicherlich weithin bekannt ist. Ebenso wie das visuelle System ist fast jedes andere Sensor-/Rezeptorsystem[9] ein gutes Beispiel, an dem die Konstruktivität des Transformationsprozesses der Umweltstimuli in neuronale Aktivierungen deutlich demonstriert werden kann. In den folgenden beiden Abschnitten werden wir uns mit zwei (etwas ausgefallenen) Sensorsystemen auseinandersetzen: (a) mit den *Härchenzellen* im vestibular system (welches wir ja bereits im Kontext des VOR angesprochen haben) und (b) mit *taktilen* Sensoren. Ganz allgemein kann man sagen, daß die meisten Rezeptortypen durch ihren *Aufbau*, ihre *Dynamik* und ihre physische *Struktur implizit* eine oder mehrere der physikalischen Gesetzmäßigkeiten *repräsentieren/verkörpern*. Wir müssen uns jedoch immer vor Augen führen, daß sie trotz ihrer oftmals sehr klugen und ökonomischen Organisation und Struktur *nicht* das Resultat eines Designprozesses sind, sondern durch die *evolutive* Dynamik der Variation, Selektion, Adaptation, der Umweltrandbedingungen, der Organismusrandbedingungen, etc. entstanden sind.

10.2.1 Härchenzellen (im vestibular system)

Wie wir bereits in Abschnitt 6.1 gesehen haben, befinden sich die Härchenzellen im vestibular system (und ähnlich strukturierte Sensoren auch im auditiven System, welches in der Cochlea angesiedelt ist). Das vestibular system befindet sich etwa hinter dem Ohr und ist dafür verantwortlich, Bewegungen des Kopfes und des ganzen Körpers zu detektieren, damit man diesen z.B. durch Ausgleichsbewegungen im *Gleichgewicht* halten kann. Das vestibular system wird auch oft als das "Gleichgewichtssystem" bezeichnet, obwohl es nicht in erster Linie für die Erzeugung des Gleichgewichtes verantwortlich ist, sondern nur für die Detektion der Körper-/Kopfbewegungen, die den Körper aus dem Gleichgewicht bringen können. Wie wir in der Diskussion des VOR (vestibulo ocular reflex) gesehen haben, besteht die Funktion des vestibular systems darin, Bewegungen oder Beschleunigungen um eine oder mehrere der drei Körperachsen zu detektieren und diese Bewegungen in neuronale Signale (Aktivierungen) zu transformieren. Diese Aktivierungen werden dann an diverse Systeme weitergeleitet, weiterverrechnet und erzeugen im Endeffekt ein Verhalten, das in vielen Fällen damit zu tun hat, die detektierte Bewegung auszugleichen, den Körper oder das Bild auf der Retina, etc. zu stabilisieren (auch dies ist ein Beitrag zur Aufrechterhaltung des homöostatischen Gleichgewichtes). Allgemein reagieren die Härchenzellen, welche das "Herz" des vestibular systems darstellen, äußerst sensitiv auf geringste Bewegungen und positive oder negative

---

[9]Sensor und Rezeptor werden in diesem Kontext immer *synonym* verwendet.

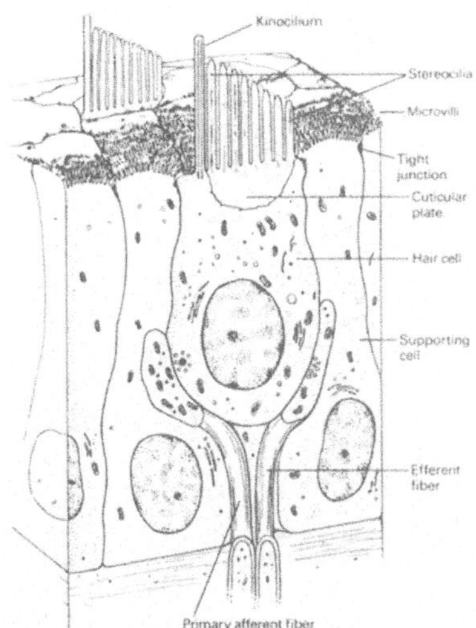

Bild 10.1 Aufbau der Härchenzellen und ihre Einbettung (aus Kelly, 1991).

Beschleunigungen.

Abbildung 10.1 zeigt den Aufbau dieses Sensorsystems: im Epithel sind kleine "Haarbüscheln" in geordneter Weise eingebettet; es gibt zwei Gruppen von Härchen: pro Haarbüschel gibt es etwa 40–70 *Stereocilia* und ein *Kinocilium* [KELL 91]. Die Stereocilia sind in ihrer Länge unterschiedlich und ähnlich wie Orgelpfeifen angeordnet. Das Kinocilium ist meist das längste Härchen und befindet sich immer an einer Seite des Haarbüschels – dies gibt jedem dieser Haarbüschel eine morphologische Achse, die vom kleinsten Stereocilium zum Kinocilium läuft. Diese Orientierung ist wichtig, da dadurch unterschiedliche Reaktionen auf verschiedene Richtungen des Abbiegens gewährleistet sind. Die Härchen sind mit ihren Zellkörpern verbunden, die bei keiner Reizung (i.e., bei nicht umgeknickten Härchen) ein konstantes Rezeptorpotential haben – dies wird in die tonische Reaktion einer spontanen Feuerrate von ca. 100Hz [KELL 91] transformiert. Werden die Haarbüschel in eine Richtung geknickt, so erhöht sich die Feuerrate, werden sie in die andere Richtung umgebogen, so verringert sich das Rezeptorpotential und damit die Feuerrate. Dieser Sachverhalt ist in Abbildung 10.2 dargestellt. Wie man in Abbildungen 6.2 und 6.3 sehen kann, sind diese Härchenzellen in einer gallertartigen Flüssigkeit eingebettet, in der winzige Steinchen ("Otolithen") eingelassen sind. Bewegt sich der Kopf in eine Richtung resp. verändert sich die Rotationsposition des Kopfes, so stoßen diese Steinchen bedingt durch die Schwerkraft und ihre Trägheit an diesen Haarbüscheln an und verbiegen sie in eine bestimmte Richtung. Wie man in Abbildung 10.2 sehen kann, führt dies zu einer Erhöhung/Verringerung des Rezeptorpotentials, was wiederum zu einer Erhöhung/Verringerung der Feuerrate der neuronalen Aktivierungen führt. Dadurch wird dem Nervensystem in der Sprache der neuronalen Aktivierungen die Bewegung/Beschleunigung des Kopfes resp. des gesamten Körpers bekanntgegeben.

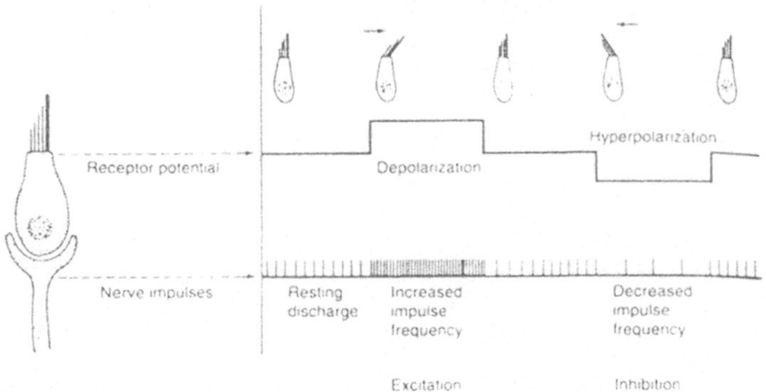

Bild 10.2 Veränderung des Rezeptorpotentials und der Feuerrate einer Härchenzelle durch Umbiegen der Haarbüschel (aus Kelly, 1991).

Aus epistemologischer resp. wissenschaftstheoretischer Perspektive handelt es sich bei diesem Rezeptorsystem um die *Verkörperung* eines relativ ausgereiften, hochentwickelten und ausgeklügelten Systems zur Detektion von Bewegung/Beschleunigung. Evolutive Prozesse, Variation, Selektion, etc. haben eine physische Struktur entwickelt, die *eine* Möglichkeit der Realisierung/Instantiierung eines "Meßinstrumentes" zur Bewegungsdetektion darstellt. Als Beobachter/in ist man versucht, anzunehmen, daß in dieser Struktur des vestibular systems einige Gesetze der Physik verkörpert sind und diese Architektur einem Designprozeß, der auf diesen physikalischen Überlegungen und Gesetzten aufbaut, entsprungen sein könnte. Vielmehr scheint eher das Umgekehrte der Fall zu sein. Vielleicht haben unsere sog. physikalischen Gesetze gerade deswegen jene Form, beziehen sich gerade deswegen auf diese "Modalitäten" und Phänomene, etc., weil unsere Detektorsysteme bestimmte Teile/Phänomene der Umwelt in einer bestimmten (evolutiv entwickelten und systemrelativen) Art und Weise wahrnehmen/transformieren. Hier könnte man sich die fiktive Frage stellen, wie wohl eine Physik aussehen würde, die von Organismen, die mit vom Menschen völlig unterschiedlich strukturierten Sensorsystemen ausgestattet sind, gemacht würde.

Sieht man sich die Entwicklung des Sensorsystems des vestibular systems aus einer evolutiven, adaptionistischen oder "funktional passenden" Perspektive an, so ist die Verwunderung über die Entstehung der Architektur dieses Systems nicht mehr so groß. Wenn es darum geht, adäquates Verhalten zu generieren resp. eine im wahrsten Sinne des Wortes stabile Beziehung zur Umwelt aufzubauen resp. aufrecht zu erhalten, bedarf es vorerst keiner physikalischen Theorien und gesetzartiger sog. "objektiver" Beschreibungen und Erklärungen der Welt und ihrer Dynamik. Der "Entwurf" solch eines Systems kommt auch ohne diese (abbildenden, planenden und entwerfenden) Mechanismen aus: Mutation, Variation, Kombination, Adaptation und Selektion haben neben wahrscheinlich einer großen Menge anderer Mechanismen und Lösungsmöglichkeiten eben jenes Sensorsystem hervorgebracht, welches die funktional passenden inputs für die Generierung adäquaten (i.e., überlebensfördernden) Verhaltens liefert. Die physische Realisierung des vestibular systems ist *eine mögliche systemrelative Verkörperung* der Regelmäßigkeiten der Umwelt resp. des kognitiven Systems und wie man diese Regelmäßigkeiten zum eigenen Überleben und zur Umweltbewältigung ausnutzen kann. Genau so, wie die meisten Teile unseres Körpers in ihrer Struktur und ihrem Aufbau Wissen über einen bestimmten Teil der Umwelt in bezug auf den Organismus verkörpern, so ist dies im vestibular System der Fall – der gesamte Organismus und seine Organisation (besonders des Nervensystems) kann als *Verkörperung einer Theorie* der Umwelt (in bezug auf den jeweiligen Organismus) resp. der Umweltbewältigung verstanden werden – eine Theorie, die jedoch keinerlei Anspruch auf Endgültigkeit, Wahrheit oder Objektivität besitzt. Die einzigen Kriterien für ihre Adäquatheit sind das Überleben und die Reproduktionsfähigkeit.

10.2.2 Taktile Sensoren

Um *mechanische Stimuli*, wie etwa Berührung, Druck, Anstoßen an einem Objekt, etc. detektieren zu können, ist die Oberfläche der Haut mit *Mechanorezeptoren* ausgestattet. Das Ziel dieser Rezeptoren besteht darin, mechanische Energie aus der Umwelt in neuronale Aktivierungen zu transformieren. In Abbildung 10.3 ist der Mechanismus, der diese Transduktion durchführt, schematisch dargestellt: das angewandte Prinzip ist im Grunde denkbar einfach und basiert auf einer simplen Idee; in dieser Abbildung sieht man einen Ionenkanal, welcher sich in der Membran des Sensors befindet. Auf der linken Seite ist der unstimulierte Zustand dargestellt; i.e., kein externer Druck oder keine Kraft wirkt auf diesen Rezeptor ein und der Kanal ist geschlossen. Nur wenige Kanäle sind für den Durchfluß von Ionen offen und es stellt sich ein Ruhepotential ein. Wird auf diesen Rezeptor mechanischer Druck ausgeübt (rechte Seite), so wird die Membranoberfläche des Sensors deformiert. Durch diese mechanische *Deformation* öffnen sich die Kanäle und Na^+ und K^+ können einströmen und erzeugen eine lokale Depolarisation, welche zu einer Veränderung des Rezeptorpotentials und in weiterer Folge zu einer Erhöhung der Feuerrate führt [MART 91]. I.a.W., durch mechanische Deformation werden die Ionenkanäle geöffnet und geschlossen; dieses Öffnen und Schließen bedingt eine unterschiedliche Durchlässigkeit für Ionen, die für die Generierung des Rezeptorpotentials zuständig sind.

Wie man in Abbildung 10.4 sehen kann, können wir jedoch keine iso-/homomorphe Relation zwischen der Intensität des Stimulus und der Frequenz der Aktionspotentiale (= "neuronale Repräsentation" des mechanischen Drucks) resp. dem Rezeptorpotential finden; i.e., das Rezeptorpotential/Feuerrate nimmt bei einem über die Zeit konstanten Stimulus ab. Dieses Phänomen nennt man die *Adaptation* eines Rezeptors bei konstanter Stimulation. Auf den ersten Blick scheint dies ein Nachteil zu sein, da der Eindruck entsteht, daß der Umweltzustand nicht adäquat auf das neuronale Repräsentationssystem abgebildet wird – was das neuronale System an Information erhält ist eine Art Verzerrung der Umwelt und ein *Artefakt* des Rezeptors. Wie wir in den folgenden Paragraphen sehen werden, entpuppt sich dieses Phänomen der Adaptation eines Rezeptors als eine äußerst wich-

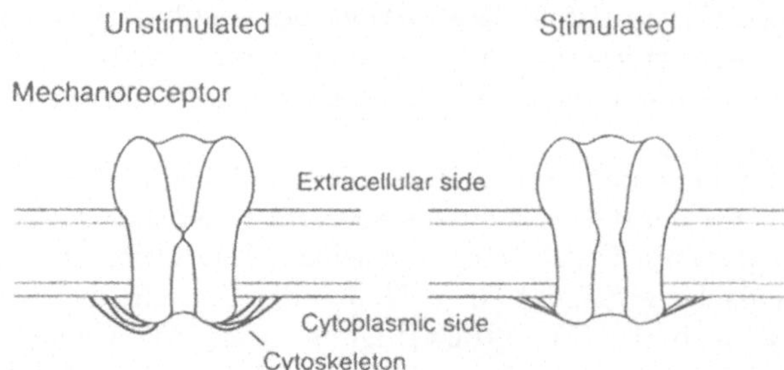

Bild 10.3   Membrankanal eines Mechanorezeptors (aus Martin, 1991).

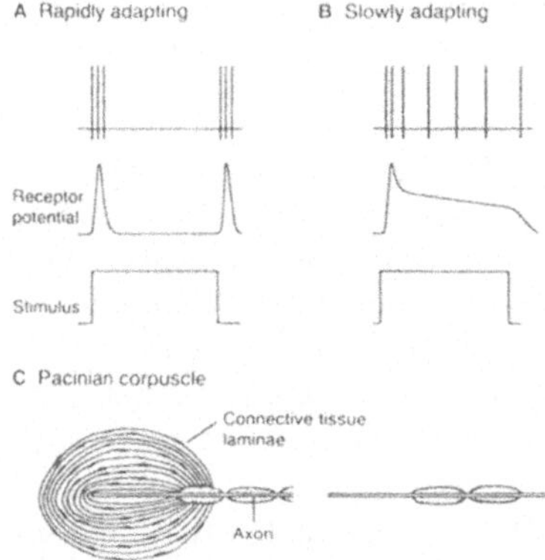

Bild 10.4   Pacini Korpuskel, rapidly and slowly adapting receptors (aus Martin, 1991).

tige Eigenschaft, die in fast jedem Rezeptortyp zu finden ist [MART 91] und von unschätzbaren Wert für das Repräsentationssystem ist (da ihm durch diese Prozesse sehr viel "Arbeit" abgenommen wird). In Abbildung 10.4 sind zwei Formen der Adaptation in Rezeptoren dargestellt:

(i) *Rapidly adapting receptors* (Abbildung 10.4-A): das Rezeptorpotential ist nur beim Einsetzen ("onset") und beim Ende des Stimulus erhöht. Dies führt dazu, daß nur am *Beginn* und beim *Ende* der Umweltstimulation eine neuronale Aktivierung erzeugt wird. I.a.W., das neuronale Repräsentationssystem "erfährt" von diesem Reiz nur am Beginn und beim Ende der Stimulation, ansonsten erhält es das Ruhepotential resp. die Spontanfeuerrate. (ii) *Slowly adapting receptors* (Abbildung 10.4-B): bei einer konstanten Stimulation fällt das Rezeptorpotential und damit auch die Feuerrate nach einer hohen Anfangsphase langsam ab. I.e., die Stimulation "verklingt" im neuronalen Repräsentationssystem.

Wie ist dieses Adaptationsphänomen physisch in einem Rezeptor realisiert? Eine Erklärung besteht darin, daß dieses Phänomen durch die Kanaldynamik und die Aktivierung resp. Deaktivierung von Ionenkanälen bedingt ist. Vereinfacht gesehen, könnte man von einer "Erschöpfung" der Membrankanäle nach einiger Zeit starken Gebrauchs sprechen. Eine andere Möglichkeit (sie ist in Abbildung 10.4-C, linker Teil dargestellt), die man bei rapidly adapting sensors findet, besteht darin, daß sich dieses (rasche) adaptive Verhalten aus der physischen Struktur und dem Aufbau des Rezeptors (und seiner unmittelbaren Umgebung) ergibt: das Terminal des Rezeptors (dort befinden sich die zuvor erwähnten Kanäle, die sich durch mechanische Deformation öffnen und schließen) ist von mehreren konzentrischen Schichten umgeben. Dies führt dazu, daß das Axonende "zwiebelartig" umschlossen ist [LEVI 91, MART 91]. Trifft nun eine mechanische Reizung (beispielsweise in Form eines Drucks) auf diese Struktur (i.e., Pacini Korpuskel), so wird dieser Druck in einer ersten Phase bis zum Axonende weitergeleitet, was zu der weiter oben beschriebenen Deformation dieses und der Öffnung der Membrankanäle führt. Durch die einströmenden Ionen wird das Rezeptorpotential erzeugt, welches in weiterer Folge zu einer Erhöhung der Feuerrate führt. Dies nennt man die *onset* Phase des Reizes. Bleibt dieser Druck aus der Umwelt konstant, so schieben sich die das Axonende umgebenden Schichten ineinander, und es kommt zu einer mechanischen *Dämpfung* des Drucks. Das Axonende kehrt in seine Ausgangslage zurück und die Kanäle schließen sich wieder. Diese zweite Phase ist genau jene Zeit, in der das Rezeptorpotential und die daraus resultierende Feuerrate wieder in die Ruhelage zurückkehren (siehe Abb. 10.4-A). Erst bei Ende der Druckausübung auf diesen Rezeptor kommt es wieder zu einer mechanischen Deformation des Axonendes, was sich wiederum in einem erhöhten Rezeptorpotential resp. einer erhöhten Feuerrate widerspiegelt.

Diese Schichtenanordnung kann als eine Art *Filter* verstanden werden, welcher nur die *Veränderungen* von (mechanischen) Reizen durchläßt. Diese Dynamik der Rezeptoren kann als eine erste Form der *Merkmalsextraktion* interpretiert werden, die nur auf (rasche) *Veränderungen* in der Stimulusintensität reagiert. In diesem Kontext ist interessant, daß diese Primärfilterung *nicht* erst durch das *Nervensystem* selber *berechnet* wird, sondern bereits in der Architektur und der Dynamik des jeweiligen *Rezeptors verkörpert* ist. Aus informationstheoretischer Sicht ist diese Vorgehensweise höchst *ökonomisch*, da unwichtige (i.e. *redundante*) Information bereits am äußersten Ende (i.e., in den Rezeptoren, im Transduktionsprozeß) des Organismus und seines Informationsverarbeitungssystems ausgefiltert wird und diesem dadurch eine Menge Informationsübertragungsarbeit und in weiterer Folge Informationsverarbeitungsressourcen erspart. I.a.W., die Umweltzustände werden nicht 1:1 in das Nervensystem eingespeist, sondern es werden lediglich *Veränderungen* in den Zuständen der Umwelt an das Nervensystem weitergeleitet – i.e., Rezeptoren können nicht so sehr als Detektoren für Umweltzustände verstanden werden, sondern vielmehr als Detektoren für *Veränderungen* in den Umweltzuständen. Sie detektieren die Umwelt eher in einer *relativen* Weise (i.e., in Form von relativen Veränderungen) als in einer absoluten Weise (i.e., in Form einer strukturerhaltenden Abbildung der Umweltzustände auf das Rezeptorpotential/Feuerrate)

Im Kontext der Frage der Wissensrepräsentation erscheint das Konzept, sich mehr auf die *Veränderungen* in der Umwelt zu konzentrieren als auf ihre absoluten Zustände, aus folgenden Überlegungen äußerst sinnvoll: (a) *ökonomische Gründe*: informationstheoretische Überlegungen zeigen, daß es aus ökonomischen Gründen nicht sehr sinnvoll ist, einen konstanten Reiz in eine konstante Aktivierung/Feuerrate zu transformieren und an das CNS weiterzuleiten, da es sich bei über zeitlich erstreckten konstanten Feuerraten, Aktivierungen, etc. um *redundante* Information handelt, die das Verarbeitungs- und Übertragungssystem nur zusätzlich belastet, da sie keinerlei "Neuigkeitswert" in sich trägt. Für das Repräsentationssystem genügt es, daß ihm mitgeteilt wird, daß sich der Rezeptor resp. die Umwelt von Zustand x nach Zustand y verändert hat ("erste Ableitung" der zeitlichen Stimulusdynamik). (b) *Bessere Auflösung*: diese Form der Filterung erlaubt, daß Reize in höherer Auflösung/Genauigkeit detektiert werden können; man kann sich dies anhand des folgenden Beispiels überlegen: eine Veränderung der Stimulusintensität um beispielsweise 10% würde bei einer 1:1 Transduktion zu einer Veränderung der Feuerrate um etwa 10% führen. Bei der Form der ("erster-Ableitung")Rezeptoren ist die Veränderung der Feuerrate – relativ gesehen – bei einer Veränderung der Stimulusintensität von 10% um ein Vielfaches höher als nur 10%, da sie von fast 0 (i.e., spontane Feuerrate) auf ein Vielfaches der aktuellen Feuerrate ansteigt. Eine Erhöhung der Auflösung ist das Resultat dieses Prozesses. (c) *Veränderungen*: aus evolutionärer und "überlebenstechnischer" Sicht ist es nicht nur ökonomischer, sondern auch sinnvoller (und sicherer), daß ein Rezeptor nur auf *Veränderungen* in der Umwelt reagiert. Ein Organismus muß in den meisten Fällen nur dann sein Verhalten verändern, wenn sich in seiner Umwelt etwas verändert hat – eine unveränderte Umwelt bedarf meist keiner besonderen Reaktion. Durch die Detektion von Veränderungen wird auch automatisch die *Aufmerksamkeit* gezielt auf diese Veränderung gerichtet, während bei konstanten Umweltbedingungen und damit konstanten Feuerraten, diese ständig extra auf Veränderungen "beobachtet" werden müßten.

Sehen wir uns abschließend noch einige epistemologische Konsequenzen und Implikationen, die wir aus diesen empirischen Befunden ziehen können, für unser Problem der Wissensrepräsentation an: auch im Falle des Tastrezeptors (i.e., Mechanorezeptor) können wir *keine Abbildung* der Umweltzustände auf neuronale Aktivierungen finden. Wir können nicht einmal einen Homomorphismus zwischen einer bestimmten Stimulusintensität und einer bestimmten Aktivität/Feuerrate, die durch den Transduktionsprozeß erzeugt wird, über eine bestimmte Zeitspanne feststellen. Die Reaktion (i.e., der "output") des Rezeptors (der meisten Rezeptoren) *verändert* sich bei einem konstanten Stimulus im Verlauf der Zeit (dies führt im Repräsentationssystem eine zeitliche Dimension ein). Von den meisten Rezeptortypen werden lediglich *Veränderungen* in der Umwelt wahrgenommen resp. weitergeleitet. Dies führt zu einer Informationsreduktion, die bereits am Rande des neuronalen Informationsverarbeitungssystems stattfindet und in der physischen Struktur und im Aufbau des Rezeptors verkörpert ist. Dies impliziert, daß wir *keinesfalls* annehmen können, daß Umweltstimuli durch den Rezeptor passiv auf die von ihm generierten Aktivierungen abgebildet werden. Vielmehr handelt es sich um einen *aktiven* Prozeß, in dem die Umweltstimuli in einer Primärstation verarbeitet werden. Aus der Dynamik des Umweltstimulus wird im aktiven Transduktionsprozeß, dessen Dynamik in der Struktur des Rezeptors verkörpert ist, in nichtlinearer Weise ein neuronales Signal *konstruiert*.

Dieses "neuronale Konstrukt" ist dann die "Primärrepräsentation" der Umwelt, wie sie an das restliche neuronale System weitergeleitet wird. Es handelt sich also in keinem Fall um ein Abbild, das die Struktur des jeweiligen Stimulus widerspiegelt, sondern um ein *Konstrukt*, welches bereits darauf hin konstruiert wurde, für die Generierung adäquaten Verhaltens einen hilfreichen input zu liefern[10]. Der erste Schritt der Konstruktion einer Repräsentation der Umwelt (im Sinne der funktionalen Passung) findet also bereits im Rezeptor statt. Dieser ist ein *aktives* Element im Transduktionsprozeß und folgt seiner eigenen Dynamik, die durch seinen Aufbau determiniert ist und durch Umweltstimuli lediglich angestoßen/getriggert wird. Natürlich besteht eine kausale Verbindung zur Umwelt – es findet jedoch *keine* iso-/homomorphe Abbildung der Zustände der Umwelt statt: ähnlich wie man ein rekursives Netzwerk durch einen input in eine bestimmte Trajektorie "wirft", wird durch einen bestimmten (konstanten) Stimulus der Rezeptor, welchen man auch als rekursives biochemisches System (z.B. in Automatenform) beschreiben könnte, in eine Trajektorie gestoßen, die dann aktiv ein Verhalten erzeugt, wie wir es beispielsweise in Abbildung 10.4 gesehen haben. Die Umweltzustände sind also auch für den Rezeptor lediglich *Auslöser*, die eine Trajektorie im rekursiven System des Rezeptors selektieren, die zu einem bestimmten neuronalen Signal führt. Dieses neuronale output-Signal selektiert wiederum eine Trajektorie im rekursiven neuronalen System. Die Umwelt determiniert also weder die Dynamik des Rezeptors noch die Dynamik des rekursiven neuronalen Systems.

---

[10]Es ist in den meisten Fällen sicherlich einfacher und weniger aufwendig, z.B. aus relativen Umweltsignalen (i.e., Signale, die *Veränderungen* in der Umwelt anzeigen) eine "Entscheidung" für die Generierung von Verhalten zu treffen, als aus absoluten Signalen.

11 Repräsentation und Konstruktion in neuronalen Systemen

> *"Nun aber, so gewiß die Welt nicht geschaffen ist,*
> *menschlichen Forderungen zu entsprechen, so gewiß sind die*
> *menschlichen Begriffe geschaffen, um der Welt zu*
> *entsprechen, denn das ist ihre Aufgabe."*
> R.*Musil*, Der Mann ohne Eigenschaften, p 1205 (Teil II)

Dieses Kapitel versucht, die bisherigen Überlegungen bezüglich des Problems der Repräsentation in neuronalen Systemen zusammenzufassen und in einen größeren Kontext zu stellen. Im Zentrum steht das Konzept der *Konstruktion*, welche die Grundlage für Repräsentation darstellt. Das Wissen der bisherigen Kapitel wird herangezogen, um den konstruktiven Charakter von Wissen (und seiner Repräsentation) stufenweise zu entwickeln. Das kognitive System, welches mit einem *neuronalen System* ausgestattet ist, steht im Mittelpunkt dieser stufenweise Entwicklung – durch seine Dynamik und Interaktionen werden die verschiedensten Formen von Wissen entwickelt und konstruiert. Im Grunde geht es um die Frage der Integration resp. des in Relation Setzens der externen Stimuli mit der internen Dynamik des jeweiligen kognitiven Systems, welche das Ziel hat, adäquates (funktional passendes) Verhalten zu generieren. Die erfolgreiche *sensomotorische Integration* basiert auf (zeitlichen, räumlichen und strukturellen[1]) *Konstruktionsprozessen*, welche auf den verschiedensten Ebenen und über mehrere Schritte stattfinden; folgende Auflistung der verschiedenen Ebenen der Konstruktion, bei denen eine Repräsentation aufgebaut wird, wird in den folgenden Abschnitten im Detail diskutiert:

(i) Konstruktionsvorgänge in den *Rezeptoren* resp. im *Transduktionsvorgang*; (ii) *Primärverarbeitung*: Konstruktionsvorgänge, die in der ersten Station der Verarbeitung nach den Rezeptoren stattfindet. Hier geht es in erster Linie um die repräsentationalen und konstruktiven Eigenschaften in feed forward Architekturen. (iii) *Rekursive Ausbreitung von Aktivierungen*: Konstruktions- und Repräsentationsprozesse in rekursiven neuronalen Strukturen. (iv) *Cross modale Integration*: Konstruktionsprozesse, die bei der Kombination von unterschiedlichen Modalitäten vor sich gehen. (v) *Merkmalsextraktion*, (vi) *Konstruktion/Komposition des Motoroutputs*: Generierung von (adäquatem) Verhalten mittels des Repräsentationsmediums. (vii) *Ontogenetische Adaptationsprozesse*: neuronale Konstruktionsprozesse, die beim "Lernen" involviert sind. (viii) *Phylogenetische Adaptationsprozesse*: evolutive trial-&-error Konstruktionsvorgänge zum Aufbau der physischen Struktur eines "funktional passenden" neuronalen Repräsentationssystems. (ix) *Artefakte,*

---

[1]Von *evolutiven* Prozessen über die Biochemie, die für die Ausbreitung von Aktivierungen verantwortlich ist, bis hin zu "kulturellen" Prozessen.

Symbolgebrauch, Sprache & Schrift: Externalisierungen von internen Repräsentationskonstrukten und Rückwirkung dieser Externalisierungen auf die internen Repräsentationen. (x) *"Kulturelle Konstruktionen & Wissenschaft"*.

Ziel der folgenden Abschnitte ist es, (a) all diese Schritte in Relation zu dem zu setzen, was uns in den bisherigen Kapiteln beschäftigt hat, (b) eine Integration des alternativen Repräsentationsbegriffes in diese Schritte (und vice versa) zu unternehmen und (c) die *neuronale Basis* dieser Konstruktions- und Repräsentationsprozesse im Detail darzustellen. Natürlich ist es nicht möglich, all diese Schritte und Ebenen so klar zu trennen, wie es in den obigen Punkten geschehen ist – vielmehr ist eine Interaktion und das Zusammenspiel über mehrere Ebenen hinweg zu beobachten. Wir werden den Weg, den ein Umweltzustand/-signal aus der Umwelt in das neuronale System und wieder zurück nimmt, nachverfolgen: vom Rezeptor, über die Primärverarbeitung, die Interaktion mit anderen Aktivierungen, die Erzeugung des Motorsignals, bis zur Veränderung in der Umwelt, die sich als Artefakt manifestiert und die Grundlage jeglichen "kulturellen Prozesses[2]" darstellt und wieder auf das neuronale Repräsentationssubstrat zurückwirkt. Da sehr viele der obigen Punkte bereits in vorangegangenen Kapiteln im Detail diskutiert wurden, werden diese nur mehr in dieses größere Bild eingebettet, während jene Punkte, wie etwa das Phänomen der Sprache, ein wenig ausführlicher behandelt werden. Ob der großen Komplexität, der wir vor allem in den Abschnitten 11.10 und 11.9 begegnen (i.e., Sprache, "Kultur", Wissenschaft, etc.), können diese vorerst nicht in voller Tiefe dargestellt werden. Vielmehr ist dies als ein *Vorschlag* aufzufassen, wie sich die in dieser Arbeit entwickelten Konzepte auch in diese Bereiche integrieren lassen und auch dort eine zentrale Rolle spielen.

11.1 Rezeptoren und Transduktion

Der erste und vielleicht auch einschneidendste Schritt der *Konstruktion* im neuronalen Repräsentationssystem findet nicht im neuronalen Repräsentationssubstrat selber statt, sondern an seiner Peripherie: der *Rezeptor/Sensor* wandelt Umweltstimuli im *Transduktionsprozeß* in neuronale Aktivierungen um. Dieser Schritt scheint einer der wichtigsten und bezüglich der Repräsentation der Umwelt einflußreichsten zu sein, da (a) im Moment der Transduktion der "Originalreiz" verloren geht, (b) die Umweltdynamik in eine völlig *andere Domäne transformiert* wird, in der nur mehr ein einheitlicher Code vorliegt[3], und (c) eine völlige Neu- resp. Umstrukturierung der Struktur des Umweltreizes stattfindet (siehe auch Kapitel 10). In diesem Abschnitt werden die theoretischen und epistemologischen Aspekte des Transduktionsprozesses im Detail diskutiert – dies ist als Ergänzung der in Kapitel 10 gebrachten Beispiele zu verstehen. Man kann vier Dimensionen ausfindig machen, nach denen ein Stimulus strukturiert wird [MART 91]:

(a) *Modalität*. Die Architektur, der Aufbau und die Dynamik eines spezifischen

---

[2] Im allgemeinsten Sinne.
[3] Die *Modalitätsinformation* geht verloren.

Rezeptors determinieren, welche Art von Energie (i.e., welche Modalität eines Stimulus) den Rezeptor "reizen/aktivieren" kann ("adäquater Stimulus"). Im Normalfall findet in einem ersten Schritt eine grobe Klassifikation der Umwelt in die verschiedenen Modalitäten statt. Energieformen, für die kein Rezeptor vorhanden ist, finden normalerweise *keinen Eingang* in die Repräsentation, Verrechnung und Verarbeitung des neuronalen Systems (außer wenn künstliche externe z.B. wissenschaftliche Meßgeräte eine Transformation in einen wahrnehmbaren Bereich[4] vornehmen).

(b) *Intensität.* Im Prinzip besteht – von Sonderfällen[5] abgesehen – folgende Abhängigkeit zwischen der Stärke des Stimulus und der Intensität des detektierten Reizes (z.B. Feuerrate des afferenten Neurons): je stärker der Umweltstimulus, desto höher die Intensität des detektierten Reizes[6]. Wir haben gesehen, daß wir diese Relation nicht immer aufrecht erhalten können (z.B. bei slowly oder rapidly adapting receptors). Die niedrigste detektierbare Stimulusintensität wird *sensory threshold* genannt – es handelt sich dabei um keine konstante Größe, vielmehr verändert sich dieser Wert über die Zeit mit der "Erfahrung", in bestimmten Kontexten (z.B. in Extremsituationen, wie einer Geburt, eines Unfalls, etc.), mit der Häufigkeit und Dauer des Gebrauchs, etc. Die Detektion der Intensität eines Stimulus ist deswegen von großer Wichtigkeit, da es dadurch möglich wird, verschiedene Stimuli *innerhalb* einer Modalität zu differenzieren. Diese Abstufung enthält oftmals – für die Generierung des Verhaltens – sehr wichtige Information über die Umweltstruktur.

(c) *Dauer.* Die Beziehung zwischen Stimulusintensität und der wahrgenommenen Intensität dieses Stimulus definiert die *Dauer* des wahrgenommenen Reizes. I.e., wird ein Reiz invarianter Intensität über längere Zeit hinweg dargeboten, so verändert sich die wahrgenommene Intensität über diese Zeit. In den meisten Fällen verringert sich die wahrgenommene Intensität resp. sie verschwindet gänzlich. Dieses Phänomen nennt man *Adaptation* (in Rezeptoren) – es ist uns bereits bei der Diskussion über den Tastsinn (Pacini Korpuskel) begegnet. Die epistemologische Konsequenz aus dieser Beobachtung ist, daß wir auch hier *keine stabile Beziehung* zwischen Umweltzustand (i.e., einem Reiz bestimmter invarianter Intensität) und Repräsentationssystem finden können – vielmehr ist die Rezeptordynamik zumeist darauf ausgelegt, (raum-zeitliche) *Veränderungen*, *Kontraste*, etc. in der Umwelt zu detektieren und Stabilitäten/Invarianzen auszufiltern. Die meisten Rezeptoren führen nicht nur eine (passive) Transformation durch, sondern "verfälschen" die Umweltstimuli bis zu einem gewissen Grad – Verfälschung in dem Sinn, als der Umweltreiz *konstruktiv*[7] verändert wird.

(d) *Ort (location).* Ein Umweltreiz erhält immer eine bestimmte *räumliche Zuord-*

---

[4] Was wir hier als "wahrnehmbaren Bereich" bezeichnen, ist genau jene *Passung* zwischen einer bestimmten Energieform und der Sensibilität eines bestimmten Sensors.

[5] Einer diese Sonderfälle sind beispielsweise die *Photorezeptoren* in der Retina: je höher die Intensität des einfallenden Lichtes, desto stärker wird deren Aktivierung gehemmt.

[6] Zumeist findet man eine *proportionale* oder eine *logarithmische* Abhängigkeit zwischen der Intensität des Reizes und (zumindest der Anfangs-)Aktivierung.

[7] "Konstruktiv" ist in diesem Kontext so zu verstehen, daß die Struktur des Umweltreizes so verändert wird, daß dessen neuronale Repräsentation bereits als "nützlicher" input für die *Generierung adäquaten Verhaltens* herangezogen werden kann.

nung, um die folgenden zwei Aspekte zu erfüllen: (a) Detektion des Ortes, an dem ein bestimmter Reiz aufgetreten ist und (b) Fähigkeit, zwei räumlich nahe beisammen liegende Reize zu unterscheiden. Die räumliche Anordnung der Rezeptoren und deren Verschaltung in der Primärverarbeitung determinieren den *Minimalabstand*, den zwei Reize haben müssen, um als zwei (räumlich) unterschiedliche Stimuli identifiziert werden zu können ("two-point discrimination threshold"). Über den Körper ist die Dichte der Rezeptoren nicht konstant: beim Menschen sind etwa die Fingerspitzen im taktilen Bereich extrem "hochauflösend", während der Rücken nur durch relativ große "Flecken" von taktilen Rezeptoren abgedeckt ist; oder in der Fovea ist die Dichte der Photorezeptoren um ein Vielfaches höher als in den peripheren Gebieten der Retina. Die Rezeptordichte ist etwa proportional zu der wahrnehmbaren two-point discrimination und zu den Flächenproportionen der Regionen im jeweiligen sensory cortex. Nach der primären Verarbeitung des Rezeptorpotentials führen relativ geordnete Pfade zu den *sensorischen Maps* in den primären sensorischen Kortexareae (V1, S1, A1, etc.). Es handelt sich um *topographisch* angeordnete Karten, die die Nachbarschaftsbeziehungen der Reize widerspiegeln.

Ein Rezeptor determiniert, wie die Struktur (und raum-zeitliche Dynamik) des Umweltreizes bei der Transduktion verändert wird. Er übt dadurch einen starken *konstruktiven Eingriff* für den Aufbau einer (Primär-)Repräsentation der Umwelt aus – diese konstruierte (Umwelt-)Repräsentation stellt den Ausgangspunkt für die weitere Verarbeitung und daher auch für die Generierung (adäquaten) Verhaltens dar. Sehen wir uns diese Situation aus der (Repräsentations-)Perspektive der funktionalen Passung an, so stört uns diese vermeintliche Verfälschung des Umweltsignals und der Verlust der Abbildungsrelation nicht so sehr, da wir ja in erster Linie *nicht* an einer möglichst "wahrheitsgetreuen" Abbildung der Umwelt im Repräsentationssystem interessiert sind, sondern an der *Generierung von Verhalten*, welches adäquat und "funktional passend" ist. Diese Verfälschung entpuppt sich aus dieser Sicht sogar eher als *Vorteil*, da bereits in den Rezeptoren (also in der allerersten Verarbeitungsstation der sensomotorischen Integration) auf diese Generierung des adäquaten Verhaltens hingearbeitet wird – dies ist in folgendem Sinn zu verstehen: man denke etwa an das Phänomen der Adaptation eines Rezeptors bei einem konstanten Reiz; die Detektion von Veränderungen (im jeweiligen Umweltstimulus) ist für die Generierung von Verhalten viel wichtiger, als die ständige 1:1-Übertragung der aktuellen Reizintensität, da es viel häufiger notwendig ist, sein Verhalten bei Veränderungen der Umweltzustände zu verändern als bei unveränderter Umwelt.

Weiters sind die Sensorsysteme für die primären *Kategorien* (i.e., Modalitäten) und die Strukturen innerhalb dieser Kategorien verantwortlich, die ein Repräsentationssystem überhaupt "wahrnehmen"/repräsentieren kann. Der Aufbau und die Dynamik der Rezeptoren determinieren die *Repräsentationsstruktur* in hohem Maße, da sie eine konstruktive *Reduktion der Umweltkomplexität* durchführen. Bildlich gesprochen, wird die Umwelt durch das Sensor-/Rezeptorsystem in viele kleine Scheibchen zerschnitten, von denen jedes jeweils einen *kleinen Aspekt* der Gesamtdynamik beinhaltet (und konstruktiv auf das Ziel der Verhaltensgenerierung hin verändert wird). Viele Aspekte, Energieformen, Strukturen, Dynamiken, etc., die uns die

Umwelt noch "anbieten" würde, bleiben einfach – unter normalen Umständen[8] – *unberücksichtigt* und undetektiert, da der Organismus einfach nicht mit einem für diese Aspekte/Energieformen passenden Sensorium ausgerüstet ist. Wahrscheinlich gab/gibt es keine unmittelbare (evolutive) Notwendigkeit, andere Sensorsysteme zu entwickeln, da die jeweilige Spezies mit der vorhandenen Sensorausstattung und mit der aus ihr gewonnen Information über die Umweltstruktur/-dynamik gut überleben konnte. Dieses Zerschneiden der Umwelt in "Scheibchen" ist eine Form der Kategorisierung, die sich jedoch *nicht* in erster Linie nach den Kategorien der Umwelt richtet, sondern durch die Architektur und die Dynamik der Sensoren/Rezeptoren determiniert ist – die Kategorien sind, wie bereits angedeutet, darauf ausgerichtet, als *Grundlage für die Generierung adäquaten Verhaltens* zu dienen. Freilich sind die Sensoren nicht ganz unabhängig von der Umwelt entstanden: im Laufe ihrer *phylogenetischen* Entwicklung haben sie die für die Aufrechterhaltung des Überlebens notwendigen Umweltstrukturen zu detektieren "gelernt". In diesem Sinne sind die Kategorien, nach denen die Umwelt durch die Rezeptoren eingeteilt wird, *systemrelativ* und zugleich *indirekt* von der Struktur und den Kategorien der Umwelt abhängig.

Diese Stufe der Transformation eines Umweltsignals in ein neuronales Signal (i.e., raum-zeitliche neuronale Aktivierungsmuster) ist einer der wichtigsten und einschneidendsten *Konstruktionsschritte* in der ganzen neuronalen Verarbeitung; folgende Gründe können dafür angeführt werden: im Moment der Transduktion geht der Originalreiz *verloren*. Durch einen Sensor/Rezeptor wird nur ein ganz ein kleiner Ausschnitt resp. Aspekt der Umwelt herausgeschnitten. Dieser kleine Ausschnitt wird in eine neue Kategorie/Dimension von Signalen *transformiert* – die neuronalen Signale haben mit den Umweltsignalen nicht mehr sehr viel gemeinsam. Der Prozeß der Transformation ist durch die Dynamik und die Architektur des jeweiligen Rezeptors determiniert und nicht so sehr durch die Umweltdynamik.

Aus all diesen Überlegungen und Beobachtungen müssen wir also bereits im allerersten Schritt der Verarbeitung das Konzept der Abbildung der Umwelt auf das neuronale Repräsentationssystem zugunsten eines *autonomen Rezeptorsystems*, welches seiner eigenen Dynamik folgt, aufgeben. Die Umweltstimuli stoßen die (rekursiven) Prozesse und Dynamik – ähnlich wie in rekursiven neuronalen Systemen – in den Rezeptoren lediglich an; die Sensitivität für eine bestimmte Modalität ist in der Rezeptordynamik determiniert/verkörpert; sie stellt eine erste Form der Selektion (aus der Umwelt), *Konstruktion* und "Theorie" über die Umwelt dar.

11.2 Primärverarbeitung

Nach dem Transduktionsprozeß werden die in neuronale Aktivierungen umgewandelten/umstrukturierten Umweltsignale und Umweltausschnitte – *getrennt* nach der

---

[8] "Normale Umstände" bedeuten in diesem Kontext, daß beispielsweise keine externen Sensoren etwa in Form von *wissenschaftlichen Meßgeräten* zur Verfügung stehen.

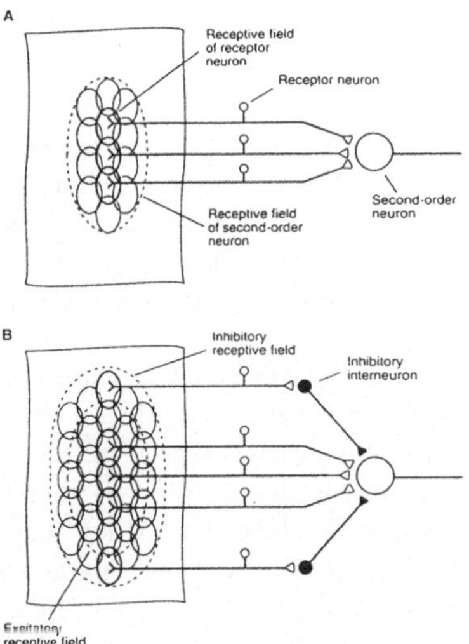

Bild 11.1 Zwei Beispiele für *rezeptive Felder* (aus Martin, 1991).

jeweiligen *Modalität* – in einem ersten Schritt zumeist in *feed forward* Weise weitergeleitet. Aktivierungsmuster werden aufeinander abgebildet und umstrukturiert. Wie wir gesehen haben, basiert dies auf dem Prinzip der *Vektortransformation* in einem activation space; i.e., Vektoren werden von einem Vektorraum (activation space) auf einen anderen abgebildet, ohne, daß sie vorerst mit rekursiven Aktivierungen interagieren. Es kommt zu einer *Konvergenz* und *Divergenz* der Aktivierungen – sie breiten sich vorerst in *eine* Richtung durch das Netzwerk aus. Die Ausbildung von *rezeptiven Feldern* ist in diesem Stadium der Verarbeitung typisch. In Abbildung 11.1 sind zwei Beispiele für rezeptive Felder dargestellt. Ein rezeptives Feld (RF) ist folgendermaßen definiert [KAND 91]: ein RF ist jenes Feld in einem bestimmten Sensor-/Rezeptorbereich, welches durch ein bestimmtes Sensorneuron abgedeckt ist. Aus dieser Definition können zumindest zwei Typen von RF unterschieden werden: (a) jene Sensorneuronen, die mit genau einem Rezeptor/Sensor verbunden sind und (b) jene, die mit mehreren Sensoren/Rezeptoren verbunden sind. Beispielsweise ist das RF eines Mechanorezeptors in der Haut genau jene Fläche der Haut, die durch diesen Rezeptor innerviert wird. Das RF eines Sensorneurons, das mit nur einem Rezeptor verbunden ist, ist also genau jener Bereich der sensorischen Oberfläche, welcher bei Stimulation durch die Aktiviertheit dieses Neurons "abgedeckt" wird.

Wie man in Abbildung 11.1 sehen kann, können *konvergente* Bahnen einige Rezeptorneuronen zu einem einzelnen Neuron zusammenfassen. Dieses Neuron nennt man auch "second order neuron" [MART 91]. Das RF solch eines Neurons höherer Ordnung ist *größer* als jenes des einzelnen Rezeptorneurons. Der Nachteil ist ein Verlust an Detailinformation (beispielsweise über den genauen Ort); der Vorteil ist die einfache Detektion eines Stimulus in einem großen Bereich. Eine Erweiterung dieses Konzeptes um *inhibitorische* (Inter-)Neuronen ermöglicht eine Form der *lateralen Inhibition*, welche zu einer *Erhöhung des Kontrastes* innerhalb eines rezeptiven Feldes (höherer Ordnung) führt (siehe Abbildung 11.1-B). Die inhibitorischen Einflüsse kommen von der Peripherie des RF. Dies führt dazu, daß bei Kontrastübergängen, die durch das RF gehen, dieser Kontrast noch verstärkt wird. *Center surround cells*, wie man sie etwa im visuellen System findet, stellen ein gutes Beispiel für diese Form der Kontrastverstärkung dar: bei gleichmäßiger Beleuchtung von center und surround kommt es fast zu einer Auslöschung der Aktivierung (des second order Neurons), während es bei einem Helligkeitsübergang zu einer Erhöhung des Kontrastes kommt.

Auch hier begegnet uns ein Phänomen, das wir bereits bei der Adaptation der Rezeptoren kennengelernt haben. Nicht der konstante Stimulus ist für das Repräsentationssystem von primärem Interesse, sondern vielmehr die *Veränderung*, der *Übergang*, der *Kontrast* von einem Umweltzustand zum anderen. War es im Falle der Adaptation in den Rezeptoren eine Detektion der Veränderung in der *temporalen* Dimension, so handelt es sich im Falle der RF (mit inhibitorischem surround) eher um die Detektion von Veränderungen in der *räumlichen* Dimension. Die Funktion rezeptiver Felder dieser Form kann man als erste Ableitung über die räumliche Dimension interpretieren. Bei Neuronen *höherer* (i.e., > 2) Ordnung wird das RF zunehmend komplexer und man kann bereits bei dieser relativ einfachen feed forward Architektur nur mehr schwerlich von einer Abbildung sprechen. Die Verschaltung der Neuronen ermöglicht die Extraktion immer abstrakterer Merkmale (siehe auch Abschnitt 11.5), welche aus rezeptiven Feldern zusammengesetzt sind, die wiederum aus einfacheren RF zusammengesetzt sind,... Aus dieser Kaskade von RF werden *abstrakte Merkmale* aus den Primärrepräsentationen, die durch die Rezeptoren zur Verfügung gestellt werden, extrahiert und aktiv zusammengesetzt. In dieser primären Verarbeitung findet also sicherlich *kein passives Abbilden* von Umweltrepräsentationen satt, sondern vielmehr ein *aktiver Prozeß der Konstruktion* und *Synthese* von einfachen Repräsentationen zu immer abstrakteren Kategorien.

11.3   Rekursive Aktivierungsausbreitung

Die neuronalen Konstrukte (in Form von Aktivierungsmustern) sind bis zu diesem Punkt Resultat einer primären feed forward Verarbeitung. Durch rekursive (Rück-)Verbindungen in der Architektur des neuronalen Systems kommt es nach der Primärverarbeitung zu einer *Interaktion* mit den aktuellen *internen Aktivierungen* des Systems. Hier wird die interne Dynamik mit der Dynamik der transformierten Umweltstimuli verflochten. Die externen Aktivierungen (i.e., die input Aktivierungen, die aus der Primärverarbeitung stammen), selektieren Trajektorien und lösen dadurch eine bestimmte Dynamik im neuronalen System aus (vgl. auch die Diskussionen um rekursive Systeme, die "Automatenanalogie", etc.). Wie wir gesehen haben, sind es *nicht* alleine die in Aktivierungsmuster transformierten (und "verfälschten") Umweltstimuli, die die Dynamik der sich ausbreitenden Aktivierungen determinieren – der *aktuelle interne Aktivierungszustand* spielt bei diesem

Prozeß eine nicht minder entscheidende Rolle. Die input Aktivierungen selektieren lediglich einen möglichen – durch die aktuelle Gewichtskonfiguration vorgegebenen – Zustand aus der Menge der möglichen Folgezustände des aktuellen Zustandes. Dieser aktuelle interne Aktivierungszustand kann als der aktuelle inneren *Repräsentationszustand* des neuronalen Systems interpretiert werden[9]. Folglich kommt es in diesem Schritt zu einer Interaktion von den vorverarbeiteten und transformierten Umweltrepräsentationen/-konstrukten mit den aktuellen internen Repräsentationen/Konstrukten. Das Ziel aus dieser Interaktion ist die Erzeugung eines neuen internen Repräsentationszustandes, welcher zum Teil auch das output-Verhalten determiniert.

Die Umweltsignale lösen die Eigendynamik der Sensoren aus, die wiederum nach der Primärverarbeitung die Eigendynamik der rekursiven neuronalen Struktur auslösen. In diesem Sinne sind Veränderungen der inneren Aktivierungen auch eine Reaktion auf die Umweltdynamik, die jedoch nicht alleine durch diese determiniert sind, sondern zumindest im selben Maße auch durch den aktuellen inneren Zustand. Das Resultat dieser Interaktion mit den internen Aktivierungen ist, daß das beobachtete Verhalten kein stimulus-response Verhalten ist, sondern viel komplexere Muster, wie rhythmisches Verhalten, "spontanes[10]" Verhalten oder Generierung von Verhaltenssequenzen, zeigt. Durch die internen Rückverbindungen ist eine direkte oder indirekte Rückwirkung auf eigene Aktivierungen/Repräsentationen möglich. Es kann zu internen kreisenden Mustern von Aktivierungen kommen, die die Ursache resp. das Substrat für die interne Dynamik, für *Stabilitäten*, Instabilitäten, zyklische und chaotische Verhaltensweisen sind. Diese werden durch die externen Stimuli ausgelöst, indem die Dynamik durch eine input Aktivierung auf eine bestimmte Trajektorie gebracht wird, der das System dann selbständig folgt.

11.4 Cross modale Integration

Durch einen Rezeptor wird jeweils eine Modalität wahrgenommen. Die transformierten Rezeptorpotentiale werden in einem ersten Schritt nach der jeweiligen Modalität *getrennt* weitergeleitet und verarbeitet. Jedoch bereits in der feed forward Verarbeitung, aber ganz besonders in der rekursiven Interaktion kreuzen sich die "Pfade" der verschiedenen Modalitäten und es kommt zu einer *cross modalen* Integration resp. Verschränkung der Modalitäten. An diesem Punkt kommt der "einheitliche Code" der neuronalen Aktivierungen zum Tragen: dadurch, daß der Code keinerlei Information in sich trägt, von welcher Modalität oder von wo eine bestimmte neuronale Aktivierung kommt, ist die Integration der Aktivierungen verschiedener Modalitäten kein Problem. Es kommt also zu einer impliziten Vermischung und Kombination der Aktivierungen verschiedener Modalitäten und auch des inneren Zustandes (der ja selber auch das Resultat dieser cross modalen Integration ist).

---

[9] Jedoch *nicht* in dem Sinn, als er auf ein bestimmtes (Umwelt-)Phänomen verweist.

[10] I.e., Verhalten, das ohne Veränderungen im input generiert wird.

Diese Verschränkung führt in weiterer Folge zur Generierung (hoffentlich) adäquaten Verhaltens.

In Abschnitt 6.1 haben wir bereits ein Beispiel für diese Form der sensomotorischen Integration kennengelernt: im *superior colliculus* (SC) werden sensorische Reize verschiedenster Modalität zu einem Motoroutput integriert. I.e., der SC steuert u.a. die sakkadische Augenbewegung in jene Richtung aus der der Stimulus gekommen ist (vgl. das Beispiel mit dem Feuerzeug im Kino, Abschnitt 6.1). Dabei ist es egal, ob es sich um einen visuellen, einen akustischen oder taktilen Stimulus handelt – eine plötzliche Veränderung in der Umwelt, die auf einen Rezeptor in der einen oder anderen Weise an einem bestimmten Ort auftrifft, löst durch die Verschaltungen im SC eine Sakkade der Augen auf den Punkt hin aus, von dem der Stimulus ausgegangen ist (i.e., die Fovea wird auf den Punkt des Ursprung der taktilen, visuellen, auditiven, etc. Veränderung gerichtet). Der SC ist in sieben Schichten unterteilt [CHUR 92, KAND 91]: drei von ihnen enthalten sog. *sensory maps* und räumliche Repräsentationen von Tönen (i.e., Repräsentationen, aus welcher Richtung Töne gekommen sind[11]).

Wie wir skizzenhaft an "Roger's" Beispiel aus Kapitel 5 gesehen haben, ist auch der SC vereinfacht gesprochen so organisiert, daß diese sensory maps deformiert übereinander liegen und durch vertikale Verbindungen so verbunden sind, daß räumlich zusammengehörige Orte (z.B. eine bestimmte Position auf der Retina, eine bestimmte Stelle am Körper, etc.) bereits in bezug auf das auszuführende Verhalten (z.B. Augenbewegung) miteinander korreliert sind. Diese Vertikalverbindungen führen zu einem *Motorlayer*, der dann die Ausführung der sakkadischen Augenbewegung ansteuert. Im SC ist also sowohl die *cross modale* als auch die *sensomotorische Integration* realisiert. Ein weiterer Vorteil der cross modalen Integration ist nicht nur, daß Reize unterschiedlicher Modalität ein bestimmtes Verhalten auslösen können, sondern auch, daß, wenn ein einzelner Reiz zu schwach ist, um eine Sakkade auszulösen, dessen Assoziation mit einem Reiz einer anderen Modalität gemeinsam stark genug ist, daß die Sakkade ausgelöst wird.

Bei der cross modalen Integration findet im Grunde genau der umgekehrte Vorgang statt, wie in den Rezeptorsystemen; in den Sensoren wird die Umwelt in viele kleine Scheibchen (Aspekte) zerschnitten und nach den jeweiligen Modalitäten auf getrennten Bahnen weitergeleitet und in das CNS als inputs, die die rekursive Dynamik triggern, "eingespeist". Bei der cross modalen Verschränkung werden diese Aspekte/Scheibchen wieder zu einer zusammengehörigen aktuellen Repräsentation (i.e., einem bestimmten Aktivierungsmuster) *zusammengesetzt*. Der große Unterschied zum "Ursprungsbild" des globalen Umweltzustandes besteht jedoch darin, daß die "globale Repräsentation" (i.e., ein Aktivierungszustand) diesmal der Dynamik des rekursiven Systems systemrelativ/-spezifisch folgend zusammengesetzt wird – i.e., es geht nicht darum, den Umweltzustand so gut wie möglich in der Repräsentation zu rekonstruieren, sondern darum, Repräsentationszustände zu erzeugen, die *adäquates Verhalten* zu generieren imstande sind (Systemrelativität der

---

[11]Die Ursprungsrichtung kann u.a. aus dem äußerst fein kalibrierten auditiven System berechnet werden, indem es die *Zeitdifferenz* zwischen den beiden Zeitpunkten feststellt, mit der ein bestimmtes Geräusch in den beiden Gehörgängen wahrgenommen wurde.

Repräsentation). Man vergleiche etwa mit dem SC: die sensorischen maps sind nicht so angelegt, daß der Körper möglichst genau und "wirklichkeitsgetreu" repräsentiert ist, sondern sie sind in solch einer Weise *verzerrt*, daß sie eine möglichst adäquate Augensakkade erlauben.

11.5 Merkmalsextraktion

Ein weiterer Schritt der Konstruktion findet bei der *Merkmalsextraktion* statt; im Grunde könnte man ja bereits das Detektieren bestimmter Umweltaspekte durch bestimmte Rezeptoren als eine Art Merkmalsextraktion bezeichnen: ganz spezifische Eigenschaften der Umwelt werden – durch die Dynamik des jeweiligen Rezeptors festgelegt – aus der Umwelt extrahiert. Wie wir gesehen haben, handelt es sich nicht um einen passiven Abbildungsprozeß, sondern um einen aktiven Konstruktionsprozeß, der nur durch die Umwelt angestoßen wird, aber durch den Aufbau und die Dynamik des jeweiligen Rezeptorsystems determiniert ist. Das Resultat dieses Prozesses sind *neuronale Aktivierungen*, die sozusagen "Basismerkmale" der Umwelt, wie sie sich für den jeweiligen Organismus präsentiert, repräsentieren. Es handelt sich u.a. um simple und in weiterer Folge komplexe (second order) *rezeptive Felder*. In der Diskussion um *feed forward* Netzwerke haben wir gesehen, daß solch ein Netzwerk Aktivierungsmuster im activation space aufeinander abbildet (und dann meistens mit einer nicht linearen Aktivierungsfunktion skaliert); bei diesem Vorgang kann es zu einer Kategorisierung und Merkmalsextraktion kommen (vgl. Netzwerke zur Kategorisierung [RUME 86, RUME86b]). I.e., bestimmte Merkmale im sensorischen input-Muster bewirken das Generieren eines bestimmten Aktivierungsmusters im output resp. in den hidden units, was auf das Vorhandensein eines bestimmten Merkmals hinweist (i.a.W., das Vorhandensein dieses Merkmals wird durch ein bestimmtes output Aktivierungsmuster *repräsentiert*). Sehen wir uns ein von der Neurowissenschaft recht gut untersuchtes System zur Merkmalsextraktion zur Illustration näher an:

Jeder visuelle Reiz geht, grob gesprochen, folgenden Weg: er fällt durch die Linse und durch Zellschichten auf einen Photorezeptor, wo er in ein neuronales Signal umgewandelt wird. Dieses wir an die bipolar cells (on/off center cells) weitergeleitet, von dort geht es weiter an die Ganglienzellen (und Amacrine Zellen), zum LGN (lateral genuculate nucleus), welcher die erste Umschaltstelle darstellt; von dort gelangt das (visuelle) neuronale Signal in den Kortex (V1, V2, etc.). Der primäre visuelle Kortex (V1) ist, wie der gesamte Kortex, in *sechs layers (Schichten)* gegliedert [MASO 91]. Diese Schichten repräsentieren typische input-, output-, Verarbeitungs- und Kommunikationszonen: die meisten inputs kommen in den Schichten $4C\alpha$ und $4C\beta$ an. Dort werden sie weiterverrechnet. Die Zellen, die diese Verrechnungen durchführen nennt man "simple cells" – sie repräsentieren *rezeptive Felder*, wie wir sie in Abschnitt 11.2 kennengelernt haben. In Abbildung 11.2 ist ein Beispiel für solch eine simple cell dargestellt.

Simple cells dieser Form detektieren/extrahieren z.B. einen *Balken* einer be-

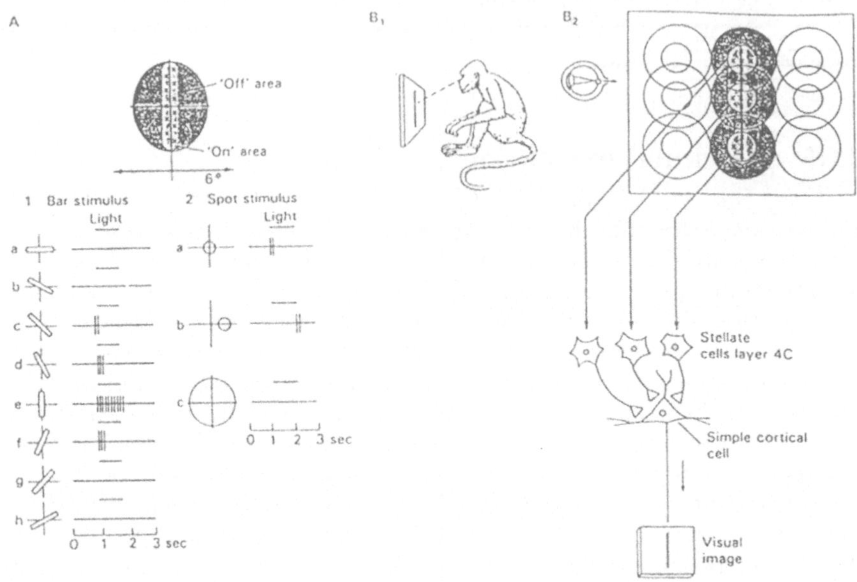

Bild 11.2 Simple cells – Extraktion eines vertikalen Balkens; siehe Text zur Erläuterung (aus Mason et al., 1991).

stimmten Orientierung an einer bestimmten Position im visuellen Feld. I.e., wenn ein Balken im visuellen Feld eine ganz bestimmte Orientierung, auf die dieser Merkmalsdetektor (i.e., diese Zelle) "sensibel" ist (in diesem Falle ein vertikaler Balken), besitzt, so feuert diese Zelle mit maximaler Rate (Abbildung 11.2-A). Balken in anderen Orientierung und/oder Positionen werden mehr oder weniger ignoriert; i.e., die Zelle, die den Merkmalsdetektor z.B. für vertikale Balken an einer bestimmten Position im visuellen Feld repräsentiert, bleibt "stumm" (i.e., die Feuerrate ist 0 resp. die Spontan-/Ruhefeuerrate). Es handelt sich also um ein relativ komplexes *rezeptives Feld*, das außerdem auch noch auf ein ganz spezifisches Merkmal, nämlich beispielsweise einen Balken bestimmter Orientierung, anspricht. Die Größe dieses Balken in den simple cells ist ca. $1° \star 8°$ [MASO 91]. In Abbildung 11.2-B₂ ist eine mögliche Architektur, die solch einen Balken detektieren kann, skizziert. Die simple cortical cell wird genau dann aktiv, wenn die drei Photorezeptoren im visuellen Feld, die einen Balken dieser Größe formen, aktiv sind – natürlich bekommt diese Zelle auch noch einen inhibitorischen input aus dem "surround" dieses Feldes, sodaß sichergestellt ist, daß die Zelle wirklich nur dann aktiv wird, wenn genau ein Balken dieser Orientierung an dieser Retinaposition vorhanden ist. I.a.W., in dieser relativ simplen Architektur ist das "Wissen" *verkörpert*, um einen Balken einer bestimmten Orientierung aus dem visuellen Feld zu extrahieren.

Aus diesen simplen Merkmalen werden in weiteren Verarbeitungsschritten immer komplexere Merkmale (complex cells, hypercomplex cells, Bewegungsdetektoren, etc.) "zusammengebaut" (konstruiert). Treibt man diese Vorstellung ins Extrem, so endet man bei der berühmten "Großmutterzelle" [BARL 72, PERR 87], die wir jedoch aus bereits diskutierten Gründen verworfen haben. Im Zuge der Merkmalsextraktion kommt es also zu einer schrittweisen *Abstraktion*. I.e., zu der in der Umwelt vorhandenen Struktur werden (abstrakte) Strukturen *dazukonstruiert* – diese Merkmale sind zwar in der Umweltstruktur *implizit* enthalten, sie werden aber erst durch den neuronalen Verrechnungsmechanismus *explizit* gemacht. Es handelt sich um einen Art *Interpretationsprozeß*, bei dem zu dem an sich neutralen Umweltsignal *abstrakte Merkmale* (z.B. ein Balken einer bestimmten Orientierung) hinzugefügt/-konstruiert werden. Diese Interpretation ist jedoch für das jeweilige neuronale/kognitive System spezifisch und stellt nur *eine mögliche Interpretation* der Umweltstruktur dar (i.e., die Umweltstruktur ist lediglich eine Randbedingung innerhalb der je nach Bedarf konstruiert werden kann). I.e., durch die neuronale Architektur werden *"abstrakte Attribute"* zu dem an sich "neutralen" Umweltstimulus hinzugefügt. Das "explizit Machen" dieser Attribute ist mittels komplexer kaskadenartig angeordneter rezeptiver Felder realisiert: die Aktiviertheit eines bestimmten Neurons z.B. im V1 bedeutet das Vorhandensein eines bestimmten Merkmals im Stimulus resp. in der transduzierten Form des Stimulus.

Diese abstrakten Attribute sind eine Form von *"Bedeutungszuweisung"*, die durch das kognitive System durchgeführt wird. Die Struktur des Umweltsignals selber hat diese Bedeutung (noch) nicht – sie trägt sie lediglich implizit in sich. Das jeweilige kognitive System macht es durch *seine* jeweilige Architektur und Verarbeitung explizit. Dies ist in dem Sinn zu verstehen, daß es jene (abstrakten) Merkmale aus der Umwelt extrahiert, die für die Generierung von adäquatem Verhalten im jeweiligen kognitiven System und Umweltkontext relevant und notwendig sind. In diesem Sinne weist ein kognitives System einem bestimmten Umweltstimulus *"Bedeutung"* zu. Folglich können kognitive Systeme mit unterschiedlicher Architektur und mit unterschiedlichen Sensorsystemen die selbe Umweltsituation unterschiedlich "erfahren", interpretieren, etc. – sie werden der selben Umweltsituation eine unterschiedliche Bedeutung zuweisen und wahrscheinlich auch unterschiedlich reagieren. I.a.W., aus ein und dem selben Umweltsignal werden – bedingt durch die Unterschiede im Aufbau, im Sensorsystem, in der Architektur, etc. – unterschiedliche "abstrakte" Merkmale extrahiert/konstruiert. Die extrahierten Kategorien sind auf die Notwendigkeit(en) des Überlebens des jeweiligen kognitiven Systems bezogen – i.e., sie werden *in Hinsicht auf die Generierung adäquaten Verhaltens konstruiert* (und nicht in Hinsicht auf die Abbildung der Umwelt). Die *Systemrelativität, funktionale Passung* und *Konstruktivität* des Wissens, der Bedeutung (und der Merkmale) stehen ganz klar im Vordergrund.

11.6   Konstruktion und Komposition des Motoroutputs

Aus diesen raum-zeitlichen repräsentierten neuronalen Aktivierungsmustern werden *Motoraktivitäten* "komponiert" – wie wir gesehen haben, besteht das grundsätzliche Problem darin, sensorische Signale mit den internen Aktivierungen/Repräsentationen zu motorischen Signalen zu integrieren, sodaß adäquates Verhalten entsteht. Der Motoroutput ist die letztendliche *Externalisierung* der internen Konstrukte, um durch die Ausführung des daraus resultierenden Verhaltens das Überleben des Organismus zu sichern. Die Erzeugung des Motoroutputs ist also der letzte Schritt in der sensomotorischen Integration. Die Ziele des Motoroutputs können, wie folgt, zusammengefaßt werden:

- die (gezielte) *Veränderung/Manipulation der Umwelt*: die externe und interne Umwelt wird in solch einer Weise verändert, daß das Über-/Weiterleben des Organismus gesichert ist. Unter Veränderung der Umwelt ist auch die Veränderung des Organismus in Beziehung der Umwelt zu verstehen (also z.B. eine Ortsveränderung des Organismus). Diese Veränderungen reichen von der Nahrungssuche über Kommunikation bis hin zum Bau von Werkzeugen, der Technik und Wissenschaft, die die Umwelt gezielt manipuliert, um Nutzen für das eigene Überleben zu ziehen (z.B. im Extremfall Kernkraft, Motoren, Flugzeuge, etc.).

- *Austesten der internen Konstrukte*: mittels der Motoraktion werden die internen Konstrukte des neuronalen Systems *externalisiert* und auf ihre Brauchbarkeit getestet. Im Grunde passiert dies bei fast jeder Bewegung, die wir ausführen. In der Wissenschaft wird dieser Aspekt auf die Spitze getrieben – *wissenschaftliche Experimente* sind eine Form des Austestens von (kollektiven) Theorien an der Umwelt.

- *Positionierung des Sensorsystems*: Rezeptoren resp. Sensorsysteme werden durch die *Bewegung* des ganzen Körpers an verschiedene Orte oder durch Bewegung eines bestimmten Rezeptors in eine bestimmte Position (z.B. Augenbewegung) in die Lage versetzt, die Umwelt aus einer neuen Position resp. neue Aspekte der Umwelt wahrzunehmen.

Bei der Generierung des Motoroutputs findet man eine *hierarchische Organisation*: von kortikalen Gebieten (z.B. Motorkortex), in denen das Motorsignal seinen Ursprung hat, gehen Bahnen in tiefere Gehirnregionen und weiter in das *Rückenmark*, in dem sich die für die Generierung des detaillierten Motorsignals entscheidenden neuronalen Schaltkreise (z.B. CPGs) befinden. Eine Bewegung ist zumeist aus dem Zusammenspiel einer Vielzahl von Muskeln zusammengesetzt – es geht darum, das Zusammenspiel der Muskeln zu "orchestrieren", indem man raum-zeitliche Aktivierungsmuster erzeugt, die die einzelnen Muskeln zum richtigen Zeitpunkt und in der richtigen Reihenfolge ansteuern. Diese Aufgabe wird größtenteils vom Rückenmark übernommen. In den Muskeln selber werden diese neuronalen Aktivitäten in

Muskelkontraktionen/Bewegungen transformiert[12], welche der/die Beobachter/in als "Verhalten" des Organismus interpretiert. Als Beobachter/innen können wir, grob gesprochen, drei verschiedene Klassen von Bewegungen/Verhalten unterschieden [GHEZ 91] (sie haben natürlich alle neuronalen Ursprung):

(a) *"Willentliche" Bewegungen*: aus einer konsequent neurowissenschaftlichen und eliminativ materialistische Perspektive ist es ein wenig problematisch von "willentlich" zu sprechen – vielmehr scheint es passender, diese Verhaltens-/Bewegungsform als das Resultat "höherer kognitiver Prozesse" zu bezeichnen. Also Prozesse, die ihren Ursprung in kortikalen Gebieten des Gehirnes haben und das Resultat komplexer neuronaler Verschaltungen sind (etwa im Gegensatz zu den vergleichsweise relativ einfachen Verschaltungen, in denen eine Reflexbewegung verkörpert ist). Die *rekursive Interaktion* von Aktivierungen spielt in diesem Kontext eine zentrale Rolle, da sie für die Erzeugung "nicht-linearen" Verhaltens (i.e., nicht stimulus-response Verhalten) verantwortlich ist – und die meisten "willentlichen" Handlungen sind nicht stimulus-response Handlungen. I.e., auf Veränderungen in der Umwelt wird oft *nicht direkt*, sondern erst *"indirekt"* (nach dem Abgleichen mit den internen Aktivierungen) oder spontan (re)agiert.

(b) *Reflexe*: hier handelt es sich in den meisten Fällen um eine simple *stimulus response* Verschaltung, die durch eine feed forward Architektur realisiert ist. Sie dient der Ausführung sehr *schneller Reaktionen* – die Schnelligkeit ist in Extrem- oder Gefahrensituationen häufig notwendig und ist in einer relativ einfachen Architektur (i.e., wenige synaptische Verschaltungsstellen) verkörpert. Sie führt zwar zu schnellen Reaktionen, diese sind jedoch auch rigid und *stereotyp*. Der/die Umweltstimulus/-veränderung ist der *direkte Auslöser* für dieses Verhalten (z.B., Kniereflex, Zurückziehen des Beines bei Auftreten auf einen spitzen Gegenstand, Sakkade der Augen bei plötzlicher Veränderung im visuellen Feld, etc.). Reflexe sind *evolutiv/genetisch festgelegte Programme*, die schnell und verläßlich jenes Verhalten generieren, welches sich (im Laufe der Phylogenese) als eine passende (i.e., überlebenssichernde) Reaktion/Strategie herausgestellt hat. Das "Wissen" für diese Reflexmechanismen ist in einer einfachen (feed forward) Architektur verkörpert und wird kaum durch sog. "höhere kognitive Prozesse" beeinflußt[13].

(c) *Rhythmische Bewegungen*: diese Verhaltensform liegt zwischen den Reflexen und den willentlichen Bewegungen; sie laufen einerseits *automatisch* ab, werden aber durch Signale aus dem Kortex *moduliert*. Wie wir bei der Diskussion um zyklische/rhythmische Aktivierungsmuster, CPGs und rekursive neuronale Architekturen gesehen haben, kann man rhythmische Verhaltensweisen folgendermaßen erklären: die Aktivierungsmuster kreisen in einem rekursiven Netzwerk, sie beschreiben eine zumeist zyklisch geschlossene Trajektorie im activation space (i.e., *zyklische/r Attraktor/Stabilität*). Einmal angestoßen, laufen die Aktivierungen im Kreis und erzeugen dadurch eine zyklische Bewegung (Gehen, Schwimmen, Kauen, etc.). Das Wissen für diese zyklischen Bewegungen ist in der *rekursiven Architektur* (zumeist des Rückenmarks) repräsentiert/verkörpert. Höhere Zentren können diese Kreisläufe lediglich anstoßen/*modulieren*; dann laufen sie mehr oder weniger starr

---

[12] Eine Art umgekehrter *Transduktionsprozeß*.
[13] Es ist in vielen Fällen sogar fast *unmöglich*, einen Reflex willentlich zu *unterdrücken*.

ab.

Wie bereits angedeutet, sind Bewegungen meist das Resultat des Zusammenspiels einer ganzen Gruppe von Muskeln, deren Aktivitäten aufeinander fein abgestimmt sein müssen, um eine "geschmeidige" ("smooth") Bewegung erzeugen zu können. Oft müssen 20 oder mehr Einzelmuskeln *parallel* angesteuert werden, um eine globale Bewegung zu generieren. I.a.W., eine Vielzahl an Neuronen ist an der "Gestaltung"/Konstruktion/Zusammensetzung der Bewegung beteiligt. Sieht man sich deren raum-zeitlichen Aktivierungsmuster im activation space an, so handelt es sich um wandernde Punkte resp. Trajektorien, die die zeitliche Bewegung der Motorneuronen/Muskeln widerspiegeln. Dieses Wandern des Punktes im activation space ist uns schon im Kontext der zyklischen Stabilitäten in rekursiven Architekturen untergekommen – die zyklische Trajektorie war für das Generieren eines zyklischen extern beobachtbaren Verhaltens verantwortlich. Neuronale Systeme stellen das ideale Medium zur Lösung dieses Ansteuerungsproblems dar, da sie darauf ausgelegt sind, *interaktiv, parallel* und *vernetzt* zu arbeiten. Durch die Interaktion der einzelnen Neuronen wird diese "Orchestrierungsaufgabe" der einzelnen Muskeln optimal realisiert.

Neben den inputs aus den "höheren" Zentren, wie etwa dem Motorkortex, spielen die *sensorischen inputs*, die aus den Muskeln, Gelenken, etc. kommen, für die Generierung eines Motorsignals im Rückenmark eine zentrale Rolle. Sie repräsentieren eine Form von *feedback*, das über das Ergebnis der Ausführung der Muskelbewegung Auskunft gibt. Es wird zur Rekalibrierung des Motorsignals, zur Korrektur bei veränderten oder unvorhergesehenen Umwelteinflüssen, zur Stabilisierung, etc. herangezogen, um das Motorsignal (mittels eines *modulierenden* Einflusses) leicht zu verändern und den aktuellen Umweltgegebenheiten anzupassen. Wir können zwei Formen von feedback unterschieden:

(i) *"Micro-feedback"*: das α- und das γ-System sind Beispiele für diese Form von feedback [ECCL 73, ECCL 84, KUFF 84, KAND 91]; i.e., diese Form von feedback aus den Muskeln oder Gelenken ist unbedingt notwendig, um Korrekturen in der aktuellen Verhaltensgenerierung zu ermöglichen resp. die Verhaltensgenerierung an die aktuellen Umweltgegebenheiten anzupassen. Die Muskeln werden normalerweise durch ein fixes Motorprogramm angesteuert (i.e., das zyklische Durchlaufen einer Trajektorie in der rekursiven Architektur z.B. im Rückenmark). Dieses fixe Programm muß jedoch den aktuellen Gegebenheiten der Umwelt, die in diesem Programm nicht direkt berücksichtigt werden, angepaßt werden (z.B. leichte Unebenheiten auf dem Weg, etc.). Die Detektion dieser "Unregelmäßigkeiten" wird durch Sensoren z.B. in den Muskeln (z.B. Muskelspindeln) realisiert, die ein afferentes Signal an das Rückenmark senden. Dieses Signal enthält sozusagen eine "Statusinformation" des (z.B. Kontraktions-)Zustandes des jeweiligen Muskels, des Gelenks, etc. Dadurch ist eine Muskel-Rückenmark "micro-feedback" Schleife realisiert. Das afferente Signal aus dem Sensor hat ähnlich wie das Signal aus dem Gehirn *modulierenden* Einfluß auf die Dynamik in der (rekursiven) Architektur im Rückenmark und kann daher – wenn notwendig – zu einer Veränderung im Verhalten führen. Es handelt sich hier um eine etwas komplexere "Thermostatarchitektur", die für das Erreichen eines vorgegebenen Zieles (z.B. Greifen nach einem Objekt) verantwortlich ist. Das Ziel wird durch den Befehl aus dem Gehirn vorgegeben. Diese Erreichung des Zieles wird mittels eines *sich selbst korrigierenden/regulierenden Mechanismus*, der dem Kortex die "Detailarbeit" abnimmt, realisiert.

(ii) *"Macro-feedback"*: auch im Macrobereich ist ein trial-&-error Mechanismus zu finden: das Ergebnis der Externalisierung neuronaler Konstrukte (i.e., tatsächliche Muskelkontraktionen) wird ständig durch das Sensorsystem, observiert, kontrolliert und, wenn notwendig, nachjustiert. I.e., während im Microbereich *interne* Parameter (z.B. Dehnung des Muskels, Gelenksstellung, etc.) als feedback-Signale gedient haben, sind es im "Macrobereich" externe *Umweltparameter*. Das visuelle System überwacht beispielsweise die Aktionen des Armes und liefert dadurch ein feedback über den Miß-/Erfolg einer Handlung. Dieses feedback kann als Korrekturhinweis für das weitere Ausführen der Handlung vom Motorsystem benutzt werden. Wie wir gesehen haben, ist der Motoroutput nicht unmaßgeblich am Prozeß der Repräsentation beteiligt: Motoraktionen bewirken nicht nur Veränderungen in der Umwelt, sondern erzeugen auch – entweder durch die Veränderung in der Umwelt selbst oder durch gezielte Positionierung der Rezeptoren[14] – *Veränderungen* an der *sensorischen Oberfläche* des Organismus. Dadurch ergibt sich eine große externe (i.e., über die Umwelt) geschlossene feedback Schleife: Nervensystem, Effektoren/Motorsystem, Umweltdynamik, Sensoren/Rezeptoren, Nervensystem,... Diese Schleife hat einen zentralen Einfluß auf die Repräsentation, genauer gesagt, auf die Generierung des Verhaltens. Über diese Schleife ist der Motoroutput indirekt, aber *aktiv* an der *Konstruktion* des Wissens in *rückbezüglicher* Weise beteiligt: einerseits ist er für die "Auswahl des sensorischen Ausschnittes", welcher aus der Umwelt (durch die Positionierung der Sensoren) ausgewählt wird, und damit für die inputs, die in das neuronale System als Repräsentationen der Umwelt hineinströmen verantwortlich, andererseits ist der Motoroutput selber das Resultat der internen neuronalen Konstruktionen[15], die ihn ansteuern und für die er teilweise indirekt selber verantwortlich ist.

Die Motoraktion ist also das Resultat interner neuronaler Konstruktionsprozesse (i.e., Externalisierung der neuronalen Aktivierungen), aber er ist auch zugleich an der *Konstruktion der Repräsentation* beteiligt: durch Motoraktionen werden die Zustände an der *Sensoroberfläche verändert*, was zu einer Veränderung der Primärrepräsentation der Umwelt in den Rezeptorneuronen führt. Der Miß-/Erfolg einer Motoraktion beeinflußt die Veränderungen in der neuronalen *Architektur* (i.e., die Konfiguration der synaptischen Gewichte und damit im repräsentierten/verkörperten "Wissen") selber: so kann etwa der Mißerfolg eines Verhaltens der Auslöser für einen neuronalen Adaptationsprozeß, wie wir ihn bereits in den vorigen Kapiteln kennen gelernt haben (siehe auch Abschnitt 11.7), sein. I.e., der Mißerfolg eines Verhaltens ist ein Scheitern der/des aktuellen in der Gewichtskonfiguration verkörperten Dynamik/Wissens zur Umweltbewältigung – dieses *Scheitern* wird durch das *Motorsystem "explizit"* gemacht, durch das Sensorsystem detektiert und kann durch

---

[14]Man denke etwa an die Muskeln, die für die Bewegung der Augen verantwortlich sind – ihre Aufgabe besteht einzig darin, die *sensorische Aufmerksamkeit* auf einen bestimmten Aspekt in der Umwelt zu richten.

[15]Das Verhalten ist eine Form der *Externalisierung* der internen neuronalen Konstrukte.

eine Veränderung des physischen Substrates "behoben" werden.

11.7 Ontogenetische Adaptationsprozesse und Lernen

Bisher war in diesem Kapitel fast ausschließlich von "aktuellen" Repräsentationen resp. Konstruktionen (i.e., Aktivierungsmustern) die Rede. Wir haben gesehen, daß deren Ausbreitungsdynamik durch die neuronale Architektur (i.e., durch die Konfiguration der synaptischen Gewichte) determiniert und physisch realisiert ist. Auf der Ebene der synaptischen Gewichte ist jedoch auch eine Form von (Meta-)Dynamik zu finden, die wir als "Lernprozesse" in neuronalen Systemen interpretieren. Diese Vorgänge kann man als *Konstruktionsprozesse* charakterisieren, die durch *synaptische Plastizität* realisiert sind. Ontogenetische Adaptation bedeutet eine Veränderung des physischen (Repräsentations-)Substrates und damit eine Veränderung der rekursiven *Transformationsfunktion*, welche in den synaptischen Gewichten verkörpert ist und aus dem input und dem aktuellen inneren Zustand das Verhalten (als eine Untermenge des neuen inneren Zustandes) erzeugt. Dies impliziert in den meisten Fällen eine Veränderung des Verhaltens und damit eine Veränderung des dem System unterstellten Wissens.

Diese Adaptationsvorgänge basieren auf *trial-&-error* Prozessen: i.e., es werden versuchsweise Relationen aufgebaut, verstärkt, abgeschwächt oder abgebaut – diese Relationen sind in Form der synaptischen Gewichte physisch realisiert und setzten die Aktivierungen in rekursiver Weise miteinander in Relation. Diese Relationen sind (dynamische) *Konstruktionen*, da sie einer ständigen Veränderung (neuronale Plastizität, Veränderung der synaptischen Gewichte, etc.) unterworfen sind. Wie wir gesehen haben, sind Motoraktionen eine Form der *Externalisierung* dieser Konstrukte – i.e., durch die Motoraktion wird eine Konstruktion an der Umwelt *erprobt*, das Ergebnis dieser Aktion mittels des Sensorsystems wieder an das neuronale System zurückgeleitet (siehe auch "Macro/Micro-feedback" aus vorigem Abschnitt). Dort wird es – sehr vereinfacht gesprochen – gegen die gewünschten sensorischen inputs[16] "verifiziert" und, falls eine Differenz auftritt, eine Veränderung der neuronalen Struktur (i.e., der synaptischen Gewichte) ausgelöst (i.e., Auslöser für eine Veränderung der Strategie/Theorie der Umweltbewältigung). Der Fehler resp. diese Differenz spielt in diesem Prozeß eine zentrale Rolle, da er/sie das Erreichen der Grenze eines aktuellen Repräsentationskonstruktes zur Umweltbewältigung bedeutet: i.e., das aktuelle in den synaptischen Gewichten verkörperte Wissen zur Verhaltensgenerierung und Umweltbewältigung resp. zur Aufrechterhaltung der stabilen internen und externen Zuständen *paßt nicht* mehr in die Umwelt. I.a.W., mit der durch die aktuelle physische Struktur verkörperten neuronalen Dynamik ist es nicht mehr möglich, funktional passendes/adäquates Verhalten (in der aktuellen Umweltsituation) zu generieren. Dies ist der Anstoß resp. die Aufforderung, die Dynamik resp. die für die Verhaltensdynamik verantwortliche Transformation, die in

---

[16] Diese sind durch die Aufrechterhaltung der *internen* Randbedingungen resp. des internen homöostatischen Zustandes definiert.

den synaptischen Gewichten repräsentiert ist, zu *verändern*. Dies ist entweder in ontogenetischen Adaptationsprozessen (i.e., synaptische Plastizität) oder in phylogenetischen Adaptationsprozessen realisiert. Beides sind *Konstruktionsprozesse* in dem Sinne, als sie *versuchsweise* eine (wie wir gesehen haben, mehr oder weniger gezielte) Veränderung der physischen (Repräsentations-) Struktur vornehmen und dabei alternative Relationen konstruieren. Diese neue Struktur muß sich dann in der aktuellen Ontogenese bewähren. I.a.W., die interne physische (Repräsentations-)Struktur wird so (lange) verändert, daß (bis) sie imstande ist, mehr oder weniger funktional passendes/adäquates Verhalten zu generieren – Verhalten, welches der Aufrechterhaltung des Lebens und der Reproduktion dient.

11.8 Phylogenetische Adaptationsprozesse

Variationen/Kombinationen im genetischen Material einer Spezies "generieren" in der Interaktion mit der Umwelt verschieden ausgestattete Organismen; i.e., ihre Basisarchitektur (bezüglich des Nervensystems aber auch bezüglich des restlichen Körperaufbaus) ist unterschiedlich. Diese Unterschiede können zu verschieden erfolgreichen Verhaltensweisen führen, die sich im Laufe der Ontogenese *bewähren* müssen. Das bedeutet, daß der Organismus *zumindest* so lange überleben muß, bis er sich *reproduziert*. Bei der Reproduktion kann es zu zufälligen Veränderungen und zur Kombination des Erbmaterials kommen. I.e., das physische Repräsentationssubstrat in Form der genetischen Information verändert sich und erzeugt daher mit großer Wahrscheinlichkeit einen veränderten Organismus[17]. Hier handelt es sich *nicht* um einen *gerichteten Konstruktionsvorgang* – vielmehr wird zufällig eine Veränderung im Genotyp (und damit im Phänotyp) hervorgerufen, die letztendlich in eine Veränderung der Verhaltensweise und/oder der gesamten Funktion des Organismus (i.e., auch der Konfiguration der inneren Parameter, Equilibria, Randbedingungen, etc.) münden kann. Durch die phylogenetischen Konstrukte ist der *Raum der möglichen ontogenetischen Konstrukte determiniert*. I.a.W., im phylogenetischen Repräsentationsmaterial ist der Raum für ein bestimmtes Potential während der ontogenetischen Entwicklung des Organismus vorgegeben, welchen dieser nicht übersteigen kann[18]. Wenn z.B. die Fähigkeit zur neuronalen/ontogenetischen Plastizität im genetischen Material nicht enthalten ist, so wird der Organismus im Laufe seiner Ontogenese niemals seine synaptische Struktur verändern, obwohl er immer wieder den selben Fehler macht.

In diesem Sinne setzen die phylogenetische Struktur und ihre Dynamik den Prozessen der Ontogenese ganz klare *Grenzen*; innerhalb dieser Randbedingungen ist jedoch alles möglich und "erlaubt", was (a) die interne Dynamik der aktuellen Konfiguration des Organismus gerade zuläßt, was (b) dem Weiter-/Überleben dient

---

[17]Natürlich wird nur das im genetischen Code verkörperte "genetische Wissen" und nicht das ontogenetisch erworbene Wissen an die nächste Generation weitergegeben. In den folgenden Abschnitten werden wir einen "extragenetischen Kanal" diskutieren, der es erlaubt, ontogenetisch erworbenes Wissen an Folgegenerationen weiterzugeben.

[18]Wenn wir von Mutationen zu "Lebzeiten" des Organismus absehen.

und was (c) der Reproduktion dient (und (d) was die Umwelt(randbedingungen) erlauben). Im Falle z.B. höherer Säugetiere ist der Raum der ontogenetischen Entwicklungsmöglichkeiten extrem groß, da z.B. durch die Fähigkeit der neuronalen Plastizität ("Lernen") eine Metadynamik genetisch "programmiert" ist. Die *Interaktionen und Einflüsse mit/von der Umwelt* spielen bei diesen komplexeren Organismen eine überproportional große Rolle. Über das Kriterium des Überlebens und der Reproduktion kommt die Interaktion zwischen phylo- und ontogenetischen Konstruktionsprozessen ins Spiel: die "Selektion" (nach dem Motto: "wer sich reproduzieren kann, wird selektiert") findet im *ontogenetischen Bereich* statt und hat über die Reproduktion direkten Einfluß auf die phylogenetische Ebene, welche wiederum dem ontogenetischen Bereich (u.U. veränderte) Randbedingungen auferlegt. Wenn wir diese beiden Konstruktionsprozesse im ontogenetischen resp. im phylogenetischen Bereich vergleichen, so können wir folgende *Gemeinsamkeiten* feststellen: beide lassen sich durch einen *trial-&-error* Prozeß charakterisieren; i.e., es werden *versuchsweise* Konstrukte aufgebaut (in Form von neuronalen Relationen oder von Organismen mit unterschiedlicher Struktur/Organisation). Im "error"-Teil dieser Strategie wird das Konstrukt an der Umwelt "erprobt". Das *Ziel* beider Konstruktionsprozesse besteht darin, das physische Substrat (sowohl das neuronale System als auch die restlichen Körperstrukturen) so zu verändern, daß in seiner Struktur die Dynamik zum Überleben resp. zur Generierung adäquaten/funktional passenden Verhaltens repräsentiert/verkörpert ist. Im Falle der Phylogenese geschieht dies jedoch über den "Umweg" der ontogenetischen Dynamik (z.B. Entwicklung des Organismus).

Neben diesen Gemeinsamkeiten gibt es jedoch auch krasse (epistemologische) *Unterschiede* zwischen den Konstruktionsprozessen auf phylo- resp. ontogenetischer Ebene. *Ontogenese*: in der Ontogenese ist das Verändern der (neuronalen) Struktur ("Lernen", ontogenetische Adaptation) durch das "Anstoßen" an die Grenzen der aktuellen Repräsentation durch einen *Mißerfolg* bei der Externalisierung (i.e., eine bestimmte Motorhandlung) ausgelöst. Die zum aktuellen Zeitpunkt nicht passenden Konstrukte (i.e., eine bestimmte Konfiguration in der neuronalen Struktur) sind fast unmittelbar (i.e., ontogenetisch) durch Externalisierung (und Scheitern dieser externalisierten Konstrukte) feststellbar. I.a.W., der Miß-/Erfolg stellt sich bereits innerhalb einer relativ kurzen Zeit nach der Externalisierung durch eine bestimmte Verhaltensweise ein. *Phylogenese*: die Veränderungen im genetischen Material finden fast kontinuierlich[19] statt und sind durch zufällige Variationen gekennzeichnet. Sie sind *nicht direkt* vom Miß-/Erfolg des Organismus während seiner Ontogenese abhängig. Das "regulative" (i.e., *selektive*) Element ist das Kriterium der *Reproduktion*, welche jenes des Überlebens voraussetzt. In diesem Sinne gibt es keine direkte gezielte Veränderung im genetischen Material, vielmehr handelt es sich um einen *indirekten* Zusammenhang. All jene Organismen, deren "genetische Konstrukte" sie bis zur Reproduktionsfähigkeit gebracht haben, dienen als Ausgangspunkt für wei-

---

[19]"Kontinuierlich" ist in diesem Sinne zu verstehen, als die Veränderungen bei jedem Reproduktionsvorgang auftreten können und *unabhängig* vom Erfolg oder Mißerfolg des Organismus während seiner Ontogenese sind. Die *Reproduktion* wird bereits als "Erfolg" des Organismus und seiner Repräsentationsstruktur bewertet.

tere Veränderungen/Konstruktionen in der "Basisarchitektur" der nachfolgenden Generation – dadurch werden implizit nur jene Organismen "selektiert", die überlebensfähig sind und daher eine Grundausstattung besitzen, die diese Überlebensfähigkeit mit großer Wahrscheinlichkeit garantiert. Wir können also – im Gegensatz zu den ontogenetischen Konstruktionsprozessen – nicht wirklich von einer gezielten Veränderung oder "Anpassung" sprechen. In diesem Sinne gibt es auch keine besser oder schlechter angepaßten Organismen oder Repräsentationsstrukturen – alle Organismen, die so weit überleben, daß sie sich reproduzieren können, sind "angepaßt".

11.9 Symbole und sprachliche Strukturen

Bevor wir uns dem konstruktiven Charakter von Symbolstrukturen und deren Eingebettetheit in neuronale (Konstruktions-)Prozesse zuwenden, sei eine kurze Vorbemerkung erlaubt: ich bin mir der Tatsache bewußt, daß man solche Phänomene wie "Sprache" oder "Kultur" in zwei Abschnitten nicht in ihrer vollen Tiefe abdecken kann – mir geht es in diesem Kontext lediglich darum, ein sehr grobes Bild zu skizzieren, wie all diese Konzepte und Überlegungen der bisherigen Kapiteln zu einer Neuinterpretation und einer alternativen Konzeption dieser Phänomene führen. Eine alternative Auffassung von Repräsentation in neuronalen Systemen bleibt nicht nur auf diese beschränkt, sondern hat vielmehr Auswirkungen auf all jene Phänomene, die wir unter kulturellen Prozessen, Sprache, Kunst, Wissenschaft, etc. zusammenfassen. Es sei also versucht, das hier begonnene Bild einer konstruktivistisch-naturalisierten Auffassung von Repräsentation im Kontext der computational neuroepistemology zumindest skizzenhaft fertig zu zeichnen.

Der wahrscheinlich wichtigste Aspekt eines *Symbols* ist jener des *Referierens* (*U.Eco* [ECO 72, ECO 73]): i.e., ein bestimmtes Symbol referiert/verweist auf ein bestimmtes Objekt, Ereignis, Phänomen, etc., ohne, daß dieses Objekt aktuell vorhanden sein muß. Ganz allgemein kann man sagen, daß ein bestimmtes Muster auf ein anderes Muster verweist. Dies impliziert aber auch, daß es ein *Medium* geben muß, in dem dieser Verweis, diese Referenzfunktion resp. diese Assoziation *repräsentiert* ist. Ziel dieses Abschnittes ist es, diesen Zusammenhang zwischen Symbolen, ihrer Referenzfunktion und ihrer Eingebettetheit in das neuronale Repräsentationssystem, wie wir es bisher im Detail diskutiert haben, genauer zu untersuchen und darzustellen. Ein Symbol ist also eine Art *Verweis* auf ein (u.U. imaginäres oder auch aktuell nicht vorhandenes) Objekt, Phänomen, etc. In einer konstruktivistischen Interpretation bedeutet dies, daß eine im Organismus interne oder externe Regelmäßigkeit, die wir als ein Muster beschreiben können, auf eine andere Regelmäßigkeit (Muster) referiert[20].

Diese Referenzbeziehung ist jedoch nicht mystisch oder unhinterfragt "gegeben"

---

[20]Wenn hier von *Symbol* die Rede ist, so verstehen wir dies in seinem *allgemeinsten* Sinne, nämlich als *Verweis* eines Musters auf ein anderes Muster.

oder "definiert". Dies gilt auch für sog. "Naturgesetze" oder natürliche Regelmäßigkeiten, wie daß z.B. einem Blitz ein Donner folgt. Die Referenzbeziehung – sei es
zwischen einem Symbol und dem, worauf es referiert, oder der Blitz, der auf den
kommenden Donner referiert – ist immer in einem Repräsentationssubstrat realisiert – i.e., auch diese natürlichen Regelmäßigkeiten entstehen, obwohl sie durch die
"Physik der Welt" vorgegeben zu sein scheinen (und mit großer Wahrscheinlichkeit auch sind...), erst durch die Aktion des (neuronalen) Repräsentationssystems,
welches diese Ereignisse (z.B. Blitz und Donner) als *zusammengehörig* erkennt und
diese Referenz des Blitzes auf den darauffolgenden Donner erst *konstruiert*. Auch
sprachliche Symbole und ihre Referenzfunktion sind durch die *physischen* Konstruktionsrelationen und Architektur des jeweiligen neuronalen Repräsentationssystems
realisiert resp. repräsentiert/verkörpert. Umweltmuster sind an und für sich lediglich *bedeutungslose* natürliche und künstliche Regelmäßigkeiten in der Umwelt, die
durch das jeweilige kognitive System erst als Muster erkannt und in ihrer – auf das
jeweilige kognitive System bezogenen (systemrelativen) – Bedeutung dekodiert werden. Bei der Referenzfunktion handelt es sich keineswegs um eine "geheimnisvolle"
Relation – vielmehr ist es eine rein kausale Beziehung, die durch die Relationen
(i.e., die neuronale Architektur) im kognitiven System realisiert ist. I.e., der Verweis findet nicht außerhalb des kognitiven Systems statt, sondern ist das Resultat
der *internen* neuronalen Dynamik des Systems. Dieser Verweis ist, ebenso, wie das
andere Wissen des kognitiven Systems, in der neuronalen Architektur resp. in der
Gewichtskonfiguration repräsentiert/verkörpert.

Ein Symbol ist ein Umweltsignal/-muster, wie jedes andere, und hat an sich keine Bedeutung. In den Rezeptoren wird dieses Signal, wie alle anderen, in neuronale
Aktivierungen transformiert und in der Weise weiterverarbeitet, wie in den letzten Abschnitten beschrieben. I.e., wenn sie auf die rekursive Architektur stoßen,
lösen sie eine bestimmte Dynamik aus resp. selektieren sie eine bestimmte Trajektorie. Diese (implizit in der Gewichtskonfiguration repräsentierte) Dynamik führt
zu einer bestimmten Repräsentation (i.e., ein Aktivierungsmuster, eine Sequenz von
Aktivierungsmustern), die man als eine Form von *Assoziation* interpretieren kann
– i.e., jene Assoziationen/Repräsentationen, auf die dieses Symbol/Umweltsignal
innerhalb des neuronalen Systems, welches sich gerade in einem bestimmten Zustand befindet, *referiert*. Diese Aktivierungen können u.U. dazu führen, daß ein
bestimmtes Verhalten ausgelöst wird. Sehen wir uns diesen Vorgang genauer an, so
können wir fast *jedem Umweltsignal* in irgendeiner Weise "symbolischen Charakter" zuschreiben: jedes Umweltsignal löst eine bestimmte Veränderung im neuronalen Repräsentationssystem aus[21]. Manche Umweltmuster (z.B. gesprochene Sprache, Schrift, icons, Bilder, etc.) lösen u.U. ein reicheres und breiteres Repertoire
an Aktivitäten/Repräsentationen/Assoziationen aus. Dies ist jedoch nicht nur an
(traditionell) symbolische Umweltregelmäßigkeiten gebunden: *Gerüche* etwa können
ebenso reich an Referenzen sein (Erinnerung an das Parfum der ersten Freundin,
etc.), wie beispielsweise sprachliche Symbole. Die *Semiotik* [ECO 72, ECO 73] be-

---

[21] Sowohl auf der Ebene der *Aktivierungen* als auch in den meisten Fällen auf der Ebene der
synaptischen Plastizität/Gewichtskonfiguration, da wir davon ausgehen, daß sich das neuronale
System in einer kontinuierlichen Lerndynamik befindet.

zieht all diese Formen von Referenzen in ihre Untersuchung symbolischer Systeme ein; die Konzeption von Symbolen und Repräsentation, die wir in dieser Arbeit verfolgen, ist den in der Semiotik angestellten Überlegungen sehr nahe – wir versuchen hier, diese Überlegungen mit neuroepistemologischen Konzepten zu argumentieren.

Bei sprachlichen Symbolen handelt es sich um eine relativ wohl definierte Menge von Mustern (Umweltzuständen, -signalen, etc.), die folgende Eigenschaften besitzen: (a) es handelt sich zumeist um (Umwelt-)Regelmäßigkeiten *künstlicher* Natur; i.e., sie sind das Resultat einer Motoraktion eines oder mehrerer kognitiver Systeme, die einen Teil der Umwelt in solch einer Weise verändert haben, daß sie ihr eine Form einer länger oder kürzer anhaltenden Regelmäßigkeit (z.B. Schrift vs. gesprochene Sprache) aufgeprägt haben. (b) Damit stellen sie eine Form von *externalisiertem Wissen* dar; i.e., wie wir in Abschnitt 11.6 gesehen haben, kann Verhalten als eine Externalisierung des aktuellen Repräsentationszustandes interpretiert werden – in diesem Sinne sind auch die ”Spuren[22]”, die dieses Verhalten in der Umwelt hinterläßt, eine Form externalisierter Repräsentationen. Somit ist nicht nur das aktuelle Verhalten eine Möglichkeit, Wissen zu externalisieren, sondern auch durch dieses Verhalten einen Teil der Umwelt nachhaltig gezielt so zu verändern, daß man aus diesen künstlichen Umweltregularitäten etwas ”herauslesen” kann (siehe auch Abschnitt 11.10).

(c) In ihrer externalisierten Form haben sie eine *Referenzfunktion*. Obwohl sie in ihrer uninterpretierten Form bedeutungslose Umweltsignale/-regelmäßigkeiten sind, erzeugen sie im jeweiligen kognitiven System je spezifische Bedeutungen/Referenzen/Assoziationen. I.e., Symbole existieren in erster Linie darum, um – wenn sie als Stimulus auf das kognitive System auftreffen – auf andere Dinge, Phänomene, etc. zu *verweisen* und vom kognitiven System als solche Referenzen ”verstanden” zu werden (i.e., Auslösen von je spezifischen Bedeutungen in der rekursiven Struktur). Sie sind also eine Form eines *Codes*, der im jeweiligen neuronalen System seine jeweilige Bedeutung entfaltet. Diese Referenzfunktion ist aus evolutionstheoretischer Sicht eine viel ökonomischere Vorgangsweise, über die Umwelt zu ”sprechen”, sie zu repräsentieren, sie in Evidenz zu halten, etc., als wenn man mit den Objekten, Phänomenen, etc., auf die diese Symbole verweisen, ständig hantieren müßte (um z.B. zu kommunizieren oder um ihr Vorhandensein oder ihre Ordnung in irgendeiner Weise zu speichern, repräsentieren, etc.). Die *stellvertretende Funktion* von Symbolen erlaubt dem kognitiven System (i) seine internen Repräsentationen (und Assoziationen) äußerst ökonomisch zu externalisieren, (ii) durch eine nachhaltige Veränderung in der Umwelt zu fixieren (”speichern”), (iii) durch Perzeption dieser künstlichen Umweltregularität (z.B. Schrift, Bild, etc.) wieder seine internen Repräsentationen zu ”reaktivieren” und (iv) – falls ein gemeinsam benutzter Code oder eine Vereinbarung über die Verweisstruktur vorliegt – seine internen Repräsentationen/Konstrukte in eingeschränkter und oberflächlicher Weise zu kommunizieren.

(d) Symbole müssen nicht notwendiger Weise von mehr als einem kognitiven System ”verstanden” werden; die meisten Symbol-/Verweissysteme und Bedeutungszuweisungen werden *innerhalb* eines kognitiven Systems etabliert. Nur ein relativ

---

[22]Z.B., Schrift.

kleiner Teil wird durch Externalisierung der Symbole *und* Bekanntgabe der Bedeutungszuweisungen "öffentlich zugänglich" gemacht. Symbole und ihre *Bedeutung* sind in erster Linie *"Privatsache"* des jeweiligen kognitiven Systems – sie basieren auf den je spezifischen *Erfahrungen*, die durch neuronale Adaptationsprozesse (i.e., Veränderung der Gewichtskonfiguration, neuronale Plastizität, etc.) im neuronalen Repräsentationssubstrat "fixiert" wurden. Wie wir im Kontext des/der neuronalen Lernens/Adaptation (siehe auch Abschnitt 11.7 und andere) gesehen haben, bedeutet Lernen nichts anderes als die Veränderung der *internen Relationen*. Die Referenzbeziehung zwischen einem Symbol und dem, wofür es steht, läßt sich genau als solch eine *Relation* charakterisieren. (e) Es geht darum, zwischen der neuronalen Repräsentation des Symbols und der Repräsentation dessen, worauf es referiert, mittels neuronaler Mechanismen eine Relation aufzubauen – darin liegt m.E. das "Geheimnis" der *Bedeutungszuweisung*. Diese ist – ebenso, wie das neuronale Repräsentationssubstrat, in dem diese Relationen realisiert sind (i.e., die synaptische Gewichtskonfiguration) – einer ständigen *Dynamik* unterworfen und auf die Struktur, Architektur, Dynamik und Interaktionen des jeweiligen kognitiven Systems bezogen (Systemrelativität der Bedeutung).

(f) Ihre (jeweilige) Bedeutung erhalten Symbole, ebenso wie alle anderen Umweltsignale, erst durch den Akt der *Interpretation* durch das jeweilige kognitive System. Dieser Vorgang der Interpretation ist in einem Prozeß der *Veränderung der Dynamik* des neuronalen Systems bei der Interaktion zwischen Umweltzuständen und der neuronalen Zuständen realisiert; wir folgen hier *G.Roths* sehr allgemeiner Auffassung von Bedeutung: "Ich verstehe hier unter "Information" und "Bedeutung" (beide Begriffe, ebenso wie "Semantik", werden im folgenden synonym verwendet) eines Signals die *Wirkung*, die dieses Signal auf die Struktur und Funktion eines neuronalen Systems hat, mag diese Wirkung sich in Veränderungen des Verhaltens oder von Wahrnehmungs- und Bewußtseinszuständen ausdrücken". (*G.Roth* [ROTH 91a], p 360). Die Bedeutung eines Umweltsignals, unabhängig davon, ob es sich um ein Symbol oder um ein "normales" Umweltsignal handelt, hängt also von der Architektur und vom aktuellen Zustand des jeweiligen neuronalen Systems ab – eine Aussage, die uns bereits aus unseren Überlegungen zum Repräsentationsproblem sehr vertraut ist und Thema der letzten Kapiteln war. Alles, was dort über die Aufgabe der Abbildungsrelation, die Aufgabe der stabilen Beziehung zwischen Umwelt- und Repräsentationszustand, Dynamik in rekursiven neuronalen Architekturen, etc. gesagt wurde, gilt hier in genau dem selben Maße. Die Implikationen auf unser Verständnis von Sprache sind freilich etwas erschreckend; wir werden sie im Laufe der nächsten Absätze noch genauer diskutieren. Der Vorgang der *"Bedeutungsgebung"*, der "Interpretation" eines Umweltzustandes läßt sich also genau durch jenen Prozeß beschreiben, den wir bereits im Detail studiert haben: die *Einwirkung eines Umweltsignals auf eine rekursive neuronale Struktur* – i.e., das *auslösende* und *selektierende* Verhalten, das eine bestimmte Trajektorie und damit – abhängig vom aktuellen internen Zustand – einen bestimmten Repräsentationszustand auswählt.

Nochmals sei darauf hingewiesen, daß all diese Überlegungen *nicht* nur für symbolische/sprachliche inputs gelten – vielmehr stellt es sich aus dieser Perspektive heraus, daß die scheinbar scharfe Grenze zwischen symbolischen und nichtsymbolischen Umweltstimuli zu *verschwimmen* beginnt. Jeder beliebige Umweltreiz hat einen auslösenden und referierenden Charakter – die einzigen möglichen Unterschiede, die verbleiben, sind: (a) Symbole scheinen explizit dafür "entworfen", auf etwas ihrem Muster zumeist völlig Fremdes zu verweisen (i.e., die Abgehobenheit oder Abstraktheit des Verweises) und (b) sie repräsentieren – unter der Voraussetzung einer konsensuellen Einigung bezüglich der Semantik und einer leistungsfähigen Syntax – ein äußerst *ökonomisches* Medium zur Kommunikation resp. zum Transport von (externalisierten) Repräsentationen. Weiters ist festzuhalten, daß diese Referenzfunktion *immer innerhalb* des jeweiligen kognitiven Systems repräsentiert/realisiert ist und die Symbole (in Form von künstlichen Umweltregelmäßigkeiten) an sich *keinerlei* Bedeutung/Semantik haben (solange sie nicht von einem kognitiven System interpretiert werden resp. solange sie keine Wirkung auf die rekursive neuronale Dynamik haben). Auch bei einer Interaktion mit einem anderen neuronalen System ist nicht gesichert, daß die Symbole und ihre Verweise/Bedeutungen "verstanden" werden[23] – Voraussetzung dafür ist ein minimales Wissen über die konsensuellen Vereinbarungen bezüglich der Semantik (und Syntax).

Die Bedeutung jedes Umweltsignals/Musters/Symbols innerhalb des jeweiligen neuronalen Repräsentationssystems ergibt sich also aus der *Wirkung*, die dieses durch den Transduktionsprozeß in eine neuronale Aktivierung transformierte Signal auf die Dynamik des rekursiven neuronalen Systems hat. Diese "Wirkung" (i.e., der Übergang in einen bestimmten Aktivierungs-/Repräsentationszustand resp. in eine bestimmte Sequenz von Aktivierungszuständen) ist durch die physische Struktur, durch die Architektur und den aktuellen inneren Aktivierungszustand determiniert. Diese Überlegungen haben bezüglich der Frage der Bedeutung/Semantik zwei Implikationen: (i) *Systemrelativität der Semantik*: die Bedeutung, die einem Umweltsignal resp. einem Symbol, das als Umweltsignal in ein neuronales System gelangt, zugeordnet wird, ist immer durch die Struktur und den jeweiligen Zustand (i.e., aktuelle Gewichtskonfiguration und Aktivierungszustand) des neuronalen Systems determiniert. Wir haben es also mit einer "je privaten Semantik", die sich immer auf das jeweilige kognitive System und seinen *aktuellen* Zustand bezieht, zu tun. Wie aus der "Definition", wie sie *G.Roth* [ROTH 91] in obigem Zitat gegeben hat, und aus unseren Überlegungen bezüglich rekursiver neuronaler Systeme und ihrer Dynamik (z.B. Automatenanalogie, etc.) hervorgeht, können wir die *Systemrelativität der Semantik* leicht verstehen – die Umweltzustände (also auch Symbole) *wählen* lediglich *einen möglichen* aus der Menge der durch das System vorgegebenen Zustände (Repräsentation, Semantik) aus. Sie haben bestenfalls einen *indirekten* Einfluß auf den Prozeß der Bedeutungszuweisung (i.e., z.B. durch neuronale Adaptations-/Lernprozesse). (ii) *Kontinuierliche Dynamik der Semantik*: unter der Annahme eines rekursiven neuronalen Systems als Repräsentationsmedium für die Referenzfunktion und der

---

[23] Genau dies ist bei der Entzifferung von *Hieroglyphen* der Fall; man ahnt zwar, daß es sich bei den beobachteten künstlichen Umweltregelmäßigkeiten um Symbole handeln könnte, aber das Wissen, diese Zeichen in ihrer Bedeutung zu dechiffrieren, fehlt völlig. I.a.W., die Wirkung, die diese Zeichen auf die rekursive neuronale Dynamik ausüben, führen zu keiner "sinnvollen" Repräsentation. Man denke beispielsweise auch an die Situation, wenn man vor einem abstrakten Bild steht und einem jegliche Decodierungsmöglichkeit fehlt.

kontinuierlichen Plastizität des Repräsentationssubstrates kann man nicht einmal *innerhalb* eines kognitiven Systems einem Symbol oder einem Umweltsignal eine über die Zeit stabile Bedeutung/Semantik zuschreiben. Durch die ständigen Veränderungen in der physischen neuronalen Repräsentationsarchitektur und wegen der unterschiedlichen Zustände, in denen sich ein und dasselbe System zu verschiedenen Zeitpunkten befinden kann, ist nicht garantiert, daß derselbe Stimulus (z.B. ein Symbol) die selbe Wirkung auf das System hat und daher eine unterschiedliche Bedeutungszuweisung erfährt. Dies ist darauf zurückzuführen, daß sich durch die kontinuierliche Veränderung der neuronalen Struktur der Fluß resp. die Dynamik der Ausbreitung der Aktivierungen verändert und daher ein bestimmter Stimulus "verschiedene Wirkung" auf die Dynamik des Systems hat. I.a.W., die *Bedeutung* des Umweltsignals resp. des Symbols hat sich innerhalb des kognitiven Systems – basierend auf einer Veränderung des neuronalen Repräsentationssubstrates – *verändert.*

Die Bedeutung/Semantik eines Umweltsignals, ebenso wie die eines Symbols, ist das Resultat eines *Konstruktionsprozesses*, wie alle anderen neuronalen Repräsentationen. Im Falle des Symbols wird dieser konstruktive Charakter noch deutlicher: i.e., zwischen der neuronalen Repräsentation des Symbols und der neuronalen Repräsentation dessen, worauf es referiert, werden durch neuronale Adaptationsprozesse (i.e., neuronale Plastizität) *Relationen konstruiert*. I.e., die Referenzbeziehung ist durch die synaptische Struktur/Gewichtung repräsentiert/verkörpert. In diesem Sinne repräsentiert ein neuronales System ein weiters Repräsentationssystem; i.a.W., das Repräsentationssystem der Symbole ist in jenes des neuronalen Systems eingebettet. Ein weiteres Charakteristikum, das beispielsweise sprachliche Symbole (aber auch bildliche/ikonische Darstellungen nicht in dem selben hohe Maße) auszeichnet, ist eine zumeist ausgefeilte *Syntax*: i.e., eine wohldefinierte und durch Regeln determinierte Abfolge/Anordnung von raum/zeitlichen Mustern, die in der "richtigen" Reihenfolge[24] präsentiert, in einem passend adaptierten neuronalen System[25] ganz spezifische Wirkungen hervorbringen kann. Neben der *konsensuellen* Vereinbarung der Bedeutungszuweisung beeinflußt auch die Syntax die Semantik durch eine bestimmte Abfolge und Form der verwendeten Symbole. Diese syntaktischen Fähigkeiten eines neuronalen Systems basieren zu einem Gutteil auf den Eigenschaften *rekursiver Architekturen*, die im Gegensatz zu feed forward Architekturen, temporale Sequenzen verarbeiten/repräsentieren können. Hiezu vergleiche man auch die Arbeiten von *J.Elman* [ELMA 90, ELMA 91], der das Zusammenspiel von Semantik und Syntax in rekursiven Netzwerken untersucht hat. Durch eine bestimmte Reihenfolge der Symbole wird im rekursiven Netzwerk eine bestimmte *typische* Trajektorie ausgewählt, die bei der Präsentation einer unterschiedlichen Reihenfolge der selben Symbole zu unterschiedlichen Aktivierungs-/Repräsentationszuständen (Bedeutungen) führt.

Aus der hier skizzierten Perspektive verliert Sprache ihren qualitativ herausragenden Rang als Kommunikations- und Repräsentationsmedium. In dem von der

---

[24] I.e., in der Reihenfolge, die den vereinbarten *Regeln* entspricht.
[25] I.e., einem System, das diese *Regeln* "kennt".

computational neuroepistemology vorgeschlagenen Ansatz, der sich aus den Überlegungen der vorigen Kapitel ergibt, wird Sprache eher als eine *hoch komplexe Verhaltensform* verstanden, als eine abgehobene Handlung, die mit dem restlichen Verhalten wenig gemein hat. M.E. ist lediglich ein quantitativer und kein qualitativer Unterschied in der Komplexität des Verhaltens festzustellen. Jede Form von Repräsentation ist im Grunde eine Art der *Referenzbildung* – es geht immer darum, Umweltsignalen eine Bedeutung *für das jeweilige kognitive System* in der jeweiligen Situation/Konfiguration aufzuprägen. Bedeutung in dem Sinn, als die Umweltsignale eine bestimmte Wirkung (i.e., Veränderung in der neuronalen Dynamik) und (verhaltensmäßige, adaptive, etc.) Konsequenzen *für das jeweilige kognitive System zum jeweils aktuellen Zeitpunkt/Zustand* bedeuten. Auch das sprachliche Repräsentationssystem ist in diesem neuronalen Repräsentationssystem eingebettet. Kommunikation wird in diesem Kontext als gegenseitiges *Auslöseverhalten* verstanden [KOEC 87, MATU 78, MATU 78a, MATU 78b]: i.e., die Externalisierung einer Repräsentation (z.B. eines Symbols aber auch jedes anderen Verhaltens) des Organismus x löst die *Selektion* einer Trajektorie im Organismus y aus. Die Wirkung, die dieses Verhalten von x auf y ausübt, ist die *Bedeutung* des Verhaltens von x *für* Organismus y. "Antwortet" Organismus y mit einer bestimmten Verhaltensweise, so geht diese Kette von neuem los,... Es kommt also zu einer *Verkettung* von Verhaltensweisen, die sich gegenseitig auslösen (i.e., gegenseitiges Selektieren von Trajektorien). Dies gilt, wenn man streitende Hunde beobachtet genau so, wie wenn sich zwei Menschen unterhalten – der Unterschied ist m.E. ein gradueller (quantitativer) bezüglich der Ökonomie der verwendeten Konnotationen (i.e., maximale Konnotationen bei minimalem physischen Aufwand). Ein mögliches Argument für den herausragenden Charakter der Sprache könnte ihre *Syntax* sein – aber beispielsweise aus dem Kampfverhalten zweier Hunde läßt sich wahrscheinlich auch ein ähnlich regelhaftes Verhaltensmuster, welches vielleicht nicht ganz so komplex ist, ableiten, wie wenn man versucht, die Sprache in ein syntaktisches Regelsystem zu pressen.

Es handelt sich um ein *autosemantisches* Konzept von Sprache/Symbolen, bei dem die Umwelt lediglich die Rolle eines Auslösers oder Selektors aus einem vorgegebenen (semantischen) Raum spielt. Als Konsequenz ergibt sich, daß die Semantik von Symbolen (und allen anderen Umweltzuständen) niemals fixiert oder irgendwie durch eine externe Instanz gegeben ist – vielmehr ist es *immer* die Dynamik des jeweiligen neuronalen Systems und die Interaktion zwischen kognitiven Systemen, welche die aktuelle Semantik determiniert.

11.10 Kulturelle Konstruktionen und Wissensschaft

Symbolische Systeme sind – verstanden wie in der Darstellung aus Abschnitt 11.9 – das *zentrale Konzept* und die Voraussetzung für jene Phänomene, die wir als "kulturelle Prozesse" bezeichnen. Die Perspektive, die in dieser Arbeit skizziert wird, hat eine sehr "offene" Auffassung von dem, was "Kultur" genannt wird. Es umfaßt einfachste Kommunikationsstrukturen (bereits zwischen sehr einfachen Organismen), die Herstellung von Artefakten (z.B. Werkzeuge), die Konstruktion von Symbol- und Kommunikationssystemen und reicht bis in jene "Höhen", die wir normalerweise "Kunst und Wissenschaft" nennen. Wir verfolgen einen eher systemtheoretischen und prozeßhaften Ansatz, bei dem das (*neuronal* basierte) *kognitive System* im *Mittelpunkt* steht – es ist der *Konstrukteur* aller Phänomene und künstlichen Regelmäßigkeiten in der Umwelt. Symbol-/Verweissysteme, wie sie etwa die Sprache, die Physik, Bilder, etc. darstellen, repräsentieren die Voraussetzung für fast alle "Erscheinungen", die wir unter dem Begriff der "kulturellen Phänomene" (im weitesten Sinne) zusammenfassen können. Symbolsysteme (im allgemeinsten Sinne) besitzen in diesem Kontext zumindest vier Hauptaufgaben/-funktionen:

(a) *Verweisfunktion.* Wie wir gesehen haben, stellen Symbole eine äußerst ökonomische Herangehensweise dar, um ein System von *Verweisen* aufzubauen. I.e., ein internes oder ein externes Muster verweist auf einen anderen internen oder externen Zustand, Muster, Objekt, Phänomen, etc., ohne, daß dieses Muster tatsächlich (i.e., im Moment, aber auch prinzipiell[26]) vorhanden sein muß. Die Verweisfunktion ("Bedeutungszuweisung") ist in jedem Fall *innerhalb* des neuronalen Systems in seiner physischen Struktur realisiert – sie ist je spezifisch und durch die Basisarchitektur und die neuronal verkörperte "Erfahrung" des jeweiligen Organismus determiniert. Dies impliziert, daß es *keine* eindeutige Bedeutungszuordnungen gibt; bestenfalls wird die Bedeutung eines Symbols (z.B. für Kommunikationszwecke) konsensuell vereinbart, sodaß zumindest eine Minimalüberlappung der Semantik (auf einer oberflächlichen Ebene) vorhanden ist.

(b) *Externalisierung.* Wie jede andere Verhaltensweise, sind Symbole *Externalisierungen* interner Repräsentationen/Konstruktionen. I.e., sie sind das Resultat eines zumeist recht komplexen internen neuronalen Verrechnungsprozesses, der in die Ausführung eines bestimmten (symbolischen) Verhaltens mündet, und von einem/r Beobachter/in als "Sprache" oder "Kommunikationsversuch" mittels symbolischer Strukturen interpretiert wird. Wie wir gesehen haben, ist der direkte Rückschluß von diesen symbolischen Verhaltensstrukturen – aus neuroepistemologischer Sicht – auf die Struktur des Denkens nicht zulässig[27].

(c) *Kommunikationsmedium.* Durch Etablierung eines gemeinsamen Codes und durch konsensuelle Vereinbarung [MATU 78a, MATU 78b] kann es zu einer zumindest teilweisen Überlappung der Semantik der benutzen Symbole in den verschiedenen kognitiven Systemen kommen, wodurch es möglich wird, interne Repräsentationskonstrukte mittels dieses etablierten Code-/Verweis-/Symbolsystems intersubjektiv zu kommunizieren. Dies darf man freilich *nicht* in dem Sinne sehen, wie etwa *Shannon* und *Weaver* [SHAN 49] *Informationsübertragung* verstanden haben: die Codes und damit die Bedeutungszuweisungen sind in beiden Kommunikationspartnern in keiner Weise eindeutig festgelegt – vielmehr sind sie erfahrungsbedingt und einer ständigen Dynamik unterworfen. Überlappung der Semantik ist in die-

---

[26] Z.B. Symbole, die auf Abstrakta oder auf nicht existierende Phänomene, Entitäten, etc. verweisen und ihre Bedeutung nur durch Beschreibung mittels anderer Symbole erhalten.

[27] Dies läßt sich auf den prinzipiellen Unterschied zwischen der Struktur der *Resultate* eines Generierungsprozesses und der Struktur des *Generierungsprozesses selber* zurückführen.

sem Sinne gegeben, als eine für beide Seiten "sinnvolle" Kette von kommunikativen Verhaltensweisen ausgelöst/durchlaufen wird – die vollständige Übereinstimmung und das "Verstehen" der Äußerung des jeweils anderen ist jedoch in keiner Weise gesichert[28]. Die einzige Möglichkeit, um die internen (neuronalen) Repräsentationskonstrukte in irgendeiner Weise an/in die Oberfläche/Umwelt treten zu lassen, besteht in der Produktion von Verhalten, was aber wiederum nur – wie wir in Abschnitt 9.2 gesehen haben – eine *Untermenge* der neuronalen Dynamik darstellt. Als Kommunikationspartner/in A kann man lediglich an der *Reaktion/Antwort* des/der anderen (B) ahnen, ob er/sie die sprachliche Äußerung, das Verhalten, etc. "verstanden" hat. Auch wenn er/sie (B) "adäquat" antwortet, so ist dies noch *kein* Hinweis darauf, daß er/sie die selben Repräsentationskonstrukte (i.e., die selbe Semantik) besitzt wie A, da der Zugang zu den internen neuronalen Repräsentationen verschlossen bleibt.

(d) *"Fixierung" der Repräsentation durch Externalisierung.* Die für kulturelle Prozesse vielleicht wichtigste Funktion von Symbolsystemen besteht darin, daß die symbolische Externalisierung im Rahmen ihrer Externalisierung in irgendeiner Weise in der Umwelt *festgehalten* oder *fixiert* wird. I.e., durch die Verhaltensweise eines oder mehrerer Organismen wird die Umwelt so verändert, daß länger anhaltende künstliche Umweltregelmäßigkeiten entstehen[29]. Außerdem kann es auch dazu kommen, daß ein kognitives System ein anderes so beeinflußt, daß diese Regelmäßigkeiten in dessen neuronalem System (durch neuronale Plastizität) "fixiert" werden[30]. In der Umwelt handelt es sich in folgendem Sinne um ein rein *syntaktisches* Festhalten der Symbole: es werden lediglich die *äußeren Erscheinungsformen* als Artefakte in Form künstlicher Umweltregelmäßigkeiten festgehalten. Diese Regelmäßigkeit (i.e., bestimmte Muster in der Umwelt) haben an und für sich keinerlei Bedeutung. Es bedarf eines kognitiven Systems, welches diese Muster interpretiert, "versteht", in ihrer Bedeutung decodieren kann, etc. – wir haben gesehen, daß der Akt der Interpretation im Prozeß der "Einwirkung" der Umweltmuster/-regelmäßigkeiten auf die neuronale Dynamik realisiert ist. Mit einer über eine bestimmte Zeitspanne unveränderten künstlichen Umweltregelmäßigkeit (z.B. Schrift), die durch eine Verhaltensweise eines kognitiven Systems entstanden ist, haben wir ein Medium, welches interne "Wissensstrukturen" in Form ihrer Externalisierungen über längere Zeit festhalten kann. Dies ist die Voraussetzung für die Speicherung/Fixierung der *syntaktischen* (i.e., äußeren) Erscheinungsform, *nicht* jedoch der Semantik!

Die Bedeutung der Symbole[31] (resp. zumindest die Bedeutung eines gewissen Basisvokabulars/"Grundwortschatzes") muß in den jeweiligen neuronalen Strukturen der kognitiven Systeme tradiert, "konserviert", etc. werden. Aus diesem Problem ergeben sich auch die Schwierigkeiten, die man bei der Interpretation von alten Texten hat und denen z.B. Historiker (und im Grunde jedem/r, der/die einen Text

---

[28] Die 100%ige Übereinstimmung der physischen Strukturen (und damit des Wissens, welches durch diese verkörpert wird) der kommunizierenden kognitiven Systeme wäre eine (m.E. in kognitiven Systemen nicht erfüllbare) Voraussetzung für "totales Verstehen" resp. Übereinstimmung in der Semantik.

[29] *Schrift*, die auf Papier festgehalten wird, ist ein mögliches Beispiel dafür.

[30] Dies passiert (hoffentlich), wenn ein/e Lehrer/in zu einem/r Schüler/in spricht.

[31] I.e., der *Code* resp. das Verweissystem.

liest, ein Bild ansieht, etc.) ständig begegnen: es steht lediglich die äußere Erscheinungsform der Symbole zur Verfügung – die Semantik ist immer durch den *aktuellen Gebrauch* der Symbole, Sprache, etc. im Kontext einer ganz verschiedenen Umwelt-, kulturellen, sozialen und zeitlichen Situation im neuronalen Repräsentationssystem des jeweiligen kognitiven Systems (resp. im konsensuellen Kollektiv und in der Interaktion) repräsentiert. I.e., die interne Semantik des Historikers hat nur mehr eine minimale Überlappung mit der Semantik des Verfassers des alten Textes. Obwohl die syntaktische Erkennung des Textes funktioniert (i.e., der Historiker kennt das Alphabet) und auch eine minimale semantische Überlappung vorhanden ist (i.e., die "Grundbedeutungen" der Symbole sind bekannt), kann der Text niemals in seiner "vollen Bedeutung" rekonstruiert werden. Dies gilt im übrigen für jede Verhaltensäußerung und für jede (symbolische) Interaktion. Diese *Diskrepanz* zwischen externalisierten Zeichen, der Semantik des Verfassers und der Semantik des Interpreten (z.B. Mißverständnisse) ist immer vorhanden. In jedem Falle sind "fixierte externalisierte (interne) Repräsentationen" in Form von künstlichen Umweltregelmäßigkeiten (i.e., Büchern, Bildern, Disketten, etc.) die *Voraussetzung* für jegliche kulturelle Prozesse.

Dabei ist es egal, ob es sich bei den künstlichen Umweltregelmäßigkeiten um Symbole, Bilder, etc. handelt – es geht immer darum, den wahrnehmenden Organismus mittels dieser Umweltregelmäßigkeiten so gezielt als möglich zu *manipulieren*; das *Fernsehen* und *virtual reality* sind die vorläufigen Höhepunkte dieser Manipulationsversuche. Man denke etwa auch an eine Photographie: sie stellt eine künstliche Umweltregelmäßigkeit dar, die eine relativ eindeutige Repräsentation im/in der Betrachter/in auslösen soll. I.e., die Umwelt wir nachhaltig so manipuliert (i.e., der ganze technische Prozeß der Photographie), daß es zu dem gewünschten Auslöseeffekt kommt. I.a.W., eine gezielte Manipulation der Umwelt wird zur gezielten Manipulation[32] der (Repräsentations-)Dynamik des neuronalen Systems eingesetzt.

11.10.1 "Kultur" und Sozietäten im Kontext einer konstruktivistisch-neuronalen Repräsentationsvorstellung

Ziel eines jeden kognitiven Systems ist es, mittels seines neuronalen Repräsentationsmechanismus funktional passendes (adäquates) Verhalten zu generieren, welches ihm das Überleben und seine Reproduktion erlaubt. Es geht darum, die interne Dynamik auf die Dynamik der Umwelt in solch einer Weise abzustimmen, daß eine stabile Relation, ein Equilibrium zwischen diesen beiden Systemen entsteht und innerhalb des neuronalen Systems aufrecht erhalten wird. Um dies verwirklichen zu können, sind ontogenetische und phylogenetische *Adaptationsprozesse* notwendig. Diese finden auf den verschiedensten Ebenen statt: (a) individuelles ontogenetisches Lernen (neuronale Plastizität), (b) phylogenetische Adaptation und (c) "kulturelles Lernen", kulturelle Evolution. Alle drei Formen der Adaptation stehen in ständiger intensiver Interaktion miteinander und haben das Ziel, eine möglichst adäquate

---

[32] Wenn hier von *"Manipulation"* die Rede ist, so bedeutet dies immer die Interaktion eines Stimulus mit einem *rekursiven System* und all seine Implikationen.

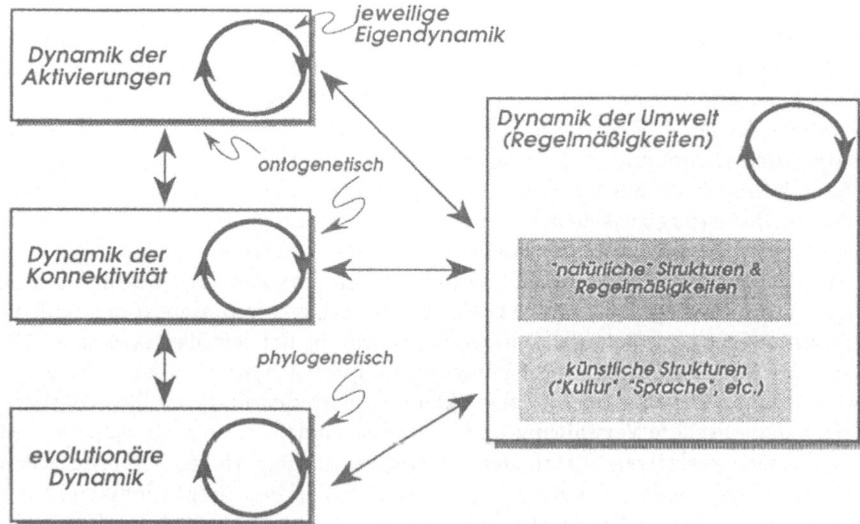

Bild 11.3 Interaktion zwischen den verschiedenen Dynamiken und den verschiedenen Formen der Umwelt.

sensomotorische Integration zu realisieren – i.e., eine Transformation zu finden, die den Randbedingungen sowohl der Umwelt als auch des jeweiligen kognitiven Systems entspricht. Das Auffinden solch einer rekursiven Transformation/Funktion beruht auf *konstruktiven trial-&-error* Prozessen. Bis zu diesem Punkt in dieser Arbeit waren wir fast ausschließlich auf das einzelne kognitive System und seine Repräsentationsfunktion konzentriert – die meisten kognitiven Systeme sind jedoch (a) in eine *Sozietät* von anderen kognitiven Systemen (meist ähnlicher Struktur) und (b) neben der "natürlichen" Umwelt in eine ein *"kulturelle"* oder künstliche Umwelt (i.e., eine *Artefakt-Umwelt*) eingebettet. Wie in Abbildung 11.3 dargestellt, gibt es eine Vielzahl von Interaktionen zwischen diesen verschiedenen Ebenen der Dynamiken und Domänen der Umwelt. Die folgenden Absätze skizzieren, wie eine Repräsentationsvorstellung, wie sie in dieser Arbeit entwickelt wurde, in den größeren Kontext "kultureller Prozesse" (im allgemeinsten Sinn) hineinpaßt und welch zentrale Rolle sie dort spielt.

Das ontogenetische Lernen basiert auf Veränderungen im neuronalen Substrat (i.e., Veränderung der Konfiguration der synaptischen Gewichte) und ist an das einzelne Individuum gebunden. Bereits die *phylogenetische Adaptation* involviert eine ganze Gruppe von Organismen: (a) zumeist sind an der Reproduktion zwei Organismen beteiligt und (b) die Interaktion zwischen evolutionären/phylogenetischen Adaptationsprozessen führt zu einem "Lernprozeß" über mehrere Generationen hinweg. Es kommt zu einer Interaktion zwischen Umwelt, generiertem Verhalten, neuronalem Repräsentationsmechanismus und jenem Repräsentationsmechanismus, welcher das neuronale Repräsentationssystem (zumindest in seiner Grundausstattung im genetischen Code) repräsentiert – und dies gilt nicht nur für einen einzelnen Organismus, sondern für eine Vielzahl von Organismen (einer Spezies[33]), die sich über mehrere Generationen hinweg entwickeln. Der phylogenetische Adaptationsprozeß ist jedoch – aus der Perspektive der Lebenszeit eines einzelnen Organismus – relativ *langsam*. Erst die äußerst "mühsame" Selektion (i.e., Variation, Kombination und Erprobung in der Ontogenese) über viele Generationen hinweg führt zu Veränderungen in den Organismen, welche eine zumeist ökonomischere und komplexere Beziehung zwischen Umwelt und Repräsentationssystem und eine oftmals komplexere Organisation des kognitiven Systems entstehen lassen.

Für evolutive Prozesse sind immer ganze Populationen einer bestimmten Spezies notwendig, deren genetisches Material einen Pool von Repräsentations- und Verhaltensgenerierungsmechanismen darstellt, welche in der jeweils "aktuellen" Ontogenese des Organismus auf die Erzeugung funktional passenden Verhaltens getestet werden. Jene Organismen, die eine ökonomischere Beziehung zu ihrer Umwelt resp. eine ökonomischere Verwaltung und Organisation der internen Ressourcen besitzen, haben einen evolutiven Vorteil, der sich zumeist in einer erhöhten Reproduktionsrate niederschlägt. I.a.W., die Ausgangsarchitektur der Repräsentationsstruktur dieser Organismen wird im Durchschnitt öfter reproduziert und die Wahrscheinlichkeit ist relativ hoch, daß diese Ausgangsarchitektur nach einiger ontogenetischer Adaptationszeit zu einem ähnlich effizienten Verhalten führen wird, wie das seiner Vorgänger/innen. Natürlich können sich alle anderen Organismen mit nicht so effizienten (aber "überlebenserhaltenden") Repräsentationsmechanismen auch reproduzieren; ihre Reproduktionsrate wird jedoch auf lange Sicht nicht so hoch sein, da die Effizienz ihres zwar funktional passenden Verhaltens nicht so hoch ist. In jedem Fall wird bei der Reproduktion – wenn wir vorerst von Mutationen absehen wollen – *nicht* die *aktuelle Architektur* (i.e., das gesamte ontogenetisch erworbene "Wissen" des Organismus) reproduziert, sondern nur der Bauplan für die *Ausgangsarchitektur*, sodaß der daraus entstehende Organismus sehr viel seiner ontogenetischen Zeit damit verbringen muß, all die Erfahrungen, die all seine Vorgänger/innen gemacht haben, in seiner jeweiligen Ontogenese noch einmal zu durchleben – im Extremfall kann dies sogar zum Tod führen[34].

Aus einer "kulturellen Perspektive" ist diese Vorgehensweise höchst *ineffizient*: gäbe es einen Mechanismus, der das aktuelle (i.e., im Laufe der Ontogenese) erworbene Wissen, das in der Architektur eines oder mehrerer Organismen repräsentiert/verkörpert ist, an die nächste Generation weitergibt, so könnte der lange und mühsame (und manchmal sogar tödliche) Weg der ontogenetischen Adaptation und vor allem alle Irrwege, die z.B. zur Generierung nicht adäquaten Verhaltens führen, um ein beträchtliches Stück *abgekürzt* werden. Es geht also darum, einen Mechanismus zu finden, um das Wissen um jene Regularitäten, die ein individueller Organismus (oder eine Gruppe von Organismen) im Laufe seiner/ihrer Ontogenese(n)

---

[33] Oder aber auch verschiedener Spezies (vgl. Entwicklung z.B. *symbiotischer Verhältnisse*, Koevloution, etc.).

[34] Nämlich genau dann, wenn z.B. der Umweltstimulus *tödlich* ist und der Organismus nicht vor der tödlichen Wirkung in irgendeiner Weise "gewarnt" wurde.

zusammengetragen hat, in irgendeiner Weise zu externalisieren und den übrigen Mitgliedern (vor allem der Folgegeneration) zugänglich zu machen. Genau das ist, was im Grunde der Prozeß der *"Kultur* tut: er ermöglicht, daß das, was durch vorangegangene Generationen und Organismen ontogenetisch erlernt wurde, einen *direkten Einfluß* auf die aktuelle Generation hat.

Das Ziel des kulturellen Prozeß besteht darin, "brauchbare" (allgemeine) Regelmäßigkeiten, die in der Umwelt vorkommen, Strategien zur Umweltbewältigung und zur Aufrechterhaltung der internen Homöostase, etc. (a) zu erkennen, (b) zu prognostizieren, (c) sie gezielt auszunutzen, und (d) dieses Wissen in irgendeiner Form zu externalisieren, zu fixieren und (e) *weiterzugeben.* Die Dynamik evolutiver Prozesse stellt zwar eine Möglichkeit dar, über *Umwege* (Selektion, Adaptation, etc.) dieses Wissen weiterzugeben, aber es handelt sich um ein äußerst *unökonomisches* und *langwieriges* Verfahren, das noch dazu nicht wirklich gerichtet ist[35]. Es wäre also ein Mechanismus wünschenswert, der das Wissen eines oder mehrerer Organismen an andere Organismen weitergibt, sodaß sich diese einen Großteil der "direkten" ontogenetischen Erfahrungen und trial-&-error Versuche, die bereits durch die Vorgängergeneration gemacht wurden, ersparen könnten. Es würde alleine genügen, wenn durch diesen Mechanismus alle Irrwege und Sackgassen, die nicht zu adäquatem Verhalten geführt haben, ausgeschlossen werden könnten, und der jeweilige Organismus daher viel mehr Zeit aufwenden könnte, um *neue* Optionen zu "erforschen".

Im allereinfachsten Fall ist diese *Weitergabe von Wissen* durch Ausführen eines Verhaltens (i.e., das Vormachen von etwas) und durch *Imitation/Nachahmung* durch andere Organismen realisiert (z.B. Imitationsverhalten in der Eltern-Kind-Beziehung). Hierfür ist lediglich ein Mechanismus notwendig, welcher einen bestimmten Umweltkontext und ein bestimmtes Verhalten beobachten, diese beiden miteinander in Relation setzen kann und auf das eigene Repräsentationssystem (als Strategie zur Bewältigung eines bestimmten Umweltkontextes) überträgt. Dadurch wird es möglich, daß das in dem neuronalen Repräsentationssubstrat verkörperte Wissen in Form von Externalisierung einer bestimmten Verhaltensweise (in einem bestimmten Umweltkontext) an einen anderen (meist unerfahrenen) Organismus weitergegeben wird. M.E. stellt diese Form der Imitation in folgendem Sinne bereits eine allererste äußerst primitive Form einer *symbolischen Kommunikation* dar: die Verhaltensweisen repräsentieren äußerst einfache Symbole für den Miß-/Erfolg der Handlung; i.e., folgt beispielsweise auf ein bestimmtes Verhalten eine Belohnung (z.B. in Form von Nahrung), so ist diese Verhaltensform und jene Zustände im neuronalen Repräsentationssystem, welche sie repräsentieren, ein *Verweis* auf die Nahrung. Wird diese/r Zusammenhang/Regelmäßigkeit durch das kognitive System erkannt, so kommt es zu einer Form von *Konditionierung, Assoziationsbildung* oder Aufbaues dieses/r Verweises/Referenzbeziehung, welche durch eine Veränderung der internen Relationen des neuronalen Systems (i.e., Veränderung der Gewichtskonfiguration) realisiert ist.

Man denke etwa an das "Bettelverhalten" von Haustieren, die vom Menschen

---

[35]Die Weitergabe des Wissens ist einem trial-&-error Mechanismus unterworfen, der lediglich über selektive Prozesse eine gewisse *indirekte* Zielgerichtetheit aufweist.

Futter oder "spielerische Zuneigung" erwarten: sowohl vom Tier als auch vom Menschen wird dieses *Verhalten* implizit als ein *Verweis/Symbol* verstanden, das für etwas anderes steht. Das Tier setzt dieses Verhalten ganz gezielt ein, um dem Menschen "mitzuteilen" (zu manipulieren), daß es hungrig ist. Der Mensch auf der anderen Seite "versteht" dies als eine Aufforderung zum Füttern des Tieres; somit ist die Verhaltenssequenz erfolgreich abgeschlossen, obwohl keine Silbe einer natürlichen Sprache gefallen ist. An diesem Beispiel sind folgende Aspekte interessant: (a) wie sehr Sprache eigentlich eine Form von Verhalten ist und (b) daß (scheinbares) "Verstehen" auch dann möglich ist, wenn sogar völlig unterschiedliche Repräsentationssysteme und -kategorien miteinander interagieren. (c) "Verstehen" ist nicht mehr über irgendeine (wahrscheinlich ohnehin nicht mögliche) Übereinstimmung der internen Repräsentationen/Konstrukte/Semantik definiert, sondern lediglich über den Erfolg resp. die Adäquatheit des Verhaltens des/der jeweils anderen. In diesem Sinne kann man von einer "oberflächlichen" Überlappung der Semantik sprechen[36]. In diesem Falle handelt es sich um eine "konditionierte Kette von Verhaltensformen", die sich gegenseitig auslösen und quasisymbolischen Charakter haben. Was hat das "Bettelverhalten" mit dem Futter zu tun, um das der Hund bettelt? Im Grunde nicht sehr viel, außer daß es ein *"abstrakter" Verweis* auf den Hunger ist – dieser Verweis ist jedoch *nicht* in dem Verhalten selber zu finden, sondern nur in dem/derjenigen, der/die dieses Verhalten *interpretiert* (und externalisiert) und den Code kennt[37]. Eine Person, die beispielsweise den Hund und seine Verhaltensrituale nicht kennt, wird das Bettelverhalten u.U. nicht als solches erkennen. Was in diesem einfachen Beispiel gezeigt werden sollte, ist, daß es sich bei "symbolischen Verhaltensformen", Sprachverhalten, etc. um eine zumeist hoch komplexe Verhaltensform (wie jede andere) handelt, die eine ganz gezielte Wirkung im Empfänger auslösen soll ("Manipulation" der Dynamik des wahrnehmenden kognitiven Systems). Ich verwende hier ganz bewußt "auslösen *soll*", da aus den Überlegungen der vorigen Kapiteln hervorgeht, daß es in rekursiven und neuronal plastischen Systemen keineswegs klar ist, welche Wirkung ein bestimmtes Signal in einem anderen kognitiven System (welches sich noch dazu zu verschiedenen Zeitpunkten in unterschiedlichen Aktivierungs- und Gewichtskonfigurationszuständen befinden kann) auslöst.

Um Wissen an andere kognitive Systeme weiterzugeben muß man sich also des Mechanismus der *Externalisierung* bedienen. Es bestehen zumindest zwei Möglichkeiten: (i) die einfachste Form besteht darin, das Wissen in Form von *aktuellem Verhalten*[38] zu externalisieren und darauf zu hoffen, daß diese Verhaltensform von den anderen kognitiven Systemen (z.B. zur Imitation) aufgegriffen wird[39]. Das Problem, das sich aus dieser Form der Externalisierung ergibt, besteht u.a. darin, daß wenn niemand mehr vorhanden ist, der das Verhalten externalisiert, es keine an-

---

[36] Dies gilt nicht nur für unser Beispiel der Kommunikation zwischen Hund und Mensch, sondern allgemein für jede Form der Kommunikation (natürlich auch zwischen zwei Menschen).

[37] Das Haustier kennt diesen Code natürlich auch!

[38] Es muß sich nicht unbedingt um Verhalten "gewöhnlicher Form" handeln, sondern kann durchaus auch "symbolisches Verhalten" sein.

[39] Dieses Aufgreifen ist jedoch nicht nur auf die Imitation beschränkt, sondern bezieht sich allgemeiner auf das "Speichern" einer Verhaltensform für eine bestimmte Klasse von Umwelt- und Organismussituationen (zur *Bewältigung* dieser).

dere Möglichkeit mehr gibt, dieses Wissen in irgendeiner Form zu speichern oder wieder zu verwenden (außer man kommt durch trial-&-error Versuche wieder auf diese Verhaltensform zurück). (ii) Eine Alternative besteht darin, daß man sich eines dauerhaften *Symbol-/Verweis-/Codesystems* (im allgemeinsten Sinne) bedient; i.e., Symbole oder ein Code (Schrift, Bilder, etc.) repräsentieren (z.B. das Verhalten) dauerhaft, indem sie externalisiert und in einer künstlichen Umweltregelmäßigkeit fixiert werden (z.B. "Aufschreiben" in einem Buch, Aufzeichnung auf Video, Speichern auf einer Diskette, etc.). Es handelt sich um eine Externalisierung des *Verweises* auf eine Verhaltensweise, auf eine Umweltregelmäßigkeit, auf eine Strategie zur Umweltbewältigung, auf Umweltphänomene, auf interne Repräsentationskonstrukte, etc. Voraussetzung für dieses Verfahren ist natürlich, daß es kognitive Systeme geben muß, die diesen Code oder diese Symbole decodieren können. I.a.W., ihr Repräsentationsmechanismus muß gewährleisten, daß die "Bedeutungen/Semantik" der Symbole über eine gewisse Zeit stabil gehalten werden können. Der Vorteil zu Alternative (i) besteht darin, daß es sich um einen viel flexibleren Mechanismus handelt, da nicht mehr das Verhalten selber gemerkt werden muß, sondern nur mehr die "Atome" des Alphabets des Codes (z.B. Worte), die durch Konkatenation, Kombination und Komposition zu nahezu beliebigen semantischen Strukturen zusammengesetzt werden können – beliebige Strukturen nicht nur in bezug auf ihre Syntax, sondern auch, und vor allem, auf ihre *Semantik.*

Durch Punkt (ii) wird eine dritte Dimension in die Domäne der Regularitäten eingeführt (siehe auch Abbildung 11.3): neben den (natürlichen) Regelmäßigkeiten der Umwelt und den Regularitäten des kognitiven Systems wird in die Umwelt die Domäne der *künstlichen Regelmäßigkeiten* durch Verhaltensweisen und Manipulation des/der kognitiven Systems/e eingebracht. Diese künstlichen Umweltregelmäßigkeiten haben nicht nur die Eigenschaften von natürlichen Regelmäßigkeiten, sondern besitzen auch *Verweischarakter.* Dies ist der erste Schritt zu einer "kulturellen Umwelt". Ganz egal, ob es sich um Werkzeuge handelt, die beispielsweise auf eine Arbeitserleichterung verweisen, um ein Buch, das eine bestimmte Semantik hat, um ein Bild, um Bitmuster auf einer Diskette, um mikroskopisch kleine Löcher auf einer CD, etc., es sind *Artefakte*, die neben den "natürlichen Regularitäten" eine gezielte Wirkung auf ein kognitives System ausüben, welches den Code, die Bedeutungszuweisung oder das aktuell benutzte Verweissystem kennt. Das interessante an diesem Prozeß ist, daß er in beide Richtungen geht: einerseits werden kognitive Systeme (vor allem) durch die künstlichen Regularitäten gezielt beeinflußt und verändern ihre Dynamik nach ihren Mustern (z.B. Erlernen einer Sprache, Erlernen eines Handwerks, Erlernen einer Programmiersprache, etc.). Andererseits verändern die selben kognitiven Systeme ständig die Domäne der künstlichen Regularitäten (z.B. Entwicklung einer neuen Theorie, Veränderung der Bedeutung in der Sprache, die gesamte Entwicklung in der Technik, Wissenschaft, etc.). Diese gegenseitige Beeinflussung und Interaktion führt zu dem, was man "kulturelle Evolution/Entwicklung" nennt.

All diese Prozesse sind natürlich nicht auf die Interaktion eines einzelnen kognitiven Systems mit der (natürlichen und künstlichen) Umwelt beschränkt: vielmehr sind in den meisten Fällen ganze *Sozietäten* von kognitiven Systemen an diesem Interaktionsprozeß beteiligt, sodaß es auch zu einer direkten Interaktion zwischen mehreren kognitiven Systemen kommt – diese findet immer über das Medium der Umwelt statt (im Grunde ist ja auch ein kognitives System für ein anderes kognitives System ein Teil der Umwelt). Wir haben es also hier mit einem dichten Geflecht von Dynamiken, Interaktionen und Beeinflussungen zu tun, welches nicht so leicht zu entflechten ist. Dieser Interaktionsprozeß und diese gegenseitige Beeinflussung wird beispielsweise durch die Dynamik der Kunstgeschichte oder der Entwicklung wissenschaftlicher Theorien illustriert. Die *Dynamik von Theorien* etwa basiert genau auf diesen Interaktionen einerseits zwischen kognitiven Systemen und andererseits zwischen kognitiven Systemen und ihren natürlichen und vor allem künstlichen Umweltregularitäten. I.e., entwickelte Theorien (zur "Umwelterklärung/-beschreibung/-manipulation") werden in symbolischer Form externalisiert (z.B. Publikationen via Druckmedien, e-mail, etc.) und erzeugen dadurch künstliche Umweltregularitäten, die von anderen Wissenschaftlern (i.e., neuronal basierten kognitiven Systemen) aufgenommen werden und deren Dynamik beeinflussen. Diese inputs für die jeweiligen kognitiven Systeme regen manchmal zu einer Weiterentwicklung oder zum Verwerfen einer Theorie an. Sieht man sich die "Ideengeschichte" der Philosophie, Kunst, Wissenschaft, etc. aus dieser Perspektive an, so öffnet sich eine neue Perspektive für die Vorgänge und Dynamik: sie entstehen aus dem "kulturellen Prozeß" der Interaktion zwischen einzelnen kognitiven Systemen (resp. der Dynamik ihrer neuronalen Repräsentationssysteme) und (künstlichen) Umweltregularitäten (i.e., "Wahrnehmung" der Umweltregularitäten und Manipulation der Umwelt). Man vergleiche etwa *T.S.Kuhns* Sicht der Theoriendynamik und Wissenschaftsgeschichte [KUHN 62, KUHN 92].

In diesem kulturellen Prozeß spielt die Interaktion/Kommunikation *mittels künstlicher Umweltregelmäßigkeiten* eine zentrale Rolle. Sie dienen einerseits als Übertragungsmedium und andererseits als "Speichermedium", in dem die externalisierten Verhaltensweisen für einige Zeit "fixiert" werden können. "Kultur" im weitesten Sinne ist also nichts geheimnisvolles – man kann sie als einen *physischen Prozeß* von Aktionen und Interaktionen von/zwischen kognitiven Systemen, natürlichen Umweltregelmäßigkeiten und künstlichen Regularitäten in der Umwelt charakterisieren. Es handelt sich um einen *hoch dynamischen Prozeß*, bei dem im besten Fall die symbolischen Externalisierungen über kürzere Zeiträume statischen Charakter haben. Bereits ihre Bedeutungen variieren und fluktuieren nicht nur zwischen mehreren kognitiven Systemen, sondern auch über die Zeit *innerhalb* eines kognitiven Systems. Die Gesamtheit der künstlichen Umweltregularitäten könnte man "kulturelles Wissen" oder den "kulturellen background" nennen; in seiner externalisierten Form besitzt er jedoch *keinerlei* Bedeutung – diese erhält er erst durch die Interpretation resp. in der Interaktion mit einem kognitiven System (i.e., wenn er auf die Dynamik des neuronalen Systems einwirkt).

Für das "Verstehen" des kulturellen Wissens ist unbedingt das Wissen um eine Art *Symbolsystem* notwendig; i.e., ein Verweissystem, welches den syntaktischen Strukturen (i.e., den äußeren Erscheinungsformen der Externalisierungen) Bedeutungen zuweist – dieses ist *im* jeweiligen neuronalen System realisiert und ist zumeist das Resultat eines arbiträren *Konstruktionsprozesses*. Dieser Code resp. diese Verweise werden (hoffentlich) zumindest von dem System in dem Moment, in dem es diese Externalisierungen durchführt, in ihrer Bedeutung "verstanden". Es erhebt sich nun die Frage, wie diese meist arbiträren Bedeutungszuweisungen auch von *anderen* kognitiven Systemen "verstanden"/interpretiert werden können. Wie bereits angedeutet kann dieses Problem durch die Ausbildung eines gemeinsamen Verweis-/Symbolsystem/Codes gelöst werden – *H.Maturanas* [MATU 78a, MATU 78b] Konzept des *konsensuellen Bereichs* oder des *konsensuellen Gebrauchs* von Symbolen ist im Verständnis dieser Problematik recht hilfreich: durch gegenseitiges Abstimmen und Kalibrieren des Gebrauchs von Symbolen entsteht ein Verweissystem, das von allen Beteiligten zumindest so weit verstanden wird, daß sie an der Kommunikation teilnehmen können, *ohne* daß dabei gewährleistet sein muß, daß alle über die selben Repräsentationsstrukturen und interne Semantik verfügen.

Es kommt sozusagen zu einer gegenseitigen "kulturellen Konditionierung". Jede/r ist (zumindest theoretisch[40]) im gleichen Maße an diesem Formungsprozeß des Verweissystems beteiligt – die Bedeutungen/Bedeutungszuweisungen befinden sich in einer ständigen Dynamik, die dann eine transiente Stabilität erreicht, wenn sich alle Beteiligten über den Gebrauch geeinigt haben. Aber auch dann ist die Stabilität nicht gesichert, da die Bedeutungen von Organismus zu Organismus leicht variieren, sich die physische Struktur (= Wissen, Semantik) der teilnehmenden kognitiven Systeme kontinuierlich verändert, die Umwelt sich verändert, sich der ganze kulturelle Kontext verändert und daher auch die Bedeutungszuweisungen fluktuieren[41]. Wie kann man sich diesen Prozeß der Etablierung eines *konsensuellen Genrauchs* eines Symbols vorstellen? Das Erlernen/"Erfinden" eines Symbols ist eine Form eines Assoziationsprozesses zwischen einem Phänomen, einer Verhaltensweise, etc. und einem anderen Muster (z.B. einem geschriebenen oder gezeichneten Symbol). I.a.W., es findet ein Aufbau von (zumeist arbiträren[42]) Relationen zwischen der neuronalen Repräsentation des Phänomens und der neuronalen Repräsentation des Symbols statt – dieser Aufbau basiert auf den in früheren Kapiteln besprochenen Lern-/Adaptationsmechanismen in neuronalen Systemen (i.e., synaptische Plastizität, Veränderung der Gewichtskonfiguration, etc.); i.a.W., es wird eine "private" Bedeutungszuweisung durchgeführt. Wenn dieses Symbol zum ersten Mal in die Sozietät eingeführt wird, so stößt dieser Organismus wahrscheinlich auf große "Verständnisschwierigkeiten", denen er nur durch "Vorführung des Gebrauchs des Symbols" beikommen kann. Hier begegnen wir wieder dem weiter oben erwähnten Prinzip der *Imitation*, in dem ein gemeinschaftliches Erlernen einen Art Assoziations-/Konditionierungsprozeß auslöst, der die Beziehung zwischen der Form des externalisierten Musters, Verhaltens, etc. und der neuronalen Repräsentation des Phänomens, Objektes, etc., auf das dieses Symbol verweist, aufbaut (vgl. auch des Erlernen einer Sprache bei einem Kind). Durch diesen Prozeß wird der/die Gebrauch/Bedeutung des Symbols gegenseitig aufeinander abgestimmt – wie bereits

---

[40] I.e., wenn man von "diktatorischen Methoden" absieht.

[41] Man beobachte, wie sich die Bedeutungen von Worten in unserem täglichen Sprachgebrauch über Jahre hinweg ganz leicht *verändern*, wie neue (Mode-)Worte auftauchen, die oft nur von einer kleinen Gruppe in der gesamten Sozietät verstanden/benutzt werden, und ebenso wieder verschwinden, ihre Bedeutung verändern, etc.

[42] Was hat beispielsweise ein Wort – abgesehen von onomapoetischen Ausdrücken – mit dem zu tun, worauf es referiert?

angedeutet, ist die Bedeutung in keiner Weise fixiert und unterliegt einer ständigen
Dynamik, die durch den aktuellen (konsensuellen und vor allem privaten) Gebrauch
des Symbols determiniert ist (i.e., die syntaktische Struktur (das äußere Erscheinungsbild) bleibt gleich, die Semantik verändert sich)[43]. Man halte sich auch vor
Augen, daß – aus einer konstruktivistischen Perspektive – das Phänomen x, auf das
Symbol $s(x)$ verweisen soll, von den teilnehmenden kognitiven Systemen in unterschiedlicher Bedeutung erfahren wird (i.e., Unterschiede in der "Wirkung" auf die
rekursive neuronale Dynamik) – dies impliziert einen weiteren Unsicherheitsfaktor
im Prozeß der Ausbildung eines konsensuellen Bereichs.

Durch *Konkatenation* von Symbolen nach bestimmten Regeln und unter Verwendung von "Basissymbolen" (Basisvokabular/-verweissystem) (z.B. jene Symbole, die
durch Ostentation gelernt wurden), ist es möglich, auch andere Symbole und ihre
Bedeutungen zu beschreiben. I.e., man kann eine Erweiterung der Sprache/Symbole
erlernen, ohne daß man physischen Kontakt mit allen Objekten, Phänomene, etc.,
auf die diese Symbole verweisen, gemacht hat. Hier entwickelt die Sprache ihre
Eigendynamik und *Selbstreferenz*. All dies führt zu einer *drastischen Verkürzung*
der Zeit, die man zum ontogenetischen Erlernen der Umweltbewältigung benötigt.
Die Voraussetzung ist jedoch, daß das kulturell eingebettete kognitive System zuerst das aktuelle in Verwendung befindliche Symbol-/Referenzsystem erlernt. Beim
Lernen müssen wir daher drei (vier) Domänen/Modi unterscheiden (für Simulationsergebnisse s.a. *E.Hutchins* et al. [HUTC 92]):

(a) *Erlernen der natürlichen Umweltregularitäten*: dies ist sozusagen der "normale
    Lernmodus", mittels dessen ohne Verwendung eines Symbolsystems über die
    Regelmäßigkeiten der Natur gelernt wird (i.e., ontogenetische Adaptation).
    Von dieser Form des Lernens war bisher fast ausschließlich die Rede.

(b) *Erlernen des Symbolsystems/Sprache/Verweissystems*: das Erlernen der *Se-
    mantik* ist Voraussetzung für Punkt (c). Dies scheint auf den ersten Blick
    ein ungerechtfertigter Mehraufwand, da das Erlernen dieses Verweissystems
    an sich kein "neues" Wissen über die Umwelt in das kognitive System ein-
    bringt – vielmehr werden die bereits erlernten Regelmäßigkeiten, Phänomene,
    Objekte, etc., einfach "benannt" resp. mit einer symbolischen Assoziation ver-
    sehen. Wie sich im folgenden herausstellen wird, erweist sich das Erlernen der
    Bedeutungszuweisungen (und der dazugehörigen Syntax) als ein unschätzba-
    rer Vorteil. Ein wesentlich ökonomischeres Erlernen der Umweltregularitäten,
    der Strategien zur Umweltbewältigung, etc. wird möglich, da all diese Dinge
    nicht mehr "physisch erfahren" werden müssen (i.e., Lernmodus (a)), son-
    dern über Symbolsysteme vermittelt werden (i.e., Eigendynamik der Spra-
    che). In dieser Domäne des Lernens wird nicht direkt etwas über die Umwelt
    gelernt, sondern ein *Repräsentationssystem* resp. ein *Werkzeug*, welches die
    Umwelt(regularitäten/-bewältigung) zu repräsentieren imstande ist, erlernt.

---

[43]Oftmals werden auch nur *"Privatsprachen"* aufgebaut – vgl. Väter/Mütter, die mit ihren
kleinen Kindern scheinbar ohne Gebrauch von "herkömmlichen" Symbolen kommunizieren können.

(b1) Erweiterung des Symbolsystems selber durch Lernen aus anderen Symbolen;

(c) *Lernen durch Artefakte*: Umweltregularitäten/-bewältigung werden/wird nicht aus direkten trial-&-error Prozessen an der Umwelt, sondern mittels *Artefakten*, die von anderen externalisiert wurden und "symbolische Repräsentationen" dieser Umweltregularitäten darstellen, gelernt. In diesem Lernprozeß sind dieselben physischen Lernprozesse involviert wie in z.B. (a); der Unterschied besteht jedoch darin, daß sie auf das Verweis-/Symbolsystem angewandt werden. I.e., diese künstlichen Regularitäten (Symbole, etc.) sind Verweise auf Umweltregularitäten, die durch den in (b) erlernten Code decodiert und in interne Repräsentationen der Umwelt umgewandelt werden müssen.

Die Sprache und die kulturellen Prozesse entwickeln eine Form der *Eigendynamik*, deren *Substrat* die *neuronale Dynamik* der teilnehmenden kognitiven Systeme ist. Im folgenden Sinne könnte man ihnen fast *"symbiotischen"* Charakter zuschreiben: einerseits verwenden sie die neuronale Dynamik der kognitiven Systeme um ihre eigene Dynamik zu konstituieren und andererseits haben sie eine starke Wirkung und einen starken Einfluß auf eben diese Dynamik, die sie generiert. I.e., sie benutzen die Dynamik des neuronalen Systems (i.e., der "host"), um ihre eigene Dynamik zu entwickeln. Diese Eigendynamik breitet sich über die *sprachlichen Konstrukte* (oder allgemeiner, über die Konstrukte der Artefakte) über eine ganze Population aus. Der selbstreferentielle Charakter der Sprache ermöglicht es sogar, daß sich Symbole und ihre Bedeutungen selbst innerhalb der Domäne der Sprache modifizieren. Sprache ist jedoch *kein* abstraktes oder "metaphysisches" und statisches Gebilde – sie ist vielmehr ein *hoch dynamischer Prozeß*, dessen Substrat die neuronale Struktur und ihre Dynamik ist. Die Sozietät von kognitiven Systemen ist in diese physischen Prozesse und Interaktionen eingebettet und stellt zugleich auch ihr Substrat dar. Kultur und Sprache sind das Resultat *konstruktiver Prozesse*, die innerhalb des neuronalen Repräsentationssystems stattfinden aber zugleich eben dieses in seiner Dynamik (auch des Lernens) beeinflussen. Wir haben es auch hier mit einem geschlossenen rekursiven System von Interaktionen zu tun, das durch die Dynamik der kognitiven Systeme, die Umweltdynamik und der Interaktionen zwischen all diesen Systemen charakterisiert ist.

An diesem Punkt schließt sich der Bogen der *Konstruktivität* des Wissens – er beruht auf der Interaktion zwischen der neuronalen Dynamik, den künstlichen und den natürlichen Regularitäten der Umwelt. Was als Konstruktion in einem individuellen kognitiven System begonnen hat, ist nun zu einem *kollektiven Konstrukt*, welches sich in Sprache, Wissenschaft, Kunst, oder zusammengefaßt in Kultur (im allgemeinsten Sinne) ausdrückt. Freilich konnten wir in den letzten Abschnitten diese Prozesse nur mehr sehr skizzenhaft nachvollziehen. Die konsequente Weiterentwicklung auf der Basis der in dieser Arbeit entwickelten Repräsentationskonzepte eröffnet eine alternative Sicht auf alt bekannte Probleme und Disziplinen: die *Wissenschaftstheorie* etwa nimmt aus dieser Perspektive ein völlig anderes Gesicht an –

das *kognitive System* und seine *neuronal basierten Repräsentations-* und *Konstruktionsleistungen* stehen im Mittelpunkt der Untersuchung. Alles andere baut auf diesen Prozessen auf, ähnlich wie wir es hier skizziert haben, müssen wir – angefangen bei der Konstruktion in den einzelnen kognitiven Systemen, über die Konstruktion von Symbolsystemen bis hin zur Konstruktion kollektiver wissenschaftlicher Theorien – den Aspekt, daß all dies immer durch neuronal basierte kognitive Systeme und die durch ihr neuronales System determinierte Repräsentationsdynamik durchgeführt wird, im Auge behalten. Wissenschaft als logisches Satzsystem und z.B. in Form von Deduktionssystemen zu beschreiben ist zwar nicht uninteressant, aber das eigentlich interessante wird im Grunde ausgelassen: nämlich die Frage, wie Wissen zustande kommt, wie Bedeutung zustande kommt, wie sich Theorien verändern, wie die Umwelt repräsentiert wird, etc. Diese Fragen/Prozesse lassen sich m.E. aus der hier beschriebenen Perspektive der *computational neuroepistemology* schlüssig beschreiben resp. beantworten, da wir die Probleme an der "*Wurzel*" anfassen, nämlich beim *neuronalen Repräsentationssystem* und seiner Dynamik, die für all diese Phänomene verantwortlich sind. Dieser Anspruch ist vielleicht aus heutiger Sicht und beim Stand der heutigen empirischen und theoretischen Neurowissenschaft noch etwas überzogen, aber bei der rasanten Weiterentwicklung des Wissens, der Methoden, der Theorien, etc. der empirischen Neurowissenschaft und der computational neuroscience ist diese Perspektive nicht mehr ganz außer Reichweite [GIER 92, BRAK 94]. Das Ziel dieser Arbeit lag darin, zumindest die Zusammenhänge und die grundsätzlichen Konzepte der Repräsentation in neuronalen Systemen aufzuzeigen.

Konstruktive und *selektive* Prozesse sind die treibende Kraft hinter all diesen Phänomenen – sie hält sie alle in Gang. Das *Ziel* ist die *Generierung adäquaten (funktional passenden) Verhaltens*, das das Überleben (und die Reproduktion) des einzelnen, aber auch einer Gruppe von Organismen ermöglicht. Dieses Ziel wird mittels einer passenden *sensomotorischen Integration* realisiert – diese *rekursive Transformation* des inputs unter Berücksichtigung des aktuellen Aktivierungszustandes in einen output ist *neuronal* in der synaptischen Struktur des kognitiven Systems realisiert. In der Gewichtskonfiguration wird das "*Wissen*", welches dem kognitiven System, oder besser gesagt dem *Verhalten* des kognitiven Systems unterstellt wird, verkörpert. Bei diesem Wissen handelt es sich um keine Abbildung der Umwelt, sondern um "strategisches Wissen" zur Umweltbewältigung, welches Verhalten generiert, das das Überleben des Organismus sichert. Es befindet sich in ständiger Dynamik und verändert sich mit den physischen Veränderungen des neuronalen Substrates. Dieses steht in ständiger Interaktion mit den natürlichen und künstlichen Umweltregularitäten – einerseits wird das neuronale System durch diese beeinflußt und andererseits werden diese Regularitäten durch das neuronale System mittels dessen Externalisierungen (i.e., Verhalten) ständig verändert. Wenn diese Externalisierungen statischen Charakter haben, so bewirken sie länger anhaltende künstliche Umweltregularitäten, die von anderen kognitiven Systemen (zu einem späteren Zeitpunkt) als input verwendet werden können – dieser input kann, ebenso, wie diese Arbeit, ein Ausgangspunkt für die Weiterentwicklung der in diesen (symbolischen) Umweltregularitäten enthaltenen Vorschläge und Konzepte sein...

Literaturverzeichnis

[ANAS 89] Anastasio T.J. & Robinson D.A. (1989): Distributed parallel processing in the vestibulo-oculomotor system; *Neural Computation, Vol. 1, pp 230–241, 1989.*

[ANDE 88] Anderson J.A. & Rosenfeld E. (eds.)(1988): Neurocomputing. Foundations of Research; *MIT Press, Cambridge, MA, 1988.*

[ANDE 91] Anderson J.A., Pellionisz A. & Rosenfeld E. (eds.)(1991): Neurocomputing 2. Directions of Research; *MIT Press, Cambridge, MA, 1991.*

[ARBI 87] Arbib M.A. (1987): Brains, machines and mathematics; *Springer Verlag, New York, second edition, 1987.*

[ARBI 89] Arbib M.A. (1989): The metaphorical brain 2. Neural networks and beyond; *John Wiley & Sons, New York, 1989.*

[ASHB 64] Ashby W.R. (1964): An Introduction to Cybernetics; *Methuen, London, 1964 (german: Einführung in die Kybernetik. Suhrkamp Taschenbuch Wissenschaft, stw 34, Frankfurt/M, 1984).*

[BARL 72] Barlow B. (1972): Single units and sensation: A neuron doctrine for perceptual physiology?; *Perception, Vol 1, pp 371–394, 1972.*

[BECH 91] Bechtel W. & Abrahamsen A. (1991): Connectionism and the Mind. An Introduction to Parallel Processing in Networks; *Blackwell, Cambridge, MA, 1991.*

[BELE 90] Belew R.K. (1990): Evolution, Learning, and Culture: Computational Metaphors for Adaptive Algorithms; *Complex Systems 4, pp 11–49, 1990.*

[BELE 91] Belew R.K., McInerney J. & Schraudolph N.N. (1991): Evolving Networks: Using the Genetic Algorithm with Connectionist Learning; *in C.G.Langton et al. (eds.), Artificial Life II, Addison-Wesley, pp 511–547, 1991.*

[BERT 77] Bertalanffy L. von, Beier W. & Laue R. (1977): Biophysik des Fliesgleichgewichtes; *Vieweg, Braunschweig, 1977.*

[BLIS 73] Bliss T.V. & Lomo T. (1973): Long-lasting potentiation of synaptic transmission in the dentate area of the anaesthetized rabbit following stimulation of the perforant path; *Journal of Physiology (London) 232, pp 331–356, 1973.*

[BRAI 84] Braitenberg V. (1984): Vehicles. Experiments in Synthetic Psychology; *MIT Press, Cambridge, Mass. 1984.*

[BRAI 86] Braitenberg V. (1986): Künstliche Wesen: Verhalten kybernetischer Vehikel; *Vieweg Verlag, Braunschweig, Wiesbaden, 1986.*

[BRAK 94] Brakel van J. (1994): Cognitive Scientism of Science; *Psycholoquy (electronic journal), 5 (20), scientific-cognition.3.vanbrakel.*

[BROW 90] Brown T.H., Ganong A.H., Kariss E.W. & Keenan C.L. (1990): Hebbian synapses: biophysical mechanisms and algorithms; *Annual Revies of Neuroscience 13, pp475-511, 1990.*

[BUSE 92] Buser P. & Imbert M. (1992): Vision; *MIT Press, Cambridge, MA, 1992.*

[CAIA 65] Caianiello E.R. & de Luca A. (1965): Decision Equation of Binary Systems. Application to Neural Behavior; *Kybernetik (Bilogical Cybernetics) 3, pp 33 - 40 (1965).*

[CHRI 93] Christensen S. & Turner D. (eds.)(1993): Folk Psychology and the Philosophy of Mind; *Lawrence Erlbaum Ass., New Jersey, 1993.*

[CHUR 79] Churchland P.M. (1979): Scientific realism and the plasticity of mind; *Cambridge, Cambridge Univ. Press (1979).*

[CHUR 81] Churchland P.M. (1981): Eliminative Materialism and the Propositional Attitudes; *Journal of Philosphy, 78, pp 67–90, 1981, reprinted in R.Boyd et al (eds.), The Philosophy of Science, pp 615–630, MIT Press, Cambridge, MA, 1991.*

[CHUR 86] Churchland P.S. (1986): Neurophilosophy. Toward a Unified Science of the Brain; *MIT Press, Cambridge, MA, 1986.*

[CHUR 88] Churchland P.M. (1988): Matter and consciousness. A contemporary introduction to the philosophy of mind; *Cambridge, Mass., MIT Press, 1988 (revised edition, original 1984).*

[CHUR 89] Churchland P.M. (1989): A Neurocomputational Perspective – The Nature of Mind and the Structure of Science; *MIT Press, Cambridge, MA, 1989.*

[CHUR 89a] Churchland P.S. & Sejnowski T.J. (1989): Neural Representation and Neural Computation; *in A.M.Galaburda (ed.), From Reading to Neurons, MIT Press, Massachusetts , 1989, pp 217–250.*

[CHUR 90] Churchland P.M. (1990): Cognitive Activity in Artificial Neural Networks; *in Osherson et al. (eds.), An Invitation to Cognitive Science, MIT Press, Massachusetts, Vol. 3, pp 199–227, 1990.*

[CHUR 91] Churchland P.M. (1991): A deeper unity: some Feyerabendian themes in neurocomputational form; *in G.Munevar (ed.), Beyond Reason, Kluwer Publishers, Netherlands, 1991, pp 1–23.*

[CHUR 92] Churchland P.S. & Sejnowski T.J. (1992): The Computational Brain; *The MIT Press, Cambridge, MA, 1992.*

[CHUR 93] Churchland P.M. (1993): Evaluating Our Self Conception; *Mind & Language, vol. 8, No. 2, pp 211–222, 1993.*

[CHUR 94] Churchland P.M. (1994): The Engine of the Soul; *MIT Press, Cambridge, MA, 1994.*

[CLAR 89] Clark A. (1989): Microcognition. Philosophy, Cognitive Science and Parallel Distributed Processing; *MIT Press, Massachusetts, 1989.*

[CLAR 92] Clark A. (ed.)(1992): Connection Science. Special Issue: Philosophical Issues in Connectionist Modelling; *Vol 4, Nos. 3 & 4, 1992.*

[CLIF 91] Cliff D. (1991): Computational Neuroethology: A Provisional Manifesto; *in Meyer J.A. et al., From Animals to Animates: Proceedings of the First International Conference on Simulation of Adaptive Behavior (SAB90), MIT Press Bradford Books, Cambridge MA 1991, pp 29–39.*

[CLIF 91a] Cliff D. (1991): The Computational Hoverfly: A Study in Computational Neuroethology; *in Meyer J.A. et al., From Animals to Animates: Proceedings of the First International Conference on Simulation of Adaptive Behavior (SAB90), MIT Press Bradford Books, Cambridge MA 1991, pp 87–96.*

[CRIC 89] Crick F. (1989): The recent excitement about neural networks; *Nature, vol. 337, pp 129–132, 1989.*

[CUMM 89] Cummins R. (1989): Meaning and Mental Representation; *The MIT Press, Cambridge/MA, 1989.*

[CUMM 91] Cummins R. & Schwarz G. (1991): Connectionism, Computation and Cognition; *in Horgan T. et al. (eds), Connectionism and the Philosophy of Mind, Kluwer Academic Publishers, Dordrecht, 1991, pp 60–73.*

[DAVI 83] Davis M. & Weyuker E. (1983): Computability, Complexity and Languages; *Academic Press, New York, 1983.*

[DODD 91] Dodd J. & Castellucci V.F. (1991): Smell and Taste: The Chemical Senses; *in Kandel E.R., et al. (eds), Principles of neural science, Third Edition, New York, Amsterdam, Elsevier/North Holland, 1991, pp 512–529.*

[DOUG 75] Douglas R.M. & Goddard G.V. (1975): Long-term potentiation in the perforant path-granule cell synapse in the rat hippocampus; *Brain Research 86, pp 205–215, 1975.*

[DUDA 89] Dudai Y. (1989): The Neurobiology of Memory. Concepts, Findings, Trends; *Oxford University Press, Oxford, 1989.*

[ECCL 73] Eccles J.C. (1973): The Undetstanding of the Brain; *McGraw–Hill Book Company, New York, 1973.*

[ECCL 84] Eccles J.C. (1984): Das Gehirn des Menschen; *Piper & Co., München, 5th edition, 1984.*

[ECKA 93] Eckardt von B. (1993): What is Cognitive Science?; *MIT Press, MA, 1993.*

[ECO 72] Eco U. (1972): Einführung in die Semiotik; *Uni-Taschenbücher UTB 105, Wilhelm Fink Verlag, München, 1972.*

[ECO 73] Eco U. (1973): Zeichen. Eine Einführung in einen Begriff und seine Geschichte; *Suhrkamp, es 895, Frankfurt a.M., 1977.*

[ELMA 90] Elman J.L. (1990): Finding Structure in Time; *Cognitive Science 14, 1990, pp 179–211.*

[ELMA 91] Elman J.L. (1991): Distributed Representations, Simple Recurrent Networks, and Grammatical Structure; *Machine Learning, 1991, Kluwer, pp 195–225.*

[ENCA 88] Encarnacao J. & Strasser W. (1988): Computer Graphics; *R.Oldenbourg Verlag, München, Wien, 1988.*

[FARA 91] Farah M.J. & McClelland J.L. (1991): A Computational Model of Semantic Memory Impairment: Modality Specifity and Emergent Category Specifity; *Journal of Experimental Psychology, Vol. 120, No. 4, pp 339–357, 1991.*

[FEYE 80] Feyerabend P.K. (1980): Erkenntnis für freie Menschen; *Suhrkamp, NF 11, Frankfurt/M., 1980.*

[FEYE 81] Feyerabend P.K. (1981): Realism, Rationalism, and Scientific Method. Philosophical Papers, Volume 1; *Cambridge University Press, Cambridge, N.Y., 1981.*

[FEYE 81a] Feyerabend P.K. (1981): Problems of Empiricism. Philosophical Papers, Volume 2; *Cambridge University Press, Cambridge, N.Y., 1981.*

[FEYE 82] Feyerabend P.K. (1982): Die Aufklärung hat noch nicht begonnen; *in P.Good (ed.), Von der Verantwortung des Wissens, Suhrkamp, es 1122, Frankfurt/M., 1983, pp 24–40.*

[FEYE 83] Feyerabend P.K. (1983): Wider den Methodenzwang (Against Method); *Suhrkamp, stw 597, Frankfurt/M., 1983.*

[FODO 75] Fodor J.A. (1975): The Language of Thought; *New York, Crowell, 1975.*

[FODO 81] Fodor J.A. (1981): Representations; *MIT Press, Cambridge, MA, 1985.*

[FODO 88] Fodor J.A. & Pylyshyn Z.W. (1988): Connectionism and Cognitive Architecture: A Critical Analysis; *Cognition, vol. 20, 1988, reprinted in Beakley et al. (eds), The Philosophy of Mind, MIT Press, MA, 1992.*

[FODO 90] Fodor J.A. (1990): A Theory of Content and Other Essays; *MIT Press, Cambridge, MA, 1990.*

[FOER 73] von Foerster H. (1973): Das Konstruieren einer Wirklichkeit; *in Watzlawick (ed.), Die erfundene Wirklichkeit, Piper Verlag 1981, pp 39–60, 1973.*

[FOER 84] von Foerster H. (1984): Erkenntnistheorien und Selbstorganisation; *in Schmidt, Der Diskurs des Radikalen Konstruktivismus, pp 133–158, Suhrkamp, stw 636 (1987).*

[FOER 90] von Foerster H. (1990): Kausalität, Unordnung, Selbstorganisation; *in Kratky K.W. & Wallner F. (eds.), Grundprinzipien der Selbstorganisation, Wissenschaftliche Buchgesellschaft, Darmstadt, 1990, pp 77–95.*

[FOER 93] von Foerster H. (ed.)(1993): Wissen und Gewissen. Versuch einer Brücke; *Suhrkamp, Frankfurt/M, 1993.*

[FOLE 82] Foley J.D. & van Dam A. (1982): Fundamentals of Interactive Computer Graphics; *Addison-Wesley Publishing Company, 1982.*

[GELD 91] Gelder van T. (1992): Defining "Distributed Representation" *Connection Science, Vol. 4, Nos. 3 & 4, 1992, pp 175–191.*

[GHEZ 91] Ghez C. (1991): The Control of Movement; *in Kandel E.R., et al. (eds), Principles of neural science, Third Edition, New York, Amsterdam, Elsevier/North Holland, 1991, pp 533–547.*

[GIER 92] Giere R.N. (ed.) (1992): Cognitive Models of Science; *Minnesota Studies in the Philosophy of Science, Vol. 15, Univ. of Minnesota Press, Minneapolis.*

[GLAS 81] von Glasersfeld E. (1981): Einführung in den radikalen Konstruktivismus; *in Watzlawick P. (ed.), Die erfundene Wirklichkeit, Piper Verlag, 1981, pp 16–38, 1981.*

[GLAS 83] von Glasersfeld E. (1983): On the concept of interpretation; *Poetics, vol. 12, pp 207–218, 1983.*

[GLAS 84] von Glasersfeld E. (1984): An introduction to radical constructivism; *in P.Watzlawick (Ed.), The Invented Reality, Norton, N.Y., pp 17–40, 1984.*

[GLAS 87] von Glasersfeld E. (1987): Wissen, Sprache und Wirklichkeit; *Vieweg, Braunschweig, Wiesbaden, 1987.*

[GLAS 90] von Glasersfeld E. (1990): Die Unterscheidung des Beobachters. Versuch einer Auslegung; *in Riegas et al. (eds.), Zur Biologie der Kognition, Suhrkamp, Frankfurt/M., 1990, pp 281–295.*

[GLAS 91] von Glasersfeld E. (1991): Knowing without Metaphysics: Aspects of the Radical Constructivist Position; *in Steier F. (ed.), Research and reflexivity, SAGE, London, GB, pp 12–29, 1991.*

[GLAS 95] von Glasersfeld E. (1995): Radical Constructivism: A Way of Knowing and Learning; *Falmer Press, London, 1995.*

[GOLD 89] Goldberg D.E. (1989): Genetic Algorithms in Search, Optimization, and Machine Learning; *Addison-Wesley, Reading, MA, 1989.*

[GOLD 91] Goldberg M.E., Eggers H.M. & Gouras P. (1991): The Ocular Motor System; *in Kandel E.R., et al. (eds), Principles of neural science, Third Edition, New York, Amsterdam, Elsevier/North Holland, 1991, pp 660–677.*

[GORM 88] Gorman R.P. & Sejnowski T.J. (1988): Analysis of hidden units in a layered network trained to classify sonar targets; *Neural Networks, Vol. 1, pp 75–89, 1988.*

[GORM 88a] Gorman R.P. & Sejnowski T.J. (1988): Learned classification of sonar targets using a massively parallel network; *IEEE Transaction of Acoustics, Speech and Signal Processing, Vol. 36, pp 1135–1140.*

[GOUR 91] Gouras P. (1991): Color Vision; *in Kandel E.R., et al. (eds), Principles of neural science, Third Edition, New York, Amsterdam, Elsevier/North Holland, 1991, pp 467–480.*

[GREG 73] Gregory R.L. & Gombrich E.H. (eds)(1973): Illusion in nature and art; *Duckworth, London, 1973.*

[HANS 90] Hanson & Olson C.R. (eds.)(1990): Connectionist Modeling and Brain Function. The Developing Interface; *The MIT Press, Massachusetts, 1990.*

[HARP 89] Harp S., Samad T. & Guha A. (1989): Towards the Genetic Synthesis of Neural Networks; *Proc. of Third Intl. Conference on Genetic Algorithms, Morgan Kaufmann, San Mateo, CA, 1989.*

[HAWK 84] Hawkins R.D. & Kandel E.R. (1984): Steps toward a cell-biological alphabet for elementary forms of learning; *in G.Lynch et al. (eds.), Neurobiology of Learning and Memory, Guilford, New York, pp 385–404, 1984.*

[HEBB 49] Hebb D.O. (1949): The Organization of Behavior; *New York: Wiley.*

[HEID 92] Heiden Uwe a.d. (1992): Selbstorganisation in dynamischen Systemen; *in Krohn et al. (eds.), Emergenz: Die Entstehung von Ordnung, Organisation und Bedeutung, Suhrkamp, Frankfurt/M., pp 57–88, 1992.*

[HEIL 91] Heiligenberg W. (1991): The neural basis of behavior: a neuroethological view; *Annual Review of Neuroscience 14, pp 247–268, 1991.*

[HEIL 91a] Heiligenberg W. (1991): Neural Nets in Electric Fish; *MIT Press, Cambridge, MA, 1991.*

[HERT 91] Hertz J, Krogh A. & Palmer R.G. (1991): Introduction to the Theory of Neural Computation; *Addison-Wesley, Redwood, CA, 1991.*

[HINT 86] Hinton G.E., McClelland J.L. & Rumelhart D.E. (1986): Distributed Representations; *in Rumelhart D.E., Parallel Distributed Processing, Vol I, pp 77–108, MIT Press, Cambridge, Massachusetts.*

[HINT 91] Hinton G.E. & Shallice T. (1991): Lesioning an Attractor Network: Investigations of Acquired Dyslexia; *Psychological Review, Vol. 98, No. 1, pp 74–95, 1991.*

[HOLL 75] Holland J.H. (1975): Adaptation in Natural and Artificial Systems; *Univ. of Michigan Press, MI, Ann Arbor, 1975.*

[HOPF 82] Hopfield J.J. (1982): Neural networks and physical systems with emergent collective computational abilities; *Proc. of the National Academy of Sciences, USA, Vol. 79, pp 2554–2558, 1982.*

[HOPF 85] Hopfield J.J. & Tank D. (1985): "Neural" computation of decisions in optimization problems; *Biological Cybernetics, Vol. 52, pp 141–152, 1985.*

[HUBE 62] Hubel D.A. & Wiesel T.N. (1962): Receptive Fields, binocular interaction and functional architecture in the cat's visual cortex; *Journal Physiol. 160, pp 106–154.*

[HUBE 65] Hubel D.A. & Wiesel T.N. (1965): Receptive Fields and functional architecture in two non-striate visual areas (18 and 19) of the cat; *Journal Neurophysiology 28, pp 229–289.*

[HUBE 68] Hubel D.A. & Wiesel T.N. (1968): Receptive Fields and functional architecture of monkey striate cortex; *Journal Physiol. 195, pp 215–243.*

[HUBE 77] Hubel D.A. & Wiesel T.N. (1977): Functional architecture of macaque visual cortex; *Porc. of the Royal Society of London, Series B, 198, pp 1–59, 1977.*

[HUTC 92] Hutchins E. & Hazelhurst B. (1992): Learning in the Cultural Process; *in C.Langton et al. (eds), Artificial Life II, Addison-Wesley, CA, pp 689-706, 1992.*

[JANI 92] Janich P. (1992): Die methodische Ordnung von Konstruktionen. Der Radikale Konstruktivismus aus der Sicht des Erlanger Konstruktivismus; *in S.J.Schmidt (ed.), Kognition und Gesellschaft. Der Diskurs des Radikalen Konstruktivismus 2, Suhrkamp, Frankfurt/M., 1992, pp 24-41.*

[KAND 91] Kandel E.R., Schwartz J.H. & Jessell T.M. (eds.)(1991): Principles of neural science; *Third Edition, New York, Amsterdam, Elsevier/North Holland, 1991.*

[KATZ 90] Katz P.S. & Harris-Warrick R.M. (1990): Actions of identified neuromodulatory neurons in a simple motor system; *Trends in Neurosciences 13, pp 367-373.*

[KELL 91] Kelly J.P. (1991): The Sense of Balance; *in Kandel E.R., et al. (eds), Principles of neural science, Third Edition, New York, Amsterdam, Elsevier/North Holland, 1991, pp 500-511.*

[KELL 91a] Kelly J.P. (1991): Hearing; *in Kandel E.R., et al. (eds), Principles of neural science, Third Edition, New York, Amsterdam, Elsevier/North Holland, 1991, pp 481-499.*

[KOCH 89] Koch C. & Segev I. (eds)(1989): Methods in neuronal modeling. From synapses to networks; *The MIT Press, Cambridge/Mass., 1989.*

[KOEC 87] Köck W.K. (1987): Kognition – Semantik – Kommunikation; *in Schmidt, Der Diskurs des Radikalen Konstruktivismus, pp 340-373, Suhrkamp, stw 636 (1987).*

[KOEC 90] Köck W.K. (1990): Autopoiese, Kognition und Kommunikation; *in Riegas et al. (eds.), Zur Biologie der Kognition, Suhrkamp, Frankfurt/M., 1990, pp 159-188.*

[KOHO 88] Kohonen T. (1988): An Introduction to Neural Computing; *Neural Networks, Vol. 1, 1988, pp 3-16.*

[KOSS 88] Kosslyn S.M. (1988): Aspects of a Cognitive Neuroscience of Mental Imagery; *Science, Vol. 240, pp 1621-1626, 1988.*

[KOSS 90] Kosslyn S. (1990): Mental Imagery; *in Osherson D. et al. (eds.), Visual Cognition and Action, volume 2 of "An Invitation to Cognitive Science", MIT Press, Cambridge, MA, 1990.*

[KROH88] Krohn W. & Küppers W. (1988): Die Selbastorganisation der Wissenschaft; *Suhrkamp, Frankfurt/M., stw 776, 1988.*

[KROH 90] Krohn W. & Küppers G. (1990): Science as a Self-Organizing System. Outline of a Theoretical Model; *in Krohn et al (eds.), Selforganization. Portrait of a Scientific Revolution, Kluwer Academic Publishers, Netherlands, 1990, pp 208-222.*

[KROH 92] Krohn W. & Küppers G. (1992) (eds.): Emergenz: Die Entstehung von Ordnung, Organisation und Bedeutung; *Suhrkamp, Frankfurt/M., stw 984, 1992.*

[KUFF 84] Kuffler St.W., Nicholls J.G. & Martin A.R. (1984): From Neuron to
Brain, A Cellular Approach to the Function of the Nervous System (second edition);
Sinauer Associates Inc. Publishers, Sunderland, Massachusetts, 1984.

[KUHN 62] Kuhn T.S. (1962): The structure of scientific revolutions (German: Die
Struktur wissenschaftlicher Revolutionen); *2nd edition, Chicago, University of
Chicago Press, 1970 (Suhrkamp Taschenbuch, Frankfurt/M,).*

[KUHN 92] Kuhn T.S. (ed.)(1992): Die Entstehung des Neuen. Studien zur Struktur
der Wissenschaftsgeschichte; *Suhrkamp, Frankfurt/M, 1992.*

[LANG 89] Langton C.G. (1989)(ed.): Artificial Life; *Santa Fe Institute Studies in
the Science of Complexity Proc. Vol. VI, Redwood City, CA, Addison Wesley 1989.*

[LANG 91] Langton C.G., Taylor C., Farmer J.D. & Rasmussen S. (eds.)(1991):
Artificial Life II; *Santa Fe Institute Studies in the Science of Complexity Proc.
Vol. X, Redwood City, CA, Addison Wesley, 1991.*

[LANG 93] Langton C.G. (ed.)(1993): Artificial Life III; *Addison Wesley, CA, 1993.*

[LEVI 91] Levitan I.B. & Kaczmarek L.K. (1991): The Neuron. Cell and Molecular
Biology; *New York, Oxford University Press, 1991.*

[LEWI 81] Lewis H. & Papadimitriou C. (1981): Elements of the Theory of
Computation; *Prentice-Hall, Englewood Cliffs, NJ, 1981.*

[LINS 88] Linsker R. (1988): Self-organization in a perceptual network; *Computer,
vol. 21, pp 105–117, 1988.*

[LINS 90] Linsker R. (1990): Perceptual neural organization: some approaches based
on network models and information theory; *Annual Review of Neuroscience, vol. 13,
pp 257–282, 1990.*

[LINS 90a] Linsker R. (1990): Self-organization in a perceptual system: how network
models and information theory may shed light on neural organization; *in Hanson et
al.(eds), Connectionist Modeling and Brain Function, MIT Press, Massachusetts,
1990.*

[LISB 88] Lisberger S.G. (1988): The neural basis for motor learning in the
vestibulo-ocular reflex in monkeys; *Trends in Neurosciences, Vol. 11, pp 147–152,
1988.*

[LISB 92] Lisberger S.G. & Sejnowski T.J. (1992): Computational analysis predicts
the site of motor learning in the vestibulo-ocular reflex; *Technical Report INC-92.1,
UCSD.*

[LYCA 90] Lycan W.G. (ed.) (1990): Mind and Cognition. A Reader; *Basil Blackwell,
Cambridge, MA, 1990.*

[MART 91] Martin J.H. (1991): Coding and Processing of Sensory Information; *in
Kandel E.R., et al. (eds), Principles of neural science, Third Edition, New York,
Amsterdam, Elsevier/North Holland, 1991, pp 329–340.*

[MASO 91] Mason C. & Kandel E.R. (1991): Central Visual Pathways; *in Kandel
E.R., et al. (eds), Principles of neural science, Third Edition, New York,
Amsterdam, Elsevier/North Holland, 1991, pp 420–439.*

[MATU 70] Maturana H.R. (1970): Biologie der Kognition (Biology of Cognition); *in Maturana H.R., Erkennen: Die Organisation und Verkörperung von Wirklichkeit; Vieweg-Verlag (1982), pp 32-80.*

[MATU 70E] Maturana H.R. (1970): Biology of Cognition; *in H.R.Maturana & F.J.Varela, Autopoiesis and Cognition; pp 2-60, D.Reidel Publishing Company, Dordrecht, Boston (1980).*

[MATU 72] Maturana H.R. (1972): Kognitive Strategien (Cognitive strategies); *in Maturana H.R., Erkennen: Die Organisation und Verkörperung von Wirklichkeit; Vieweg-Verlag (1982), pp 297-318.*

[MATU 75] Maturana H.R. (1975): Die Organisation des Lebendigen: eine Theorie der lebendigen Organisation (The organization of the living); *in Maturana H.R., Erkennen: Die Organisation und Verkörperung von Wirklichkeit; Vieweg-Verlag (1982), pp 138-156.*

[MATU 75a] Maturana H.R. & Varela F.J. (1975): Autopoietische Systeme: eine Bestimmung der lebendigen Organisation (Autopoietic Systems: A characterization of the living organization) *in Maturana H.R., Erkennen: Die Organisation und Verkörperung von Wirklichkeit; Vieweg-Verlag (1982), pp 170-235.*

[MATU 75aE] Maturana H.R. & Varela F.J. (1975): Autopoiesis: The Organization of the Living; *in H.R.Maturana & F.J.Varela, Autopoiesis and Cognition; pp 63-134, D.Reidel Publishing Company, Dordrecht, Boston (1980).*

[MATU 78] Maturana H.R. (1978): Kognition; *in Schmidt, Der Diskurs des Radikalen Konstruktivismus, pp 89-118, Suhrkamp, stw 636 (1987).*

[MATU 78a] Maturana H.R. (1978): Biologie der Sprache: die Epistemologie der Realität (Biology of Language: the epistemology of reality); *in Maturana H.R., Erkennen: Die Organisation und Verkörperung von Wirklichkeit; Vieweg-Verlag (1982), pp 236-271.*

[MATU 78b] Maturana H.R. (1978): Repräsentation und Kommunikation (Representation and communication functions); *in Maturana H.R., Erkennen: Die Organisation und Verkörperung von Wirklichkeit; Vieweg-Verlag (1982), pp 272-296.*

[MATU 80] Maturana H.R. & Varela F.J. (1980): Autopoiesis and Cognition. The Realization of the Living; *D.Reidel Publishing Company, Dordrecht, Boston, London (1980).*

[MATU 82] Maturana H.R. (1982): Erkennen: Die Organisation und Verkörperung von Wirklichkeit; *Vieweg-Verlag, Braunschweig, Wiesbaden, Wissenschaftstheorie, Wissenschaft und Philosophie Bd. 19.*

[McCL 86] McClelland J.L., Rumelhart D.E. & Hinton G.E. (1986) The Appeal of Parallel Distributed Processing; *in Rumelhart D.E., Parallel Distributed Processing, Vol I, MIT Press, Cambridge, Massachusetts (1986).*

[McCL 86a] McClelland J.L. & Rumelhart D.E. (1986): Parallen Distributed Processing, Explorations in the Microstructure of Cognition, Volume II: Psychological and Biological Models; *MIT Press, Cambridge, Massachusetts 1986.*

[MINS 69] Minsky M. & Papert S. (1969): Perceptrons; *MIT Press, Cambridge, MA, 1969.*

[MITC 94] Mitchell M & Forrest S. (1994): Genetic Algorithms and Artificial Life; *Artificial Life 1 (3), 1994, (also Santa Fe Institute Working Paper 93-11-072).*

[NEWE 89] Newell A., Rosenbloom P.S. & Laird J.E. (1989): Symbolic Architectures for Cognition; *in Posner M.I. (ed.), The Foundations of Cognitive Science, MIT Press, Massachusetts, pp 93–131, 1989.*

[NEWM 79] Newman W.M. & Sproull R.F. (1979): Principles of Interactive Computer Graphics; *McGraw Hill International Book Company, 1979.*

[NICO 77] Nicolis G. & Prigogine I. (1977): Self-Organization in Non-Equilibrium Systems; *Wiley, New York, 1977.*

[NICO 88] Nicoll R.A., Kauer J.A. & Malenka R.C. (1988): The current excitement in long-term potentiation; *Neuron 1/2, pp 97–103, 1988.*

[NOLF 90] Nolfi S., Elman J. & Parisi D. (1990): Learning and evolution in neural networks; *CRL Technical Report 9019, Univ. of California, San Diego, 1990.*

[NOLF 91] Nolfi S. & Parisi D. (1991): Growing Neural Networks; *Technical Report, PCIA-91-18, Institute of Psychology, C.N.R., Rome, (to be published in Proc. of Artificial Life III).*

[OESE 76] Oeser E. (1976): Wissenschaft und Information; *R.Oldenbourg Verlag, München, Vol. I–III, 1976.*

[OESE 88] Oeser E. & Seitelberger F. (1988): Gehirn, Bewußtsein und Erkenntnis; *Wissenschaftliche Buchgesellschaft Darmstadt, 1988.*

[OESE 87] Oeser E. (1987): Psychozoikum: Evolution und Mechanismus der menschlichen Erkenntnisfähigkeit; *P.Parey, Berlin, 1987.*

[OESE 94] Oeser E. & Seitelberger F. (1994): Gehirn, Bewußtsein und Erkenntnis; *Wissenschaftliche Buchgesellschaft Darmstadt, 2nd edition, 1994.*

[OSHE 90] Osherson D.N. (ed.) (1990): An Invitation to Cognitive Science; *MIT Press, Massachusetts, 1990.*

[PERR 87] Perrett D.I., Mistlin A.J. & Chitty A.J. (1987): Visual neurons responsive to faces; *Trands in Neurosciences 10, pp 358–364, 1987.*

[PESC 90] Peschl M.F. (1990): Auf dem Weg zu einem neuen Verständnis der Cognitive Science (On the way to a new Understanding of Cognitive Science); *INFORMATIK FORUM, 4.Jg., Heft 2, Juni 1990, pp 92–104.*

[PESC 91a] Peschl M.F. (1991): From Symbol Manipulation to Understanding Cognition – A Critical Introduction to Cognitive Science from a Computational Neuroepistemology Perspective; *in C.V.Negoita (ed.), Handbook of Cybernetics and Systems, Marcel Dekker, New York, 1991.*

[PESC 91b] Peschl M.F. (1991): Knowledge, Cognition and Acting in an Environment – Computational Neuroepistemology: an Alternative Approach to Cognitive Science; *in M.McTear et al. (eds.), Artificial Intelligence and Cognitive Science '90, Springer, New York, 1991.*

[PESC 92] Peschl M.F. (1992): Semantic and Semiotic Aspects in Neurally Based Representation of Knowledge – Contributions of Computational Neuroepistemology to an Adequate Understanding of the Problem of Knowledge Representation; *in R.J.Jorna et al. (eds.), Semiotics of Cognition and Expert Systems, Walter de Gruyter, 1992.*

[PESC 92a] Peschl M.F. (1992): Embodyment of Knowledge in Natural and Artificial Neural Structures. Suggestions for a Cognitive Foundation of Philosophy of Science from a Computational Neuroepistemology Perspective; *Methodologia 11, vol. VI, pp 7–34, 1992.*

[PESC 93] Peschl M.F. (1993): Knowledge Representation in Cognitive Systems and Science: In Search of a New Foundation for Philosophy of Science from a Neurocomputational and Evolutionary Perspective of Cognition; *Journal of Social and Evolutionary Systems, vol. 16, pp 181–213, 1993.*

[PESC 94] Peschl M.F. (1994): Autonomy vs. Environmental Dependency in Neural Knowledge Representation; *in R.Brooks & P.Maes (eds.), Artificial Life IV, MIT Press, 1994.*

[POLA 66] Polanyi M. (1966): The Tacit Dimension (Implizites Wissen); *Doubleday & Company, Inc. (1966),Garden City, New York (Suhrkamp–Taschenbuch Wissenschaft, stw 543 (1985), Frankfurt/M.).*

[POSN 89] Posner M.I. (ed.) (1989): Foundations of Cognitive Science; *MIT Press, Massachusetts, 1989.*

[PRIG 68] Prigogine I. & Lefever R. (1968): Symmetry breaking instabilities in dissipative systems I & II; *Journal Chem. Phys. 16, 1967, pp 3542–3550 & 48, pp 1665–1700.*

[RAMA 92] Ramachandran V.S. (1992): Filling in the blind spot; *Nature, Mar 12, 1992, Vol. 356(6265), pp 115.*

[RAMA 92a] Ramachandran V.S. (1992): Blind Spots; *Scientific American, Vol. 266(5), May, pp 86–91, 1992.*

[RICH 84] Richards J. & von Glasersfeld E. (1984): Die Kontrolle von Wahrnehmung und die Konstruktion von Realität. Erkenntnistheoretische Aspekte des Rückkoppelungs-Kontroll-Systems; *in Schmidt, Der Diskurs des Radikalen Konstruktivismus, pp 192–228, Suhrkamp, stw 636 (1987).*

[RIEG 90] Riegas V. & Vetter Ch. (eds.) (1990): Zur Biologie der Kognition; *Suhrkamp, Frankfurt/M., stw 850, 1990.*

[ROTH 84] Roth G. (1984): Erkenntnis und Realität; *in Schmidt, Der Diskurs des Radikalen Konstruktivismus, pp 229–255, Suhrkamp, stw 636 (1987).*

[ROTH 87] Roth G. (1987): Autopoiese und Kognition: Die Theorie H.R.Maturanas und die Notwemdigkeit ihrer Weiterentwichlung; *in Schmidt, Der Diskurs des Radikalen Konstruktivismus, pp 256–286, Suhrkamp, stw 636 (1987).*

[ROTH 91] Roth G. (1991): Neuronale Grundlagen des Lernens und des Gedächtnisses; *in S.J.Schmidt, Gedächtnis, Suhtkamp, Frankfurt/M., 1991, pp 127–158.*

[ROTH 91a] Roth G. (1991): Die Konstitution von Bedeutung im Gehirn; *in S.J.Schmidt, Gedächtnis, Suhrkamp, Frankfurt/M., 1991, pp 360–370.*

[ROTH 92] Roth G. (1992): Kognition: Die Entstehung von Bedeutung im Gehirn; *in Krohn W. & Küppers G. (eds.), Emergenz: Die Entstehung von Ordnung, Organisation und Bedeutung; Suhrkamp, Frankfurt/M., stw 984, 1992, pp 104–132.*

[ROTH 92a] Roth G. (1992): Das konstruktive Gehirn: neurobiologische Grundlagen von Wahrnehmung und Erkenntnis; *in S.J.Schmidt (ed.), Kognition und Gesellschaft, Suhrkamp, Frankfurt/M., pp 277–336, 1992.*

[RUME 86] Rumelhart D.E., Hinton G.E., & McClelland J.L. (1986): A General Framework for Parallel Distributed Processing; *in Rumelhart D.E., Parallel Distributed Processing, Vol I, pp 45–76, MIT Press, Cambridge, Massachusetts.*

[RUME86a] Rumelhart D.E., Hinton G.E., & Williams R.J. (1986): Learning Internal Representations by Error Propagation; *in Rumelhart D.E., Parallel Distributed Processing, Vol I, pp 318–361, MIT Press, Cambridge, Massachusetts.*

[RUME86b] Rumelhart D.E., & Zisper D. (1986): Feature Discovery by Competitive Learning; *in Rumelhart D.E., Parallel Distributed Processing, Vol I, pp 151–192, MIT Press, Cambridge, Massachusetts.*

[RUME86c] Rumelhart D.E., Smolensky P., McClelland J.L & Hinton G.E. (1986): Schemata and Sequential Thought Processes in PDP Models; *in McClelland J.L., Parallel Distributed Processing, Vol 2, pp 7–57, MIT Press, Cambridge, Massachusetts (1986).*

[RUME86d] Rumelhart D.E. & McClelland J.L. (1986): Parallel Distributed Processing, Explorations in the Microstructure of Cognition, Volume I: Foundations; *MIT Press, Cambridge, Massachusetts 1986.*

[RUME 89] Rumelhart D.E. (1989): The Architecture of Mind: A Connectionist Approach; *in Posner M.I. (ed.), The Foundations of Cognitive Science, MIT Press, Massachusetts, pp 133–159, 1989.*

[SATO 72] Sato S. (1972): Mathematical Properties of Responses of a Neuron Model; *Kybernetik (Bilogical Cybernetics) 11, pp 208–216 (1972).*

[SATO 74] Sato S., Masaaki H. & Nagumo J. (1974): Response Characteristics of a Neuron Model to a Periodic Input; *Kybernetik (Biological Cybernetics) 16, pp 1–8 (1974).*

[SCHM 87] Schmidt S.J. (ed.) (1987): Der Diskurs des Radikalen Konstruktivismus; *Suhrkamp, Frankfurt/M, (1987).*

[SCHM 87a] Schmidt S.J. (1987): Der Radikale Konstruktivismus: Ein neues Paradigma im interdisziplinären Diskurs; *in Schmidt, Der Diskurs des Radikalen Konstruktivismus, pp 11–88, Suhrkamp, stw 636 (1987).*

[SCHM 90] Schmidt S.J. (1990): Der beobachtete Beobachter; *in Riegas et al. (eds.), Zur Biologie der Kognition, Suhrkamp, Frankfurt/M., 1990, pp 308–328.*

[SCHM 91] Schmidt S.J. (ed.) (1991): Gedächtnis. Probleme und Perspektiven der interdisziplinären Gedächtnisforschung; *Suhrkamp, stw 900, Frankfurt/M., 1991.*

[SCHM 92] Schmidt S.J. (ed.) (1992): Kognition und Gesellschaft. Der Diskurs des Radikalen Konstruktivismus 2; *Suhrkamp, Frankfurt/M., 1992.*

[SCHW 90] Schwartz E.L. (ed.) (1990): Computational Neuroscience; *MIT Press, Massachusetts, 1990.*

[SEJN 86] Sejnowski T.J. & Rosenberg C. (1986): NETtalk: A Parallel Network that Learns to Read Aloud; *Johns Hopkins University Electrical Engineering and Computer Science Technical Report JHU/EECS-86/01.*

[SEJN 87] Sejnowski T.J. & Rosenberg C. (1987): Parallel Networks that Learn to Pronounce English Text; *Complex Systems 1, 1987, pp 145-168.*

[SEJN 90] Sejnowski T.J., Koch C. & Churchland P.S. (1990): Computational Neuroscience; *in Hanson et al.(eds), Connectionist Modeling and Brain Function, MIT Press, Massachusetts, 1990, pp 5-35.*

[SHAN 49] Shannon C.E. & Weaver W. (1949): The Mathematical Theory of Communication; *Urbana 1949.*

[SHEP 90] Shepherd G.M. (ed.) (1990): The Synaptic Organization of the Brain (Third Edition); *Oxford University Press, New York, Oxford, 1990.*

[SIMO 89] Simon H.A. & Kaplan C.A. (1989): Foundations of Cognitive Science; *in Posner M.I. (ed.), Foundations of Cognitive Science, MIT Press, Massachusetts, 1989, pp 1-47.*

[SING 90] Singer W. (1990): Search for coherence: a basic principle of cortical self-organization; *Concepts in Neuroscience 1, pp 1-26, 1990.*

[SMOL 88] Smolensky P. (1988): On the proper treatment of connectionism; *Behavioral and Brain Sciences (1988) 11, pp 1-74.*

[STIL 87] Stillings N.A., Feinstein M.H., Garfield J.L. et al. (1987): Cognitive Science, An Introduction; *A Bradford Book, The MIT Press, Cambridge MA (1987).*

[TURI 36] Turing A. (1936): On Computable Numbers, with an Application to the Entscheidungsproblem; *in Proc. London Math. Soc., ser 2, 42(1936), pp 230-265.*

[TURI 50] Turing A. (1950): Computing Machinery and Intelligence; *Mind LIX, no. 2236, Oct. 1950, pp 433-460, reprinted in M.Boden, The Philosophy of Artificial Intelligence, Oxford University Press, 1990.*

[VARE 81] Varela F.J. (1981): Autonomie und Autopoiese; *in Schmidt, Der Diskurs des Radikalen Konstruktivismus, pp 119 132, Suhrkamp, stw 636 (1987).*

[VARE 90] Varela F.J. (1990): Kognitionswissenschaft – Kognitionstechnik. Eine Skizze aktueller Perspektiven (Cognitive Science); *Suhrkamp, stw 882, Frankfurt/M., 1990.*

[VARE 91] Varela F.J. (1991): Allgemeine Prinzipien des Lernens im Rahmen der Theories biologischer Netzwerke; *in S.J.Schmidt, Gedächtnis, Suhtkamp, Frankfurt/M., 1991, pp 159-169.*

[VARE 91a] Varela F.J., Thompson E. & Rosch E. (1991): The Embodied Mind; *MIT Press, MA, 1991.*

[WEST 75] Westheimer G. & McKee S.P. (1975): High acuity with moving images; *Journal of the Optical Society of America 65, pp 847, 1975.*

[WIDR 60] Widrow G. & Hoff M.E. (1960): Adaptive Switching circuits; *Institute of Radio Engineers, Western Electronic Show and Convention; Convention Record, Part 4, 1960, pp 96–104.*

[WIEN 48] Wiener N. (1948): Cybernetics: On Control and Information in the Animal and Machine; *Wiley, New York, 1948.*

[WIGS 88] Wigstrom H. & Gustafsson (1988): Presynaptic and postsynaptic interactions in the control of hippocampal long-term potentiation. *in Landfield P.W. et al. (eds.), Long-Term Potentiation: From Biophysics to Behavior, Alan R. Liss, New York, pp 73–107, 1988.*

[ZIPS 88] Zipser D. & Andersen R.A. (1988): A back-propagation programmed network that simulates response properties of a subset of posterior parietal neurons; *Nature, vol. 331, pp 679–684.*

[ZIPS 91] Zipser D. (1991): Recurrent network model of the neural mechanism of short-term active memory; *Neural Computation 3, pp 178–192, 1991.*